U0205667

Adsorption by Powders and Porous Solids

Principles, Methodology and Applications

粉体与多孔固体材料的吸附
原理、方法及应用

原著第二版

（法）
F. 鲁克罗尔（F. Rouquerol）
J. 鲁克罗尔（J. Rouquerol）
K.S.W. 辛（K.S.W. Sing）　著
P. 卢埃林（P. Llewellyn）
G. 莫兰（G. Maurin）

陈建　周力　王奋英　等译

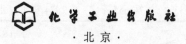

化学工业出版社
·北京·

本书全面综述了有关吸附理论、方法与应用的方方面面，首先介绍了吸附的原理、热力学和方法学，然后运用吸附方法讨论表面积和孔径大小，最后介绍并讨论各种不同吸附剂（碳材料、氧化物、黏土、沸石、金属有机框架）的一些典型吸附等温线和能量学。重点在于对实验数据的确定和解释，特别是具有技术重要性的吸附剂的表征。

本书读者对象主要为学生及表面科学初涉猎者，通过本书可以了解到如何利用现今先进的科学技术手段来测定表面积、孔尺寸和表面特征，如何对材料的性能进行表征与判断。

Adsorption by Powders and Porous Solids: Principles, Methodology and Applications, 2nd edition
F. Rouquerol, J. Rouquerol, K.S.W. Sing, P. Llewellyn, G. Maurin
ISBN : 9780080970356
Copyright © 2014 Elsevier Ltd. All rights reserved.
Authorized Chinese translation published by Chemical Industry Press.

粉体与多孔固体材料的吸附：原理、方法及应用/陈建，周力，王奋英等译
ISBN: 978-7-122-35747-2
Copyright © Elsevier Ltd. and Chemical Industry Press. All rights reserved.

No part of this publication may be reproduced or transmitted in any form or by any means, electronic or mechanical, including photocopying, recording, or any information storage and retrieval system, without permission in writing from Elsevier (Singapore) Pte Ltd. Details on how to seek permission, further information about the Elsevier's permissions policies and arrangements with organizations such as the Copyright Clearance Center and the Copyright Licensing Agency, can be found at our website: www.elsevier.com/permissions.

This book and the individual contributions contained in it are protected under copyright by Elsevier Ltd. and 化学工业出版社有限公司 (other than as may be noted herein).

This edition of Adsorption by Powders and Porous Solids: Principles, Methodology and Applications, 2nd edition is published by Chemical Industry Press under arrangement with Elsevier Ltd.

This edition is authorized for sale in China only, excluding Hong Kong, Macau and Taiwan. Unauthorized export of this edition is a violation of the Copyright Act. Violation of this Law is subject to Civil and Criminal Penalties.

本版由 Elsevier Ltd. 授权化学工业出版社有限公司在中国大陆地区（不包括香港、澳门以及台湾地区）出版发行。
本版仅限在中国大陆地区（不包括香港、澳门以及台湾地区）出版及标价销售。未经许可之出口，视为违反著作权法，将受民事及刑事法律之制裁。
本书封底贴有 Elsevier 防伪标签，无标签者不得销售。

注意

本书涉及领域的知识和实践标准在不断变化。新的研究和经验拓展我们的理解，因此须对研究方法、专业实践或医疗方法作出调整。从业者和研究人员必须始终依靠自身经验和知识来评估和使用本书中提到的所有信息、方法、化合物或本书中描述的实验。在使用这些信息或方法时，他们应注意自身和他人的安全，包括注意他们负有专业责任的当事人的安全。在法律允许的最大范围内，爱思唯尔、译文的原文作者、原文编辑及原文内容提供者均不对因产品责任、疏忽或其他人身或财产伤害及/或损失承担责任，亦不对由于使用或操作文中提到的方法、产品、说明或思想而导致的人身或财产伤害及/或损失承担责任。

北京市版权局著作权合同登记号：01-2016-5986

图书在版编目（CIP）数据

粉体与多孔固体材料的吸附：原理、方法及应用/（法）F. 鲁克罗尔（F. Rouquerol）等著；陈建等译. —北京：化学工业出版社，2020.3（2024.1 重印）
书名原文：Adsorption by Powders and Porous Solids: Principles, Methodology and Applications
ISBN 978-7-122-35747-2

Ⅰ. ①粉…　Ⅱ. ①F…　②陈…　Ⅲ. ①粉体-多孔性材料-固体吸附　Ⅳ. ①TB61

中国版本图书馆 CIP 数据核字（2019）第 252981 号

责任编辑：李晓红　　　　　　　　　　　　　　装帧设计：王晓宇
责任校对：王　静

出版发行：化学工业出版社（北京市东城区青年湖南街 13 号　邮政编码 100011）
印　　装：北京虎彩文化传播有限公司
710mm×1000mm　1/16　印张 33¾　字数 655 千字　2024 年 1 月北京第 1 版第 2 次印刷

购书咨询：010-64518888　　　　　　　　　　售后服务：010-64518899
网　　址：http://www.cip.com.cn
凡购买本书，如有缺损质量问题，本社销售中心负责调换。

定　价：198.00 元　　　　　　　　　　　　　　　　版权所有　违者必究

译者前言

吸附现象很早就为人们所认识，比如古时候活性炭就被用来脱色和除味。而对吸附原理及应用的研究则是在最近的几十年间才迅速发展起来，并对我们的生产生活产生了重要影响，比如许多具有优良性能的吸附剂和催化剂的开发。这本由法国蒙比利埃大学 G Maurin 教授等五位作者合著的《粉末与多孔固体材料的吸附》，正是将最重要的粉末以及固态多孔物质的吸附原理、方法和应用进行了总结性回顾，能够为在相关领域从事学习和研究的人员带来全面、系统的基础知识方面的帮助。

全书共分为 14 章，其中第 1~6 章主要介绍气-固、液-固界面上吸附的热力学和方法学，以及吸附相关的基础理论和模拟研究，第 7~9 章主要介绍如何通过气体吸附法测定表面积以及如何对介孔和微孔进行评估，第 10~14 章则分别具体介绍了每一类典型的吸附材料，包括活性炭、金属氧化物、黏土、沸石、有序介孔材料、金属有机框架材料等。这种章节布局既能让初学者由简至深全面了解吸附的基本概念和理论，又能让研究者直奔主题查阅感兴趣的相关内容。

本书的翻译工作主要由陈建博士、周力博士和王奋英博士承担，还有几位研究生在初稿的翻译过程中也做了相应的工作。其中，在翻译初稿中，第 1 章由南昌大学周力博士承担，第 2、9、14 章由南昌大学的研究生袁雅芬承担，第 3、4、10~13 章由浙江师范大学的陈建博士承担，第 5~8 章由南昌大学王奋英博士承担；在二次审校定稿中，第 1~9、13、14 章由周力博士完成，第 10~12 章由王奋英博士完成。非常感谢各位译者在时间和精力上的付出，尤其是赵耀鹏博士在百忙之中为解答各种疑问所付出的辛劳。也特别感谢化学工业出版社的支持以及为稿件后期的处理所付出的辛勤工作。

受译者理论知识水平所限，书中难免会存在疏漏之处，欢迎读者朋友们提出，以帮助我们纠正。最后，希望这本译著能够为各个层次阅读者的学习和工作带来有益的作用。

第二版前言

本书第二版的主要目标与第一版相同，那就是：努力对粉末和多孔固体吸附气体和液体的原理、方法及应用进行一个介绍性的回顾。

本书的着重点也如第一版，在于对实验数据的确定和解释，特别是具有技术重要性的吸附剂的表征。在过去的 14 年中，发展有序孔隙结构和模拟确定吸附体系这些技术领域获得了相当的进展。然而，仍有问题尚未解决，主要是对无序吸附剂表面积和孔径分布的评定。细心的读者将会发现一些章节出现了不同的观点，而我们希望这些能够激发未来更多的研究与讨论。

在第二版的撰写过程中我们意识到，在经典著作的背景下，非专业人员去理解吸附科学最新进展的范围和限制，是件越来越难的事。因此，我们试图去总结和解释更重要的与多孔和非孔物质表面性质表征相关的进展的意义。

第二版新增的一个新章节是模拟多孔固体的吸附，这部分内容应该能够引起那些希望理解计算过程目的与意义的实验者的兴趣；新增的另一个章节主要介绍金属有机框架（MOF）结构的吸附性质，这一方向在最近数年引起了许多关注。本书的其余部分也做了大幅修改，大部分主题都进行了重新排列和扩充，以使每个章节都尽量自成体系。

为解释和应用吸附方法提供有用的指导，我们挑选了我们自己和其他相关研究中的特殊例子，来论证每个章节中的原理。实际上，过去 14 年发表的关于吸附的新作品，其数量太多，并不适合在本书这样的篇幅中有效讨论，因此，我们不得不放弃对一些杰出科学家优秀作品的引用。

本书中表达的许多观点间接地受益于我们与众多合作者和朋友间无数次富有成果且愉快的讨论。当然，所有直接相关的著作都以参考文献的形式列在每章的最后。还有一些人值得特别提出感谢。除了第一版序言中出现的名字外，我们还要感谢：Peter Branton, Donald Carruthers, Renaud Denoyel, Tina Düren, Erich Müller, Alex Neimark, Jehane Ragai, 'Paco' Rodriguez-Reinoso, Randall Snurr, John Meurig Thomas, Petr Nachtigall, Matthias Thommes, Klaus Unger 和 Ruth Williams。感谢他们长期以来的支持与鼓励。

第一版前言

吸附过程持续增长的重要性（比如，在分离技术中、工业催化和污染控制中）导致新型吸附剂和催化剂方面的科技文献不断增加。而且，在过去的几十年中，各种各样的新程序也被引入到对吸附数据的解释中，特别是对微孔和介孔吸附的分析。最新的进展，比如吸附能量学、网络渗流和密度泛函理论，相对于比较传统的表面覆盖和孔隙填充理论，其意义越来越难以评价，这已经毫不奇怪了。

在本书中，我们努力对粉末和多孔固体吸附气体和液体的原理、方法及应用进行一个介绍性的回顾。我们特别希望本书能够为那些从事吸附研究的所有学生和非专业人士提供参考。我们也相信本书中的一些章节，能够引起那些直接或间接关注分类详细的多孔固体材料的科学家、工程师和技术人员的兴趣。

我们明白现在很少有人能够有时间或者愿意逐页地去阅读一本科学书籍，而且，也知道有些读者希望查找的是简明的基本原理或方法，另一些读者则对比如活性炭或者氧化物的吸附性质更感兴趣。因为一些原因，我们没有采用更传统一些的物质分类方法，即每种理论之后紧跟着对它应用的详细描述。相反，这本书的结构框架是这样的：第 1～5 章对吸附的原理、热力学和方法学进行一个总的概述；第 6～8 章运用吸附方法讨论表面积和孔径大小（也是概述）；第 9～12 章介绍并讨论各种不同吸附剂（活性炭、氧化物、黏土、分子筛）的一些典型吸附等温线和能量学；第 13 章给出结论和推荐。

这本书通篇的重点在于确定和解释吸附平衡和其中的能量学，而不太强调吸附动力学和化学工程方面的问题，当然这二者都是非常重要的课题，留给其他作者来完成。因为我们是想为吸附科学的初学者提供一些有用指导，所以我们的方式在一定程度上还是循规蹈矩的。基于此，本书并不能给出有关粉末与多孔固体吸附方方面面的全面讨论，而且其中涉及的物质也是有限的。鉴于书中只是选取了部分论文和其他优秀的研究成果，有可能会引起国际吸附协会一些成员的不快。对此，我们只能解释为书中第 13 章中总结的，选取的内容只是出于解释和说明吸附最基本原理的需要。

本书中的许多观点是在过去三四十年间由无数的合作研究发展而来的。许多合作者的名字就列在每章末尾给出的参考文献中。我们真诚地感谢所有同意此书出版的作者和出版商。为了保持清晰和比如数据单位的一致性，大部分的图片都经过了修改。

对以下合作者提供的信息我们要表达衷心的谢意，他们分别是：D. Avnir, F.S. Baker, F. Bergaya, M. Bienfait, R.H. Bradley, P.J. Branton, P.J.M. Carrott, J.M. Cases, B.R. Davis, M. Donohue, D.H. Everett, G. Findenegg, A. Fuchs, P. Grange, K.E. Gubbins, K. Kaneko, N.K. Kanellopoulos, W.D. Machin, A. Neimark, D. Nicholson, T. Otowa, R. Pellenq, F. Rodriguez-Reinoso, N.A. Seaton, J.D.F. Ramsay, G.W. Scherer, W.A. Steele, F. Stoeckli, J. Suzanne, J. Meurig Thomas, K.K. Unger 和 H. Van Damme。

特别的感谢要送给给予了我们很多宽容与鼓励的 Y. Grillet, R. Denoyel 和 P.L. Llewellyn，还有为本书提供高质量插图的 P. Chevrot 以及在本书出版过程中始终如一辛勤工作的 M.F. Fiori 女士。

最后，我们还要在此表达对 S. John Gregg 博士的深深敬意，他用超过 60 年时间，为吸附和表面科学领域做出了领袖型的贡献。

符号列表

以下符号基本遵循国际纯粹化学与应用联合会（IUPAC）的推荐：

a	比表面积	P	概率
A	表面积	q	电荷
$a(\text{ext})$	外比表面积	Q	热量
b	朗格缪尔吸附系数	r	孔隙半径
B	结构常数 D-R（Dubinin-Radushkevich）	r	曲率半径
		R	气体常数
B_m	第二维利（摩尔）系数	s	斜率
		S	熵
$c(\text{B})$	浓度 $\left(=\dfrac{n(\text{B})}{V}\right)$	t	多分子层的厚度
C	BET (Brunauer, Emmett and Teller) 常数	T	热力学温度
		U	内能
d	分子直径或粒径	V	体积
l	一维线性尺寸	w	孔隙宽度
D	D-R 常数（Dubinin-Radushkevich）	W	功
		x	摩尔分数
E	能量	y	摩尔分数
E_0	在极低覆盖范围的吸附摩尔能量	z	表面距离
E_1	第一层的吸附摩尔能量	α	极化率
E_L	液化能	α_s	两个吸附量之比，其中一个用于 α_s 方法的参比
F	定义为 $U–TS$ 的亥姆霍兹能		
G	定义为 $H–TS$ 的吉布斯能	ε	孔隙度；成对相互作用能
H	定义为 $U + pV$ 的焓	φ	势能
H	狭缝平行墙中原子核之间的距离	ϕ	热通量，定义为 dQ/dt
i	截距	γ	表面张力
k	玻尔兹曼常数	$\gamma(\text{S0})$	或 γ^s，清洁固体表面张力
k_H	亨利常数	$\gamma(\text{SG})$	或 γ，与气体平衡的固体表面张力
K	平衡常数	$\gamma(\text{SL})$	与液体平衡的固体表面张力
K	开尔文（SI 单位）	Γ	表面过剩浓度，定义为 n^o/A
L	阿伏伽德罗常数	μ	化学势
m	质量	π	传播压力，定义为 $\gamma(\text{S0})–\gamma(\text{SG})$ 或 $\gamma^s–\gamma$
M	摩尔质量		
n	物质的量	ρ	质量密度（或体积质量）
n	比表面吸附量	σ	分子截面积
N	基本实体数	τ	吸附空间中的表面距离
N	层数	θ	表面覆盖，定义为两个表面过剩量的比率，其中一个为参比
p	压力		
$p^\ominus$	标准压力	θ	摄氏温度
p^o	饱和压力		

上角标

g　　气体或蒸气
l　　液体
s　　固体
aq　水溶液
a　　吸附的（在层模型中）
σ　　表面过剩（在吉布斯表示法中）
i　　界面
⊖　　标准
*　　纯物质
∞　　无限稀释

下角标

m　　与完全单层有关
p　　孔

任何状态变量（如 T, V, p, A, n）作为一个物理量的下角标时，都表示该变量保持不变（如 $G_{T,p}$; $V_{T,p}$; $H_{298.15}$）。

算子 Δ 的应用

符号 Δ 后紧跟一个下角标用来表示一个物理或化学过程中量的变化。本书中主要用到的下角标有以下这些：

vap　汽化
liq　液化
sub　升华
fus　融化
trs　相变
mix　混合
sol　溶液（溶剂中的溶质）
dil　稀释（对溶液）
ads　吸附
dpl　取代
imm　浸入

物理量换算

1 bar = 100 kPa
1 atm = 101.325 kPa
1 Torr = 133.322 Pa

参考文献

Cohen, E.R., Cvitas, T., Frey, J.G., Holmström, B., Kuchitsu, K., Marquardt, R., Mills, I.,Pavese, F., Quack, M., Stohner, J., Strauss, H.L., Takami, M., Thor, A.J., 2007. Quantities,Units and Symbols in Physical Chemistry, third ed. RSC Publishing, Cambridge, UK.

目录

第 1 章 　绪言
1

1.1　吸附的重要性　/1

1.2　吸附的历史　/1

1.3　定义及术语　/5

1.4　物理吸附和化学吸附　/9

1.5　吸附等温线的类型　/9

1.5.1　气体物理等温线分类　/9

1.5.2　气体的化学吸附　/12

1.5.3　溶液的吸附　/12

1.6　物理吸附能和分子模拟　/12

1.7　扩散吸附　/17

参考文献　/18

第 2 章 　气/固界面的吸附热力学
21

2.1　引言　/21

2.2　单一气体吸附的定量表示　/22

2.2.1　压力不超过 100 kPa 时的吸附　/22

2.2.2　压力超过 100 kPa 及更高时的吸附　/25

2.3　吸附的热力学势　/28

2.4　Gibbs 表示中与吸附态有关的热力学量　/32

2.4.1　摩尔表面过剩量的定义　/32

2.4.2　微分表面过剩量的定义　/33

2.5　吸附过程中的热力学量　/34

2.5.1　微分吸附量的定义　/34

2.5.2　积分摩尔吸附量的定义　/36

2.5.3　微分和积分摩尔吸附量的优点及局限性　/36

2.5.4　积分摩尔吸附量的评估　/37

2.6　从一系列实验物理吸附等温线间接推导吸附量：等比容法　/38

2.6.1　微分吸附量　/38

2.6.2　积分摩尔吸附量　/40

2.7　由量热数据推导吸附量　/41

2.7.1　非连续过程　/41

2.7.2　连续过程　/42

2.8 测定微分吸附焓的其他
方法 / 43

2.8.1 浸润式量热法 / 43

2.8.2 色谱法 / 44

2.9 高压状态方程：单一气体和混合
气体 / 44

2.9.1 纯气体情况下 / 44

2.9.2 混合气体情况下 / 46

参考文献 / 47

第 3 章

气体吸附法

49

3.1 引言 / 49

3.2 表面过剩量（及吸附量）的
测定 / 50

3.2.1 气体吸附测压法（仅测量
压力） / 50

3.2.2 重量法气体吸附（测量质量和
压力） / 56

3.2.3 流量控制或监测条件下的气体
吸附 / 59

3.2.4 气体共吸附 / 62

3.2.5 校准方法和修正 / 63

3.2.6 其他关键方面 / 71

3.3 气体吸附量热法 / 73

3.3.1 可用设备 / 73

3.3.2 量热程序 / 77

3.4 吸附剂脱气 / 79

3.4.1 脱气目标 / 79

3.4.2 传统真空脱气 / 79

3.4.3 CRTA 控制的真空脱气 / 81

3.4.4 载气脱气 / 82

3.5 实验数据的呈现 / 83

参考文献 / 84

第 4 章

固/液界面的吸附：热力学和方法学

87

4.1 引言 / 87

4.2 纯液体中固体浸润的
能量 / 88

4.2.1 热力学背景 / 88

4.2.2 纯液体中浸润式微量热法实验
技术 / 96

4.2.3 纯液体浸润式微量热法的

应用 / 101

4.3 液体溶液中的吸附 / 110

4.3.1 二元溶液吸附量的定量
表达 / 111

4.3.2 溶液吸附中能量的定量
表示 / 117

4.3.3 研究溶液吸附的基本实验

方法　/119
4.3.4　溶液吸附的应用　/126

参考文献　/130

第5章

气/固界面上物理吸附等温线的经典阐述

5.1　引言　/135
5.2　纯气体的吸附　/135
5.2.1　与吉布斯吸附方程相关的方程：在可用表面上或微孔中的吸附相的描述　/135
5.2.2　Langmuir 理论　/139
5.2.3　多层吸附　/141
5.2.4　Dubinin-Stoeckli 理论：微孔填充　/148

5.2.5　Ⅵ 型等温线：物理吸附层的相变　/150
5.2.6　经验等温方程　/153
5.3　混合气体的吸附　/155
5.3.1　扩展的 Langmuir 模型　/155
5.3.2　理想吸附溶液理论　/157
5.4　结论　/158
参考文献　/158

第6章

模拟多孔固体物理吸附

6.1　引言　/162
6.2　多孔固体的微观描述　/163
6.2.1　结晶材料　/163
6.2.2　非结晶材料　/164
6.3　分子间势能函数　/165
6.3.1　吸附质/吸附剂相互作用的一般表达　/165
6.3.2　"简单"吸附质/吸附剂体系的常用策略　/167
6.3.3　更"复杂"的吸附质/吸附剂体系示例　/168
6.4　表征计算工具　/170

6.4.1　引言　/170
6.4.2　可接触的比表面积　/170
6.4.3　孔体积/PSD　/173
6.5　模拟多孔固体物理吸附　/174
6.5.1　GCMC 模拟　/174
6.5.2　量子化学计算　/186
6.6　模拟多孔固体中扩散　/190
6.6.1　基本原理　/190
6.6.2　单组分扩散　/192
6.6.3　混合气体扩散　/195
6.7　结论与未来挑战　/196
参考文献　/197

第 7 章

通过气体吸附测定表面积

201

7.1 引言 /201

7.2 BET 方法 /202

7.2.1 简介 /202

7.2.2 BET 图 /203

7.2.3 BET 单层吸附量的有效性 /205

7.2.4 无孔和介孔吸附剂的 BET 面积 /207

7.2.5 微孔固体的 BET 吸附面积 /211

7.2.6 BET 面积的一些应用 /213

7.3 等温线分析的经验方法 /214

7.3.1 标准吸附等温线 /214

7.3.2 t 方法 /215

7.3.3 α_s 方法 /216

7.3.4 对比图 /218

7.4 分形方法 /219

7.5 结论和建议 /222

参考文献 /223

第 8 章

介孔的测定

228

8.1 引言 /228

8.2 介孔体积、孔隙率和平均孔径 /229

8.2.1 介孔体积 /229

8.2.2 孔隙率 /230

8.2.3 液压半径和平均孔径 /230

8.3 毛细凝聚和 Kelvin 方程 /231

8.3.1 Kelvin 方程的推导 /231

8.3.2 开尔文方程的应用 /233

8.4 介孔尺寸分布的经典计算 /235

8.4.1 基本原则 /235

8.4.2 计算过程 /236

8.4.3 多层吸附厚度 /239

8.4.4 Kelvin 方程的有效性 /240

8.5 介孔尺寸分布的 DFT 计算 /241

8.5.1 基本原则 /241

8.5.2 77 K 下的氮气吸附 /244

8.5.3 87 K 下氩气吸附 /245

8.6 回滞环 /246

8.7 结论和建议 /252

参考文献 /252

第9章
微孔评估

9.1 引言 /257

9.2 气体物理吸附等温线
分析 /259

9.2.1 经验法 /259

9.2.2 Dubinin-Radushkevich-Stoeckli
法 /260

9.2.3 Horvath-Kawazoe(HK)法 /262

9.2.4 密度泛函理论 /263

9.2.5 壬烷预吸附法 /264

9.2.6 吸附物和温度的选择 /266

9.3 微量热法 /267

9.3.1 浸没微量热法 /267

9.3.2 气体吸附微量热法 /269

9.4 结论和建议 /269

参考文献 /270

第10章
活性炭吸附

10.1 引言 /273

10.2 活性炭：制备、性质和
应用 /274

10.2.1 石墨 /274

10.2.2 富勒烯和纳米管 /276

10.2.3 炭黑 /278

10.2.4 活性炭 /280

10.2.5 超活性炭 /283

10.2.6 碳分子筛 /284

10.2.7 ACFs 和碳布 /285

10.2.8 整体材料 /286

10.2.9 碳气凝胶和 OMCs /287

10.3 无孔碳的气体物理
吸附 /288

10.3.1 氮气和二氧化碳在炭黑上的
吸附 /288

10.3.2 稀有气体吸附 /292

10.3.3 有机蒸气吸附 /295

10.4 多孔碳气体物理吸附 /297

10.4.1 氩气、氮气和二氧化碳
吸附 /297

10.4.2 有机蒸气吸附 /306

10.4.3 水蒸气吸附 /311

10.4.4 氦气吸附 /316

10.5 碳-液界面处的吸附 /318

10.5.1 浸润式量热仪 /318

10.5.2 溶液中的吸附 /320

10.6 LPH 和吸附剂变形 /322

10.6.1 背景介绍 /322

10.6.2 激活入口 /322

10.6.3 低压滞后 /323

10.6.4 扩张和收缩 /324

10.7 活性炭表征：结论和
建议 /324

第11章
金属氧化物吸附

335

11.1 引言 / 335

11.2 二氧化硅 / 335

11.2.1 热解二氧化硅和结晶二氧化硅 / 335

11.2.2 沉淀二氧化硅 / 342

11.2.3 硅胶 / 344

11.3 氧化铝：结构、材质和物理吸附 / 352

11.3.1 活性氧化铝的介绍 / 352

11.3.2 原材料 / 353

11.3.3 水合氧化铝的热分解 / 356

11.3.4 活性氧化铝的合成 / 361

11.4 二氧化钛粉末和凝胶 / 364

11.4.1 二氧化钛颜料 / 364

11.4.2 金红石：表面化学和气体吸附 / 365

11.4.3 二氧化钛凝胶的孔隙率 / 370

11.5 氧化镁 / 372

11.5.1 非极性气体在无孔 MgO 上的物理吸附 / 372

11.5.2 多孔形式 MgO 的物理吸附 / 374

11.6 其他氧化物 / 377

11.6.1 氧化铬凝胶 / 377

11.6.2 氧化铁：FeOOH 的热分解 / 379

11.6.3 微晶氧化锌 / 381

11.6.4 水合氧化锆凝胶 / 382

11.6.5 氧化铍 / 385

11.6.6 二氧化铀 / 386

11.7 金属氧化物吸附性质的应用 / 388

11.7.1 作为气体吸附剂、干燥剂的应用 / 388

11.7.2 作为气体传感器的应用 / 389

11.7.3 作为催化剂和催化剂载体的应用 / 389

11.7.4 颜料和填料应用 / 390

11.7.5 在电子产品中的应用 / 390

参考文献 / 390

第12章
黏土、柱撑黏土、沸石和磷酸铝的吸附

397

12.1 引言 / 397

12.2 结构、形貌和层状硅酸盐吸附剂的性质 / 398

12.2.1 结构和层状硅酸盐的形貌 / 398

12.2.2 层状硅酸盐的气体物理吸附 / 402

12.3　柱撑黏土（PILC）：结构和属性　/411

12.3.1　柱撑黏土的形成和属性　/411

12.3.2　柱撑黏土对气体的物理吸附　/412

12.4　沸石：合成、孔隙结构和分子筛性质　/415

12.4.1　沸石的结构、合成和形貌　/415

12.4.2　分子筛沸石吸附剂性质　/419

12.5　磷酸盐分子筛：背景和吸附剂的性质　/430

12.5.1　磷酸盐分子筛的背景　/430

12.5.2　铝磷酸盐分子筛吸附剂的性质　/432

12.6　黏土、沸石和磷酸盐基底的分子筛的应用　/438

12.6.1　黏土的应用　/438

12.6.2　沸石的应用　/439

12.6.3　磷酸盐分子筛的应用　/441

参考文献　/441

第13章
有序介孔材料的吸附
448

13.1　引言　/448

13.2　有序介孔二氧化硅　/449

13.2.1　M41S 系列　/449

13.2.2　SBA 系列　/459

13.2.3　大孔的有序介孔二氧化硅　/463

13.3　表面功能化对吸附性质的影响　/466

13.3.1　金属氧化物结合到壁中　/466

13.3.2　金属纳米粒子封装到孔中　/469

13.3.3　表面嫁接有机配体　/470

13.4　有序的有机硅材料　/472

13.5　复制材料　/473

13.6　结束语　/475

参考文献　/475

第14章
金属有机框架材料（MOFs）的吸附
480

14.1　引言　/480

14.2　MOFs 的 BET 比表面积评估及意义　/482

14.2.1　BET 比表面积的评估　/482

14.2.2　BET 比表面积的意义　/485

14.3　改变有机配体性质的影响　/486

14.3.1　改变配体长度　/486

14.3.2　将配体功能化　/490

14.4　改变金属中心的影响　/491

14.5 改变其他表面位点性质的
    影响 / 497

14.6 非框架物质的影响 / 501

14.7 柔性 MOF 材料的特殊
    例子 / 503

14.7.1 MIL-53（Al, Cr） / 505

14.7.2 MIL-53（Fe） / 508

14.7.3 Co（BDP） / 510

14.8 MOF 材料的应用 / 512

14.8.1 气体存储 / 513

14.8.2 气体分离与纯化 / 513

14.8.3 催化 / 514

14.8.4 药物缓释 / 514

14.8.5 传感器 / 515

14.8.6 与其他吸附剂的比较 / 515

参考文献 / 515

索引 / 521

第 1 章 | 绪言

Francoise Rouquerol [1], *Jean Rouquerol* [1], *Kenneth S.W. Sing* [1], *Guillaume Maurin* [2], *Philip Llewellyn* [1]

1 Aix Marseille University-CNRS, MADIREL Laboratory, Marseille, France
2 University of Montpellier 2, Institute Charles Gerhardt, Montpellier, France

1.1 吸附的重要性

当固体表面暴露于气体或液体中时就会发生吸附现象，吸附表现为在界面附近物质的富集或流体密度的增加。在一定条件下，吸附伴随着某一特定组分浓度的明显增多，而整体效果则依赖于界面面积的范围。因此，所有的工业吸附剂都具有大的比表面积（一般不低于 $100 \ m^2 \cdot g^{-1}$），并且是多孔或具有精细颗粒的物质。

吸附具有技术重要性（Dabrowski, 2001），因此，一些吸附剂被大量地用作干燥剂、催化剂或催化剂载体；另一些则被用作分离或储存气体、净化液体、控制药物的缓释、污染控制以及呼吸防护。此外，吸附技术还在许多固态反应和生物机理中发挥重要作用。

吸附技术广泛应用的另一个原因，是它与染料、填料和水泥等精细颗粒物质的表面性质和结构的表征有关。同时，许多科研和工业实验室中也进行着对多孔物质如黏土、陶瓷和膜等的吸附测量。特别是在确定各种各样粉末和多孔物质的表面积和孔径分布时，气体吸附技术被应用得越来越广泛。

1.2 吸附的历史

吸附现象是古代人发现的。古埃及人、古希腊人和古罗马人已经学会使用黏土、沙子和木炭进行吸附（Robens, 1994）。这些吸附技术的应用很广，包括海水的淡化、油脂的分离、多种疾病的治疗等。

人们很早就知道，某种木炭能够吸附大量的气体。已知最早的定量研究是在

1773 年由 Scheele 进行的，之后分别于 1775 年和 1777 年由 Priestley 和 Abbé Fontana 独立完成了研究（Deitz，1944；Forrester 和 Giles，1971）。木炭的脱色性质最早是在 1785 年由一名俄国化学家 Lowitz 研究的。1814 年，de Saussure 发现了气体吸附的放热性质。Mitscherlich（1843）认为多孔碳中吸附的气体的量很可能是与气体在液态的量相当。这一观点促使 Favre（1854，1874）研究了"气体对固体的润湿性"，并且运用吸附量热法来验证各种气体在木炭上的吸附热大于液化热，这种现象他认为是由于邻近的孔壁具有较高的密度所致。直到 1879—1881 年间，Chappuis（1879；1881a,b）和 Kayser（1881a,b）才第一次试图把气体的吸附量与气压联系起来。之后，Kayser（1881a,b）引入了"吸附"（adsorption）概念。随后的几年，"等温"和"等温曲线"也开始应用在常温下的吸附测量的结果中（Forrester 和 Giles，1971）。

Leslie 在 1802 年发现，向粉末中加入液体能够产生热。1822 年 Pouillet 就描述了将干砂浸泡在水中所生成的热。这一放热现象在法国被称为"Pouillet 效应"。Gore（1894）意识到这一过程产生的热量与粉末的表面积有关，而 Gurvich（1915）则提出还与液体的极性以及粉末的性质有关。

第一个液体等温线是 1881 年由 van Bemmelen 报道的（Forrester 和 Giles，1972）。在对土壤这种吸附性粉末的研究中，van Bemmelen 注意到了胶状结构的重要性，并开始留意与土壤接触的溶液的最终态（也就是，平衡浓度）与胶状结构的相关性。此后的 20 年间，一系列的溶质-固体等温线被报道，其中包括木炭和其他吸附剂对碘和其他染料的吸附。但许多研究者仍然坚持这一过程包含了对固体结构的渗透。1907 年，作为认识到固体表面重要性的人之一，Freundlich 提出了一个等温线的总的数学关系式，也就是现在所说的"Freundlich 吸附方程"。

1909 年，McBain 报道了炭对氢气的吸附经历了两个过程：一是快速的吸附过程，之后是一个慢速的向固体内部的吸附过程。McBain 创造了"吸附"（sorption）这个词来涵盖这两个过程。近年来，人们也发现，当两个过程很难有一个清晰的分界，或者用以描述分子渗透入很窄的孔径时，使用"吸附"这个词是很方便的（Barrer，1978）。

20 世纪的早些年，人们对气体吸附展开了各种各样的定量测量。其中，对气体吸附数据的理论解释做出最重要贡献的是 Zsigmondy、Polanyi 和 Langmuir。他们的观点为 20 世纪前 50 年的研究奠定了基础。

1911 年 Zsigmondy 指出，蒸气的冷凝可以在低于本液体正常蒸气压的压力下，在非常窄的孔径中发生。这一解释针对硅胶对水蒸气的大量吸收这一现象，同时对 1871 年 Thomson（Lord Kelvin）提出的概念（参见 Sing 和 Williams，2012）进行了拓展。现在人们普遍接受毛细冷凝在多孔固体的物理吸附中占有重要作用，但是 Zsigmondy 最初提出的理论并不能应用在分子尺度的孔上。

1914 年，Polanyi 在一个较老的概念"固体表面产生的长程吸引力"上发展出一个新理论——吸附层是一个随着距表面距离的增加其密度不断降低的厚压缩膜。最初的"势论"并没有给出吸附等温线公式，而是提供了一种制作"特征曲线"的方法，将特定体系的吸附势能与吸附量相关联。尽管一开始备受关注，但是人们很快发现这一揭示势能理论的原理与正在如火如荼发展起来的"分子间力"不相符合。不过，"特征曲线"这一概念随后被 Dubinin 和他的合作者们完善，并应用在他们的"微孔填充"理论中。

1916 年，表面科学方法迎来了彻底的转变。这一年，第一批"朗缪尔（Langmuir）的不朽论文"出现了（1916, 1917, 1918）。Lord Rayleigh 关于"水面上的极油膜只有单分子厚度"的早期观点没有得到应有的关注，而朗缪尔收集所有这些证据来证明"单分子层"这一概念，从而做出了重要贡献。他指出，发生在固体和液体表面的吸附通常都包含单分子层的形成。今天看来，朗缪尔理论无疑为表面科学带来了新的振兴。

朗缪尔对于气体吸附和不溶性单分子层的研究，为后来溶液的吸附解释奠定了基础。根据朗缪尔理论，溶质等温线出现平台就代表单分子层已经形成，而单层容量可以通过朗缪尔公式进行推导，就完全可以理解了。

气体吸附历史上的另一个重要阶段是出现了 Brunauera 和 Emmett 的工作，他们在 1938 年发表了关于 Brunauer-Emmett-Teller（BET）的论文。1934 年，Emmett 和 Brunauer 第一次尝试运用氮气的低温吸附来确定铁合成氨催化剂的表面积。他们注意到，一些气体在它们的沸点或接近沸点的温度下测量得到的吸附等温线，均为"S"形，且具有相似的鲜明特征。包括朗缪尔在内的其他人，意识到这一类型的吸附并不总是局限于单层覆盖。于是，Emmett 和 Brunauer（1937）开始根据经验来研究多层吸附的情况。最终，他们确定了单层的形成以吸附等温线接近线性的开始（指定点 B，见图 5.2）为特征，通过进一步假设形成的单分子层为一紧密堆积态，就可以用 B 点的吸附量来确定表面面积。1938 年，BET 理论的发表正式奠定了通过 B 点判断单分子层形成的基础，并开启了多层吸附的研究新阶段。

BET 理论的历史重要性并未被高估。在超过 70 年的时间里，它持续吸引着大量的关注（Davis 和 Sing，2002）。确实，BET 方法已经成为测量各种各样精细颗粒和多孔物质（Gregg 和 Sing，1982；Rouquerol 等，1999）表面积的一种标准方法。另一方面，人们现在也普遍认识到，该理论建立在一个过于简单的多层吸附模型上，只有在规定一些特定条件下，BET 方法才具有可靠性（见第 7 章和第 14 章）。

在 20 世纪 30 年代早期，人们越来越认识到包含了范德华相互作用力的物理吸附和通过化学键与吸附分子相连的化学吸附之间是有明显区别的。Taylor 在 1932 年引入了"活化吸附"的概念，通过与化学动力学中活化能的类比，试图解释表面上形成化学键引起的升温所带来的吸附速率的显著增加。"活化吸附"理论先是带来了大批的批评者，但随着真空技术的发展，人们发现一些特殊的气体如氧气，能够快速地化学吸附在干净的金属表面，而另一些化学吸附体系，则确实展示出了活化吸附的特征（Ehrlich, 1988）。

在 1916 年的论文中，朗缪尔陈述道：高度多孔的吸附剂如木炭"很难确切知道发生吸附的面积到底有多大""在一些空间中，分子被碳原子从几乎所有的方向上紧密地包裹着"。他总结说，平面的公式并不适用于木炭的吸附。遗憾的是，他的这些观察被很多研究者所忽略，他们把朗缪尔的单层公式应用到沸石、活性炭和其他具有分子尺寸孔径（如微孔）吸附剂的吸附数据上。

不过，朗缪尔的这些理论还是得到了莫斯科科学家 Dubinin 和他的合作者们的欣赏，他们提出更多证据证明窄孔径中的物理吸附与宽孔径（如介孔）或开放界面上的吸附机理并不相同。Dubinin 认为微孔是经过体积填充过程在相对较低的压力下填充的。通过对大量活性炭的研究，他根据不同的宽度将孔分为三类：微孔、过渡孔（现在称为中孔）和大孔。这一标准后来又经过了修改（见表 1.3），但基本原则仍然遵循 Dubinin 的标准（1960）。

另一个在吸附机理的理解方面做出先驱性贡献的是俄罗斯科学家 A. V. Kiselev。在一个大的合作团队的帮助下，经过对各种吸附剂（特别是氧化物、炭和分子筛）的系统研究，Kiselev 证明了极性分子吸附在极性或离子型表面时，存在特殊的相互作用。与此同时，英国的 Barrer 专门研究了物理吸附，他在分子筛沸石的性质方面做出了开创性的工作。

在固体表面吸附气体的早期讨论中，Rideal（1932）强调了固体表面性质和延展度的重要性。他指出：即使给特定表面一个定义都是有难度的，所以对反应物可达到的表面度，最好说成"可及表面"。可接触的表面面积确实是理解吸附的一个基本概念。有时，那个假设的"真实"的吸附剂表面面积会被遗忘，就如同一个制图员需要去测量海岸周长所面临的问题一样。显然，答案是必须依赖于地图的尺寸，即依赖于分辨率和通常情况下测量不规则海岸线的尺度的大小。

在过去的几十年间，人们主要关注表面科学分形分析的应用。Mandelbrot 的早期工作探索了对结构逐渐精细化的复制上，也即自相似性的质量研究。应用于物理吸附，分形分析在不需已知绝对表面面积的情况下，将单层容量和分子面积连接起来。总的来说，这一方法是具有吸引力的，尽管实际上它取决于单层容量导出值的有效性和分子尺度上物理吸附的机理不变的假设成立。在物理吸附中，分形分析的成功将取决于它在精细非孔吸附剂和具有统一孔径大小和形状的多孔固体中的应用。

在过去的 50 年间，许多新型吸附剂被发展完善。较老的工业吸附剂（如活性炭、氧化铝和硅胶）仍在大量生产，但是它们通常为非晶结构，它们的表面和孔结构并不精细，难于表征。越来越多的模型吸附剂具有晶体内孔结构，比如新的 zeotype、磷酸铝和金属有机框架化合物（MOFs）。设计更多具有精细的大小和形状的孔的新型有序结构（比如介孔碳和氧化物）也吸引了越来越多的关注。

现在，各种先进的光谱、显微技术和散射技术也被应用于研究吸附质的状态和吸附剂的微观结构。而且，对等温线和吸附能量数据的实验测量、对模型物理吸附的计算模拟以及对密度泛函理论（DFT）的应用方面，也都获得了巨大进步。

显然，从溶液数据中解释吸附往往是困难的。尽管许多等温线与经典的朗缪尔等温线相似，在明显的浓度范围内，它们却极少遵循朗缪尔方程。很明显，需要考虑溶质与溶剂的竞争、溶质的溶剂化，以及大多数情况下缺失的热力学平衡。

1.3 定义及术语

一些与吸附、粉末和多孔固体相关的主要术语和性质列在表 1.1~表 1.3 中。这些定义与国际与应用化学联合会（IUPAC）（见 Haber, 1991; Rouquerol 等, 1994; Sing 等, 1985）、英国标准协会（British Standards Institution, 1958, 1992）以及其他官方组织（见 Robens 和 Krebs, 1991）所列相一致。同时还参考了目前仍在整理阶段的新的 IUPAC 推荐"气体的物理吸附，特别是对表面积和孔径分布的评价"（M. Thommes, 私人通讯）。

表 1.1 与"吸附"相关的定义

术　语	定　义
吸附（adsorption）	在边界附近某一组分或多组分的富集
吸附质（adsorbate）	物质处于被吸附的状态
吸附物（adsorptive）	液相中的可吸附物质
吸附剂（adsorbent）	具有吸附能力的固体物质
化学吸附（chemisorption）	形成吸附化学键的吸附
物理吸附（physisorption）	未形成吸附化学键的吸附
单层容量（monolayer capacity）	占据所有表面部位所需的化学吸附量或覆盖表面所需的物理吸附量
表面覆盖率（surface coverage）	吸附物质量与单层容量的比例

表 1.2 与"粉末"相关的定义

术　语	定　义
粉末（powder）	尺寸小于 1 mm 的离散颗粒的集合体
细粉（fine powder）	颗粒尺寸小于 1 μm 的粉末
聚集体（aggregate）	松散，非固化的颗粒集合体
团聚体（agglomerate）	刚性，固化的颗粒集合体
压实（compact）	由粉末压实形成的共聚物
针状（acicular）	针形物质
表面积（surface area）	在特定的条件下通过给定的方法（实验或理论方法）得到的物质表面面积

续表

术　语	定　义
比表面积（specific surface area）	在特定的条件下得到的单位质量粉末的表面积
外表面积（external surface area）	（1）颗粒外表面的面积，此时考虑了粗糙度（即所有比深度更宽的空腔），但是忽略孔隙度 （2）微孔外的任意区域的面积
粗糙系数（roughness factor）	外表面积（1）与颗粒周围平滑区域包络面积的比值
分散固体（divided solid）	由一定量独立颗粒构成的固体，其中颗粒可以为粉末，聚合物或者共聚物

如前所述，"吸附"通常指两相间区域某一组分或多组分的富集（也即边界层或吸附空间）。在本部分内容中，其中一相一定指固体，而另一相为流体（气体或液体）。某些特定体系中（比如金属暴露在氢气、氧气或水中），吸附的过程伴随着"吸收"，也就是流体向固相的渗透。正如之前所讲，用"吸附"（sorption）一个词（以及相关的"吸附剂""吸着质""吸着物"）来涵盖吸附（adsorption）和吸收（absorption）两种现象。按照惯例，本书中也是如此。但有些作者所用"吸附（sorption）"是专指分子筛对气体和液体的吸附，但我们不赞成这样。

"吸附"和"解吸"两个词通常能够指示平衡达到的方向。"吸附滞后"是指吸附和解吸达到一个给定的平衡压或体积浓度时，吸附量并没有达到相同水平。在常温下，吸附量和平衡压（或浓度）之间的相关性，即"吸附等温线"。

"表面积"这个术语，在当前的文献中，用的比较混乱。基本上可以这样概括：①对某一吸附中可获得的"实验可测表面积"，将在第 7 章中进行描述；②实际的"r 距离表面积"，将在第 6 章对其定义。实际上，通过特殊实验过程得到的表面积其物理意义经常是很难评价的。这是一个具有很多不同观点的争议性问题，在本书后面的章节（例如，第 6、7、10、14 章）中会有更详细的讨论。

"粉末"，很容易识别，即大量小的干燥颗粒，但作为准确定义不太恰当。"细粉"这个词语，也经常被不准确地使用，但用它来指代颗粒小于 1 mm 的物质（即胶体尺寸的颗粒）还比较合理。单位质量的细粉包含了大量的小颗粒，因此一定具有相当大的表面积。

举个最简单的例子，一堆球形的颗粒，都具有相同的直径 d，其几何比表面积 a（假设表面完全光滑）可以用下面的关系式表达

$$a = \frac{6}{\rho d} \tag{1.1}$$

式中，ρ 是颗粒的绝对密度。

据此，直径为 1 mm、密度为 3 g·cm^{-3} 的光滑球形颗粒构成的粉末，其比表面积为 2 m^2·g^{-1}。对于立方形的粒子，计算方法完全相同，只是此时的 d 为立方体的边长。

　　显然，如果颗粒形状不是球形或立方形，那么计算颗粒的体积就比较困难。对一些简单几何形状的情况，计算表面积可能会用到一个线性尺寸 l_x。尤其是当粒子长宽比足够大时，l_x 要取最小尺寸。因此，当颗粒很薄或很长（平面形或杆状）时，厚度就成为决定比表面积的主要因素（Gregg 和 Sing，1982）。

　　完美的球形太难得，但有些高温（如热解二氧化硅）或通过溶胶凝胶过程产生的粉末中可以存在类球形的颗粒。"球状"这个词很有用，它有几种不同的定义，其中最简单的一种是指给定粒子相同体积的球形表面积与该粒子实际表面积之比（Allen，1990）。

　　细粉中的单个颗粒（原生颗粒）总是聚集形成聚合物或者共聚物。随意键合的聚合物是松散且非刚性的，但经过烧结或老化后，它们会逐渐变成刚性和固化的聚合物。研磨，可以让固化的物质分解或部分分解。共聚的过程包含颗粒的桥接或胶结，而不要与奥斯特瓦尔德成熟过程相混淆，后者是指由小颗粒逐渐长大为大颗粒。很明显，共聚物应该被看作"次生"颗粒，它总是含有内表面。很多情况下，内表面成为颗粒表面积的主要来源，而共聚物也具有了良好的孔隙结构。

　　根据体积大小对孔进行分类已经讨论了很多年，但过去"微孔"和"大孔"这些词主要被物理化学家和其他科学家用作它途。为了明确这一问题，IUPAC（Everett，1972；Sing 等，1985）提出了表 1.3 中所列的不同种类的孔的大小限制。如表中所述，"孔径"通常特指孔的宽度，即两个相对壁间的可用距离。显然，当孔的形状具有明确的几何结构时，孔径具有精确的数值。然而，大多数情况下，孔径的决定性因素在于那个最小的尺寸，通常也用这个尺寸来代表有效孔隙大小。

表 1.3　与"多孔固体"相关的定义

术　语	定　义
多孔固体（porous solid）	具有较宽的空腔或孔道的固体
开孔（open pore）	物质表面与外界连通的空腔或孔道
连通孔（interconnected pore）	与其他孔相通的孔
盲孔或死孔（blind porea or dead-end pore）	孔与表面只有单一的连接
闭孔（closed pore）	物质表面未与外界连通的空腔
孔隙（void）	颗粒之间的空间
微孔（micropore）	内部宽度>2 nm 的孔
介孔（mesopore）	内部宽度介于 2～50 nm 间的孔
大孔（macropore）	内部宽度<50 nm 的孔
纳米孔（nanopore）	内部宽度小于 100 nm 的孔
孔径（pore size）	孔宽（圆柱形孔道的直径或者两个相对壁间的距离）
孔体积（pore volume）	通过特定的方法测得的孔道的体积
孔隙度（porosity）	颗粒或粉末的总孔体积与表观体积的比值

续表

术　语	定　义
总孔隙度（total porosity）	孔隙和孔道（开孔和闭孔）的体积与固体体积的比值
开孔率（open porosity）	孔隙和开孔的体积与固体体积的比值
表面积（surface area）	在特定的条件下通过给定的方法（实验或理论方法）得到的物质表面面积
外表面积（external surface area）	（1）所有孔道外表面的面积；（2）微孔外的区域的面积
内表面积（internal surface area）	（1）所有孔壁面积；（2）所有微孔壁的面积
真密度（true density）	固体的密度（不包括孔道和孔隙）
表观密度（apparent density）	由特定方法测得的密度（其中包括闭孔和不可及孔道）

微孔和中孔在吸附中特别重要。尽管近年来倾向于使用"纳米孔"这个词，但对于超过 100 nm 的孔并不推荐使用。

根据表 1.3 中的定义画出了各种不同类型的孔的示意图，列在图 1.1 中。除了"闭孔"和"开孔"之外，还要能够区分"盲孔"（或叫"有进无出孔"）和"连通孔"，在膜的两端均开放的孔或多孔塞称作"透孔"。

"孔隙度"通常定义为孔或隙的体积与固体所占体积之比。但要明白，记录得到的孔隙度并不仅仅是由物质特性决定，因为它经常也与评价孔及固体体积的方法有关。孔体积经常被认为是开孔的体积，但有可能还要计算上闭孔的体积。而且，记录值还很可能依赖于探针分子的性质和实验条件。

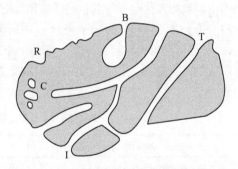

图 1.1　各种不同类型的孔的示意图：闭孔（C），盲孔（B），透孔（T），连通孔（I）以及粗糙度（R）（引自 Rouquerol, 1990）

将粗糙度与孔隙度以及孔与隙区别开来并不容易。原则上，一个方便且惯常的看法是粗糙度包括所有宽度比深度大的不规则表面。据此，固体的"外表面积"要么是不包括孔的粗糙面面积，要么是微孔外面的面积。相似地，"内表面积"指所有孔的壁面积或者微孔的面积。孔隙度是物质的固有性质，而孔隙是颗粒之间的空间，依赖于堆积条件和颗粒配位数。

显然，对许多真实的多孔物质的描述是件复杂的事，因为孔的大小、形状分布太过宽泛，孔隙网络也太复杂。为了方便一些理论的应用，通常假设孔的形状是圆柱型的，虽然这与实际体系并不相符。对有些物质，把它们的孔看作球状颗粒之间的狭缝或间隙似乎更好。计算模型的进步和渗透理论的应用让研究孔与它们传输性能之间的关联成为可能。

孔结构能够通过几种不同的方法产生。第一，"内晶"是某些晶体结构的固有组成部分，比如沸石、MOFs 和一些黏土。这类孔通常具有分子尺寸，且排列有序。第二，多孔物质由小颗粒聚合而成（前面已提到）。固化体系的孔结构（如干凝胶）主要依赖于原生颗粒的尺寸和堆积密度，因此其过程是可构的。第三，通过移取形成孔结构，即从原结构中去掉某部分来造孔，比如氢氧化物或碳酸盐的热解或者通过沥滤来得到多孔玻璃。

1.4 物理吸附和化学吸附

吸附是发生在固体和流动相中的分子之间的相互作用。这中间包含两种力：物理的吸附力（物理吸附）和化学吸附力。物理吸附力类似于使蒸气凝结和偏离理想气体行为发生的作用力，而化学吸附力如同使化合物形成的作用力。

物理吸附和化学吸附二者最重要的区别如下：

① 物理吸附具有高的普遍度和低的特异性。

② 化学吸附的分子与表面的活性部分相连接，吸附只发生在单层上。而在较高的压力下，物理吸附通常发生于多层。

③ 发生物理吸附的分子能够保持它的原有性质，当解吸发生重新回到流动相时，它能保持原有形式不变。而发生化学吸附的分子经历了反应或解离后，它会失去原有性质，不能通过解吸而复原。

④ 化学吸附所需能量与化学变化中的能量相当。物理吸附通常为放热过程，但所涉及的能量并不比吸附的凝结能更大。不过，当物理吸附发生在窄孔中时，能量会显著增加。

⑤ 化学吸附中通常需要活化能，在较低温度下，体系通常没有足够的热能来维持热力学平衡。物理吸附通常能够快速达到平衡，但如果转移过程是决速步骤，平衡就慢。

1.5 吸附等温线的类型

1.5.1 气体物理等温线分类

吸附的气体量 n^a 与固体质量 m^s 的比值，取决于平衡压 p、温度 T 和气-固体系的性质。对于常温下吸附在某一固体上的某给定气体，它们之间的关系如下：

$$n^a / m^s = f(p)T$$

（1.2）

如果气体处于临界温度以下，上式可以写成：

$$n^a / m^s = f(p / p^o)T \qquad (1.3)$$

其中，p^o 是吸附气体在温度 T 时的饱和蒸气压。

式（1.2）和式（1.3）代表已知温度下，单位质量固体吸附量与平衡压（或相对压力）之间关系的吸附等温线。实验吸附等温线通常用图表的形式来表示。

文献报道的气-固体系的实验吸附等温线具有各种特征的形状。这些形状非常重要，因为它们能够提供吸附剂孔结构的初步有用信息，甚至不需要任何精确的计算。在一个扩展的 IUPAC 分类方法中（见图 1.2），大部分蒸气等温线可以被划分为九类。有时，也会有九类之外的情况出现，它们通常会被解释为九类中两类（或更多）的组合，这样的等温线被称为复合等温线。九类中的 I、II、III、IV、V 五类与 Brunauer 等（1940）提出的等温线分类法相似，它们通常被叫做 BDDT 分类法或者 Brunauer 分类法（1945）。

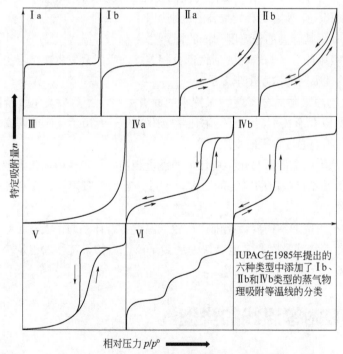

图 1.2　结合 IUPAC 给出的建议得到的蒸气吸附等温线的分类
（引自 Rouquerol 等, 1999; Sing 等, 1985）

Ia 型等温线和 Ib 型等温线为可逆等温线，相对于 p/p^o 轴为凹形。它们在低的相对压时陡峭上升并达到平台，当 p/p^o 趋近 1 时，单位质量固体的吸收量 n^a/m^s 到达极限值。这种等温线出现在微孔吸附剂情况下。在分子尺寸的微孔中，吸附剂和吸附质之间的相互作用会增强。微孔尺寸的降低会引起吸附能的增加和相对压的降低，此时就会出现微孔填充。到达平台只需很小的相对压范围，说明孔的尺寸变化非常小。一个几近水平的平台的出现证明这些微孔具有非常小的外表面积。Ⅰa 型等温线对应着窄的微孔的填充，而Ⅰb 型对应着较宽微孔的情况。对于Ⅰ型等温线，有限的吸附依赖于微孔体积。建议术语"朗缪尔等温线"不要用来描述微孔固体的物理吸附（见第 5 章）。

Ⅱ型等温线先对 p/p^o 轴表现为凹形，然后呈现接近线性的形状，最后对 p/p^o 轴表现为凸形。这种等温线出现在无孔或大孔吸附剂的情况下，在高 p/p^o 值时可以发生无限制的多分子吸附。当平衡压达到饱和蒸气压时，吸附层变为液态或固态。如果等温线的"台阶"非常陡峭，B 点（中间准线性的开始部分）的吸收经常被认为代表着单分子层（单层）的完成和多分子层（多层）形成的开始。从 B 点处的纵坐标可以估计出完成单层吸附时，单位质量固体表面上需要的吸附物的量（单层容量）。如果吸附剂温度在正常的吸附沸点上或以下，就不难在整个 p/p^o 轴范围内建立起吸附-解吸的等温过程。对Ⅱa 型等温线，解吸-吸附等温线的完全可逆（即"吸附滞后"的存在）是开放且稳定界面上正常"单层-多层"吸附需要首先满足的条件。

一些粉末或聚集体（如黏土、染料、水泥）能给出Ⅱ型等温线，并表现出 H_3 型滞后（见 8.6 节）。这类等温线形状对应于图 1.2 中的Ⅱb 型。这种情况下，窄的回滞环是颗粒内毛细冷凝的结果（通常是在非刚性的聚集体内）。

Ⅲ型的等温线在整个 p/p^o 轴范围内为凸形，因此没有 B 点。这种类型的等温线代表非孔或大孔吸附剂上微弱的附着物-吸附剂相互作用。真正的Ⅲ型等温线并不常见。

起始部分与Ⅱ型很像的Ⅳa 和Ⅳb 型等温线，在较高的相对压时出现典型的饱和特征，尽管可能很短甚至只剩一个拐点。中孔吸附剂会出现这种情况。其中，Ⅳa 型等温线比 Ⅳb 型常见得多，它具有回滞环，下段（吸附过程）由气体量的逐渐增加而来，上段（解吸过程）由气体的逐渐减少而来。回滞环与毛细冷凝引起的中孔的填充和腾空有关。Ⅳa 型等温线常见，但具体回滞环的形状却随体系不同而变化（见 8.6 节）。Ⅳb 型等温线完全可逆，且只在几种有序的中孔结构，主要是 MCM-41 中出现（见 13.2 节）。

Ⅴ型等温线相对于 p/p^o 轴首先表现为凸形，在高的相对压时保持水平。在Ⅲ型等温线中，这代表吸附剂-吸着物之间弱的相互作用，而此时代表吸附剂为微孔或中孔固体。一个Ⅴ型的等温线通常显示出与孔填充和腾空相关的回滞环。这种等温线相对而言比较少见。

Ⅵ型等温线，或逐步等温过程，相对也少，并且与高度一致表面如石墨化碳的逐层吸附相关。等温线坡度的陡峭程度与体系和温度有关。

以上是带有理想化的分类，因为，许多实验物理吸附等温线具有"组合"的本性，其余的也比之前认为的更复杂。一些更有意思和不寻常的等温线将在本书后面

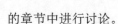

的章节中进行讨论。

1.5.2　气体的化学吸附

与物理吸附中发现大量的各种等温线不同，相对于物理吸附中的 I a 型等温线（见图 1.2），化学吸附通常只能给出简单类型的吸附等温线。当化学键合完成单层时，等温线上出现平台。尽管并不一定严格遵循朗缪尔模型，这些等温线也被称为朗缪尔等温线。在一定条件下，某些体系非常低的化学吸附速率使之很难获得平衡数据。而且，在低温或低压条件下，化学吸附反应是难以觉察到的，除非实验条件发生改变。

1.5.3　溶液的吸附

溶液吸附的一个重要特点是溶质和溶剂之间存在竞争，而这在对实验数据的完整分析中是不可忽视的。在溶液的吸附中，液/固界面上溶质的"表观吸附"，通常通过测量与吸附剂接触的溶液的浓度减少来获得。此种情况下的吸附等温线用溶质的表观吸附对平衡浓度作图。

在低的浓度下（即吸附的大多数实用情况），溶液的等温吸附主要为 Giles 和 Smith 所列的两大类型，对浓度轴表现为凹的 L 形（类似于 IUPAC 分类中的 I 型）和对浓度轴先凹后凸的 S 形（类似于Ⅲ型或 V 型）。具有又长又清晰平台的 L 形等温线与溶质的单层吸附有关，从溶剂而来的竞争也最小。S 形等温线可以用吸附剂-附着物和附着物-附着物相互作用的另一种平衡来解释。而后一种相互作用是造成"共"吸附机理的原因，它形成了吸附等温线第一部分之后曲线的上扬。

1.6　物理吸附能和分子模拟

当分子到达固体表面，分子间的吸引力和相互斥力会达到一种平衡。如果已经有其他的分子被吸附，则吸附剂-吸附质和吸附质-吸附质两种作用就会同时发生。很显然，一个多组分体系的吸附能相对复杂，尤其当吸附发生在溶液的液/固界面上时。因此，在众多的吸附能的计算中，最值得关注的首先还是单一组分在气/固界面上的吸附。

吸附能由吸附体系，也即吸附剂-吸附质的性质决定。有少数几种吸附剂本身能够对众多不同种类吸附质产生非特异性（non-specific）作用。我们把它归类为对吸附能的非特异性贡献。①分散力，这一概念最初由 London（1930）提出，指的是一个原子电子云密度的快速变化引起邻近原子产生电矩的现象；②短程斥力，来源于两个电子云的相互重叠；③极化，由吸附剂与吸附质电场的相互靠近产生。这三种贡献分别用 f_D、f_R、f_P 三个符号表示，并且都是吸附质与吸附剂间距离的函数（Barrer，1966），相关的数学表达式在第 6 章中详述。根据成对相互作用的可叠加性原理，吸附能由发生在吸附剂与吸附质所有原子之间的能量之和得到。

非孔吸附剂中最重要的一种类型是石墨化炭黑，它具有统一形态，其表面结构基本全部由石墨基底面构成。图 1.3 所示的结果证明了这种行为。这里，零覆盖的吸附能 E_0 由微分吸附焓测定，$[\Delta_{abs}\dot{h}_0]$ 由极低表面覆盖情况下使用色谱方法测定，详细解释见第 3 章。在这些条件下，因为能够排除或者忽略被吸附剂-吸附质之间的相互作用，所以，最终的吸附能就可以只考虑吸附剂-吸附质之间相互作用的强度。用 E_0 对一系列碳氢化合物中的碳原子个数 N_C 作图，会发现一个共同现象，即 E_0 与 N_C 之间总是呈现线性关系；还可发现，对于相同的 N_C，烷烃、烯烃和芳香烃系列总是给出相似的结果（Cao 等，1991）。

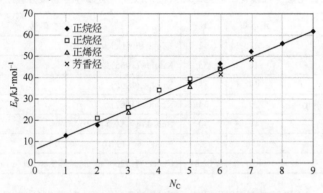

图 1.3 "零"覆盖吸附能与石墨化碳中碳原子数 N_C 关系图

◆ 引自 Avgul 和 Kiselev (1970)；□ 引自 Carrott 和 Sing (1987)；
△ 引自 Carrott 等 (1989)；× 引自 Avgul 和 Kiselev (1970)

Avgul 和 Kiselev 在 1970 年求取低覆盖情形下吸附焓的实验值及理论值对分子极化率的函数，同样发现了各种不同极性和非极性分子（包括稀有气体、二甲基酮、乙醚和一些醇类化合物）吸附在石墨化炭黑上时的线性关系。从以上丰富的证据中，可以得出结论，在石墨化碳的表面和各种气体分子间的相互作用中，确实存在非特异性。这一结论对于其他的多孔固体如 silicalite-1 型沸石和 MOF 型 MIL-47(V) 固体也是适用的。

当极性分子吸附在一个离子型或者极性吸附剂表面时，情况就不同了。这种情况下，各种类型的附加特异性相互作用都会对吸附能有所贡献，比如场偶极能和场梯度四极能（Barrer, 1966; 详见第 6 章）。

表 1.4 中正己烷和苯分子在各种固体表面的低覆盖率吸附能数据，表明了吸附剂和吸附质的性质同样重要。因为正己烷是一个非极性分子，它的 E_0 就取决于正己烷

与吸附剂表面的各种非特异性相互作用的总和。吸附剂二氧化硅的去羟基化，只引起了吸附剂表面的微小改变，因此吸附剂的 E_0 值并无明显变化。不过，当表面的羟基被甲硅烷基取代后，就出现了显著的差异。在这种情形下，吸附剂与吸附质相互作用的变弱，主要是由表面修饰导致的可能的作用位点的变化这一事实所引起。苯的极化率与正己烷很接近，但是由于它电子结构的特点，苯分子在与离子型或者极性的表面（如羟基二氧化硅和硫酸钡）相互作用时表现出了很大的特异性。羟基二氧化硅作为吸附剂表现出了它的特异性，但是，如表 1.4 中所列的硫酸钡和 NaY 沸石的数据（二者都显示了与苯分子的更大的吸附焓），在这些具有离子型位点的表面上，吸附剂-吸附质的相互作用更强。作为对比，不具有特殊吸附位点的吸附剂，并不能显著地增加吸附焓，比如苯与 MOF 型 MIL-47(V)固体表面的吸附。

表 1.4　在低覆盖条件下（$|\Delta_{abs} \hbar |\mathrm{kJ \cdot mol^{-1}}$），正己烷和苯在石墨炭黑、二氧化硅（羟基化，脱羟基和改性）以及硫酸钡等上的微分吸附焓

吸附剂	正己烷	苯	参考文献
石墨化炭黑	42	42	Avgul 和 Kiselev (1970)
羟基化二氧化硅	46	55	Kiselev (1965)
脱羟基二氧化硅	48	38	Kiselev (1965)
三甲基硅烷化二氧化硅	29	34	Kiselev (1967)
硫酸钡	47	70	Belyakova 等 (1970)
MIL-47(V)	50.6	43.4	Finsy 等 (1970)
NaY	46.1	62.8	Canet 等 (2005)；Eder 和 Lercher (1997)

我们猜测，氩和氮的物理吸附行为应该差不多，因为它们的物理性质（如分子大小、沸点和极化率）并无大的差异。然而，从表 1.5 的能量数据中可以看到，只有当氮的相互作用为非特异性 [比如在石墨化碳、碳分子筛、silicalite-1、AlPO$_4$-5 和 MIL-47(V) 上] 时，上述猜测才是准确的。而当氮吸附在极性的或者离子型的表面（像羟基二氧化硅、NaX 型沸石、金红石或者氧化锌）上时，场梯度四极能这个概念就要发挥重要作用。若吸附剂是 400℃下脱气的金红石或者 NaX 型沸石，其骨架上的阳离子位点能够与低覆盖率的氮气发生很强的相互作用。

表 1.5 的结果还表明，某些体系的微分吸附焓随着表面覆盖率的增加，会发生复杂的变化，而另一些体系则变化非常小（覆盖率至少达到了 0.5）。假如实验的测量经过了严格的控制，并且实验的体系能够被很好地表征，那么吸附能的数据就能为物理吸附的机理提供有价值的信息。的确，在能量均匀的吸附剂表面总能观察到微分吸附焓的增加，这可能是由于单层吸附量的增加或者微孔填充的接近饱和，被吸附分子之间的相互作用（横向相互作用）变得愈发重要的原因。更常见的情况，当吸附剂表面非均匀时，微分吸附焓会逐渐降低。当吸附质与一种温和的非均相吸附

剂表面相互作用时，微分吸附焓会呈现近乎扁平的特征，吸附剂-吸附质之间相互作用的显著下降基本上完全被横向的吸附质-吸附质相互作用所平衡。

表 1.5　在"零"覆盖和半覆盖条件下（$|\Delta_{abs}\dot{h}|$ kJ·mol^{-1}），氩气和氮气的微分吸附焓

吸附剂	氩气		氮气		参考文献
	$\theta \rightarrow 0$	$\theta = 0.5$	$\theta \rightarrow 0$	$\theta = 0.5$	
石墨化碳	10	12	10	11	Grillet 等（1979）
羟基二氧化硅（介孔）	15	9	>20	12	Rouquerol 等（1979）
脱羟基二氧化硅（介孔）	15	9	17	11	
氧化锌（450℃）[①]	12	11	21	20	Grillet 等（1989）
金红石（150℃）[①]	13	9	>20	10	Furlong 等（1980）
金红石（400℃）[①]	15	11	30	13	
碳分子筛	20	15[②]	22	17[②]	Atkinson 等（1987）
微孔碳	21	15[②]	25	15[②]	Rouquerol 等（1989）
Silicalite-1	14	14[②]	15	14[②]	Llewellyn 等（1993a, b）
H-ZSM5, Si/Al = 16	14	14[②]	18	15[②]	
AlPO$_4$-5	11	14[②]	13	14[②]	Grillet 等（1993）
海泡石（Sepiolite）	14	15	17	15	Grillet 等（1988）
坡缕石（130℃）[①]	15	13	18	17	Cases 等（1991a, b）
MIL-101(Cr)	16	11	28	13	Llewellyn 等（2013）
MIL-47(V)	11	11	14.5	14	

① 表示除气温度。

② 此处 θ 表示孔填充分数。

注：θ 表示表面覆盖率。

分子间相互作用具有加和性的一个重要结果是，被吸物分子进入分子尺寸的孔内所产生的吸附能，相比于相同分子位于开放表面上产生的物理吸附能，要明显大得多。与 Everett 和 Powl（1976）对狭缝型微孔物理吸附的理论预测相一致，某些碳分子筛的吸附能比石墨化碳的相应数值增加了大约两倍（表 1.5 和图 1.4）。

值得注意的是，NaX 型沸石分子筛和硅分子筛能给出比大孔硅更高的能量，不过其能量的增加不如碳复杂。要解释这些结果，就要考虑固体结构和孔形的差异。这些内容将在第 10～14 章分别讲述碳、氧化物、沸石和 MOFs 等主要的吸附剂体系时进行讨论。

物理吸附的能量可以通过几种不同的基于思考现象或通过分子模拟而来的理论来充分研究。前一种策略，其目的在于不需经过精确和费时的计算，只通过将吸附剂、被吸附物的内在性质和热力学性质建立起简单相关，就能够定性解释实验数据。举个例子，在氩吸附在各种单价和二价阳离子交换的 X 型沸石（Faujasites）体系中，低覆盖率时的微分吸附热（enthalpy）与能够量化被吸物极化程度的非骨架阳

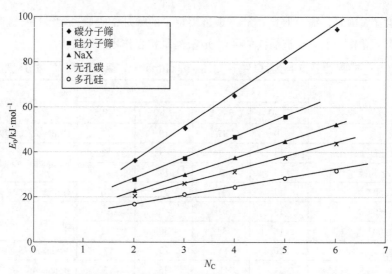

图 1.4 "零"覆盖吸附能与三种微孔固体中碳原子数 N_C 关系图（另外两个用来作对比）

◆ 引自 Carrott 和 Sing (1987); ■ 引自 Carrott 和 Sing (1986); ▲,○ 引自 Kiselev (1967);

× 引自 Carrott 和 Sing (1987)和 Avgul 和 Kiselev (1970)

离子的化学硬度呈相同变化趋势（Maurin 等，2005）。如今，随着高速运算设备的普及，分子模拟被广泛地运用在大量的实验中，既能从微观上阐述微量热曲线和吸附机理，又能预测大量固体的吸附性能。后者能够为一些吸附-分离的应用筛选出合适的吸附剂，不过尚需更进一步的实验证实。确实，模拟工具正在变成吸附科学的一个有机组成部分。基于统计机理的蒙特卡罗（Monkte Carlo）模拟能够运用于各种热力学体系。为了达到满意的结果，计算机的运行时间必须足够长，模拟体系必须足够大，才能克服统计的不确定性。这一方法能够处理复杂和庞大的体系。将化学能、体积和温度固定，而允许粒子数变化的巨正则（μVT）系综，能够集成模拟吸附研究中的实验条件。要进行这些计算，就要首先对吸附剂进行全面的了解。其中必须包含吸附剂的固体结构和表面化学，这些通常可以经过计算机辅助技术来确定，包括耦合能量最小化技术和从 X 射线中提取实验数据。此外，还必须精准定义一种通过原子间势函数（能量用语）来相互作用的吸附质及吸附质-吸附剂的微观模型，因为计算结果的准确性强烈依赖于这些参数。对于电中性的吸附质，Lennard-Jones 12-6 势的合理参数化被认为是代表着吸附质-吸附剂及吸附质-吸附质相互作用的一个完美起点（Lennard-Jones, 1932; Bezus 等，1978）。如果被吸附分子具有永久偶极或四极矩，该体系就不能仅用 Lennard-Jones 来描述，还必须考虑静电相互作用。这样就可量化计算出吸附剂和吸附质的固定部分电荷，以及远距静电相互作用。

准确定义一套势参数是描述吸附质-吸附剂相互作用的一个关键步骤。不过，因为通用原子间相互作用势得出的参数不够准确，需要实证推导或基于簇计算的拟合程序来仔细进行参数化。此时，可用低覆盖率的吸附焓数据来评价这些参数。巨正则蒙特卡罗模拟（Grand Canonical Monte Carlo, GCMC）能够计算平衡热动力学性质，包括吸附等温线和满负荷焓（enthalpy over the complete range of loading）。如果模拟结果与吸附数据相一致，就可进一步推导出吸附过程的一个合理的微观机理。

精选了基集与泛函的量化计算可以应用于集群或周期模型。此种方法尽管比基于统计机制的方法更费时，但已被广泛应用于探测分子排列和低覆盖率以及各种有孔固体的孔填充情形下的吸附能。

第 6 章中描述了蒙特卡罗/量化模拟的一些基本原理及与多孔物质吸附最相关部分的最新变化。还给出了典型的例子，来说明分子模拟不仅能够定义几何特征（孔大小、表面积、孔体积等），而且还帮助和引导对实验数据的合理解释。

近似理论是分子模拟的另一种方法。当前，估算平衡状态性质的最常用的理论方法当属密度泛函理论（density functional theory, DFT）。其中包含对密度分布的推导，即固体表面或给定孔径内的非均匀流体的 $\rho(r)$ 值。一旦 $\rho(r)$ 值已知，就可以计算出吸附等温线和其他的热动力学性质，比如吸附能。

1.7 扩散吸附

多孔固体的扩散在许多吸附-分离过程中扮演重要角色。它的重要性的部分原因在于膜的应用，因其表现强烈地依赖于吸附混合物的吸附平衡和扩散率（Freeman 和 Yampolskii, 2010）。进一步地，在气体储存中，除了大的吸附容量，还需要高扩散率，以避免填充-分离时间过大。同样地，动力学参数对于运输设备也非常重要。

多孔固体中各种客体分子的扩散率可以通过实验方法来表征，主要有以下三种方法：①宏观法，包含瞬态（零长度柱色谱）或准态渗透；②介观法，比如干涉显微术；③微观法，如准弹性中子散射（QENS）或脉冲场梯度核磁共振技术（PFG-NMR）。它们的区别在于测量的时间和长度尺度不同。比如，PFG-NMR 可以通过测定典型的微米分子位移（micrometer molecular displacements）来研究结晶内和结晶间的传输现象，而 QENS 则主要研究对应着结晶内扩散的纳米尺度的现象。因此，对文献中报道的运用不同方法得到的同一种固体的扩散值，需要小心对待：例如，当晶体的某些缺陷能够导致额外的长程传递阻力，或者当宏观测量方法受外部质量和传热阻力所控时。QENS 在为各种多孔物质吸附物的扩散提供分子水平的信息时特别有用（Jobic 和 Theodorou, 2007），包括扩散率的大小和晶体内平动和转动的机理。这种技术的一个特殊应用是确定具有相干或非相干截面分子的自扩散（单个运动）或转移扩散（集体位移）。相关内容可参考以下文献：Kärger 和 Ruthven（1992），Ruthven（2005），Helmut（2007），Jobic 和 Theodorou（2007），Freeman 和 Yampolskii（2010）。

另一方面，平衡分子动力学模拟（MD）能够很好地解释扩散实验。当 MD 模拟与 QENS 测量遵循同一时间和长度尺度时，这一点就尤为重要。该计算技能的基本原则是解决给定体系的牛顿运动方程。与之前蒙特卡罗方法类似，在运行这些计算之前，需要用势的概念对多孔固体和吸附质-吸附剂相互作用给出全面详尽的描述。从蒙氏模拟给出的初步构型开始，运用合适的算法，通过对无数极短时间步骤内运动方程的积分可以得到扩散分子体系的一系列位置对时间的曲线。这些计算通常从正则（NVT）系综和微正则（NVE）系综中获得。然后，通过爱因斯坦相关（Einstein relation）（Demontis 和 Suffritti, 1997; Jobic 和 Theodorou, 2007）来计算客体分子的自扩散和转移扩散。再与 QENS 测量得到的实验数据进行比较。QENS-MD 协同作用的基本原则和运用于一些多孔固体的典型例子将在第 6 章详述。

参考文献

Allen, T., 1990. Particle Size Measurement. Chapman and Hall, London.

Atkinson, D., Carrott, P.J.M., Grillet,Y., Rouquerol, J., Sing, K.S.W., 1987. In: Liapis, A.I. (Ed.), Proceedings of the Second International Conference on Fundamentals of Adsorption. Engineering Foundation and American Institute of Chemicals Engineers, New York, p. 89.

Avgul, N.N., Kiselev, A.V., 1970. In: Walker, P.L. (Ed.), Chemistry and Physics of Carbon. Marcel Dekker, New York, p. 1.

Barrer, R.M., 1966. J. Colloid Interface Sci. 21, 415.

Barrer, R.M., 1978. Zeolites and Clay Minerals as Sorbents and Molecular Sieves. Academic Press, London.

Belyakova, L.D., Kiselev, A.V., Soloyan, G.A., 1970. Chromatographia 3, 254.

Bezus, A. G., Kiselev, A. V., Lopatkin, A. A., Du, P. Q., 1978. J. Chem. Soc. Faraday Trans. 74, 367.

British Standards Institution, 1958. British Standard 2955. BSI, London.

British Standards Institution, 1992. British Standard 7591, Part 1. BSI, London.

Brunauer, S., 1945. The Adsorption of Gases and Vapours. Oxford University Press, Oxford.

Brunauer, S., Emmett, P.H., Teller, E., 1938. J. Am. Chem. Soc. 60, 309.

Brunauer, S., Deming, L.S., Deming, W.S., Teller, E., 1940. J. Am. Chem. Soc. 62, 1723.

Canet, X., Nokerman, J., Frere, M., 2005. Adsorption 11, 213.

Cao, X.L., Colenutt, B.A., Sing, K.S.W., 1991. J. Chromatogr. 555, 183.

Carrott, P.J.M., Sing, K.S.W., 1986. Chem. Ind. 360.

Carrott, P.J.M., Sing, K.S.W., 1987. J. Chromatogr. 406, 139.

Carrott, P.J.M., Brotas de Carvalho, M., Sing, K.S.W., 1989. Adsorpt. Sci. Technol. 6, 93.

Cases, J.M., Grillet, Y., François, M., Michot, L., Villieras, F., Yvon, J., 1991a. Clays Clay Miner. 39 (2), 191.

Cases, J.M., Grillet, Y., François, M., Michot, L., Villieras, F., Yvon, J., 1991b. In: Rodriguez, F., Rouquerol, J., Sing, K. S. W., Unger, K. K. (Eds.), Characterization of Porous Solids Ⅱ. Elsevier, Amsterdam, p. 591.

Chappuis, P., 1879. Wied. Ann. 8, 1.

Chappuis, P., 1881a. Phys. Chim. 178.

Chappuis, P., 1881b. Wied. Ann. 12, 161.

Dabrowski, A., 2001. Adv. Coll. Inerface Sci. 93, 135.

Davis, B.H., Sing, K.S.W., 2002. In: Schuth, F., Sing, K.S.W., Weitkamp, J. (Eds.), Handbook of Porous Solids, Vol. 1. Wiley, Weinheim, p. 3.

Deitz, V.R., 1944. Bibliography of Solid Adsorbents. National Bureau of Standards, Washington, DC.

Demontis, P., Suffritti, G.B., 1997. Chem. Rev. 97, 2845.

de Saussure, N.T., 1814. Gilbert's Annalen der Physik. 47, 113.

Dubinin, M.M., 1960. Chem. Rev. 60, 235.

Eder, F., Lercher, J.A., 1997. Zeolites. 18, 75.

Ehrlich, G., 1988. In: Vansclow, R., Howe, R. (Eds.), Chemistry and Physics of Solid Surfaces Ⅶ. Springer Verlag, Berlin-Heidelberg, p. 1 (Chapter1).

Emmett, P.H., Brunauer, S., 1934. J. Am. Chem. Soc. 56, 35.

Emmett, P.H., Brunauer, S., 1937. J. Am. Chem. Soc. 59, 1553.

Everett, D.H., 1972. Pure Appl. Chem. 31, 579.

Everett, D.H., Powl, J.C., 1976. J. Chem. Soc. Faraday Trans. I. 72, 619.

Favre, P.A., 1854. Compt. Rendus Acad. Sci. Fr. 39 (16), 729.

Favre, P.A., 1874. Annales Chim Phys. 5e série. 1, 209.

Finsy, V., Calero, S., Garcia-Perez, E., Merkling, P.J., Vedts, G., De Vos, D.E., Baron, G.V., Denayer, J.F.M., 2009. Phys. Chem. Chem. Phys. 11, 3515.

Forrester, S.D., Giles, C.H., 1971. Chem. Ind., 831.

Forrester, S.D., Giles, C.H., 1972. Chem. Ind., 318.

Freeman, B., Yampolskii, Y., 2010. Membrane Gas Separation. Wiley, New York.

Freundlich, H., 1907. Z. Phys. Chem. 57, 385.

Furlong, N. D., Rouquerol, F., Rouquerol, J., Sing, K. S. W., 1980. J. Chem. Soc. Faraday Trans. I 76, 774.

Giles, C.H., Smith, D., 1974. J. Colloid Interface Sci. 47, 3.

Gore, G., 1894. Phil. Mag. 37, 306.

Gregg, S.J., Sing, K.S.W., 1982. Adsorption, Surface Area and Porosity. Academic Press, London.

Grillet, Y., Rouquerol, F., Rouquerol, J., 1979. J. Colloid Interface Sci. 70, 239.

Grillet, Y., Cases, J.M., François, M., Rouquerol, J., Poirier, J.E., 1988. Clays Clay Miner. 36, 233.

Grillet, Y., Rouquerol, F., Rouquerol, J., 1989. Thermochim. Acta. 148, 191.

Grillet, Y., Llewellyn, P.L., Tosi-Pellenq, N., Rouquerol, J., 1993. In: Suzuki, M. (Ed.), Proceedings of the Fourth International Conference on Fundamentals of Adsorption. Kodansha, Tokyo, p. 235.

Gubbins, K.E., 1997. In: Fraissard, J., Connor, C.W. (Eds.), Physical Adsorption: Experiment, Theory and Applications. Kluwer, Dordrecht, p. 65.

Gurvich, L.G., 1915. J. Russ. Phys. Chim. 47, 805.

Haber, J., 1991. Pure Appl. Chem. 63, 1227.

Helmut, M., 2007. Diffusion in Solids. Springer Series in Solid State Science, Berlin.

Jobic, H., Theodorou, D.N., 2007. Micropor. Mesopor. Mater. 102, 21.

Kärger, J., Ruthven, D.M., 1992. Diffusion in Zeolites and Other Microporous Solids. Wiley, New York.

Kayser, H., 1881a. Wied Ann. Phys. 12, 526.

Kayser, H., 1881b. Wied Ann. Phys. 14, 450.

Kiselev, A.V., 1965. Disc. Faraday Soc. 40, 205.

Kiselev, A.V., 1967. Adv. Chromatogr. 4, 113.

Langmuir, I., 1916. J. Am. Chem. Soc. 38, 2221.

Langmuir, I., 1917. J. Am. Chem. Soc. 39, 1848.

Langmuir, I., 1918. J. Am. Chem. Soc. 40, 1361.

Lennard-Jones, J.E., 1932. Trans. Faraday Soc. 28, 333.

Llewellyn, P.L., Coulomb, J.P., Grillet, Y., Patarin, J., Lauter, H., Reichert, H., Rouquerol, J., 1993a. Langmuir 9, 1846.

Llewellyn, P.L., Coulomb, J.P., Grillet, Y., Patarin, J., André, G., Rouquerol, J., 1993b. Langmuir 9, 1852.

Llewellyn, P.L., 2013. Personal communication.

London, F., 1930. Z. Phys. 63, 245.

Mandelbrot, B.B., 1975. Les Objets Fractals: Forme, Hasard et Dimension. Flammarion, Paris.

Maurin, G., Llewelly, P.L., Poyet, T., Kuchta, B., 2005. Micropor. Mesopor. Mater. 79, 53.

McBain, J.W., 1909. Phil. Mag. 18, 916.

Mitscherlich, E., 1843. Annales Chim. Phys. 3e Série. 7, 15.

Polanyi, M., 1914. Verb. Deutsch Phys. Ges. 16, 1012.

Pouillet, M.C.S., 1822. Ann. Chim. Phys. 20, 141.

Rideal, E.K., 1932. The Adsorption of Gases by Solids. Discussions of the Faraday Society, London, p. 139.

Robens, E., 1994. In: Rouquerol, J., Rodriguez-Reinoso, F., Sing, K.S.W., Unger, K.K. (Eds.), Characterization of Porous Solids Ⅲ. Elsevier, Amsterdam, p. 109.

Robens, E., Krebs, K.-F., 1991. In: Rodriguez-Reinoso, F., Rouquerol, J., Sing, K.S.W., Unger, K.K. (Eds.), Characterization of Porous Solids Ⅱ. Elsevier, Amsterdam, p. 133.

Rouquerol, J., 1990. Impact of Science on Society, Vol. 157 UNESCO, Paris p. 5.

Rouquerol, J., Rouquerol, F., Pérès, C., Grillet, Y., Boudellal, M., 1979. In: Gregg, S.J., Sing, K.S.W., Stoeckli, H.F. (Eds.), Characterization of Porous Solids. Society of Chemical Industry, London, p. 107.

Rouquerol, J., Rouquerol, F., Grillet, Y., 1989. Pure Appl. Chem. 61, 1933.

Rouquerol, J., Avnir, D., Fairbridge, C.W., Everett, D.H., Haynes, J.H., Pernicone, N., Ramsay, J.D.F., Sing, K.S.W., Uriger, K.K., 1994. Pure Appl. Chem. 66, 1739.

Rouquerol, F., Rouquerol, J., Sing, K.S.W., 1999. Adsorption by Powders and Porous Solids. Academic Press, pp. 51-92.

Ruthven, D.M., 2005. In: Introduction to Zeolite Science and Practice. Studies in Surface Science and Catalysis. Vol. 168, Elsevier, Amsterdam, p. 737.

Sing, K.S.W., Williams, R.T., 2012. Microporous Mesoporous Mater. 154, 16.

Sing, K.S.W., Everett, D.H., Haul, R.A.W., Moscou, L., Pierotti, R.A., Rouquerol, J., Siemieniewska, T., 1985. Pure Appl. Chem. 57, 603.

Taylor, H.S., 1932. In: The Adsorption of Gases by Solids. Discussions of the Faraday society, Royal Society of Chemistry, Cambridge, p. 131.

Thomson (Lord Kelvin), W., 1871. Phil. Mag. 42 (4), 448.

Zsigmondy, A., 1911. Z. Anorg. Chem. 71, 356.

第 2 章 气/固界面的吸附热力学

Françoise Rouquerol, Jean Rouquerol, Kenneth S.W. Sing

Aix Marseille University-CNRS, MADIREL Laboratory, Marseille, France

2.1 引言

在很多年前，研究者们就已经将经典热力学应用于气体吸附中，并且取得了很大的进展。尤其是一些研究者［Guggenheim（1933，1940），Hill（1947，1949，1950，1951，1952），Defay 和 Prigogine（1951），Everett（1950，1972）］的工作，大大提高了人们对经典热力学应用于不同吸附系统基本原理的认识（见 Young 和 Crowell，1962; Ross 和 Olivier，1964; Letoquart 等，1973）。

本章的主要目的是简单介绍如何为吸附等温线和量热数据（通过第 3 章中介绍的方法得到）挑选最合适的热力学量。本章中，不考虑毛细管凝聚的热力学意义（会在第 8 章中描述），重点介绍当单一气体吸附于固体吸附剂时的某些重要热力学量的相关术语及定义，而气体混合物的情况将会在 2.9 节中详述。

为了更好地使用这一方法，我们采用了以下惯例以及简化假设：

① 通过使用 Gibbs 分切面（Gibbs dividing surface, GDS），定义了相关的表面过剩（surface excess）性质，并且这些性质是通过实验测量直接得到的，不需要对吸附层的状态、位置及厚度作任何的假设。

② 由于吸附剂主要是用来提供吸附势的，因此可以从吸附气体的角度来看吸附，把它看作是由三维气相到二维吸附膜的一个转变。后者可能由一个以上的二维相组成。在平衡状态下，由于在所有相中吸附质的化学势是相同的，因此只需要用两个独立变量就可以表征每个相。

③ 当处理吸附等温线数据时，采用 Helmholtz 能（Helmholtz energy,$=U–TS$）作为主要热力学势，因为它最适用于在恒定的温度、体积和表面积下进行的实验。

④ 为了得到吸附质的状态方程，需要选取一个额外的强度变量（intensive variable）。为此，可以很方便地定义吸附相的扩散压力（可以看作是二维压力的一种

形式）。通过使用两种强度变量（气体压力和扩散压力）也可以得到积分摩尔量，这也是将实验数据与统计热力学模型作比较时所需要的。

⑤ 遵循 IUPAC 给出的建议（Mills 等，1993；Everett，1972），除此之外还鼓励使用吸附热这个不那么精确的术语。

⑥ 可以避免一些一贯的假定，如当吸附剂变形并储存机械能时，吸附剂会保持惰性，例如活性炭（见第 10 章）、膨润土（见第 12 章）或者 MOFs（见第 14 章）。状态函数的变化对于整个吸附质-吸附剂体系都是有效的。为了解释这一系列的变化，必须将吸附相和固体吸附剂的贡献分开，通常假设后者的贡献为零，或者通过实验数据（如 X 射线、膨胀测定法等）、分子模拟来评估吸附剂结构的变化。

2.2　单一气体吸附的定量表示

2.2.1　压力不超过 100 kPa 时的吸附

在没有任何关于吸附层结构独立信息的情况下，可以假设吸附组分的局部浓度 c（$c = dn/dV$）随着距吸附剂表面的距离 z 的增加而逐渐降低；当距离 z 等于吸附层的厚度 t 时，这个浓度达到气相的恒定值 c^g。图 2.1（a）中显示出了上述假设的局部浓

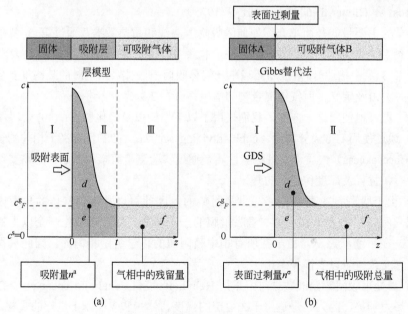

图 2.1　层模型和 Gibbs 表面过剩量

c—可吸附气体的局部浓度 dn/dV；z—距吸附剂表面的距离

度的变化，图中分成了三个区域（Ⅰ、Ⅱ 和Ⅲ）。

假设所有的气体不会渗透到固体中（即不发生吸附），则区域Ⅰ仅会被吸附剂占据，并且固体中的吸附物浓度 $c^s = 0$。在区域Ⅲ中，可吸附气体距固体表面有足够的距离，浓度达到恒定值 c^g（此时 $z > t$）。在该区域中，浓度仅仅取决于平衡压力和温度。图 2.1（a）中的区域Ⅱ表示的是"吸附层"或"吸附空间"，相当于一个中间区并且 z 值在 0 到 t 之间。此时的局部浓度 c 比区域Ⅲ中的气体浓度高且取决于 z。

从图 2.1 可以看出，吸附层的体积 V^a 可以用界面面积 A 与厚度 t 的乘积表示。因此：

$$V^a = At \tag{2.1}$$

将吸附层中物质的吸附量 n^a 定义为：

$$n^a = \int_0^{V^a} c\,\mathrm{d}V = A\int_0^t c\,\mathrm{d}z \tag{2.2}$$

在图 2.1（a）中，n^a 等于阴影面积（$d+e$）。

在整个体系中可吸附物的总量 n 可以分为两个部分：吸附量和残留在气相中的量：

$$n = A\int_0^t c\,\mathrm{d}z + c^g V^g$$

此时 V^g 为在浓度为 c^g 时气体所占的体积，因此

$$n^a = n - c^g V^g \tag{2.3}$$

很明显，如果要准确求得 n^a 的值就需要得到 V^g［见式（2.3）］的准确值或者局部浓度 c 随 z 的变化值［见式（2.2）］。实际上要得到它们并不容易。

为了解决这个问题，Gibbs 提出了一个替代的方法，发表在 1875 年到 1878 年间一个鲜为人知的杂志 *Transactions of the Connecticut Academy* 上，很幸运，该方法后来被单独收录（Gibbs, 1928）。在这个方法中使用了"表面过剩"这个概念来对吸附量进行量化，并且用参考体系进行比较，这个系统通过使用假想表面（现在称为 GDS，是一个平行且靠近吸附剂表面的面）将其分为两个区域（Ⅰ区域，体积 $V^{s,o}$ 和Ⅱ区域，体积 $V^{g,o}$）。吸附剂表面与假想表面的区别在于实际的吸附剂表面的位置往往会受到一些不确定因素的影响，尤其是当吸附剂为多孔物质时（见 3.2.5 节中的孔隙体积测定问题），而假想的 GDS 的位置是根据定义来确定的。Gibbs 的目的其实是对吸附过程给予"数量的精确测量"。另外参考体系的总体积 V 与实际体系相同，因此：

$$V = V^{s,o} + V^{g,o} = V^s + V^a + V^g \tag{2.4}$$

在参考体系中，气态吸附剂的浓度在体积 $V^{g,o}$ 中保持恒定，即达到了 GDS。在图 2.1（b）的模型中，如果最终的平衡浓度 c^g 达到恒定且为 GDS（交叉面积 $e + f$），那么可以用阴影面积 d 来表示表面过剩量 n^o，n^o 表示的是吸附的总量 n（阴影和交

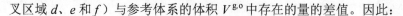

叉区域 d、e 和 f）与参考体系的体积 $V^{g,o}$ 中存在的量的差值。因此：

$$n^\sigma = n - c^g V^{g,o}$$

为了方便对数据的物理解释，需要将 GDS 尽可能地确定在所使用吸附物可接近的表面上（即使后者表面的位置仍然存在实验不确定性），因此，$V^{g,o} \approx V^a + V^g$。所以在图 2.1（b）中假设的 GDS 与图 2.1（a）中的吸附表面位于同一个位置上。另外，与 $V^a + V^g$ 相对应的"死体积"的实验测定将在 3.2.5 节中讨论。

在这些条件下：

$$n^\sigma = n - c^g (V^a + V^g) \tag{2.5}$$

结合式（2.3），得到：

$$n^a = n^\sigma + c^g V^a \tag{2.6}$$

在图 2.1（b）中，用阴影面积 d 来表示表面过剩量 n^σ；而吸附量 n^a，其中也包括 $c_F^g V^a$（面积 e），在图 2.1（a）中用面积 $d+e$ 来表示。

对于压力不超过 100 kPa 的实验，相比于 n^σ 的值，通常可以忽略 $c^g V^a$，这主要是因为气相中的浓度会远低于吸附相中的浓度（通常会低 2～3 个数量级），这样会导致面积 e 远小于图 2.1（b）中所表示的面积（即远小于面积 d），也可以表示为：

$$n^a \approx n^\sigma \tag{2.7}$$

然而，在更高的压力下，两个量之间是存在着一定的差异的（见 2.2.2 节）。

n^a 和 n^σ 都属于广延量，都取决于界面的扩展。而相关的"表面过剩浓度"Γ 是属于强度量，可以被定义为：

$$\Gamma = n^\sigma / A \tag{2.8}$$

此时表面积 A 与吸附剂的质量 m^s 有关。因此比表面积可以表示为：

$$a = A / m^s \tag{2.9}$$

通常测量并记录的是比表面过剩量 n^σ / m^s，表达式为：

$$n^\sigma / m^s = \Gamma a$$

已经知道，n^σ / m^s 取决于平衡压力 p 和吸附温度 T。在一般情况下，温度会保持恒定，这样就可以得到吸附等温线。

$$n^\sigma / m^s = f(p)T \tag{2.10}$$

为了简单起见，在本书后面的章节中只讨论当压力小于 1 bar 的情况，此时 $n^a \approx n^\sigma$，用 n 来表示比表面过剩量 n^σ / m^s 或比吸附量 n^a / m^s。因此，也遵循这一惯例，避免列举更高压力时的实例，具体原因将会在本章的后面进行讨论。

Gibbs 表示法提供了一种简单明了地解释与吸附现象有关的吸附物转移的方法。

它还可以用来定义所有吸附相关热力学量 GDS 的表面过剩量。这样，表面过剩能 U^σ、焓 H^σ、熵 S^σ 和 Helmholtz 能 F^σ 可以分别被定义如下（Everett, 1972）：

$$U^\sigma = U - U^g - U^s \tag{2.11}$$

$$H^\sigma = H - H^g - H^s \tag{2.12}$$

$$S^\sigma = S - S^g - S^s \tag{2.13}$$

$$F^\sigma = F - F^g - F^s \tag{2.14}$$

其中，U、H、S 和 F 为平衡条件下（总体积 V 和总固/气界面面积 A）的整个吸附体系的相关值，U^s、H^s、S^s 和 F^s 为固体吸附剂的相关值，U^g、H^g、S^g 和 F^g 为气态吸附物相关值。

为了完整起见，U^σ 和 H^σ 已在之前给予了定义。事实上，当用标准方法（$H = U + pV$）去定义焓时，由于表面过剩体积 $V^\sigma = 0$，可以写为 $H^\sigma = U^\sigma$（见 2.4.2 节和 2.5.1 节），此时 Gibbs 表示法会得到一个有效的简化。值得强调的是，GDS 可以在任何位置上。Herrera 等（2011）、Gumma 和 Talu（2010）就假设过它们位于特殊的位置上（见 3.5 节）。

2.2.2　压力超过 100 kPa 及更高时的吸附

在远低于室温的温度下，吸附应用于气体分离及储存非常高效但是成本高昂。这也是为什么工业生产中总是尽可能优先选择在室温条件下进行吸附的原因。在较高的吸附温度下，效率的降低可以通过较高的压力（通常在 500~5000 kPa 范围）来弥补。在研究工作中，有时压力会升至 15000 kPa 甚至更高。

在上述条件下，相比于吸附相中的吸附物浓度，气相中的吸附物浓度不可以忽略。在图 2.1（b）中，区域 e 表示的是吸附量与表面过剩量的差值，因此可以知道相应的两个吸附等温线也是明显不同的。这样，相对于区域 d 来说，就更不能忽略区域 e，而且随着压力的增加，e 的面积也增大。图 2.2 为 30℃ 条件下在微孔 MOF 中 CO_2 和 N_2 的吸附（Wiersum, 2012）。关于吸附量（从表面过剩量得到）的推导过程稍后会有详述。

另外，图 2.2 中的 CO_2 表面过剩等温线还具有另一个特点，即它的最大值（大约出现在压力稍低于 40000 kPa 时）乍看起来可能会显得有些奇怪。这个最大值只是说明了从那一点开始，气相中的浓度会随着压力的增加而增加，并且其增加的速度比在吸附空间中的要快（此时浓度已经很高且接近极限值）。

图 2.3 表示了气相浓度（下曲线）和吸附空间的平均浓度（即吸附质的平均浓度，上曲线）随压力的变化。由图 2.3 可以看出，气相中的浓度一开始遵循理想的气体定律呈线性增长，但随后会偏离线性。在有限的范围内，吸附空间的平均浓度也

遵循线性亨利定律，但随后以比气相浓度快很多的速率继续增加。在更高的压力范围下，由于吸附质接近达到浓度最大值（即浓缩状态，液状或固状），所以吸附空间的浓度曲线会呈现复杂的弯曲。在 p_2 时，两条曲线的斜率相等，即满足了表面过剩等温线中最大值的条件。当压力继续升高，吸附质浓度曲线的斜率开始小于气相浓度曲线的斜率。这是因为气相的压缩性相比于吸附质的压缩性要更高，而吸附质的浓度接近冷凝相的极限。

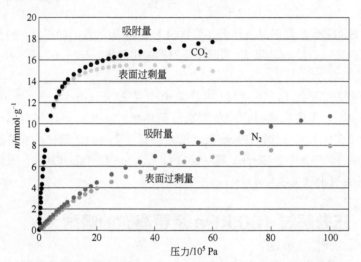

图 2.2　在 30℃条件下，微孔 MOF 中 CO_2 和 N_2 的吸附等温线
根据吸附量 n^a（实心）和表面过剩量 n^σ（空心）绘图（引自 Wiersum, 2012）

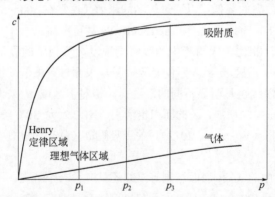

图 2.3　气相浓度和吸附质浓度（即：吸附空间中的平均浓度）相对于压力的曲线图；
在压力 p_2 时，两条线斜率相等

图 2.4 中表示的是最大表面过剩量（非被吸附总量）的效应，可以看出与图 2.1 情况相似。三种浓度分别对应图 2.3 中的压力 p_1、p_2、p_3。从图中可以看出，随着压力的增加，被吸附总量（即面积 $d+e$）也随之增加。与此同时，当压力从 p_1 到 p_2

时，表面过剩量（即区域 d）增加；当压力从 p_2 到 p_3 时，表面过剩量降低。

正如在 2.2.1 节中所介绍的一样，表面过剩量的特殊意义就在于它可以避免实验过程中的任何不确定性及各种假设（比如气相的体积 V^g）。因此，这是一种记录实验吸附数据的好方法，并且应该作为系统地解释说明吸附等温线的第一步。在接下来的第二步中，为了更进一步地理解并说明得到的结果，需要对实际吸附量和吸附相所占据的空间进行评估。分清这两个步骤之间的区别对分析高压情况下的吸附至关重要。尽管在压力低于 100 kPa 时，通常认为"表面过剩量"与"吸附量"是可以互换的，但是根据高压吸附的情况，还是有必要强调这两个量的区别。

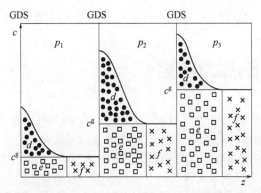

图 2.4　高压下最大值附近的表面过剩量（区域 d）和吸附量（区域 $d+e$）

表面过剩等温线：最大值之前（p_1）；最大值（p_2）；最大值之后（p_3）

另外，文献中也可以看到绝对吸附量（absolute amount absorbed）（Myers 等，1997）和总吸附量（total amount absorbed）（Murata 等，2001）这两个术语，后者相对来说更好理解，形容词"总的（total）"总是符合以下规律，即当 GDS 与实际吸附表面近似相等时，吸附量往往会大于表面过剩量。当然，想要测定吸附量还需要知道含吸附层在内的体积［即图 2.1（a）中的 V^a］。并且术语吸附空间（Everett，1972）比吸附层体积更具有一般意义，尤其是在微孔填充测量中。在使用微孔吸附剂的情况下，通常认为 V^a 正好等于微孔体积（Pribylov 等，1991；Quirke 和 Tennison，1996；Neimark 和 Ravikovitch，1997）。这样做是为了得到图 2.2 中的等温线。并且微孔体积可以从 77 K 下的 N_2 标准吸附等温线中得到，如果等温线为Ⅰ型等温线，并且呈现明显水平，那么这个水平高度直接与微孔容量相对应。但是，如果等温线是Ⅰ型和Ⅱ型或Ⅰ型和Ⅳ型的混合，那么就可以通过经验法来得到微孔体积（见 9.2 节）。一旦体积 V^a 已知，就可以通过将预先已知的固体体积 V^s（通过实验测定或理论评估得到，详见 3.2.5 节）代入式（2.4）中，从而求得气相体积 V^g。另外，式（2.3）可以用于吸附量的计算。

另外还有三个量可以用来评估气体分离或存储中吸附剂的效率，如下所示：

① 工作容量（working capacity）。对于给定物种，两个工作压力之间的"工作容量"其实就是两压力之间的吸附量。如图 2.2 中，在 200～2000 kPa 之间 CO_2 和 N_2 的工作容量分别为 12 mmol·g^{-1} 和 4 mmol·g^{-1}。

② 分离因子（speration factor）。在两个给定的工作压力间，两种物质 1 和 2 的分离因子是这两种物质的工作容量的比值。在上述例子中，CO_2 和 N_2 的分离因子在 200～2000 kPa 的压力间等于 12/4=3。

③ 选择性（slectivity）。与上述两个量不同，两个物质 1 和 2 之间的选择性只对应一个压力。对于每种物质，都需要将吸附量和气相中的残余量作比较。因此：

$$选择性 = (n_1^{吸附量} / n_1^{残留量}) / (n_2^{吸附量} / n_2^{残留量})$$

2.3 吸附的热力学势

最简单的气-固吸附体系是一个温度为 T 体积为 V 的封闭体系，其中还包含了表面积为 A 的固体吸附剂的质量 m^s 和单一可吸附气体的量 n。

当吸附物气体与纯吸附剂发生接触时，有一部分气体离开气相并且变为吸附质（即：$dn^\sigma > 0$）。如果吸附发生在 T、V 和 A 都恒定的体系中，那么 Helmholtz 能 $F_{T,V,A,n}$ 就是这个吸附体系的热力学势，因为在平衡条件下，该电势处于最小值：

$$\left(\frac{\partial F}{\partial n^\sigma}\right)_{T,V,A} = 0$$

在平衡条件下，表面过剩量为 $n^\sigma = n - n^g$，此时 n^g 为气相中吸附物的残留量，直到达到 GDS。

由式（2.14），得到平衡的一般条件如下：

$$\left(\frac{\partial F}{\partial n^\sigma}\right)_{T,V,A} = \left(\frac{\partial F^\sigma}{\partial n^\sigma}\right)_{T,A} + \left(\frac{\partial F^g}{\partial n^\sigma}\right)_{T,V} + \left(\frac{\partial F^s}{\partial n^\sigma}\right)_{T,A} = 0 \qquad (2.15)$$

这个公式适用于吸附物分布在吸附相（表面过剩浓度为 $\Gamma = n^\sigma / A$）和气相（浓度为 $c^g = n^g / V^g$）的体系中。

根据 2.1 节中第⑥点，如果把整个吸附质-吸附剂体系作为一个整体，并且将 $F^{\sigma,s}$ 称为吸附剂的 Helmholtz 能，那么式（2.15）则变为：

$$\left(\frac{\partial F}{\partial n^\sigma}\right)_{T,V,A,n} = \left(\frac{\partial F^\sigma}{\partial n^\sigma}\right)_{T,A} + \left(\frac{\partial F^g}{\partial n^\sigma}\right)_{T,V} + \left(\frac{\partial F^s}{\partial n^\sigma}\right)_{T,A} = 0$$

因为对于处在平衡 $dn = dn^\sigma + dn^g = 0$ 下的封闭吸附体系，可以用如下公式来表示平衡：

$$\left(\frac{\partial F^{\sigma+s}}{\partial n^{\sigma}}\right)_{T,A} = -\left(\frac{\partial F^{g}}{\partial n^{\sigma}}\right)_{T,V} = +\left(\frac{\partial F^{g}}{\partial n^{g}}\right)_{T,V} \tag{2.16}$$

此时，$\left(\dfrac{\partial F^{g}}{\partial n^{g}}\right)_{T,V}$ 表示的是气体的化学势 μ^{g}。同理，对于吸附相-吸附剂的平衡状态（特点是具有变量 A 和 T），可以通过下面关系式得到表面过剩化学势：

$$\mu^{\sigma+s} = \left(\frac{\partial F^{\sigma+s}}{\partial n^{\sigma}}\right)_{T,A} \tag{2.17}$$

然后根据式（2.16）和式（2.17），得到如下公式：

$$\mu^{\sigma+s} = \mu^{g} \tag{2.18}$$

因此，对于每个平衡状态，吸附质-吸附剂体系的化学势等于气相中吸附物的化学势。在单一吸附物的情况下，吸附状态可以被看成是单组分相（与气相相比少了一个自由度）。由式（2.16）中可以看出，为了定义特定吸附体系的吸附态，只需要指定气态吸附物的两个变量就足够了。

如果假设在吸附过程中吸附剂没有发生任何形变，那么就可以不用考虑整个吸附质-吸附剂体系的化学势 $\mu^{\sigma+s}$，而只需要考虑吸附相中的化学势 μ^{σ}。因此可以将式（2.17）和式（2.18）简化成：

$$\mu^{\sigma} = \left(\frac{\partial F^{\sigma}}{\partial n^{\sigma}}\right)_{T,A} \tag{2.19}$$

以及

$$\mu^{\sigma} = \mu^{g} \tag{2.20}$$

在吸附等温线测量过程中，$\Gamma = f(p)_{T,A}$，并且变量 T 和 A 保持不变。如果想直接从式（2.20）中得到 Γ 和 p 的关系，那么还需要找到另外一个吸附电位。为了达到这个目的，就必须通过另外一个强度变量来对吸附相进行表征。

众所周知，表面张力的作用是使液面的面积最小化。从热力学的角度来看，这个由 Shuttelworth（1950）提出，并经 Sanfeld 和 Steinchen（2000）修正的概念（对固体来讲，叫做"表面应力"），是一个比较难定义的概念。并且其物理意义也较难解释。当然，为了实现当前目标，可以采用与纯液体表面张力类似的定义来定义纯固体吸附剂的表面张力。因此有，

$$\left(\frac{\partial F^{s}}{\partial A}\right)_{T,V^{s}} = \gamma_{T}^{s} \tag{2.21}$$

此时固体吸附剂的 Helmholtz 能 F^{s} 与其表面积 A 相关，γ_{T}^{s} 是在温度 T 下洁净固体的表面张力。

此外，与液体一样，吸附剂的表面张力也会因为物理吸附而降低（Hill，1968）。这种表面张力的下降被称为"扩散压力（spreading pressure）"，用 π 来表示，因此：

$$\pi = \gamma^s - \gamma \tag{2.22}$$

这个扩散压力 π 属于强度变量，是在给定的表面过剩浓度 $\Gamma(= n^\sigma / A)$ 下对吸附相的表征。

如果在 H、F 和 G 的表达式中引入表面张力 γ 和表面积 A，则会出现一系列的 Legendre 变换（Moore，1972；Alberty 和 Silbey，1992），得到 $\hat{H}$、$\hat{F}$ 和 $\hat{G}$。因此：

$$\hat{H} = H - \gamma A, \quad \hat{F} = F - \gamma A, \quad \hat{G} = G - \gamma A \tag{2.23}$$

可以通过转换 Gibbs 能（$\hat{G}$）来对完整的吸附体系的平衡状态进行描述，定义如下：

$$\hat{G} = F + pV - \gamma A \tag{2.24}$$

对于某些特定的吸附过程（T, p, g 恒定）来说，转换的 Gibbs 能 $\hat{G}_{T,p,\gamma,n}$ 将会是吸附的热力学势，并且在平衡状态下其值处于最小值：

$$\left(\frac{\partial \hat{G}}{\partial n^\sigma} \right)_{T,p,\gamma} = 0 \tag{2.25}$$

可以通过以下关系式来定义转换表面过剩 Gibbs 能：

$$\hat{G}^\sigma = \hat{G} - G^g - \hat{G}^s \tag{2.26}$$

此时，$G^g(= n^g \mu^g)$ 为气相中残留的吸附物的 Gibbs 能（用 T 和 p 表示）；$\hat{G}^s$ 是固体吸附剂变换的 Gibbs 能（用 T 和 γ^s 表示），定义如下：

$$\hat{G}^s = F^s + pV^s - \gamma^s A \tag{2.27}$$

根据式（2.23）～式（2.27），另外考虑到在简化的 Gibbs 法中过剩体积为 0，因此可以得到 $\hat{G}^\sigma$ 和 F^σ 的关系式：

$$\hat{G}^\sigma = \hat{F} + \pi A = n^\sigma \mu^\sigma \tag{2.28}$$

如果定义转换表面过剩焓 $\hat{H}^\sigma$ 为：

$$\hat{H}^\sigma = U^\sigma + \pi A \tag{2.29}$$

则式（2.28）将会变为 $\hat{G}^\sigma = \hat{H}^\sigma - TS^\sigma$ 的形式。

对于每个平衡状态，不管是在气相还是在吸附相中，吸附物都具有相同的化学势，并且对于给定的体系，只需要两个变量就可以对其中的每个阶段进行热力学描述。因此，在 π 和 p 这两个强度变量中也存在着关系。

假设在平衡条件下，表面过剩浓度和气体压力分别发生了可逆变化 $\mathrm{d}\Gamma$ 与 $\mathrm{d}p$，相应地，扩散压力的变化为 $\mathrm{d}\pi$。由于在整个体系中化学势的改变量必须一致，因此可以得到如下关系式：

$$\left(\frac{\partial \mu^{\sigma}}{\partial \pi}\right)_{T,A} \mathrm{d}\pi = \left(\frac{\partial \mu^{\mathrm{g}}}{\partial p}\right)_{T,V} \mathrm{d}p \tag{2.30}$$

此外，还可以通过使用广义 Gibbs Duhem 方程来表示化学势随着扩散压力的变化，关系式如下：

$$\mathrm{d}\mu^{\sigma} = -\frac{S^{\sigma}}{n^{\sigma}}\mathrm{d}T + \frac{A}{n^{\sigma}}\mathrm{d}\pi \tag{2.31}$$

式（2.31）与在纯气体中得到的类似：

$$\mathrm{d}\mu^{\mathrm{g}} = -\frac{S^{\mathrm{g}}}{n^{\mathrm{g}}}\mathrm{d}T + \frac{V^{\mathrm{g}}}{n^{\mathrm{g}}}\mathrm{d}p \tag{2.32}$$

通过联立式（2.30）～式（2.32），可以推导出 p 和 π 的关系式（在温度 T 恒定的条件下），即：

$$\frac{1}{\Gamma}\mathrm{d}\pi = v_T^{\mathrm{g}}\mathrm{d}p \tag{2.33}$$

式中，$\dfrac{1}{\Gamma}$ 为表面过剩浓度的倒数；v_T^{g} 为气体的摩尔体积。

扩散压力 π 的值（在任意 Γ 值时）可以通过对式（2.33）在 $p=0 \sim p$ 之间进行积分得到，对应于 $\pi = 0 \sim \pi$，在将 v_T^{g} 换成 $\dfrac{RT}{p}$ 之后（假定为理想气体），得到公式：

$$\pi = RT\int_0^p \frac{\Gamma}{p}\mathrm{d}p \tag{2.34}$$

式（2.34）通常被称为 Gibbs 吸附方程，其中 Γ 和 p 的相互关系由吸附等温线给出。Gibbs 吸附方程是一种表面状态方程，它表明了在任何平衡压力和温度下，扩散压力 π 取决于表面过剩浓度 Γ。对于任何表面过剩浓度来说，扩散压力的值都可以通过由坐标 n/p 和 p 得到的吸附等温线来计算，通过对初始状态（$n=0$, $p=0$）到吸附等温线上用于表示平衡状态的点之间进行积分。

然而，在计算过程中对第一个实验点（$p = p_1$）以下的点进行积分十分困难。首先，在该范围中吸附等温线的具体形状还是未知的；其次，当 p 趋近于零时，n/p 的比值还不确定。因此，有人提出可能的解决办法，即对该范围吸附等温线的最低部分做 n 对 p 的线性变化假设。通过类比无限稀释的溶液，Henry 提出了他的线性定律，通常习惯性的将这个线性区域称为亨利（Henry）定律区域。因此：

$$n = k_{\mathrm{H}}p$$

式中，k_{H} 被命名为亨利（Henry）常数。

那么它就遵循：

$$\int_0^{p_1} \frac{n}{p} \mathrm{d}p = kp_1 = (n)_{p_1}$$

通过半对数的形式绘制吸附等温线（n 对 $\ln\{p\}$ 绘图，此时 $\{p\}$ 为 p 的数值）可以很容易地验证上述的线性假设。此时，过大的曲率表明需要另外一种形式的近似。

对于平衡压力高于 p_1 的情形，表面过剩浓度也是可以测量的，而式（2.34）的积分项的值可以通过对曲线 $n/p = f(p)$ 在压力介于 p_1 和 p 之间的面积评估来得到。

2.4 Gibbs 表示中与吸附态有关的热力学量

通过采用一些化学热力学惯例，可以从表面过剩化学势 μ^σ 中推导出很多有用的表面过剩量。此时需要注意摩尔表面过剩量与微分表面过剩量的区别。

2.4.1 摩尔表面过剩量的定义

相对于表面过剩量来说，表面过剩化学势可以通过 $\hat{G}^\sigma$［见式（2.28）］的偏导数来求得，并且强度变量 T 和 π 保持不变。因此：

$$\mu^\sigma = \left(\frac{\partial \hat{G}^\sigma}{\partial n^\sigma}\right)_{T,\pi} \tag{2.35}$$

或者说，吸附相的化学势等于转换 Gibbs 能除以表面过剩量（即转换摩尔表面过剩 Gibbs 能），因此得到如下方程式：

$$\mu^\sigma = \left(\frac{\partial \hat{G}^\sigma}{\partial n^\sigma}\right)_{T,\pi} = \frac{\hat{G}^\sigma_{T,\Gamma}}{n^\sigma} \tag{2.36}$$

相同的，对于其他表面过剩热力学量来说，其相对应的摩尔量如下所示：

① 摩尔表面过剩内能

$$u^\sigma_{T,\Gamma} = \frac{U^\sigma_{T,\Gamma}}{n^\sigma} \tag{2.37}$$

② 摩尔表面过剩熵

$$s^\sigma_{T,\Gamma} = \frac{S^\sigma_{T,\Gamma}}{n^\sigma} \tag{2.38}$$

③ 摩尔表面过剩 Helmholtz 能

$$f^\sigma_{T,\Gamma} = \frac{F^\sigma_{T,\Gamma}}{n^\sigma} \tag{2.39}$$

④ 转换摩尔表面过剩焓

$$\hat{h}^{\sigma}_{T,\Gamma} = u^{\sigma}_{T,\Gamma} + \frac{\pi}{\Gamma} \tag{2.40}$$

通过联立式（2.36）～式（2.40），得到如下方程：

$$\mu^{\sigma}_{T,\Gamma} = u^{\sigma}_{T,\Gamma} + \frac{\pi}{\Gamma} - Ts^{\sigma}_{T,\Gamma} \tag{2.41}$$

2.4.2　微分表面过剩量的定义

回顾一下由式（2.19）给出的关于表面过剩化学势 μ^{σ} 的定义，其中的表面过剩 Helmholtz 能 F^{σ}（相对于表面过剩量 n^{σ}）的偏微分已经被求出，因此变量 T 和 A 保持不变。这种形式的偏导数通常称为微分量（Hill, 1949; Everett, 1950）。此外，对于每个表面过剩热力学量 X^{σ} 来说，都会有一个相对应的微分表面过剩量 x^{σ}。因此，可以得到如下一系列方程式（公式上的点表示求导）：

① 微分表面过剩内能

$$\dot{u}^{\sigma}_{T,\Gamma} = \left(\frac{\partial U^{\sigma}}{\partial n^{\sigma}} \right)_{T,A} \tag{2.42}$$

② 微分表面过剩熵

$$\dot{s}^{\sigma}_{T,\Gamma} = \left(\frac{\partial S^{\sigma}}{\partial n^{\sigma}} \right)_{T,A} \tag{2.43}$$

通过联立式（2.19）、式（2.42）和式（2.43），可以得到：

$$\mu^{\sigma}_{T,\Gamma} = \dot{u}^{\sigma}_{T,\Gamma} - T\dot{s}^{\sigma}_{T,\Gamma} \tag{2.44}$$

另外从式（2.29）中，可以得到转换微分表面过剩焓如下：

$$\hat{\dot{h}}^{\sigma}_{T,\Gamma} = \ddot{u}^{\sigma}_{T,\Gamma} + A \left(\frac{\partial \pi}{\partial n^{\sigma}} \right)_{T,A} \tag{2.45}$$

需要注意的是，由于表面过剩焓 H^{σ} 被定义为 $U^{\sigma} + pV^{\sigma}$，因此 $H^{\sigma} = U^{\sigma}$。同理，微分表面过剩焓 $\dot{h}^{\sigma}$ 等于微分表面过剩内能 $\dot{u}^{\sigma}$。

另外，实验工作者和理论工作者都认为应该区分微分和积分摩尔过剩量，这点很重要。

2.5 吸附过程中的热力学量

如果吸附等温线是完全可逆的（即吸附和脱附路径一致），就可以假设在整个相对压力 $p/p°$ 范围内，该过程中的热力学平衡状态是确定并保持恒定的。因此，可以通过使用式（2.20），从吸附等温线中获得有效的热力学量，因为等温线上的每个点都表示了由一个 Γ （或 n）和一个平衡压力 p （在温度 T 下）所确定的特定的吸附态。

由于吸附通常是在变量 T、V 和 A 均恒定的情况下发生的，因此在式（2.19）、式（2.42）和式（2.43）中引入微分量是合理的。另外，如果将微分表面过剩 Helmoltz 能作为表面过剩化学势，并且假定气体为理想气体，那么式（2.20）可以写成以下形式：

$$\dot{u}^\sigma_{T,\Gamma} - T\dot{s}^\sigma_{T,\Gamma} = u^g_T + RT - Ts^g_{T,p} \tag{2.46}$$

式中，u^g_T 为理想气相吸附物的摩尔内能，该值取决于温度 T；$s^g_{T,p}$ 为理想气相吸附物的摩尔熵，该值取决于 T 和 p，如下所示：

$$s^g_{T,P} = s^{g,o}_T - R\ln[p] \tag{2.47}$$

式中，$s^{g,o}_T$ 为在温度 T、标准压力 $p^\ominus$ 的情况下，理想气相吸附物的摩尔标准熵。此时的 $p^\ominus$ 并不是 $p°$，而是等于 $10^5\,\text{Pa}$ 或 $101325\,\text{Pa}$，而 $[p]$ 表示的是 $p/p^\ominus$ 的比值。

通过联立式（2.46）和式（2.47），得到：

$$\ln[p] = \frac{\dot{u}^\sigma_{T,\Gamma} - u^g_T - RT}{RT} - \frac{\dot{s}^\sigma_{T,\Gamma} - s^{g,o}}{R} \tag{2.48}$$

2.5.1 微分吸附量的定义

如式（2.46）和式（2.48）中所示，微分表面过剩量与其摩尔量的差值通常被称为微分吸附量（differential quantities of adsorption）。

微分吸附能 $\Delta_{ads}\dot{u}_{T,\Gamma}$ 的表达式为：

$$\Delta_{ads}\dot{u}_{T,\Gamma} = \dot{u}^\sigma_{T,\Gamma} - u^g_T \tag{2.49}$$

另外，在温度、体积和表面积保持恒定的条件下，微分吸附能可以被看作是整个吸附体系中内能的变化，并且由无穷小的表面过剩吸附量 dn^σ 的吸附产生（假设吸附剂是惰性的并且其内能不发生任何变化）。因此：

$$\Delta_{ads}\dot{u}_{T,\Gamma} = \left(\frac{\partial U}{\partial n^\sigma}\right)_{T,V,A} \tag{2.50}$$

事实上，微分吸附能可以直接通过量热法测量吸附中放出的热量来得到（详见 2.7 节）。

可以将微分吸附焓 $\Delta_{ads}\dot{h}_{T,\Gamma}$ 定义如下：

$$\Delta_{ads}\dot{h}_{T,\Gamma} = \dot{u}_{T,\Gamma}^{\sigma} - u_T^{g} - RT \tag{2.51}$$

此外，微分吸附焓还可以通过等比容法间接测得（见 2.6.1 节）。过去，这个通常被称为等量热，用"$-q_{st}$"来表示。现在已经渐渐不再使用这个名称，而是用等量吸附焓来代替。另外，微分能与微分焓之间是存在联系的，从下面的表达式中可以看出：

$$\Delta_{ads}\dot{h}_{T,\Gamma} = \Delta_{ads}\dot{u}_{T,\Gamma} - RT \tag{2.52}$$

为了比较不同吸附物的吸附能，可以简单地评估一下相同温度下体相吸附物（液体或固体）的微分表面过剩内能和摩尔内能之间的差异，即液体（$\Delta_{liq}u_T$）或固体（$\Delta_{sol}u_T$）的微分吸附能和凝聚摩尔能之间的差异。

Lamb 和 Coolidge（1920）引入了一个术语净吸附热（net heat of absorption），这个术语后来被 Brunauer 等人所采用（Brunauer，1945）。然而，由于这个术语有些模棱两可，建议将其替换为净吸附能（net energy of adsorption）。

通过前面内容已经知道，微分表面过剩能等于微分表面过剩焓，因此，得到如下方程式：

$$\dot{u}_{T,\Gamma}^{\sigma} - u_T^{l} = \Delta_{ads}\dot{h}_T - \Delta_{liq}h_T \tag{2.53}$$

这里的差别在于此时为净微分吸附焓，当然也可以称为净等量吸附焓。

因此，微分吸附熵 $\Delta_{ads}\dot{s}_{T,\Gamma}$ 表达式如下：

$$\Delta_{ads}\dot{s}_{T,\Gamma} = \dot{s}_{T,\Gamma}^{\sigma} - s_{T,p}^{g} \tag{2.54}$$

微分标准吸附熵 $\Delta_{ads}\dot{s}_{T,\Gamma}^{\circ}$ 表达式为：

$$\Delta_{ads}\dot{s}_{T,\Gamma}^{\circ} = \dot{s}_{T,\Gamma}^{\sigma} - s_T^{g,\circ} \tag{2.55}$$

通过式（2.46）、式（2.51）和式（2.54），得到式（2.56），很容易地从微分吸附焓中求得微分吸附熵：

$$\Delta_{ads}\dot{s}_{T,\Gamma} = \frac{\Delta_{ads}\dot{h}_{T,\Gamma}}{T} \tag{2.56}$$

值得注意的是，不能将微分（或等量）吸附焓与转换微分吸附焓 $\Delta_{ads}\hat{\dot{h}}_{T,\Gamma}$ 混淆，后者是从式（2.45）得到的，表达式如下所示：

$$\Delta_{ads}\hat{\dot{h}}_{T,\Gamma} = \ddot{u}_{T,\Gamma}^{\sigma} + A\left(\frac{\partial \pi}{\partial n^{\sigma}}\right)_{T,A} - u^{g} - RT \tag{2.57}$$

所以：

$$\Delta_{ads}\hat{\dot{h}}_{T,\Gamma} = \Delta_{ads}\dot{h}_{T,\Gamma} + A\left(\frac{\partial \pi}{\partial n^{\sigma}}\right)_{T,A} \tag{2.58}$$

2.5.2　积分摩尔吸附量的定义

在同一平衡条件下（T, p）的气相吸附物中，摩尔表面过剩热力学量 $x^\sigma_{T,\Gamma}$ 与相对应的摩尔量 $x^g_{T,p}$ 的差值通常被称为积分摩尔吸附量，用 $\Delta_{ads}x_{T,\Gamma}$ 来表示：

$$\Delta_{ads}x_{T,\Gamma} = x^\sigma_{T,\Gamma} - x^g_{T,p}$$

因此，可以将积分摩尔吸附能定义为：

$$\Delta_{ads}u_{T,\Gamma} = u^\sigma_{T,\Gamma} - u^g_T \tag{2.59}$$

将积分摩尔吸附熵定义为：

$$\Delta_{ads}s_{T,\Gamma} = s^\sigma_{T,\Gamma} - s^g_{T,p} \tag{2.60}$$

通过使用式（2.41）中给出的关于表面过剩化学势 μ^σ 的表达式，并假设气体是理想气体，可以从式（2.20）中推导出积分摩尔吸附量之间的关系，如下所示：

$$u^\sigma_{T,\Gamma} + \frac{\pi}{\Gamma} - Ts^\sigma_{T,\Gamma} = u^g_T + RT - Ts^g_{T,p} \tag{2.61}$$

然后再根据式（2.40），得到转换积分摩尔吸附焓关系式如下：

$$\Delta_{ads}\hat{h}_{T,\Gamma} = u^\sigma_{T,\Gamma} + \frac{\pi}{\Gamma} - u^g_T - RT \tag{2.62}$$

因此：

$$\Delta_{ads}s_{T,\Gamma} = \frac{\Delta_{ads}\hat{h}_{T,\Gamma}}{T} \tag{2.63}$$

$\Delta_{ads}\hat{h}$ 曾经被 Hill（1949）和 Everett（1950）称为平衡吸附热，但是现在这个名称已经不再适用。

需要注意的是，式（2.63）中的两个积分摩尔吸附量一定不能与式（2.56）中的两个微分吸附量混淆。另外还需注意的是，在对微分吸附焓定义时不需要考虑扩散压力，而式（2.62）中的积分摩尔转换吸附焓则需要考虑扩散压力。只有在特殊情况下，也就是当微分吸附能不随 Γ 的变化而变化时（例如：在高度均匀的表面上覆盖率低的情况下），微分吸附能才等于积分摩尔吸附能。

2.5.3　微分和积分摩尔吸附量的优点及局限性

在所有对吸附能的研究中，微分或相对应的积分摩尔吸附量的确定与否，会影响下一步的实验步骤、数据的处理及解释说明。

当气体吸附测量的主要目的是描述吸附剂表面或其孔隙结构时，首选测量方法必须遵循分辨率最高的热力学量（如吸附能）的变化。这样就直接影响了微分选项的选择，是因为积分摩尔量等于被记录吸收量的相应微分量的平均值。从式（2.64）中也可以看出两者的关系，具体细节会在下面详述。

在后续的关于微热量热法放热应用章节中，会给出大量的例子，本章只简要说明微分吸附能或吸附焓变化研究中的优点。因此，$\Delta_{ads}\dot{u}$ 或 $\Delta_{ads}\dot{h}$ 的高初始值与吸附物分子和高活性表面位点的相互作用及/或与其进入窄孔有关。并且微分量的急剧下降表明了吸附过程中存在显著的能量异质性，而微分量的增加通常都是吸附质-吸附质相互作用的结果，在某些情况下也可能与二维相变有关。为了满足在均匀表面上发生吸附的条件（如纯石墨的基面），可以预想到，在单层覆盖的范围内，微分能将会保持恒定或持续增长。

无论是对吸附体系建模还是物理吸附的统计力学，积分摩尔量都十分重要。例如，在将吸附相的性质与气体或液体的性质作比较时，积分摩尔量是必须的。正如Hill（1951）最初指出的那样，微分量不足以用来描述吸附体系的整个热力学性质。为了将实验值和理论值（例如统计力学）进行比较，还需要对积分摩尔吸附能和熵进行评估。

在研究过程中，一些实验技术被用来准确的确定积分量［如：从浸润实验数据中的能量，或从量热实验结果（该实验中，吸附物为一步引入以提供所需的覆盖率）］，而另外一些技术则更适合用于获得高分辨的微分量（如连续测压程序）。一般来讲，通过实验直接确定微分量是最合适的，因为如果用积分摩尔量来推导微分量，往往会导致信息的缺失。

2.5.4　积分摩尔吸附量的评估

当变量 T、V 和 A 都保持恒定时，往往需要对 $\Gamma = 0$ 以及给定的一个表面过剩浓度之间的相应微分量进行积分，才能对积分吸附量 $\Delta_{ads}X$ 进行评估。热力学量 X 可以用来描述整个体系，并且由于吸附相、气相吸附物和吸附剂性质的改变，积分吸附量应该严格地由这三个部分构成。同样需要假设气体为理想气体，并且吸附剂为刚性。在进行积分的过程中，需要明确说明哪些变量要保持恒定，还需要对极限平衡状态进行定义，另外须注意分析处理的是一个封闭体系 $dn = 0 = dn^o + dn^g$。

2.5.4.1　积分摩尔吸附能

从式（2.50）中可以看出，要想得到微分吸附能的积分十分简单。由于气体为理想气体，其摩尔内能不会随着压力的变化而变化，因此：

$$\Delta_{\mathrm{ads}}u_{T,\varGamma} = \frac{1}{n^{\sigma}}\int_{0}^{n^{\sigma}}\Delta_{\mathrm{ads}}\dot{u}_{T,\varGamma}\mathrm{d}n^{\sigma} \tag{2.64}$$

积分摩尔吸附能通过对微分吸附能的积分（从 0 到 n^{σ}）得到，其值等于从 0 到 $\varGamma$ 的表面过剩浓度范围内微分吸附能的平均值。

2.5.4.2 积分摩尔吸附熵

当变量 T、V 和 A 保持恒定时，可以很方便地得到在 0 到 $\varGamma$ 范围内的微分吸附熵的积分，即：

$$\int_{0}^{n^{\sigma}}(\Delta_{\mathrm{ads}}\dot{s}_{T,\varGamma})\mathrm{d}n^{\sigma} = \int_{0}^{n^{\sigma}}\left(\frac{\partial S^{\sigma}}{\partial n^{\sigma}}\right)_{T,A}\mathrm{d}n^{\sigma} - \int_{0}^{n^{\sigma}}s_{T,p}^{\mathrm{g}}\mathrm{d}n^{\sigma} \tag{2.65}$$

为了对式（2.65）右边的第二项进行整合，考虑到气相吸附物的摩尔熵取决于压力 [当 n^{σ} 从 0 变化到 n^{σ} 时，压力从 0 变化到 p；见式（2.47）]。因此，右边第二项为：

$$\int_{0}^{n^{\sigma}}s^{\mathrm{g}}\mathrm{d}n^{\sigma} = n^{\sigma}s^{\mathrm{g}} - \int_{0}^{n^{\sigma}}n^{\sigma}\mathrm{d}s^{\mathrm{g}} = n^{\sigma}s^{\mathrm{g}} + R\int_{0}^{n^{\sigma}}n^{\sigma}\mathrm{d}\ln[p] \tag{2.66}$$

由式（2.56）、式（2.65）和式（2.66），可以得到：

$$\Delta_{\mathrm{ads}}s_{T,\varGamma} = \frac{1}{n^{\sigma}}\int_{0}^{n^{\sigma}}\frac{\Delta_{\mathrm{ads}}\dot{h}}{T} + \frac{R}{n^{\sigma}}\int_{0}^{n^{\sigma}}n^{\sigma}\mathrm{d}\ln[p] \tag{2.67}$$

通过比较式（2.61）和式（2.67）可以得知，式（2.67）中右边的第二项来自于扩散压力，并且这个压力与吸附分子间的相互作用有关，通常将这个称为"横向相互作用"。只有在极低的覆盖率情况下，才能忽略扩散压力，此时积分摩尔吸附熵只取决于吸附质-吸附剂间的相互作用。

在一般情况下，由于式（2.67）中右边的额外项，使得积分摩尔吸附熵不会等于从 0 到 $\varGamma$ 表面过剩浓度范围内微分吸附熵的平均值。

2.6 从一系列实验物理吸附等温线间接推导吸附量：等比容法

2.6.1 微分吸附量

为了从物理吸附等温数据中得到微分吸附焓，应该测量在不同温度下的一系列吸附等温线。

如果根据吸附温度来区分式（2.48），那么表面过剩浓度 $\varGamma$（或 n）会保持恒定并

且还需要假设 $\Delta_{ads}\dot{h}_{T,\Gamma}$ 和 $\Delta_{ads}\dot{s}_{T,\Gamma}$ 不会随着温度的改变而改变，因此，得到如下方程式：

$$\left(\frac{\partial}{\partial T}\ln[p]\right)_{\Gamma} = -\frac{\Delta_{ads}\dot{h}_{T,\Gamma}}{RT^2}$$

因此：

$$\Delta_{ads}\dot{h}_{T,\Gamma} = R\left(\frac{\partial\ln[p]}{\partial(1/T)}\right)_{\Gamma} \tag{2.68}$$

需要注意的是，$[p]$ 表示 $p/p^{\ominus}$ 的比值，而 $p^{\ominus}$ 为标准压力（可以看作 10^5 Pa 或 101325 Pa）而不是饱和压力 p°。

可以明显地看出，式（2.68）类似于著名的单组分气-液体系的 Clausius-Clapeyron 方程。在平衡压力和温度的限定范围内（p_1、p_2 以及 T_1、T_2）对式（2.68）进行积分，得到方程式如下：

$$\Delta_{ads}\dot{h} = -\frac{RT_1T_2}{T_2-T_1}\ln\frac{p_2}{p_1} \tag{2.69}$$

通常来说，想要从不同温度下得到的一系列吸附等温线中求得 $\Delta_{ads}\dot{h}$，需要对给定的 Γ（或 n）绘制 $1/T$ 的 $\ln[p]_{\Gamma}$ 函数图。这种关于微分吸附焓的计算方法是基于式（2.69）的使用，同时也被称为"等比容法"。尽管 $\Delta_{ads}\dot{h}$ 通常被称为等量吸附热，但是更偏向于称它为等量吸附焓。因为热量（heat）并不能作为状态函数，但是这个参数应该保留并作为原始量热结果。通过将不同的 Γ（或 n）值应用到式（2.68）中，可以确定 $\Delta_{ads}\dot{h}$ 随着 Γ 的变化趋势。

为了应用式（2.69），需要使用平衡压力 p_1 和 p_2（在温度 T_1 和 T_2 下测得），并且这个压力不能用相对平衡压力 p_1/p_1° 和 p_2/p_2° 来代替。简单的计算结果表明，如果使用的是相对平衡压力，那么会使计算的 $\Delta_{ads}\dot{h}$ 降低 $\Delta_{vap}h$。

可以通过式（2.68）来验证 $\Delta_{ads}\dot{h}<0$，因为对于物理吸附来说，获得表面过剩浓度 Γ（或 n）所需的平衡压力会随着吸附温度的增加而增加，因此，$\Delta_{ads}\dot{s}$ 一定是负数。然而，在常数 T 下，由于式（2.56）中给出的微分吸附熵与微分吸附焓成正比，因此，这个值的计算就不太重要。

微分标准吸附熵 $\Delta_{ads}\dot{s}_{T,\Gamma}^{\circ}$ 还可以通过式（2.55）和式（2.56）推导出来，如下所示：

$$\Delta_{ads}\dot{s}_{T,\Gamma}^{\circ} = \Delta_{ads}\dot{h}_{T,\Gamma} - R\ln[p] \tag{2.70}$$

如前所述，等比容法的应用还依赖于式（2.68）中所包含的原则。实际上，等量过程应该应用到至少两种不同温度下的吸附等温线中，并且这两个温度不能相差太大，一般认为相差 10 K 是比较合适的。如果条件允许，应该测量两个以上的吸附等温线，并以 $\log_{10}[p]$ 对 $1/T$ 的线性关系进行检验。等比容法对平衡压力测定中的任何误差都十分敏感，所以我们不会总是得到可信的结果，并且这个方法不能在低压下使用，除非平衡压力是在非常高的精度下测量的。通过系统地比较量热法和等比容法得到的微分焓可以看出，在低压或低表面覆盖时得到的等量值非常不准确（Rouquerol 等，1972；Grillet 等，1976）。事实表明，当表面覆盖率小于 0.5 时，使用等比容法需要特别注意。另一个局限性就是对于每个常数 n^o，在温度范围内不能存在二维相变。

尽管存在上述局限性，还是应该了解等比容法中的两个有意义的特征：

① 对于微分吸附焓的评估来说，这是一个简单并且普遍使用的方法。

② 这个方法的精度会随着压力的增加而增加，而不会像量热法那样，在高压条件下精度会下降。

2.6.2 积分摩尔吸附量

通过式（2.47）和式（2.63），得到如下方程式：

$$\ln[p] = \frac{\Delta_{ads}\hat{h}_{T,\varGamma}}{RT} - \frac{\Delta_{ads}s^o}{R} \tag{2.71}$$

如果将式（2.71）对温度的倒数 $1/T$ 求导，则扩散压力 π 会保持恒定，那么就可以得到如下方程：

$$\Delta_{ads}\hat{h}_{T,\varGamma} = R\left(\frac{\partial\ln p}{\partial(1/T)}\right)_{\pi} \tag{2.72}$$

在上述方程中，可以得到吸附平衡状态［由变量 T 和 $\varGamma$（或 n）确定］时的转换积分摩尔吸附焓。需要注意的是，该方程一定不能与能够给出微分吸附焓的式（2.68）混淆。事实上，只要将式（2.31）、式（2.44）、式（2.56）和式（2.63）联立，就可以很方便地得到这两个吸附焓之间的关系，如下所示：

$$\Delta_{ads}\hat{h} = \Delta_{ads}\dot{h} + \frac{T}{\varGamma}\left(\frac{\partial\pi}{\partial T}\right)_{\varGamma} \tag{2.73}$$

在一般情况下，由于扩散压力未知，式（2.72）并不易使用。但在逐步等温的特殊情况下，有两个吸附相与气态吸附物存在平衡（即在单变量吸附体系中），Larher（1968，1970）认为，等比容法或许可以在过渡压力 p^n 时使用，得到"近似层"的积分摩尔能 u^n 和熵 s^n：

$$\ln\frac{p^n}{p^{\infty}} = \frac{u^n - u^{\infty}}{RT} - \frac{1}{R}(s^n - s^{\infty}) \tag{2.74}$$

此时的标准态是由摩尔能、熵和饱和压力确定的体相吸附物（液态或气态），上述三

个量分别用 u^∞、s^∞ 和 p^∞ 来表示。

2.7　由量热数据推导吸附量

微热量计非常适用于测定微分吸附焓的测定，关于这点将在 3.2.2 节和 3.3.3 节中详述，尽管如此，还是应该知道从吸附热的测定到得到有效的吸附能或吸附焓，这一步十分重要。并且，热量的测定取决于实验环境，如实验过程中的可逆性程度、量热池的死体积以及量热仪的等温或绝热操作。因此，设计量热实验时，应该根据状态的改变而不是量热仪的操作模式来进行。

3.3.3 节将会详述检验气体吸附量热法中的两个主要过程，这两个过程中都使用了 Tian-Calvet 型的热流微量热计（详见 3.2.2 节）。

2.7.1　非连续过程

最常见的量热程序是一种非连续的过程，其中吸附物在一系列步骤中被引入。量热池与其所含物质（吸附剂和吸附物）必须为开放体系（详见图 3.15）。只有当吸附物被可逆地引入，并且该步足够小时（这样引入量和增加的压力可以分别写为 dn 和 dp），对微分吸附能 [由式（2.49）和式（2.50）所定义] 的推导才成为可能。在这样的条件下，并且考虑到气相吸附物所贡献的内能，得到以下方程：

$$dU = dQ_{rev} + dW_{rev} + u_T^g dn \qquad (2.75)$$

式中，dQ_{rev} 是温度 T 下，与周围环境进行可逆交换的热量；dW_{rev} 是气体对外部压力所做的可逆功；u_T^g 是在温度 T 下可吸附气体的摩尔内能；dn 是给定步骤中引入的可吸附气体的量。

如果在理论上将整个吸附体系的体积分为两个部分：V_A（量热池外部，但是与恒温器接触）和 V_C（量热池的内部，见图 3.15），则 dW_{rev} 的计算变得很简单（Rouquerol 等，1980）。如果通过减少 V_A 的体积假设理想气体可进行可逆压缩，那么整个体系与周围环境的交换功为：

$$dW_{rev} = RTdn^\sigma + (V_A + V_C)dp \qquad (2.76)$$

式中，dn^σ 为压缩时的吸附量。

量热池受到的功仅为：

$$dW_{rev}(C) = RTdn^\sigma + V_C dp \qquad (2.77)$$

通过联立上述方程，得到如下方程：

$$d(n^g u^g + n^\sigma u^\sigma)_{T,V,A} = dQ_{rev} + RT dn^\sigma + V_C dp + u^g(dn^g + dn^\sigma) \qquad (2.78)$$

或

$$\left(\frac{dQ_{rev}}{dn^\sigma}\right)_{T,A} + V_C\left(\frac{dp}{dn^\sigma}\right)_{T,A} = \left[\left(\frac{dU^\sigma}{dn^\sigma}\right)_{T,A} - u^g - RT\right] = \Delta_{ads}\dot{h}_{T,\Gamma} \qquad (2.79)$$

为此提供了一种用实验评估微分吸附焓 $\Delta_{ads}\dot{h}_{T,\Gamma}$ 的方法。

从式（2.79）中可以看出，要求得微分吸附焓 $\Delta_{ads}\dot{h}_{T,\Gamma}$ 需要得到以下实验量，包括 dQ_{rev}（通过量热计所测得的热量）、dn^σ（吸附量）、dp（平衡压力的增量）和 V_C（浸润在微量热计的热流计中的池中部分的死体积，见图 3.15）。如果吸附物引入时不能满足足够小和可逆的条件，那么由式（2.79）得到的量可以被称为"准微分"吸附焓。

2.7.2 连续过程

一般而言，对于类平衡条件下的连续过程（吸附连续且缓慢进行），能够满足上述可逆性的条件（Rouquerol, 1972）。在这个实验中，可以推导出微分吸附焓的一些基本实验量，包括吸附率 f^σ 以及相应的热流 ϕ。

当吸附物的引入率 $f = \dfrac{dn}{dt}$ 恒定时（见 3.3.2 节），吸附率 f^σ 与它稍有不同：

$$f^\sigma = \frac{dn^\sigma}{dt} = f - \frac{V_e}{RT_e}\frac{dp}{dt} - \frac{V_C}{RT_C}\frac{dp}{dt} \qquad (2.80)$$

此时，V_e 和 T_e 分别为外部测压装置的体积和温度。

相对应的热流为：

$$\phi = \frac{dQ_{rev}}{dt} = \frac{dQ_{rev}}{dn^\sigma}\frac{dn^\sigma}{dt} = f^\sigma\left(\frac{dQ_{rev}}{dn^\sigma}\right)_{T,A} \qquad (2.81)$$

通过联立式（2.81）和式（2.79），可以得到：

$$\Delta_{ads}\dot{h} = \left(\frac{dQ_{rev}}{dn^\sigma}\right)_{T,A} + V_C\left(\frac{dp}{dn^\sigma}\right)_{T,A} = \frac{\phi}{f^\sigma} + V_C\frac{dp}{dt}\frac{dt}{dn^\sigma}$$

$$\Delta_{ads}\dot{h} = \frac{1}{f^\sigma}\left(\phi + V_C\frac{dp}{dt}\right) \qquad (2.82)$$

显然，f^σ（吸附率）和 ϕ（热流）还不足以用来推导微分吸附焓的连续曲线。因此，还必须得到量热池本身的死体积 V_C 和准平衡压力对时间的导数。值得注意的是，当导数很小时（即在吸附等温线近乎垂直的地方），式（2.82）可以简化为：

$$\Delta_{ads}\dot{h} \approx \frac{\phi}{f} \qquad (2.83)$$

并且在这些条件下，$f^\sigma \approx f$。这就意味着如果 f 为常数，热流 ϕ 相对于时间的变化可以直接得到 $\Delta_{ads}\dot{h}$ 相对于吸附量的变化。

当使用这种直接方法时，有一些重要的前提条件，即需要一个灵敏的微量热计（最好是 3.2.2 节中描述的热流型）以及用以确定吸附量的设备。虽说这一方法对装置的组装要求严格，但具有很多优点，如下：

① 与等比容法和色谱法不同，在这个方法中，微分焓的推导不需要任何假设，只是要求实验过程足够慢，以确保吸附和气体压缩过程都维持平衡状态。

② 即使在压力很低的情况下也能得到精确的热力学数据。因此，这个方法被推荐用来研究微孔填充中的能量或高能位点上的吸附。

③ 当这个方法与等温线的连续测定一起使用时，可以得到一条 $\Delta_{ads}\dot{h}$ 对 n 的连续的高分辨曲线。这可以用来检测和表征与二维相变相关的子步骤（Grillet 等, 1979）。

2.8 测定微分吸附焓的其他方法

本节主要对微分吸附焓的其他测定方法的优点和局限性进行简要概括，总结了热力学以及实践两方面的内容，后者还会在第 3 章和第 4 章中进行更详细的叙述。

2.8.1 浸润式量热法

如第 4 章所述，浸润式量热法为吸附能的测定提供了间接方法，可以从干燥固体的浸润能中求得净摩尔积分吸附能，但是如果想得到微分能相对困难。在这种情况下，就必须在吸附剂表面逐步预覆盖之后进行多次单独的热力学测量，因此，这种方法既消耗大量样品（因为每个预覆盖点都需要新的样品）又耗时（每一个点的称重、脱气等步骤，都可能需要一天的时间）。而且，该方法还仅限于易冷凝的吸附物（主要是水和有机蒸气）。但另一方面，这个方法具有以下实用的优点：

① 如果在实验过程中足够谨慎，那么由这个方法所得到的结果会比通过等比容法得到的结果更加精确，特别是在低表面覆盖的情况下（Harkins, 1952; Zettlemoyer 和 Nareyan, 1967）。

② 在某些方面，这个方法的要求没有气体吸附量热法那么严格。例如，量热计和预吸附的装置是分开的，因此更易于处理。

③ 对于其他方法，可冷凝的气体可能会产生一些问题。例如温度梯度和假冷凝，但可以通过对浸润能的测量来避免。

2.8.2　色谱法

如式（5.3）所示，气相色谱法是建立在微分吸附焓（"零"覆盖条件下）和亨利常数 k_H 的温度依赖性这两者之间的关系基础上。在亨利定律适用的低压范围内，比保留体积 V_s 为 k_H 的线性函数（Purnell, 1962; Littlewood, 1970）。这样就可能运用洗脱色谱法，因为：

$$\Delta_{ads}\dot{h} = RT^2[\partial(\ln\{V_s\})/\partial T]_n \tag{2.84}$$

当然，要成功使用这个方法还需满足一些要求（Gravelle, 1978）。色谱柱必须在几乎理想的条件下操作，才能产生既尖锐又对称的峰，所使用的载气一定不能被吸附。理想气体行为通常是一个很好的近似，否则必须考虑吸附物蒸气的非理想性（Blu 等, 1971）。

这个方法的优点如下：

① 一般而言，可以在极低的表面覆盖下就得到微分焓。

② 测量速度快，并且在使用标准商业设备的情况下，可以在很宽的温度范围内测量保留时间。

③ 可以用来研究低蒸气压力条件下的吸附物。

2.9　高压状态方程：单一气体和混合气体

对于压力不超过 100 kPa 的吸附实验来说，通常会假定气相中的气体为理想气体。但是在更高的压力条件下，这种假定不再合理。不论是气相中的剩余量（吸附测压法，见 3.2.1 节）还是其密度（在吸附密度测定中推导出浮力，见 3.2.2 节），要想得到满意的计算值，就需要将分子间作用力以及在压缩情况下分子的极限体积考虑在内。

2.9.1　纯气体情况下

在研究过程中，研究者们提出了许多关于压力 p、热力学温度 T 和气体摩尔体积 V_m 三者之间关系的方程式。以下列举了三个最常用的方程。

2.9.1.1　范德华方程（1890）

$$(p+a/V_m^2)(V_m-b) = RT \tag{2.85}$$

在这个方程中，范德华常数 a（考虑到分子间作用力）和 b（与极限摩尔体积相对应）不受温度的影响，而只取决于气体的性质。这两个常数是通过临界温度 T_c 和临界压力 p_c（见 Haynes, 2011）计算得来的，关系式如下所示：

$$a = \frac{R^2 T_c^2}{64 p_c} \quad b = \frac{R T_c}{8 p_c}$$

2.9.1.2　Redlich-Kwong-Soave 方程

这个方程最初由 Redlich 和 Kwong（1949）提出，后经 Soave（1972）改进变为如下形式：

$$p = \frac{RT}{V_m - b} - \frac{a\alpha}{V_m(V_m + b)} \tag{2.86}$$

式中，常数 a、b 和 α 分别由临界温度 T_c、临界压力 p_c 和下降温度 $T_r (= T/T_c)$ 计算得出，关系式如下所示：

$$a = 0.42747 \frac{R^2 T_c^2}{p_c} \quad b = 0.08664 \frac{R T_c}{p_c}$$

$$\alpha = \left[1 + (0.48508 + 1.55171\omega - 0.17613\omega^2)(1 - \sqrt{T_r}) \right]^2$$

式中，ω 被称为偏心因子，这是一个校正因子，它考虑了球度的缺失以及分子的低极性（Poling 等, 2000）。

2.9.1.3　Gasem-Peng-Robinson 方程（2001）

$$p = \frac{RT}{V_m - b} - \frac{a\alpha}{V_m^2 + 2bV_m - b^2}$$

式中，常数 a、b 和 α 分别由临界温度 T_c、临界压力 p_c 和下降温度 $T_r (= T/T_c)$ 计算得出，关系式如下所示：

$$a = 0.45724 \frac{R^2 T_c^2}{p_c} \quad b = 0.07780 \frac{R T_c}{p_c}$$

$$\alpha = \left[1 + (0.37464 + 1.54226\omega - 0.26992\omega^2)(1 - \sqrt{T_r}) \right]^2$$

此时，ω 为上述提到的偏心因子。

目前，在实验压力和温度条件下，用来计算气相密度最安全的方法毫无疑问是实验法。这在吸附密度测定过程中是可能实现的，当使用校正体积专用的伸卡球时，运用浮力效应就可以直接测量气体密度（见 3.2.2 节）。绝对气体密度 ρ 可以用压力 p 的多项式来表示如下：

$$\rho = Ap + Bp^2 + Cp^3 + Dp^4 + Bp^5 + Ep^5 + Fp^6$$

图 2.5 表示的是在 30℃、5 MPa 条件下，通过上述方程式测定 CO_2 和 CH_4 得到的结果（Bourrelly, 2006）。相应的多项式如下所示：

对于 CO_2： $A = 1.7276$，$B = 1.191 \times 10^{-2}$，$C = -2.9567 \times 10^{-4}$，$D = 1.6513 \times 10^{-5}$，
$E = -3.2134 \times 10^{-7}$，$F = 2.6628 \times 10^{-9}$

对于 CH_4： $A = 0.63893$，$B = 6.1066 \times 10^{-4}$，$C = 3.6945 \times 10^{-5}$，$D = 1.6439 \times 10^{-6}$，
$E = 3.4288 \times 10^{-8}$，$F = -2.5702 \times 10^{-10}$

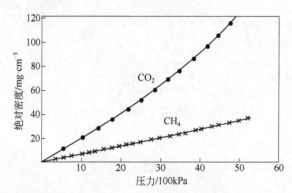

图 2.5　30℃条件下，CO_2 和 CH_4 的绝对密度：实验点以及多项式拟合的相应曲线（引自 Bourrelly, 2006）

2.9.2　混合气体情况下

混合气体的吸附（高于环境压力）对气体分离和回收（例如炼油厂废气中的 H_2、CH_4）有着重要的意义。此时对气体绝对密度的评估较纯气体更加严格，直接实验测定会更好。还可以使用状态方程 GERG-2004（Kunz 等，2007）得到气体绝对密度，该方程由欧洲天然气公司开发，方程中涵盖了多达 18 个组分的混合物，该公司最近对这个方程进行了更新，得到 GERG-2008 状态方程，其中新增了三个组分（Wagner, 2011）。表 2.1 中列举了上述所说的 21 种气体和蒸气。

状态方程通常在温度为 90～450 K，压力为 0～35 MPa 的范围内使用，如果温度扩展到 60～700 K，压力扩展到 0～70 MPa 时也可以考虑。除此之外，该方程还适用于 210 种可能的二元混合物。这个状态方程的基本结构如图 2.6 中所示。图中的偏离函数考虑了混合物中的组分 X（摩尔分数）相较于其纯组分的特定行为。

表 2.1　状态方程 GERG-2008 所涵盖的 21 种气体

甲烷	正戊烷	氢气	丙烷	正辛烷	氧气	水
氮气	异戊烷	硫化氢	正庚烷	乙烷	正丁烷	正壬烷
二氧化碳	正己烷	一氧化碳	氩气	异丁烷	正癸烷	氦气

注：引自 Wagner（2011）。

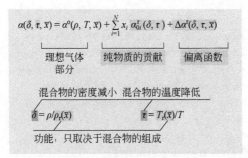

图 2.6 状态方程 GERG-2004 和 GERG-2008 的基本结构图
（引自 Wagner, 2011）

参考文献

Alberty, R.A., Silbey, R.J., 1992. Physical Chemistry. John Wiley, New York, p. 108.

Blu, G., Jacob, L., Guiochon, G., 1971. J. Chromatogr. 61, 207.

Bourrelly, S., 2006. The`se Université de Provence(Marseille). p. 33.

Brunauer, S., 1945. The Adsorption of Gases and Vapors, Physical Adsorption, Vol. I Princeton University Press, Princeton, NJ.

Brunauer, S., Emmett, P.H., Teller, E., 1938. J. Am. Chem. Soc. 60, 309.

Defay, R., Prigogine, I., 1951. Tension Superficielle Et Adsorption. Dunod, Paris.

Everett, D.H., 1950. Trans. Faraday Soc. 46, 453, 942 and 957.

Everett, D.H., 1972. Pure Appl. Chem. 31(4), 579.

Gibbs, J.W., 1928. Collected Works, Vol. 1 Longmans Green and Co., New York, pp. 221-222.

Gravelle, P.C., 1978. J. Therm. Anal. 14, 53.

Grillet, Y., Rouquerol, F., Rouquerol, J., 1976. Rev. Gen. Therm. 171, 237.

Grillet, Y., Rouquerol, F., Rouquerol, J., 1979. J. Colloid Interface Sci. 70, 239.

Guggenheim, E.A., 1933. Modern Thermodynamics by the Methods of J.W. Gibbs. Methuen, London.

Guggenheim, E.A., 1940. Trans. Faraday Soc. 36, 397.

Gumma, S., Talu, O., 2010. Langmuir. 26(22), 17013.

Harkins, W.D., 1952. The Physical Chemistry of Surface Films. Reinhold Publishing Corp., New York, p. 268.

Haynes, W.M.(Ed.), 2011. Handbook of Chemistry and Physics. 92nd ed. CRC Press, Boca Raton, Florida.

Herrera, L., Fan, C., Do, D.D., Nicholson, D., 2011. Adsorption. 17, 955.

Hill, T.L., 1947. J. Chem. Phys. 15, 767.

Hill, T.L., 1949. J. Chem. Phys. 17, 507, 520.

Hill, T.L., 1950. J. Chem. Phys. 18, 246.

Hill, T.L., 1951. Trans. Faraday Soc. 47, 376.

Hill, T.L., 1952. Adv. Catal. 4, 212.

Hill, T.L., 1968. Thermodynamics for Chemists and Biologists. Addislon Wesley Publishing Company, Reading, MA.

Hill, T.L., Emmett, P.H., Joyner, L.J., 1951. J. Am. Chem. Soc. 73, 5102.

Kunz, O., Klimeck, R., Wagner, W., Jaeschke, M., 2007. The GERG-2004 Wide-Range Equation of State for Natural Gases and other Mixtures, Fortschritt-Berichte VDI Reihe 6, N° 557.

Lamb, A.B., Coolidge, A.S., 1920. J. Am. Chem. Soc. 42, 1146.

Larher, Y., 1968. J. Chim. Phys. Fr. 65, 974.

Larher, Y., 1970. Thèse Université Paris-Sud.

Letoquart, C., Rouquerol, F., Rouquerol, J., 1973. J. Chim. Phys. Fr. 70(3), 559.

Littlewood, A.B., 1970. Gas Chromatography. Academic Press, New York.

Mills, I., Cvitas, T., Homann, K., Kallay, N., Kuchitsu, K., 1993. Quantities, Units and Symbols in Physical Chemistry, second ed. Blackwell Scientific Publications, London.

Moore, W.J., 1972. Physical Chemistry, fifth ed. Longman, London p. 96.

Murata, K., El-Merraoui, M., Kaneko, J., 2001. J. Chem. Phys. 114, 4196.

Myers, A.L., Calles, J.A., Calleja, G., 1997. Adsorption 3(2), 107.

Neimark, A.V., Ravikovitch, P.L., 1997. Langmuir 19(13), 5148.

Poling, B.E., Prausnitz, J.M., O'Connell, J.P., 2000. The Properties of Gases and Liquids, fifth ed. McGraw-Hill, New York.

Purnell, H., 1962. Gas Chromatography. Wiley, New York.

Quirke, N., Tennison, S.R.R., 1996. Carbon. 34, 1281.

Redlich, O., Kwong, J.N.S., 1949. Chem. Rev. 44, 233.

Ross, S., Olivier, J.P., 1964. On Physical Adsorption. Interscience Publishers, New York.

Rouquerol, J., 1972. In: C.N.R.S.(Ed.), Thermochimie, vol. 201. Paris, p. 537.

Rouquerol, F., Partyka, S., Rouquerol, J., 1972. In: C.N.R.S.(Ed.), Thermochimie, vol. 201. Paris, p. 547.

Rouquerol, F., Rouquerol, J., Everett, D.H., 1980. Thermochim. Acta 41, 311.

Sanfeld, A., Steinchen, A., 2000. Surf. Sci. 463, 157.

Shuttelworth, R., 1950. Proc. R. Soc. Lond. A 63, 444.

Soave, G., 1972. Chem. Eng. Sci.. 27, 1197.

Wagner, W., 2011. Available from: http://www.thermo.ruhr-uni-bochum.de/en/prof-w-wagner/software.html.

Wiersum, A., 2012. Thèse Aix-Marseille.

Young, D.M., Crowell, A.D., 1962. Physical Adsorption of Gases. Butterworths, London.

Zettlemoyer, A.C., Narayan, K.S., 1967. In: Flood, E.A.(Ed.), The Solid-Gas Interface. Marcel Dekker Inc., New York, p. 152.

第 3 章　气体吸附法

Jean Rouquerol, Françoise Rouquerol

Aix Marseille University-CNRS, MADIREL Laboratory, Marseille, France

3.1　引言

本章的目的是介绍测定气体吸附等温线和吸附能的主要实验过程。这些测量能够提供重要的物理吸附数据，这将在其他章节中加以讨论。即使一项研究直接针对吸附光谱，人们也不可避免要使用到吸附等温线数据。

值得注意的是，除了吸附量及表面过剩量，当某个量对平衡压（或相对压 $p/p°$，$p°$ 是饱和气压）作图时，这个量必须具有清晰定义（例如吸附的微分能或积分能或者吸附剂的结晶参数等）。在我们看来，保留"吸附等温线"这个表述是很重要的，它描述了吸附量（或表面过剩量）和平衡压之间的关系，从而强调出其基本特征。

如果在选择或者设计从吸附剂脱气开始的整个操作过程时都足够谨慎，那么实现气体吸附的测量就不是难事，尤其是在市场上有许多自动仪器可供选择的今天。在进行测量之前，首先要回答以下几个问题：

① 工作的目的是什么？

② 哪种技术最适合于特定的气-固体系，需要什么样的条件（即温度和压力的范围）？

③ 应该遵循什么操作程序来获得具有所需精度和热力学一致性的数据？

显然，技术和实验条件的选择（它们常常直接影响实验时间）取决于测量是否有益于获得最常见的表面积和孔隙大小数据，或者是否有益于基础研究或获取化学工程数据。如果结果具有应用科学的价值，那么精准可控并设定的实验条件就至关重要了。

可用于确定气体吸附等温线的三个物理量是压力、质量和气流量，这将在 3.2 节予以讨论。在复杂的共吸附情形中，有时会联合使用它们。

无论选择哪一个物理量（即压力、质量或气体流量）来进行吸附量的测量，都

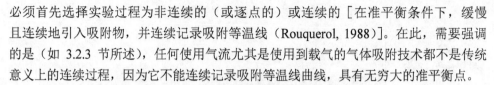

必须首先选择实验过程为非连续的（或逐点的）或连续的［在准平衡条件下，缓慢且连续地引入吸附物，并连续记录吸附等温线（Rouquerol, 1988）］。在此，需要强调的是（如 3.2.3 节所述），任何使用气流尤其是使用到载气的气体吸附技术都不是传统意义上的连续过程，因为它不能连续记录吸附等温线曲线，具有无穷大的准平衡点。

为了评估吸附能，还需要确定热流量或温度变化，如 3.3 节所述。

然后，我们将研究那个关键问题——尽管它经常被忽略（3.4 节）——吸附剂的脱气，并将根据丰富的数据得出结论（3.5 节）。

3.2　表面过剩量（及吸附量）的测定

3.2.1　气体吸附测压法（仅测量压力）

该方法基于在已知温度下、校准气体体积中气压的测量。气体吸附测压仪的优点在于它的经济性：确定一个气体吸附等温线，即绘制吸附量对平衡压力的曲线，如果运用其他方法，必须使用不同的装置，分别测量吸附量和平衡压力。而在气体吸附测压法中，使用一个压力传感器就可以进行两个物理量的测定。正是由于这种方法操作简单，所以应用最为广泛。

根据操作时的压力范围，我们把该部分内容分为低于大气压和超过大气压两种情形来讨论。

3.2.1.1　低于大气压时

我们首先要研究的是压力低于 1 bar 的情形，这个范围是直至今天大多数气体吸附性质（比如表面积和孔径分布）的测定条件。

（1）气体吸附体积

"气体吸附体积"（gas adsorption volumetry）这一表达，至今仍被一些研究者和仪器制造商使用，这可以追溯至用水银滴定管和压力计（如图 3.1 所示）测量吸附的年代。测量吸附等温线的方法即"BET 体积法"，最初由 Emmett 和 Brunauer（1937）使用，并由 Emmett 于 1942 年引入。不过今天，水银滴定管已经不再使用，因此当吸附量仅由气体压力的变化来评估时，就不适合再将它称为一种"体积"法了。同样的情况，很多物理吸附等温线仍用吸附气体的体积（STP）对相对压力的曲线来表达，这些只使用吸附体积一种测量手段的方法同样已经过时。现今一个更普遍的等温线表达方式，是用具体的吸附量 n（或比表面过剩量 n^σ），对相对压力作图。

（2）简单气体吸附测压

图 3.2 所示的是一个简单的现代装置。它由不锈钢制成（除了吸附球和旋塞阀主

要由玻璃制成，因为玻璃为化学惰性，有利于在脱气前后进行观察），具有三个阀门和一个电容式压力传感器。"注入体积"位于中间的十字管道，即阀门和压力传感器之间的连接管道中，其体积也需计算在内。

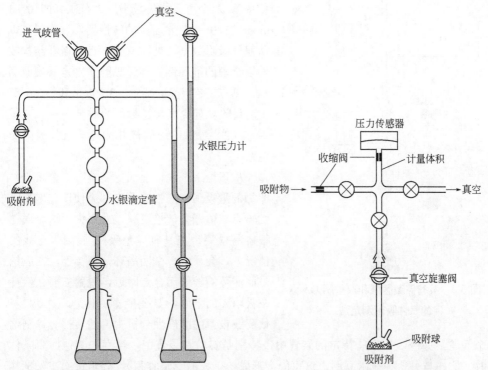

图 3.1　最初的"BET"仪器（气体吸附体积法）　　图 3.2　基础的气体吸附测压法
　　　　（引自 Emmett, 1942）

　　这种技术可以应用于不连续（逐点）过程中。为了达到这个目的，每注入一定体积的气体，在气体进入吸附球之前，都需要测量它的压强和温度。建立起吸附平衡之后，吸附量就可以由压力的变化并应用理想气体定律（$pV = nRT$）计算得到，式中 p 为压强，V 为气体的体积，n 为气体的摩尔量，R 为气体常数，T 为热力学温度；或者，从压力和温度条件下的气体性质及期望准确度出发，由实际气体定律得到（见 3.2.5 节）。

　　图 3.2 所示的装置带有下阀门和高真空的金属-金属连接（最好中间使用铜垫片，以保证可重复的紧固性），它易于在实验室中搭建，特别是当需要与用另一种设备比如量热计或某种光谱仪相连接时。因为它相对来说小而轻，它也适于连接到"大型仪器"的附近，比如提供中子或高能 X 射线的仪器，这有助于研究吸附作用下吸附剂的相变或结构变化。

　　在现实中，大多数商业的气体吸附仪都接近于上述装置，因为它的设计简单，

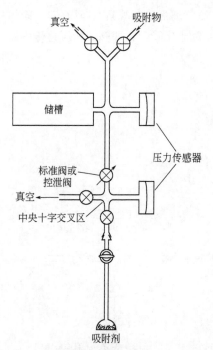

图 3.3 具有储藏区域和双重压力测量的气体吸附测定法

使得它在结构、密闭性（这一点非常重要）和维护方面既方便又便宜。有一种简单的改进方法是，在主要的 1 bar 压力转换器之外，并行使用第 2 个可以覆盖较小压力范围（即 0~1 mbar 或 0~10 mbar）的转换器，这样就可以从氮气吸附数据（见第 9 章）评估微孔结构或者以合理的准确性进行氪吸附（确定低表面面积，见 7.2.4 节）的测定。3.2.5 节和 3.2.6 节中将讨论如何提高实验数据的质量。

（3）可以中途储气并测量的气体吸附测定法

从理论上来说，前面的装置有一个缺点，即每剂量吸附值的独立测定都会使误差增加。实验点数值越多，最终误差就越大。这个误差很容易检测，在具有完整吸附-脱附等温线的情况下，会显示一个回滞环，事实上，在应该是回滞环的较低闭合点附近，脱附支要么保持在吸附支的上面，要么穿过吸附支。大多数现代商业设备的准确性分析中，通常都会提到这个问题。如今，在某些特定的装置中，特别是实验室装置中，当存在其他约束条件时（比如与另一种技术联用，这可能会形成一个大的空隙容积），确定每次注入量其准确性仍然有限，此时可以考虑下面的装置。如图 3.3 所示，该装置与图 3.2 所示装置具有相同的元件，只是增加了一个储槽及相应的压力传感器。

这样的话，一个压力传感器用于测定储槽中吸附物的量，储槽的体积已经过校准，而第二个压力传感器则用于测定吸附平衡压力和中央十字交叉区及吸附球中非吸附气体的量。

这一装置能给出吸附量的积分值，同时避免了注入装置带来的误差的连续增加（Rouquerol 和 Davy，1991）。因此它适用于不连续过程的标准测量或者在增加一个控泄阀时测量连续过程（Ajot 等，1991）。

（4）微分气体吸附测压法

在这种技术中用到了两个相似的球（一个放置吸附剂，另一个放置与前者具有相同死体积的玻璃珠）。在过去上市的前两种此技术中，吸附量直接由两球之间的压力差获得，这个压力差可以测量得到：

① 要么，于室温下在两球中一次注入等量的吸附物后，将它们浸入液氮中进行样品侧的吸附，此时能够得到一个单点吸附等温线（Haul 和 Dumbgen，1960，

1963），据此可以快速确定表面积（见7.2.2 节）；

② 或者，吸附物持续地、以缓慢而几乎恒定的流速，通过两个相同的毛细管注入两球。随着吸附的进行，两球之间的压力差逐渐增大，因而能够进行吸附量的连续测定（Schlosser, 1959）。

这些现今已经不再使用的技术，它们的缺点和局限性在本书先前版本中有所陈述（Rouquerol 等, 1999）。

而图 3.4 中显示的则是一种现代的、更加复杂的微分气体吸附测压法（Camp and Stanley, 1991; Webb, 1992）。它可以认为是结合了刚刚提到的两种装置的优点。它测量的是连续过程。微分组件可以省略掉死体积的校正，前提是参照物的死体积已经通过玻璃珠进行了正确调节并等于吸附剂一侧，这就需要知道吸附剂（以及玻

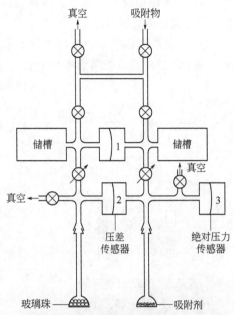

图 3.4　具有双储藏区和三重压力传感的差分吸附测定法（引自 Camp 和 Stanley, 1991）

璃珠的）比容。位于两个储槽之间的压差传感器 1，实时提供样品侧和参考侧的气体消耗量差异，其精度与吸附等温线无关。在参考侧上方（左边）的泄漏阀用于向参照球提供稳定、连续的气流。压差传感器 2 可以通过正确开启样品上方（右边）的泄气阀，来保持玻璃珠和样品上方的压力相同。绝对压力传感器 3 可以提供样品上方的准平衡压力，也用于控制左侧泄气阀的开启，以获得压力对时间的线性增加。

3.2.1.2　超过大气压力时

尽管实验中会碰到高压情形，在最开始的几种装置设计中仍用到了玻璃设备。而过去几十年间全不锈钢设备的发展，使得它们易于制造且易于与现成的高压连接器、管道、换能器连接，从而使人们重新考虑图 3.2 中适用于低于 1 bar 压力条件下的设计。其中的高真空配件也能够应用于大约 150 bar 以下的压力条件，二者的主要区别在于管道内径。在高压条件时，内径通常为 2～4 mm，以尽量减少气相体积。大多数的“高压”吸附实验不会使用 50 bar 以上的压力条件，部分原因在于要想让实验得以实用，就需要考虑工业化可接受的压力范围。对于不高于 1500 bar 的压力条件，市场上也有特殊的配件和压力传感器可供选择。

除了压力值之外，对于高于大气压条件下的吸附实验，还有以下特征：

① 需要使用金属样品池。相比硅质玻璃球来说，清洁、填充、观测都不太方便，但更适合高温脱气。

② 样品脱气困难。一是因为使用了金属样品池（如上所述）；二是因为使用了小口径管，使样品难以得到很好的真空度。在装置毫无透明度的情况下，当其中为轻的吸附剂时，一个简单的抽真空操作就可能有问题，因为它极易喷溅。在 3.4.2 节中描述了能够解决这个问题的一种反喷射自动设置。

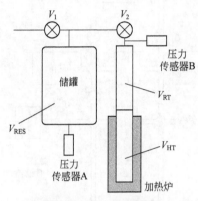

图 3.5　Sievert 型设备
（引自 Ichikawa 等，2005）

③ 当处理一些有害或危险的气体，如 H_2、CO、CH_4 和 H_2S 时，它们的吸附在实用方面常常被研究，此时在装置上需要安全措施，以防止爆炸和泄漏。

④ 样品球的空隙体积或"死空间"对最终吸附等温线的主要影响：该问题在吉布斯自由能（3.5.1 节）、吸附量（3.5.2 节）和总述中将详细论述；

⑤ 最后一点，所研究的整体现象可能表现为吸着（sorption）（包括吸附和吸收），而不是单纯吸附，比如在氢化物对 H_2 的储存研究中。此时，工程师们习惯于将设备称为"Sievert 型"设备。从图 3.5 来看，这种设备与吸附测压法中的设备并无二致。

3.2.1.3　自动气体吸附压实验参数的设置

市场上的自动气体吸收测压仪通常首先致力于满足工业上对相对较短时间内获取吸附数据的需要。不过，这些设备也同样提供了一些适于研究工作的选择。这些选择包括：

① 样品的质量（见 3.2.6 节）。

② 脱气的程度和质量：吸附设备及所提供的标准脱气装置和程序是否满足样品需要？运用另一个加热程序和终了温度，在一个独立的操作过程中脱气是否可行（见 3.4 节）？后一种情况下，程序中需要包括一个将样品从脱气装置到密封性良好的吸附装置转移的步骤，并需防止任何再吸附的发生。这就要求在样品球之上加一个中间旋塞，或者在将其从脱气装置中分离出之前，向样品球中注入纯的惰性气体（如氮气、氩气或氦气）。

③ 吸附物，操作者总是期望检测软件中用到的吸附物性质，特别是用于确定 77 K 时样品球死体积中残留吸附物的量时用到的真实气体定律参数。

④ 要使用的"饱和蒸气压数值"，要么通过一种特殊饱和蒸气压球将一滴吸附

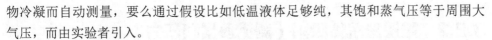

物冷凝而自动测量，要么通过假设比如低温液体足够纯，其饱和蒸气压等于周围大气压，而由实验者引入。

⑤ 吸附等温线每个区域中"吸附点的近似数量"。这取决于实验的目的和吸附剂的性质。例如：

a. 如果目的是确定一个完全未知的吸附剂的 BET 表面积，那么在 p/p^o 为 0.01～0.3 之间的区域，需要大概 20 个吸附点；

b. 如果目的是研究微孔并应用 t 方法、α_s 方法或 DFT 法，所需吸附点数与上述类似；

c. 如果目的是得到吸附等温线的一个初步总体思路，以获得微孔、介孔、片状结构存在的迹象，及 BET 表面积的数量级，那么有限量的点就足够了（吸附分支上 20 个点，脱附分支上 10 个点）；

d. 如果目的是仔细地研究中孔隙，那么建议脱附点的数量要加倍；

e. 如果吸附剂已知，并且如果目的是检查其合成的重现性或研究其老化过程，那么出于对更详细吸附等温线的分析，只需 5 个吸附点即可，只要它们能够覆盖之前应用 BET 方程时选择的压力区域（见 7.2.2 节）。

⑥ 每个吸附点的"平衡条件"。这取决于实验准备进行的时间，取决于对吸附等温线质量的期望及可能阻碍吸附物扩散的窄微孔的存在情况。通常要求实验者确定一个两次连续压力检查之间的"平衡间隔"。当两次连续读数之差小于由仪器制造商选定的最小值时，通常认为已达到平衡。这个最小值必须大于设备不稳定带来的压力变化值。而这种不稳定主要由设备机器或吸附球的温度波动（即低温液体的温度变化或液位变化）所引起。检测是否达到平衡的最好方法是进行具有更高标准的第二个实验（平衡时间需增加 50%）。如果记录到的两条曲线能够很好地叠加，说明平衡条件令人满意。否则，需要增加另一个实验的平衡时间并再次测量，直到曲线叠加，此时它们才可被称为真正的"吸附等温线"，因为此术语只能够指代一系列平衡点。

⑦ 吸附-脱附等温线的上相对压力。这一段通常选择在 0.99～0.995 之间。如果高于 0.995，那么压力传感器用于平衡压力测量或饱和蒸气压测量的任何零点漂移或灵敏度变化都可能导致得不到 p/p^o 高值，即仪器无法进入脱附程序。

⑧ 室温下的"泄漏试验条件"。该实验在吸附球达到吸附温度前需要一直进行。实验者需明确泄漏测试的持续时间。当一个吸附-脱附实验在回滞环的预期闭合点附近出现异常现象，比如不存在闭合点，或者吸附和脱附线发生交叉，而需要重复该实验时，这种测试就非常重要。有一点是我们要记住的，当具有窄微孔的样品除气效果不理想时，可能会出现残留泄露，特别是从脱气装置到吸附装置的转移没有在真空下进行时：向吸附球中引入高纯氮气，以保护样品干燥的做法并不总是令人满意，因为在 1 bar 压力下，微孔很易于吸附氮气；而高温和真空下的解吸附非常缓慢，会在仪器之后的数小时数据中留下"泄漏信号"。

3.2.2 重量法气体吸附（测量质量和压力）

3.2.2.1 低于大气压时

最早使用弹簧天平测定吸附量是在 1926 年由 McBain 和 Bakr（1926）完成。它的最简单形式中，包含了一个吸附剂桶，位于熔融的硅弹簧下端，而弹簧悬挂在一个竖直的玻璃管中，如图 3.6 所示。

如果吸附平衡非常缓慢，仍要用到弹簧天平，比如在研究滞后现象时，或者被吸附物（如 H_2S、NH_3、Cl_2 及一些有机溶剂）性质需要使用全玻璃设备以避免与有机绝缘体或 O 型圈相互作用时。只是，我们建议把汞压力计换成现代压力表。

不过近年来，弹簧天平几乎完全被 Eyraud 设计（1955）的真空电子微天平（Eyraud，1986）取代。这种天平的主要特点如图 3.7 所示。

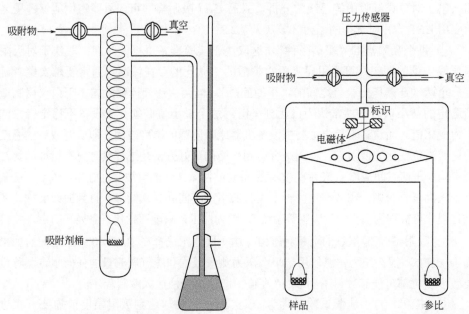

图 3.6　Mcbain 的弹簧吸附天平　　　　图 3.7　真空电子对称吸附天平示意图
（引自 McBain 和 Bakr, 1926）

梁有时位于刀之上，但更多时候是悬挂在扭力线上，因为刀之间差异的存在，抽真空和排气时可能离开样品盘的几颗粉末并不能被敏感地检测出，这就使得吸附研究显得很有趣。另外，一些天平被包围在玻璃中，而其他则是全金属结构。还有一些天平完全对称，当参比侧装有同样的平底盘及与样品侧相同体积的玻璃珠时，就能够弥补天平可动部分的浮力。

很显然，在应用重量法吸附测量时，需要两组平行测量：测量吸附量（由质量增加获得）和平衡压。吸附重量法是第一种允许自动记录气体吸附-脱附等温线的技术。第一种方法为不连续的、逐步的过程，使用一个精密的、具有两个相同电子真空天平的设备：一个用于测量吸附剂重量；另一个用于测量下沉球上浮后的气体压力（Sandstede 和 Robens, 1970）。第二种方法为一连续过程，通过高度稳定的泄气阀将吸附物引入，并通过简单地记录质量增加与准平衡压力的关系来确定高分辨率的吸附-脱附等温线（Rouquerol 和 Davy, 1978）。重量测量技术特别适合研究冷凝气体的吸附作用，因为天平壁上的非受控冷凝并不影响吸附量的测量，但是显然天平运动部分的冷凝是必须避免的，这可以通过将天平该部分部件温度维持在高于吸附剂温度之上来实现。吸附研究的一个有趣组合是热通量微量热法与重量分析法的结合（Le Parlouer, 1985）。在表面积的测定中，重量法的灵敏度可以用以下方式说明。如与覆盖 10 m^2 面积的单层膜相当的有 1 mg 的 He，3 mg 的 N_2、H_2O 或者 C_4H_{10}，5 mg 的 Ar 或 9 mg 的 Kr，而商业电子天平的精度通常高于 10^{-2} mg。

质量（电压）信号的输出为连续的，使其在吸附和脱气过程中都易于记录。由于脱气总是原地发生，天平也具有很高的真空度，因而天平非常适合样品需要高度脱气的研究。

重力测量中存在一些潜在的误差源，特别需要注意的有以下几点：

① 质量的直接测量并不能消除掉需要评估死空间这一问题。只不过将对吸附剂体积的校正转化成了对浮力的校正（见 3.2.5 节）。

② 在低压范围内，总是存在吸附剂和周围的恒温器之间热传递效率差的问题。因此，在低温（如 77 K）和低于 0.1 mbar 的压力下，吸附剂温度可能明显高于低温恒温器的温度（见 3.2.6 节）。

③ 脱气之后，样品桶通常带有静电，与其相连的玻璃或硅的垂管也带有静电。这个问题有时可以通过在管的底部加一个小的放射源或在管内使用接地导电网来解决。另一个有效的方法是将样品接地（通过金属桶、钩、悬挂线、天平和扭力线等）并使用金属管。

④ 另一种高灵敏度重力技术是基于振动石英晶体谐振频率的质量变化效应（见图 3.8）。

在这种情况下，吸附剂必须牢固地附着在晶体上。它的面积可以只有几平方厘米，质量变化也低至 10^{-2} μg，并通过频移检测到（Krim

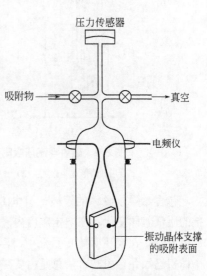

图 3.8　振动晶体吸附天平

和 Watts, 1991）。市场上已有类似的设备，用以研究溶液中电极上的吸附。

3.2.2.2　超过大气压时

大概从几十年前开始，天平的设计已经从针对大气压下的不锈钢真空微量天平转化成能够承受 100 bar 甚至更高压力的天平。这些天平能够对纯气体的吸附展开很好的实验。

最近，磁悬浮天平被证明非常适合这种类型的工作，因为它们同时具有现有最好标准分析天平的性能和含样品盘及悬磁体的相对小尺寸金属圆筒的坚固性。我们将会看到，它们也非常适合研究共吸附。图 3.9 显示了这种磁悬浮天平的细节，它由 Losch 设计（Dreisbach 等, 1996, 2002）。

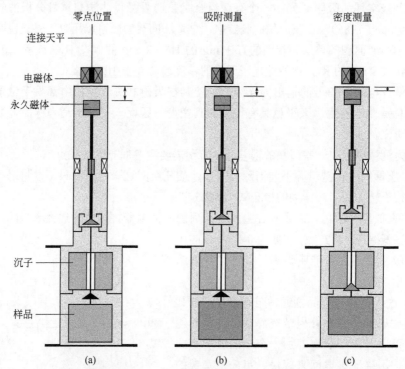

图 3.9　磁悬浮高压吸附天平原理（引自 Dreisbach 等, 1996）

几种情形连续称重：（a）去皮；（b）去皮+样品；（c）去皮+样品+沉降片

包含悬浮永磁体的管被一组电磁体包围，用于检测后者的位置，而无论盘中吸附剂的质量怎样变化（在一定限度内），另一个悬挂在微量分析天平上的电磁体都会不断恢复原位。在高压吸附重量法中，浮力效应的测定非常关键，这样天平就可以加上一个体积已知并且表观重量总是需要减去浮力的"沉降片"。如果知道了样品、托盘和附属悬挂体系的准确体积，就可以计算浮力，以纠正表观的质量增量（见 3.2.5 节）。

这样的天平能够自动测定 100 bar 以内纯气体的吸附等温线（De Weireld 等，1999）。

3.2.3　流量控制或监测条件下的气体吸附

该部分技术中，吸附量的测量必须拥有气体流速的知识。如在 3.1 节中已经强调过的，我们需要小心区分气体流动技术与"连续的"或"准平衡"过程的差异，而"准平衡"过程是指对准平衡数据的连续记录。因为气体流动并不一定涉及缓慢且持续的吸附。下面即将要介绍的四种技术中，前两种技术（带音速喷嘴或热气流量计）适用于连续吸附过程，并且如果满足准平衡条件时，它们就能给出具有无限个吸附点和高分辨率的吸附等温线。相反，第三种技术（载气下脱附，同时对逸出气流进行分析）仍然使用恒定气流，但为一非连续过程，只给出有限数量的吸附点，第四种技术用到反气相色谱（IGC）的方法，最初为不连续过程，到今天已经接近于连续过程。为了简化，我们还需要指出，这四种技术中有时候用到的"动态"一词，最好应该避免，因为它既可以指代载气的使用，也可以指代连续的吸附，或两者兼而有之。

3.2.3.1　通过音速喷嘴进行气体流量控制的气体吸附

音速喷嘴的独特性在于，如果上游气压保持不变并明显高于下游气压，那么不管下游气压是否增加，都会维持一个恒定的气体流速（这发生在吸附量增加的吸附实验中）。

这一原理可以用于设计图 3.10 所示的简单吸附装置（Rouquerol, 1972; Grillet 等，1977a）。

在上游压力为 3 bar，下游压力不高于 0.4 bar 即足以涵盖 77 K 下应用氮气 BET 法所需整个压力范围时，气体流速显示为一误差仅为 1%的恒定值。

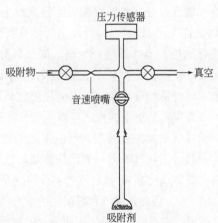

图 3.10　有声波喷嘴的气体吸附装置（引自 Rouquerol, 1972 和 Grillet 等，1977a）

这种技术非常适合于连续记录。因为研究任何新的吸附系统，都会有两个连续实验来检验准平衡。如果准平衡条件十分令人满意，那么两次记录就应该一致。经验表明，流速需要低至 $50\sim500$ μmol·h^{-1} ［即约 $1\sim10$ cm^3（STP）·h^{-1}］，并且通常低于 200 μmol·h^{-1}，这可以用音速喷嘴轻松实现。

当与微量热法相结合时，这一技术将实现高分辨的气体吸附量热法，并几乎可以直接记录出吸附的微分焓（见 3.3.2 节）。

3.2.3.2　使用热气流量计（质量流量计）进行的气体吸附

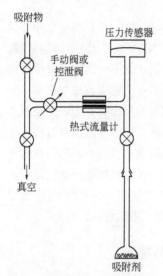

图 3.11　具有热的气体流量计的气体吸附装置（引自 Pieters 和 Gates，1984）

一种替代方法是使用带有自动针阀的热气流量计，以实现对恒定流速的控制，如图 3.11 所示（Pieters 和 Gates，1984）。这种热气流量计提供出取决于气体的热容量、热导率和质量流量的信号；虽然没有直接测量质量，但它通常被称为"质量"流量计。该装置具有自由选择和设定气体流量的优点，但也存在当流速低于 250 $\mu mol \cdot h^{-1}$［即 5 cm^3（STP）$\cdot h^{-1}$］时稳定性极差的缺点。从音速喷嘴的经验看来，能够将流量设定得足够低以确保良好的准平衡条件，要比牺牲稳定性换来设置的自由度更重要。

3.2.3.3　在载气下脱附，同时对排出气流进行分析

这项技术最先是由 Nelsen 和 Eggertsen（1958）设计，后来由 Atkins（1964）和 Karp 等（1972）改进，见图 3.12。

位于 U 形管中的样品，首先在载气（例如，氦气）流下脱气，然后被气体混合物（载气及分压能够提供吸附等温线上所需点的吸附物）加热到吸附温度（例如 77 K）。在 U 形管的出口处，用气体分析仪，分析气体的热传导性并与初始气体混合物进行比较。当体系达到平衡，即气体分析仪的信号稳定时，将样品快速加热（比如将 U 形管浸入水中），此时脱附迅速发生并在气体分析的记录中生成一个清晰的峰值，将峰值积分，就可以得到脱附气体的量（前提是已经进行了校准）。

如果需要更多的点，可以改变气体组成，并重复整个过程。这个过程的优点是：①快速（气体混合物在大气压下流动时易于发生热交换，特别是当载气是氦气时）；②灵敏（用氮气吸附时表面积测量可以低至 0.5 m^2）；③简单（它不需要任何真空设备，或体积校准）。该过程的主要用途是为单点 BET 测定的应用提供一个实验点（见 7.2.2 节）。因此，载气和吸附物的混合物（例如 10% N_2, 90% He）就可以按要求储存和使用。它不需要测量平衡压力，但必须知道大气压力 patm。在上面的例子中，平衡压力为 $\frac{1}{9}p_{atm}$。如果可能，可以选择混合物，以便在 BET 图的期望线性范围内进行测定。

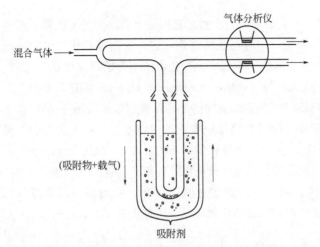

图 3.12　载气下脱附技术（引自 Nelsen 和 Eggertsen，1958）

　　这一技术也有局限性：①载气（通常是氦气）在 77 K 温度时可能被吸附于狭窄微孔中，导致吸附量和最终 BET 表面积的明显增加；②当有一定程度较大微孔存在时，吸附物在水浴温度下可能并不能完全快速脱附，这会导致吸附量的明显下降；③需要连续实验点时就涉及到连续的循环冷却、用新混合物冲洗和加热过程，以及④吸附平衡的测试并不总是易于建立（信号拖尾）。由于和色谱实验类似（气体流动，载气，气体分析仪），有时倾向于把上述过程称为"色谱"，实际上应该避免这种说法，因为在此并没有研究色谱效应，也没有测量保留时间。

3.2.3.4　反相气相色谱

　　该技术使用的是色谱的设备和程序，而不是测压仪或侧重仪，这一点很有趣。称它为"反相"，是因为它不是借助于已知的色谱吸附剂来研究气体混合物的组成——如同通常的色谱中那样——在这里吸附剂是未知的，而气体混合物的组成（通常为载气和单一组分的吸附物）已知并且可控。20 世纪 40 年代初，为了测定吸附等温线（Wilson, 1940; de Vault, 1943; Glueckauf, 1945），Kiselev 学派开始使用逆前沿色谱法（inverse frontal chromatography），研究催化剂载体吸附剂如二氧化硅、氧化铝或活性炭（Kiselev 和 Yashin, 1969）等，并逐步进行改进。它的操作主要有两种方法：通过前沿色谱法（frontal chromatography），即通过向载气中连续注入吸附物，使混合物以稳定浓度进入色谱柱，并记录穿透曲线；或者通过脉冲色谱，即注入一分钟吸附物，此时仍可确定保留时间。这两种方法还可以分为以下两个步骤（Thielmann, 2004）：

　　① 基本步骤。每次实验提供吸附等温线的一个点，在正相色谱的情况下，吸附物每种分压的吸附量可以简单地从穿透曲线的积分和先前对系统"死亡时间"、气体流速和探测器的灵敏度得到。这个步骤很完善，但极其费时，所以应用并不普遍。

② 一个更快但也更复杂的步骤，它依赖于上述同类型的单一实验，以及对吸附等温线"特征点"色谱信号形状的观察，它与吸附等温线的形状密切相关。该步骤被称为"特征点的正面分析"或"脉冲色谱法中特征点的洗脱"（ECP）。理论上的处理遵循早期 Roginskii 等（1960）、Cremer 和 Huber（1962）等的方法。ECP 的准确性曾被评估（Roles 和 Guiochon, 1992），尽管它以无限稀释 IGC 的名义主要应用于等温线的亨利区域，但延伸至单层覆盖，它仍能给出令人满意的结果。所以又被称为有限浓度的 IGC，并用于推导表面积（Balard 等, 2000, 2008）。

以上步骤均属于色谱法并均涉及洗脱现象和保留时间。当将正相 IGC 程序修改为对色谱柱突然升温，以达到快速脱附并同时提高测量准确度（Paik 和 Gilbert, 1986）的效果后，我们就是从色谱领域（IGC）进入了上面部分陈述过的 Nelsen 和 Eggertsen 方法。

3.2.4 气体共吸附

气体共吸附研究中的一个主要问题是需要知道对应于每个吸附点，吸附相的组成和气相中的相应分压，以便平行测定气体混合物各组分的吸附等温线。另一个问题是共吸附主要从气体分离的角度来研究，因此需要在室温下和高压下进行。

气体共吸附等温线主要由重量法吸附测定确定，通常采用磁悬浮天平测量。重量法吸附既可以单独使用，也可以与吸附测压法结合使用。

后一种方法由 Keller 等人提出（1992），如果两种气体的摩尔质量不同，它就是研究共吸附的一种简单可靠的方法。压力测量实验给出吸附的总量 $n_{tot}^{\sigma} = n_1^{\sigma} + n_2^{\sigma}$，而重量实验给出总的吸附质量 $m_{tot}^{\sigma} = m_1^{\sigma} + m_2^{\sigma}$。因为 $n_1^{\sigma} M_1 = m_1^{\sigma}$，$n_2^{\sigma} M_2 = m_2^{\sigma}$，我们有两个未知量 n_1^{σ}、n_2^{σ} 和两个方程，因此可以得到：

$$n_1^{\sigma} = (m_{tot}^{\sigma} - n_{tot}^{\sigma} M_2)/(M_1 - M_2) \qquad (3.1)$$

在实际情况下，大量吸附平衡的计算比较困难，为了准确测量由于吸附引起的压力变化，通常必须将相当数量的吸附剂放在平衡盘外（因为天平的装载量有限），但要尽可能靠近平衡盘以具有相同的温度。

如果吸附物混合物为三元组分，上述步骤就不再适用了，必须将分析法与吸附重力测定联合起来，以确定所有等温线吸附点的气相和吸附相的组成。理想的分析技术不需要提取任何气体混合物，比如光谱技术就只要求气体在两个窗口之间流通。然而，很大的压力范围区间，严重影响了探测器响应，这种技术似乎一直没有太多进展。不过，少量样品气相的分析（比如说小于 1%的样品），可以成功地仅通过微色谱法（Moret, 2003; Hamon 等, 2008; Ghoufi 等, 2009）或质量法（Hamon 等, 2008）完成。图 3.13 所示的设备可以准备多达五种气体的气体混合物，用磁悬浮天平对吸附剂的吸附称重，通过各种高压循环器保持气体组成均匀（尽管有吸附），并通过微色谱法测定（使用最少量的样品）气相组成。

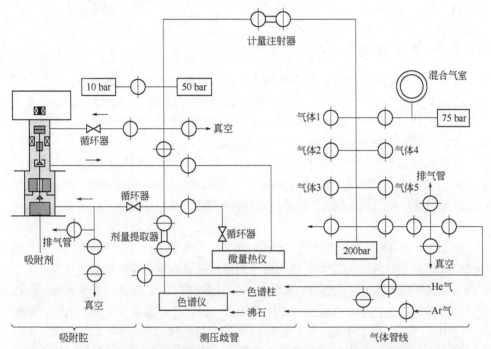

图 3.13　高压共吸附装置示意图实例［引自 Moret（2003）和 Ghoufi 等（2009）］

3.2.5　校准方法和修正

3.2.5.1　标定计量体积

所有气体吸附测压实验均依赖于校准体积的使用。基本的校准可以通过两种方式进行：直接法和间接法。

直接校准说明这部分设备是独立的，可被拆除并称重的（抽空或用干空气填充），被已知密度并已脱气的液体充满，然后再次称重。一个现实的缺点在于现代分析天平的负载能力。同时满足灵敏度达 0.1 mg、装载量超过约 300 g 的天平极少。这就意味着在大多数现代设备中用到的不锈钢储气罐都太重而无法进行准确称重。

间接校准中使用外部校准体积来代替吸附球。该实验类似于确定吸附球死体积的实验。如果进入待校准体积的气体初始剂量达到了传感器的最大工作范围，同时如果外部校准体积与要校准总体积（包括压力传感器和连接管道）大致相等，此时可以获得实验的最大精度。如果温度有差异，就需要进行热膨胀的校正。在间接校准中，使用另外的气体瓶会不可避免地损失一部分精度，不过有利的是此时的瓶子可以保证是洁净的。所有气瓶均可直接观测并可拆除，而且在金属配件和阀门附近也没有不易进入的区域。

3.2.5.2 测定死体积

大多数的吸附测压技术，都必须知道全部死体积中两部分的体积值。第一个是位于吸附球上方活塞和注入体积管中最低阀之间的连接体积（见图 3.2）。第二个也是更重要的体积是吸附球内的死体积。尽管并不需要在每个实验中均进行连接体积的确定，但在气体膨胀校准过程的第一阶段还是可以检测其值的。

吸附球死体积的确定也并不像想象中那么简单。这个过程需要考虑三个问题：①怎样定义与吸附剂占据体积相关的剩余气体体积？②最适合的操作步骤是怎样的？③如果需要使用气体膨胀，应该使用何种气体（例如 He 或 N_2），并在什么温度下进行？

从 2.2 节中对吸附的定量表达讨论可以得出，气体和吸附相之间最合适的分界是 Gibbs 分界面（GDS）。这使我们能够使用表面过剩量来表达吸附数据，并且避免了吸附层绝对厚度的确定（或假设）。比如，在 Gibbs 模型中，原则上实验者需要自由选择 GDS 的位置，那么究竟它应该位于哪里？答案是可能取决于压力范围。如在 2.2.1 节中，当压力低于 1 bar 时，如果 GDS 与探针可接触表面重合，那么可认为表面过量 n^s 与吸附量 n^a 相等，这当然易于解释。这就是为什么 Gibbs 建议将 GDS 尽量靠近吸附物分子可及固体表面会比较方便的原因。这样一来，当实验者不能提供他选择的 GDS 所包含的特定体积（即除以样品质量）时，我们仍然便于对吸附数据进行比较。而压力较高的情况将在 3.5.1 节中讨论。

到探针可及表面的体积主要可以通过两种途径来获得：直接测量可接触气体的体积，该气体在测定死体积的温度和压力下不发生吸附，以及间接测量即从空球的体积中减去样品体积的估计值。

过去一直优先使用直接法，因为它被认为更加可靠，尽管当吸附剂为微孔时可能并不正确，这一情形将在本书稍后进一步讨论。它涉及将气体膨胀至已经含有吸附剂样品的吸附球中。最简单的一种情况是，整个吸附球（直至其旋塞的顶部）在随后的吸附实验中一直保持在样品的温度下，而装置的所有其他部分则完全处在可控的环境温度下。在这种情况下，只需要确定一个体积，即已经填充样品的球中可接触气体的空间体积 V_f。这对于室温左右进行的吸附实验是可接受的，但对于在 77 K 下进行的实验则行不通。如在图 3.14 中，球颈的 CD 部分存在相当大的温度差异。原则上，通过仔细测量 A 和 B 之间（球体本身），C 和 D（梯度位置）之间体积以及 D 和 F（包括旋塞）之间的体积，就可以对 C 和 D 之间的温度梯度做个大致估算，以计算封闭气体的量。

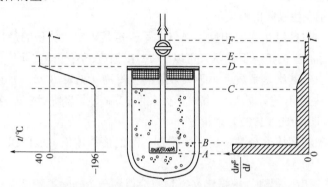

图 3.14　当浸入液氮中的吸附球从底部移至顶部时，温度变化（左）
和气相中吸附物的数量变化（阴影区域，右）

还有另一种实验方法，如果温度梯度可重复，就可以将它们更精确地予以考虑-该方法我们称之为双虚体积法。我们将会看到，如果选择间接路线，该方法也部分适用。它有以下三个步骤：

步骤 1：室温下（即在空气恒温器中）膨胀气体使其从计量体积处进入空球管，以确定空球管的体积 V_e。

步骤 2：再次膨胀气体，使其从计量体积处进入浸没在液氮中的空球管，以确定表观体积 V_a。此 V_a 指在室温下、与相同压力下浸没在可控并可重复操作的液氮深度中的空球管中含有等量的气体。

步骤 3：最后，在室温下膨胀气体使其从计量体积处进入充满了吸附剂的球管中，以确定吸附剂给球管留下的空隙体积 V_f。

从 V_a 和 V_e 中，我们可以得到构成 V_e 的两个虚拟体积，V_{up} 和 V_{low}。我们想象 V_{up} 是室温下的体积（位于吸附球上部），而 V_{low} 是浸没在液氮中的体积。在这种表述中，没有温度梯度带来的过渡体积，但是 V_{up}（室温下）和 V_{low}（77 K）却能够容纳与步骤 2（具有可重复但未知的温度梯度）中浸没在液氮中的空瓶完全相同的气体量。V_{up} 与样品存在与否无关。从 V_f 和 V_{up}，我们能够得到一个考虑了吸附剂存在的改进 V_{low}。因为 V_{up} 为一个常数，所以对于新样品只需要进行第 3 步。

确定死体积时所用的气体必须仔细选择。在上述方法中，步骤 1 可以使用任何永久性气体（例如氦气或氮气），而对于步骤 2，我们建议使用与吸附物维里系数 B_m 相同的气体，因为气体的更换会使 B_m 以及随后的校正均发生很大的变化（参见本节后面的内容）。由于 V_a 的测量值取决于所用气体的维里系数 B_m，所以实际上最简单的方法就是使用吸附物。

步骤 3 最好选用对样品的可接触性与吸附物相当的气体，因为我们希望确定直达样品的探针可接触表面的体积，探针当然就是吸附物分子，而不是更小的分子比如氢气，它在窄微孔的存在下，可以用来评估其他表面：此时仍是吸附物分子，但最好是在已知不发生吸附的温度下。

可以看出，与曾经认为的相反，氢气并不一定是确定死体积的最佳气体。有时人们认为在样品存在的情况下，氢气可以于 77 K 温度下直接确定死体积，因为它不吸附。然而，由于其维里系数远小于大多数的吸附物（见表 3.2），并且在微孔中它还是有可能发生吸附的（见第 9 章），因此我们并不推荐使用它。这个问题已由 Neimark 和 Ravikovitch（1997）讨论过。

确定死体积的间接途径是使用了吸附剂样品的估算体积。该体积可以通过两种方式获得：

① 从理论密度中得到。根据定义，这将会得到一个去除了各种尺寸的孔的体积的一个数值（包括闭孔以及不能接触吸附物的所有微孔）。

② 从单独进行的比重测量（在液体或气体中）中得到。该方法的优势是考虑到了闭孔，但它的样品体积中有可能也包含了比重流体不能进入的微孔。就像在之前的直接路线中一样，我们希望这类液体可以进入与吸附物相同的孔隙中。当然，过程中必须一直备注出比重流体的性质和温度。

这两种方法共同的优点是，能给出一个样品的比容（因此也能给出分隔表面的位置），当吸附球改变或者实验环境改变时，该值保持不变。如果我们希望测量和计算的结果可以重复，并且也符合 Gibbs 表达的话，那么该值就很有意义。由于以上原因，它也非常适合用于研究参比物质。如果考虑到温度梯度，那么在最精确的双虚体积法中，只需用该方法替代其中的步骤 3 即可，而步骤 1 和步骤 2 不变。

在吸附测压的微分或双重排布中（见图 3.4），可以省略掉死体积的测定，但体积的均衡和排布的对称性却非常重要。均衡体积时通常会在参比侧使用玻璃珠，有时还会使用可调节波纹管或活塞。检测及调整都在室温下进行：两侧的气体量相同使它们之间的压力差为零。

3.2.5.3　浮力校正的确定

吸附重量测定所需的浮力校正与死体积校正具有相同的起源，在吸附测压中：它是由于样品的体积，或者更准确地说，是由于 GDS 封闭的体积和由此产生的表观吸附量的变化（Rouquerol 等，1986）。这意味着 GDS 位置的任何错误或故意改变，在重量测定法和压力测定法中必然有相同的效果。在此，我们可以选择直接或间接的方法，通过对称设置取消部分或全部校正。

直接测定浮力是用一种在测定温度下不吸附的气体进行的：它的选择必须与前一节第 3 步的气体相同。在这里，应避免使用氢气：由于浮力校正与所用气体的摩尔质量成正比，这种轻气体不适于精确测定。

间接测定浮力的方法是根据样品体积的密度或比色法，如前一节所述，通过对样品体积的评估或比色法来获得，这对 GSD 的位置也有同样的影响。

对称平衡提供了一种最小化这些校正的方法。为了获得最佳补偿，可以调节参考侧的质量和体积，例如，使用玻璃珠和金线（Mikhail 和 Robens, 1983）。该补偿并不比如上所述的浮力效应的确定准确，这种补偿并不比上面描述的浮力效应的测定更精确，但是它可以使天平在更小的范围内使用，获得更高的灵敏度。

需要回答一个相关的问题：随着吸附相体积的增加，是否必须考虑相应的浮力增加？（例如，50%孔隙度的吸附剂饱和后，浮力增加一倍。）如果想要评估表面多余质量 m^σ，答案是否定的。图 3.15 确实说明了，由于浮力效应，我们不测量吸附层（面积 A 和 B）的总质量，而只测量表面多余质量（仅面积 A）。因此，吸附重量测定法和吉布斯表征是高度相容的（Findenegg，1997）。

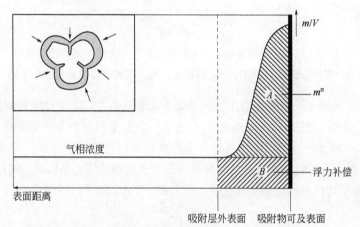

图 3.15　气体吸附重量测定中的吉布斯表示：吸附层（左上）的
浮力效应使天平直接称量表面多余质量 m^σ，仅对应于面积 A

最后，在确定 BET (N_2) 表面积时，浮力校正对误差大小的影响可能值得考虑。如图 3.15 所示，表面积由 $1\ m^2 \cdot g^{-1}$ 增加到 $1000\ m^2 \cdot g^{-1}$ 时，吸附剂相对密度增大至 8。浮力的计算是考虑 77 K 的氮气蒸气密度，由 1 增至 8。浮力的计算是假设在 77 K、100 mbar 的压力下，氮气的绝对密度被认为是完全单层的。人们看到，对于 $1\ m^2 \cdot g^{-1}$ 的样品，相对密度为 2（例如精细研磨的石英），误差达到 80%！另一方面，对于 $1000\ m^2 \cdot g^{-1}$ 的样品，相对密度为 1.5（例如活性炭）时，误差将小至 0.1%（图 3.16）。

3.2.5.4　压力测量与校正

如今，膜电容式压力传感器是应用最广泛的吸附式压力计。一个单一的压力传感器可以选择覆盖一个较宽的压力范围，但由于在最小的几个百分点的范围内，它们会损失部分性能，通常建议使用两个（如 0～10 mbar 和 0～1000 mbar，用于 N$_2$ 吸附）。还应注意的是，这些传感器是脆弱的，必须特别注意，以避免突然的压力变化（这就是图 3.2 所示收缩的原因），或是在膜上粉末的沉积或液体的冷凝。

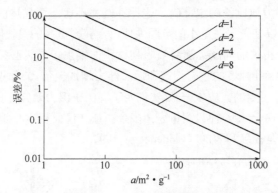

图 3.16　气体吸附重量法：完全忽略吸附剂浮力影响的表面积误差

（假设：氮气 BET，在 100 mbar 的单层，吸附剂的本体相对密度从 1 到 8）

对于低压测量（正如研究微孔填充，或者氦或氩在 77 K 下的吸附所需），可能必须考虑"热分子流动"或"热蒸腾"现象。当设备的两部分保持在不同的温度下，并通过一根管子连接，其中气体分子的自由平均路径是管子直径（或以上）的数量级时，就会发生这种情况。这种现象导致管子两端的压力差稳定。根据 Knudsen（1910），当平均自由程数倍于管径时，压力比由下面简单的关系式给出：

$$\frac{p_B}{p_G} = \sqrt{\frac{T_B}{T_G}} \tag{3.2}$$

下标 B 和 G 分别代表"样品管球"和"压力表"。因此，在 77 K 的样品管球和 300 K 的压力表，仪表测量的压力几乎是样品上实际压力的两倍！在中间情况下，这种影响较小并且直接取决于平均自由程和管直径的相对大小。在这些条件下，必须使用经验公式来估算压力比。目前最常用的方程（Takaishi 和 Sensui，1963）可以写成：

$$\frac{p_B}{p_G} = 1 + \frac{\sqrt{T_B/T_G} - 1}{10^5 AX^2 + 10^2 BX + C\sqrt{X} + 1} \tag{3.3}$$

其中，A、B、C 是常数，取决于气体（见表 3.1）和式（3.4），

$$X = \frac{1.5 p_G D}{T_B + T_G} \tag{3.4}$$

表 3.1 热蒸发：各种气体的 Takaishi 和 Sensui 方程[式（3.3）]的系数

气体	A	B	C	温度范围/K
H_2	1.24	8.00	10.6	14～673
Ne	2.65	1.88	30.0	20.4～673
Ar	10.8	8.08	15.6	77～673
Kr	14.5	15.0	13.7	77～673
CH_4	14.5	15.0	13	473～673
Xe	35	41.4	10	77～90
He	1.5	1.15	19	4.2～90
N_2	12	10	14	77～195
O_2	8	17.5	—	90

在上式中，管的直径 D（通常是样品球的"颈"）的单位是毫米（mm），p_G 的单位是毫巴（mbar），T_B 和 T_G 的单位是开尔文（K）。表 3.1 下部（甲烷及以上）给出的结果被认为不太可靠，特别是如果它们的使用超出了进行测量的 T_B 范围（T_G 在室温下）。

直接测定吸附剂的饱和压力的优点是提供了真实的 p^o 值，而且使用氮，可以计算出最接近 0.01 K 的吸附温度。由于低温液体的表层（因为蒸发）往往比液体的下部更冷（Nicolaon 和 Teichner，1968），所以必须将吸附剂冷凝在双壁安瓿的底部，以使冷凝发生的水平可以接近吸附剂样品的水平。用电阻温度计测量样品温度更直接，但需要根据饱和蒸汽压力温度计进行校准。

3.2.5.5 非理想性校正

在吸附测压法实验中是需要这种校正的。在用于物理吸附的通常温度下，对实际气体的非理想性的校正常常达到几个百分点。通过使用维里方程的前两项，可以合理地考虑这一问题：

$$v_{real}^o = \frac{V}{n} = v_{id}^o + B_m \tag{3.5}$$

其中，v_{real}^o 和 v_{id}^o 分别是给定温度 T 和参考压力（通常为 1 bar）下气体的实际和理想的摩尔体积；V 是给定量气体占据的总体积；B_m 是第二摩尔维里系数，在物理吸附实验条件下通常为负。许多气体的这种数值可以在 Dymond 和 Smith（1969）的一本重要汇编和 Marsh（1985）出版的热力学表中找到。

在温度 T 和压力 p 下，为了确定给定体积 V 的气体实际量，可以方便地利用关系式：

$$n = \frac{pV}{T} \times \frac{273.15}{22711}\left(1 + \frac{\alpha p}{100}\right) \qquad (3.6)$$

其中，V 以 cm^3 表示；p 以 bar 表示，$\alpha = -100 B_m / v_{id}^o = -(10 B_m / RT) \times p^o$。

表 3.2 给出了吸附研究中许多气体的 α 值和温度。它们是根据 Dymond 和 Smith（1969）提供的数据计算得到的。Jelinek 等（1990）对吸附等温线和 BET 表面积的校正率进行了详细的研究。

表 3.2　吸附实验中常用的几种气体的非理想性校正

气体		T/K	α（校正值）/%
氮气	N₂	77.3	4.0
		90.0	3.1
氩气	Ar	77.3	4.8
		90.0	3.6
氧气	O₂	77.3	5.1
		90.0	3.8
氦气	He	77.3	0.2
一氧化碳	CO	77.3	1.3
氨气	NH₃	273.15	1.5
		298.15	1.2
新戊烷	(CH₃)₄C	273.15	4.4
		298.15	3.9
正丁烷	C₄H₁₀	273.15	4.1
		298.15	3.2

Bose 等（1987）提出了一种避免这种非理想性校正的巧妙方法，特别是在高压（高达 16.5 MPa）的情况下，它可以成为主要方式。在他们的方法中，对于每个平衡点，吸附的密度是通过在相同温度和压力下的气体电容电池中测量的介电常数来实验确定的。其余的吸附程序与不连续的测压程序相当（见 3.1 节和 3.2 节），计量体积由吸附剂温度下的气体电容电池组成。

在吸附重力测定实验中，上述校正可用于计算各种压力下的浮力。然而，通过直接测量非吸附沉降器上的浮力可以获得更高的精度，无论是在整个压力范围内的空白实验中，还是在吸附实验本身期间，如果天平允许，在任何时候都要单独称重吸附剂样品和沉降器（参见图 3.9）。

最后，值得一提的是，Badalyan 和 Pendleton（2003, 2008）对吸附测压的不确定性及其对 BET 结果和方法的影响进行了全面研究。

3.2.6　其他关键方面

3.2.6.1　样品质量

吸附实验的首要问题是应该用多少吸附剂。这当然取决于测量设备的灵敏度，以及吸附剂的质地和表面性质。

使用现代设备已能够进行可靠的测量，吸附球中的总面积通常在 $20 \sim 50$ m^2 之间。对于比表面积低于 1 $m^2 \cdot g^{-1}$ 的材料，可能需要 10 g 或更大的质量，但是灵敏度的提高与样品中不可避免的压力和温度梯度相抵消。

另一方面，对于比表面积大于 500 $m^2 \cdot g^{-1}$ 的材料，必须注意不要过多地减少样品质量：对这一批吸附剂，它必须具有代表性，并且必须具有与吸附测量精度一致的称重精度。由于这两个原因，使用少于 50 mg 的样品质量通常是不合适的。如果需要确定完全吸附-脱附等温线，可以通过吸附容量或剂量体积，或电子微量天平的自动控制范围（通常在 $50 \sim 100$ mg 之间，灵敏度 1 mg）来限定。因此经常发生的是，一个等温线的测量不能同时提供比表面积和完全吸附-脱附等温线的最佳测定。

第二个问题是在反应性吸附剂（例如，可吸收或化学吸收 H_2O、CO_2 的吸附剂）的情况下获得有意义的质量测量。这需要仔细测量吸附剂在其初始状态下的质量以及在脱气时经历的质量变化-因为参考质量将是脱气样品的参考质量。该质量变化包括最初存在于吸附球中的空气质量。这可以从吸附球的死体积和空气的绝对密度（在给定的环境温度、压力和湿度下）计算。吸附球也可以在称重之前在室温下抽空，但是必须注意不要通过一些脱气来改变样品质量。因此，这种抽空必须短而且不剧烈：球中的压力不得低于几个毫巴，以限制水的脱附。在空气质量的校正项中，这应该使得误差小于 1%。

3.2.6.2　温度（设备不同部分的）

吸附温度是吸附等温线的第一个基本数据。它必须在整个实验中保持稳定（通常在 0.1 K 以内）：在 77 K 氮气吸附情况下，这样的温度波动将产生大约 10 mbar 的饱和压力变化。在吸附测压法中，吸附球通常浸入恒温器或低温恒温器中，与它们保持良好的热接触。在吸附重量测定中，情况更复杂，因为样品盘与周围环境之间的热接触不良。当吸附剂处于低温时尤其重要。系统研究（Partyka 和 Rouquerol, 1975）表明，通过使用较高（例如 80 mm×100 mm）的黑桶和在桶上方放置黑色隔热罩，可以显著改善天平中的热交换。然而，尽管采取这些预防措施，如果压力低于 10^{-2} mbar，实际上不可能在样品和 77 K 低温恒温器之间达到良好的热平衡（参见图 3.17）。因此，直到压力至少为 10^{-2} mbar 之前，等待达到平衡是没有意义的。当使用吸附重量法研究超微孔固体对氮气的吸附时，必须牢记这种限制。高于 10^{-2} mbar，样品温度不会超过低温恒温器 0.2 K，但即使这样也足以切断接近饱和的部分吸附等温线。

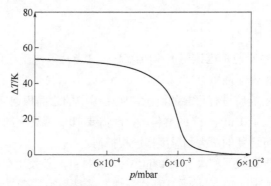

图 3.17　重量法气体吸附测定：样品和低温恒温器（77 K）之间的温差随着样品周围的真空度逐渐减小的变化

机柜温度也必须保持恒定，特别是当吸附储存器包含在设备的校准部分时（如图 3.3 和图 3.4 所示）。压力传感器对温度变化非常敏感，并且最好使传感器与设备的其余部分处于相同的温度，而不是使用单独控制的加热器。

3.2.6.3　吸附平衡

按照惯例，通常假设"吸附等温线"对应于热力学平衡：如果不是这样，则使用术语"吸附等温线"是有问题的。因此，吸附平衡的确认具有至关重要的意义。

我们首先考虑不连续的逐点过程。当然，绝对或完美的平衡测量是不可能达到的，因为它受到①吸附温度的波动、②残余气体温度和③压力传感器基线的限制。因此，经过一段时间后，这个系统就会接近真正的平衡。然而，这个时间可能相对较长（例如，确定每个点可能需要数小时）。为了节省时间，实验者可能会决定降低要求。一种方便的操作方式，通常是遵循自动化仪器制造商的建议［参见 3.2.1.1（3）］，如下：

① 确定可以安全检测的最小压力步长的高度（比如，压力信号观察到的波动幅度的 3 倍或 5 倍）；

② 选择"观察期"：如果在此期间压力变化小于先前确定的"最小压力步长"，则认为达到平衡；

③ 只有这样才可读取并存储数据（平衡压力和温度）。

预选的"观察期"（通常范围：0.5～5 min）越长，则对平衡要求的要求就越高。

应该注意的是，逐点程序并不总能确保建立有意义的平衡：必须足够缓慢地引入吸附物，以避免在滞后环内进行一些不希望的扫描。实际上，当吸附系统达到对应于滞后环的吸附分支的状态时，突然引入新剂量的吸附物可能有利于吸附剂上层的初始吸附；随后，这些层将经历其部分吸附质的脱附，然后再转移到下层。因此，由此产生的实验点将位于滞后环内的某处，而不是真正的吸附分支上。因此，在滞后环的压力范围内，强烈建议缓慢引入和去除吸附物。正如有时在自动吸附重力测定法中所做的那样，将吸附剂上的压力保持在预定水平就可以解决这个问题，只要颗粒和样品床的尺寸和厚度分别小到足以使压力梯度可忽略不计。

现在我们考虑连续的准平衡过程。由于最安全和最简单的检查是寻找两个连续吸附等温线的叠加，这需要一个能够以两种不同的流速操作，必要时降低流速，直到满足测试为止。因此，不建议采用任何不可能将流速降到最终选择值的技术。

3.3 气体吸附量热法

3.3.1 可用设备

可能由于测量热量的困难，在文献中已经描述了超过一百种不同类型的量热计，其中一些用于研究物理吸附系统。如果根据图 3.18 来区分热量计的主要类别，它们的表示就会大大简化，其中量热仪被示意性地表示为恒温器 T（在温度 T_T 下），其与周围的样品 S（在温度 T_S 下）密切接触；样品和恒温器之间的热连接是通过热阻 R 进行的。

在样品 S 和恒温器 T 之间进行热交换后，很容易得到以下区别（Rouquerol 等, 2007, 2012）：

首先，可以区分两大类量热仪，绝热量热仪和导热量热仪。绝热量热仪的目的是避免样品和恒温器之间的任何热交换；相反，导热量热仪的目的是有利于这些热交换。

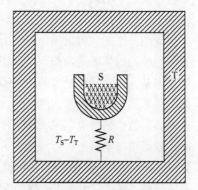

图 3.18　量热计示意图（引自 Rouquerol 等, 2007）

然后，这两个系列中的每一个都可以分成两组，分别命名为"被动"和"主动"。被动量热计仅仅依赖于其材料的导电性或绝缘性，而主动量热计则利用电子温度控制或功率补偿来实现其绝热或导热特性。

最后，介绍以下四组量热计：

A-1：被动绝热量热计。这里绝热性只能通过增加热阻 R 来获得。没有控制温差 T_S-T_T。这些是最常见的量热计，也称为"准绝热式"（源自 Kubaschewski 和

Hultgren，1962）或"恒温式"或"普通式"，其中 Thomsen 和 Berthelot 的"水量热计"是众所周知的。

A-2：主动绝热量热计。在这里，绝热性是通过永久取消温差 T_S-T_T，即通过将恒温器的温度永久地调节到样品的温度来获得绝热性。这是最有效的方法，因此这些量热仪也被称为"真正的绝热"。

B-1：被动式差热量热计。它将热量留在恒温器上，通过热流量计或在恒温器内发生的相位变化来测量。

B-2：主动式差热量热计。通过在样品水平上适当的功率补偿（根据需要提取能量）来模拟，良好的热交换通常应该使样品达到恒温器温度。

下面我们来看下这些量热计在吸附或浸没研究中的应用性和适用性。

3.3.1.1　被动绝热吸附或浸没量热法

利用 Favre(1854)气体吸附量热计，在室温下进行了首次气体吸附量热测定实验。最近，Beebe（1936）、Kington 和 Smith（1964）等人将这种量热计原理用于液氮温度下。

在这些量热仪中，绝缘必然是不完美的，在整个实验过程中，必须通过将牛顿冷却定律应用于不断变化的温度和持续监测温差 T_S-T_T 来评估热泄漏。在缓慢、持久的情况下，热泄漏校正可能变成主导因素。因此，这种类型的量热计不适合研究长时间的热现象，比如，30 min。原则上，这适用于浸没实验（Zettlemoyer 学校大量使用）或不连续的气体吸附，但不适用于溶液中的吸附实验，有时容易发生缓慢的位移和平衡。但是，主要问题是实验永远不可能是等温的：在每个吸附步骤中，几个开尔文的温升很常见。那么，相应的脱附（或没有吸附）必须被考虑进去，在每个步骤之后，样品必须是"热接地"，以便在相同温度下开始每一步。另外，当以水热计的形式使用时，像通常在室温下进行浸没研究一样，这种量热仪由于较大量的水而不太敏感（尽管在大而快的热演变情况下能够具有较高的精度，例如在燃烧弹中发生的那种）。鉴于这些缺点，目前对于气体吸附的能量学研究中，等泡量热计的应用已不多见。

3.3.1.2　主动绝热吸附量热法

在这里，吸附产生的热量提高了样品及其容器（通常是铜柱）的温度。通过适当控制屏蔽温度，热量被阻止流向温度控制的屏蔽层（见图 3.19）。因此，通过使用差动热电偶和外部加热线圈，屏蔽通常保持在与样品容器相同的温度。通过连接在样品容器上的电阻温度计测量温度升高。

绝热量热法对于研究低温（辐射损失小）的封闭吸附系统和温度扫描实验特别有用。它是测定吸附系统热容量的首选测量方法，特别是在 4～300 K 的温度范围内

（Morrison 等，1952；Dash，1975）。它的温度扫描是通过加热线圈施加于样品容器的焦耳效应来实现的。

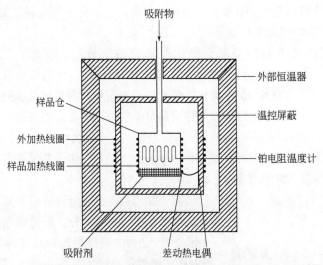

图 3.19　绝热量热计中的气体吸附池（或样品容器）

在某些方面，绝热量热法提供的信息与热流量热法提供的信息互补，这在下文中可以看出。后者允许在恒定温度下进行全组成范围的研究，而绝热量热法研究在一定温度范围内进行，但在吸附池中具有恒定量的吸附（当然，这并不意味着吸附量恒定，因为加热时会发生一些脱附）。绝热量热法允许直接测量吸附膜的热容量，尽管它们难以精确制备，因为膜的质量通常是量热电池和样品总质量的一小部分。值得庆幸的是，吸附膜的相变引起热容量的大变化，这可以通过绝热量热法容易地检测到：该技术可以与热分析（用于 3D 系统）相同的方式用于确定 2D 系统的相图（Morrison，1987 年）。由于在加热时发生脱附，必须允许脱附焓（例如运用等量方法），否则会导致热容量的评估不足。

3.3.1.3　被动导热吸附或浸没量热法

这种量热法有利于样品和恒温器之间的热传导，对于吸附或浸没研究来说，它具有等温（因为恒温器对样品施加其温度）和敏感的双重优点，它有两种主要形式。

（1）相变量热法

这种类型的第一种仪器，也是第一种被称为"热量计"的仪器，是由 Lavoisier 和 de Laplace（1783）以"冰量热计"的形式开发的，他们称重液态水，然后 Bunsen（1870）对它进行了改进，他测量体积的变化。Dewar（1904）设计了一种巧妙的在液态空气温度下的吸附量热仪：根据蒸发的空气量来评估热量。当然，量热计的温度由相变的温度决定。由于其等温性，直到 1960 年，Bunsen 热量计被认为是研究气体吸附的最佳仪器之一，特别是采用了二苯醚熔融作用的型号，可以在 27℃时使用。然而，这些量热计不是很容易操作，它们缺乏适应性和自主性（在有限的时间内确保熔化或汽化）并且不易自动化；因此，它们主要是具有历史意义。

（2）热流吸附微量量热法

目前使用中最重要的等温量热计是基于热流量计的原理，它首先由 Tian（1923）应用，并由 Calvet 和 Prat（1958, 1963）改进，他们还引入了差动组件。Tian-Calvet 热电堆（高达 1000 支热电偶）被用来引导和测量样品和恒温器之间的热流。当平均 ΔT 小于 10^{-6} K 时，测量热流是可能的。这种类型的等温量热计特别适用于开放系统的研究（即引入和排出气体或液体），因此强烈推荐用于吸附能量的测定，如下文所述的气相或液相的吸附能（参见 4.3 节）。由于其灵敏度和稳定性，它也非常适合测量浸入能量（见 4.2 节）。

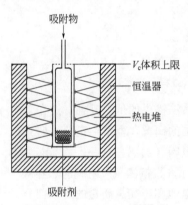

图 3.20 显示了一个气体吸附球插入在 Tian-Calvet 热电堆的中心部分。吸附球连接到一个装置（此处未示出），以便通过前几节所列的某种技术即时测定吸附等温线。

无论与微量热量计相关的气体吸附设备如何，吸附能量的评估都需要满足以下几个条件：

① 在进入吸附球之前，必须小心地将吸附物升到微量热量计的温度。

② 必须非常缓慢地引入，以便精确地计算出与量热计中的气体压缩相对应的热效应（Rouquerol等，1980）。这也有助于满足先前的有效吸附预冷或预热要求。

图 3.20 Tian-Calvet 热电堆中的气体吸附球

③ 必须小心进行脱气，微量热仪中使用的吸附球通常比标准吸附球长得多。而且，这种布置在脱气期间可以急剧地改变样品附近的实际残余压力。

一种简化的热流气体吸附式微热量计使用了与样品密切接触的单个热传感器（而不是环绕在样品周围的多个集成热流量计）。它可以由作为参考的第二传感器补充。热传感器可以嵌入样品中，而连续的载气流使吸附物在所需的分压下通过吸附床（Groszek，1966）。此设备适用于初步或日常工作。在另一个版本中，"量热珠系统"将温度传感器嵌入固体吸附剂珠中，由周围的气体介质直接冷却（Jones 等，1975）。这些布置简单且灵敏，但对于定量测量而言不可靠。

3.3.1.4 主动导热吸附量热法

在用于记录和整合来自热流量计信号的装置精度有限的时候，Tian（1923）提出

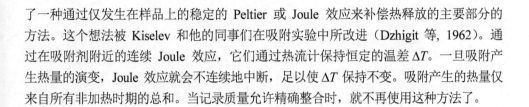

了一种通过仅发生在样品上的稳定的 Peltier 或 Joule 效应来补偿热释放的主要部分的方法。这个想法被 Kiselev 和他的同事们在吸附实验中所改进（Dzhigit 等，1962）。通过在吸附剂附近的连续 Joule 效应，它们通过热流计保持恒定的温差 ΔT。一旦吸附产生热量的演变，Joule 效应就会不连续地中断，足以使 ΔT 保持不变。吸附产生的热量仅来自所有非加热时期的总和。当记录质量允许精确整合时，就不再使用这种方法了。

3.3.2　量热程序

量热仪必须与测定吸附量的方法相结合。原则上，任何技术都可用于确定吸附等温线，但在实践中，最常用于物理吸附研究的是：①不连续、逐点、测压法；②连续音速喷嘴法；③吸附重量法。前者具有使用传统组件的优点（Morrison 等，1952；Holmes 和 Beebe，1961；Isirikyan 和 Kiselev，1962；Della Gatta 等，1972；Gravelle，1972），而第二种方法可以连续高分辨测量吸附的微分能（Rouquerol，1972；Grillet 等，1977b）。第 4 种方法也可用于低压化学吸附，即使用载气的脉冲过程（Gruia 等，1976）。

3.3.2.1　非连续测压法

如 2.7.1 节所述，应该设计一个不连续的量热-量压实验以提供必要的实验数据，以便用于以下方程：

$$\Delta_{\mathrm{ads}}\dot{h}_{T,\Gamma} = \left(\frac{\mathrm{d}Q_{\mathrm{rev}}}{\mathrm{d}n^{\sigma}}\right)_{T,A} + V_{\mathrm{C}}\left(\frac{\mathrm{d}p}{\mathrm{d}n^{\sigma}}\right)_{T,A} \tag{3.7}$$

原则上，它适用于非常小的步骤。

因此，除了确定表面过剩量所需的数据（参见 3.2.1 节），还需要知道 $\mathrm{d}Q_{\mathrm{rev}}$（在每个吸附步骤中可逆地交换的热量）和 V_{C}（位于量热仪内吸附球的体积或死区）（见图 3.20）。通过液体称重或几何考虑来评估 V_{C}，并校正样品体积。

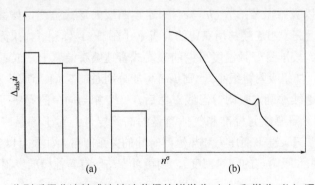

图 3.21　分别采用非连续或连续法获得的拟微分（a）和微分（b）吸附能量

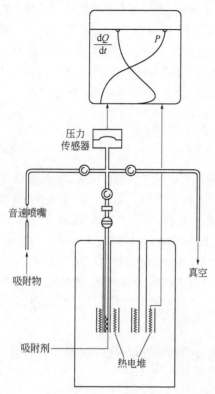

由于小步骤费时费力（就基线的灵敏度和质量而言），上述程序通常用于提供有限数量的吸附步骤：然后以拟微分吸附能量的形式呈现数据，如图 3.21（a）所示。处理数据的一种更精细的方法是绘制相对于 n^σ 的吸附积分摩尔焓（见 2.7.1 节），然后推导微分焓。

3.3.2.2　连续量热音速喷嘴实验

图 3.22 给出了使用音速喷嘴流量计的 Tian-Calvet 微量热仪与气体吸附设备的典型组装。出于实际原因，该布置限于：最终准平衡压力不超过 1 bar 的试验。它的优点是可以连续和同时记录相对于引入系统的吸附量的热流和准平衡压力，如下所述，这可能从中导出吸附的微分焓与吸附量之间的连续曲线。

如 2.7.2 节所述，此推导涉及以下等式：

$$\Delta_{\mathrm{ads}}\dot{h} = \frac{1}{f^\sigma}\left(\phi + V_{\mathrm{C}}\frac{\mathrm{d}p}{\mathrm{d}t}\right) \tag{3.8}$$

图 3.22　Tian-Calvet 微量量热计和连续气体流量计的关联

从吸附物引入的实验速率 f，死体积 V_{C} 和 V_{E}，它们的温度 T_{C} 和 T_{E} 以及斜率 $\mathrm{d}p/\mathrm{d}t$，借助于方程式（2.80），可以确定"吸附速率" f^σ。所需的唯一额外信息是从实验开始到结束的热流 ϕ 的连续记录。

结果可以以吸附微分焓 $\Delta_{\mathrm{ads}}\dot{h}$ 与 n^σ 的连续曲线的形式呈现，如图 3.21（b）所示，其分辨率远高于不连续法所获得的分辨率［图 3.21（a）］。如果无法轻松地将吸附量热仪连接到校准良好且温度可控的吸附式音速喷嘴装置上，或者难以确定吸附等温线（例如，如果吸附量很小），则仍有可能分别通过 3.3.1 或 3.3.2 节中所述的任何不连续或连续法确定吸附等温线。然后，一个相当简单的程序可以应用于量热实验，该过程不需要任何校准和气体流量的高稳定性：对于等温线和吸附能的测定，只需要简单记录准平衡压力和热流对时间的关系即可。如果可以计算 V_{C}（从空吸附球的死体积和吸附剂的绝对密度），则可以省略所有其他校准步骤。

3.4　吸附剂脱气

3.4.1　脱气目标

特别重要的是研究粉末和多孔固体在特定应用中的吸附特性。这意味着吸附剂表面可重复的初始状态应该与吸附剂的假定应用一致。这就是为什么并不总是要求"完全清洁"的表面，这通常涉及超高真空（例如，残余压力低于 10^{-6} mbar）和高温（例如，高于 1000℃）。相反，我们的目标是：①消除样品储存期间物理吸附的大部分物质（例如 H_2O、CO_2）；②在脱气期间避免由于表面官能团的老化，烧结或改性而发生的任何剧烈变化；③达到适合于所做实验的明确的、可重复的中间状态（例如，吸附等温线测量或吸附量热法）。这种状态可以通过适当形式的真空脱气或通过气体置换过程来实现。

3.4.2　传统真空脱气

这种脱气类型的优势在于：①根据定义它是清洁的；②它允许操作者使用比在大气压和静态条件下所需脱气温度更低的温度（这可能有助于保护样品和容器，特别是在金属中时）；③它使表面暴露在真空中，这正是大多数吸附实验开始所需的。

然而，真空脱气关于实验条件的描述，需要注意一个问题。在报告脱气条件时，人们的确应该避免"在 10^{-6} mbar 的真空下脱气"之类的描述，这会让读者认为，在样品附近甚至都没进行压力监测，样品在热处理过程中就被送到了这样的真空。如果最终的真空是由泵提供的，则更接近现实状态，即"脱气至最终真空度为 10^{-6} mbar"，因为只有在脱气结束时才能达到真空：只要开始脱气，需要从样品到泵的压力梯度来抽空脱附的物质，并且样品上的实际残余压力是未知的。

第二条需要注意的是难以轻松实现令人满意的真空脱气。乍一看，似乎这种类型的脱气只需要一个样品容器，一个加热炉或烘箱（有温度控制，如果可能的话可以控制加热速率或"阶梯"控制）和真空（见图 3.23）。

在实践中，可能要面对两个主要问题，即从样品容器中喷出细粉末（在压力降低和温度升高期间）和加热时可能发生的不受控制的变化（3.4.3 节中提到的问题）。

喷出细粉的问题可以通过几种方式解决。首先，通过在上面的管中使用玻璃棉垫（或玻璃护垫）来防止喷射。这种做法很简单，但在真空线和样品周围区域之间增加了一个不受控制的屏障；因此，它导致脱气缺乏控制。其次，通过手动控制将样品连接至真空管线的阀门的开度来防止喷出。但是，这可能相当耗时。例如，通过溶胶-凝胶法制备的样品可能需要在室温下缓慢地用泵抽数小时，然后才能将旋塞阀完全开放。人们可以通过两种方式操作：直接观察样品，同时一点一点地慢慢打开真空阀，或使样品中的气体流量保持低于预先选择的值（根据前面已知的经验），这对特定样品而言是安全的。可以使用上游的 Pirani 压力计和压缩器来监控气体流量（便捷尺寸：1～3 mm 的孔径长度为 10 mm），如图 3.23 左侧所示。当阀门完全打开，可能仍需要一些手动控制加热。用同样的方法对处于吸附平衡中的吸附剂进行脱气（请参见图 3.23 的右侧，为简单起见，此处不再显示阀门，压缩器和压力表）。需要注意的是，传统的脱气通常更有效地达到平衡（因为样品很小，管很宽），这可以解释通过吸附测压法或吸附重力法获得的吸附等温线之间的差异，尤其是在微孔吸附剂上。

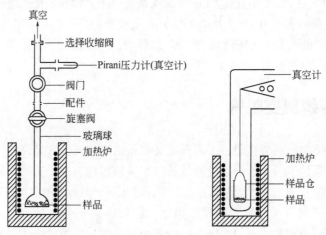

图 3.23 从吸附球中进行吸附式测压（左）或吸附微量天平（右）的样品容器的真空脱气

我们发现开发一种更完整的防止喷射的方法是很有用的，通过引入两个自动控制器，一个用于打开真空阀，另一个用于控制样品温度（参见 3.4.3 节）。自动控制真空阀类似于手动程序中使用的真空阀，如图 3.24 所示。来自 Pirani 压力计的信号会馈送到作用在自动阀上的 PID 控制器（例如孔径为 10 mm 或 20 mm 的标准隔膜真空阀）。经验表明，在对吸附剂进行脱气时，可以确定两个连续的阶段：①基本上是抽空气，压力降低至 25 mbar；②适当地脱附，通常涉及除去其中流动的水蒸气，流动的水蒸气是喷射的原因之一。由于只抽出一小部分来自样品本身的空气，第①步比第②步快得多。水银接触控制单元可用于将控制器从阶段①切换到阶段②。例如，用泵抽的合适速率是阶段①为 0.5 dm^3（STP）· h^{-1}（需要大约 15 min）和阶段②为 50 cm^3（STP）· h^{-1}。来自 100 mg 样品的 5%物理吸附水，大约需要用泵抽 5 min，但用泵抽 1 g 样品中 10%物理吸附水则需要 5 h。这种设备对于任何容易喷出类型样品（轻粉，含水量高）的脱气都特别有用，尤其是装于不锈钢池的样品（不可能直接目视监测），例如高压吸附实验所需的。

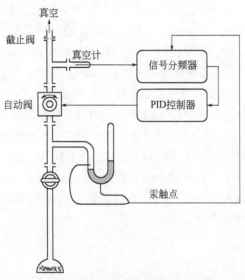

图 3.24 样品排空的防喷射自动设备

3.4.3 CRTA 控制的真空脱气

前面了解了如何在室温下避免（手动或自动）样品在抽空时喷射。然而，当样品温度升高时，样品本身会存在进一步喷射和不受控制变化的风险。克服这些问题的技术遵循受控速率热分析（CRTA）的一般原理（Rouquerol, 1970, 1989），其中加热直接受样品本身的行为控制（即通过样品的反馈）。

图 3.25 给出了一种适用于脱气目的的 CRTA 简单形式。

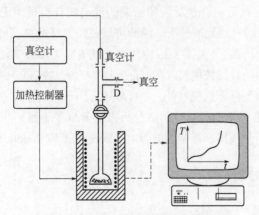

图 3.25 CRTA 装置受控脱气的原理

通过校准的隔膜 D（便捷尺寸：1 mm 孔，1 cm 长）连续抽空吸附剂球。经过一个简单的 Pirani 压力计监测通过隔膜的压降。该信号被馈送到 PID 加热控制器，其中以保持恒定压降的方式加热样品。因此，同时控制样品周围的残余真空（典型值：5～100 mbar）和脱气速率（通常速率：每小时损失 1～10 mg）。控制脱气率意味着还通过样品控制压力和温度梯度。它们可以通过简单地降低脱气速率任意降低。

记录的温度曲线代表样品所遵循的热过程，并且等效于热重分析曲线。如果需要，它可用于选择适当的脱气温度，该温度通常对应于曲线的拐点，表明物理吸附物质的变化即将结束，而样品的热分解尚未结束开始。该 CRTA 曲线的优点还在于它是直接用吸附球中的样品获得的。通过比较温度曲线可以很容易地检查热处理的重现性。

在常规加热中，样品线性地达到给定温度，并且由于远离平衡，因此在该温度下保持一定时间（通常在 2～10 h）。这导致质量-温度曲线通常远离吸附剂的特征曲线（参见图 3.26 中的点 1 和 2）。

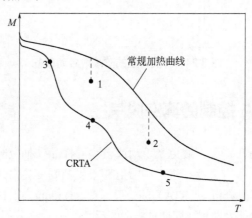

图 3.26　通过常规加热（1, 2）或通过 CRTA（3, 4, 5）脱气的样品的代表点

在某些情况下，这可能会使对所得结果的意义的任何讨论无效。相反，由于在 CRTA 实验期间可以随时达到准平衡，因此可以在所有样品共有的曲线的任何一点停止热处理（甚至淬灭样品）（见图 3.26 中的点 3, 4, 5）。CRTA 方法可用于放置在标准吸附球或微量天平中的样品的脱气（Rouquerol 和 Davy, 1978）。

除了在良好控制条件下的脱气外，CRTA 还可用于动力学，热分析和高度均匀吸附剂的合成。它为更广泛的样品控制热分析方法开辟了道路，由于各种实际和理论原因，它仍然是最容易获得和最常用的版本（Sorensen 和 Rouquerol, 2003）。

3.4.4　载气脱气

载气可以是任何非反应性气体（例如，氮气、氩气或氦气），其湿度不超过

$100\ \mu L \cdot L^{-1}$。为了获得良好的空气湿度密封性，建议在气瓶和样品容器之间使用金属，聚酰胺（尼龙）或含氟弹性体（氟橡胶）管。后者可以是 U 形管的形状，样品在底部，或者是标准吸附球的形状，其中引入长的空心针并用作气体入口。

样品的加热以与真空相同的方式进行。原则上，可以再次选择传统形式的线性加热（接着是温度平台）或 CRTA 处理，现在可以借助高灵敏度微分气体流量计控制脱气率（Rouquerol 和 Fulconis，1997）。实际上，使用载气脱气的主要优点是技术简单（没有真空，没有喷射样品和良好的热交换-特别是如果载气是氦气）。一个有意思的折中方案是通过使用导热析气计（氦气作为载气，可以检测水蒸气的释放）来简单地监测样品的脱气。

3.5　实验数据的呈现

吸附数据应以一种易于理解、易于比较和易于处理的方式呈现，这意味着要遵循一些如下所示的规则。

（1）单位

强烈建议人们使用标准化和广泛接受的数量和单位，例如按照由 IUPAC 提出的数量和单位（Cohen 等，2007）。相比于"吸附的质量"或"吸附的 STP 体积"，由于它们与特定技术相关且不太容易进行自身比较，我们应该优先选择表面过剩量 n^σ 或吸附量 n^a。此外，无论在设想中可以找到怎样便捷的 STP 体积，它都不是任何单位系统的一部分，这应该避免。而且，相比于毫米汞柱（mmHg）或托（Torr），由于它们以往没有实验论证，我们应该更倾向用帕斯卡（Pa）或巴（1 bar=10^5 Pa）。

（2）实验条件

为了使吸附结果有意义，吸附数据应始终与能够影响吸附结果的基本实验条件相结合：样品质量和晶粒尺寸的数量级，脱气条件，用于确定死体积的气体，样品池及其管道的温度控制，用于检查吸附平衡的标准等。

（3）表面过剩量

如 2.2 节所详述的那样，报告气体吸附实验数据的最可靠的方法是以表面过剩量的方式进行。然而，对吸附数据的任何解释，任何吸附等温方程，以及吸附的任何建模和模拟总是指吸附的量，即"吸附空间"中存在的吸附物的总量，其中浓度不同于在大部分流体相中（例如，参见 Tolmachev，2010）。

这意味着必须将吉布斯表达式视为一个必要，但又是过渡的步骤，它的实施和报告应以一种使吸附量更容易计算的方式进行。这使得必须向读者提供用于计算的 GDS 位置，或者更确切地说，为 GDS 环绕的体积 $V^{s,0}$，并且假定吸附物不可触及。在通常情况下，GDS 是通过气体膨胀法直接确定死体积来定位的，该实验的气体、温度和压力指示出了 GDS 位置，但所需的确切信息是由此产生的样品的比容。而且，需要气相 c^g 浓度与用于计算 n^σ 的压力（例如理想或实际气体定律）之间的关系。

利用这两个数据，读者能够通过以下公式计算出吸附的量

$$n^a = n^\sigma - c^g(V^{S,0} - V^S - V^a)\tag{3.9}$$

在此，可以引入对固体 V^S 和吸附空间 V^a 的实际体积的假设。

只有在中等压力下（也就是，在 1 bar 以下）并且假定 GDS 恰好位于吸附剂的可接触表面上（其使得 $V^{S,0}=V^S$）时，表面过剩量可被认为等于吸附量。这可能就是 Gibbs 建议将 GDS 置于接近固体表面的原因。

然而，这种紧密型并不是应用吉布斯模型的先决条件，原则上 GDS 的任何位置都可以假设。这就是 Gumma 和 Talu（2010）设想将 GDS 所包含的 $V^{S,0}$ 限制为 0 的原因。这就产生了一个明确定义的表面过剩量（它们称为"净吸附"），其在吸附剂存在下不需要任何死体积测定。

参考文献

Ajot, H., Joly, J.F., Raatz, F., Russmann, C., 1991. Studies in Surface Science and Catalysis, Vol. 62. Elsevier, Amsterdam, p. 161.

Atkins, J.H., 1964. Anal. Chem. 36, 579.

Badalyan, A., Pendleton, P., 2003. Langmuir. 19 (19), 7919.

Badalyan, A., Pendleton, P., 2008. J. Colloid Interface Sci. 326 (1), 1.

Balard, H., Brendle, E., Papirer, E., 2000. In: Mittal, K.(Ed.), Acid-base Interactions: Relevance to Adhesion Science and Technology. VSP, Utrecht, p. 14.

Balard, H., Maafa, D., Santini, A., Donnet, J.B., 2008. J. Chromatogr. A. 1198–1199, 173.

Beebe, R.A., Low, G.W., Goldwasser, S., 1936. J. Am. Chem. Soc. 58, 2196.

Bose, T.K., Chahine, R., Marchildon, L., St Arnaud, J.M., 1987. Rev. Sci. Instrum. 58 (12), 2279.

Bunsen, R.W., 1870. Ann. Phys. 141, 1.

Calvet, E., Prat, H., 1958. Récents Progrès en Microcalorimétrie. Dunod, Paris.

Calvet, E., Prat, H., 1963. Recent Progress in Microcalorimetry. Pergamon Press, Oxford.

Camp, R.W., Stanley, H.D., 1991. American Laboratory. 9, 34.

Cohen, E.R., Cvitas, T., Frey, J.G., Holmström, B., Kuchitsu, K., Marquardt, R., Mills, I., Pavese, F., Quack, M., Stohner, J., Strauss, H.L., Takami, M., Thor, A.J., 2007. Quantities, Units and Symbols in Physical Chemistry, third ed. RSC Publishing, Cambridge, UK.

Cremer, E., Huber, H., 1962. Gas Chromatogr. Int. Symp. 3, 169.

Dash, J.G., 1975. Films on Solid Surfaces. Academic Press, New York.

Della Gatta, G., Fubini, F., Venturello, G., 1972. In: Thermochimie. Colloques Internationaux du CNRS, Vol. 201. Editions du CNRS, Paris, p. 565.

De Vault, D.J., 1943. J. Am. Chem. Soc. 65, 532.

Dewar, J., 1904. Proc. R. Soc. A. 74, 122.

De Weireld, G., Frère, M., Jadot, R., 1999. Meas. Sci. Technol. 10 (2), 117.

Dreisbach, F., Staudt, R., Tomalla, M., Keller, J.U., 1996. In: LeVan, M.D. (Ed.), Fundamentals of Adsorption. Kluwer Academic Publishers, Dordrecht, p. 259.

Dreisbach, F., Seif, R., Lösch, A.H., Lösch, H.W., 2002. Chem. Ing. Tech. 74 (10), 1353.

Dymond, J.H., Smith, E.B., 1969. The Virial Coefficient of Gases: A Critical Compilation. Clarendon Press, Oxford.

Dzhigit, O.M., Kiselev, A.V., Muttik, G.G., 1962. J. Phys. Chem. 66, 2127.

Emmett, P.H., 1942. Adv. Colloid Sci. 1, 3.

Emmett, P.H., Brunauer, S., 1937. J. Am. Chem. Soc. 56, 35.

Eyraud, C., 1986. Thermochim. Acta. 0040-6031. 100 (1), 223-253. http://dx.doi.org/10.1016/ 0040-6031(86) 87059-9.

Eyraud, C., Eyraud, L., 1955. Laboratoire. 12, 13.

Favre, P.A., 1854. C.R. Acad. Sci. Paris. 39, 729.

Findenegg, G.,1997. In: Fraissard, J.(Ed.), Proceedings of NATO-ASI on Physical Adsorption: Experiments, Theory and Applications. Kluwer Academic Publishers.

Ghoufi, A., Gaberova, L., Rouquerol, J., Vincent, D., Llewellyn, P.L., Maurin, G., 2009. Micro-porous Mesoporous Mater. 119, 117.

Glueckauf, G., 1945. Nature (Lond.) 156, 748.

Gravelle, P.C., 1972. Advances in Catalysis, Vol. 22. Academic Press, p. 191.

Grillet, Y., Rouquerol, J., Rouquerol, F., 1977a. J. Chim. Phys. 74 (2), 179.

Grillet, Y., Rouquerol, J., Rouquerol, F., 1977b. J. Chim. Phys. 74 (7–8), 778.

Groszek, A.J., 1966. Lubr. Sci. Technol. 9, 67.

Gruia, M., Jarjoui, M., Gravelle, P.C., 1976. J. Chim. Phys. 73 (6), 634.

Gumma, S., Talu, O., 2010. Langmuir. 26 (22), 17013.

Hamon, L., Frère, M., de Weireld, G., 2008. Adsorption. 14, 493.

Haul, R., Dümbgen, G., 1960. Chem. Ing. Tech. 32, 349.

Haul, R., Dümbgen, G., 1963. Chem. Ing. Tech. 35, 586.

Holmes, J.M., Beebe, R.A., 1961. Adv. Chem. Ser. 33, 291.

Ichikawa, T., Tokoyoda, K., Leng, H., Fujii, H., 2005. J. Alloys Compd. 400, 245.

Isirikyan, A.A., Kiselev, A.V., 1962. J. Phys. Chem. 66, 210.

Jelinek, L., Dong, P., Kovats, E., 1990. Adsorpt. Sci. Technol. 7 (3), 140.

Jones, A., Firth, J.G., Jones, T.A., 1975. J. Phys. E. 8, 37.

Karp, S., Lowell, S., Mustacciulo, A., 1972. Anal. Chem. 44, 2395.

Keller, J.U., Staudt, R., Tomalla, M., 1992. Ber. Bunsenges. Phys. Chem. 96 (1), 28.

Kington, G.L., Smith, P.S., 1964. J. Sci. Instr. 41, 145.

Kiselev, A.V., Yashin, Y.I., 1969. In: Gas Adsorption Chromatography. Plenum Press, New York.

Knudsen, M., 1910. Ann. Phys. 31 (210), 633.

Krim, J., Watts, E.T., 1991. In: Mersmann, A.B., Scholl, S.E. (Eds.), Third International Conference on Fundamentals of Adsorption. Engineering Foundation, New York, p. 445.

Kubaschewski,O.,Hultgren,R.,1962.In:Skinner,H.A.(Ed.),ExperimentalThermochemistry, Vol. Ⅱ. Interscience Publishers, London, p. 351 (Chapter 16).

Lavoisier, A.L., de Laplace, P.S., 1783. In: Mémoire sur la chaleur. C. R. Académie Royale des Sciences, 28th June.

Le Parlouer, P., 1985. Thermochim. Acta 92, 371.

Marsh, K.N., 1985. TRC – Thermodynamics Tables. Texas Engineering Experimental Station, College Station, TX.

McBain, J.W., Bakr, A.M., 1926. J. Am. Chem. Soc. 48, 690.

Mikhail, R.S., Robens, E., 1983. Microstructure and Thermal Analysis of Solid Surfaces. John Wiley and Sons, Chichester.

Moret, S., 2003. Etude thermodynamique de la co-adsorption de N_2, Ar et CH_4 à 40℃, jusqu'à 15 bar, par des matériaux poreux (thesis). Université de Provence.

Morrison, J.A., 1987. Pure Appl. Chem. 59 (1), 7.

Morrison, J.A., Drain, L.E., Dugdale, J.S., 1952. Can. J. Chem. 30, 890.

Neimark, A.V., Ravikovitch, P.I., 1997. Langmuir. 13, 5148.

Nelsen, F.M., Eggertsen, F.T., 1958. Anal. Chem. 30, 1387.

Nicolaon, G., Teichner, S.J., 1968. J. Chim. Phys. 64, 870.

Paik, S.W., Gilbert, G., 1986. J. Chromatogr. 351, 417.

Partyka, S., Rouquerol, J., 1975. In: Eyraud, C., Escoubès, M. (Eds.), Progress in Vacuum Microbalance Techniques, Vol. 3. Heyden, London, p. 83.

Pieters, W.J.M., Gates, W.E., 1984. US Patent 4 489, 593.

Roginskii, S.Z., Yanovskii, M.L., Lu, P.-C., 1960. Kinet. Catal. 1, 261.

Roles, J., Guiochon, G., 1992. J. Chromatogr. 591, 233.

Rouquerol, J., 1970. J. Therm. Anal. 2, 123.

Rouquerol, J., 1972. In: Thermochimie. Colloques Internationaux du CNRS, Vol. 201. Editions du CNS, Paris, p. 537.

Rouquerol, J., 1989. Thermochim. Acta. 144, 209.

Rouquerol, J., Davy, L., 1978. Thermochim. Acta. 24, 391.

Rouquerol, J., Davy, L., 1991. French Patent on Device for Integral and Continuous Measurement of Gas Adsorption and Desorption, filed 25/10/1991.

Rouquerol, J., Fulconis, J.M., 1997. Private communication.

Rouquerol, F., Rouquerol, J., Everett, D., 1980. Thermochim. Acta. 41, 311.

Rouquerol, J., Rouquerol, F., Grillet, Y., Triaca, M., 1986. Thermochim. Acta. 103, 89.

Rouquerol, J., Rouquerol, F., Grillet, Y., Ward, R.J., 1988. In: Unger, K.K., et al. (Eds.), Characterization of Porous Solids. Elsevier Science Publishers, p. 317.

Rouquerol, F., Rouquerol, J., Sing, K.S.W., 1999. Adsorption by Powders and Porous Solids. Academic Press, p. 51-92.

Rouquerol, J., Wadso, I., Lever, T.J., Haines, P.J., 2007. In: Brown, M., Gallagher, P. (Eds.), Handbook of Thermal Analysis and Calorimetry. Further Advances, Techniques and Applications, Vol. 5. Elsevier, Amsterdam, p. 13-54 (Chapter 2).

Rouquerol, J., Rouquerol, F., Llewellyn, P., Denoyel, R., 2012. In: Techniques de l'Ingénieur, Analyse et Caractérisation, Paris, article P 1202, Charles Eyraud 1952.

Sandstede, G., Robens, E., 1970. US patent 3 500 675.

Schlosser, E.G., 1959. Chem. Ing. Tech. 31, 799.

Sorensen, T.O., Rouquerol, J. (Eds.), 2003. Sample Controlled Thermal Analysis (SCTA): Principle, Origins, Goals, Multiple Forms, Applications and Future. Kluwer Academic Publishers, Dordrecht, p. 252, Cohen et al. 2007 green book.

Takaishi, T., Sensui, Y., 1963. Trans. Faraday Soc. 59, 2503.

Thielman, F., 2004. J. Chromatogr. A. 1037, 115.

Tian, A., 1923. Bull. Soc. Chim. Fr. 33 (4), 427.

Tolmachev, A.M., 2010. Prot. Metals Phys. Chem. Surf. 46 (2), 170.

Webb, P.A., 1992. Powder Handling and Processing, Vol. 4(4), p. 439.

Wilson, J.N., 1940. J. Am. Chem. Soc. 62, 1583.

第4章 固/液界面的吸附：热力学和方法学

Jean Rouquerol, Francoise Rouquerol

Aix Marseille University-CNRS, MADIREL Laboratory, Marseille, France

4.1 引言

在工业和日常生活中，液/固界面上的吸附非常常见而且应用广泛，例如广泛应用于去污、黏附、润滑、矿物浮选、水处理、采油、颜料和粒子技术等领域。多年来，溶液吸附测量常被用于测定某些工业材料的比表面积，浸润式微量热法一直用于黏土和活性炭等材料的表征。并且浸润能的使用是基于 Pouillet（1822）所观察到的现象，即将不溶性固体（沙子）浸润在液体（水）中是一个放热过程，并且这个过程是可测的。为了更好地理解液/固界面上的吸附现象，不仅需要了解液体的物理性质，同时还需要了解固体在液体介质中的状态。

实际上，相比于气/固界面上的吸附，液/固界面上的吸附更加复杂，因为浸润在纯液体或溶液中时，某些吸附剂的结构会发生改变。因此，存在于气体或液体中的吸附剂是不同的。

本章旨在介绍液/固界面吸附的方法学和隐含的热力学原理，重点在液/固界面的表征。以下是本章中的两个主题：

① 浸润在液体中的固体的浸润能；
② 溶液的吸附等温线。

为了测定多孔材料和无孔材料的表面积，研究者们已经在浸润式微量热法和溶液吸附测定法中做了许多尝试，但是，无论是所设计的基本原理还是实验步骤都具有局限性，尚未得到足够重视。

用本章中的方法来测定吸附和浸润的热力学量，方法简单，而且与实验接近。在 4.2 节中，对浸润能的热力学处理仅限于研究固体吸附剂浸润在纯液体中的这种简单体系。相同的，在 4.3 节中也只是讨论了二元溶液中的吸附。本章中的热力学命名和定义都遵循 IUPAC 原则（Everett, 1972, 1986）。

4.2 纯液体中固体浸润的能量

4.2.1 热力学背景

在第 2 章中，已经介绍了一些在简单气体吸附体系中，单一吸附物情况下的热力学表面过剩量 [式（2.11）～式（2.14）]，这些量都用表面过剩量 n^{σ} 的函数来表示。将固体浸润到纯液体的过程中，仍然可以对这些表面过剩量进行定义，如果想要了解界面上的现象，也可以将这些量定义为表面积的函数。因此：

$$U^{\sigma} = A \cdot u^{i} \tag{4.1}$$

$$H^{\sigma} = A \cdot h^{i} \tag{4.2}$$

$$S^{\sigma} = A \cdot s^{i} \tag{4.3}$$

$$F^{\sigma} = A \cdot f^{i} \tag{4.4}$$

式中，A 为固/液界面的表面积；u^{i}、h^{i}、s^{i} 和 f^{i} [上标"i"代表界面（interfacial）] 分别为面积表面过剩能、焓、熵和 Helmoltz 能（因为使用的是 Gibbs 表示法，此时 $V^{\sigma} = 0$，因此 U^{σ} 和 H^{σ} 没有区别）。这些面积表面过剩量表示的是界面性质的特征，必须予以说明。

4.2.1.1 浸润量的定义

在恒温条件下，浸润能 $\Delta_{imm} U$（或浸润焓 $\Delta_{imm} H$）被定义（Everett, 1972）为固体（不溶于液体且不与液体反应）表面完全浸润在湿润液体中时的能量变化（或焓变）。当然，需要详细说明固体表面的初始状态，如初始排气的程度和周围介质的性质（真空或给定分压下的液体的蒸气）。不同的初始状态将会得到不同的表面过剩能 U^{σ}，如下所示：

$$U^{\sigma} = U - U^{s} - U^{l} - U^{g} \tag{4.5}$$

式中，U 为平衡状态下整个体系的内能；U^{s}、U^{l} 和 U^{g} 分别为固体、液体和蒸气相的内能。

如图 4.1 所示，图中表示的是 U^{σ} 在体系的几种典型状态中的依赖性。上层对应的是洁净固体（即在真空中），其表面过剩能表示为 $U^{\sigma}(S0)$，并且如前所述这个量与表面积成正比，如下所示：

$$U^{\sigma}(S0) = Au^{i}(S0) \tag{4.6}$$

最下层对应的是浸润固体，并且固/液界面的表面过剩能表示为 $U^{\sigma}(SL)$，如下所示：

$$U^{\sigma}(\text{SL}) = Au^{\text{i}}(\text{SL}) \tag{4.7}$$

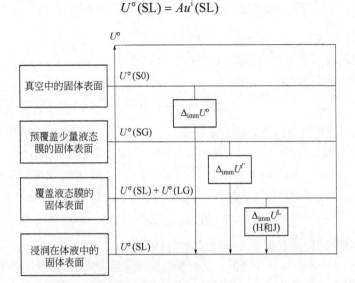

图 4.1　固体表面初始覆盖率与浸润能 $\Delta_{\text{imm}}U$ 的关系图

（H 和 J 表示的是 Harkins 法和 Jura 法）

另外，根据固体表面的预覆盖情况，中间的两个状态也值得注意。如果固体表面的吸附比液态膜少，那么表面过剩能会位于固/蒸气界面 $U^{\sigma}(\text{SG})$，可以写成如下形式（通常假设吸附剂是惰性的）：

$$U^{\sigma}(\text{SG}) = U^{\sigma}(\text{S0}) + n^{\sigma}(u^{\sigma} - u^{\text{i}}) \tag{4.8}$$

此时，n^{σ} 为表面过剩量；u^{σ} 为摩尔表面过剩能。根据式（4.1），可以得到：

$$U^{\sigma}(\text{SG}) = Au^{\text{i}}(\text{SG}) \tag{4.9}$$

从图 4.1 可以得知，固体表面被液态膜［表面过剩能等于 $U^{\sigma}(\text{SL}) + U^{\sigma}(\text{LG})$］覆盖。液态膜的表面过剩能分别如下：

在固/液态膜界面：

$$U^{\sigma}(\text{SL}) = Au^{\text{i}}(\text{SL}) \tag{4.10}$$

在液态膜/蒸气界面：

$$U^{\sigma}(\text{LG}) = Au^{\text{i}}(\text{LG}) \tag{4.11}$$

当真空/固态界面被液态/固态界面取代时，会释放出最大浸润能（用 $\Delta_{\text{imm}}U^{\circ}$ 表示）。因此，对于表面积为 A 的脱气吸附剂的浸润来说，可以得到如下方程式：

$$\Delta_{\text{imm}}U^{\circ} = A[u^{\text{i}}(\text{SL}) - u^{\text{i}}(\text{S0})] \tag{4.12}$$

此时，$u^{\text{i}}(\text{SL})$ 和 $u^{\text{i}}(\text{S0})$ 分别为 $U^{\sigma}(\text{SL})$ 和 $U^{\sigma}(\text{S0})$（见图 4.1）相对应的面积表面过剩能。（需注意的是，这是一个放热过程，$\Delta_{\text{imm}}U$ 的值为负数。）

当表面积 A 被表面过剩浓度为 $\varGamma(=n^{\sigma}/A)$ 的物理吸附层所覆盖，浸润能为：

$$\Delta_{\text{imm}}U^{\varGamma} = A[u^{\text{i}}(\text{SL}) - u^{\text{i}}(\text{SG})] \tag{4.13}$$

最后，当吸附层厚到可以看作是液态膜时，这时液/气界面上的浸润能 $\Delta_{\text{imm}}U^{\text{l}}$ 会消失，因此方程可以简化为：

$$\Delta_{\text{imm}}U^{\text{l}} = -Au^{\text{i}}(\text{LG}) \tag{4.14}$$

上述所有的方程都是建立在内能的基础上。另外，也可以用焓来表示类似的方程，因为在 Gibbs 表示法中，当 $V^{\sigma}=0$ 时，此时的表面过剩焓和表面过剩能是相同的（Harkins 和 Boyd, 1942）。因此，在式（4.6）～式（4.8）中定义的所有浸润能实际上都等于相应的浸润焓（即 $\Delta_{\text{imm}}H^{\circ}$、$\Delta_{\text{imm}}H^{\varGamma}$ 和 $\Delta_{\text{imm}}H^{\text{l}}$），因此：

$$\Delta_{\text{imm}}H^{\circ} = \Delta_{\text{imm}}U^{\circ} \tag{4.15}$$

最后一个浸润焓的定义来自于 Everett（1972, 1986）。

在 4.2.1 节中，会用到浸润能，这个量概念明确且与我们的热力学方法一致。在本书的其余部分，尤其是在引用文献时，经常会提到浸润能和浸润焓。

"浸润能（energy of immersion）"这个概念最初是由 Harkins 在他的早期论文中（Harkins 和 Dahlstrom, 1930）提出来的，在此之前一般都是称为"浸润热（heat of immersion）"。虽然后者还是有少数研究者继续沿用，但是我们并不鼓励，因为热量测定属于原始数据，并且它取决于所使用的程序而与体系的热力学状态的变化没有直接联系。正如 4.2.2 节中强调的那样，热交换的微量热测量数据事实上绝不等于浸润所需的能量。

4.2.1.2　浸润能与气体吸附能之间的关系

清洁固体表面（其产生 $\Delta_{\text{imm}}U^{\circ}$）的浸润过程在概念上可以被分为两个连续过程（见图 4.2）：

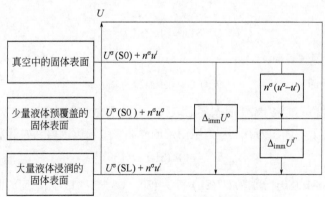

图 4.2　浸润能与净摩尔积分吸附能 $n^{\sigma}(u^{\sigma}-n^{\text{l}})$ 的关系

① 吸附过程。在这个过程中（温度为 T，表面过剩浓度为 $\Gamma = n^\sigma / A$），一定量的液体 n^σ 从液相中（摩尔蒸发能 $\Delta_{vap} u$）蒸发并且吸附在固体表面 [积分摩尔吸附能 $\Delta_{ads} u$，关于定容条件下的准确定义参照式（2.59）]。

② 适当的浸润过程。在这个过程中，固体与其预吸附层一起浸润在液体中。

首先讨论第一步发生在量热计之外的情况，相对应的能量变化为：

$$\Delta_{ads} U + \Delta_{vap} U = n^\sigma (\Delta_{ads} u + \Delta_{vap} u) = n^\sigma (u^\sigma - u^l) \tag{4.16}$$

接下来的第二步发生在量热计之内，这使得浸润能 $\Delta_{imm} U^\Gamma$ 一定比 $\Delta_{imm} U^o$ 小，并且直接取决于 Γ，即预覆盖。

如果在上述两步中加入能量变化，那么可以得到如下方程：

$$\Delta_{imm} U^o = n^\sigma (u^\sigma - u^l) + \Delta_{imm} U^\Gamma \tag{4.17}$$

就像 Hill（1949）指出的一样，这样就可能从脱气的吸附剂浸润能与预吸附表面过剩浓度的吸附剂间的差异中得到净摩尔积分吸附能 $(u^\sigma - u^l)$。

通过微分吸附能中的 n^σ 对式（4.17）求导，得到：

$$\Delta_{ads}\dot{u} = \frac{\partial}{\partial n^\sigma}(\Delta_{imm} U^o - \Delta_{imm} U^\Gamma) - \Delta_{vap} u \tag{4.18}$$

相同的，可以推导微分（或等量）吸附焓 [由式（2.51）定义] 为：

$$\Delta_{ads}\dot{h} = \frac{\partial}{\partial n^\sigma}(\Delta_{imm} U^o - \Delta_{imm} U^\Gamma) - \Delta_{vap} h \tag{4.19}$$

例如，Micale 等（1976）就是通过这种类型的方程式，检测水-微晶 $Ni(OH)_2$ 体系的等量法（从气体吸附等温线中得到）和浸润式量热法的一致性。

最后，当使用气体吸附量热法来直接测定积分摩尔吸附能时，就可以从式（2.65）和式（2.66）中得到相对应的积分摩尔吸附熵。

如果将吸附相的积分摩尔熵与浸润液体摩尔浸润熵作比较，就需要将气体的摩尔熵表示为相对压力和蒸发焓的函数。因此：

$$s^g = s^l - R\ln\frac{p}{p^o} + \frac{\Delta_{vap} h}{T} \tag{4.20}$$

则积分摩尔吸附熵变为（Jura 和 Hill, 1952）：

$$(s^\sigma - s^l) = \frac{1}{T}\left[\frac{1}{n^\sigma}(\Delta_{imm} U^o - \Delta_{imm} U^\Gamma) + \frac{\Pi}{\Gamma}\right] - R\ln\frac{p}{p^o} \tag{4.21}$$

式中，Π 为吸附膜的扩散压力，由表面过剩浓度 Γ 来表征，可以从吸附等温线中计算得到（参照第 2 章）。

4.2.1.3 浸润能与黏附能的关系

液体和固体之间的黏附能概念最初是由 Harkins（1952）提出并定义的，它通过产生一个固态表面（在真空中）和一个相同面积的液态表面，来表征固体的"外向湿润"。相对应的内能变化，我们更偏向于称之为分离能 $\Delta_{sep}U$，方程如下所示：

$$\Delta_{sep}U = A[u^i(S0) + u^i(LG) - u^i(SL)] \tag{4.22}$$

从式（4.12）、式（4.14）和图4.3中可以得知：

$$\Delta_{sep}U = -[\Delta_{imm}U^o + \Delta_{imm}U^l] \tag{4.23}$$

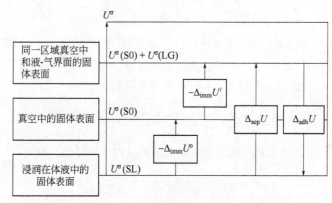

图 4.3　浸润能、分离能和黏附能之间的关系

这使得人们在某种程度上将 Harkins 的"黏附能（energy of adhesion）"误解为"液体从固体表面分离的能量"（Harkins, 1952）。所以，使用与浸润量相同的符号来定义黏附能 $\Delta_{adh}U$ 似乎更具有一致性，因此：

$$\Delta_{adh}U = -\Delta_{sep}U \tag{4.24}$$

上述关系表示于图 4.3 中，上层的表面过剩能对应的是固/真空和液/蒸气界面的相等面积。

4.2.1.4 面积表面过剩能和表面张力的关系

如第 2 章所述，吸附剂表面特征为表面张力 γ，其大小取决于周围介质（液体、气体或真空）的性质，并且吸附剂处于平衡状态。当吸附体系的热力学状态没有发生其他改变时，表面积 A 的等温延伸会导致体系中 Helmoltz 能的 dF 增加。因此，表面张力 γ 被定义为：

$$\gamma = \left(\frac{\partial F}{\partial A}\right)_{T,V,n^\sigma} \tag{4.25}$$

这样很容易将体系中的内能 U 和熵 S 的贡献分开，因此：

$$\left(\frac{\partial F}{\partial A}\right)_{T,V,n^\sigma} = \left(\frac{\partial U}{\partial A}\right)_{T,V,n^\sigma} - T\left(\frac{\partial S}{\partial A}\right)_{T,V,n^\sigma} \tag{4.26}$$

如果将式（4.1）、式（4.3）和式（4.25）代入，则得到：

$$\gamma = u^i - Ts^i \tag{4.27}$$

由于

$$S = -\left(\frac{\partial F}{\partial T}\right)_{A,V,n^\sigma} \tag{4.28}$$

再利用式（4.25）、式（4.26）和式（4.28），得到如下方程：

$$\left(\frac{dU}{dA}\right)_{T,V} = \gamma - T\left(\frac{\partial \gamma}{\partial T}\right) \tag{4.29}$$

值得注意的是，式（4.29）类似于著名的气体等温膨胀方程。

$$-\left(\frac{dU}{dV}\right)_T = p - T\left(\frac{\partial p}{\partial T}\right)_V \tag{4.30}$$

式中，p 为压力；V 为体积。当然，当气体为理想气体时，$\partial U/\partial V$ 为零。

式子 $(dU/dA)_{T,V,n^\sigma}$ 被 Einstein（1901）称为"每单位面积增加的表面总扩展能"。这是功 γ 和热量的总和，并且这些功和热量会分别以单位面积来扩展表面，以使得上述扩张呈可逆和等温状态。

从式（4.25）和式（4.29）中得到面积表面过剩熵，如下所示：

$$s^i = -\left(\frac{\partial \gamma}{\partial T}\right)_A \tag{4.31}$$

4.2.1.5　各种类型的润湿

前面的章节，主要讲的是润湿的一种方式"浸润（immersion）"。然而，有必要对不同类型的润湿进行区分，如图 4.4 所示。

下面列出了四种主要的润湿类型（第 1 个和第 3 个取自于 Evertt 的定义）：

① 浸没润湿［immersional wetting，一般简写为 immersion（浸润），用下标"imm"表示］。指一个固体表面（一开始与真空或者气相接触）与液体接触而不改变界面面积的过程。固/气（或固/真空）界面最终会被相同面积的固/液界面所取代。

② 黏附润湿（adhesional wetting，一般称为 adhesion，用下标"adh"表示）。指在两个已有的表面上（一个为固体表面，另一个为液体表面）形成黏附的过程。两

个初始表面（固/液和液/气）最终都会被固/液界面取代。

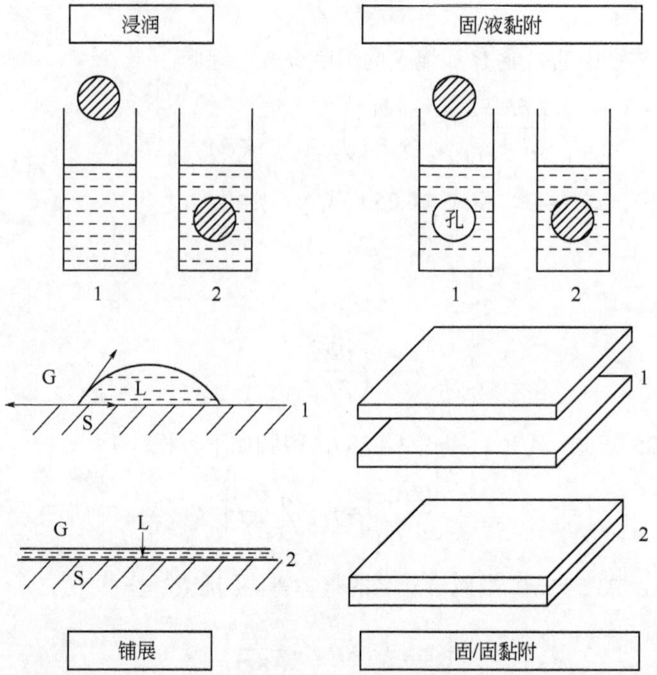

图 4.4　浸润、黏附润湿、铺展润湿和固/固黏附时界面消失及形成情况

③ 铺展润湿（spreading wetting）。指液滴在固体基质上扩散的过程。固/蒸气界面最终会被两个相同体积的新界面（固/液和液/蒸气）所取代。

④ 收缩润湿（condensational wetting）。指在清洁固体表面发生蒸气吸附从而形成连续液态膜的过程。类似于铺展润湿，固/真空界面最终会被两个相同体积的新界面（固/液和液/蒸气）所取代。而收缩润湿和铺展润湿的不同之处在于其初始状态不同，前者的液态膜是由蒸气形成的，而后者的液态膜是由液滴形成的。

值得注意的是（Jaycock 和 Parfitt，1981），对于自发情况，所有类型的湿润所需的接触角（$\theta < 90°$）并不相同。因此：

① 黏附润湿所需接触角 $\theta < 180°$，这是最普遍的一种情况；

② 浸润所需的接触角 $\theta < 90°$（否则，需借助外部的功）；

③ 铺展和收缩润湿所需要接触角 $\theta = 0°$。

4.2.1.6　固体表面的润湿性：定义和评估

液体润湿固体的概念与润湿过程有直接联系，这个概念对洗涤、润滑或提高采收率领域有着很大的作用。在石油工业的背景之下，Briant 和 Cuiec（1972）提出了与润湿性相关的实验评估方法，该方法是根据液体对固体表面的热力学亲和性来定义的。

根据这个方法，当清洁固体表面的给定区域发生的浸润过程为可逆过程时，润湿性等于浸润体系与其周围环境所交换的功。因此：

$$\int_{imm} -\left(\frac{\partial F}{\partial A}\right)_{T,V} dA = \left[\gamma(S0) - \gamma(SL)\right]A \tag{4.32}$$

式中，$\gamma(S0)$ 和 $\gamma(SL)$ 分别为存在于真空和液态膜上的固体表面的表面张力。

润湿性（建议用 $\Delta_{imm}\gamma$ 表示）可以直接由两个表面张力的差值来测定。Adamson（1967）称这个差值为"黏附张力（adhesion tension）"，Everett（1972）称之为"每单位面积的浸润功（work of immersional wetting）"，另外还可以被称为"润湿张力（wetting tension）"。在式（4.32）中，当固体自发的被液体润湿时，γ 的差值为正值。

当固体处在真空（润湿性用 $\Delta_{imm}\gamma^{\circ}$ 表示）或气相平衡状态下时（表面过剩浓度为 Γ，此时润湿性用 $\Delta_{imm}\gamma^{\Gamma}$ 表示），为了对不同的初始条件进行区分，方程如下：

$$\Delta_{imm}\gamma^{\circ} = \gamma(S0) - \gamma(SL) \tag{4.33}$$

$$\Delta_{imm}\gamma^{\Gamma} = \gamma(SG) - \gamma(SL) \tag{4.34}$$

以下三种方法都可以用来对润湿性进行评估。第一种方法取决于接触角的测量；第二种和第三种方法则是通过使用浸润能和吸附等温线的数据来实现对湿润性的评估。

① 通过接触角对润湿性进行评估。

有一种比较有利的情况，即当接触角 θ 能够通过液固态与蒸气之间的平衡来测量时，可以直接使用 Young-Dupré 方程。早在 1805 年，Young 就认为在表面张力之间可能会存在类似的平衡，直到 1869 年 Dupré 列出了如下著名的方程式：

$$\gamma(SG) = \gamma(SL) + \gamma(LG)\cos\theta \tag{4.35}$$

因此：

$$\Delta_{imm}\gamma = \gamma(LG)\cos\theta \tag{4.36}$$

这一方程使得我们可以简单地从 θ 和液体的表面张力推导出润湿性。比如，Whalen 和 Lai（1977）就通过该方法对玻璃的改性表面进行润湿的系统研究。

② 通过浸润能对润湿性进行评估。

由于每单位面积浸润的 Helmhotz 自由能相等，参见式（4.32），因此润湿性可以表示为：

$$\Delta_{imm}\gamma = -\frac{\Delta_{imm}F}{A} \tag{4.37}$$

在上述方程中存在一个问题，即 $\Delta_{imm}F$ 的测定。这个参数的测定可以通过 Briant 和 Cuiec（1972）的观察结果来完成，结果显示，对于许多固-液体系而言，它们往往遵循如下关系式：

$$k = \frac{\Delta_{imm}F}{\Delta_{imm}U} = \frac{\gamma(LG)}{u^i(LG)} = \frac{\gamma(LG)}{\gamma(LG) - T[\partial\gamma(LG)/\partial T]} \tag{4.38}$$

这就意味着 $\Delta_{imm}F / \Delta_{imm}U$ 的比值可以从液相比值 $\gamma(LG)/u^i(LG)$ 中得到。

通过联立式（4.37）和式（4.38），可以得到：

$$\Delta_{imm}\gamma = -k \cdot \Delta_{imm}U \tag{4.39}$$

这样只要浸润液体的 k 是已知的，就可以直接利用浸润能来求得需要的部分。表 4.1 给出的是由 Briant 和 Cuiec（1972）计算得到的常用于浸润的液体的 k 值。

表4.1　根据方程（5.38）计算得到五种液体的 k 值

液体	$t/°C$	$\gamma(LG)$ /mJ·m^{-2}	$-T[\partial\gamma(LG)/\partial T]$ /mJ·m^{-2}	$\gamma(LG) - T[\partial\gamma(LG)/\partial T]$ /mJ·m^{-2}	k
水	37	70	50.5	120.5	0.58
	47	68.4	52.1	120.5	0.57
庚烷	55	16	30.5	46.5	0.34
环己烷	43	21.6	36	57.6	0.37
苯	35	26.9	40.1	67	0.40
对二甲苯	38	26.5	32.6	59.1	0.45

事实上，式（4.38）的有效性得到了 Robert（1967）的观察结果的支持，该结果显示在许多同类的碳氢化合物中（如：7~16 个碳原子的正构烷烃），炭黑等温浸润能可以按照这些碳氢化合物的"吸附性"的顺序进行排列。

③ 通过吸附等温线对润湿性进行评估。

如果固体被与饱和蒸气 p^o 平衡的液态膜所覆盖，那么可以从式（2.22）中推导出膜的扩散压力。因此：

$$\Pi(p^o) = \gamma(S0) - [\gamma(SL) + \gamma(LG)] \tag{4.40}$$

此方程与式（4.33）联立得到清洁固体表面润湿性的表达式，如下所示：

$$\Delta_{imm}\gamma^o = \Pi(p^o) + \gamma(LG) \tag{4.41}$$

如果对 Gibbs 方程式（2.34）从 $p/p^o = 0$ 到 $p/p^o = 1$ 进行积分，就可以得到扩散压力 $\Pi(p^o)$。然而，这取决于在低 p/p^o 下高精确数据的有效性。并且 Briant 和 Cuiec（1972）认为润湿性的不确定性大约为 10%。

4.2.2　纯液体中浸润式微量热法实验技术

对于上述提到的四种润湿过程，只有浸润可以直接用在微量热测量中，铺展润湿和黏附润湿会涉及一些很小的界面面积（比如：不超过 100 cm^2），而收缩润湿需要在 $p/p^o=1$ 才能进行。正如第 3 章所述，很难达到精确测量气体吸附的量的条件，所以只使用浸润式微量热法。

理论上，如果要使用微量热法，只需要有粉末、液体和微量热计即可。不过，人们早就意识到在研究过程中涉及的热效应会很小，并且误差来源和不确定性会很多。研究者们也一直在努力改进浸润式微量热技术。在讨论这类实验之前，首先对已有的且对浸润测量具有特殊意义的设备及程序进行讨论（Partyka 等, 1979）。

4.2.2.1 推荐的浸润式微量热设备及实验程序

图 4.5 展示的是固体浸润前的装置图。如图所示，样品（1）位于底部带有易碎末端（3）的玻璃样品管（2）中。在量热计外，样品已经脱气，但是会残留真空中或给定蒸气压的浸润液体。装置中的样品管已经密闭并通过特氟龙管（4）与细玻璃棒相连。整个装置密封并放置在微量热池中。图中的玻璃棒可以通过 O 形圈（5）向下滑动（位于量热计上方至少 5 cm 的地方以避免检测到摩擦效应）。热流计（6）（Tian-Calvet 热电堆）包围着微量热池，池中装有浸润液体（7）以及玻璃棒。

依照以上装置，安全便捷的基本实验步骤如下所示：

① 装载并称重浸润样品管中的吸附剂。

② 采用 3.4 节中介绍的步骤对吸附剂进行脱气。

③ 如果需要进行预吸附，则样品与所用的浸润液体的相对蒸气压需保持平衡。

④ 如果需要浸润在冷水浴中以保护样品，则密封的安瓿瓶应放置在样品管上方约 2 cm 处。

⑤ 测定密封样品管的重量。

⑥ 通过特氟隆管（4）将样品瓶的顶部与玻璃棒（3 mm 直径）连接。

⑦ 将样品管（2）放入已经装满浸润液体（7）的不锈钢量热池中。

⑧ 紧闭装置，在 O 形圈（5）上涂一些润滑剂，并且使样品瓶的毛细管末端距离量热池底部大约 5 cm。

⑨ 限定微量热计中达到温度平衡的时间（为了得到高灵敏度，可能需要 3 小时）。

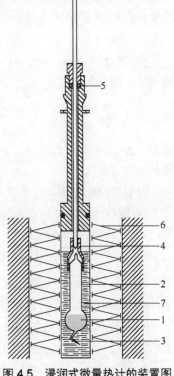

图 4.5 浸润式微量热计的装置图
（数字 1～7 的含义详见文本）

⑩ 缓慢并轻轻下压玻璃棒以弄破毛细管末端，使量热信号开始响应。

⑪ 记录量热信号直至回到基线（通常这个过程需要 30 分钟）。

⑫ 从量热池中将样品瓶和破碎的末端取出。

⑬ 测量充满浸润液体（只擦外面）的样品瓶重量，包括破碎的末端。

⑭ 根据步骤 ⑤ 和 ⑬ 所获得的信息确定样品瓶的死体积 V，得到浸润液体的质量以及密度。

⑮ 通过对整个量热信号（包括在发生浸润之前，第一滴液体蒸发进入死体积时的小的吸热峰）进行积分，得到整个实验过程中的浸润热量。

⑯ 计算修正项，最后计算浸润能。

4.2.2.2　修正项的计算

在上述实验中包含两个修正项：

① 样品管破裂能（the energy of bulb breaking）W_b　这是由操作者所提供的放热的总功，加上玻璃样品管内原本存在的压力所释放出的能量，再减去形成一个新的玻璃-液体界面所吸收的能量后得到的能量。图 4.5 所示的这种具有良好形状的末端其 W_b 典型值约为 5 mJ。并且 W_b 的数值必须通过相同条件下的空白实验才能确定。

② 蒸发能（the energy of vaporization）$\Delta_{vap}U$　指浸润液体进入到玻璃样品管的死体积 V 时的蒸发能 $\Delta_{vap}U$，这是一个吸热过程：

$$\Delta_{vap}U = \Delta_{vap}u\frac{(p^\circ - p)V}{RT} \tag{4.42}$$

式中，$\Delta_{vap}u$ 为摩尔蒸发能；p 为样品管中的压力（真空或平衡压力下）；p° 为浸润液体的饱和蒸气压。

为了对修正项中数值的大小获得更深的印象，可以假设一个典型的实验，将大约 2 m^2 的沙子浸入到水中（Partyka 等，1979），测得的总热量为 1042 mJ。这种情况下，上述相应的修正项分别为 –6 mJ 和 +76 mJ，因此：

$$\Delta_{imm}U = 1042\,mJ - 6\,mJ + 76\,mJ = 1112\,mJ \tag{4.43}$$

如果使用的是其他设备和程序（后面讨论），还需要将以下因素考虑在内：

a. 如果装置没有密封，浸润液体持续蒸发所吸收的能量；

b. 在液体进入样品管其自由液面被压低时，由大气压所做功的数值非常小，等于 $V(p_{atm} - p^\circ)$，在上述引用的实验中，大概不会超过–2 mJ；

c. 用来确保粉末的分散和润湿的搅拌操作所消耗的能量；

d. 当末端不够脆弱时，样品管破裂能的广泛分散。

4.2.2.3　浸润式量热法中的重要步骤

（1）量热计

大多数的浸润式量热计是 3.2.1 节中列出的四种量热计中的两种，即：①被动隔热量热计（也被称为准绝热、恒温或者常规"温升"型）；②使用热流计的热透传导微量热计。准绝热或恒温量热计是 20 世纪 60 年代前使用的唯一一种量热计，构造简单，非常适合在室温条件下操作。随后，研究者们对周围恒温屏的温度稳定性及温度传感器的灵敏性做了一些改善，起初只有一个热电偶，随后是多达 104 个连接点的多元热电偶（Laporte, 1950），最后发展为热敏电阻（Zettlemoyer 等, 1953）。为了消除外部的干扰源，装置一般采用差动或双联安装（Bartell 和 Suggitt, 1954; Mackrides 和 Hackerman, 1959; Whalen, 1961a,b）。尽管如此，在这类量热法中还是存在局限性，如下所示：①需要快速进行实验（热效应必须控制在几分钟以内，以尽量减少冷却修正）；②需要完全打破样品瓶以及有效地搅拌粉末；③由于额外的两种热效应，因此实验的重现性和准确性值得质疑。在 20 世纪 60 年代，热流量计微量热计的出现增加了浸润法的可能性。这项改进包括：①更高的灵敏度（至少要高 2 个数量级）；②更长的稳定性，以使研究者们能够对润湿现象连续研究数小时（如果需要甚至可以长达几天）；③更长的湿润过程，以使液体通过毛细管到达样品瓶时，毛细管的破裂能比样品管的至少低一个数量级；④有可能省去搅拌步骤。

（2）样本容器

样本容器是整个实验中最关键的部分。必须选择使用密封的玻璃样品管，或者使用另外一种类型的容器。后者往往看起来会更易于操作。这种类型的容器可分为以下几种情况：①只用塞子或者带有水银密封的盖子简单封住，置于液体上方，然后通过简单拉动塞子并且将桶倒置（Gonzalez-Garcia 和 Dios Cancela, 1965）或者在可能的条件下倒转整个量热计，从而开始实验（V and erdeelen 等, 1972; Nowell 和 Powell, 1991; Moreno-Pirajan 等, 1996）。②将粉末颗粒（其顶部和底部由一层聚合物薄膜保护）加入到位于液体上方的小管中，然后用棒将颗粒从小管中推出从而开始实验（Magnan, 1970）。③对不锈钢笼中的粉末进行脱气（Jehlar 等, 1979），不锈钢笼被安置在量热计的圆柱形池中。脱气之后，不锈钢笼被水银包围且密封，再将浸润液体倒在水银上，通过水银密封将整个池密封并紧固，然后放入微量热计中。当达到热平衡时，将不锈钢笼放入浸润液体中开始实验。④在这个实验中还可以使用薄的金属箔来隔离样品（Everett 和 Findenegg, 1969）和液体（Partyka 等, 1975），或者简单地使用阀门以使浸润液体浸润保存于真空中的样品。以上这些体系的局限性在于，在微量热计的热平衡过程中（即使是非常小的蒸气的预吸附也可以导致所记录的浸润能发生较大的变化），样品的脱气过程或密封存储过程中所遇到的困难。为了得到有效的浸润能，必须首先确定样品的初始状态，即以可重复的方式脱气。当然，如果使用密封的玻璃样品管，以上困难都可以避免，一种是样品管完全被破坏，另一种是装置被设计成有一个易碎的末端，并且只有这个末端容易破裂。完全破裂才会润湿良好（假如搅拌状况良好），同时也适用于浸润在溶液中的特殊情况。尽管报道中的破裂能介于 57 mJ（Zimmermann 等，1987）到 3050 mJ（Bartell 和 Suggitt, 1954）范围内，但大多数情况下破裂能在 200~400 mJ 之间（Zettlemoyer 等, 1953）。破裂能数值不可避免的不确定性（因为样品管通常为手工制作，致使这一能量值存在较大变化），增加了由搅拌引入的额外能量，所以这种方法主要适用于溶液中的浸润，不同于 4.3.3 节中所描述的溶液中吸附的精密量热实验。对于发生在纯液体中的浸润，易碎末端的方法具有更好的再现性及精确性。需要特别注意，从实验中所使用的毛细管末端"几乎不能承受安瓿的重量"（Everett 等, 1984）中，可以估计一个很小的大约 0.2 mJ 的破裂热量。

（3）浸润液体

为了研究表面现象，所用的液体一定不能溶解固体，或者不能发生任何化学反应。根据不同目的，选择浸润液体时需要考虑的要点如下：①所研究固体的润湿性；②极性、分子大小及形状；③浸润温度下的饱和蒸气压；④相应的蒸发焓。通常希望后二者的乘积比较小，这样进入样品管死体积的蒸气才不会对结果有太大影响。另外，浸润液体的纯度也需要考虑，如果液体是非极性的（例如烷烃），那么少量的极性杂质（乙醇、水）也会大大改变浸润式微量热法的结果。Harkins 和 Dahlstrom（1930）早就认识到这一点，为此他们花了两周多的时间用大量的钠丝、硫酸和五氧化二磷将用于浸润的苯和必要的玻璃器皿进行干燥。图 4.6 是同一实验室根据后续论文结果重新绘制的（Harkins 和 Boyd, 1942），图中表明苯中残余水的浓度对锐钛矿样品浸泡焓的显著影响，仅需 20 μg·g^{-1} 的水就足以使测量的焓增加 3 倍！当前可以使用预先脱气的 4A 分子筛来有效去除任何残留的水。

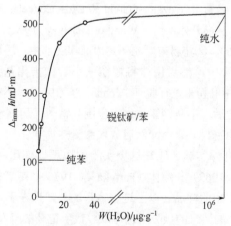

图 4.6　将 1g TiO$_2$（锐钛矿，9.24 m^2·g^{-1}）浸没在 8.74 g 苯中，
残余水浓度 W 对 $\Delta_{imm}h$ 的影响

（4）粉末的湿润

密封之前对浸润样品管排气，这可能是目前在样品管破裂之后能够获得预期湿润效果的最有效方法。有的粉末可能不易润湿，从而产生不易润湿的粉末聚合物，导致重现性不好。一般可以通过样品管完全破裂之后的有效搅拌来解决，但搅拌和样品管完全破裂仍存在一些局限。真正的解决办法是使用一个可以工作 30 分钟以上的微量热计来检测及精确测量实验中的热量变化，同时还要使用一个带有中央收缩的样品管，液体从破碎的末端进入，将粉末推到限制区域并且渗透粉末，最终填充到上室（Laffitte 和 Rouquerol，1970）。

（5）样品管中的死体积

死体积会导致液体的蒸发和相应的热量吸收。例如，$1 \ cm^3$ 充满 25℃水蒸气的死体积，吸收大约 80 mJ 的热量。根据样品管的设计及填充情况，死体积大约在 0.2 cm^3（Everett 等，1984）到大于 10 cm^3 之间。产生死体积的两个原因如下：①除了高度吸湿性的粉末外，通常最好让粉末保持松散，而不是压紧；②为避免样品的破坏，样品和玻璃封口之间会留有一定距离，也即一定的体积。这个距离通常为 2 cm左右。对于易碎的样品，密封时通常会留更长的距离或将样品管浸润在水或液氮中。为限制相应的体积，研究者可选择使用玻璃棒或者减小管颈的直径，只要确保达到满意的脱气条件即可。

4.2.3　纯液体浸润式微量热法的应用

浸润式量热法是一种多功能、灵敏且精确的方法，在多孔固体和粉末的表征中具有很多优点。图 4.7 给出了各种可能的应用。本节概述其主要的应用领域，具体的例子及参考将会在其他章节中详细讨论。

表面积、表面化学或微孔率的任何变化都会引起浸润能的变化。由于浸润式量热计的定量性、灵敏性，以及该技术以最简单的形式使用时的易于操作，它可以用来进行质量检测。在 BET 测试中，预脱气也同样需要注意，但从操作角度来说，浸润能测量可能不如气体吸附测量要求多。

4.2.3.1　表面积的比较

多年来，浸润式微量热法一直被视为细粉和多孔材料（如活性炭和氧化物等）的有效且常规的表征方法。在没有微孔填充等复杂效应的情况下，对于一个给定的表面化学成分来说，通常假定脱气固体的浸润能 $\Delta_{imm}U°$ 为第一近似值，并且这个值与有效表面积 A 成正比，因此：

$$\Delta_{imm}U° = A \cdot \Delta_{imm}u^{i,o} \tag{4.44}$$

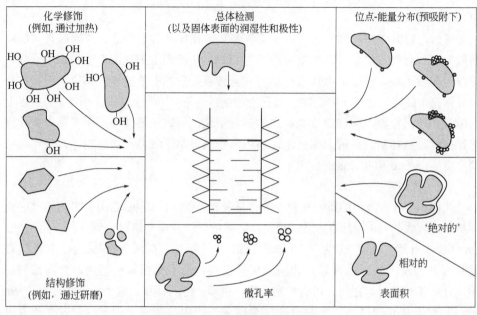

化学修饰
(例如, 通过加热)

总体检测
(以及固体表面的润湿性和极性)

位点-能量分布(预吸附下)

结构修饰
(例如，通过研磨)

微孔率

'绝对的'

相对的

表面积

图 4.7　浸润式微量热法的应用

式中，面积浸润能 $\Delta_{imm}u^{i,o}$ 为给定液-固体系的特性。一旦已知该值（借助于通过 BET 等方法确定了表面积的样品），可以很容易得到表面积 A。为此，根据 4.2.2 节中所提的方法，只需要一种浸润在大于 1 m² 浸润池中的固体样品。这就意味着，对于一系列相似样品的比表面积的常规控制，浸润式微量热法是一个非常有效的方法。由于这个方法对固体表面性质的变化十分敏感，所以一个给定液体的面积浸润能，很大程度上取决于固体的物理化学性质，因此 $\Delta_{imm}u^{i,o}$ 的值不能用于评估未知固体的比表面积。1944 年，Harkins 和 Jura 提出了一个很好的解决此问题的方法，以"绝对"量热法测定表面积，下文将对此进行详述。

4.2.3.2　无孔固体的表面积：改进后的 Harkins-Jura "绝对" 法

该方法的原理见图 4.8。在其真实状态（Harkins 和 Jura, 1944; Harkins, 1952），脱气粉末（状态 1）与浸润液体的饱和蒸气压达到平衡，以便形成足够厚的吸附膜（5~7 个分子层）来隐藏粉末上的特定吸附位点，同时呈现出与本体相同性质的外表面（状态 2），然后将预涂的粉末浸润在量热计的液体中（状态 3）。在液态膜/蒸气界面消失时释放的热量与其面积 A 有关。Harkins 和 Jura 通过式（4.29）对两个界面面积值（$A, 0$）进行积分，得到了一个基本关系式：

$$\Delta_{imm}U^l = -A\left(\gamma - T\frac{\partial\gamma}{\partial T}\right) \tag{4.45}$$

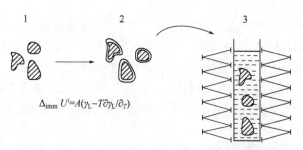

$$\Delta_{imm} U^l = A(\gamma_L - T\partial\gamma_L/\partial_T)$$

图 4.8　Harkins-Jura "绝对" 量热法测定表面积的原理

式中，γ 为浸润液体的表面张力；浸润能 $\Delta_{imm} U^l$ 为负值，并且整个浸润过程为放热过程。因为 A 值是在没有任何浸润液体的分子横切面的假设下得到的，所以 Harkins 和 Jura 把他们的方法称为 "绝对法"。

另外，有一些研究者尝试使用原始的 Harkins-Jura 法，但是都遇到了一些困难。一个主要问题在于，当 $p/p^o \to 1$ 时很难避免颗粒间的毛细凝聚，这必然会降低有效液/蒸气界面的范围（Wade 和 Hackerman，1960）。此外，当 $p/p^o \to 1$ 时，预吸附膜的厚度高度依赖于粒子的形状、尺寸和粗糙度。

利用 Tian-Calvet 微量热法的高灵敏性（见第 3 章），可以对 Harkins-Jura 方法进行改进（Partyka 等，1979）。研究表明，对于很多无孔固体来说，大约 1.5 个水分子层的预吸附就足以产生与主体液/蒸气界面相同能量的膜/蒸气界面。换句话说，上述预吸附水的厚度足以有效 "遮蔽" 吸附表面，同时又小到不能发生任何表面积的实质性变化（比如发生毛细凝聚或增加了颗粒的表观半径）。以上只能通过在 0.5 而不是 1 的相对压力下进行预吸附而获得。借助这种改进的 Harkins-Jura 技术和 Tian-Calvet 微量热计，得到了表 4.2 中所示的与相应 BET（N_2）表面积进行比较的表面积。然而，在加工高岭土的过程中发现了巨大偏差，这可以用样品在造纸过程中添加表面活性剂进行改性来解释。在 Harkins 和 Jura 方法中使用水预吸附能够分离高岭土片（BET 表面积达到 19.2 $m^2 \cdot g^{-1}$），但是在 77 K 进行 N_2 吸附时，高岭土仍然是堆积的［BET（N_2）表面积只有 12.1 $m^2 \cdot g^{-1}$］。

表 4.2　通过改进的 Harkins-Jura（H_2O）法和 BET（N_2）法在无孔吸附剂上测得的表面积

样品	HJ（H_2O）面积/$m^2 \cdot g^{-1}$	BET（N_2）面积/$m^2 \cdot g^{-1}$	样品	HJ（H_2O）面积/$m^2 \cdot g^{-1}$	BET（N_2）面积/$m^2 \cdot g^{-1}$
气溶胶	140	129	高岭土（未加工）	1.4	19.3
氧化铝	100	81	高岭土（已加工）	19.2	12.1
titanoxiod	63	57	石英粉	4.2	4.3
三水铝矿	27.0	24.0	氧化锌	3.1	2.9
氢氧化镓	21.3	21.0	方解石	0.8	0.6

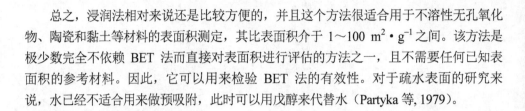

总之，浸润法相对来说还是比较方便的，并且这个方法很适合用于不溶性无孔氧化物、陶瓷和黏土等材料的表面积测定，其比表面积介于 $1\sim100$ $m^2\cdot g^{-1}$ 之间。该方法是极少数完全不依赖 BET 法而直接对表面积进行评估的方法之一，且不需要任何已知表面积的参考材料。因此，它可以用来检验 BET 法的有效性。对于疏水表面的研究来说，水已经不适合用来做预吸附，此时可以用戊醇来代替水（Partyka 等，1979）。

4.2.3.3　微孔碳的表面积

微孔如何改变面积浸润能 $\Delta_{imm}U/A$，答案有两个。

第一个答案是基于 Everett 和 Powl（1976）对狭缝和圆柱形两种微孔模型的计算结果，它们的吸附电位（与具有同性质的平面相比）升高的最大值分别为 2.0 和 3.68，当分子的尺寸恰好与微孔吻合时会出现这个最大值。这种条件下，分子覆盖的面积要比平面上覆盖的"横截面积"大得多。假设平面六边形紧密排列，狭缝和圆柱形孔道的比例则分别为 2.0 和 3.63。这意味着，在极端情况下，如平坦的表面，或者完全围绕着分子探针的表面（也就是，一个狭窄的微孔），此时的浸润能被认为与探针分子的可及面积成正比。这个发现被用于推导微孔碳的总可及表面积（Denoyel 等，1993），但还需做以下两个假设：

① 对于给定的固体表面任何尺寸和形状的孔，浸润能与浸润液体可及表面积成正比。这个假设后来得到了 DFT 计算的支持（对不同宽度的狭缝形孔道进行计算）（Denoyel，2004）。

② 从面积浸润能的角度来看，微孔和固体外表面的行为是相同的。

浸润液体应该尽可能避免与表面基团发生特异性相互作用，并且能够易于进入微孔孔道。对于活性炭来说，苯是一个理想选择。接下来只需要确定研究样品的浸润能，并将其与具相似化学组分及表面积已知［通常通过 BET（N_2）法来确定］的无孔样品作为参照物来进行比较。并且假设这些面积与浸润能成正比。

到目前为止，这种方法已经应用于活性炭的研究中，例如以非石墨化炭黑 Vulcan 3 为参考，并使用表 9.1 中左栏所列出的一组浸润液体来进行研究。得到的结果与下列结论一致，即对于给定浸润液体，窄孔（或超微孔）的可及表面积取决于分子的大小。Everett 和 Powl 为窄微孔固体的表面积测定提供了另外一种方法，而后 Gonzalez 等（1995）和 Rodriguez-Reinoso 等（1997）成功将这个方法运用在研究上，并且证明了在甲醇或水中，含氧表面基团的存在对浸润焓不会产生很大影响。Silvestre-Albero 等（2001）和 Villar-Rodil 等（2002a,b）随后对上述结论进行了证实。

第二个答案是由 Stoeckli 和 Centeno（1997，2005）根据 Dubinin 的理论提出的。他们认为微孔中的面积浸润焓比在平坦表面中的要高一些，并且浸润焓中的额外项是由微孔中与孔壁接触的层与层之间填充的液体引起的。这就引出了两个问题：为什么当孔隙尺寸超过 2 nm 时孔壁的面积浸润能会突然下降到与平面时一样的值？为什么微孔的中心填充的焓变会突然消失？正如 Stoeckli 和 Centeno（2005）的解释，孔径逐步改变似乎更合乎逻辑。针对每个微孔样品，用苯酚或咖啡因从稀水溶液中吸附得到总表面积。他们对大量的平均孔径范围从 0.65～2 nm 的碳进行了综合研究，结果表明，用苯酚或咖啡因吸附法得到的表面积整体上比在浸润式量热法（借助单一的面积浸润焓）中得到的要低。对于小于 0.8 nm 的孔道，则可以将这种差异解释为需要通过空间位阻来形成一个完整的单苯酚层，如果分子排列在平坦的表面，那么这个层厚度大约为 0.41 nm 左右；而对于咖啡因来说，当孔道为 1.0~1.2 nm 甚至再小时也会出现类似的情况；苯酚的吸附量（错误的认为形成了完整的单层）使得研究者们低估了表面积的值。这个解释不仅考虑了平均孔径小于 0.8 nm 或 1.2 nm 的情况，还考虑了碳中同时含有窄孔和微孔的情况。或者，还可以考虑上述假设①的情形（即浸润能或焓与可及面积成比例，与孔径无关）。在这种情况下，浸润式量热法不仅比吸附量的测定更简单，而且对表面积的评估更重要。尽管如此，这种"溶剂+溶质"的体系还是比纯液体体系复杂，因为可能会在所有微孔尺寸范围时产生扩散，限制测量时间内的量热信号，即便像苯酚那样的小分子都会引起明显的表面扩散（Ocampo-Perez 等，2013）。由于担心可能的扩散问题，Bertoncini 等（2003）用了一周的时间来得到苯酚吸附等温线的每个平衡点。相反，在脱气样品的浸润式量热法中使用低黏度和润湿性良好的纯液体（例如：测量碳时使用苯）时，实验表明润湿可以在几分钟内完成。

4.2.3.4　其他多孔吸附剂的表面积

极性吸附剂（例如大多数氧化物）不能用上述浸润式量热法（Denoyel 等，1993;Stoeckli 和 Centeno, 1997）来确定表面积。这是因为湿润液体也是极性的，两者会产生特异性相互作用，从而以一种未知方式改变面积浸润焓。因此需要寻找一种能够润湿亲水性物质的非极性液体，例如液氩（Rouquerol 等, 2002）。

Chessick 等（1954）完成了这个方法的第一步，随后 Taylor（1965）测定了不同固体在液氮中的浸润焓。通过简单地测量实验过程中气化氮气的量来进行，完全遵循了由 Dewar（1904）设计的透热相变液体空气量热计的原理，其目的是通过与表面官能团不产生相互作用的液体来确定固体的表面积。实验表明，使用炭黑、硅酸钙、氧化铝和氧化镁作为样品时得到的结果均可支持这一观点。然而，因为难以获得稳定的沸腾速率及量热计对大气压力微小变化的强烈响应，这种量热计并不易操作。例如，如果在量热计中有 250 cm³ 的液氮，那么大气压力增加 100Pa 会使液槽中的温度升高，相应的热量吸收为 8 J。尽管如此，在现代科技的帮助下，这个方法还是值得重新考虑。

在此基础上，Rouquerol（2002）等设计了在液氮或液氩中进行的浸润式量热法，该方法在 77 K 或 87 K 的条件下，由透热式热流量计低温微热量计辅助，用于气体吸附研究。在这一装置中，微热量计需要完全浸润在液氮或液氩中。在氦气环境下，装有真空样品的样品管位于热量计的中央位置，并通过玻璃毛细管与浸润在周围液体中的易碎末端相连。手动按压玻璃棒并打破易碎末端，使液氮或液氩完全进入样品管。这个方法避免了末端破裂热的干扰（因为它在热量计外部），或由于液体温度热量计有差异，它进入时引起的干扰。研究者们将此方法应用于 3 种碳材料和 3 种二氧化硅上，其中包括无孔（作为测量表面积的参照物）、介孔和微孔。对于 3 种材料来说，在液氮或液氩中测定的浸润焓大致相同，在 3%的范围内波动，而对于极性更大的 3 种二氧化硅来说，波动范围增加到 4%～12%。这很容易用氮分子的永久性四极矩与表面羟基的相互作用来解释，而如早期工作所示，氩分子中并不存在类似的相互作用（Rouquerol 等，1984）。另外，无孔碳材料和二氧化硅在液氩中的浸润焓相差 16%左右，这就可以排除最初的简单假设（Chessick 等，1954；Taylor，1965），即面积浸润焓在某种程度上并不依赖于吸附剂的化学性质，但只要正确选择参照样品，仍能推导出一个具有意义的"浸润表面积"。

4.2.3.5　润湿性

润湿性 [$\Delta_{\mathrm{imm}}\gamma$，Everett（1972）称为"每单位面积的浸润功"]，是两个表面张力的差值 [详见式（4.33）和式（4.34）]，它由浸润式量热法通过式（4.39）求得，遵循 Briant 和 Cuiec's 法（1972），并且浸润液体的参数 k 是已知的（水、庚烷、环己烷、苯和对二甲苯，参照表 4.1）。它还可以通过 $\gamma(LG)$ 和其随着温度的变化 [参照式（4.38）] 来计算，Schultz 等（1977）已经成功应用过这个方法。在此部分中最后的测量基于 van Oss 等（1988，2006）提出的方法，详见 Zoungrana 等（1994）、Douillard 等（1995）、Medout-Marere 等（1998）和 De Ridder 等（2013）的成果。

另外，可以用一种特殊的浸润式量热法来研究疏水性固体的润湿性（水的接触角 $\theta>90°$）。此时，水在最高可达 70 MPa 的压力下进入到位于微热量计中的多孔样品中（Denoyel 等，2002，2004）。在浸入-喷出的循环过程中同时测量功和热交换，可以得到水与孔壁的表观接触角（Gomez 等，2000）。这种高度疏水的多孔固体在尺寸较小的装置中得到应用，例如用于能量的快速储存和输送、飞机阻尼器等（Fadeev 和 Eroshenko，1997）。

4.2.3.6　固体表面的极性

固体表面的极性可以看作是其平均静电场 F 的强度。该场与永久偶极或诱导偶极吸附分子相互作用，它的梯度与永久四极或诱导四极相互作用，进而产生吸收能量的分量，例如 $E_{F\mu}$（具有永久性偶极子）、E_{p}（极化贡献）或 E_{FQ}（具有永久性四极子）。因此，选择合适的浸润体系（主要区别在于浸润液体的分子偶极矩 μ 不同）就可以得到 $E_{F\mu}$ 的相关信息，如下所示：

$$E_{F\mu} = -F\mu \tag{4.46}$$

上述方程是 Chessick 等（1954, 1955）和 Zettlemoyer 等（1958）所用方法的基础，实验使用了一系列浸润液体，比如具有不同极性基团的丁基衍生物，包括 1-丁醇、2-丁醇、丁醛、1-氨基丁烷、1-氯丁烷和丁酸。研究者对实验过程中的极性表面（金红石、CaF_2、Aerosil 和氧化铝）进行了研究，结果表明浸润能与偶极矩之间呈近似线性关系。在这一线性关系中，斜率表给出了平均场强 [例如，在金红石钛（Ⅳ）氧化物的例子中，该值为 $820\ V \cdot \mu m^{-1}$]，截距给出了吸附能色散贡献 E_d 的平均值。

另外，极化贡献 E_p 本身可以由 F 和被吸附物的极化率 α 来计算，公式如下：

$$E_p = -\frac{F^2\alpha}{2} \tag{4.47}$$

（对于在这种类型的方法中如何避免陷阱，详见 Chessick, 1962。）

当蒙脱石浸润在水、乙二醇、乙腈和二甲基亚砜中时，Gonzalez-Garcia 和 Dios Cancela（1965）观察到了浸润能与偶极矩具有相似的线性变化，但是由于可交换阳离子的水合作用，这种关系会更复杂一些（和黏土类似）。

随后，Schröder（1979）对这个方法进行了改进，使用黏附湿润的 Gibbs 自由能的精确表达式作为液体和固体之间不同分子间引力能的函数。他用此方法对 10 种已知参数的不同浸润液体的表观偶极矩和极性进行计算，以此表征不同颜料表面的浸润行为（例如，金红石、氧化铁和几种酞菁）。

正如 Jaycock 和 Parfitt（1981）所强调的那样，浸润式量热法是基础数据的潜在来源，因此值得进一步使用。

4.2.3.7　表面修饰

一些研究者致力于水中的浸润式微量热法的研究，并成功研究出一类化学修饰方法，即氧化物的脱水和脱羟基（详见第 11 章）。这些氧化物主要包括二氧化硅（Brunauer 等, 1956; Young 和 Bursh, 1960; Whalen, 1961a,b）、二氧化钛（Wade 等, 1961; Zettlemoyer 和 Chessick, 1964）、氧化铝（Wade 和 Hackermann, 1964）和氧化铁（Furuishi 等, 1982; Watanabe 和 Seto, 1988）。在高于脱气温度条件下，脱水不再是可逆的，关于这点很容易从浸润能与脱气温度的曲线中得知。另外，Whalen（1962）研究了二氧化硅的脱羟基作用对其在苯（通过 π 电子云与羟基相互作用）而不是环己烷（没有特异性相互作用）中的浸润能的影响，还评估了苯-羟基的相互作用能量（对 3 种二氧化硅，每个位点的能量数值从 $0.04\ \mu J$ 到 $0.26\ \mu J$）。

还有一种方便可行的修饰法，即表面疏水性的改变。例如：石墨化碳的表面经过氧化，在水中的浸润能会随着疏水性的增加呈现几乎线性的增加（Young 等，1954），经估算，疏水性和亲水性部分的浸润能分别为 31 $J \cdot m^{-2}$ 和 730 $J \cdot m^{-2}$（Healey 等，1955）。Lyklema（1995）指出，在没有浸润式量热法之前，人们并不清楚表面亲水性-疏水性的概念。一旦得到了水中的摩尔浸润焓，就可以容易地将其与相对应的室温下水的冷凝焓的值 44 $kJ \cdot mol^{-1}$ 进行比较。如果高于 44 $kJ \cdot mol^{-1}$，则认为表面是亲水性的；如果低于 44 $kJ \cdot mol^{-1}$，则认为表面是疏水性的。活性炭表面的疏水/亲水平衡也可以从浸入非极性液体和极性液体（例如 CCl_4 和 H_2O）中的焓比值来得到（Giraldo 和 Moreno-Pirajan，2007）。

被氧化表面性质的变化可以通过除水之外的其他浸润液体来实现，如通过将炭黑（如 Spheron 6）的氧含量增加到 12%，Robert 和 Brusset（1965）得到甲醇中的浸润焓从 140 $mJ \cdot m^{-2}$ 增加到 390 $mJ \cdot m^{-2}$（实际上，与在水中观察到的比率相同），而在正十六烷中的浸润焓接近一个常数，大约为 100 $mJ \cdot m^{-2}$。

4.2.3.8　位能分布

位能（site-energy）分布是一个更复杂且更耗时的过程，通过浸润能与浸润液体的蒸气对样品的预覆盖，蒸气首先会覆盖到最高的有效能位点上，使浸润焓发生明显降低（Zettlemoyer,1965），见图 4.9（b）。图 4.9 是 Zettlemoyer 和 Narayan（1967）列出的进行了预覆盖的样品的浸润式量热实验中的几种曲线类型。曲线（a）是均匀

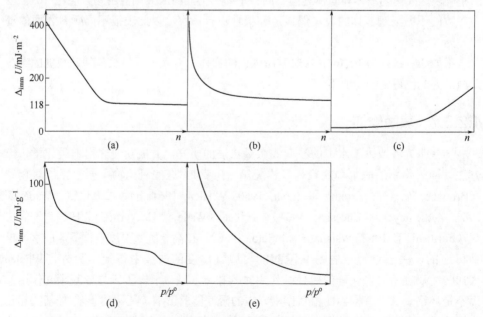

图 4.9　不同类型的浸润能等温线（引自 Zettlemoyer 和 Narayan, 1967）

（a）均匀表面；（b）异质表面；（c）疏水表面；（d）分层吸附剂的疏水表面膨胀；（e）多孔吸附剂的填充

表面在浸润液体中的曲线（如水中的温石棉；Zettlemoyer 等，1953）；曲线（b）是不均匀表面的曲线（如水中的大多数氧化物）；曲线（c）是浸润在水中的只有少量亲水位点的疏水表面的曲线（如石墨化炭黑）；曲线（d）和（e）与位能分布仅部分相关，曲线（d）是典型的黏土膨胀（如在水中的 Wyoming 膨润土），其中分子在一定的相对压力下穿透矿物质的薄片，而曲线（e）则是典型的微孔至可能的介孔的逐步填充。由于很难知道真正的表面积，因此对于最后两个体系，其浸润能不用面积（每平方米）而用其他参数（每克）来表示。上述量热实验的浸润结果与气体吸附量热法中的结果直接相关，但哪种实验方案更有优势？事实上，吸附测压法中冷凝蒸气的处理过程有一定的难度，相比较而言，浸润式量热法虽然耗时，但还是更有优势一些。

4.2.3.9　吸附剂的结构修饰

固体的表面静电场在很大程度上取决于固体的结晶度，关于这点可以通过比较面积浸润能来获知。例如，经过 140℃脱气之后，浸润在水中的石英、沉淀二氧化硅和热解二氧化硅的面积浸润能（Denoyel 等，1987）分别为 510 $mJ \cdot m^{-2}$、300 $mJ \cdot m^{-2}$ 和 155 $mJ \cdot m^{-2}$。因此，认为固体在水中的浸润能与氧化物（如二氧化硅）的结晶度具有直接关系。此外，通过浸润式微量热法，还可以推导出如石英（Wade 等，1961）、二氧化钛和氧化铝（Wade 和 Hackermann，1964）、方解石（Cases,1979）的粉末在强烈研磨过程中产生的变化。

4.2.3.10　微孔性

浸润式微量热法能够从至少 3 种不同的角度对微孔性进行表征：

① 当使用渐进预覆盖时，图 4.9（e）给出的曲线类型表明，即使在很低的预覆盖相对压力条件下，微孔也被填充了。

② 在 Widyani 和 Wightman（1982）研究"浸润在丙醇中的微孔活性炭"时发现，当浸润液体的分子尺寸与微孔接近时，液体的延迟扩散可以立刻被微量热计的更慢响应检测出来。

③ 当使用一系列具有适当分子尺寸及形状（即：平面的如芳香分子，或大体积分子）的浸润液体时，浸润能直接取决于分子渗透至多孔孔道的程度。Atkinson（1982）和 Denoyel（1993）证明了这一点，在 9.3.2 节中也将会详述。

4.2.3.11　对浸润式微量热计应用的进一步评估

如前所述，只需要仔细选择合适的微量热法并采取一定的预防措施，就可以在实验过程中做到精准的浸润能测定。Chessick（1962）指出，获得"润湿热"数据似乎很容易，但是实验结果往往缺少科学价值，除非实验步骤中确保吸附剂和液体的

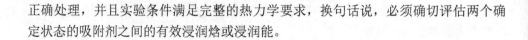

正确处理，并且实验条件满足完整的热力学要求，换句话说，必须确切评估两个确定状态的吸附剂之间的有效浸润焓或浸润能。

4.3　液体溶液中的吸附

与气相吸附相比较，在某些方面，液体溶液的吸附属于一个全新的领域，两者的基本原理和方法几乎完全不同。

目前，即便是由二元溶液和吸附层组成的最简单体系，溶液中的吸附通常也是未知的。尽管密度差异不像气体吸附中的那么大（约 3 个数量级），但这类体系中溶质分子的尺寸、形状以及可能的构型都要比气体吸附中的范围广得多。事实上，从统计学的角度，液/固界面与气/固界面处的吸附相比较，前者似乎更接近气/液界面处的吸附（Everett, 1973）。为了更好地理解这类在科技领域有着重要作用的体系，研究者们做出了很多努力。

热力学研究方面的一些重大进展可参考 Defay 和 Prigogine（1951）、Schay（1970）、Schay 和 Nagy（1961, 1972）、Schay 等（1972）、Nagy 和 Schay（1963）、Kipling（1965）以及 Everett（1972, 1973, 1986）。研究者们在描述和使用溶液吸附的实验数据方面，做出了很大贡献。

直到最近，研究者们遇到的一个主要问题是：实验等温线本质上包含有二元溶液两个组分吸附的综合信息，研究者们认为需要处理数据，以获得所谓的独立吸附等温线，或将各组分的吸附等温线分离。要达到这个目的并不简单，需要引入许多与吸附层结构相关的假设，最主要的问题还是需要知道吸附层的组成。为此，Williams（1913）提出了一个假设（通常用于挥发性组分）：正如从溶液本身吸附一样，固体将从与溶液平衡的蒸气中吸附等量的各个组分。这就意味着吸附层在液/固界面和气/固界面具有相同的组分，并且需要在蒸气相中进行多次重量测定。为了将上述重量测定缩减为两个，需要进一步假设（Elton, 1951）两个界面处的吸附限制为单层，且每个分子的横截面积与覆盖度无关，进而得到每个组分的气体吸附等温线。Kipling 和 Tester（1952）通过在 20℃条件下木炭对乙醇-苯混合物的吸附，对这一方法进行了验证，结果显示（见图 4.10），单个等温线与基于浓度变化得到的原始复合等温线之间有着显著的差异。在对吸附过程进行解释时，单一等温线的推导需要进行过度简化。这一点必须清楚，这很重要。这就是为什么按照 IUPAC 的建议（Everett, 1986），在实验数据的描述和解释上需要制定一些严格的规则。在下一节中，将要说明如何通过描述"降低的表面过剩"与浓度的关系来避免早期假设，这也为数据的进一步理论解释提供了基础。

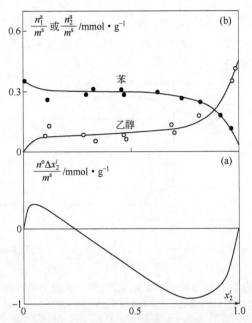

图 4.10　20℃条件下，从乙醇-苯混合物吸附到木炭上得到的等温线
（引自 Kipling 和 Tester, 1952）

（a）浓度变化（即乙醇的降低表面过剩量）相对于乙醇的摩尔分数的等温线；（b）相应的分离等温线

4.3.1　二元溶液吸附量的定量表达

4.3.1.1　标准表面过剩量的范围和局限性

对于气相吸附来说，不需参考有关吸附层结构的任何现有知识，就能够清楚并定量地描述出所观察到的吸附现象，因此，Gibbs 分切面（GDS）和相关的表面过剩量等概念对于气体吸附就非常有用。

图 4.11 表示的是物质 1 和 2 的浓度以及当其中一个从吸附表面被移除时的总浓度 c（用每单位体积溶液的量来表示）。图 4.11（a）表示的是在一个假设的吸附体系中，物质 1 和 2 的摩尔体积相等，因此吸附层中组分 2（即正吸附）的增多必然伴随着组分 1（即负吸附）的等量减少。图 4.11（b）表示另一种吸附系统，在这个体系中物质 1 和 2 的摩尔体积不同，因此吸附也会影响溶液中的总浓度 c。尽管以上是真实体系的几个代表，但必须强调的是，在大多数情况下，这些浓度的分布仍然未知。最后，图 4.11（c）是一个简单的 Gibbs 曲线，在此 GDS 与实际吸附表面相一致。按照惯例，溶液中的浓度被认为是与 GDS 保持不变的。图中阴影面积表示的是

当吸附浓度分别从 c_1^0 和 c_2^0 变为 c_1 和 c_2 时，溶液中组分明显减少（组分 2）或增加（组分 1）的量。这些量可被看作 GDS 上的"表面过剩量"，一个值为正（组分 2），另一个值为负（组分 1）。

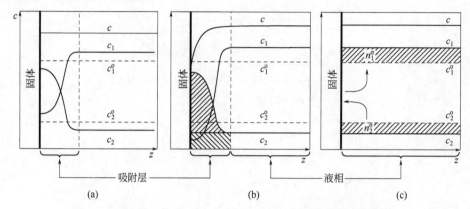

图 4.11 液/固吸附体系中的浓度（二元混合物或溶液的竞争吸附）
（a）组分 2 优先吸附之后的实际状态（分子体积以及组分 1 和组分 2 的横截面积应该相等）；
（b）和（a）一样，但是分子体积以及组分 1 和组分 2 的横截面积不一样；
（c）对于 GDS 与实际吸附表面重合的情况，用 Gibbs 表示法表示体系（b）

使用 GDS 的优点在于它可以任意定位，且随意改变分配给液相的体积 $V^{l,0}$ 。因此，表面过剩量 n_i^σ 可以直接从其定义方程中得到：

$$n_i^\sigma = n_i - V^{l,0}c_i^l \tag{4.48}$$

此时，n_i 为体系中组分 i 的总量；c_i^l 为吸附后液体中组分 i 的浓度。显然，n_i^σ 与 $V^{l,0}$ 的任意取值线性相关。图 4.12 表示 n_i^σ 与 GDS 的位置变化关系。

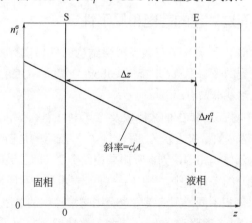

图 4.12 GDS 位置对组分 i 的表面过剩量的依赖性：
E 为实际吸附表面上的 GDS；S 为距吸附表面距离 Δz 的 GDS

图 4.12 中，GDS 被看作平行于区域 A 的实际固/液界面。任何垂直于表面的

GDS 位移（例如：从位置 S 到位置 E），都会导致方程（4.48）中的体积 $V^{l,o}$ 产生变化 $A\Delta z$。图 4.12 中 n_i^o 的相应变化用一条直线表示，其斜率为 $c_i^l A$。当需要提供报告实验数据的标准步骤时，必须意识到 n_i^o 在很大程度上取决于所选 GDS 的位置。基于这个原因，研究者们在研究过程中更倾向于选择别的方法。

4.3.1.2　相对表面过剩量的使用

现在的目标是用另一个量来代替 n_i^o，该量也将依赖于 GDS 的存在，但是相对于 GDS 的位置，它是不变的（Guggenheim 和 Adam, 1933; Defay, 1941）。事实上，这可以通过将每个组分对应的方程［式（4.48）］写出，再将两个方程中的 $V^{l,o}$ 消掉就可以完成。为此，可以得到下列方程：

$$n_2^o - n_1^o \frac{c_2^l}{c_1^l} = n_2 - n_1 \frac{c_2^l}{c_1^l} \tag{4.49}$$

其中，方程右边项的变量是与 GDS 位置无关的实验值，左边项的变量同样与 GDS 位置无关。这一方程被称为组分 2 相对于组分 1 的"相对表面过剩量"，用 $n_2^{\sigma(1)}$ 表示，它的定义式为：

$$n_2^{\sigma(1)} = n_2^o - n_1^o \frac{c_2^l}{c_1^l} \tag{4.50}$$

　　或

$$n_2^{\sigma(1)} = n_2 - n_1 \frac{c_2^l}{c_1^l} \tag{4.51}$$

当然，对应地，组分 1 相对于组分 2 的相对表面过剩量为：

$$n_1^{\sigma(2)} = n_1^o - n_2^o \frac{c_1^l}{c_2^l} = n_1 - n_2 \frac{c_1^l}{c_2^l} \tag{4.52}$$

式中，浓度用每单位体积的量表示，浓度的比例（即 c_2^l / c_1^l）可以用摩尔分数的比例（即 x_2^l / x_1^l）来代替。考虑到 $x_1^l = 1 - x_2^l$，则式（4.50）和式（4.49）可以转换为：

$$n_2^{\sigma(1)} = n_2 - n_1 \frac{x_2^l}{x_1^l} = n^o \frac{\Delta x_2^l}{x_1^l} \tag{4.53}$$

此时，$n^o = n_1 + n_2$、$n_2 = n^o x_2^{l,o}$、Δx_2^l 为由吸附引起的变化 $x_2^{l,o} - x_2^l$。

$n_2^{\sigma(1)}$ 通常会除以 m^s（吸附剂固体的质量），用以表示"组分 2 相对于组分 1 的相对比表面过剩量"。或者除以 A，用来表示"组分 2 相对于组分 1 的面积相对表面过剩量 $\Gamma_2^{(1)}$"。

4.3.1.3　降低表面过剩量的使用

Defay（1941）以类似的方式推导出了另外一个不随 GDS 位置而改变的方程，这个方程被称为"降低表面过剩量"。仍然从式（4.48）开始，可以写出如下两个方程：

$$n_2^\sigma = n_2 - V^{l,o} c_2^l \qquad (4.54)$$

$$n^\sigma = n^o - V^{l,o} c^l \qquad (4.55)$$

此时，$n^\sigma = n_1^\sigma + n_2^\sigma$、$n^o = n_1 + n_2$ 以及 $c^l = c_1^l + c_2^l$。

如果用 $x_2^l \in$ 代替 c_2^l / c^l，最终可以得到下面的方程：

$$n_2^\sigma - n^\sigma x_2^l = n_2 - n^o x_2^l = n^o \Delta x_2^l \qquad (4.56)$$

此时，右边项不再依赖于实验可测量以外的任何其他参数，因此可以认为，右边项不依赖于 GDS 的位置。因此，下列方程被定义为"组分 2 的降低表面过剩量"：

$$n_2^{\sigma(n)} = n_2^\sigma - n^\sigma x_2^l \qquad (4.57)$$

通常情况下，用这个量除以 m^s 可以得到"降低比表面过剩量"，或者除以 A 得到"面积降低表面过剩量"，用 $\Gamma_2^{(n)} = n_2^{\sigma(n)} / A$ 表示。

在某些情况下（特别是当某个组分的摩尔质量未知时，这种情况往往发生在分子为长链分子，例如表面活性剂和聚合物时），如果从质量角度出发会更简单一些。通常使用质量分数 w_1^l 或 w_2^l（而不是物质的量浓度或摩尔分数），进一步得到相对表面过剩质量：

$$m_2^{\sigma(1)} = m_2^\sigma - m_1^\sigma \frac{w_2^l}{w_1^l} = m_2 - m_1 \frac{w_2^l}{w_1^l} \qquad (4.58)$$

或降低表面过剩质量：

$$m_2^{\sigma(m)} = m_2^\sigma - m^\sigma w_2^l = m_2 - m^o w_2^l \qquad (4.59)$$

4.3.1.4　相对及降低表面过剩量的意义

尽管相对和降低表面过剩量（或质量）不依赖于 GDS 的位置，但是具有特殊位置的 GDS 可以抵消式（4.50）和式（4.57）的最后一项，给予这两个量的含义以有用的解释。对于式（4.50），GDS 的特殊位置在组分 1 的表面过剩量 n_1^σ 为零的位置。进而可以得到：

$$n_2^{\sigma(1)} = n_2^\sigma \qquad (4.60)$$

因此，相对于组分 1，组分 2 的相对表面过剩量就是 GDS 去掉组分 1 的表面过剩量后，组分 2 的表面过剩量。从图 4.13 可以看出这点，与图 4.12 相同，图 4.13 表示的是 GDS 的位置对组分 1 和组分 2 的表面过剩量的影响。此时，GDS "L" 为 $n_1^\sigma = 0$
提供了特殊的条件。

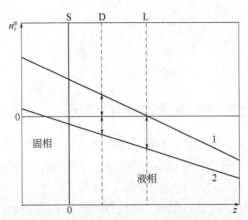

图 4.13　GDS 的实际吸附表面和 GDS 的位置对组分 1 和组分 2 的表面过剩量的依赖性

GDS 满足 $n_1^\sigma + n_2^\sigma = 0$ 时，得到 D；GDS 满足 $n_1^\sigma = 0$ 时，得到 L

回到式（4.57），现在需要一个 GDS，此时的 n^σ（整个表面过剩量 $n_1^\sigma + n_2^\sigma$）等于零。如图 4.13 中，这里的 GDS "D" 满足 $n_2^\sigma = -n_1^\sigma$。

通过式（4.57），可以得到：

$$n_2^{\sigma(n)} = n_2^\sigma = -n_1^\sigma = -n_1^{\sigma(n)} \tag{4.61}$$

通过这一方程得知，组分 1 和组分 2 的降低表面过剩量相等，但符号相反。这就说明不管 GDS 位置如何这都是正确的。

正如 Defay 和 Prigogine（1951）所强调的那样，就降低表面过剩量而言，这种表示法可以在平等的基础上对每个组分进行评估。一个实际的结果就是同一条曲线（图 4.14 中的 U 或 S）提供了两种组分的吸附等温线。另外，还注意到，只有当组分 1 和组分 2 的偏摩尔体积与它们的分子横截面面积相等时，此时 $n_1^\sigma + n_2^\sigma = 0$ 的 GDS 才与实际吸附表面重合。

通过联立式（4.53）、式（4.56）和式（4.57），可以得到相对表面过剩量和降低表面过剩量之间的关系，如下所示：

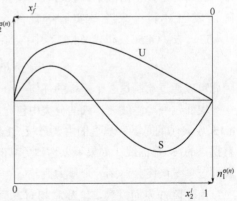

图 4.14　在整个浓度范围内减少表面过剩（或"复合"）等温线的两种基本形状：S 形（S）或倒 U 形（U）

粗线坐标轴（左下角为零）：组分 2 的等温线；
细线坐标轴（右上角为零）：组分 1 的等温线

$$n_2^{\sigma(1)} = n_2^{\sigma(n)} / x_1^l \qquad (4.62)$$

和

$$\Gamma_2^{(1)} = \Gamma_2^{(n)} / x_1^l \qquad (4.63)$$

以及

$$m_2^{\sigma(1)} = m_2^{\sigma(m)} / w_1^l \qquad (4.64)$$

4.3.1.5 用降低表面过剩量表示吸附等温线

相比于吸附试验中精确的数学计算，由 IUPAC 推荐使用（Everett, 1986）的降低表面过剩量可以在研究过程中提供更多的数据，同时它们也提供了一种最方便的报告实验结果的方法。事实上，近几十年来，这种表述方法一直被用来绘制吸附数据，不需要参考 Gibbs 参数。如果要绘制组分 2 的吸附时，往往会以 $n^o \Delta x_2^l$ 或 $[m_2 - m^o w_2^l]$ 的形式，且前者与式（4.56）一致，后者与式（4.59）一致。

通常会把得到的等温线称为"复合等温线"或"表观吸附等温线"，再或者是"浓度变化等温线"（这个用的相对较少）。"复合"指的是在单一等温线中同时存在组分 1 和组分 2 的吸附信息。

如图 4.14，其中给出的是完全互溶液体中得到的降低表面过剩（或"复合"）等温线，并且图中显示的是两种最重要的等温线形状，S 形和倒 U 形。根据所选的轴，可以得到组分 2 的等温线（粗线轴）或组分 1 的等温线（细线轴）。关于这些等温线的形状，Schay 和 Nagy（1961）在他们的论文中给出了更加详细的分类。

当研究的是稀溶液中的吸附时（按照惯例，通常会认为组分 1 为溶剂），会根据降低表面过剩量来绘制实验等温线。尽管如此，当 $x_1^l = 1 - x_2^l \approx 1$，可以从式（4.53）、式（4.56）和式（4.62）中得到：

$$n_2^{\sigma(1)} \approx n_2^{\sigma(n)} \approx n_2^{\sigma} \qquad (4.65)$$

因此可以通过绘制这 3 个量中的任何一个来表示吸附数据。

表面过剩等温线在详细的分类中包含了 18 种不同的形状（Giles 等, 1960），图 4.15 中表示的是两种典型的主要形状，Langmuir（或 L 形）曲线和在低浓度区域具有拐点的 S 形曲线。如果可以达到更高的浓度，那么在下降之前（如图 4.14）降低表面过剩量最终会达到一个最大值。

由于降低表面过剩等温线和相对表面过剩等温线表示的两种组分吸附的复合信息，那么就很有可能得到独立（或"分离"）等温线，即吸附量 n_2^a（或 n_1^a）相对于浓度、摩尔分数或质量分数的曲线。这就意味着要对吸附层厚度、组成和结构做一些假设，因此不推荐将这些假设用于标准形式的报告溶液吸附的数据中。事实上，上述第二步已经属于吸附机理理论解释中的一部分。

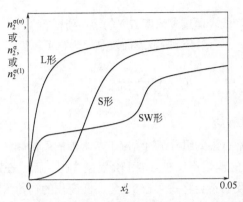

图 4.15　从稀溶液中得到的表面过剩等温线的几种典型形状
[L 形、S 形、阶梯形（SW 形）]

4.3.2　溶液吸附中能量的定量表示

4.3.2.1　溶液吸附焓和溶液吸附能的定义

一种溶液中含有溶剂（1）和溶质（2）。用质量摩尔浓度来表示其组成，即与 1 kg 溶剂（这个量与温度无关）相关的溶质的量 n_2。根据 IUPAC 的建议（Mills 等，1993），为了不与溶质的质量 m_2 混淆，通常用 b_2 来表示溶质的质量摩尔浓度。因此，质量摩尔浓度为 b_2 的溶液的质量 m 中包含的溶质的量为：

$$n_2 = \frac{b_2 m}{1000 + M_2 b_2} \tag{4.66}$$

式中，M_2 为溶质的摩尔质量（$g \cdot mol^{-1}$）。在质量摩尔浓度为 b_2 的溶液中，每个组分都具有偏摩尔焓，如下所示：

$$h_i^l = \left(\frac{\partial H^l}{\partial n_i} \right)_{T,p,A,n_j \neq n_i} \tag{4.67}$$

式中，H^l 为溶液的总焓。

对于凝聚相（液相或吸附中）来说，通常可以将摩尔焓等同于摩尔内能。在本文中一般使用的是焓，因为它在文献中更常见，但是在后面的定义中也会用 u 来代替 h。

就像在气体吸附中一样，将组分的偏微分吸附焓 $\Delta_{ads}\dot{h}_i$ 定义为：

$$\Delta_{ads}\dot{h}_i = \dot{h}_i^{\sigma(n)} - h_i^l(b_i) \tag{4.68}$$

这相当于从质量摩尔浓度为 b_i 的溶液中吸附极少量的组分 i（dn_i）到固体表面上，这里的固体表面已经被降低表面过量浓度 $\Gamma_i^{(n)}$ 的溶质所覆盖。

式（4.68）中，$\dot{h}_i^{\sigma(n)}$ 为组分 i 降低表面过剩焓。它可以表示为：

$$\dot{h}_i^{\sigma(n)} = \left(\frac{\partial H^\sigma}{\partial n_i^{\sigma(n)}} \right)_{T,p,A,n_j \neq n_i} \tag{4.69}$$

式中，H^σ 为总表面过剩焓。

研究发现，在吸附有限的组分 i 的情况下，溶液的质量摩尔浓度会发生变化。由此可以得知，组分 i 的偏焓不仅在溶液中会发生变化，而且在吸附表面也会发生变化。在计算过程中，我们不会将式（4.68）与不断变化的初始状态相结合，而是使用更加方便的方法，即引入一个恒定的参考状态，其中包括干净的固体表面和纯液体的溶剂［摩尔焓为 $h_1^*(l)$］或者无限稀释的溶质［摩尔焓为 $h_2^\infty(l)$］。对每个组分吸附的标准积分摩尔焓进行定义，因此，溶剂的方程可以表示为：

$$\Delta_{ads} h_1^\circ = h_1^{\sigma(n)} - h_1^*(l) \tag{4.70}$$

对于溶质来说：

$$\Delta_{ads} h_2^\circ = h_2^{\sigma(n)} - h_2^\infty(l) \tag{4.71}$$

4.3.2.2　置换焓和置换能的定义

当研究干净的吸附剂浸润于溶液中的实验时，吸附焓的定义已经足够，但对于更加精确的实验，吸附剂往往首先浸润在纯溶剂中，此时吸附焓就不适用了。当纯溶剂被质量摩尔浓度为 b_2 的溶液代替时，溶质的吸附只能通过置换溶剂来进行。此时"置换"指的是吸附了 $n_2^{\sigma(n)}$ 的溶质就会产生相应量的溶剂解吸（通常二者不会相等）。根据 Kiraly 和 Dekany（1989）的方法，用 r 表示被 1 mol 溶质置换（即解吸）的溶剂的量，此时溶液的组成发生变化，产生了混合焓 $\Delta_{mix} H$，这部分焓也是实验过程中测量的整体热效应 Q_{exp} 的一部分。因此，在置换焓的定义中，最好不要将混合焓 $\Delta_{mix} H$（不属于界面的性质）包括在内，因此，可以得到如下方程：

$$\Delta_{dpl} H_{1,2} = Q_{exp} - \Delta_{mix} H \tag{4.72}$$

4.3.2.3　混合焓和混合能的定义

一般来说，总稀释焓可以看作由两部分组成，一部分由溶质决定，另外一部分由溶剂决定。因此：

$$\Delta_{mix} H = n_2^l \left[h_{2f}^l - h_{2i}^l \right] + n_1^l \left[h_{1f}^l - h_{1i}^l \right] \tag{4.73}$$

此时，下标 i 和 f 分别表示初始状态和最终状态。对于稀释溶液，如果其质量分数 ≤1%，就可以将溶剂的部分忽略不计。$\Delta_{mix} H_2$ 必须在单独的实验中通过向纯溶剂中加入标准溶液来测量。

4.3.3　研究溶液吸附的基本实验方法

研究溶液吸附的实验技术可分为三大类：①为了确定吸附等温线；②为了测量所涉及的能量；③为了提供关于吸附层性质的额外信息。

4.3.3.1　吸附量的测定方法

首先，必须对使用的测定方法进行区分，例如对浸润法和溢流法的区分，浸润法指的是在吸附等温线上的每个点使用一个新样品的方法；溢流法指的是使用单一样品，且样品中允许浓度不断增加的溶液通过。Everett（1986）给出了大多数方法的关键概要。

（1）浸润法

浸润法是最古老且最容易应用于传统台式设备的方法。但是，根据经验得知，实验过程可能会因精度不足或大量样品的消耗而受到影响。

在标准浸润法中，干燥样品需要浸润在溶液中，见图 4.16（a）。

与其他版本的方法略有不同（Rouquerol 和 Partyka, 1981），样品在浸润于适当剂量的母液之前会首先用纯溶剂覆盖（为了避免与周围环境接触），见图 4.16（b）。这可以用量热计来完成（Taraba, 2012）。

经过连续且缓慢的加热过程，恒温槽中的平衡时间可能短至 1 min，或者长至一天以上。保持在一定温度下的悬浮液逐渐沉降，这一过程可能需要一整天，或者更常见的情况是将悬浮液离心（为聚合物时要当心，不可产生可测量的浓度梯度），取上层清液进行分析。其中涉及的分析方法有差示折光法、紫外吸收光谱法或红外吸收光谱法（前者主要用于水溶液，后者用于有机溶液）、COT 分析、比色法（用于染料吸附）、表面张力测量或多通道电喷雾电离质谱法，以此来确定溶液中含有多种溶质时，每种组分的单个等温线（Benko 等, 2013）。如 5.3.1 节所述，这种浸润方法的优点是可以直接给出降低表面过剩量。由于一个实验仅需要提供吸附等温线的一个点，因此通常会对多个实验进行同步测量（每个实验需要一个新的样品），以此来覆盖吸附等温线的所需部分。

为了提高这种浸润法的精度，还可以使用淤浆法对试管底部称重样品的淤浆而不是上层清液进行分析（Nunn 等, 1981）。然后通过式（4.51），即溶质对溶剂的相对表面过剩量的表达式进行运算。此时，n_1 和 n_2 分别为淤浆样品中溶剂和溶质的总量（不论是吸附状态还是在溶液中），c_2^l 和 c_1^l 分别为溶质和溶剂在溶液中的浓度。如果使用足够大的液/固比以避免吸附中可测的浓度变化，则 c_2^l 和 c_1^l 就是初始溶液中的浓度。另外，如果淤浆的定量分析本身可以准确地进行，其中包括组分 2 和组分 1 的总量以及干燥固体的重量测定，那么这个方法就是准确的。然而，这个方法并没有解决样品的问题：该浸润方法依赖于"各个样品（吸附等温线的每一个点需要一个样品）都真实代表了所研究固体"这个假设。

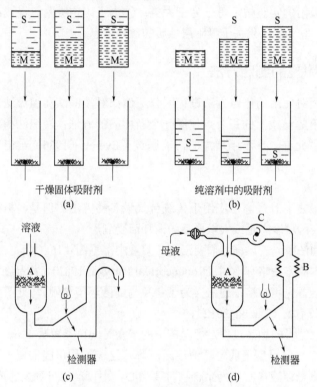

图 4.16　测定溶液吸附量的方法

（a）浸润法 1：用不同比例的纯溶剂 S 和母液 M 制成的溶液覆盖干燥样品；
（b）浸润法 2：在纯溶剂覆盖的样品中加入不同量的母液；（c）具有使用折光仪检测器的开放式流动法；
（d）循环法（A—吸附剂填料；B—膨胀波纹管或容器；C—循环泵）

（2）溢流法

溢流法通常只使用一个样品，并且样品随着浓度的增加逐渐达到平衡。大多情况下，样品一开始就与纯溶剂达到平衡。通过溶剂与固体表面的置换，每次浓度的增加都会产生溶质的吸附。除了即时的情况，通常由吸附产生的浓度变化可以用浸润法中的方法来检测。而且这些方法的一般要求是样品形成可透水层且不会堵塞过滤器，通常要求颗粒尺寸大于 2 μm，并且避免凝胶的形成。在开放式流动（open-flow）法中，[见图 4.16（c）]，每个步骤都有浓度恒定的新鲜溶液不断流过样品，检测分析在出口处进行（Schay 等，1972；Sharma 和 Fort，1973）。只要没有达到吸附平衡，出口浓度（c_{out}）会一直低于入口浓度（c_{in}）。对出口和入口间的浓度差在 0 到

质量 m（$m = m_1 + m_2$）的区间内（或 0 到流过样品的溶液体积 V）进行积分，得到该吸附过程中组分 2 的降低表面过剩量的增量。因此：

$$\Delta n_2^{\sigma(n)} = \int_0^m \Delta w_2 \mathrm{d}m \tag{4.74}$$

或者

$$\Delta n_2^{\sigma(n)} = \int_0^V \Delta c_2 \mathrm{d}V \tag{4.75}$$

式中，$w_2 = m_2 / (m_1 + m_2)$；$c_2 = n_2 / V$。

因为开放式流动法需要使用标准 HPLC 色谱设备（泵、带过滤器的样品池、在线检测器），因此有人称之为"色谱分析"或"迎头色谱分析"。因为没有色谱效应及现象，所以不提倡这种叫法，以免产生误导。而在循环法（circulation method）中，也会使用同样的溶液不断流过样品，并对其中的浓度进行持续监测，直到体系达到平衡（Kurbanbekov 等，1969; Ash 等，1973），见图 4.16（d）。这种方法比浸润法或开放式流动法需要更少的常规装置，并且具有以下优点：

① 可以保存溶液，不仅可以节省溶质（如：专门合成的表面活性剂或蛋白），还可以节省溶剂（如：高纯度烷烃）。

② 可以直接研究吸附的温度依赖性（不需要添加任何溶液）。

③ 可能含有冗余过程（null procedure）。

冗余过程（Nunn 和 Everett，1983）的原理是通过注射一定剂量的初始溶液从而达到吸附之前的初始浓度，在每个吸附过程中都需要做这个步骤。研究者们对这一步骤进行了改进，即在注射新剂量溶液的过程中将样品池添加旁路，直到确定新的浓度 c_2^{j} 为止。然后液体重新开始流通，并且随着浓度降低，通过添加体积为 ΔV^{a}、浓度为 c_2^{a} 的溶液使其恢复到其初始值 c_2^{j}。这样只需要知道旁路部分的空隙体积 V_m 和前一个吸附平衡的浓度 $c_2^{\mathrm{j-1}}$，就可以得到组分 2 降低表面过剩量的增量。因此：

$$\Delta n_2^{\sigma(n)} = \Delta V^{\mathrm{a}}(c_2^{\mathrm{a}} - c_2^{\mathrm{j}}) - V_m(c_2^{\mathrm{j}} - c_2^{\mathrm{j-1}}) \tag{4.76}$$

值得注意的是，在这个过程中不需要知道任何其他的体积 V_m。而且，$n_2^{\sigma(n)}$ 测定的准确性不取决于检测器的校正。当然，为了更好地描述吸附等温线（$n_2^{\sigma(n)}$ 相对于 c_2^{j}），检测器还是需要校正。

4.3.3.2 吸附能的测定方法

一般而言，可以用下列方法来确定与溶液吸附有关的能量：①基于吸附的温度依赖性的"等量法"（isosteric）；②浸润（immersion）量热法；③间歇式（batch）量热法；④溢流（flow-through）量热法。

（1）等量法

对于溶液吸附来说，这种方法可以用与气体吸附类似的方式来考虑（见 2.6.1

节）。例如，使组分 2（溶质）在其吸附状态与液相中的化学势相等、保持比吸附量不变以及考虑稀溶液，因此可以用质量摩尔浓度（ $b_2 = 1000n_2 / m_1$ ）来代替活性，因而得到：

$$\Delta_{ads}\dot{h}_2 = -RT^2 \left(\frac{\partial(\ln b_2)}{\partial T} \right)_{n_2^{\sigma(n)}, n_1^{\sigma(n)}} \tag{4.77}$$

一般来说，这种计算微分吸附焓的方法也能应用于不同温度下两个吸附等温线的测定，但是在应用过程中，必须注意以下要求：

① 上述等式仅适用于稀溶液；

② 假设吸附相和溶液的结构在所考虑的温度范围内保持不变；

③ 表面过剩量也必须保持不变。当通过应用式（4.77）使用降低表面过剩量时，上述结论一定是成立的，因为 $n_2^{\sigma(n)} = -n_1^{\sigma(n)}$ ，见式（4.61），因此 $n_2^{\sigma(n)}$ 会保持恒定。但是，当使用的是相对表面过剩量或简单表面过剩量时，上述结论并不成立。出于这些原因，在使用等量法时要特别小心（见 Lyklema, 1995）。

（2）浸润量热法

尽管溶液中的浸润量热法与纯液体中的浸润量热法有直接关系，但是这个方法在溶液中却很少应用。因为如果使用标准的密封玻璃样品管技术，就必须完全打碎样品管，并在吸附后搅拌以获得均匀的溶液。而由此产生的破裂和搅拌的热量会影响微量量热法的精度，所需的灵敏度和再现性通常会比纯液体中的标准浸润微量热实验中的高。因此，就像等量法一样，这种从液体溶液吸收能量的方法并未被广泛使用。

（3）间歇式量热法

在这个方法中，吸附剂最初是通过连续搅拌悬浮于纯溶剂中。然后通过连续剂量引入溶液，最终填充样品池（见图 4.17）。

该方法的一个突出优点是它适用于任何类型的粉末，包括粒径远小于 10mm 的粉末，这种粉末由于摩擦热太大，不能用溢流量热法研究。同时它也适用于动力学研究，通过使用微量热计作为简易检测器，用来测量快速引入每种新剂量之后的吸附速率。

另外，这个方法需要满足以下条件：

① 需要一个足够大的样品池（如：20～100 cm³），用来放置搅拌装置以及容纳几个连续剂量的溶液。

② 需要一个有效的逆流式热交换器，使得所加的溶液在微量热计中的温度都在 10^{-3} K 以内。

③ 搅拌装置能够以最小的放热使粉末保持悬浮状态。

④ 由于要测量的置换能量通常很小，因此装置需要具有较高的量热灵敏度。

⑤ 通过 4.3.3 节列出的方法测定吸附等温线。

图 4.17（b）和（c）表示的是两种满足上述要求的操作装置。为了方便起见，两种装置都被引入具有样品池的 Tian-Calvet 微量热计中（约 100 cm³）。

在图 4.17（b）所示装置中使用的是盘式搅拌器（上下移动），它通过将吸附剂和溶液储存器放置在微量热测定池的顶部，来消除加入的溶液和吸附剂之间的任何温差（Rouquerol 和 Partyka，1981）。

图 4.17（c）所示装置中使用的是推进器，这个搅拌器每隔 10 s 通过一个受阻的磁力传动装置进行快速的半转，这可以抑制电动机的振动。另外还具有一个长的热交换器（2 m 长的线圈），使溶液以一定的温度到达微量热池。在这个装置中，池的全部容量可以用于渐进式填充（Nègre 等，1985；Rouquerol，1985）。

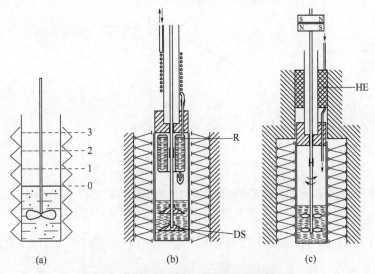

图 4.17　间歇式量热法原理及装置示意图
（a）原理：将等份的母液连续加入固体悬浮液中（最初在纯溶剂中）；
（b）具有盘式搅拌器（DS）和装有母液的内部容器（R）的装置（Rouquerol 和 Partyka，1981）；
（c）具有推进器和热交换器（HE）的装置（Nègre 等，1985）

上述两种装置都可以在温度为 25～200℃范围内（在研究有机溶液吸附时使用比较高的温度）使用，并且其热稳定性使得吸附测量可以持续几个小时。一般来说，将 0.5 g 吸附剂悬浮于 15 g 纯溶剂中，而溶液以每步 5 g（通过操作速度为 60 mg·min⁻¹ 的蠕动泵）引入。在每个步骤中所测得的热量 Q_{exp} 一定要针对混合焓 $\Delta_{mix}H$ ［见式（4.72）］进行校正，并且参考表面过剩减少量 $\Delta n_2^{\sigma(n)}$ 的变化，以便获得溶质 2 对溶剂 1 的积分置换焓 $\Delta_{dpl}H_{1-2}$ 的相应变化。在每个吸附过程结束时，都需要得到溶液的质量摩尔浓度，以此来推出 $\Delta_{mix}H$，并得到降低表面过剩量 $n_2^{\sigma(n)}$ 以导出 $\Delta n_2^{\sigma(n)}$。这可以通过参考之前得到的吸附等温线 $n_2^{\sigma(n)} = f(b_2)$ 以及已知的初始溶剂量和所引入溶液的连续增量来实现。这个计算可以方便地用图表的形式表示出来（Nègre, 1984），原理（由 Trompette 提出）如图 4.18 所示。在图 4.18 中，对于引入微量热池的给定总量的溶质 n_2 来说，曲线 I 表示出了降低表面过剩量 $n_2^{\sigma(n)}$ 对平衡摩尔质量浓度 b_2 的依赖性。为了绘制曲线 I，首先考虑 $b_2 = 0$ 的极端情况，即认为所有的溶质都被吸附了，因此：

$$\frac{n_2^{\sigma(n)}}{m^s} = \frac{b_{2,0}\Delta m_i}{1000 + b_{2,0}M_2} \cdot \frac{1}{m^s} \qquad (4.78)$$

式中，$b_{2,0}$ 为添加的溶液的摩尔质量浓度；Δm_i 为溶液的质量的第一个增量；M_2 为溶质的摩尔质量；m^s 为吸附剂的质量。

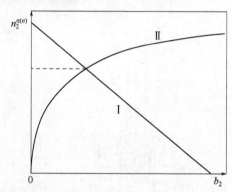

图 4.18　引入溶质 n_2 后间歇式量热实验吸附量的图形计算（引自 Trompette, 1995）
曲线 II 为吸附等温线；对于直线 I，详见正文。交叉处代表最终的吸附平衡

另外还存在一个 $n_2^{\sigma(n)} = 0$ 的极端情况：此情况代表所有溶质全都留在溶液中。因此得到：

$$b_2 = \frac{1000 b_{2,0}\Delta m_i}{(m_0 + \Delta m_i)[1000 + b_{2,0}M_2] - b_{2,0}m_0} \qquad (4.79)$$

式中，m_0 为纯溶剂的初始质量。

曲线 II 为吸附等温线：图中的交叉点表示引入溶液 Δm_i 后的 $n_2^{\sigma(n)}$ 和 b_2 的实际值。另外，用相同装置做的空白试验，可以得到 $\Delta_{mix}H$ 相对于 b_2 的曲线。

如同上面的描述，在实验过程中只需要一个简单的透热热流计型量热计就可完成间歇式量热实验，虽然这个类型的量热计没有 Tian-Calvet 那么通用（尤其是对温度范围和极限灵敏度有要求的情况），但是它的优点是设计更简单。而在 "Montcal" 微量热计（Partyka 等，1989）中用几个热敏电阻来取代 Tian-Calvet 热电堆中的约 1000 个热电偶。

（4）溢流量热法

溢流吸附微量热法不像间歇式量热法那么通用，因为在这个方法中，晶粒尺寸必须超过 20 μm 才能避免不必要的热效应，并且需要很长时间才能达到体系的平衡（尤其是在低浓度范围）。此外，这个方法相比于间歇式量热法来说需要更多溶液。但是，它也具有如下几个优点：

① 每个吸附点的最终平衡质量摩尔浓度、pH 或离子强度可以选择，因为这些参数都是由加入的溶液来决定的。

② 只要在微量热计的出口处简单安装一个合适的检测器，就可以实时测定吸附量（详见"通过溢流法测定吸附等温线"）。

③ 不仅可以用于吸附研究，还可以用于解吸的研究，这是用间歇式量热法做不到的。

Groszek（1966）早期开发了一种简单的溢流吸附量热计，它与 DTA 体系有些类似（因为它的单点温度检测器），因此非常适合用于热效应的检测和筛选实验。

然而，如果想要获得有意义的结果就需要更复杂的设备。这就要使用热流微量热计。如图 4.19 所示，这种类型的量热计是为液体流动吸附和 $\Delta_{mix}H$ 的互补测定而专门设计的。此时，混合焓 $\Delta_{mix}H$ 相当于质量摩尔浓度的短暂下降，这种下降通常发生在最终恢复添加溶液的质量摩尔浓度之前的吸附剂周围。如果我们能够连续测定在微量热池出口处的质量摩尔浓度的变化，那么只要可以单独对混合焓进行测定，得到积分就会简单很多（Liphard 等，1980; Denoyel 等，1982）。

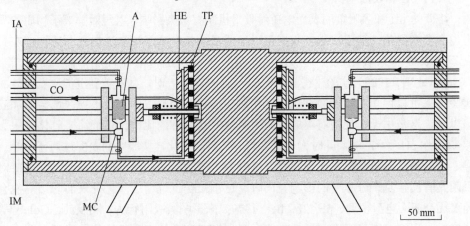

图 4.19　双液流吸附和混合微量热计（引自 Denoyel 等, 1982）

IA—吸附入口；IM—混合入口；MC—混合室；CO—通用出口；

A—吸附剂；HE—热交换器；TP—热电堆

4.3.4　溶液吸附的应用

溶液吸附可以应用到很多方面，包括液体净化、悬浮液稳定、矿石浮选、土壤科学、黏附、液相色谱、去污力、提高石油采收率、润滑，还有辅助生命科学的研究（如细胞膜、血管、骨骼、牙齿、皮肤、眼睛和头发的吸附）。当然，想要成功使用这些溶液吸附的应用，就必须对其中涉及的机理做一些了解。

4.3.4.1　吸附和置换机理

首先，我们应该从 Konya 和 Nagy（2013）提出的建议出发，这个建议是关于如何从实验数据与标准等温线方程的简单拟合来推导出吸附机理，甚至可以用来推导热力学数据。例如，从原理上来看，Langmuir 方程应该用于均匀表面上的吸附，并且吸附的分子之间不存在相互作用；而 Freundlich 方程假设吸附分子之间存在异质表面以及可能的相互作用。此外，值得注意的是，实验测定的是"表面积聚"，这种积聚可以由竞争吸附（溶质和溶剂之间）或离子交换，再或者仅仅由沉降作用来引起。我们将从本质上来解释竞争吸附。

下面通过以下例子来说明影响吸附机理的几个参数。另外，在 Lyklema（1995）的综述中也对吸附机理的其他方面进行了阐述。

（1）pH 和表面电荷

溶液的 pH 和吸附剂的表面电荷对吸附机制有很大影响，甚至对非离子物质的吸附也会存在影响。关于这点，我们可以很明显的从非离子聚氧乙烯表面活性剂在具有不同表面的二氧化硅（其中包括石英、大孔沉淀二氧化硅和热解二氧化硅）（Denoyel 等，1987）实验中得知。例如，当 pH 为 7 时，从石英到沉淀二氧化硅的实验结果可以得知，与表面过剩密度相对应的吸附等温线的最终平稳区域会增加三倍以上，这是由于在使用石英的实验中离解的硅烷醇的比例比在沉淀二氧化硅中大得多。当 pH 为 2 时，此时为电荷零点，三种二氧化硅实验中的表面过剩密度都一样，并且都达到最大值，因为此时硅烷醇并未发生解离。这个例子说明表面电荷对吸附具有间接且十分重要的影响。同时，这项工作也说明二氧化硅表面的结晶性会通过提高表面电荷密度、pH 值（Iler，1979）来影响其吸附行为。相反的，Golub 等（2004）研究了阳离子表面活性剂的吸附如何改变金红石和气溶胶的表面电荷。正如预期的那样，研究发现阳离子表面活性剂相比于非离子物质来说，前者的 pH 值对 3.6～10 范围内多孔二氧化硅吸附的影响比后者大得多（Kharitonova 等，2005）。类似的现象可以用来追踪研磨结晶样品上固体表面无序的增长（Cases，1979）。

（2）表面氧化与表面化学

我们已经知道碳的表面氧化作用对于研究它们在溶液中的吸附行为必不可少，这是因为所得到的表面化学基团的极性和酸性，或者是它们在微孔中的可及性起到空间作用（Mattson 等，1969; Franz 等，2000; Haydar 等，2003; Santiago 等，2005; Guedidi 等，2013）。一段时间后，即溶液中的物理吸附起了很大作用之后，实验过程中的表面化学才越来越多地被考虑进去（Rodriguez-Reinoso, 1998; Radovic 等，2001; Nevskaia 等，2004; Su 等，2010; Figueiredo 等，2011; Yavari 等，2011）。另外，表面化学和小尺寸微孔的竞争作用也证明了碳对戊酸的吸附作用。

（3）表面 OH 基团或 H_2O 分子

表面 OH 基团或 H_2O 分子的存在可以在吸附中起主要作用。例如，研究者们做了从庚烷溶液中吸附硬脂酸到氧化铁上的微量热研究（Husbands 等，1971），研究发现预先吸附的水增强了硬脂酸的吸附作用。当从干燥的有机液体中吸附时，残留的表面水可以充当特殊试剂。这就表明二氧化硅上的硅烷偶联剂（γ-氨基丙基-三乙氧基硅烷）的吸附被 $\theta \leqslant 1$ 的水分子覆盖了（Trens 和 Denoyel, 1996）。通过同时测定吸附等温线和置换焓（用不同的硅烷置换庚烷），结果表明氨基可以置换部分表面水，并且使其可用于硅烷水解为三硅烷醇，而残留的水能够促进三硅烷醇分子和表面之间形成硅氧烷键。

（4）链长

通过借助吸附流动微量热法，Groszek（1965, 1970）研究了当正庚烷吸附在氧化铁上时链长对正构醇和相应酸的吸附行为的影响。结果表明正丁醇和正十八烷醇的吸附行为有很大差异：前者只在一个阶段发生强烈吸附，直到达到明显饱和；而后者可以分成两个阶段吸附。在第一阶段中，正十八醇的分子看起来像"平躺"在表面上，而在第二阶段中，分子会垂直地离开表面。随着溶剂分子的长度越来越接近溶质分子长度，微量热信号也会随之增加。因此，Groszek 得出结论：即吸附层的稳定性会随着混合膜（溶剂+溶质）的形成而增加，并且该混合膜是由相似尺寸的分子组成的。

研究发现，在聚合物吸附的情况下，链长会起主要作用。在研究过程中，可以使用微量热法来测定聚合物中与表面接触的"卧式（train）"部分的比例（见图 4.20）。这个方法的使用是基于以下假设：即"环式（loop）"和"尾式（tail）"都离表面太远，以至于不会对测定的 $\Delta_{dpl}h$ 产生贡献，另外，单体的置换焓也可以作为合适的参照（Cohen-Stuart 等，1982; Killman 等，1983; Denoyel 等，1990）。研究还发现，这种方法比较适用于大孔硅胶与聚乙二醇（相对分子量在

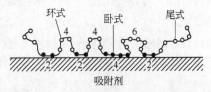

图 4.20　吸附链卧式-环式-尾式构型
（引自 Fleer 等，1993）

400～4000000 之间）的实验中（Trens 和 Denoyel, 1993）。

尽管各段的每摩尔 $\Delta_{dpl}\dot{h}$ 都很小（约 3kJ·mol^{-1}；M 段：44g·mol^{-1}），但是它们也表明了：①在低覆盖度下，不管其长度如何，分子均以平面构象吸附；②随着覆盖率的增加，分子会慢慢"站立"起来；③分子中必须包含 5～10 段，这样才可以形成一个完整的"环"以及第二个"卧式"部分；④当覆盖率低于 0.5 时，那些超过 500 段的聚合物只能通过置换先前吸附的分子来进行吸附。

（5）吸附过程中的样品改性

最后值得注意的是，在吸附过程中可能会发生样品的改性。例如当在 40℃以及 1% NaCl 存在条件下，在非离子表面活性剂（具有 9～10 个乙氧基的非酚氧乙烯）上吸附高岭土时会发生样品的改性。在这种情况下，根据得到的结果可知吸附等温线存在两个阶段，并且只有一个阶段呈现出正常的 L 形吸附等温线。首先这是因为水被表面活性剂置换，其次是因为高岭土片状结构在表面活性剂和盐的作用下部分开放和水合（Rouquerol 和 Partyka, 1981）。

事实上，研究者们更多的是研究吸附对悬浮液稳定性的影响。这可能是有利的（例如，通过改变颗粒的表面电荷或通过增加颗粒之间的距离），也有可能是不利的。例如在非离子表面活性剂 TX-100 和二氧化硅悬浮液中就发现了不利影响，结果表明吸附可以通过桥连机制进行絮凝从而产生胶束状聚集体（Giordano-Palmino 等, 1994）。这就很好地证明了如下结论：当覆盖率为 0.5 时，絮凝速率最快，并且该理论可以帮助预测最佳的桥连絮凝量（La Mer, 1966; Kitchener, 1972）。

4.3.4.2 表面积的评估

多年来，溶液吸附测量已经变成了测定某些多孔材料（如活性炭）表面积的常规方法了。特别是当吸附剂不能被脱气时，或者当实验室所用的分析技术专门用于研究溶液时，这个方法还是会被作为主要的研究方法。

为此，很多吸附物的稀溶液都被用于该研究，其中包括碘（Kipling, 1965; Puri 和 Bansal, 1965; Molina-Sabio 等, 1985; Fernandez-Colinas 等, 1989）、硝基苯酚（Giles 和 Nakhwa, 1962; Lopez-Gonzalez 等, 1988）、水杨酸（Fernandez-Colinas 等, 1991a,b）、各种表面活性剂（Somasundaran 和 Fuerstenau, 1966）、亚甲基蓝［由来已久以来，例如见 Tewari（2001）］和环氧乙烷链［用于研究膨胀黏土（Shen, 2002）］。另外还有烃溶液中的有机分子例如月桂酸（de Boer 等, 1962）。当用 0.4 mol·L^{-1} 水溶液吸附苯酚时，Stoeckli 等（2001a, 2001b）、Centeno 和 Stoeckli（2010）提出了一个有趣的方法：他们通过浸润式量热法来进行吸附，并把得到的浸润焓转换为面积，因此得到浸润在苯酚溶液中的多孔碳面积浸润焓为 109 mJ·m^{-2}。Caffeine 同样也把这个方法应用到碳中，得到面积浸润焓为 113 mJ·m^{-2}（Stoeckli, 1995）。关于这个方法还会在 4.2.3 节中作进一步的讨论。

目前研究者们已经在固/液吸附体系中发现了许多不同类型的吸附等温线，具体分类如 Giles 等（1960）所示。如果用平衡浓度 c 代替 p/p^o，那么其中很多会表现出典型的 I 型吸附等温线（见图 1.4）。在这些情况下，在 c 的有限范围内，通常可以应用 Langmuir 形式的经验方程：

$$n/n_L = bc/(1+bc) \tag{4.80}$$

式中，n 为浓度 c 时的溶质吸附量（每克吸附剂）；n_L 为曲线平稳时的吸附量（每克吸附剂）；b 为经验常数。

尽管如此，还是应该注意，只有在以下情况下才会使用上述方程：①没有足够的实验点来使曲线达到平稳；②从先前的吸附系统的信息中知道曲线会达到平稳。否则，当得到 I 型吸附等温线时，曲线的高度就是 n_L 的值。此外，就算得到的 I 型吸附等温线相似，这并不意味着溶液/固体吸附和气体/固体吸附中所涉及的机理相同。当吸附剂为微孔物质时，对于气态物理吸附来说，I 型等温线与微孔填充有关。对于其他的吸附剂来说，I 型溶质等温线的平台似乎符合经典 Langmuir 解释。但是由于种种原因，这种方法并不会一直对吸附剂整体表面积进行有效评估。实际上，溶质分子通常比常规使用的气体分子（N_2，Ar）更容易与表面产生相互作用。并且，实验中所使用的吸附剂表面往往都是不均匀的，因此使得实际情况更加复杂。因此，溶质的表观分子面积可能取决于暴露位点的化学性质。此外，吸附相的结构不仅取决于吸附分子之间的相互作用（如氢键），还会取决于溶剂的结合。

由于溶液的吸附是溶剂和溶质之间的竞争现象，因此人们很容易认为它比单一气体的吸附更难解释。

1962 年，de Boer 和他的同事证明了溶剂在吸附中的作用。他们对活性氧化铝上月桂酸的吸附进行了研究，发现在溶剂竞争中竞争效果最明显的是二乙醚，其次是苯，而戊烷的竞争可以忽略不计。在戊烷条件下，月桂酸等温线的平台可以在很宽的浓度范围内延伸。这类等温线具有很高的吸附力，并且这类等温线的产生往往是由于相对较强的吸附剂-吸附物相互作用。然而，溶质单层不可能处于紧密排列状态，分子区域还是会取决于表面化学性质。同样的，研究发现（Gregg 和 Sing，1967）从一种表面到另一种表面，吸附的染料分子的表观分子面积不会是恒定的。因此就会出现以下问题，即在通过溶液吸附测定表面积时该如何选择溶质。一般来说，我们应该选择可以优先吸附在特定类型表面上，并且能够以低浓度覆盖所有表面的溶质。

另外，溶液吸附常常用来表征微孔碳的吸附能力。正如我们将在第 10 章中看到的那样，通过用碘（Fernandez-Colinas 等，1989）或水杨酸（Fernandez-Colinas 等，1991a,1991b）等溶质进行的测量结果表明，在研究过程中我们可以通过扩展方法分析来自溶液数据的吸附并评估微孔体积和外表面积。

4.3.4.3　孔径的评估

在第 9 章 9.3.2 节中将会从具有不同形状和尺寸有机分子的吸附着手，并详细介绍如何对微孔率进行评估。

参考文献

Adamson, A. W., 1967. The Physical Chemistry of Surfaces, second ed. Interscience, New York.

Ash, S.G., Brown, R., Everett, D.H., 1973. J. Chem. Thermodyn. 5, 239.

Atkinson, D., Mc Leod, A.I., Sing, K.S.W., Capon, A., 1982. Carbon. 20 (4), 339.

Bartell, F.E., Suggitt, R.M., 1954. J. Phys. Chem. 58, 36.

Benko, M., Puskas, S., Kiraly, Z., 2013. Adsorption. 19, 71.

Bertoncini, C., Raffaelli, J., Fassino, L., Odetti, H.S., Bottani, E.J., 2003. Carbon. 41, 1101.

Briant, J., Cuiec, L., 1972. Comptes-Rendus du 4ème Colloque ARTEP, Rueil-Malmaison, 7-9 Juin 1971. Technip, Paris.

Brunauer, S., Kantro, D.L., Weise, C.H., 1956. Can. J. Chem. 34, 1483.

Cases, J.M., 1979. Bull. Minéral. 102, 694.

Centeno, T.A., Stoeckli, F., 2010. Carbon. 48, 2478.

Chessick, J.J., 1962. J. Phys. Chem. 66, 762.

Chessick, J.J., Young, G.J., Zettlemoyer, A.C., 1954. Trans. Faraday Soc. 50, 587.

Chessick, J.J., Zettlemoyer, A.C., Healey, F.H., Young, G.J., 1955. Can. J. Chem. 33, 251.

Cohen-Stuart, M.A., Fleer, G.J., Bijsterbosch, B.H., 1982. J. Colloid Interface Sci. 90, 321.

de Boer, J.H., Houben, G.M.M., Lippens, B.C., Meij, W.D., Walgrave, W.K.A., 1962. J. Catal. 1, 1.

Defay, R., 1941. Des diverses façons de définir l'adsorption, Mém. Ac. R. Belg. Cl. Sci., Brussels.

Defay, R., Prigogine, I., 1951. Tension Superficielle et Adsorption. Desoer-Dunod, Liège-Paris.

Denoyel, R., 2004. Nanoporous Materials, Series on Chemical Engineering, Vol. 4. p. 727.

Denoyel, R., Rouquerol, F., Rouquerol, J., 1982. In: Rochester, C. (Ed.), Adsorption from Solution. Academic Press, London.

Denoyel, R., Rouquerol, F., Rouquerol, J., 1987. In: Liapis, A.I. (Ed.), Fundamentals of Adsorption. Engineering Foundation, American Institute of Chemical Engineers, New York, p. 199.

Denoyel, R., Durand, G., Lafuma, F., Audebert, R., 1990. J. Colloid Interface Sci. 139 (1), 281.

Denoyel, R., Fernandez-Colinas, J., Grillet, Y., Rouquerol, J., 1993. Langmuir. 9, 515.

Denoyel, R., Beurroies, I., Vincent, D., 2002. J. Therm. Anal. Calorim. 70, 483.

Denoyel, R., Beurroies, I., Lefevre, B., 2004. J. Petrol. Sci. Eng. 45, 203.

de Ridder, D.J., Verliefde, A.R.D., Schoutteten, K., van der Linden, B., Heijman, S.G.J., Beurroies, I., Denoyel, R., Amy, G.L., van Dijk, J.C., 2013. Carbon. 53, 153.

Dewar, J., 1904. Proc. R. Soc. A (Lond.). 74, 122.

Douillard, J.M., Zoungrana, T., Partyka, S., 1995. J. Petrol. Sci. Eng. 14, 51.

Einstein, A., 1901. Ann. der Physik. 4, 513.

El-Sayed, Y., Bandosz, T.J., 2004. J. Colloid Interface Sci. 273, 64.

Elton, G.A.H., 1951. J. Chem. Soc. 2958, .

Everett, D.H., 1972. Pure Appl. Chem. 31 (4), 579.

Everett, D.H., 1973. Specialist Periodical Reports. Colloidal Science, Vol. 1. The Chemical Society, London, p. 51.

Everett, D.H., 1986. Pure Appl. Chem. 58 (7), 967.

Everett, D.H., Findenegg, G.H., 1969. J. Chem. Thermodyn. 1, 573.

Everett, D.H., Powl, J.C., 1976. J. Chem. Soc. Faraday Trans. I. 72, 619.

Everett, D.H., Langdon, A.G., Maher, P., 1984. J. Chem. Thermodyn. 16, 98.

Fadeev, A.Y., Eroshenko, V., 1997. J. Colloid Interface Sci. 187, 275.

Fernandez-Colinas, J., Denoyel, R., Rouquerol, J., 1989. Adsorpt. Sci. Techol. 6, 18.

Fernandez-Colinas, J., Denoyel, R., Grillet, Y., Vandermeersch, J., Reymonet, J.L., Rouquerol, F., Rouquerol, J., 1991a. In: Mersmann, A.B., Scholl, S.E. (Eds.), Fundamentals of Adsorption Ⅲ. Engineering Foundation, New York, p. 261.

Fernandez-Colinas, J., Denoyel, R., Rouquerol, J., 1991b. In: Rodriguez-Reinoso, F., Rouquerol, J., Sing, K.S.W., Unger, K.K. (Eds.), Characterization of Porous Solids Ⅱ. Elsevier, Amsterdam, p. 399.

Figueiredo, J.L., Sousa, J.P.S., Orge, C.A., Pereira, M.F.R., Orfao, J.J.M., 2011. Adsorption. 17, 431.

Fleer, G.J., Cohen-Stuart, M.A., Scheutjens, J.M.H.M., Cosgrove, T., Vincent, B., 1993. Polymers at Interfaces. Chapman and Hall, London, p. 31.

Franz, M., Arafat, H.A., Pinto, N.G., 2000. Carbon. 38, 1807.

Furuishi, R., Ishii, T., Oshima, Y., 1982. Thermochim. Acta. 56, 31.

Giles, C.H., Nakhwa, S.N., 1962. J. Appl. Chem. 12, 266.

Giles, C.H., Mac Ewan, T.H., Nakhwa, S.N., Smith, D., 1960. J. Chem. Soc. 3973.

Giordano-Palmino, F., Denoyel, R., Rouquerol, J., 1994. J. Colloid Interface Sci. 165, 82.

Giraldo, L., Moreno-Pirajan, J.C., 2007. J. Therm. Anal. Calorim. 89, 589.

Golub, T.P., Koopal, L.K., Sidorova, M.P., 2004. Colloid J. 66, 38.

Gomez, F., Denoyel, R., Rouquerol, J., 2000. Langmuir. 16, 3474.

Gonzalez, M.T., Sepulveda-Esoribano, A., Molina-Sabio, M., Rodriguez-Reinoso, F., 1995. Langmuir. 11, 2151.

Gonzalez-Garcia, S., Dios Cancela, G., 1965. Studia Chemica I, Salamancap. 37.

Gregg, S.J., Sing, K.S.W., 1967. Adsorption, Surface Area and Porosity, first ed. Academic Press, London.

Groszek, A.J., 1965. Chem. Ind. 482.

Groszek, A.J., 1966. Lubrication Sci. Technol. 9, 67.

Groszek, A.J., 1970. ASLE Trans. 13, 278.

Guedidi, H., Reinert, L., Levêque, J.M., Soneda, Y., Bellakhal, N., Duclaux, L., 2013. Carbon. 54, 132.

Guggenheim, E.A., Adam, N.K., 1933. Proc. R. Soc. 139, 218.

Harkins, W. D., 1952. The Physical Chemistry of Surface Films. Reinhold Publishing, Division, New York, p. 262.

Harkins, W.D., Boyd, G.E., 1942. J. Am. Chem. Soc. 64, 1195.

Harkins, W.D., Dahlstrom, R., 1930. Ind. Eng. Chem. 22, 897.

Harkins, W.D., Jura, G., 1944. J. Am. Chem. Soc. 66, 1362.

Haydar, S., Ferro-Garcia, M.A., Rivera-Utrilla, J., Joly, J.P., 2003. Carbon. 41 (3), 387.

Healey, F.H., Yu, Y.F., Chessick, J.J., 1955. J. Phys. Chem. 59, 399.

Hill, T.L., 1949. J. Chem. Phys. 17, 520.

Husbands, D.I., Tallis, W., Waldsax, J.C.R., Woodings, C.R., Jaycock, M.J., 1971. Powder Technol. 5, 31.

Iler, R.K., 1979. The Chemistry of Silica. Wiley, New York.

Jaycock, M.J., Parfitt, G.D., 1981. Chemistry of Interfaces. John Wiley, Chichester.

Jehlar, P., Romanov, A., Biros, P., 1979. Thermochim. Acta. 28, 188.

Jura, G.J., Hill, T.L., 1952. J. Am. Chem. Soc. 74, 1598.

Kharitonova, T.V., Ivanova, N.I., Summ, B.D., 2005. Colloid J. 67 (2), 242.

Killman, E., Korn, M., Bergmann, M., 1983. In: Ottewill, R.H., Rochester, C.H., Smith, A.L.S. (Eds.), Adsorption from Solution. Academic Press, London, p. 259.

Kipling, J.J., 1965. Adsorption from Solutions of Non-Electrolytes. Academic Press, London.

Kipling, J.J., Tester, D.A., 1952. J. Chem. Soc. 4123.

Kiraly, Z., Dekany, I., 1989. J. Chem. Soc. Faraday Trans. I 85, 3373.

Kitchener, J.A., 1972. Brit. Polym. J. 4, 27.

Konya, J., Nagy, N.M., 2013. Adsorption. 19, 701.

Kurbanbekov, E., Larionov, O.G., Chmutov, K.V., Yudelevich, M.D., 1969. Russ. Phys. Chem. 43, 916.

La Mer, V.K., 1966. Discuss. Farday Soc. 42, 248.

Laffitte, M., Rouquerol, J., 1970. Bull. Soc. Chim. Fr. 3335.

Laporte, F., 1950. Ann. Phys. 5, 5.

Liphard, M., Glanz, P., Pilarski, G., Findenegg, G.H., 1980. Progr. Colloid Polym. Sci. 67, 131.

Lopez-Gonzalez,J.,de,D.,Valenzuela-Calahorro,C.,Navarrete-Guijosa,A.,Gomez-Serrano,V., 1988. An. Quim. 84B, 47.

Lyklema, J., 1995. Fundamentals of Interface and Colloid Science. I Fundamentals. Ⅱ. Solidl-iquid Interfaces. Academic Press, London.

Mackrides, A.C., Hackerman, N., 1959. J. Phys. Chem. 63, 594.

Magnan, R., 1970. Am. Ceram. Soc. Bull. 49 (3), 314.

Mattson, J.S., Mark Jr., H.B., Malbin, M.D., Weger Jr., W.J., 1969. J. Colloid Interface Sci. 31 (1), 116.

Medout-Marere, V., Malandrini, H., Zoungrana, T., Douillard, J.M.,Partyka, S., 1998. J.Petrol. Sci. Eng. 20, 223.

Micale, F.J., Topic, M., Cronan, C.L., Leidheiser Jr., H., Zettlemoyer, A.C., 1976. J. Colloid Interface Sci. 55 (3), 540.

Mills, I., Cvitas,T., Homann, K., Kallay,N., Kuchitzu, K.,1993. Quantities, Units and Symbols in Physical Chemistry. IUPAC, Blackwell Scientific Publication, London, p. 42.

Molina-Sabio, M., Salinas-Martinez de Lecea, C., Rodriguez-Reinoso, F., Peunte-Ruiz, C., Linares-Solano, A., 1985. Carbon. 23, 91.

Moreno-Pirajan, J.C., Giraldo, G.L., Gomez, O.A., 1996. Thermochimica Acta. 290, 1.

Nagy, L.G., Schay, G., 1963. Acta Chim. Acad. Sci. Hung. 39, 365.

Nègre, J.Cl., 1984. Thèse Université de Provence, Marseille.

Nègre, J.Cl., Denoyel, R., Rouquerol, F., Rouquerol, J., 1985. Actes des Journées de Calorimétrie et d'Analyse Thermique (J.C.A.T.), Marseille.

Nevskaia, D.M., Castillejos, E.-L.E., Guerrero, A., Munoz, V., 2004. Carbon. 42, 653.

Nowell, D.V., Powell, M.W., 1991. J. Therm. Anal. 37, 2109.

Nunn, C., Everett, D.H., 1983. J. Chem. Soc. Faraday Trans. I. 79, 2953.

Nunn, C., Schlechter, R.S., Wade, W.H., 1981. J. Coll. Interface Sci. 80, 598.

Ocampo-Perez, R., Leyva-Ramos, R., Sanchez-Polo, M., Rivera-Utrilla, J., 2013. Adsorption. http://dx.doi.org/10.1007/s10450-013-9502-y.

Partyka, S., Rouquerol, F., Rouquerol, J., 1975. In: Proceedings of the 4th International Conference on Chemical Thermodynamics of IUPAC, Montpellier, CRMT Marseille, vol.7, p.46.

Partyka, S., Rouquerol, F., Rouquerol, J., 1979. J. Colloid Interface Sci. 68 (1), 21.

Partyka, S., Keh, E., Lindheimer, M., Groszek, A., 1989. Colloid. Surf. 37, 309.

Pouillet, M.C.S., 1822. Ann. Chim. Phys. 20, 141.

Puri, B.R., Bansal, R.C., 1965. Carbon. 3, 227.

Radovic, L.R., Moreno-Castilla, C., Rivera-Utrilla, J., 2001. In: In: Radovic, L.R. (Ed.), Chemistry and Physics of Carbon, Vol. 27. Dekker, New York, p. 227.

Robert, L., 1967. Bull. Soc. Chim. Fr. 7, 2309.

Robert, L., Brusset, H., 1965. Fuel. 44, 309.

Rodriguez-Reinoso, F., 1998. Carbon. 36, 159.

Rodriguez-Reinoso, F., Molina-Sabio, M., Gonzalez, M.J., 1997. Langmuir. 13, 2354.

Rouquerol, J., 1985. Thermochim. Acta. 95, 337.

Rouquerol, J., Partyka, S., 1981. J. Chem. Tech. Biotechnol. 31, 584.

Rouquerol, J., Rouquerol, F., Grillet, Y., Torralvo, M.J., 1984. In: Myers, A., Belfort, G. (Eds.), Fundamentals of Adsorption. Engineering Foundation, New York, p. 501.

Rouquerol, J., Llewellyn, P., Navarrete, R., Rouquerol, F., Denoyel, R., 2002. Stud. Surf. Sci. Catal. 144, 171.

Santiago, M., Stüber, F., Fortuny, A., Fabregat, A., Font, J., 2005. Carbon. 43, 2134.

Schay, G., 1970. In: Everett, D.H., Otterwill, R.H. (Eds.), Surface Area Determination. Butterworth, London, p. 273.

Schay, G., Nagy, L.G., 1961. J. Chim. Phys. 140.

Schay, G., Nagy, L.G., 1972. J. Colloid Interface Sci. 38 (2), 302.

Schay, G., Nagy, L.G., Racz, G., 1972. Acta Chim. Acad. Sci. Hung. 71, 23.

Schröder, J., 1979. J. Coll. Interface Sci. 72 (2), 279.

Schultz, J., Tsutsumi, K., Donnet, J.B., 1977. J. Colloid Interface Sci. 59 (2), 272.

Sharma, S.G., Fort, T., 1973. J. Coll. Interface Sci. 43, 36.

Shen, Y.H., 2002. Chemosphere. 48, 1075.

Silvestre-Albero, J., Gomez de Salazar, C., Sepulveda-Escribano, A., Rodriguez-Reinoso, F., 2001. Colloids Surf. A. 187-188, 151.

Somasundaran, P., Fuerstenau, D.W., 1966. J. Phys. Chem. 70, 90.

Stoeckli, F., 1995. In: Patrick, J. (Ed.), Porosityin Carbons-Characterization and Applications. Arnold, London, p. 67.

Stoeckli, F., Centeno, T.A., 1997. Carbon. 35 (8), 1097.

Stoeckli, F., Centeno, T.A., 2005. Carbon. 43, 1184.

Stoeckli, F., Lopez-Ramon, M.V., Moreno-Castilla, C., 2001a. Langmuir. 17, 3301.

Stoeckli, F., Lopez-Ramon, M.V., Hugi-Clearly, D., Guillot, A., 2001b. Carbon. 39, 1115.

Su, F., Lu, C., Hu, S., 2010. Colloids Surf. A: Physicochem. Eng. Asp. 353, 83.

Taylor, A.G., 1965. Chemistry and Industry, 2003.

Taraba, B., 2012. J. Therm. Anal. Calorim. 107, 923.

Tewari, B.B., 2001. Russ. J. Gen. Chem. 71 (1), 33.

Trens, P., Denoyel, R., 1993. Langmuir. 9, 519.

Trens, P., Denoyel, R., 1996. Langmuir. 12, 2781.

Trompette,J.L.,1995.Thèse Université des Scienceset Techniques du Languedoc, Montpellier.

Vanderdeelen, J., Rouquerol, J., Baert, L., 1972. In: Thermochimie, Coll. Intern. CNRS, Paris.

van Oss, C.J., 2006. Interfacial Forces in Aqueous Media, second ed. CRC Press, Boca Raton.

van Oss, C.J., Good, R.J., Chaudhury, M.K., 1988. Langmuir. 4, 884.

Villar-Rodil, S., Denoyel, R., Rouquerol, J., Martinez-Alonso, A., Tascon, J.M.D., 2002a. Carbon. 40, 1376.

Villar-Rodil, S., Denoyel, R., Rouquerol, J., Martinez-Alonso, A., Tascon, J.M.D., 2002b. J. Colloid Interface Sci. 252, 169.

Wade, W.H., Hackerman, N., 1960. J. Phys. Chem. 64, 1196.

Wade, W.H., Hackermann, N., 1964. Adv. Chem. Ser. 43, 222.

Wade, W.H., Hackermann, N., Cole, H.D., Meyer, D.E., 1961. Adv. Chem. Ser. 33, 35.

Watanabe, H., Seto, J., 1988. Bull. Chem. Soc. Japan. 61, 3067.

Whalen, J.W., 1961a. J. Phys. Chem. 65, 1676.

Whalen, J.W., 1961b. Adv. Chem. Ser. 33, 281.

Whalen, J.W., 1962. J. Phys. Chem. 66, 511.

Whalen, J.W., Lai, K.Y., 1977. J. Colloid Interface Sci. 59 (3), 483.

Widyani, E., Wightman, J.P., 1982. Colloids Surf. 4, 209.

Williams, A.M., 1913. Medd. k. Veteskapsakad. Nobelinst. 2, 27.

Yavari, R., Huang, Y.D., Ahmadi, S.J., 2011. J. Radioanal. Nucl. Chem. 287, 393.

Young, G.J., Bursh, T.P., 1960. J. Colloid Interface Sci. 15, 361.

Young, G.J., Chessick, J.J., Healey, F.H., Zettlemoyer, A.C., 1954. J. Phys. Chem. 58, 313.

Zettlemoyer, A.C., 1965. Ind. Eng. Chem. 57, 27.

Zettlemoyer, A.C., Chessick, J.J., 1964. Adv. Chem. Ser. 43, 88.

Zettlemoyer, A.C., Narayan, K.S., 1967. In: In: Flood, E.A. (Ed.), The Solid-Gas Interface, Vol. 1. Marcel Dekker, Inc., New York, p. 158.

Zettlemoyer, A.C., Young, G.J., Chessick, J.J., Healey, F.H., 1953. J. Phys. Chem. 57, 649.

Zettlemoyer, A.C., Chessick, J.J., Hollabaugh, C.M., 1958. J. Phys. Chem. 62, 489.

Zimmermann, R., Wolf, G., Schneider, H.A., 1987. Colloids Surf. 22, 1.

Zoungrana, T., Douillard, J.M., Partyka, S., 1994. J. Therm. Anal. 41, 1287.

第 5 章 | 气/固界面上物理吸附等温线的经典阐述

Kenneth S.W. Sing, Françoise Rouquerol, Jean Rouquerol

Aix Marseille University-CNRS, MADIREL Laboratory, Marseille, France

5.1 引言

　　本章的目的是回顾气/固界面物理吸附的经典理论和经验等温方程的应用。这里不对物理吸附理论进行全面介绍，而是希望能为表面科学的初学者提供足够的信息，以便了解这些方法的优点和局限之处，虽然这些方法现在仍然广泛应用于实验数据分析。我们所选择的理论材料是基于有关物理吸附的大量文献基础之上，而选择特定概念或方程是基于其历史重要性或其当前使用情况。因此，对于纳入本章的一些方程，虽属于我们介绍的范围，但在后续章节不作进一步讨论或应用。对于更详细的历史发展，可在 McBain（1932）、Brunauer（1945）、Young 和 Crowell（1962）等的著作中找到。本章将不讨论毛细冷凝现象，因为毛细冷凝涉及液体状弯月面的形成。关于介孔填充的物理吸附，将在第 8 章涉及介孔材料的表征和介孔尺寸分布的评估中讨论。此外，涉及微孔填充的机理将主要在第 9 章中讨论。

5.2 纯气体的吸附

5.2.1 与吉布斯吸附方程相关的方程：在可用表面上或微孔中的吸附相的描述

　　如第 2 章所述，吸附相可以通过扩散压力 π 来表征，这对应了由于吸附所致的吸附剂的表面张力的降低［参见式（2.22）］。扩散压力取决于表面过剩浓度 $\Gamma(= n^\sigma/A)$。吉布斯吸附方程［式（2.34）］给出了它对平衡压力 p 的依赖关系。这个方程方便我们从实验吸附等温线中推导出 π 和 Γ 之间的关系。

5.2.1.1 理想吸附相——亨利定律

从第 2 章可知，在压力足够小的情况下，表面过剩量 n 随压力 p 呈线性增加，可以利用亨利定律：

$$n = k_H p \tag{5.1}$$

式中，k_H 为亨利常数，其值取决于 n 和 p 的单位。在该条件下，Gibbs 吸附方程（2.34）变为：

$$\pi a = nRT \tag{5.2}$$

式中，a 为吸附剂的比表面积。

这种关系适用于任何非常低的表面过剩浓度体系，它可以被认为是一种理想的二维（2D）吸附气体状态方程。对吸附相这个行为的最简单解释，是在这个最低压力范围内，假设吸附相的吸附分子彼此独立。

方程（2.68）中亨利常数随温度变化可得，在"零"覆盖范围内可以测得吸附焓变，

$$\Delta_{ads}\dot{h}_0 = RT^2[\partial(\ln\{k_H\})/\partial T]_n \tag{5.3}$$

如果 $\Delta_{ads}h_0$ 在所研究的温度范围内保持恒定，就可以通过 $\ln\{k_H\}$ 对 $1/T$ 的变化关系得到 $\Delta_{ads}\dot{h}_0$。这是吸附剂在最高活性位点的吸附焓（k_H 与气-固相互作用有关）。

在最简单的情况下，在光滑且能量均匀的表面吸附球形非极性分子，k_H 由构造积分给出：

$$k_H = \frac{a}{kT}\int_V \{\exp[-\phi(z)/kT]-1\}dz \tag{5.4}$$

式中，$\phi(z)$ 是吸附势能，此势能是被吸附分子至表面间距离的函数。在这种情况下，假设了 ϕ 是独立于 xy 平面的（即平面平行于表面），但在更常见的处理中还是需要引入位置向量的。

正如 Everett（1970）指出的，对于"均相"微孔固体的简单非极性气体物理吸附的特殊情况，可以结合亨利常数 k_H 和吸附势能 ϕ，给出与等式（5.4）相类似的表达。假设 ϕ 在每个孔内是恒定不变的，可得出：

$$k_H = \frac{v_p}{RT}\left[\exp\left(-\frac{\phi}{kT}\right)-1\right] \tag{5.5}$$

式中，v_p 是比孔体积。

因为初始的微孔填充与高吸附亲和力有关，所以在较低孔隙填充比率下吸附等温线极容易在升高的温度下进行测定。

遗憾的是，许多微孔吸附剂表现出的能量异质性导致了等温线曲率的产生，即

使在记录的最低压力下也存在。然而，有几种结晶分子筛具有明显的规则管状孔，它们在大约 300 K 的温度下，在较宽的压力范围内，能够给出线性的氮气等温线（Reichert 等，1991）。在这些情况下，吸附能在一定的孔填充率范围内几乎恒定，这与亨利定律一致。

5.2.1.2　非理想吸附相

（1）Virial 方程

虽然一些物理吸附等温线记录了最初的亨利定律区域，但就如 Rudzinski 和 Everett（1992）所述，也有一些等温线在最低压力下出现线性偏离。相对于该区域的吸附轴来说，凸曲率可能是出于表面异质性或微孔性的影响。尤其是特定的吸附剂-吸附质相互作用通常与能量异质性相关，所以相应的等温线在低表面覆盖率下趋于非线性也就不足为奇。某些情况下，在非常低的 p/p^o 时会有一个明显的小弯曲，而在较高的 p/p^o 范围时，等温线的线性特征变得更明显。如果吸附能量的数据也可用，就可以确定弯曲是否与表面小比率的高能吸附有关，还可确定吸附质-吸附质的相互作用在线性范围内是否可测。

已有许多不同的经验方程认可物理吸附等温线偏离亨利定律（参见 Brunauer，1945；Rudzinski 和 Everett，1992）。类似于在处理非理想气体和非理想溶液中使用的方法是 Virial（维里）定律。Kiselev 和他的同事（Avgul 等，1973）给出了等式：

$$p = n \exp(C_1 + C_2 n + C_3 n^2 + \cdots) \tag{5.6}$$

式中，系数 C_1、C_2、C_3 等是在给定的气-固体系和温度下的特征常数。另一种在某些方面更有用的线性等式（Cole 等，1974）是：

$$\ln\{n / p\} = K_1 + K_2 n + K_3 n^2 + \cdots \tag{5.7}$$

因此，通过外推 $\ln\{n/p\}$ 对 n 的维里图，可以获得 k_H，即：

$$k_H = \lim_{p \to 0}(n / p) \tag{5.8}$$

采用式（5.7）的优点是半对数图的线性能够延伸到亨利定律的极限之外，因而通过外推法对 k_H 估值就更加可靠。

维里定律提供了分析吸附等温线低覆盖区域的一般方法，其应用不受特定机理和体系的限制。如果吸附剂表面的结构易于确定，维里定律就能为吸附数据的统计力学分析提供良好基础（Pierotti 和 Thomas，1971；Steele，1974）。如上所述，式（5.7）中的 K_1 与 k_H 和一定条件下的气固相互作用直接相关。

对于微孔吸附剂，如果等温曲率不太大，$\ln\{n/p\}$ 对 n 的简单维里图就提供了得到 k_H 的一种有用方法。虽然这些曲线的线性范围通常局限于很低的 n 值，但对 k_H 的估值还可通过式（5.6）的外推和应用来实现（Cole 等，1974；Carrott 和 Singm,

1989）。

Avgul 和 Kiselev（1970），Barrer（1978）和其他人（Ruthven，1984）使用维里方程分析了分子筛沸石的物理吸附数据。在他们对惰性气体和低链烃的吸附研究中，Avgul 等（Avgul 等，1973）证明了，方程（5.6）在低孔隙填充/表面覆盖率下，可以应用于 X 型沸石和石墨化碳的等温线。从经验角度来看，这证实了维里等式对吸附数据分析的实用性，但它不能解决在较高系数下所涉及的问题（Rudzinski 和 Everett，1992）。

式（5.6）和式（5.7）中的高阶系数更复杂，而且依赖于吸附分子与吸附剂间的"混合"相互作用。虽然表面异质性所致的难题引起了广泛关注（Rudzinski 和 Everett，1992），但对维里方程相关系数的理论解释至今仍悬而未决。

（2）Hill-de Boer 方程

若将吸附单层图像化为二维（2D）非理想气体，则可采用范德华方程的二维（2D）形式，其中气体压力可被扩散压力代替，体积可被表面积代替（参见 de Boer, 1953; Young 和 Crowell, 1962; Ross 和 Olivier, 1964; Gregg 和 Sing, 1967）。这样再结合吉布斯吸附方程［式（2.34）］，de Boer (1968) 得出下面的方程：

$$p = \frac{\theta}{k_H(1-\theta)}\exp\left(\frac{\theta}{1-\theta}-k_2\theta\right) \tag{5.9}$$

式中，θ 是表面覆盖率；k_H 是亨利常数；k_2 是第二个经验常数。Hill 独立提出了类似方程式，因此方程（5.9）通常被称为 Hill-de Boer 方程。

方程（5.9）可以重新排列以给出线性等式：

$$k_2\theta + \ln k_H = \frac{\theta}{1-\theta} + \ln\left(\frac{\theta}{1-\theta}\right) - \ln\{p\} \equiv W(p,\theta)$$

因此，通过 W 对 θ 作图可得 k_H 和 k_2。然而，因为 $\theta = n/n_m$，这显然需要首先确定单层容量，n_m。

我们已观察到石墨化炭黑的表面极其均匀，因此期望它是测试 Hill-de Boer 方程的有效合适基底。许多研究者（Ross 和 Olivier, 1964; Broekhoff 和 van Dongen, 1970）报道了方程（5.9）的可观拟合范围，但在 $\theta = 0.5$ 以上通常不能实现（Sing, 1973）。

Broekhoff 和 van Dongen（1970）认为采用 Brunauer-Emmett-Teller（BET）单层容量计算 θ 值不合适。相反，他们提出可以选择三个可调参数（θ, k_H 和 k_2）的适当值以获得最佳拟合。采用这种方法，等式（5.9）便可认为是一种有用的经验等式，并可适用于石墨化碳上宽范围的吸附等温线。

依据 Ross 和 Olivier（1964）最初的方法，扩展 Hill-de Boer 方程应用至不均匀的表面已进行了若干尝试。这种表面可被描绘为小而均匀的斑块集合。Hill-de Boer 方程用于描述每个"同位体"上的等温线形式，然后采用重量总和给出异质表面的复合等温线。这种方法引起了人们对气体物理吸附的表面异质性效应的广泛兴趣（Rudzinski 和 Everett, 1992）。

5.2.2　Langmuir 理论

5.2.2.1　Langmuir 模型：理想的局部单层吸附

Langmuir 提出了多种吸附机理，这些机理都基于有限吸附位点可形成表面"化学组合"的想法（Langmuir, 1918）。这些机理包括的类型有：①只有一种吸附位点；②多种吸附位点；③吸附表面是无定形的并呈连续的吸附位点；④每个位点可容纳多个分子；⑤吸附是独立的；⑥可发生多层吸附。

然而，通常被称为 Langmuir 模型的是类型①：也就是说，平坦表面上的吸附仅具有一种类型元素空间，且每个空间只容纳一种吸附分子。显然，Langmuir 的原始模型既不允许孔隙率也没有物理吸附。但是，Langmuir 模型为 BET 方法的发展和其他物理吸附等温方程的精修提供了一个基础。因此理解 Langmuir（1916,1918）提出的气体吸附机理是必需的。

Langmuir 方程的原始推导（Langmuir, 1916）属于动力学范畴。吸附表面被认为是一个 N^s 等价和局部吸附独立位点的阵列（每个位点一个分子）。

N^a 分子占据的比率为 $\theta = \dfrac{N^a}{N^s}$。

从气体动力学理论考虑，吸附速率取决于压力和可吸附区域的比率（$1-\theta$）。解吸速率取决于 θ 和活化能 E（即相当于以正值表示的吸附能）。当吸附和脱附速率相等时，θ 和 p 值达到平衡。因此，净吸附速率为零：

$$\frac{dN^a}{dt} = \alpha p(1-\theta) - \beta\theta\exp\left(-\frac{E}{RT}\right) = 0 \qquad (5.10)$$

式中，α 和 β 是气-固体系的特征常数。

在理想情况下，吸附分子从表面解吸的概率与表面吸附率无关（即在吸附分子之间没有横向相互作用），那么对于特定吸附体系 E 值就恒定。这样的话，等式（5.10）适用于单层吸附的所有情况。重新整理简化等式（5.10），得到熟悉的 Langmuir 等温方程：

$$\theta = bp / (1+bp) \qquad (5.11)$$

式中，b 是吸附系数，与吸附能 E 的正值呈指数关系：

$$b = K\exp(E/RT) \qquad (5.12)$$

指前因子 K 等于吸附和解吸系数的比率，α/β。或者说，b 可以被认为是吸附焓和熵的函数（Everett, 1950; Barrer，1978）。

方程（5.11）显然是一种数学表达形式（如双曲线函数）。在低 θ 下，它就成了亨利定律；在高表面覆盖率时，可得到一个 $\theta \to 1$ 的平台，这对应于单层吸附的完成。与等式（5.11）一样，从经典热力学的角度（参见 Brunauer, 1945）并应用统计力学原理（Fowler, 1935）还可以推导出其他的数学表达方程。

方程（5.11）通常应用于线性表达式

$$p/n = 1/(n_m b) + p/n_m \qquad (5.13)$$

式中，n 是在平衡压力 p 下气体的吸附量；n_m 是单层容量（如前所述，$\theta = n/n_m$）。

尽管 Langmuir 模型是严格应用于化学吸附的理想形式，但也有几个例外的物理吸附体系，给出了明确的平台，这可以归属于单层吸附。如图 5.1（a）所示，氧化铝箔表面可以很好地吸附两种直链醇——$n\text{-}C_3H_7OH$ 和 $n\text{-}C_5H_{11}OH$，能表现出"气相自憎性"（Blake 和 Wade，1971），这极大地抑制了多层吸附。

相应地，图 5.1（b）中给出了两组直链醇（正丙醇和正戊醇）等温线的 Langmuir 线性关系。在其他体系中 Langmuir 拟合通常只有较短范围的线性。然而，该理论另一个重要的要求是吸附量应独立于表面覆盖率。再者，吸附微分熵应根据理想的局部化模型而变化（Everett, 1950）。考虑到本章及后续章节介绍的吸附复杂性，没有真正的物理吸附体系能满足这些条件也不足为奇。此外，基本上所有文献报道的 I 型吸附等温线都是与微孔填充而不是单层覆盖有关。

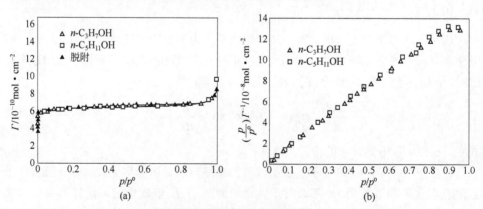

图 5.1　氧化铝箔上的醇吸附等温线和相应的 Langmuir 图

（引自 Blake 和 Wade, 1971）

5.2.2.2　Langmuir 方程

很显然，等式（5.11）的数学表达式与 I 型物理吸附等温线形状是一致的，其中，大多数等温线的特征是具有一个长的、延伸至 $p/p^o{\to}1$ 的水平平台。在气相分离或其他情况下（见 Yang, 1987），应用 Langmuir 方程是方便的，但是我们建议把它作为经验关系来看待。可以写出：

$$\frac{n}{n_L}=\frac{bp}{1+bp}\tag{5.14}$$

式中，参数 n_L 和 b 可被认为是 p 和 T 的起初范围内的经验常数。

需要再次强调，Ⅰ型等温线和线性 Langmuir 图本身没有表明其符合 Langmuir 模型。这就是在本书中，为什么提到的是 Langmuir 方程而不是 Langmuir 理论的应用，以清楚地表明使用这个数学方程并不意味着理论假设是合理的。

5.2.3 多层吸附

5.2.3.1 Brunauer–Emmett–Teller 理论

在 20 世纪 30 年代普遍的认识是，如果相对压力 p/p^o 增加到一定水平，蒸汽的物理吸附不会局限于单分子表面覆盖吸附。1937 年，Emmett 和 Brunauer 给出了经验式结论，说明Ⅱ型等温线中间区域线性范围的开始点很可能对应于单层吸附（见图 5.2 中的点 B）。

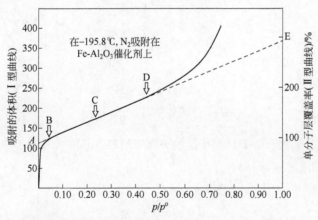

图 5.2　Ⅱ型吸附等温线上的特征点（引自 Emmett 和 Brunauer 等, 1937）

在尝试测定铁合成氨催化剂的表面积时，Emmett 和 Brunauer（1937）测量了许多不同气体处于或接近各自沸点的吸附等温线（N_2 在-196℃；O_2，Ar 和 CO 在-183℃；CO_2 在-78.5℃；n-C_4H_{10} 在 0℃）。基于密堆积的假设，由四个特征点（图 5.2 中的 A，B，C 和 D）计算出假定的比表面积。结果发现，表面积各种定义值之间的一致性是由 B 点的吸附量给出的，这似乎与其他实验证据——特别是 B 点附近吸附的微分能量明显减少这一证据一致。

通过引入一些简化的假设，Brunauer 等（1938）将 Langmuir 机理引入多层吸附并得到了等温线方程（BET 方程），它具有 Ⅱ 型曲线的特征。初始 BET 方法将单分子吸附的 Langmuir 动力学理论引入到饱和蒸气压 p° 下无限多吸附层的形成中。

依据 BET 模型，在一层中被吸附的分子可被认为是下一层分子吸附的位点，在低于饱和蒸气压 p° 的任何压力下，（θ_0，θ_1，θ_2，$\cdots$，θ_i）表示吸附了（0，1，2，$\cdots$，i）层分子的表面吸附率（θ_0 对应完全没有吸附的表面比率）。

如果假设平衡态时，用压力 p 表征出未吸附和已吸附的表面比率 θ_0 和 θ_1 恒定，就可得出未吸附表面的冷凝速率等同于第一层的蒸发速率：

$$a_1 p\theta_0 = b_1\theta_1 \exp\left(-\frac{E_1}{RT}\right) \tag{5.15}$$

式中，a_1 和 b_1 是第一层的吸附和解吸常数；E_1 是第一层中所谓的吸附能正值。假设 a_1，b_1 和 E_1 独立于第一吸附层的吸附分子量；也就是说，如同 Langmuir 机理所述，横向的吸附质-吸附质相互作用并不存在。

同理，在平衡蒸气压 p 下，表面吸附率 θ_2，θ_3，$\cdots$，θ_i 也一定是恒定不变的。因此，可列为：

$$a_2 p\theta_1 = b_2\theta_2 \exp\left(-\frac{E_2}{RT}\right) \tag{5.16}$$

$$a_3 p\theta_2 = b_3\theta_3 \exp\left(-\frac{E_3}{RT}\right) \tag{5.17}$$

$$\vdots \qquad \vdots$$

$$a_i p\theta_{i-1} = b_i\theta_i \exp\left(-\frac{E_i}{RT}\right) \tag{5.18}$$

式中，θ_{i-1} 和 θ_i 分别代表 $i-1$ 层和 i 层的表面吸附率；a_i 和 b_i 是吸附和解吸附常数，且 E_i 是第 i 层的吸附能。

表面吸附率的总和归一化：

$$\theta_0 + \theta_1 + \cdots + \theta_i + \cdots = 1 \tag{5.19}$$

并且，总的吸附量可表达为：

$$\boldsymbol{n} = \boldsymbol{n}_{\mathrm{m}}[1\theta_1 + 2\theta_2 + \cdots i\theta_i + \cdots] \tag{5.20}$$

原则上，每个吸附层具有不同的 a_i、b_i 和 E_i 值，但 BET 等温线方程的推导取决于两个主要假设：

① 在第二层和较高吸附层，吸附能 E_i 与吸附物的液化能 E_L 具有相同的值（即

$E_2 = E_i = E_L$）；

② 多层在 $p/p^\circ = 1$（$i=\infty$）具有无穷大的厚度。

即：

$$\frac{b_2}{a_2} = \frac{b_3}{a_3} = \cdots \frac{b_i}{a_i} = g \tag{5.21}$$

式中，g 是常数，因为所有层（除了第一层）均有相同的特征。

为此，基于 θ_0，θ_1，θ_2，$\cdots$，θ_i 可表述为：

$$\theta_1 = y\theta_0 \quad \left[当 y = \frac{a_1}{b_1} p \exp\left(\frac{E_1}{RT}\right) 时 \right] \tag{5.22}$$

$$\theta_2 = x\theta_1 \quad \left[当 x = \frac{p}{g} \exp\left(\frac{E_L}{RT}\right) 时 \right] \tag{5.23}$$

$$\theta_3 = x\theta_2 = x^2\theta_1 \tag{5.24}$$

$$\vdots \qquad \vdots \qquad \vdots$$

$$\theta_i = x^{i-1}\theta_1 = yx^{i-1}\theta_0 \tag{5.25}$$

我们可定义一个常数 C：

$$C = \frac{y}{x} = \frac{a_1}{b_1} g \exp\left(\frac{E_1 - E_L}{RT}\right) \tag{5.26}$$

则，

$$\theta_i = Cx^i\theta_0 \tag{5.27}$$

因此，可列为：

$$\frac{n}{n_m} = \sum_{i=1}^{\infty} i\theta^i = C\sum_{i=1}^{\infty} ix^i \cdot \theta_0 \tag{5.28}$$

考虑到无限几何级数之和的值：

$$\sum_{i=1}^{\infty} x^i = \frac{x}{1-x} \tag{5.29}$$

且 $\sum_{i=1}^{\infty} ix^i$ 项的值为：

$$\sum_{i=1}^{\infty} ix^i = \frac{x}{(1-x)^2} \tag{5.30}$$

另外，$\theta = 1 - \sum_{1}^{\infty} \theta_i$。

由式（5.27）和式（5.28）可得到：

$$\frac{n}{n_m} = \frac{Cx}{(1-x)(1-x+Cx)} \tag{5.31}$$

如果在饱和蒸气压 p^o 下，吸附层被认为有无限大的厚度，则可得 $x=1$ ［等式 （5.23）］ 和 $x=p/p^o$，因此：

$$\frac{n}{n_m} = \frac{C(p/p^o)}{(1-p/p^o)[1-p/p^o+C(p/p^o)]} \tag{5.32}$$

在常数 C 下以 p/p^o 对 n/n_m 作图时，假如 $C>2$，式（5.32）给出 II 型吸附的曲线形状 （见图 5.3）。很明显，曲线形状（即在 $n/n_m=1$ 附近）取决于 C 值，并随着 C 增加变得 更尖锐。当 $C<2$，但仍为正值时，公式（5.32）是没有拐点且符合 III 型吸附形状的等 温线。

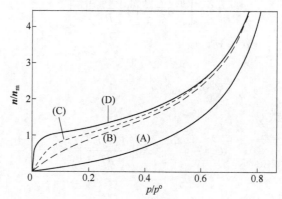

图 5.3　根据公式（5.32）计算的不同 C 值时 n/n_m 对 p/p^o 的曲线
（引自 Gregg 和 Sing, 1982）
(A) $C=1$；(B) $C=10$；(C) $C=100$；(D) $C=10000$

等式（5.32）的线性表达式为：

$$\frac{p}{n(p^o-p)} = \frac{1}{n_m C} + \frac{C-1}{n_m C} \cdot \frac{p}{p^o} \tag{5.33}$$

以 $p/[n(p^o-p)]$ 对 p/p^o 的形式，这个"线性变换的 BET 方程"为描绘实验等温线 BET 图 提供了基础。

依据方程（5.26）严格给出的常数 C，以下述方程的形式与 E_1 呈指数关系：

$$C \approx \exp\left(\frac{E_1-E_L}{RT}\right) \tag{5.34}$$

式中，E_1 被定义为正值，Brunauer（1945）解释它为"较低活性吸附表面的平均吸附 热"。一开始，E_1-E_L 被称为"净吸附热"（Lamb 和 Coolidge, 1920），但现在，建议 采用更通用的术语净摩尔吸附能（参见第 2 章）。

推导 BET 方程的另一种方法是运用统计力学方法（Hill, 1946; Steele, 1974）。吸附相可被看作晶格气体，即处于任何层的分子均位于特定位置。第一层分子是固定的，并且被认为是第二层分子的位点；相应地，第二层分子又作为第三层分子的位点；依此类推至较高层。假定表面平坦且均匀，那么所有表面位点则都相同。另假定表面的位点占用率是独立于邻近位点的，这就等同于假设吸附分子之间没有横向相互作用。根据 BET 模型，除非所有基点都被占用，否则位点占用率为零。此外，还需要假设只有第一层分子具有分配函数，这一点不同于液态分子层。

BET 理论的统计热力学方法，其优点是可以忽略吸附质-吸附质相互作用或表面异质性的影响，这为进一步改进该理论提供了较好基础。通过上述假设，Steele（1974）给出可用于评估吸附相巨配分函数问题的方法。这样，他就得到一个等同于等式（5.33）表达式的等温方程。参数 C 定义为第一层分子与液相间分配函数的比率。

如前所述，方程（5.32）的数学表达式给出了符合 Ⅱ 型等温线特征的曲线，它也可称为 S 形或 Sigmoid 型等温线（Brunauer, 1945）。在图 5.4 中给出了随着 n/n_m 的降低，几种非多孔二氧化硅和氧化铝表面氮气的吸附曲线（Gregg 和 Sing, 1982）。

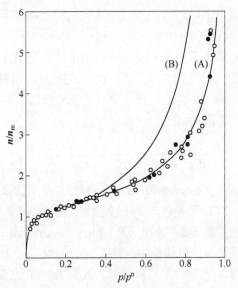

图 5.4　（A）77 K 时，在几种非孔二氧化硅 [a(BET)从 2.6 m^2·g^{-1} 到 11.5 m^2·g^{-1}]和氧化铝 [a(BET)从 58 m^2·g^{-1} 到 153 m^2·g^{-1}] 上的氮气吸附等温线；（B）C 值在 100～200 之间时，通过式（5.32）计算出的吸附等温线（引自 Gregg 和 Sing, 1982）

显然，在 p/p^o>0.3 时，理论 BET 曲线（B）远远偏离了实验曲线（A）。

如果饱和吸附只有有限层数 N，则 BET 方法就需要用到一个包含附加参数的修正方程（参见第 7 章）。自然地，在 $N=1$ 的特殊情况下，修正的 BET 方程就是 Langmuir 方程，其中 p/p^o 代替了等式（5.14）中的 p，且 C 替换了 b。

就我们所知，BET 模型基于以下假设：①吸附是在固定阵列的位点上；②位点是能量等同的；③吸附分子间没有侧向相互作用。大量气-固体系吸附量热测定（Beebe 和 Young，1954；Isirikyan 和 Kiselev，1961；Grillet 等，1979）和模拟研究（Nicholson 和 Parsonage，1982；Seri-Levi 和 Avnir，1993）表明，真正的物理吸附体系表现不会如此简单。大部分多孔和非多孔吸附剂可认为是具有能量异质性。在均匀表面上的吸附质-吸附质相互作用也肯定存在。事实上，侧向相互作用的存在似乎将平的 BET 叠层变为了更逼真的岛状（Seri-Levi 和 Avnir，1993）。此外，通常认为参数 C 不能为 E_1 提供可靠的评估。

尽管基本理论尚有缺点，BET 方程仍然是广泛使用的吸附等温方程。该方程广泛用于确定多孔和非多孔吸附剂的表面积。BET 方法普遍应用的原因将在第 7 章讨论。

5.2.3.2　多层吸附方程

BET 模型的扩展是由 Brunauer，Deming，Deming 和 Teller（BDDT）在 1940 年提出。BDDT 方程包含四个可调参数，并能够拟合出类型 I ～ V 的等温线。从理论角度来看，相对于初始 BET 理论，BDDT 方法似乎很少被采用，而且复杂的方程至今也很少应用至对实验数据的分析中。

为了提高多层区域等温数据的一致性，BET 方程还有过其他修正尝试。Brunauer 等（1969）指出，在饱和压力下，BET 假设有无限量的分子层并不合理。通过用 k_p 代替 p，其中附加参数 k 值小于 1，他们得到以下方程，与由 Anderson（1946）最初提出的方程形式相同：

$$\frac{kp}{n(p^{\circ}-kp)}=\frac{1}{n_{\mathrm{m}}C}+\frac{(C-1)}{n_{\mathrm{m}}C}\frac{kp}{p^{\circ}} \tag{5.35}$$

从经验上来说，这个 Anderson-Brunauer 方程可应用于比原始 BET 方程更宽 p/p° 范围的等温线（例如，77 K 下各种非多孔氧化物上的氮气和氩气吸附）。

这些及其他修正的初始 BET 方程（见 Young 和 Crowell，1962）经证实并没有得到广泛应用，此方程的主要用处是，不需要 p/p° =0.4 之上的任何吸附数据（见第 7 章），便可测量表面积。从图 5.5 可以看到，改变 BDDT 方程中分子的极限层数仅仅改变了 p/p° 为 0.4 之上的部分等温线。

相反，当确定介孔尺寸分布时，就需要知道多层厚度下的饱和蒸气压（见第 8 章），为此，通常采用经验方程。

当吸附质达到几个分子层厚度时，表面异质性效应明显降低。如果温度不太低，某些多层吸附的层数会随着蒸气压接近饱和而增加，此时块体特性将逐渐形成（Venables 等，1984）。在这些体系中，假定多层厚度摩尔熵等同于液态时似乎比较合理。在此情况下，只能通过吸附能来确定等温线。

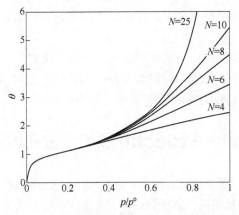

图 5.5　假设 $C=100$ 时计算出的 4～25 层分子层的吸附等温线

（引自 Rouquerol 等, 2003）

假设分散相互作用取决于 z^{-3}（即通过附加项 r^{-6} 的积分），Hill（1952）得出了多层等温方程：

$$\ln(p^o/p) = k/\theta^3 \qquad (5.36)$$

式中，k 是给定气-液体系的常数。

由于在高气压 p/p^o 下进行准确的实验测定较困难，所以给出一个较合理的方程：

$$\ln(p^o/p) = k/\theta^s \qquad (5.37)$$

其中非整数的参数 s 已被广泛地采用。虽然它是 Halsey（1948）首次提出的，但方程式（5.37）如今被称为 Frenkel-Halsey-Hill（FHH）方程：

$$t/\text{nm} = 0.354 \left[\frac{5}{\ln(p^o/p)} \right]^{1/3} \qquad (5.38)$$

在 77 K 下，氮气的多层吸附厚度也可采用 Harkins 和 Jura（1944）方程，如下：

$$t/\text{nm} = \left[\frac{13.99}{0.034 - \log_{10}(p/p^o)} \right]^{1/2} \qquad (5.39)$$

石墨上的氩气吸附的分子模拟和理论研究中，Steele（1980）提出 FHH 方程的修正形式，此方程似乎适用于多层覆盖的很多范围。

有报道说非多孔氧化物和碳上的氮气吸附等温线（在 77 K 下），在相当大的 p/p^o 范围内呈线性 FHH 特征，这对应于 1.5～3 个分子层（Carrott 和 Sing，1989）。在这些体系中，s 的有些值非常恒定。其他吸附物，如碳氢化合物和水蒸气，s 值似乎取决于吸附剂的表面结构（见第 10 章和第 11 章）。

Rudzinski 和 Everett（1992）提出了 s 值和表面异质度（the degree of surface heterogeneity）之间一个未确定的关系。一个有趣的建议是，异质度的提高可能会增加对层结构的表面效应影响范围，这会导致 s 值的减小。然而，还需要更多的测试来验证这一假设。

尽管这是经验性的，FHH 方程确实提供了一种识别不同孔填充效果的方法（Carrott 等，1982）。在介孔中，毛细凝缩必然限制了 FHH 图的线性范围，并使 s 值趋向于减少。虽然微孔填充影响 FHH 图的线性不是很明显，但它确实使得 s 值呈增加趋势。

5.2.4　Dubinin-Stoeckli 理论：微孔填充

Dubinin 首次提出了微孔填充的概念。他的方法是基于早期的 Polanyi 电位理论，其中，物理吸附等温线数据采用了温度不变的"特征曲线"形式。基本参数是 E 参量：

$$E = RT \ln(p^\circ/p) \tag{5.40}$$

其中，E 最初被定义为吸附电位（见 Brunauer，1945），但如第 2 章所述，我们应该更严格一些，把 E 看作化学势差值。

在 Polanyi 之后，Dubinin 给出了如图 5.6 所示的吸附剂特征曲线函数 $E = f(v)$，

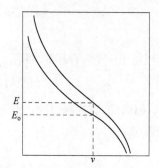

图 5.6　两种蒸气的假想特征曲线

（引自 Lowell 等，2004）

其中 v 是吸附的液体体积（假设吸附质在操作温度下存在液态密度）。取代了 Polanyi 的逐层吸附，Dubinin 提出了微孔填充体积的概念。

如果两种不同的蒸气填充在相同的微孔体内，则它们的吸附势比率（或称缩放因子）$\beta = E/E_0$，在给定的吸附剂中恒定。缩放因子 β 被称为"亲和系数"，E_0 为参考值，如图 5.6 中两个假定的特征曲线所示。

1947 年，Dubinin 和 Radushkevich 提出了一个填充比率 v/v_p 对微孔体积 v_p 的特征曲线方程。它基于微孔尺寸分布符合高斯定律的假设，因此：

$$\frac{v}{v_p} = \exp(-kE^2) \tag{5.41}$$

其中，k 是另一个特征参数。

将等式（5.40）和式（5.41）组合并引入缩放因子 β，等温方程变成：

$$\frac{v}{v_0} = \exp\left[-\left(RT \ln \frac{p^\circ}{p}\right)^2 / (\beta E_0)^2\right] \tag{5.42}$$

其中，E_0 是特征能量。

另一个参数，"结构常数" B 则被定义为：

$$B = 2.303 \left(R / E_o \right)^2 \tag{5.43}$$

对等式（5.42）进行重排，可得 Dubinin–Radushkevich（DR）方程的一般形式：

$$\log_{10} \frac{v}{v_0} = -D \log_{10}^2 \left(\frac{p^o}{p} \right) \tag{5.44}$$

其中，D 通过以下方程给出：

$$D = 0.434 B (T / \beta)^2 \tag{5.45}$$

从等式（5.44）可得，$\log_{10}(n)$ 和 $\log_{10}^2(p^o/p)$ 呈线性关系。事实上，已经发现许多微孔碳在很大的 p/p^o 范围内能够给出线性 DR 图（Dubinin，1966），但在不少其他情况下，线性区间总是被限制在非常低的 p/p^o 有限范围内（Gregg 和 Sing，1982；Carrott 等，1987）。采用沸石吸附得到的 DR 图通常是非线性等温线（Dubinin, 1975）。

Gregg 和 Sing（1976）验证了 DR 和 Langmuir-BET 方程之间的数学关系。因此，DR 图是建立在一系列不同 BET 参数 C 值的假定 Langmuir 等温线之上的。可以预料的是，大多数 DR 图是曲线，但在 C=18 和 D =0.18 的条件下，可得一近似的线性关系。这一分析说明，某些特定的微孔-吸附物体系可以得到线性的 Langmuir 和 DR 图，但这肯定不能应用至其他模型。此外，DR 图的有限线性区间不总是与微孔填充相关（Kaganer, 1959）。

为了验证 DR 方程的不足之处，Dubinin 和 Astakhov（1970）提出了一种特征曲线形式：

$$v / v_0 = \exp[-(A / E)^N] \tag{5.46}$$

其中，N 是另一个经验常数。

Dubinin（1975）报道了 2～6 之间的 N 值。一些碳分子筛和沸石给出的 N 为 3。然而，鉴于 N 的经验性特性，"最佳"值通常不是整数这一点并不奇怪。而且，N 值还取决于等温线范围和操作温度。

为了克服这些困难，Stoeckli（1977）和 Stoeckli 等（1979）建议仅把初始的 DR 方程应用于具有窄微孔尺寸分布的碳。依据该观点，异质微孔上的整个等温线是不同孔的贡献总和。因此：

$$v = \sum_j v_{0,j} \exp[-B_j (T / \beta)^2 \log_{10}^2 (p^o / p)] \tag{5.47}$$

其中，$v_{0,j}$ 代表第 j 组分的孔体积。

对于连续分布的孔，总和要用积分来代替：

$$v(y) = \int_0^\infty f(B) \exp(-By) \mathrm{d}B \tag{5.48}$$

其中，$f(B)$ 是微孔尺寸分布函数，且：

$$y = (T/\beta)^2 \log_{10}^2 (p^\circ/p) \tag{5.49}$$

通过假设高斯孔尺寸分布，Stoeckli 将方程（5.47）简化得到一个等温曲线方程，其中，分布函数 $f(B)$ 以解析式给出（Huber 等，1978; Bansal 等，1988）。原则上，$f(B)$ 是为微孔尺寸分布和吸附数值间的关系提供了一定基础。然而，必须谨记的是该方法的有效性取决于 DR 方程可适用于每个孔的假设，并且没有其他复杂因素如表面异质性差异的影响。

5.2.5 Ⅵ型等温线：物理吸附层的相变

由于物理吸附分子彼此间的相互作用，我们期望能找到 2D 的状态和相变，这类似于在 3D 凝聚物中发现的那些状态和相变（Gregg，1961）。然而，我们知道物理吸附层的结构不仅依赖于吸附质-吸附质相互作用，而且依赖于吸附剂-吸附质相互作用的大小和位置。

可以看出，2D 相变不容易检测，除非吸附剂表面在化学上和物理上是均匀的。早期的文献报道了等温线不连续性的一些评价，这显然与 2D 相变有关。但随后发现这些不连续是不存在的，可能是由于错误的技术测定导致的（见 Young 和 Crowell，1962）。

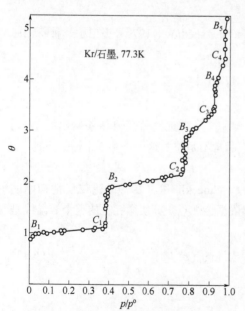

图5.7 在 77.3 K 时，氪气在剥离的石墨上的完整等温吸附线

（引自 Courtesy Thomy 等，1972）

然而，Bonnetain 等（1952）首次提出了 CH_4 在 MoS_2 上的吸附存在阶梯形等温线。Ross 和 Clark（1954）通过测量在不同的温度下 NaCl 立方晶体上 C_2H_6 的吸附等温线，确认了一级 2D 相变的存在。

大多数效果较好的 2D 相变是石墨基底（0001）面上的 Ar、Kr 和 Xe 吸附（参见 Dash，1975; Suzanne 和 Gay，1996），但在其他体系如层状卤化物（Larher，1992）和 MgO 立方晶体（Coulomb 等，1984）上的 Ar、Kr 和 CH_4 气体的吸附也做过详细研究。此外，特定极性分子在石墨上的吸附，也都给出了相应的相图（Terlain 和 Larher，1983）。

Thomy 和 Duval（1970）及 Thomy 等（1972）研究了剥离的石墨上氪气（Kr）的吸附，给出了 77～100 K 温度范围内的一系列等温线。从图 5.7 可以看到，阶梯状的多层特征表明存在四个分子吸附层。每个垂直的"立管"（在恒定的 p/p^o 处）可认为是一个相变吸附层与它的更高一层之间的相变。

在亚单层范围，Thomy 和 Duval 将三个独特区域分别归属为 2D "气体""液体"和"固体"相。这些测试结果首次证明了在逐步的Ⅵ型等温线的单层区域中存在次级步骤。

为了解释说明这些亚阶梯，图 5.8 给出 $FeCl_2$ 上氙气的单层吸附等温线（Larher，1992）。在温度低于 99.57 K 时，只有一个垂直阶段，它对应了 2D 气体至固体间的转变。在达到 B 点之前，只有很小的单层压缩的可能性。高于 99.57 K 的温度时，出现了一个明显的小亚阶梯。Thomy 和 Duval 及 Larher 经过仔细研究认为，这个小亚阶梯是 2D 液相和固相之间的一级相变。显然，在 Xe /$FeCl_2$ 体系中，99.57 K 是 2D 三相点。

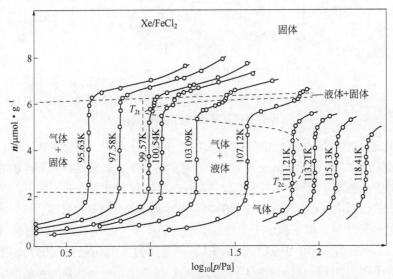

图 5.8　氙气在 $FeCl_2$ 上的吸附等温线（引自 Courtesy Larher, 1992）

2D 相图通常以 $\ln\{p\}$ 对 $1/T$（在一定的吸附常量下）的形式给出，这提供了一种能够方便确定两相共存条件的方法（见图 5.9）。事实上，相律的应用表明，体系中若有两个吸附相平衡共存时，体系具有一个自由度。因此，在恒温下，压力也必须保持恒定。三个吸附相的共存将失去一个自由度，所以体系才会有一个不变的 2D 三相点。

2D 冷凝的极限温度为 2D 临界温度，T_{2c}，它是"液相"单层的一级相变点上限。依据 Larher（1992），图 5.3 中 Xe/$FeCl_2$ 体系的临界温度，T_{2c} 为 112K。

Larher（1992）讨论了不同体系的 2D 相行为。如果吸附质-吸附质相互作用没有受到明显的吸附剂干扰，相应状态定律就适用于 2D 体系。在那种情况下，我们期望得到 2D 和 3D 临界温度（T_{2c}/T_{3c}）的比值不变。结果是，一些层状氯化物（例如 $NiCl_2$）上吸附 Ar、Kr 和 Xe，以及石墨面上的 Ar 和 Xe 吸附，其临界温度比值

T_{2c}/T_{3c} 都接近 0.39。Larher 因此得出结论，T_{2c} 的对应值（即 $0.39T_{3c}$）可以看作是平滑表面上 2D 冷凝的"理想"临界温度。

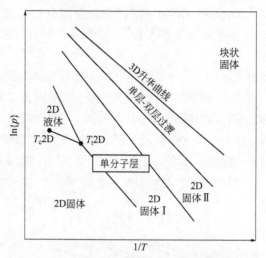

图 5.9　稀有气体原子或分子在均匀固体表面上
（例如石墨基平面）物理吸附的相图

据报道，在一些二卤化物如 $CdBr_2$ 和 FeI_2 上的 Ar 吸附，能够在 0.50～0.55 范围内给出较大的 T_{2c}/T_{3c} 值（Larher，1992）。在这些情况下，表面晶体的晶格参数和稀有气体晶体的最密堆积面 即(111)面间似乎存在一种不相容度。Larher 指出，在尺寸不兼容的一些范围内，单层冷凝最实用的定量描述是运用气体晶格模型。

各种粒子散射，电子和中子衍射及电子光谱技术已被用于研究物理吸附单层的结构（Chiarello 等，1988; Block 等，1990; Layet 等，1993; Bienfait 等，1997）。热容测量也为研究不同的 2D 固体结构提供了有力证据。据报道，一些体系的外延单层（参见 Dash，1975）中，被吸附的原子根据吸附剂的结构呈现规则的排列，如图 5.10 所示。

图 5.10　一个外延单层（黑色圆圈）的示意图，吸附分子嵌入吸附剂结构中

一些"相称"和"不相称"的单层结构已被确定（Suzanne 和 Gay, 1996）。在石墨的一个重要的面(0001)上，相称的六方晶结构与稀有气体 fcc 结构的 3D（111）面可相比较。Xe 和 Kr 气体的晶格失配度较小，而 Ar 和 Ne 就大多了（Price 和 Venables, 1976）。单层吸附从局部外延态压缩到紧密堆积态，被认为是 Xe 和 Kr 在石墨上次级步骤的起因。在 77 K，氩气吸附的亚步骤很可能是 2D 液体至固体的转变所致（如图 5.6 所示）。后面一种体系将在第 10 章中进行详细讨论。

当运用气体吸附来测定表面积时，有效分子面积的知识特别重要（见第 7 章）。完整的单层通常被假设处于"液相"密堆积状态，但是显然必须要考虑这个假设的合理性。从单层结构和相变的研究可得出结论，分子富集度取决于吸附体系（吸附剂和吸附物）及压力和温度的操作条件（Steele, 1996）。

5.2.6　经验等温方程

物理吸附的许多应用（例如工业气体的分离或储存，污染治理）都需要插植或外推实验平衡数据。即使借助于计算机辅助技术拟合曲线来分析化学工程数据，以相对简单的方程形式来设置每个组分的等温线也是很有用的。为此，Langmuir 方程或 DR 方程都在压力和温度的极限范围内采用了经验式。一些其他经常使用的经验等温方程将在本节中简要描述。

5.2.6.1　Freundlich 方程

第一个众所周知的经验方程由 Freundlich（1926）提出，方程如下，

$$n = kp^{1/m} \tag{5.50}$$

其中，k 和 m 是常数 $(m>1)$。

根据方程（5.50），$\ln\{n\}$ 对 $\ln\{p\}$ 应该为线性。一般情况下，活性炭的等温线在中等压力范围内遵从 Freundlich 方程（Brunauer, 1945），但在高压和低温条件下通常并不遵从。这一缺陷的部分原因在于 Freundlich 等温线方程并没有给出当压力 p 趋向无穷大时 n 的极限值。

5.2.6.2　Sips（或 Langmuir-Freundlich）方程

将 Freundlich 方程和 Langmuir 方程（Sips, 1948）结合，就有可能得到较高蒸气压下的拟合方程，

$$n / n_{\mathrm{L}} = (kp)^{1/m} / [1 + (kp)^{1/m}] \tag{5.51}$$

其中，n_{L} 是极限吸附容。方程式（5.51）应用至长链碳氢化合物的多位点吸附，得

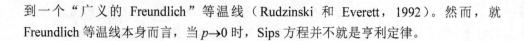

到一个"广义的 Freundlich"等温线（Rudzinski 和 Everett，1992）。然而，就 Freundlich 等温线本身而言，当 $p \to 0$ 时，Sips 方程并不就是亨利定律。

5.2.6.3　Toth 方程

另一个经验变量是 Toth 方程（1971）：

$$n / n_{\mathrm{L}} = p / (b + p^m)^{1/m} \tag{5.52}$$

此方程仍包含三个可调参数（n_{L}，b 和 m），但优点是它给出了 $p \to 0$ 和 $p \to \infty$ 两个极限。因此，虽然它最初是为单层吸附而提出的（Toth，1962），但实际上 Toth 方程能够应用于 I 型等温线的相当大的范围（Rudzinski 和 Everett，1992）。

5.2.6.4　Langmuir 多项式方程

虽然如我们已知，Langmuir 的名字与一种吸附模型有关，但其实他还报道了其他五种吸附机制，包括多吸附位点表面上的吸附（Langmuir, 1918）。其他人也提出了类似机制（例如，Rudzinski 和 Everett, 1992），其中的一些作者给出下面的表达式，对每个吸附位点 i，都能够很好地吻合实验数据（Chowdhury 等, 2012; Hamon 等, 2012）：

$$\theta = b_i p / \left(1 + \sum b_i p\right) \tag{5.53}$$

还有一种普遍应用的方法，即 Dual-Site Sips 方程 (Bloch 等, 2012; McDonald 等, 2012; Plaza 等, 2012)。

5.2.6.5　Jensen-Seaton 方程

Jensen 和 Seaton（1996）关注了高蒸气压（高于 100 bar）下的吸附压缩效应。此种情形下，当用吸附等温线对吸附量作图时，等温线不会出现一个平台而是持续上升（但如果应用表面过剩量则不会出现该现象，见 2.2.2 节）。在低蒸气压下，它们仍符合亨利定律。考虑到这两种情况，Jensen 和 Seaton 提出了一个半经验等温方程，它只有两条渐近线：较低的一条反映低压下的亨利定律，较高的一条反映高压下吸附质的可压缩性 κ。方程如下：

$$n^a = Kp \left[1 + \left(\frac{Kp}{a(1 + \kappa p)}\right)^c\right]^{-1/c} \tag{5.54}$$

式中，K 是亨利常数；c 是正的经验常数。如果吸附质的压缩度 $\kappa = 0$，则方程为 Toth 方程；如果 $c=1$，则方程为经验 Langmuir 方程。

方程（5.54）是对微孔吸附剂这类体系直到高压下的较好拟合。

5.2.6.6　局部等温线的组合

现在人们对物理吸附等温线的广义积分形式越来越感兴趣。这种方法最先应用于亚单层中的物理吸附区域（Adamson 等，1961），但是当前大多数兴趣点集中在分析微孔填充等温线。这一方法的明显优点是，通过将各种假想的"局部"等温线与概念中的或计算的能量分布函数系统地结合起来，建立了一系列等温线模型。

下面是总吸附量 $n(p,T)$ 表达式，

$$n(p,T) = n_0 \int \theta(p,T,E) f(E) \mathrm{d}E \qquad (5.55)$$

其中，n_0 表示单层容量或微孔容量；$y(p,T,E)$ 表示吸附能 E 的局部等温线；而 $f(E)$ 则是吸附能在特定能量范围内的分布函数。

Stoeckli（1993）指出可以从方程式（5.55）推出 Dubinin-Astakhov 方程式（5.43），但 Mc Enaney（1988）和其他人（例如 Jaroniec 等，1997）认为很难对能量分布函数给出一个明确的解释。Rudzinski 和 Everett（1992）综述了方程式（5.55）的应用和意义。

5.3　混合气体的吸附

虽然学术工作的研究主要集中在纯气体的吸附机制，但相关的工业应用常涉及混合气体，因此会存在复杂的共吸附现象。混合物中的各种成分和浓度使得实验筛选极其耗时。这就是为什么急需新的共吸附模型的提出，特别是基于大量纯气体吸附的文献数据。本部分简要介绍几种最常用的模型。

5.3.1　扩展的 Langmuir 模型

在这个模型中，Langmuir 理论的基本假设适用于每种成分：一组相同吸附点上的局部吸附，对于一种给定气体所有分子具有相同的吸附能量，并且吸附分子之间没有相互作用。

在 Langmuir 方程的推导中，特定组分 i 的吸附速率 $R_{a,i}$，可认为与气相中的分压和空位比率成正比：

$$R_{a,i} = k_{a,i} p_i \left(1 - \sum_{j=1}^{N} \theta_j\right) \qquad (5.56)$$

其中，θ_j 是每个组分 j 的吸附比率；p_i 是气相中组分 i 的分压；$k_{a,i}$ 是吸附速率常数。

一个有趣的简化是假定组分 i 的解吸速率仅与其本身的负荷率成比例，也就是说

此解吸速率与其他组分的负荷率无关（Langmuir 模型认为，吸附分子之间没有相互作用）：

$$R_{d,i} = k_{d,i}\theta_i \tag{5.57}$$

将每一组分的吸附和解吸速率相平衡，并对所有组分进行加和，得到总吸附率 θ_T 的方程，并以所有组分的分压给出：

$$\theta_T = \frac{\sum_{j=1}^{N} b_j p_j}{1 + \sum_{j=1}^{N} b_j p_j} \tag{5.58}$$

其中，b_j 是吸附和解吸速率常数之比，如同在单一气体模型中一样（$b_j = k_{a,i}/k_{d,i}$），并且它也是吸附剂组分亲和力的一种量度。它不受混合物中其他组分存在的影响，因此以纯气体模型给出。

一旦确定总吸附率，每个单一组分的吸附率分量就可通过下式计算出：

$$\theta_i = \frac{b_i p_i}{1 + \sum_{j=1}^{N} b_j p_j} \tag{5.59}$$

或者以单位质量吸附剂的吸附量表示：

$$n_i^a = n_{m,i}^a \frac{b_i p_i}{1 + \sum_{j=1}^{N} b_j p_j} \tag{5.60}$$

这就是文献所指的 Extended（扩展的）Langmuir 方程（EL 方程），它是多组分吸附的最简单的模型，因为它只需要知道纯组分的亲和常数 b_i 和单层容量 $n_{m,i}^a$。为了保持热力学的一致性，还需要所有组分具有相同的单层容量 n_m^a（即 $n_{m,i}^a = n_{m,j}^a$）。不过，如果能够容忍些许的非完美拟合，也可以从下式给出一个平均单层容量：

$$\frac{1}{n_m^a} = \sum_{i=1}^{N} \frac{x_i}{n_{m,i}^a} \tag{5.61}$$

其中，x_i 是吸附组分 i 的摩尔分数：

$$x_i = \frac{n_i^a}{\sum_{j=1}^{N} n_j^a} \tag{5.62}$$

反之，如果所有组分的单层容量相同，为了改善相应单组分的拟合，则可估算每个亲和常数（Qiao 等，2000）。

EL 方程的优点是：①仅需要纯组分吸附的一些数据，因此容易获得；②非常实用。其局限性在于①实验等温线最好的拟合只出现在有限的压力范围内，以及②只有所有吸附组分具有相同的饱和容量，才能给出一个好的拟合。在各种改进中，只有 Bai 和 Yang（2001）提出的"多区域 EL"方程考虑到了多体系中不同饱和容量的存在。

5.3.2　理想吸附溶液理论

另一个最常见的气体共吸附模型由 Myers 和 Prausnitz（1965）提出，并命名为"理想吸附溶液理论"（IAST）。它与 EL 模型一样，仅需要单组分气体吸附等温线的知识，但这两种方法在其他方面并没有共同点。Myers 和 Prausnitz 方法的新奇之处在于它认为气相和吸附相之间的平衡类似于液体溶液和它的蒸气相之间的平衡。

在最简单的 IAST 模型中，第一个假设是被吸附质的行为与气相相平衡的理想溶液很像。得出的平衡态方程类似于气-液平衡时的 Raoult 定律，即气相中各组分的浓度与它在吸附相中的浓度成正比。第二个假设是每个组分的扩散压力 π_i（其定义与在 Gibbs 吸附方程中一样）与在混合物中相同（即 π）。由这两个假设可以得到下面两个方程：

$$py_i = x_i p_i^o(\pi) \tag{5.63}$$

$$\frac{A\pi}{RT} = \frac{A\pi_i}{RT} = \int_0^{p_i^o} \frac{n_i^a}{p_i} dp_i \tag{5.64}$$

式中，x_i 和 y_i 分别为吸附相和流体相中的摩尔分数；$p_i^o(\pi)$ 是假定的气相纯组分的压力，它可以给出扩展压力 π。因为每个组分都需要这样两个方程，那么 N 个组分就需 $2N$ 个方程。未知数有 $2N+1$（N_{xi}，N_{pio} 和 p）个。因此还需要下面的摩尔平衡方程来解开所有方程：

$$\sum_{i=1}^N x_i = 1 \tag{5.65}$$

对这组方程进行解析或高频数值求解，可以得到摩尔分数 x_i 及气相中假定的纯组分压力 $p_i(\pi)$。吸附相中纯组分的相应量 $n_i^{a,o}$ 可从纯组分等温方程中求得。IAST 理论的一个大优点是，与 EL 方法相比，它适应于任何类型的纯组分等温线方程（例如 Langmuir，Freundlich 或 Toth）。最后，总吸附量 n_T^a 可以通过下式计算：

$$\frac{1}{n_T^a} = \sum_{i=1}^N \frac{x_i}{n_i^a} \tag{5.66}$$

而组分 i 的吸附量为：

$$n_i^a = x_i n_T^a \tag{5.67}$$

当吸附相的行为并不理想时，可能要考虑表面不均匀性。首先运用 IAST 理论，然后对所有类型的吸附位点进行积分，也就是所谓的异质 IAST（Valenzuela 等，

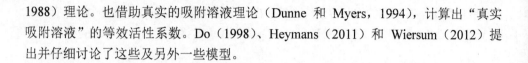

1988）理论。也借助真实的吸附溶液理论（Dunne 和 Myers，1994），计算出"真实吸附溶液"的等效活性系数。Do（1998）、Heymans（2011）和 Wiersum（2012）提出并仔细讨论了这些及另外一些模型。

5.4 结论

鉴于物理吸附机理的复杂性和大多数固体表面和孔结构的不均匀性，本章中所述的理论模型均有各样局限性也不足为奇。此外，必须再次强调的是，特定方程的拟合范围并不足以说明基础理论的有效。

在非常低的压力范围内，吸附会在表面最活跃的位置或非常狭窄的孔内进行。在稍高的压力下，较低活性的表面被占据和/或被更宽的微孔被填充。分子相互作用取决于吸附体系，表面成分和微孔结构。因此，不能期望相对简单的理论方法能适合整个吸附等温线或同等适用于Ⅰ型和Ⅱ型等温线。

确定吸附的能量是研究表面异质性最直接的方法，但实验上的吸附量热法比等温线测量更为苛刻，所以不可避免前一种方法应用较少。然而，正如在随后的章节中介绍的，通过两种实验技术的结合使用，显然能获得更多的结果。

关于吸附剂的表征，在本章中提到的所有物理吸附方程中，BET 方程仍被认为是最重要的。乍一看，这个方法存在一个奇怪的悖论，BET 方法的明显成功之处即对表面积的测定，并不依赖于 BET 理论的有效性。在第 7 章将会介绍，BET 方法简单方便，适用于任何吸附体系。然而，虽然该方法是国际认可的方法，但必须满足某些条件，推导出的 BET 面积才有重现性和意义。为此，等温分析的经验方法极其有用。这些方法将在第 7～9 章中介绍。

在随后章节中，将会介绍吸附和孔填充各种机制的识别和确认。通过运用具体吸附剂的标准数据并逐步地测定，我们可以提取最大量的有用信息而不必完全依赖本章所讨论的任何过简化模型。

参考文献

Adamson, A.W., Ling, I., Datta, S.K., 1961. Adv. Chem. Ser. 33, 62.

Anderson, R.B., 1946. J. Am. Chem. Soc. 68, 686.

Avgul, N.N., Kiselev, A.V., 1970. In: Walker, P.L. (Ed.), Chemistry and Physics of Carbon, vol. 6. Marcel Dekker, New York, p. 1.

Avgul, N.N., Bezus, A.G., Dobrova, E.S., Kiselev, A.V., 1973. J. Colloid Interface Sci. 42, 486.

Bai, R., Yang, R.T., 2001. J. Colloid Interf. Sci. 239 (2), 296.

Bansal, R.C., Donnet, J.B., Stoeckli, H.F., 1988. Active Carbon. Marcel Dekker, New York.

Barrer, R.M., 1978. Zeolites and Clay Minerals as Sorbents and Molecular Sieves. Academic Press, London p. 117.

Beebe, R.A., Young, D.M., 1954. J. Phys. Chem. 58, 93.

Bienfait,M.,Zeppenfeld,P.,Vilches,O.E.,Palmari,J.P.,Lauter,H.J.,1997.Surf.Sci.377-379, 504.

Blake, T.D., Wade, W.H., 1971. J. Phys. Chem. 75, 1887.

Bloch,E.D.,Queen,W.L.,Krishna,R.,Zadrozny,J.M.,Brown,C.M.,Long,J.R.,2012.Science (Washington, DC) 335, 1606.

Block, J.H., Bradshaw, A.M., Gravelle, P.C., Haber, J., Hansen, R.S., Roberts, M.W., Sheppard, N., Tamaru, K., 1990. Pure Appl. Chem. 62, 2297.

Bonnetain, L., Duval, X., Letort, M., 1952. C. R. Acad. Sci. Fr. 234, 1363.

Broekhoff, J.C.P., Van Dongen, R.H., 1970. In: Linsen, B.G. (Ed.), Physical and Chemical Aspects of Adsorbents and Catalysts. Academic Press, London, p. 63.

Brunauer, S., 1945. The Adsorption of Gases and Vapours. Princeton University Press, Princeton.

Brunauer, S., Emmett, P.H., Teller, E., 1938. J. Am. Chem. Soc. 60, 309.

Brunauer, S., Deming, L.S., Deming, W.L., Teller, E., 1940. J. Am. Chem. Soc. 62, 1723.

Brunauer, S., Skalny, J., Bodor, E.E., 1969. J. Colloid Interface Sci. 30, 546.

Carrott, P.J.M., Sing, K.S.W., 1989. Pure Appl. Chem. 61 (11), 1835.

Carrott, P.J.M., Mc Leod, A.J., Sing, K.S.W., 1982. In: Rouquerol, J., Sing, K.S.W. (Eds.), Adsorption at the Gas-Solid and Liquid-Solid Interface. Elsevier, Amsterdam, p. 403.

Carrott, P.J.M., Roberts, R.A., Sing, K.S.W., 1987. Carbon. 25 (6), 769.

Chiarello, R., Coulomb, J.P., Krim, J., Wang, C.L., 1988. Phys. Rev. B. 38, 8967.

Chowdhury, P., Mekala, S., Dreisbach, F., Gumma, S., 2012. Micropor. Mesopor. Mater. 152, 2866.

Cole, J.H., Everett, D.H., Marshall, C.T., Paniego, A.R., Powl, J.C., Rodriguez-Reinoso, F., 1974. J. Chem. Soc. Faraday Trans. I. 70, 2154.

Coulomb, J.P., Sullivan, T.J., Vilches, O.E., 1984. Phys. Rev. B. 30 (8), 4753.

Dash, J.G., 1975. Films on Solid Surfaces. Academic Press, New York.

de Boer, J.H., 1953. The Dynamical Character of Adsorption. Clarendon Press, Oxford.

de Boer, J.H., 1968. The Dynamical Character of Adsorption. Oxford University Press, London p. 179.

Do, D.D., 1998. Adsorption Analysis: Equilibria and Kinetics. Imperial College Press, London.

Dubinin, M.M.,1966.In: Walker,P.L.(Ed.),Chemistry and Physics of Carbon. Marcel Dekker, New York, p. 51.

Dubinin, M.M., 1975. In: Cadenhead, D.A. (Ed.), Progress in Surface and Membrane Science, vol. 9. Academic Press, New York, p. 1.

Dubinin, M.M., Astakhov, V.A., 1970. Adv. Chem. Ser. 102, 69.

Dubinin, M.M., Radushkevich, L.V., 1947. Proc. Acad. Sci. USSR. 55, 331.

Dunne, J., Myers, A.L., 1994. Chem. Eng. Sci. 49, 2941.

Emmett, P.H., Brunauer, S., 1937. J. Am. Chem. Soc. 59, 1553.

Everett, D.H., 1950. Trans. Faraday Soc. 46, 453p. 942, 957.

Everett, D.H., 1970. In: Everett, D.H., Ottewill, R.H. (Eds.), Surface Area Determination. Butterworth, London, p. 181.

Fowler, R.H., 1935. Proc. Cambridge Phil. Soc. 31, 260.

Freundlich, H., 1926. Colloid and Capillary Chemistry. Methuen, London p. 120.

Gregg, S.J., 1961. The Surface Chemistry of Solids. Chapman and Hall, London.

Gregg, S.J., Sing, K.S.W., 1967. Adsorption, Surface Area and Porosity, 1st ed. Academic Press, London.

Gregg, S.J., Sing, K.S.W., 1976. In: Matijevic, E. (Ed.), Surface and Colloid Science, vol. 9. Wiley, New York, p. 231.

Gregg, S.J., Sing, K.S.W., 1982. Adsorption, Surface Area and Porosity. Academic Press, London.

Grillet, Y., Rouquerol, F., Rouquerol, J., 1979. J. Colloid Interface Sci. 70, 23.

Halsey, G.D., 1948. J. Chem. Phys. 16, 93.

Hamon, L., Heymans, N., Llewellyn, P., Guillerm, V., Ghoufi, A., Vaesen, S., Maurin, G., Serre, C., De, W.G., Pirngruber, G.D., 2012. Dalton Trans. 41, 4052.

Harkins, W.D., Jura, G., 1944. J. Am. Chem. Soc. 66, 1366.

Heymans, N., 2011. Thesis. Université de Mons, Mons, Belgium.

Hill, J.L., 1946. J. Am. Chem. Soc. 68, 535.

Hill, J.L., 1952. Adv. Catal. 4, 211.

Huber, U., Stoeckli, H.F., Houriet, J.P., 1978. J. Coll. Int. Sci. 67 (2), 195.

Isirikyan, A.A., Kiselev, A.V., 1961. J. Phys. Chem. 65, 601.

Jaroniec, M., Kruk, M., Choma, J., 1997. In: Mc Enaney, B., Mays, T.J., Rouquerol, J., Rodriguez-Reinoso, F., Sing, K.S.W., Unger, K.K. (Eds.), Characterization of Porous Solids IV. Royal Society of Chemistry, London, p. 163.

Jensen, C.R.C., Seaton, N.A., 1996. Langmuir. 12, 2866.

Kaganer, M.G., 1959. Zhur. Fiz. Khim. 33, 2202.

Lamb, A.B., Coolidge, A.S., 1920. J. Am. Chem. Soc. 42, 1146.

Langmuir, I., 1916. J. Am. Chem. Soc. 38, 2221.

Langmuir, I., 1918. J. Am. Chem. Soc. 40, 1361.

Larher, Y., 1992. In: Benedek, G. (Ed.), Surface Properties of Layered Structures. Kluwer, Dordrecht, p. 261.

Layet, J.M., Bienfait, M., Ramseyer, C., Hoang, P.N.M., Girardet, C., Coddens, G., 1993. Phys. Rev. B Condens. Matter. 48 (12), 9045.

Lowell,S.,Shields,J.E.,Thomas,M.A.,Thommes, M., 2004. Characterization of Porous Solids and Powders: Surface Area, Pore Size and Density. Kluwer, Dordrecht p. 31.

Mc Bain, J.W., 1932. The sorption of gases and vapours by solids. Routledge, London.

McDonald, T.M., Lee, W.R., Mason, J.A., Wiers, B.M., Hong, C.S., Long, J.R., 2012. J. Am. Chem. Soc. 134 (16), 7056.

Mc Enaney, B., 1988. Carbon. 26, 267.

Myers, A.L., Prausnitz, J.M., 1965. Chem. Eng. Sci. 20, 549.

Nicholson, D., Parsonage, N.G., 1982. Computer Simulation and the Statistical Mechanics of Adsorption. Academic Press, London and New York, 398pp.

Plaza, M.G., Ribeiro, A.M., Ferreira, A., Santos, J.C., Hwang, Y.K., Seo, Y.K., Lee, U.H., Chang, J.S., Loureiro, J.M., Rodrigues, A.E., 2012. Micropor. Mesopor. Mater. 153, 178.

Pierotti, R.A., Thomas, H.E., 1971. In: Matijevic, E. (Ed.), Surface and Colloid Science. Wiley-Interscience, New York, p. 93.

Price, G.L., Venables, J.A., 1976. Surf. Sci. 59 (2), 509.

Qiao, S., Wang, K., Hu, X., 2000. Langmuir. 16, 1292.

Reichert, H., Muller, U., Unger, K.K., Grillet, Y., Rouquerol, F., Rouquerol, J., Coulomb, J.P., 1991. In: Rodriguez-Reinoso, F., Rouquerol, J., Sing, K.S.W., Unger, K.K. (Eds.), Characterization of Porous Solids Ⅱ. Elsevier, Amsterdam, p. 535.

Ross, S., Clark, H., 1954. J. Am. Chem. Soc. 76, 4291.

Ross, S., Olivier, J.P., 1964. On Physical Adsorption. Wiley-Interscience, New York.

Rouquerol, F., Luciani, L., Llewellyn, P., Denoyel, R., Rouquerol, J., 2003. Techn. l'Ingén. Trai. Anal. Caractér. P1050, 1.

Rudzinski, W., Everett, D.H., 1992. Adsorption of Gaseson Heterogeneous Surfaces. Academic Press, London.

Ruthven, D.M., 1984. Principles of Adsorption and Adsorption Processes. Wiley-Interscience, New York.

Seri-Levi, A., Avnir, D., 1993. Langmuir. 9, 2523.

Sing, K.S.W., 1973. Colloid Science I. The Chemical Society, London p. 30.

Sips, R., 1948. J. Chem. Phys. 16, 490.

Steele, W.A., 1974.The Interaction of Gases with Solid Surfaces. Pergamon, NewYork, p.131.

Steele, W.A., 1980. J. Colloid Interface Sci. 75, 13.

Steele, W.A., 1996. Langmuir. 12, 145.

Stoeckli, H.F., 1977. J. Colloid Interface Sci. 59, 184.

Stoeckli, H.F., 1993. Adsorpt. Sci. Tech. 10, 3.

Stoeckli, H.F., Houriet, J.P., Perret, A., Huber, U., 1979. In: Gregg, S.J., Sing, K.S.W., Stoeckli, H.F. (Eds.), Characterization of Porous Solids. Society of Chemical Industry, London, p. 31.

Suzanne, J., Gay, J.M., 1996. In: Unertl, W.N. (Ed.), Hanbook of Surface Science. Richardson, N.V., Holloway, S. (Series Eds.), Physical Structure, Vol. 1. North-Holland Elsevier, Amsterdam, 503pp.

Terlain, A., Larher, Y., 1983. Surf. Sci. 125, 304.

Thomy, A., Duval, X., 1970. J. Chem. Phys. Fr. 67, 1101.

Thomy, A., Regnier, J., Duval, X., 1972. Thermochimie, Colloques Internationaux, vol. 201. CNRS, Paris p. 511.

Toth, J., 1962. Acta Chim. Acad. Sci. Hung. 35, 416.

Valenzuela, D.P., Myers, A.L., Talu, O., Zwiebel, I., 1988. AIChe J. 34, 397.

Venables, J.A., Seguin, J.L., Suzanne, I., Bienfait, M., 1984. Surf. Sci. 145, 345.

Wiersum, A., 2012. Thesis, Université d'Aix-Marseille, Marseille, France.

Yang, R.T., 1987. Gas Separation by Adsorption Processes. Butterworths, London.

Young, D.M., Crowell, A.D., 1962. Physical Adsorption of Gases. Butterworths, London, p. 124.

第6章 | 模拟多孔固体物理吸附

Guillaume Maurin

University of Montpellier 2, Institute Charles Gerhardt, Montpellier, France

6.1 引言

　　计算化学已经成为研究多孔固体材料吸附科学的一个组成部分。数学方法及计算机软件和硬件的快速发展，为实验者设计新的多孔材料并表征其吸附性能提供了一个独特平台。所有方法中的分子建模是在分子水平上采用原子间势能建立一个体系，现也称之为"力场"，用以构建一个较复杂的多孔固体材料微观构型，之后进行几何孔隙度的表征。采用这些计算工具，可进一步模拟各种气相/多孔固相体系的吸附能力、焓及其选择性，给实验数据一些指导性解释，并使之变得越来越具有可预测性，而不是盲目地筛选现有的或假定的大量多孔材料以进行与吸附相关的应用。因此，基于高级建模技术的大规模计算可以替代高投入量的实验测量，节省大量资金和时间。分子建模也经常与量子化学方法相互结合，从体系的电子水平上，深入理解实验难以解决的微观吸附机理。如今采用高级统计方法也是解决一定范围内吸附剂的结构-吸附性质间关系的一种合理策略。

　　本章是为计算化学的初学者编写的，目的是强调运用建模工具如何有价值地协助、指导实验者们，对多孔固体的表征以及其吸附和扩散性能测定进行研究。通过随机地从成千上万的相关研究中选择典型例子，强调说明实验和建模的相互关系。我们有意地简要介绍每个主要计算方法背后的基本理论，再结合一些数学方程，目的是提供足够的信息来解释文中的术语。读者可参考每部分提供的专著和综述文章来获得更多细节。本书也对计算方法进行了严格评估并强调它们的有效性和局限性，希望这有助于读者更有效地评估文献中报道的模拟的相关性，从而选择最可靠的模型，并与实验数据进行进一步的比较。还提供了一个软件列表，其中一些很容易操作，特别是用于评估多孔固体材料的可接触表面积和自由体积。期望本章能够帮助读者采用计算工具了解这一领域的基本方向，而不像一个未知的"黑盒子"。

6.2　多孔固体的微观描述

预测多孔固体的吸附性质的首要条件，是构建吸附剂的真实原子模型。这复杂的任务主要取决于：①所考虑的吸附剂是否是有序结晶性；②其结构骨架是化学无序的还是精确定义了每个原子的位置类型；③其形态/拓扑是否是实验可控的。可将吸附剂进行如下分类。

6.2.1　结晶材料

无机沸石属于这类固体材料（IZA，2013）。虽然从 X 射线衍射数据得到它们的晶体结构较好，但这些固体在其框架中的化学紊乱性说明结构的明显的复杂性，例如铝硅酸盐式中的铝原子被硅原子所取代，这些信息采用通常的实验技术如核磁共振谱（NMR）将很难检测到。基于蒙特卡罗（MC）技术的统计方法通常用来描述该特征（Maurin 等，2001）。它用几个符合 Lowenstein 定律的代表性模型（Lowenstein，1954），来排除铝作为最近邻原子的可能性，然后结合实验 NMR 数据和能量标准进行筛选（Maurin 等, 2001）。另一方面，当实验上不可测结晶位点和其占有率时，可通过 MC 模拟骨架外阳离子的位置及其在这些材料孔隙度内的分布而建模（Vitale 等，1997）。它也证明了特定分子的吸附使骨架外阳离子进行了重新分布（Beauvais 等，2004; Maurin 等，2006）。如今，大多数计算中都会允许这些阳离子在整个吸附过程中移动以考虑这种现象。对于黏土来说也是如此，因为它们在吸附时的膨胀行为会产生额外的难题，使得层间距离的固定值非常值得怀疑（Salles 等，2011）。在后一种情形中，需要特别注意用以准确说明框架膨胀的具体力场。这些原子势通常包括键拉伸、键弯曲和扭转，所需参数可从文献查阅或从不同计算方法中推得（Van Duin 等, 2001）。混合无机/有机金属有机骨架材料也可归类为固相晶体，其中的一些综合了以上提到的两种固相晶体的复杂性，伴随有机配体的非周期性分布具有增强的化学无序性，这些有机配体将无机节点连接在一起并且在吸附时具有高度柔韧的特性，称为与显著的单位晶胞体积变化相关的"呼吸"（Férey 等，2011）。这种罕见的结构特征也需要通过复杂力场来模拟（Salles 等，2008a）。

目前涉及能量最小化技术的建模工具是通过一系列实验信息（NMR、IR、EXAFS 等）来鉴定这种多孔固体的晶体结构，包括材料的局域和长程结构（Mellot-Draznieks, 2007; Devic 等，2010）。这种计算辅助的确定结构的策略在结构解析中开辟了新的视野，能够补充对某些复杂结晶多孔固体仍然低效的从头计算预测法。

6.2.2　非结晶材料

介孔二氧化硅固体（MCM-41、SBA-15 等）属于这类吸附剂。这里，对真实原子模型的描述需要很多计算工作，因为存在许多拓扑/形态，例如六边形，圆柱形和椭圆形孔（Coasne 和 Pellenq，2004）。这种体系的复杂性取决于表面粗糙度和缺陷（收缩和曲折），并取决于所考虑样品的参数，它们对体系的吸附性具有较大影响。这种多孔固体的微观模型通常采用重建（定制以重现实际样品的结构特征）或模拟方式来构建（Schumacher 等，2006）。实际上，模拟了合成条件的表面活性剂 – 溶剂–二氧化硅体系的晶格蒙特卡罗计算，通常被用来生成这些固相的真实孔模型（Siperstein 和 Gubbins，2003）。有一些方法用一块雕刻出来的结晶方石英来定义特定拓扑/形态特征和孔径的模型，然后，调整孔壁的化学组成及无序度，来测定羟基基团的密度并模拟二氧化硅表面的无序性。还有一些类似的方法，可以为具有孔隙的玻璃如 Vycor 玻璃建立模型（Levitz，1998; Gelb，2002）。采用第一性原理，可将多孔活性炭模型化为一个具有恒定宽度及孔表面的狭缝形碳石墨孔，孔的表面由一定间距的石墨烯纳米带分离而形成，该间距可从石墨中观察到（Billemont 等，2010）。也可以采用反 MC 方法来重建包括多孔蔗糖焦炭在内的真实碳的微观模型，其与透射电子透射图或低角度衍射图定量匹配（Jain 等，2005; 图 6.1）。

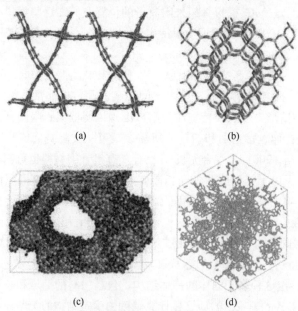

(a)　　　　　　　　　　(b)

(c)　　　　　　　　　　(d)

图 6.1　多孔结晶的微观结构描述示意图（引自 Jain 等，2005）
（a）MIL-68（Al）MOF；（b）八面沸石和非结晶固体；（c）介孔二氧化硅 SBA-15
（引自 Bhattacharya 等, 2009）；（d）活性炭

6.3　分子间势能函数

6.3.1　吸附质/吸附剂相互作用的一般表达

建立了吸附剂的微观结构模型后，为了尽可能准确地得到吸附质/吸附剂相互作用势，就需要选择适当的数学函数的形式和参数。这个所谓的力场函数和参数可从文献中获得，或者使用 ab 从头计算或半经验方法推得。为了避免任何歧义，读者应该牢记文献和以下章节中提到的术语"力场"和"原子间势"都是代表能量的术语。

通常认为势能的相互作用是加和的并且可以通过方程（6.1）的分析势能函数建立模型：

$$\varphi = \varphi_D + \varphi_R + \varphi_P + \varphi_E \tag{6.1}$$

其中，表达式的前三项中，D 为色散力；R 为斥力；P 为极化相互作用力。前三项对每个吸附质/吸附剂体系均存在，因此被认为是"非特异性"相互作用势能项，而后面的静电项 E 则被归类为"特异性"相互作用势，其仅存在于某些吸附质/吸附剂体系中。

在这些"非特异性"相互作用势能中，色散力 D 通常采用方程（6.2）表示：

$$\varphi_D(r) = -\frac{A}{r^6} \tag{6.2}$$

其中，r 是吸附质和吸附剂原子之间的距离；A 是原子对的特征色散力常数。这个关系只考虑到了偶极-偶极相互作用。然而，在一些体系中可进一步考虑激发态，因此方程（6.2）可以重写为方程（6.3）：

$$\varphi_D(r) = -\frac{A_6}{r^6} - \frac{A_8}{r^8} - \frac{A_{10}}{r^{10}} \tag{6.3}$$

其中，r^{-6} 这一项描述了偶极-偶极相互作用；r^{-8} 是偶极-四极相互作用，且 r^{-10} 是四极-四极及偶极-八极相互作用。

该色散能相对于斥力能够在较远距离起作用，而排斥源于两个相互接近原子的电子云重叠。这种排斥贡献采用指数 Born-Mayer 函数或 r^{-12} 项来表示，见方程（6.4）。

$$\varphi_R(r) = B \cdot \exp(-br); \quad \varphi_R(r) = \frac{B}{r^{12}} \tag{6.4}$$

其中，B 和 b 是吸附质/吸附剂对的特征常数。

在文献报道的大多数吸附质/吸附剂原子间势中，色散项和排斥项相互关联，并可转换为 Lennard-Jones（LJ）12-6 势能型函数［方程（6.5）］：

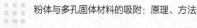

$$\varphi(r) = \frac{B}{r^{12}} - \frac{A}{r^6} \tag{6.5}$$

方程（6.5）有一种更常见的表达方式，即方程（6.6），

$$\varphi(r) = 4\varepsilon \left[\left(\frac{\sigma}{r} \right)^{12} - \left(\frac{\sigma}{r} \right)^6 \right] \tag{6.6}$$

其中，σ 和 ε 分别是互相作用势为零时的两体距离及势阱深度（见图6.2）。

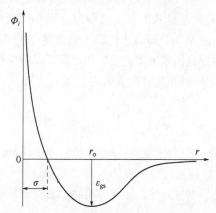

图 6.2　Lennard-Jones 势能函数曲线

这种色散-排斥相互作用势也可采用 Buckingham 势函数表示，方程如下，

$$\varphi(r) = B \cdot \exp(-br) - \frac{A}{r^6} \tag{6.7}$$

极化相互作用是由吸附剂与吸附质接近而产生的电场所致。所得到的极化能见方程（6.8）：

$$\varphi_P = -\frac{\alpha E^2}{2} \tag{6.8}$$

其中，E 是由吸附剂产生的电场，是吸附质偶极极化率。这一项的贡献在最近的原子间势能报道中越来越多。

最后，在单极-单极（电荷-电荷）相互作用的一般近似中，静电能项由方程（6.9）表示：

$$\varphi_E = \frac{q \cdot q'}{4\pi \varepsilon_o r} \tag{6.9}$$

其中，q 和 q' 分别是吸附质和吸附剂原子所带的电荷；ε_o 为空位磁导率。另外，在有些情况下还需要考虑单极/偶极或偶极-偶极相互作用，以及它们各自对 r^{-2} 和 r^{-3} 的高阶贡献。

6.3.2 "简单"吸附质/吸附剂体系的常用策略

根据 Kiselev 提出的方法（Bezus 等，1978），有效的 LJ 12-6 势是最常用来描述一大类多孔材料中吸附剂/吸附质间相互作用的势能函数，这些材料包括碳材料、二氧化硅、沸石和金属有机骨架化合物（MOFs）等。在这种又简洁又具备计算效率（Fuchs 和 Cheetham，2001）的 Kiselev 势中，排斥/色散相互作用力发生在以所有原子或最可能相互作用的原子为中心的吸附剂和吸附质的 LJ 位点之间。对于纯硅质沸石，LJ 位点通常仅位于骨架氧原子上，因为主要的晶格和吸附质间相互作用均集中在此。通常，所有吸附剂原子的 LJ 参数可从文献中的一般力场获得，特别是 Universal Force Field 力场（UFF；Rappe 等，1992）、DREIDING（Mayo 等，1990）力场和 OPLS（Jorgensen 等，1996）力场。这些包含了 LJ 势参数的常用力场可应用于周期表的大多数原子，令人惊讶的是，该势能能够很好地处理各种多孔固体的吸附。对于吸附质原子，相应的 LJ 参数通常从一系列的实验气-液平衡数据拟合中获得，比如，通过众所周知的 TraPPE 力场（Martin 和 Siepmann，1998）。在这些力场中，可进一步将吸附质模型化为刚性或柔性分子。Lorentz-Berthelot 组合规则（Allen 和 Tidesley，1987）主要应用于计算吸附剂/吸附质相互作用的交叉项。另一个我们称之为"化学工程方法"的策略是调整现有最简单的势能函数 LJ 参数来匹配实验吸附数据（Dubbeldam 等，2004）。这个拟合程序必须十分谨慎，因为它强烈依赖于样品质量和测量精度，当从一个体系变换至另一个体系时，势函数参数通常完全不同了。

当吸附质具有永久偶极矩时，需要增加静电项来表达吸附剂和吸附质所有原子间的库仑相互作用。在这种情况下，整数或部分（非整数，也称为净原子）电荷归属于吸附剂的所有原子。我们需要知道的是，通过量子计算（Mulliken 集居分析，1955）或静电势拟合（Heinz 和 Suter，2004）对部分电荷进行估算是昂贵的；不过最近，一些研究人员提出了通过恰当的包含电荷平衡（QEq）策略的半经验电荷平衡法（Rappé 和 Goddard，1991），可以更快速地实现这种估算，而且精度也不错。这种方法已被证明能为筛选大量多孔材料的吸附性能提供特别便利。

这种与吸附剂刚性模型相关的参数化吸附质/吸附剂相互作用能成功应用于包含了相对常规吸附行为的体系中。事实上，这种方法被认为是获得快速预测"简单"吸附质/吸附剂体系热力学性质的半经验方法，其中，原子间参数可合理转换，计算成本低廉，对电荷的描述也相对准确。简单的吸附剂通常包括不具有特定吸附位点的多孔材料，例如硅质的二氧化硅和沸石，多孔碳和大部分的 MOFs。

然而，这一策略通常不能精确应用于复杂吸附剂的吸附情形，例如有些二氧化硅表面具有化学缺陷，沸石/黏土中具有骨架外阳离子或 MOFs 具有配位不饱和区，或者有一些框架显示出比如沸石的窄孔/窗口或 MOFs 的呼吸效应这样的灵活性。在这种情况下，需要①用一种更专用的力场函数，该函数要么同样以分析式来表达但是要具有量子计算或经验拟合的特定参数，要么要包含附加项比如应用于沸石和中孔二氧化硅的 PN-TrAZ 势（可变换为沸石中吸附）（Pellenq 和 Nicholson, 1994），它合并了极化能和高阶排斥/色散项，及/或②需要通过额外的分子内相互作用项来灵活处理框架（Salles 等, 2008a）。

下一节将给出一些运用 Kiselev 势函数及一般力场并不合适的典型示例。

6.3.3 更"复杂"的吸附质/吸附剂体系示例

6.3.3.1 CO_2-Na^+八面沸石的量子力场

用一般的力场去模拟 Na^+ 为骨架外阳离子的八面沸石中 CO_2 的吸附是不可能成功的，因为这一体系中的 CO_2 和作为优选吸附位点的 Na^+ 之间的原子间势需要更精确的描述。实际上，这种对势相互作用的参数化通常采用以下量子计算程序来实现。以固定在其结晶位点的 Na^+ 为中心的簇首先从八面沸石的周期性晶体结构开始切割。然后使用适当的函数和基组进行初步量子计算，以其定义 CO_2-沸石簇的优化几何形状（Maurin 等, 2005）。这种优化的几何形状为使用一系列单点能量计算获得势能曲线提供了合适的初始构型。然后以 0.01 nm 为增量，将 CO_2 分子从阳离子处移至 0.1～1.0 nm 远处，在此过程中其几何构型不变以维持之前的平衡角度（O=C=O⋯Na^+）（见图 6.3）。

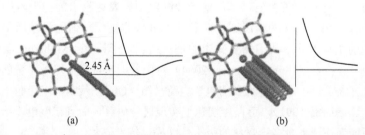

(a)   (b)

图 6.3　计算 Na^+-O（CO_2）（a）和 Na^+-C（CO_2）（b）的相互作用势能曲线时所假设的 CO_2-Na^+/沸石几何形状的示意图（Maurin 等，2005）

为了生成能量分布图，需要首先计算每一个 0.01 nm 增量时的单点能量。然后结合库仑势和 Buckingham/LJ 势对该势能曲线进行拟合，得出原子间势参数。之后，90°旋转先前优化过的几何构型，通过与前面类似的过程得出 Na^+C（CO_2）的能量分布图（见图 6.3）。进一步地，通过比较模拟 CO_2/八面沸石系统能量数据及通过微量热法收集的低吸附区域数据，来测试和验证最终的参数。

6.3.3.2　从头计算 HKUST-1 MOF 中的 CH₄/cus 势能面

在不同的含有配位不饱和位点［MIL-100（Cr，Fe），MIL-127（Fe），HKUST-1 等］的 MOFs 中，已经证实通过一般力场无法正确描述第一阶段吸附的吸附分子和配位不饱和位点间的相互作用。为了应对这种局限性，Chen 等 （2011）提出了另一种基于复杂的量子计算来确定吸附质/吸附剂的势能表面（PES）的方法。他们选择了 CH₄/HKUST-1 型 MOF 体系，将单个甲烷分子的碳原子以随机的构型放置在特定的网格点上，以便进一步从量子水平上计算碳原子与 HKUST-1 骨架的相互作用能。很显然，这种方法避免了前面涉及到的程序拟合，也即许多歧义与不准确的来源，可以直接用 MC 软件得到 PES，并进一步评估所感兴趣体系的热力学属性。在所选示例中，通过重现 HKUST-1 结构中 CH₄ 在不同吸附位点的位置，验证了该 PES 是有效的，这与实验上原位 X 射线衍射测量鉴定一致。这一策略还被用以准确捕获非常重要的丙烷/丙烯气体混合物与同样的 HKUST-1 材料之间的相互作用（Fischer 等, 2012）。

6.3.3.3　吸附剂吸附的伸缩性：MOF 型 MIL-53（Cr）的情况

与大量多孔固体材料（沸石、介孔二氧化硅等）不同，这些材料只能表征到吸附时的一些骨架重排（单位晶胞体积中仅有几个百分点的收缩/膨胀），而高伸缩性吸附剂的吸附性能要复杂得多，例如一些黏土或 MOFs。在这种情况下，这样的伸缩性可以预见会大大影响固体的吸附/扩散性能。因此，需要特定的力场来处理主体结构框架内的相互作用，结合对吸附质/吸附剂相互作用的研究，则能得到多孔固体的框架柔性度，并进一步重现它们不同寻常的吸附行为。一些现有的 MOFs 如 DMOF-1（Grosch 和 Paesani，2012）和 MIL-53（Férey 等, 2011）就属于这类材料，当吸附各种气体时表现出单胞体积的剧烈变化。当一些研究者采用高成本的从头计算来推导某些特定 MOFs 框架内能量项的必要力场参数（键伸展，键弯曲，扭转等等）时（Tafipolsky 等, 2007），还有一些研究者对 MIL-53（Cr）固体进行了耗时较少的半经验方法（Salles 等, 2008）。确实，从一般立场得到的一系列初始势参数出发，通过在 0 K 的能量最小化方法，使用该标准进行了系统的改进方案能精确地再现实验所测的框架振动性质。结合所选的 CO₂，对这个导出的力场作了进一步计算，并且通过分子动力学（MD）模拟来跟踪了多孔固体在整个吸附过程中的结构变换。这可以成功捕获到环境温度下 CO₂ 吸附所致的从大孔（LP）到 NP 形式的两步结构转换，这些结论与原位 XRD 观察结果一致，说明其有效性（图 6.4）。

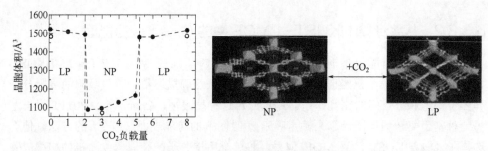

图 6.4　左图：300K 时，MIL-53（Cr）的晶胞体积随 CO_2 负载的变化：分子动力学（实心符号）和原位 XRD（空心符号）。右图：随着 CO_2 的吸附，MIL-53（Cr）在窄孔（NP）和大孔（LP）之间的结构转变（Salles 等，2008a）

6.4　表征计算工具

6.4.1　引言

一旦确定了结构的可靠微观构型，基于 MC 积分算法的分子模拟就可应用于表征多孔材料，例如能获得比表面积（以下定义的 a_{acc}）、孔体积（v_{pore}）和孔径分布（PSD）。这些可从商业软件或不同的免费网页上获得的用 Fortran 程序运行的计算工具，可以轻松地运用到日常实验中来快速评估样品的活性及热稳定性等。获得比理论小得多的 BET 面积和/或孔体积的实验值意味着在给定样品的孔内仍存在残余溶剂和未反应物，或材料中发生了一些结构/组织降解。这也表明在测量吸附性能前，需要进一步优化活化/合成程序。这种方法还可以通过建立多孔材料的最重要特性和它们吸附能力之间的关系，给出指定吸附质的预期吸附性能的有用信息。事实上，包括沸石，多孔碳和 MOF 等在内的多种微孔固体中的气体吸附，与用吸附物相同尺寸的探针直径计算所得的 a_{acc} 和中压和高压下计算所得的孔体积 v_{pore} 吻合的非常好。图6.5 给出了网状 IRMOF 固体的氢吸附典型图示（Frost 等，2006）。通过对 a_{acc} 和 v_{pore} 的估算，就可以运用前面的相关性进一步评价这些材料是否具有储存氢和甲烷的潜力。

这种简单又快速的计算方法作为一种辅助的表征工具，让实验者非常容易地判断样品的质量。该计算策略的基本原理在下一节给出。

6.4.2　可接触的比表面积

在本节和本章的其余部分，我们将使用术语"可测比表面积"，但不同于第一章吸附部分（Rideal，1930）它的初始含义，在这里它指的是模型（Leach, 2001）中的通用意义。在模拟中，对可测比表面积的计算完全基于吸附剂的几何拓扑，并运用简单 MC 积分技术，该技术中硬球（半径为 r）状探针分子的质量中心在框架表面上"滚动"。如图 6.6 所示，这个"可测比表面积"（也可以称为"r 距表面积"）就是质量中心覆盖的表面，即位于距离框架表面 r 处的虚拟表面。在这种方法中，与氮气分子大小相类似的探针分子随机插入吸附剂每个框架原子周围，然后即可以用不与其他框架原子重叠的探针分子所占的比率来计算比表面积。通常认为氮气探针分子的直径为 0.36 nm（Walton 和 Snurr, 2007），而框架原子的 LJ 尺寸参数可从文献的一般力场中取值。后者可以稍微随意些，因为 a_{acc} 值受力场改变的影响较小。

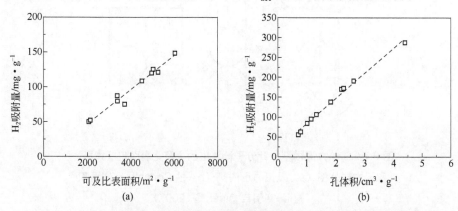

(a)　　　　　　　　　　　　(b)

图 6.5　77 K 下，网状 IRMOF 固体的氢吸附典型图示（引自 Frost 等, 2006）

（a）30 bar 压力时，H_2 吸附量对可及比表面积（a_{acc}）曲线；

（b）120 bar 压力时，H_2 吸附量对孔体积 v_{pore} 的曲线

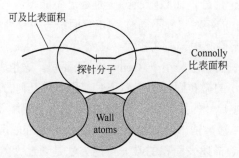

图 6.6　可及比表面积（a_{acc}）和 Connolly 比表面积（a_{Conn}）的示意图

（引自 Düren 等, 2007）

这种几何方法具有计算成本（一旦微观结构模型确定，仅需要几秒）非常低、计算精度高的优点。

另一种模型中使用"Connolly 比表面积"（a_{Conn}），它从探针分子的底部而不是质量中心来计算（见图 6.6），它就是可测（或"探针可测的"）比表面积。从吸附量

的角度来看，对大多数多孔固体的表征，后者的表面积都不如用之前定义的可测比表面积更适当（Bae 等，2010）。用一个简单的正方形模型（图 6.7）为例，探针分子既可从外部也可从内部进行吸附，Düren 等（2007）清楚地证明出，Connolly 比表面积在两种情形下的吸附量相同，而可测比表面积方法得到明显不同的结果，内部吸附的 a_{acc} 数值要小得多，所以它的吸附量更真实。这个结论对于既可以在孔洞边缘（外曲率）吸附也可以在孔洞角部（内曲率）吸附的 3D 材料同样有效。

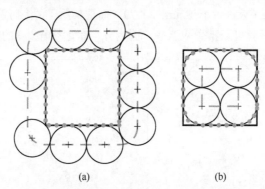

(a)   (b)

图 6.7　简单方形模型探针分子计算出的可及比表面积（线形）

和沿方形外侧（a）及沿方形内侧（b）的 Connolly 比表面积

（圆形）（引自 Düren 等，2007）

最近的文献似乎表明，尽管是不同的方法和计算，可测比表面积（a_{acc}）和实验 BET 比表面积 $[a_{exp}(BET)]$ 对质量好的样品，通常都吻合较好。但当吸附剂是微孔时，大部分情况下上面的说法需要重新斟酌。因为，就如第 7 章所述，"BET 单层部分"指的是微孔的整个部分，而吸附质分子是远远不能覆盖与开放表面单层相同的面积的。当分子和微孔的相对尺寸不同时，BET 面积与探针可测或 Connolly 表面积相比，要么较小（在窄微孔中）要么较大（在宽微孔）。相反，从图 6.7（b）可以看出来，微孔的可测比表面积总是小于 Connolly 表面积。这也表明了，在表征 0.3～0.45 nm 范围内非常小的微孔固体的表面积时，用上述几何方法计算 a_{acc} 是不合适的，因为氮气分子大小尺寸的探针分子不能或很难进入小的微孔。在第 14 章中，我们将讲述一个典型的二羧酸锆 MIL-140 MOF 型固体（Guillerm 等，2012）的例子。在那种情况下，能精确描述表面积的唯一可能方法是通过大型蒙特卡罗（GCMC）模拟计算吸附等温线（下面将会讲述），而不是采用 BET 方法模拟该等温线。前者将原子看做软的 LJ 球体（相对于几何方法中的硬球）因而能够对可测表面进行完整分析。

可以概括地说，对于微孔固体，将实验 BET 比表面积 $[a_{exp}(BET)]$ 与模拟等温线计算所得的 BET 比表面积 $[a_{sim}(BET)]$ 进行比较，要比与 a_{acc} 进行比较更加有意义。

此外，由于可测比表面积强烈依赖于探针尺寸，当运用这种几何方法通过可测比表面积和吸附量之间的相关性来预测评估多孔固体对给定吸附质吸附能力时，需要考虑使用直径与某一吸附气体相当的探针分子。图 6.5 给出了一系列多孔固体吸附 H_2 的这种相关性，以及用 H_2 吸附计算出的它们的可测比表面积（探针尺寸为 0.28 nm）。

6.4.3　孔体积/PSD

有两种建模方式可以用来评估多孔固体的可测体积。比较简单的一种是类似于上面提到过的几何方法，它采用直径近似为 0 nm 的探针分子来确定未被骨架原子占据的多孔固体的体积。这样得到的体积通常称为"自由体积"。另一种方式是由 Myers 和 Monson 首先提出的热力学方法（Myers 和 Monson，2002），它模拟了实验条件，是严格意义上的"孔体积"。

比孔体积的计算可依据式（6.10）：

$$v_{\text{pore}} = \frac{1}{m} \int e^{-E/k_{\text{B}}T} dr \tag{6.10}$$

其中，m 是多孔固体代表性样品的质量；E 是在 298 K 下单个氦原子的气相-固相势能。

该方程对所有固体孔隙值进行积分，这要用到数值 MC 技术。这样一种用到网络上代码的方法需要能量项 E，它的模型中通常采用相应参数的（$\sigma = 0.258$ nm，$\varepsilon k_{\text{B}}=10.22$ K）（Talu 和 Myers，2001）氦气作为 LJ 流体，与从各种一般力场获得相应参数的被看作软 LJ 球形的多孔固体所有框架原子进行相互作用。对大多数多孔固体来说，两种方法的结果非常相似，其中，几何方法的优点是速度快得多。不过，如前所述，要克服几何方法表征小微孔固体的局限性时，还是可以选择热力学方法来估算孔体积。当孔体积与高压下给定吸附质的吸附关联较好时，就可以快速对一系列固体进行表征，进一步筛选出最佳材料进行具体应用。

此外，作为对第 9 章中孔径大小分析的补充，读者可参考 Bhattacharya 和 Gubbins（2006）开发的计算方法。它是基于一种受束的非线性优化，来确定孔穴中随机点被测粒子的最大半径。PSD，为给定点孔内最大球半径的统计分布，可通过 MC 积分对测试粒子半径进行采样获得。一旦多孔固体的结构模型已知，这种几何方法就可以快速、准确地估计出各种固体的 PSD，包括活性炭、介孔二氧化硅、沸石和 MOFs。该方法的实现是基于实验者可从网上获得代码，以得出对新合成样品 PSD 的初步认识。

6.5 模拟多孔固体物理吸附

6.5.1 GCMC 模拟

6.5.1.1 基本原理

MC 技术采用随机（非时间依赖）的方法，现已被广泛应用于计算多孔固体的平衡性质。在 MC 模拟中，我们使用随机数生成一系列构型（就像摩纳哥首都一种流行的概率游戏），每一种构型都以一定的概率被通过或被拒绝。这样的分类抽样方法还可以计算平均性质来与实验观察相对比。事实上，MC 模拟也被认为是"数值"或"计算"实验。

本节的目的是概括讨论 MC 技术，模拟计算与单一气体组分或混合物吸附有关的最常见的热力学性质，包括吸附等温线、吸附焓及能够帮助理解微观机制的选择性。对于该方法更详细的技术阐述，读者可参阅专业书籍（Nicholson 和 Parsonage，1982; Allen 和 Tildesley，1987; Frenkel 和 Smit, 2002）。

在此背景下，以力场为基础的 MC 模拟（这意味着我们确切知道如 6.3 节所描述的所有体系原子间的相互作用）主要在巨正则系综下进行，其中化学势 μ、体积 V 和温度 T 是固定的。这样的热动力学系综类似于实验上将吸附物置于一个平衡的给定化学势和温度的吸附剂容器中。这个系综的优点是，允许粒子数量的上下浮动，通过模拟过程中的平均化来估计恒定温度和化学势下吸附分子的数量。这些计算可以直接与重量/体积/测压法测得的实验数据进行比较，而这些实验平衡条件下吸附剂内部和外部气体的 T 和 μ，则完全模仿巨正则系综。这时的化学势通常由气相温度和压力下的理想或非理想气体的状态方程计算，或者使用 Gibbs 系综公式计算。

从随机生成的初始构型开始，MC 模拟所包含的几百万随机的移动能够使所选系综进行有效采样。在 GCMC 模拟中，移动包括分子的平移和旋转位移，甚至还考虑了分子数量的增减带来的变化。

这些随机移动在适当的标准下被允许或拒绝平移或旋转位移的概率以符合式（6.11）的概率被允许：

$$P = \min\{1, \exp(-\beta \Delta U)\} \tag{6.11}$$

其中，ΔU 是总势能的变化，且 $\beta = 1/kT$。当 ΔU 为负，或者在 0 和 1 之间的随机数范围内，势能变化的幅度较小，此时该尝试是可允许的。这一标准基于 Metropolis 算法（Metropolis 等，1953），是所有 MC 模拟的核心。

将吸附质分子置于随机的位置和取向时，这一新构型可被允许的概率可用方程（6.12）给出：

$$P = \min\left\{1, \frac{\beta f V}{N+1} \exp(-\beta \Delta U)\right\} \tag{6.12}$$

其中，f 是气相吸附物的逸度。

类似地，在某分子被随机移除的步骤中，新构型被允许的概率符合方程（6.13）：

$$P = \min\left\{1, \frac{N}{\beta f V} \exp(-\beta \Delta U)\right\} \tag{6.13}$$

对于混合气体的情况，会有改变气体的过程，通常称为"swap"的步骤，需要测试以获得更快的运算。这个操作包括从随机选择 A 型分子变换到 B 型分子，其中 A 和 B 是混合物两个不同种类的组分，那么就要用到方程（6.14）作为筛选的标准：

$$P = \min\left\{1, \frac{f_B N_A}{f_A (N_B + 1)} \exp(-\beta \Delta U)\right\} \tag{6.14}$$

这里，f_A 和 f_B 分别是气相吸附物中组分 A 和 B 的逸度；而 N_A 和 N_B 是分子数。

采用这种方法，一系列构型最终具有同一特定化学势和温度。模拟中从初始随机点达到平衡通常需要数百万步。为了控制平衡的条件，通常可对一定 MC 步数下的总能量变化进行作图。每一个可能测试的通过率需要谨慎调整，以使平衡最有效地达成。通常，接受率会固定在约 0.4～0.5 之间。对于准确的统计结果，分析时会减除掉平衡前的操作步骤，而由几百万构型计算处感兴趣的平均值。

需要谨记的是，这些程序对于处理简单分子的吸附如多孔固体中的 CO_2、CH_4、N_2、H_2、He 等是有效的，因为模拟过程中吸附剂是固定的，吸附并不引起它构型的任何显著变化。对于更复杂的具有高柔性或/和大尺寸的吸附质（长链烷烃、二甲苯等），有各种已开发的统计偏差技术，通过更有效的构型空间采样，来提高测试的通过率，以提高 MC 模拟速度。举一个典型的例子，基于 Rosenbluth（Frenkel 和 Smit, 2002）方案的构型偏差技术包含了孔隙内分子的再生，是通过一个原子接一个原子地再生，而不是插入整个分子。这种偏差技术被广泛应用于精确地捕获长链烷烃在沸石中的吸附行为（Fuchs 和 Cheetham, 2001）。另一个流行的方法是 Mezei（1980）提出的腔体偏差，其中插入的动作仅在可容纳一个分子的孔可达区域进行测验。通过规则与每个偏差位移有关，以确保在合适的波尔兹曼分布内产生新的构型。进一步地，如果吸附剂在吸附时表现出急剧的结构改性，如呼吸的 MOFs 或一些柔性窄孔/孔沸石，标准 MC 方法将会失效，此时建议在混合渗透 Monte Carlo（HOMC）中增加 MD 步骤来达到在吸附剂体积波动情况下的有效采样（Ghoufi 和 Maurin, 2010）。所有这些偏差的详细介绍及一些更专业技术已超出了本章范围，建议读者查阅更专业的文献（Nicholson 和 Parsonage, 1982; Allen 和 Tildesley,1987; Frenkel 和 Smit, 2002）。

单组分气体或混合物的吸附等温线，是通过运行一系列不同固定化学势（或压力/逸度）下的 GCMC 模拟，从而提取到热力学数据。读者需要谨记的是，模拟中得到的吸附分子的量相当于总（也称为"绝对"）量，即孔内总量（n_{total}），而在实验中测得的一般是表面超量 n^σ（n_{excess}）（见第 2 章）。事实上，模拟数据（总）和实验数据（表面过剩）需要通过方程（6.15）来相互转换：

$$n^\sigma = n_{total} - v_{pore}\,\rho_{gas} \tag{6.15}$$

其中，v_{pore} 和 ρ_{gas} 分别是孔体积和气相密度，以确保比较时的一致性。

另一个需要一提的物理量是差分摩尔吸附焓 $\Delta_{ads}h$，通常采用体系中分子数目 N 的波动和内能 U 来计算，见公式（6.16）：

$$\Delta_{ads}\,h = RT - \frac{\langle U \cdot N \rangle - \langle U \rangle \langle N \rangle}{\langle N^2 \rangle - \langle \langle N \rangle \rangle^2} \tag{6.16}$$

其中，括号 $\langle \cdots \rangle$ 代表巨正则系综的平均。

该方法假设了气相具有理想行为，实际上长时间的 GCMC 模拟需要获得此方程的一个合理的统计平均值，尤其是应用于低吸附极限范围内时。或者，最近已经出现一种更精细的方法，基于巨正则系综中修正的 Widom 粒子测试，将分子数量、体积及温度固定（Vlugt 等，2008），能够更有效地确定该物理量。需要注意的是，使用该策略还可以更精确地确定亨利系数。由此获得的数据可以直接与微量热法所得的差分吸附焓相比。模拟所得的焓值可分为两组，吸附质-吸附质以及吸附质 - 吸附剂焓，可以进一步解释实验测得的焓值与负载量之间的关系。MC 模拟还可以计算积分摩尔吸附焓。读者可以参考 Do 等（2011）对所用方程的详细报道。

通常，模拟出的宏观热力学数据一旦与实验值一致性良好，比如等温线和焓之间数据一致，那么下一步需要详细分析平衡态的分子构型，也即，记录并提取来自大量采样计算处的径向分布函数，来进一步了解微观吸附机制。这种结构分析在体积、温度和分子数目均固定的巨正则系综中有时同样可行。

最后，对气体混合物的 GCMC 模拟，可以确定多孔材料中组分 A 相对于组分 B 的分离能力，来预测它的选择性，用 $S_{A/B}$ 标记，其计算方程（6.17）为：

$$S_{A/B} = \frac{x_A}{x_B} \cdot \frac{y_B}{y_A} \tag{6.17}$$

其中，x_i 和 y_i 分别对应组分 i 在吸附相和固相中的摩尔分数。

虽然 GCMC 模拟在针对最简单的吸附质/吸附剂体系时可以采用商业软件计算，但读者应该注意，影响精确计算化合物分子吸附行为的要素，比如对前面出现过的偏差的处理就可避免可疑数据的出现。在后一种情况下，建议实验者参考合适的学术代码，包括 Music、CADSS、Raspa 等。

模拟对于实验者来说，不仅是预测多孔固体最优吸附/分离性能的有用工具，同时还可以为有时出现的异常吸附行为的微观机理给予解释。

6.5.1.2　模拟/预测吸附性能

（1）单组分吸附

GCMC 模拟最常用于给定多孔固体中一系列气体吸附等温线的初步模拟，但计算前需确定吸附剂和吸附质的微观模型，以及吸附质/吸附剂的力场参数（见 6.2 节和 6.3 节）。进一步比较吸附分子总量的模拟值与相应的实验数据时需要慎重。事实上，模拟中假设的理想多孔活化材料，从实验的角度考虑并不合适。首先，模型化为六角和三角通道共存的对苯二甲酯 MIL-68（Al）MOF 材料中 CH_4 的吸附（图 6.8），观察值与实验值之间较大的差异被认为是模拟的失败（Yang 等，2012b）。通过红外光谱对实验样品的表征证明窄三角通道中仍然含有残留的有机物，导致未活化的吸附剂不能吸附吸附质。因此，通过阻塞三角通道并再次模拟吸附等温线，可得到与实验较吻合的吸附值。值得注意的是，要获得这种一致性需采用文献中的一般力场，把 CH_4 看作单点 LJ 模型（TraPPE 力场; Martin 和 Siepmann, 1998），而 MIL-68（Al）的 LJ 参数取自 DREIDING 力场（Mayo 等，1990）。在这种没有任何强特定吸附位点（化学缺陷、移植功能、配位不饱和位点等）的多孔固体中，用其他标准力场如 UFF（Rappe 等，1992）已被证实也可以得到非常相似的结果。如 6.3 节所述，运用文献所报道的一些力场参数，可以很好地再现简单"吸附质/吸附剂"体系的相互作用。对于其他吸附质，包括能够通过静电相互作用与 MIL-68（Al）骨架发生强相互作用的 CO_2 和 H_2S，结论也是如此。还有一个现象，提取框架 MIL-68（Al）电荷（Mulliken 或静电势，ESP）的方法，对吸附等温线的影响并不明显。这一结论可推至所有表面不具有特定吸附位点的多孔固体。相比之下，可以清楚地表明，一旦极性官能团如 NH_2 连接到 MOF 的有机结构节点上，ESP 电荷就能准确描述两者之间的相互作用。希望这个结论能被推广到任何类型的官能化多孔固体。

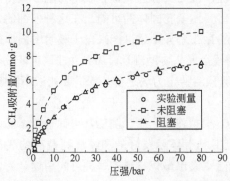 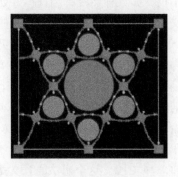

图 6.8　左图：303 K 下，三角形孔道阻塞/未阻塞情况下 CH_4 的模拟吸附等温线和实验测量数据之间的比较。右图：MIL-68（Al）的晶体结构视图，圆圈代表三角形和六边形孔道（Yang 等, 2012b）

尽管不同微孔具有不同的含义（参见 6.4.2 节），将实验 BET 表面积与晶体结构计算的比表面积相比较，也是一个有意义的起点。从吸附质和吸附剂的标准力场来计算，对苯二甲酸酯 MIL-53（Cr）中吸附乙烷的量已大大超标（图 6.9），因为样品的 a_{BET} 明显低于理论比表面值（1350 $m^2 \cdot g^{-1}$ 对 1540 $m^2 \cdot g^{-1}$）（Rosenbach 等，2010）。然而，一旦模拟得到吸附等温线，再对实验和模拟等温线计算所得的 BET 面积进行比较，就会发现两者更易吻合。就像上面的例子，作者使用了 a_{sim}（BET）/ a_{exp}（BET）缩放因子，得到如图 6.9 所示的模拟和实验数据趋势的一致。

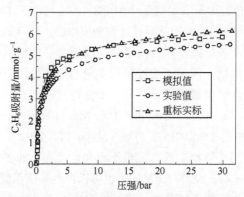

图 6.9   MIL-53（Cr）于 303 K 吸附乙烷的吸附等温线的模拟值、
实验初始值及重标重量值之间的比较（Rosenbach 等，2010）

后面两个例子强调，对实验样品的表征是分析并比较实验与模拟数据的关键先决条件。事实上，选择文献中可得的最有代表性的实验数据，建模再进行模拟比较是相当困难的，因为多孔固体的吸附随样品质量及其脱气模式和程度（经常会低估一个方面）变化较大。通过实验等温线先拟合并精修力场参数，这一选择甚至更关键。不过，如果样品没有经过很好处理，就用其等温线拟合获得力场参数将没有物理意义，因为这显然不具有转换至任何其他多孔固体的可能。在这种仔细的定义和表征下，如果实验与模拟两者之间仍然存在差异，这可能来自于吸附中固体的渐变式结构变化，那么可以采用原位 X 射线衍射来协助测量。如果并非这种情况，就说明这是个低效率模拟，那么用量子计算预测特定力场之前，就需要测试不同吸附质/吸附剂的力场参数和设定电荷。

除了与实验数据直接比较，GCMC 模拟作为一个预测工具可评估新结晶多孔固体用于多种气体的最佳吸附性能，包括具有环境友好的和经济利益高的气体，如 H_2，CO_2 和 CH_4。这个想法的意义是能定义出最优材料的每种可能用途，为此就需要付出更大的努力去优化合成及活化步骤以达到实验有效性。下面将通过例子说明，如何从延伸的异网状 Zr-MOF 材料来预测 CH_4 和 CO_2 的存储容量（Yang 等，2012a）。该吸附剂是由新兴的 3 维 UiO-66（Zr）固体材料衍生而来，材料中的对苯二甲酸酯接头被更长的有机间隔基取代（参见图6.10）。

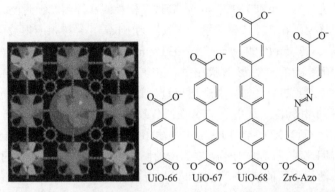

图6.10　UiO-66（Zr）MOF 晶体结构图及 Zr-MOF 扩展系列的有机连接体单元

　　这种模型化方法首先需要计算辅助的结构确定策略以及 X 射线粉末衍射（XRPD）实验，来为每个 Zr-MOF 结构提出一个合理结构。这一过程通常应用于结晶多孔固体。实际上，以母体 UiO-66（Zr）为起点，每个 Zr-MOF 类似物晶体结构的建立可以采用以 XRPD 实验推导而得晶胞参数的配体取代策略，所的结构运用量子几何来进一步优化。上面列出的材料中，通常选择母体 UiO-66（Zr）为模型，因为它的实验和模拟 S_{BET} 和 v_{pore} 特征值吻合很好。

　　这个材料中 CH_4 和 CO_2 的模拟吸附等温线与相应实验数据有很好的一致性，使得进一步通过计算方法（微观结构模型，力场参数，部分电荷等）验证研究整个 Zr-MOFs 体系（见图 6.11）成为可能。根据估算，UiO-67（Zr）中 CH_4 的储存容量在压强为 35 bar 时为[146 cm^3(STP)·cm^{-3}]，仅略低于美国能源部的目标值（DOE）[180 cm^3(STP)·cm^{-3}]。这一 MOF 类型的材料极具潜力，它的性能优于其他常规吸附剂例如活性炭 Maxsorb 和沸石 13X。

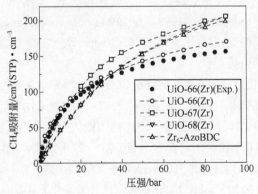

图6.11　303 K 时 Zr-MOF 中 CH_4 的模拟吸附等温线（Yang 等，2012a）

图中同时列出了 UiO-66（Zr）的实验数据以作对比

同时，UiO-68（Zr）还被看作是 CO_2 吸附量最高的材料，在 40 bar 压力时的 CO_2 吸附容量为 333 $cm^3(STP) \cdot cm^{-3}$，超过了活性炭和沸石。吸附的工作容量，其定义为吸附和解吸压容之差（在这里，解吸压为 1 bar），经模拟所得数值非常高，与存储容量近似（313 $cm^3(STP) \cdot cm^{-3}$ 对 333 $cm^3(STP) \cdot cm^{-3}$）。这一行为通常与模拟的 CO_2 吸附等温线的非矩形形状相关，在其他含有 MOFs 例如 MIL-100（Cr）（Hamon 等，2012）的杂化材料中未出现过。这些杂化材料的工作容量相比于存储容量大大下降约 50%，这是由于 CO_2 在低负载下具有非常高的亲和力。此外，与最常见的吸附剂沸石 13X（-45 $kJ \cdot mol^{-1}$）相比，相对较低的二氧化碳吸附焓（-20 $kJ \cdot mol^{-1}$）说明这种 Zr-MOF 不需要昂贵的操作条件便可再生。拥有了以上这些性能，再通过对活化步骤的认真优化就可以接近最初的目标，即计算理论比表面积。一旦实现该步，实验室规模的吸附测量就可以用于预测物理吸附过程中多孔固体的应用。

（2）混合气体吸附

根据前面的叙述，除了不同成分气体混合物的吸附等温线和吸附焓可以计算出来，并可以与相应的实验数据进行比较之外，还有一个重要的热力学性质，即多孔固体的选择性，它可以衡量给定气体混合物的分离能力。吸附质/吸附剂的力场参数和吸附剂的电荷设定（当需要时），通常在单组分吸附的模拟和实验等温线和焓值一致的情况下才有效。一旦这个步骤成功，通常就会运用 Lorentz Bertholot 混合规则来描述标准气体混合物的吸附质/吸附质交叉 LJ 相互作用。作为一个典型例子，科学家们已采用这一方法研究了一系列官能团化的 UiO-66（Zr）对 CO_2/CH_4 的选择性，其中 UiO-66（Zr）是不同极性基团 [—Br，—NH_2，—NO_2，—$(CF_3)_2$，—$(OH)_2$，—SO_3H 和 —CO_2H] 接枝在对苯二甲酸酯链接单元上而制得的（Yang 等，2011c）。通过预燃烧，将 CO_2 从它与 CH_4 的气体混合物中分离非常方便经济，也是处理低质量的天然气如沼气和填埋气体的关键技术。在这种情况下，CH_4 和 CO_2 分别采用标准的 TraPPE（Martin 和 Siepmann，1998）和 EPM2（Harris 和 Yung，1995）力场处理，而 UiO-66s 所有原子的 LJ 参数通常从 UFF（Rappe 等，1992）力场中获得，并运用和 ESP 方案提取它们的电荷。

图 6.12 记录了模拟出的改性 UiO-66（Zr）中，等摩尔混合的 CO_2/CH_4 的选择性对压强的函数。根据推测，引入—SO_3H 和 —CO_2H 官能团使它们相比于 —NH_2 基团的吸附剂具有更高的选择性，而通常—NH_2 基团被认为能够改善各种多孔固体对混合物的分离。两种固体材料最终的选择性均在 17.0～23.0 之间，已经与变压吸附中最常用的八面沸石 13X 的吸附性相当（Cavenati 等，2004）。据估算，这些材料具有中等的 CO_2 吸附焓值（大约 30 $kJ \cdot mol^{-1}$），表明它们在温和条件下具有潜在的可再生性。

运用相同的策略，还模拟了在 303 K 下一系列 MOF 型材料中 CO_2/N_2 的分离性能，其中对于具有代表性的 N_2 采取了标准 TraPPE 力场。图 6.13 给出了 303 K 和 1

bar 压强下，二元组分 CO_2-N_2 混合物的选择性，混合物中 CO_2 和 N_2 分别占比 15%和 85%，这对应将 CO_2 气体从发电厂排放的烟道气中分离的典型操作条件。根据估算，UiO-66(Zr)-2（CO_2H）对这种气体混合物具有最佳选择性（约 95）。只是这种官能团化的材料的合成还需要进一步的努力。相同条件下体积吸附测量也再一次证实了这种选择性。

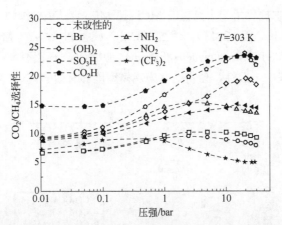

图 6.12　未改性的 UiO-66（Zr）和各种官能化材料中模拟出的 303 K 的等摩尔气体混合物中 CO_2/CH_4 的选择性，303 K 下，以压强为横坐标（Yang 等，2011c）

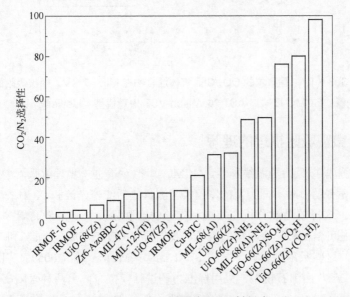

图 6.13　303 K，1 bar 压力下，在一系列的 MOF 材料中，CO_2/N_2（15/85）混合气体分离选择性的模拟值

由于实验方案的复杂性，文献中的多组分吸附等温线相对较少，因此，对它们

估值的验证要比单一气体吸附复杂得多。事实上，从分子模拟得到的数据通常被拿来与简单热力学模型，如 Myers 和 Prausnitz（1965）介绍的理想吸附溶液理论（IAST），相比较。后者仅基于单组分等温线或真实吸附溶液理论（RAST）等更精细的模型，来预测混合物的吸附行为（Yun 等，1996）。

应该注意，这样的比较有助于选择预测一系列多孔固体多组分吸附行为的热力学模型。图 6.14 中提供了一个典型的 MOF 型 MIL-47（V）中 CO_2/CH_4 混合物的共吸附实例（Llewellyn 等，2013）。通过 GCMC 模拟和 IAST（Myers 和 Prausnitz，1965）及 Wilson-VST（Suwanayuen 和 Danner，1980）宏观模型预测出的 CO_2 和 CH_4 的吸附量具有极好的一致性，使得这些宏观模型能够有效验证 MOFs 系列材料的分离性能。

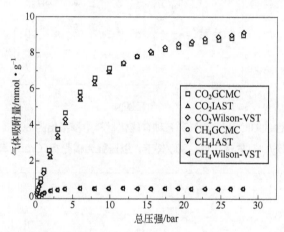

图 6.14　303 K 时，等摩尔的 CO_2/CH_4 气体混合物在 MIL-47（V）中被吸附的 CO_2 和 CH_4 的量：GCMC 模拟，IAST 和 Wilson-VST 宏观模型（Llewellyn 等，2013）

6.5.1.3　微观吸附机理的理解

除了预测/模拟吸附等温线和焓，GCMC 模拟对于进一步理解吸附微观机制是很有价值的，还有助于对不同类型的原位实验测量包括红外光谱和 X 射线/中子衍射实验进行补充。这样的微观分析在模拟和实验的宏观性质（等温线、焓等）一致的情况下被认为是可信的。一个典型的例子，我们研究 CO_2 在 DaY、NaY 和 NaX 八面沸石中的吸附，这些吸附剂具有不同的 Si/Al 比率（Maurin 等，2005）。将脱铝的 DaY 作为纯硅质 Y 八面沸石模型，采用标准力场进行模拟时，另两种含阳离子的沸石采用 6.3 节的特定力场处理。当实验-模拟吸附等温线和焓在低吸附率下吻合较好时（图 6.15），通过二维密度概率和/或原子间的径向分布函数来仔细分析大范围压力下 GCMC 模拟得到的位点。结果表明，由于没有特定的吸附位点，CO_2 分子或多或少均匀分布在整个压力范围下的纯 DaY 超级笼中，这一情况与含阳离子的八面沸石明显不同，后者的 CO_2 通过线性几何结构（$Na^+ \cdots O=C=O$）与超级笼中的 Na^+ 形成强相互作用。这种结构排列已得到相同条件下原位红外测量结果的验证。

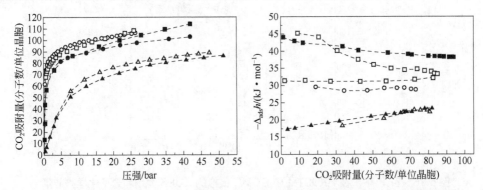

图 6.15　在 DaY（三角形）、NaY（方形）和 NaX（圆形）中 303 K 时 CO_2 的模拟（实心）和实验（空心）吸附等温线（左）及差分摩尔焓（右）之间的比较（Maurin 等，2005）

　　阐明吸附机理能进一步解释在较大压强范围内测量的微量热法吸附焓曲线。事实上，在 DaY 中，吸附焓随气体负载（或压强）的增加而逐渐增加的关系，在 GCMC 模拟中也得到重现，这是因为 CO_2 与能量均匀的 DaY 表面间的相互作用，使得 CO_2/吸附剂相互作用无论在多大气体压强下均保持恒定。当 CO_2 负载增大，吸附质间的距离缩短，使得吸附质/吸附质能量贡献增大，就会导致微分摩尔焓随 CO_2 压强增加而增大。相反，NaY 平坦的焓值曲线来自于吸附质/吸附质相互作用的增加与 CO_2/吸附剂相互作用的轻微减小之间的一个平衡，其中，CO_2/吸附剂相互作用的减小是由单个 Na^+吸附位点周围配位层的逐渐膨胀引起。NaX 中焓的减小是由于吸附过程中两个 Na^+位点相继被吸附占据产生的表面能量异质性。它们 CO_2 亲和力的巨大差异，导致了 CO_2 负载增加时吸附质/吸附剂相互作用的急剧减少，即便 CO_2/CO_2 相互作用能项增加也不能补偿。

　　读者应该谨记，虽然模拟和实验吸附焓在整个压力范围内有良好的一致性，能够确保对原位表征技术获得的吸附机制给予精确描述，但对于仅有一个合理吻合的等温线，这也不一定可靠。以铜为配位不饱和金属位点的 HKUST-1 MOF 中 CH_4 的吸附（Chen 等，2011）就是一个典型的例子。实际上，当一般力场 UFF（Rappe 等，1992）用于 MOF 框架及 CH_4 的各种微观模型时，可以得到 77 K 下 GCMC 模拟的吸附等温线与实验数据形状和吸附最大量的吻合曲线（参见图 6.16），只有在较低的 CH_4 浓度下二者出现偏离（40 分子/单位晶胞相对于 85 分子/单位晶胞），此时通过原位 X 射线衍射来对微观吸附机理进行验证已然不可能。这进一步表明 GCMC 方案中量子化学衍生的 PES 方法能更好地模拟实验吸附等温线（见图 6.16）。也进一步表明，它才能更精确描述 MOF 孔隙内 CH_4 的优先吸附位点，而在某些区域特别是配位不饱和位点周围，CH_4 的吸附不能采用一般的 UFF 力场（Rappe 等，1992）。事实上，这已清楚强调了采用模型/力场粗略模拟吸附等温线并不能给出背后的吸附机制。

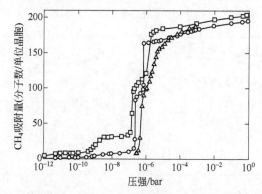

图 6.16　77 K 下，在 HKUST-1 中 GCMC 模拟的（UFF 力场和量子化学势能量表面分别用 □ 和 ○ 表示）和实验的（△）甲烷吸附等温线之间的比较（引自 Chen 等，2011）

计算方法对易于发生结构改变的复杂吸附剂体系原子水平上吸附机理的深入理解也起到了至关重要的作用。微孔固体吸附剂的易变性，使得如 MFI 和硅沸石-1 沸石吸附各种卤代烃时出现了阶梯形或平台型的等温线（Snurr 等，1994；Jeffroy 等，2011），或者更壮观的情形如呼吸 MOF 系列（参见第 14 章）。这种情况下，用 X 射线衍射确定原子固定的吸附剂刚性骨架的近似值来寻找"空位"，已经不再有效，如 6.3 节中所讲的，此时需要专门的可变力场准确捕获吸附时的结构变化幅度。这种复杂的吸附行为需要特别注意，因为标准的 GCMC 模拟不合适。还有一种更精确但耗时的方法是，HOMC 方案中将 MD 和 GCMC 技术结合（细节参见专门的参考文献：Allen 和 Tildesley，1987；Frenkel 和 Smit，2002）。MD 计算是有效对框架体积波动进行采样的关键步骤。尤其是当体积变化达到一定值时，就像在 MIL-53（Cr）固体对 CO_2 的吸附中，从 NP 到 LP 形式的转变意味着单位晶胞体积变化达到了 40%（Férey 等，2011）。这种采用可靠力场的计算来描述 MIL-53（Cr）固相的呼吸行为（见 6.3 节），是如图 6.17 所示整个压力范围内定量（转换压，吸附量）捕获 CO_2 实验吸附等温线阶梯形状特征的一个独特方法。除了再现吸附等温线，从标准 GCMC 获得对非柔性框架吸附分子位置（见第 14 章）的阐明之外，这个较复杂的方法还可以获得背后的物理学意义，比如吸附剂剧烈的结构变化。确实，在 CO_2 和 MIL-53（Cr）之间，已被证实存在一种关键的相互作用，这种相互作用首先包含了主体框架中的一种软状态，它是进一步引发多孔固相结构转变的关键前提条件（Ghoufi 等，2012）。

6.5.1.4　筛选大量多孔固体

作为高通量组合化学方法和吸附测量的补充，大规模计算工具被越来越多地开发出来，它不仅可设计新的多孔固体，还可以评估现有和假设的多孔固体的吸附/分离性能。这种方法不仅旨在避免耗时的实验，也有助于样品合成和吸附的表征及测量，还可探测实验室难以达到极限条件时多孔固体的吸附性能，例如对高危气体（包括 CO 或 H_2S）捕获的能力。这种大规模预测性计算方法的开发仍处于初期阶段。有一个典型例子是，最近已经成功建立了超过几十万个假想的 MOFs 模型，并进一步检测了它们在甲烷储存中的吸附性能（Wilmer 等，2011）。有了假想出的 MOFs 模型，再采取有效的筛选方案确定甲烷在操作条件（35 bar, 298 K）下的储存量。这需要三个步骤：第一阶段通过非常短的 GCMC 循环来大致估计吸附量，缩小可选材料列表，第二和第三阶段通过增加 GCMC 循环次数，来挑选出前一阶段 5% 范围内的最优 MOFs（见图 6.18）。从这项研究中已经得到一种含 Cu 的 MOF 对甲烷的存储量为 267 cm^3（STP）· cm^{-3}，远远高于美国 DOE 目标值［180 cm^3（STP）· cm^{-3}］及其他多孔固体的性能。

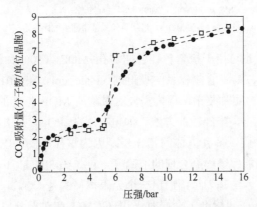

图 6.17　303 K，MIL-53（Cr）中 CO_2 的混合渗透蒙特卡罗模拟（□）
和实验（●）吸附等温线的比较（Ghoufi 等，2012）

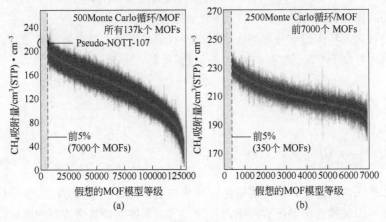

图 6.18

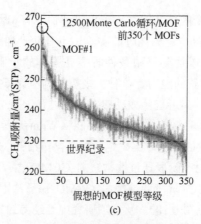

图 6.18　在 298 K，35 bar 条件下筛选吸附甲烷的最佳 MOF 材料过程示意

（引自 Wilmer 等，2011）

（a）短模拟 GCMC 对 137000 个 MOF 材料进行筛选，以及（b）和（c）进一步
精选前 5% 的 MOFs，运用更长模拟来减少统计误差

　　大规模计算方法也可用于检索各种各样多孔 MOFs（500 种材料），以筛选可以选择性吸收二元 CO_2 /N_2 混合物体系的吸附剂（Haldoupis 等，2012）。与 CH_4 相反，模拟 CO_2/N_2 的选择性更加复杂，因为需要对吸附质-MOF 框架的静电相互作用进行更精确的描述。事实上，半经验的方法，如电荷平衡 PQeq 方法（Wilmer 和 Snurr，2011）通常被推荐为测试多孔固体的第一步，因为这样不仅可以避免耗时的量子化学电荷计算，同时也能保证一个合理的准确度。首先在 303 K 下模拟所有 MOFs 中两种气体的亨利常数，这是为了筛选出一个无限稀释的且 CO_2/N_2 选择性高于 100 的可行材料简短列表。在此标准下，同时采用 GCMC 和对部分电荷描述更加准确的 MD 模拟对有限稀释的 11 个最佳 MOFs 性能再次进行筛选。从该研究中得到 1 bar/303 K 条件下两个 MOFs 对 CO_2/N_2（二元混合物 CO_2/N_2=15/85）的选择性高达 200～270，说明它们极有希望应用于净化烟道燃气。

　　虽然过去几年来已取得相当大进展，但我们仍需努力建立新的算法，能够在合理的时限内对数千个多孔材料的性能进行模拟计算。

6.5.2　量子化学计算

6.5.2.1　基本原理

　　相比前面章节讲述的没有明确考虑体系中电子的力场建模方法，量子化学计算旨在用数学形式描述体系所有电子的行为。这就需要对薛定谔方程的解析，但任何体系，除了 H 原子外，都还不能准确获得。事实上，量子化学领域依赖于近似的方法，已经足够准确地进行模拟并与相关实验数据形成对比。这种计算方法要求首先建立固体的微观模型，可以选择结晶固体的周期性的结构或团簇结构来模拟发生吸附现象结构的局域环境。然后，需要描述模型中的电子。有几种从头计算法和密度泛函理论方法可选择，它们的可靠性强烈依赖于所选模型的微观尺寸。实际上，高精确的从头计算法如耦合簇方法仅适用于具有有限原子数量的簇。相反，基于长程扩散项经验校正的密度泛函理论计算比大多数从头计算的要求要低，因此被广泛地用周期性方法处理多孔固体。读者可以参考一些详细的有关量子化学理论基础及不同可能方法的书籍及文章 （Sauer, 1989; Sauer 等, 1994; Szabo 和 Ostlund, 1996; Koch 和 Holthausen, 2000; Sholl 和 Steckel, 2009）。

基本上，因为力场的建模方法是基于原子间力场参数的选择，那么，量子力学方法就要依赖于严格选择交换相关的能量函数以及轨道或平面波扩展的最可靠基组，以确保模拟和实验数据之间吻合。实际上，我们应该谨记的是并非量子化学方法比力场方法更精确，而是两种方法完全互补。如 6.3.3 节提到的 HKUST-1/CH_4 体系的例子，首先从量子水平上导出吸附质和 MOF 体系中配位不饱和位点之间的相互作用，进一步转换至更快的 GCMC 计算来研究固体的吸附特性。另一个例子，是采用混合或嵌入式模型研究多孔固体的吸附，它分两个部分进行，用内核限定固体吸附位点，从量子水平上处理吸附质，而此区域外的其余原子采用力场方法进行描述。

目前，采取团簇或周期性模型的量子化学计算，从几何和能量两种角度出发，被广泛用于研究整个吸附的微观过程。这得益于高性能计算的开发和高效量子化学商业软件（Crystal09，Gaussian 09，Molpro 2009，VASP5.2）的普及。实际上，对吸附质/吸附剂整体结构的优化不仅能够确定受限分子的位置，而且还能够确定吸附时主体多孔固体局部或长程的结构变化（在沸石中骨架外阳离子的再分布，沸石和MOF 中从小到大的单位晶胞体积变化重排等）。这些结果再通过 X 射线、中子衍射，EXAFS 或近红外的实验测定来验证。在这些几何优化结构的基础上，就可以进一步模拟两个吸附领域最重要的物理量：

① 吸附质的振动频率。与红外光谱相结合，量子化学计算不仅可以给出吸附质/吸附剂相互作用的强度及吸附质的几何排列（相互作用的原子类型本质，加合物的特征取向/距离，配位数等），而且还可对相互作用吸附位点进行表征，例如，其酸/碱性或电子给体/受体性质或其氧化态。

② 吸附质/吸附剂相互作用能 ΔE^{el} （通常称为结合能）。可以通过加合能 E（多孔固体/吸附质）与单点连续能之间能量的差值获得，单点能即 E（多孔固体）$+E$（吸附质）。进一步地采用谐波近似得到零点振动能（DZPE），并校正 ΔE^{el} 来进一步计算吸附焓，即绝对零度下的相互作用能 $\Delta U(0) = \Delta E^{el} + ZPE$。$\Delta U(0)$ 可通过给定温度下测定的吸附焓 $\Delta H(T)$ 的热效应来校正。实际上，热能 ΔE^{Te} 也需包括在内，它通

常由理想气体导出，在气体吸附时每损失一个平动或转动就需加上一个 $1/2\ RT$，这是存在或不存在被忽略吸附质的情况下，固相的贡献项。最后，还需要考虑理想气体状态方程 $pV = RT$ 给出的 pV 项（$\Delta H = \Delta U + pV$）。

实际上，摩尔吸附焓的积分可以由方程（6.18）定义。

$$\Delta H(T) = \Delta E^{el} + \Delta ZPE + \Delta E^{Te} - RT \tag{6.18}$$

所得值可以直接与微量热法测定值进行比较，模拟-实验的一致性主要依赖于量子化学方法及模型的精度。

以下部分列举几个典型例子，对量子计算和实验所得的吸附性能结果进行比较。

6.5.2.2　示例

第一个典型的例子，是通过密度泛函理论簇计算 CO_2 和一系列碱性阳离子交换八面沸石 Y 之间的相互作用（Plant 等，2006）。沸石的微观结构用 NaY 晶体结构中一个由 200 个原子形成的团簇来代表，它以发生相互作用的阳离子为中心，并且包含了整个超级笼八面沸石。这种经过切割的簇产生了彼此远离的饱和羟基悬空键，以避免非理想的相互作用。微观模型（也即簇）和量子机械方法的初始步骤（这里的密度泛函理论采用 PW91 函数和双精度）包括，在没有吸附质情况下几何优化簇获得的结构参数（其中阳离子和沸石骨架原子的位置均完全弛豫），与通过 X 射线和中子衍射测量获得的周期性沸石固相参数的比较。在这个步骤中，实验和模拟的每个阳离子交换形式的几何特点，包括 M^{n+}（M = Li, Na, K, Cs）骨架氧的距离，及 AlM^{n+}Si 键角均吻合得较好，均可用于估算阳离子对超级笼六元环平面的偏离（见图 6.19）。然后优化在 CO_2 存在下每个 M^{n+} 簇的几何结构。结果表明吸附质分子与所有阳离子都形成了一个准线性结构（$Mn^+\cdots O=C=O$）加合物，从 Li^+ 到 Cs^+，Mn^{n+}—O（CO_2）的特征距离逐渐增加，这与类似的 CO_2-含阳离子沸石的红外光谱观测结果一致。此外，吸附会导致 Li^+ 从六元环平面上被取代，而其他阳离子则以保持在初始晶格位置上为主。

除了这些结构发现，对每一个几何优化簇，还计算了它们的结合能和最终吸附焓。结果证明，从 Li^+（33.20 kJ·mol^{-1}）至 Cs^+（17.17 kJ·mol^{-1}），模拟吸附焓逐渐降低，这与 M^{n+}—O（CO_2）距离（Li^+：0.205 nm；Cs^+：0.335 nm）的增加趋势相一致。二氧化碳的氧与骨架外阳离子越接近，相互作用越强。其中，LiY 和 NaY 的能量值（分别为 33.2 kJ·mol^{-1} 和 28.7 kJ·mol^{-1}）被进一步地与微量热法对八面沸石体系的测量值（分别为 38.0 kJ·mol^{-1} 和 29.5 kJ·mol^{-1}）相比较。

运用周期边界条件进行的密度泛函理论，也被用以研究结晶多孔固体中小分子气体的吸附。B3LYP+D*（Beck，三参数交换，Lee，Yang 和 Parr）经验混合函数被校正为包含了长程色散项，结合三至六价基组，可计算含 Mg^{2+} 配位不饱和位点的 MOF 型 CPO-27 材料中 CO_2、CO 和 N_2 的吸附（Valenzano 等，2010）。对每个配位不

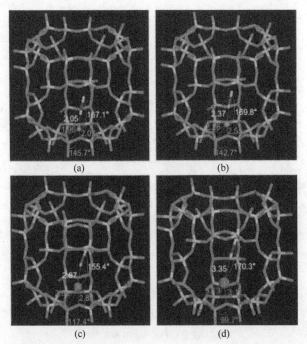

图 6.19　用簇密度泛函理论对一个 CO_2 分子与加载簇相互作用的优化：

Li^+（a）, Na^+（b）, K^+（c）和 Cs^+（d）（引自 Plant 等，2006）

其中，M^{n+}-沸石（M^{n+}—O（沸石）的距离和 Si—M^{n+}—Al 键角）和 M^{n+}-CO_2 加合物（Mn—$O(CO_2)$ 距离和 O=C=O ⋯ M^{n+} 特征角）的几何参数分别用 nm/10 和度（°）表示

饱和位点含一个吸附分子的结构进行完全弛豫，以确定 Mg^{2+} 周围每个吸附质的最佳排布。结果显示，当 CO 与 N_2 形成准线性的 Mg^{2+}-CO 和 Mg^{2+}-N_2 加合物，而 CO_2 形成具有明显角度的 Mg^{2+}-OCO 配合物（图 6.20）。这种差异可解释为 Mg^{2+} 周围的氧原子与 CO_2 的碳原子之间的横向相互作用所致。而且，三种情况中，吸附引起的单位晶胞体积变化很小（增加了 1%），吸附质配位引起的 Mg^{2+} 对骨架结构的偏移也很小。这个结论可以通过对 CO_2/CPO-27（Mg）体系的原位中子衍射粉末测量值来验证。最终得到 298 K 下 CO 和 CO_2 的模拟积分摩尔吸附焓，分别为 30.0 kJ • mol^{-1} 和 25.2 kJ • mol^{-1}，100 K 下 N_2 的模拟积分摩尔吸附焓值为 47 kJ • mol^{-1}，与实验上用 Van't Hoff 图进行的变温红外光谱测量推导值（29.0 kJ • mol^{-1}、21.0 kJ • mol^{-1} 和 47 kJ • mol^{-1}）吻合得相当好。

该项研究还考察了采用相同的 CPO-27 MOF 材料，但金属离子变为 Ni^{2+} 或 Zn^{2+} 时对 CO_2 和 CO 的吸附行为（Valenzano 等，2011）。此时采用了一种有趣的混合方法，即将上面提到的高精度从头计算 Hartree Fock 理论中簇计算对吸附位点的校正引入周期性密度泛函理论（B3LYP+D*）中。需要强调的是，这个更详实的模型能够更好地重现实验中由等温线方法和微量法对所有 CPO-27 /吸附剂体系方法测量得到的

吸附焓，最大平均偏差只有 2 kJ·mol^{-1}，而若只采用周期性 B3LYP+D*方法则最大平均偏差为 5 kJ·mol^{-1}。

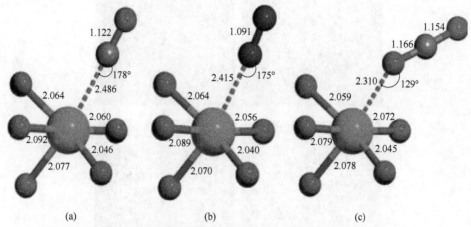

图 6.20　由周期密度泛函理论优化而得的（a）CO、（b）N$_2$ 和（c）CO$_2$ 与
CPO-27（Mg）形成吸附加合物的几何结构（引自 Valenzano 等，2010）

键长和键角分别用 nm/10 和度表示

6.6　模拟多孔固体中扩散

6.6.1　基本原理

客体分子在多孔固体中扩散的定量描述，对于充分理解那些控制变压吸附和膜基工艺中的吸附及分离机理至关重要。与几种实验方法包括准弹性中子散射（QENS），脉冲梯度 NMR 和零长度柱相结合，平衡态 MD 方法是一种考察多孔固相中各客体分子扩散行为较有价值的计算工具。这里暂不提供详细的模拟方法，读者可参阅权威书籍和综述文章（Kärger 和 Ruthven，1992；Demontis 和 Suffritti，1997；Ruthven，2005；Helmut，2007；Jobic 和 Theodorou，2007；Freeman 和 Yampolskii，2010）。基本上，吸附质在固体多孔中的分布通常由 MC 模拟获得，且体系中每个原子被随机分配一个符合玻尔兹曼分布的初始速度。扩散分子的一系列原子位置随时间变化的轨迹，对时间的关系曲线，可以通过运用合适算法的牛顿运动方程对短时间步数的积分得到。不同类型的分子扩散可进一步用这种通过正则系综（NVT）或微正则系综（NVE）进行的平衡态 MD 模拟计算。

实际上，标记为 D_s 的自扩散率，可由单个分子的均方位移（MSD）对时间的斜率来计算，它们的关系遵循爱因斯坦方程式（6.19）：

$$D_s = \lim_{t \to \infty} \left\{ \frac{1}{6t} \frac{1}{N} \left\langle \sum_{i=1}^{N} \left[r_i(t) - r_i(0) \right]^2 \right\rangle \right\} \tag{6.19}$$

其中，括号 $\langle \cdots \rangle$ 内表示所有扩散分子的平均；$r(t)$ 是分子在时间 t 时的位置；N 是体系中分子的总数。考虑到不同初始构型的运动轨迹各异，所有的时间平均有助于改进计算的统计。模拟时间需要足够长，以得到 MSD 对时间的线性演化，并避免一些异常扩散，如弹道扩散或短时限内的互换排斥（称为"单文件"扩散行为）。

对应于群集动力学的传输或 Fickian 扩散率，标记为 D_t，在实际应用中也具有很大的意义。它被定义为，吸附质分子化学势宏观梯度对该梯度通量的比例常数。基于线性响应理论，这种扩散率常用方程（6.20）表示：

$$D_t = D_0 \left(\frac{\partial \ln f}{\partial \ln c} \right) \tag{6.20}$$

其中，D_0 是校正扩散率，也称为 Maxwell-Stefan 扩散率；f 和 c 分别是吸附质的逸度和浓度。（$\partial \ln f / \partial \ln c$）项通常记为 Γ，表示平衡时吸附质的密度波动，称为热力学校正因子，通常用吸附等温线斜率来估算。

校正扩散率可以从平衡 MD 模拟计算，它通常采用类似方程（6.19）的爱因斯坦关系式［方程（6.21）］来测量扩散分子 R 群质心的 MSD，

$$D_0 = \frac{N}{6} \lim_{t \to \infty} \left\{ \frac{1}{6t} \frac{1}{N} \left\langle \sum_{i=1}^{N} \left[R_i(t) - R_i(0) \right]^2 \right\rangle \right\} \tag{6.21}$$

对该 D_0 的估算通常需要比 D_s 更长时间的 MD 运行，因为它的统计误差比 D_s 大得多，但它的优势在于体现所有分子的平均。

这些自校正和自输运扩散的浓度，依赖并严格等同于逐渐降低的吸附质浓度极限。基于速度自相关函数进行计算的 Green–Kubo 表达式也也能够给出 D_s 和 D_0 值，不过由于样本尺寸有限使得长时间运算会产生明显的统计误差（Allen 和 Tidesley，1987）。

受限于多孔固体中物质的晶体内扩散率，可以直接在相同的长度范围内（0.1～100 nm）比较同一时间（10^{-3}～100 ns）时由 QENS 测定的实验数据（D_s 和 D_t 分别是分子的不相干横截面和相干横截面）。我们需要知道的是，在有限时间间隔内的平衡态 MD 模拟只能精确捕获扩散速率大于 10^{-11} m$^2 \cdot$ s^{-1} 的体系的扩散率。对于较慢的过程，建议使用其他方法，如过渡态理论或 MC 动力学。除了预测扩散值，对 MD 轨迹的仔细分析还可以解析单组分和混合物的扩散微观机制。

下一节将会呈现一些同时运用 MD 和 QENS 来追踪多孔固相中单组分气体和二元混合物自输运扩散的典型例子，它既可以严格按照第一近似原理，也可以在孔宽与扩散物种的动力学直径非常接近时柔性处理。

6.6.2 单组分扩散

作为一种预测工具，MD 被广泛用作确定多孔固相中各种吸附质的自扩散率（D_s）和输运扩散率（D_t）。比如，在 77 K 下，低浓度 H_2 在苯二酸酯 MIL-47（V）MOF 型固相中具有超迁移性，其自扩散数值比在沸石中高约两个数量级（Salles 等，2008b）。这种基于 MOF（UFF 力场；Rappé 等，1992）和 H_2（单无载荷的 LJ 位点模型；Frost 等，2006）简单标准力场的预测，被 QENS 测量中低负载下 D_s 类似的剧增进一步验证（图 6.21）。这种在碳纳米管中出现的快速氢气扩散速率说明这些多孔材料在氢燃料的动力学运输中极有应用价值。在 MIL-53（Cr）的同源结构类似物中由 QENS 观察到的这种可观的扩散率与 MD 模拟结果一致。这种不寻常的动力学行为不仅可以用 PESs 的平滑来解释，还可以用 H_2/H_2 和 H_2/MOF 间相互作用的平衡，也即两种固相孔内两种相互作用的贡献具有相近能量曲线来解释。

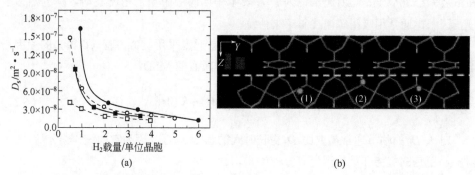

图 6.21　(a) 77 K 时，MIL-47（V）（○）和 MIL-53（Cr）（■）中以 H_2 负载量为函数的自扩散率曲线：QENS（实心符号）和 MD（空心符号）。(b) MIL-53（Cr）中 H_2 的扩散机理；从 (1) 到 (3) 对应于 MD 运行期间观察到的 H_2 沿隧道的迁移（Salles 等, 2008b）

除了模拟获得 D_s 值，对 MD 轨迹的仔细分析还可以提供扩散机制的动态微观图片。MIL-47（V）孔隙内的 H_2 分子遵循 3D 扩散过程随机运动，而在 MIL-53（Cr）中的情况完全不同，H_2 在 MOF 表面 μ_2-OH 基团上沿着通道进行一维扩散（图 6.21）。这一结论被分别符合 MIL-53（Cr）和 MIL-47（V）QENS 光谱的一维和三维扩散模型证实。

MD 也是解释一些受限于多孔固相中吸附质的扩散率对浓度的依赖性的有效工具。例如，Zr-MOF 材料 UiO-66（Zr）的 QENS 测量中出现了 230 K 下 CH_4 的非单一变化自扩散率 D_s 的最大值（图 6.22; Yang 等，2011a,b）。在 NVT 系综中运行的 MD 模拟，使用已被验证适用于该体系热力学性质的微观模型和力场参数，也就是，对每个 MOF 原子用 DREIDING 力场（Mayo 等，1990）（见 6.3.2 节）计算 LJ 参数，对

CH$_4$ 采用标准中性联合原子模型。对刚性 UiO-66（Zr）框架的近似使模拟 D_s 曲线在与实验相当的 CH$_4$ 负载值时（约 15 个 CH$_4$/单位晶胞对 10.5 个 CH$_4$/单位晶胞）出现了 D_s 最大值。然而，D_s 的绝对值明显低估了 QENS 的数据，特别是在低 CH$_4$ 负载时（图 6.22）。若对 UiO-66（Zr）采用一个 NT 系综的柔性力场，其中晶胞单元的形状和尺寸可变，就会使 D_s 模拟值更好地与实验值吻合，而 D_s 曲线仍与刚性框架时相同。这些现象说明框架柔性在窄窗/通道固相客体分子动力学中起着主导作用，尤其是当固相孔隙宽度近似于扩散粒子的动力学直径时。实际上，相比于热力学研究中柔性框架仅有对吸附等温线/焓可以忽略不计的作用，动力学框架对探测多孔固相中强束缚分子的扩散性具有重要作用。这已在一系列体系中得到证实，如甲烷和丙烷分别于沸石 LTA 和 CHA 中（Combariza 等，2013），以及 MOF 材料 Zn（tbip）中的乙烷（Seehamart 等，2011）等。对于 UiO-66（Zr）的情况，框架柔性已被证实能够极大地增加 3D 扩散机制中四面体笼-八面体笼-四面体笼跳跃序列的笼间跳跃速率。

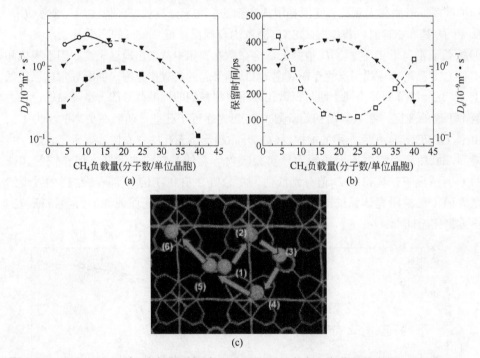

图 6.22　（a）230 K 时，自扩散系数随 UiO-66（Zr）中 CH$_4$ 负载量的变化：QENS（○），刚性（■）和柔性（▼）框架的模拟值。（b）运用柔性框架模拟的四面体笼中 CH$_4$（□）的保留时间和自扩散性（▼）保留时间曲线。（c）针对一个目标甲烷分子的全局扩散机制示例，(1)～(6) 的位置对应于在 MD 轨迹中观察到的 CH$_4$ 的跳跃序列（Yang 等，2011a, b）

　　根据以上这些现象，通过四面体笼内 CH$_4$ 的保留时间对负载量作图，就可以将扩散的微观机理进一步合理化。从图 6.22 可以看出，保留时间的变化趋势与所观察到的自扩散一致。在低负载下，由于四面体笼的约束和能量效应，CH_4 分子倾向于被吸附，并富集在这些笼内，这与长的保留时间和中等大小的自扩散率是一致的。随着负载量的增加，四面体笼中增加的 CH_4 分子与孔壁的有效相互作用变弱，使得 CH_4 跳跃至八面体笼的驱动力增加，导致 CH_4 在四面体笼中的保留时间减少。进一步地，当 CH_4 分子到达八面体笼时，如先前证实过的一样，它们与孔壁的能量相互作用再次减小。两个因素导致在这个负载范围 D_s 呈增加趋势，如图 6.22 所示。随着负载量的进一步增加，空间位阻效应变得明显，导致四面体笼中的保留时间增加，同时自扩散率降低。

除了自扩散率，MD 模拟还可以通过对所研究分子为相干散射时与 QENS 数值相比较的修正扩散率和输送扩散率的预估，来探究受限分子的集体运动。下面举一个例子，是 230 K 下运用 NVT MD 模拟对 MOF（UFF 力场，Rappé 等，1992）和 CO_2（EPM2 模型，Harris 和 Yung，1995）采用标准力场来计算 MIL-47（V）中 CO_2 的各种扩散率。就如在大多数多孔固相中观察到的，在零浓度的极限值，当三个量 D_t、D_0 和 D_s 基本相等时，模拟与 QENS 测量均表现出了低负载下的两个特性，其中，①D_0 值通常高于 D_t 值；②D_t 值降低。这在微孔固相中从未出现过。这归因于模拟和实验 CO_2 吸附等温线拐点的存在（图 6.23），引起的负载值范围内的不寻常，已经低于 1。这一特征明显不同于经常在微孔固相中观察到的标准凸形的 I 型等温线，它有两个不同的亚区，在吸附的初始阶段 CO_2 优先靠近于孔壁，随后在更高的压力下，由于 CO_2/CO_2 间相互作用的增加，CO_2 开始趋于填充孔的中心位置。研究还进一步提到，虽然运用相同的力场参数，实验吸附等温线重现得非常好，但在低的和高的 CO_2 浓度下，模拟的 D_t 值分别低估了实验值 2 倍和 7 倍。实际上这样的发现清楚表明，已被研究体系的热力学性质验证的力场并不总能保证其动力学特征与实验数据完全匹配。

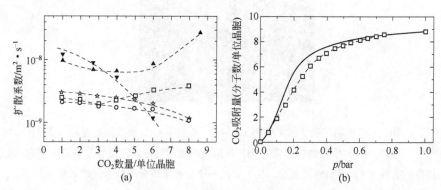

图 6.23　（a）230 K 时，MIL-47（V）的实验 D_0（▼）和 D_t（▲）以及模拟 D_s（○），D_0（☆）和 D_t（□）对 CO_2 浓度作图。（b）230 K 时，MIL-47（V）中 CO_2 的模拟（□）和实验（一）吸附等温线（Salles 等，2010）

6.6.3　混合气体扩散

为了对多孔固体中的分离过程全面理解，除了研究它们的平衡态，探测二元混合物的动力学特征也是非常重要的。一个典型的实例就是在不同多孔固相中 H_2 对 CO_2 和 CH_4 气体混合物的渗透选择性，它主要来自于 H_2 比其他组分的扩散快得多。不像单一组分的扩散，其实验和理论都已被广泛研究，由于多组分扩散实验测量的难度，致使在文献中仅有少数的多组分扩散数据。为了突破这种局限性，MD 模拟进行了炭、沸石和 MOF 中的不同混合物共扩散行为的研究。事实上，多孔固相中 CO_2/CH_4 混合气体扩散的建模已相对完善，有时还可结合进行 QENS 实验。据此预测，在具有窄通道的各种沸石诸如 LTA、CHA 和 DDR 中，这两种分子通常都独立扩散，因此不存在与另一物种分子相互作用引起的扩散加速或减速 （Krishna 等，2006；Krishna 和 Van Baten，2008a,b）。在其他情形下，也发现过 CO_2 扩散较快的现象，这是由于其细长的线性阻碍了 CH_4 扩散（Krishna 和 Van Baten，2008a,b）。还有一个完全不同的情形，230 K 下在窄通道 Zr-MOF UiO-66（Zr）中，扩散较慢的 CO_2 倾向于继续增加快速扩散的 CH_4 分子的扩散速率。因此模拟 D_s 值比在纯气体中的（Yang 等，2011a,b）还大。此预测进一步被如图 6.24 所示的 QENS 实验证实。

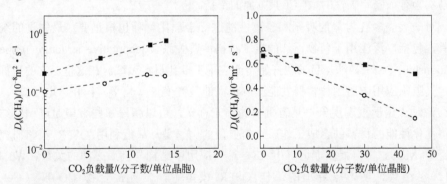

图 6.24　230 K 时，UiO-66（Zr）（左）（Yang 等，2011a，b）和 200 K 时，NaY（右）中 CH_4 的 D_s 数值与 CO_2 浓度的函数关系：QENS （■），MD （○）（Déroche 等，2010）

仔细分析 CO_2/CH_4 混合物的 MD 轨迹发现，若有 CO_2 存在，CH_4 分子比单组分时，更频繁地被推至八面体笼，而 CO_2 分子则因为与孔壁具有强的相互作用更倾向于长时间待在四面体笼中。这就解释了 CH_4 分子虽然与孔壁也具有较强相互作用，但短的停留时间使它们获得较快的扩散速率。

QENS/MD 方法的综合运用可以证明，在 CO_2 存在时，较大通道的 NaY 沸石中，CH_4 的自扩散速率明显降低（图 6.24；Déroche 等，2010）。这归因于两种相反效应的竞争。一个是 CO_2 分子在超级笼中优先与 Na^+ 作用，屏蔽了 CH_4 的可能吸附位

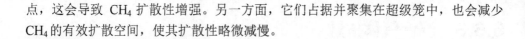

点，这会导致 CH_4 扩散性增强。另一方面，它们占据并聚集在超级笼中，也会减少 CH_4 的有效扩散空间，使其扩散性略微减慢。

6.7　结论与未来挑战

建模工具已被证实，不仅能为现有或新发现的结晶多孔固体提供微观模型，对它们的孔隙进行表征，最近几年还能"制造"出大量的假想结晶多孔固体。然而，即使拥有合适的计算技术和高计算能力，对大范围固体吸附性质的准确筛选在一定时间内仍然难以实现。巨大挑战之一是开发基于数学算法的先进自动化方法来有效表征、分类和筛选庞大的材料数据库。能够在几秒钟内对成千上万的多孔固体中适合客体分子的材料进行高速分析，这将具有非常大的价值。这样的建模工作，对包括沸石和 MOF 等结晶多孔固体仍然处在初期考察阶段，但若从几何规则出发，即使用能够更快筛选并优化有潜力材料性质的微观模拟（GCMC 和 MD）或者更省时的半经验方法（宏观模型如 IAST），那么需考察的材料列表就会大大缩减。

如今，另一个挑战是运用拓扑、化学及电子性能，智能化地设计或调整材料的吸附与分离应用，开发新概念以及利用最前沿、多尺度的方法，如从"从头计算"到与实验有很强相关性的数学工具方面的革新。

对一大类多孔材料的吸附和分离性能进行合理化解释也很重要。最先进的统计工具，包括广泛应用于药物设计的定量结构性质关系（quantitative structure property relationship, QSPR）法，目前也开始转而应用于多孔材料领域。在这里，它的目标在于定义吸附应用中对固体材料性能影响最大的关键变量（化学、拓扑、电子等）。这些结论对"化学直观现象"具有重要的补充意义，可以指导那些希望通过调整结构获得优化性能的材料的合成工作。一个典型的例子是，最近利用 QSPR 策略研究了几百个 MOFs 材料捕获烟道气中 CO_2 这一应用中结构与性质之间的关系（Wu 等，2012）。结果证明，推导出的最佳 QSPR 模型中，二元混合物 CO_2/N_2（CO_2：$N_2=15:85$）的选择性与计算的所有 MOFs 的 $\Delta Q_{st}^0/\varphi$ 变量相关，其中 ΔQ_{st}^0 和 φ 分别为无限稀释的 CO_2 和 N_2 间的吸附焓差和定义为自由体积对总晶胞体积之比（图6.25）的孔隙度。这些发现进一步用于设计一种新颖的、嫁接了两个羧基官能团的 Zr-MOF 材料，它将对 CO_2/N_2 具有很高的选择性。

最后，除了这些具有挑战性的目标之外，我们仍然需要通过建模来充分理解一些多孔固体显著的吸附/分离性能的微观机制。通过 QM/MM 混合方法将标准力场模拟和量子化学计算相结合，以获得对大尺寸结晶材料吸附现象的精准微观描述，这一需求也将越来越迫切。

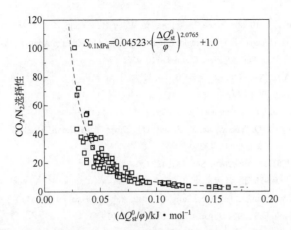

$$S_{0.1MPa}=0.04523\times\left(\frac{\Delta Q_{st}^0}{\varphi}\right)^{2.0765}+1.0$$

图 6.25　在 0.1 MPa 和 298 K 下，二元混合物（CO_2：N_2=15：85）的 CO_2/N_2 吸附选择性与 105 种 MOF 的 $\Delta Q_{st}^0/\varphi$ 变量之间的关系曲线（Wu 等，2012）

参考文献

Allen, M.P., Tildesley, D.J., 1987. Computer Simulation of Liquids. Clarendon, Oxford.

Bae, Y.S., Yazaidyn, O., Snurr, R.Q., 2010. Langmuir. 26, 5475.

Beauvais, C., Boutin, A., Fuchs, A.H., 2004. Chem. Phys. Chem. 5 (11), 1791.

Bezus, A.G., Kiselev, A.V., Lopatkin, A.A., Du, P.Q., 1978. J. Chem. Soc. Faraday Trans. 74, 367.

Bhattacharya, S., Gubbins, K.E., 2006. Langmuir. 22, 7726.

Bhattacharya, S., Coasne, B., Hung, F.R., Gubbins, K.E., 2009. Langmuir. 25, 5802.

Billemont, P., Coasne, B., De Weireld, G., 2010. Langmuir. 27, 1015.

Cavenati, S., Grande, C.A., Rodrigues, A.E., 2004. J. Chem. Eng. Data. 49, 1095.

Chen, L., Grajciar, L., Nachtigall, P., Düren, T., 2011. J. Phys. Chem. C 115, 23074.

Coasne, B., Pellenq, R.J.M., 2004. J. Chem. Phys. 121, 3767.

Coasne, B., Hung, F.R., Pellenq, R.J.M., Siperstein, F.R., Gubbins, K.E., 2006. Langmuir. 22, 194.

Combariza, A.F., Gomez, D.A., Sastre, G., 2013. Chem. Soc. Rev. 42, 114.

Demontis, P., Suffritti, G.B., 1997. Chem. Rev. 97, 2845.

Déroche, I., Maurin, G., Borah, B.J., Yashonath, S., Jobic, H., 2010. J. Phys. Chem. C 114, 5027.

Devic, T., Horcajada, P., Serre, C., Salles, F., Maurin, G., Moulin, B., Heurtaux, D., Clet, G., Vimont, A., Grenèche, J.M., Le Ouay, B., Moreau, F., Magnier, E., Filinchuk, Y., Marrot, J., Lavalley, J.C., Daturi, M., Férey, G., 2010. J. Am. Chem. Soc. 132, 1127.

Do, D.D., Nicholson, D., Fan, C., 2011. Langmuir. 27, 14290.

Dubbeldam, D., Calero, S., Vlugt, T.J.H., Krishna, R., Maesen, T.L.M., Beerdsen, E., Smit, B., 2004. Phys. Rev. Lett. 93 (8), 088302.

Düren, T., Millange, F., Férey, G., Walton, K.S., Snurr, R.Q., 2007. J. Phys. Chem. C. 111, 15350.

Férey, G., Serre, C., Devic, T., Maurin, G., Jobic, H., Llewellyn, P.L., De Weireld, G., Vimont, A., Daturi, M., Chang, J.S., 2011. Chem. Soc. Rev. 40, 550.

Fischer, M., Gomes, J.R.B., Froba, M., Jorge, M., 2012. Langmuir 28, 8537.

Freeman, B., Yampolskii, Y., 2010. Membrane Gas separation. Wiley, New York.

Frenkel, D., Smit, B., 2002. Understanding Molecular Simulations from Algorithm to Applications. Academic Press.

Frost, H., Düren, T., Snurr, R.Q., 2006. J. Phys. Chem. B 110, 9565.

Fuchs, A.H., Cheetham, A.K., 2001. J. Phys. Chem. B 105, 31.

Gelb, L.D., 2002. Mol. Phys. 100, 2049.

Ghoufi, A., Maurin, G., 2010. J. Phys. Chem. C 114, 6496.

Ghoufi, A., Subercaze, A., Ma, Q., Yot, P., Ke, Y., Puente, O.I., Devic, T., Guillerm, V., Zhong, C., Serre, C., Férey, G., Maurin, G., 2012. J. Phys. Chem. C 116, 13289.

Grosch, J.A., Paesani, F., 2012. J. Am. Chem. Soc. 134, 4207.

Guillerm, V., Ragon, F., Dan-Hardi, M., Devic, T., Vishnuvarthan, M., Campo, B., Vimont, A., Clet, G., Yang, Q., Maurin, G., Férey, G., Vittadini, A., Gross, S., Serre, C., 2012. Angew. Chem. Int. Ed. 51 (37), 9267.

Haldoupis, E., Nair, S., Sholl, D.S., 2012. J. Am. Chem. Soc. 134, 4313.

Hamon, L., Heymans, N., Llewellyn, P.L., Guillerm, V., Ghoufi, A., Vaesen, S., Maurin, G., Serre, C., De Weireld, G., Pirngruber, G., 2012. Dalton Trans. 41, 4052.

Harris, J.G., Yung, K.H., 1995. J. Phys. Chem. 99, 12021.

Heinz, H., Suter, U.W., 2004. J. Phys. Chem. B. 108, 18341.

Helmut, M., 2007. In: Diffusion in Solids. Springer Series in Solid State Science, Vol. 155. Springer, Berlin.

IZA Structure Commission, 2013. http://www.iza-structure.org/.

Jain, K., Pikunic, J., Pellenq, R.J.M., Gubbins, K.E., 2005. Adsorption 11, 355.

Jeffroy, M., Fuchs, A.H., Boutin, A., 2011. Chem. Commun. 28, 3275.

Jobic, H., Theodorou, D.N., 2007. Micropor. Mesopor. Mater. 102, 21.

Jorgensen, W.L., Maxwell, D.S., Tirado-Rives, J., 1996. J. Am. Chem. Soc. 118, 11225.

Kärger, J., Ruthven, D.M., 1992. Diffusion in Zeolites and other microporous Solids. Wiley, New York.

Koch, W., Holthausen, M.C., 2000. A Chemist's Guide to Density Functional Theory. Wiley-VCH, Weinheim.

Krishna, R., Van Baten, J.M., 2008a. Micropor. Mesopor. Mater. 109, 91.

Krishna, R., Van Baten, J.M., 2008b. Sep. Purif. Technol. 61, 414.

Krishna, R., Van Baten, J.M., García-Pérez, E., Calero, S., 2006. Chem. Phys. Lett. 429, 219.

Leach, A.R., 2001. Molecular Modelling, Principle and Applications, second ed. Prentice Hall, England.

Levitz, P., 1998. Adv. Colloid Interface Sci. 76-77, 71.

Llewellyn, P.L., Bourrelly, S., Vagner, C., Heymans, N., Leclerc, H., Ghoufi, A., Bazin, P., Vimont, A., Daturi, M., Devic, T., Serre, C., De Weireld, G., Maurin, G., 2013. J. Phys. Chem. C 117, 962.

Lowenstein, W., 1954. Am. Mineral. 39, 92.

Martin, M.G., Siepmann, J.I., 1998. J. Phys. Chem. B 102, 2569.

Maurin, G., Senet, P., Devautour, S., Gaveau, P., Henn, F., Van Doren, V.E., Giuntini, J.C., 2001. J. Phys. Chem. B 105, 9157.

Maurin, G., Llewellyn, P.L., Bell, R.G., 2005. J. Phys. Chem. B 109, 16084.

Maurin, G., Plant, D.F., Henn, F., Bell, R.G., 2006. J. Phys. Chem. B. 110, 18447.

Mayo, S.L., Olafson, B.D., Goddard III, W.A., 1990. J. Phys. Chem. 94, 8897.

Mellot-Draznieks, C., 2007. J. Mater. Chem. 17 (41), 4348.

Metropolis, N., Rosenbluth, A., Rosenbluth, M., Teller, A., Teller, E., 1953. J. Chem. Phys. 21, 1087.

Mezei, M., 1980. Mol. Phys. 40, 901.

Mulliken, R.S., 1955. J. Chem. Phys. 23 (10), 1833.

Myers, A.L., Monson, P.A., 2002. Langmuir 18, 10261.

Myers, A.L., Prausnitz, J.M., 1965. AIChE J. 11, 121.

Nicholson, D., Parsonage, N.G., 1982. Computer Simulation and the Statistical Mechanics of Adsorption. Academic Press, London.

Pellenq, R.J.M., Nicholson, D., 1994. J. Phys. Chem. 98, 13339.

Plant,D.F.,Déroche,I.,Gaberova,L.,Llewellyn,P.L.,Maurin,G.,2006.Chem.Phys.Lett.426,387.

Rappé, A.K., Goddard III, W.A., 1991. J. Phys. Chem. 95, 3358.

Rappé, A.K., Casewit, J., Colwell, K.S., Goddard III, W.A., Skiff, W.M., 1992. J. Am. Chem. Soc. 114, 10024.

Rideal, E.K., 1930. An Introduction to Surface Chemistry. Cambridge University Press, London, pp. 175-176.

Rosenbach, N., Ghoufi, A., Déroche, I., Llewellyn, P.L., Devic, T., Bourrelly, S., Serre, C., Férey, G., Maurin, G., 2010. Phys. Chem. Chem. Phys. 12, 6428.

Ruthven, D.M., 2005. Introduction to Zeolite Science and Practice, Studies in Surface Science and Catalysis, Vol. 168, p737.

Salles, F., Ghoufi, A., Maurin, G., Bell, R.G., Mellot-Draznieks, C., Férey, G., 2008a. Angew. Chem. Int. Ed. 47, 8487.

Salles, F., Jobic, H., Maurin, G., Koza, M.M., Llewellyn, P.L., Serre, C., Devic, T., Férey, G., 2008b. Phys. Rev. Lett. 100, 245901.

Salles, F., Jobic, H., Devic, T., Llewellyn, P.L., Serre, C., Férey, G., Maurin, G., 2010. ACS Nano. 4 (1), 143.

Salles, F., Douillard, J.M., Bildstein, O., Van Damme, H., 2011. Appl. Clays Sci. 53 (3), 379.

Sauer, J., 1989. Chem. Rev. 89, 199.

Sauer, J., Ugliengo, P., Garrone, E., Saunders, V.R., 1994. Chem. Rev. 94, 2095.

Schumacher, C., Gonzalez, J., Wright, P.A., Seaton, N.A., 2006. J. Phys. Chem. B. 110, 319.

Seehamart, K., Chmelik, C., Krishna, R., Fritzche, S., 2011. Micropor. Mesopor. Mater. 143, 125.

Sholl, D.S., Steckel, J.A., 2009. Density Functional Theory: A Practical Introduction. John Wiley & Sons, Hoboken, NJ.

Siperstein, F.R., Gubbins, K.E., 2003. Langmuir 19, 2049.

Snurr, R.Q., Bell, A.T., Theodorou, D.N., 1994. J. Phys. Chem. 98, 5111.

Suwanayuen, S., Danner, R.P., 1980. AIChE J. 26, 68.

Szabo, A., Ostlund, N.S., 1996. Modern Quantum Chemistry. Dover Publications Inc, Mineola.

Tafipolsky, M., Amirjalayer, S., Schmid, R., 2007. J. Comput. Chem. 7 (28), 1169.

Talu, O., Myers, A.L., 2001. AIChE J. 47, 1160.

Valenzano, L., Civalleri, B., Chavan, S., Palomino, G.T., Arean, C.O., Bordiga, S., 2010. J. Phys. Chem. C 114, 11185.

Valenzano, L., Civalleri, B., Sillar, K., Sauer, J., 2011. J. Phys. Chem. 115, 21777.

Van Duin, A.C.T., Dasgupta, S., Lorant, F., Goddard III, W.A., 2001. J. Phys. Chem. A 105, 9396.

Vitale, G., Mellot, C.F., Bull, L.M., Cheetham, A.K., 1997. J. Phys. Chem. 101, 4559.

Vlugt, T.J.H., García-Pérez, E., Dubbeldam, D., Ban, S., Calero, S., 2008. J. Chem. Theory Comput. 4, 1107.

Walton, K.S., Snurr, R.Q., 2007. J. Am. Chem. Soc. 129, 8552.

Wilmer, C.E., Snurr, R.Q., 2011. Chem. Eng. J. 171 (3), 775.

Wilmer, C.E., Leaf, M., Lee, C.Y., Farha, O.M., Hauser, B.G., Hupp, J.T., Snurr, R.Q., 2011. Nat. Chem. 4, 83.

Wu, D., Yang, Q., Zhong, C., Liu, D., Huang, H., Zhang, W., Maurin, G., 2012. Langmuir 28 (33), 12094.

Yang,Q., Jobic, H., Salles, F., Kolokolov, D., Guillerm, V., Serre, C., Maurin, G., 2011a. Chem. Eur. J. 17, 8882.

Yang, Q., Wiersum, A., Jobic, H., Guillerm, V., Serre, C., Llewellyn, P.L., Maurin, G., 2011b. J. Phys. Chem. C 115, 13768.

Yang, Q., Wiersum, A., Llewellyn, P.L., Guillerm, V., Serre, C., Maurin, G., 2011c. Chem. Commun. 47, 9603.

Yang, Q., Guillerm, V., Ragon, F., Wiersum, A., Llewellyn, P.L., Zhong, C., Devic, T., Serre, C., Maurin, G., 2012a. Chem. Commun. 48, 9831.

Yang, Q., Vaesen, S., Vishnuvarthan, M., Ragon, F., Serre, C., Vimont, A., Daturi, M., De Weireld, G., Maurin, G., 2012b. J. Mater. Chem. 22, 10210.

Yun, J.H., Park, H.C., Moon, H., 1996. Kor. J. Chem. Eng. 13, 246.

第 7 章 通过气体吸附测定表面积

Kenneth S.W. Sing

Aix Marseille University-CNRS, MADIREL Laboratory, Marseille, France

7.1 引言

吸附方法是测定精细粉末和多孔固体的表面积时广泛采用的一种通用方法。然而，必须谨记的是，除非固体材料的平整度是原子级的，否则其有效"表面积"就不是一个简单的属性。吸附的复杂性，主要有两方面原因：①在分子水平上，固体的尺寸取决于定位表面的规则，如第 6 章所述；②可用面积取决于表面粗糙度和孔隙度以及吸附分子的尺寸。大多数具有技术重要性的吸附剂表面并不均匀，并且任何实验方法或理论处理也都具有这种或那种局限性。基于以上原因，当报告导出数据如表面积或孔径分布时，一定要同时给出对应的实验技术的详细说明，包括数据处理中所用的计算程序。

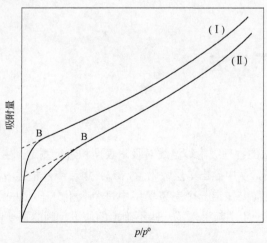

图 7.1 典型的 II 型等温线：（I）有尖锐的"台阶"和（II）有圆弧形"台阶"
（引自 Gregg 和 Sing, 1982）

使用 Langmuir 系统化方法对单层吸附进行处理（Langmuir, 1916, 1918），促使一些研究者考虑采用气体吸附确定吸附表面积的可能。Williams （1919）和 Benton（1926）早期尝试了这一设想，但没有得到可靠的结果。突破性工作是由 Brunauer 和和 Emmett（1935, 1937）于 1938 年首次提出的，他们的理论今天被称为 Brunauer-Emmett-Teller（BET）理论。如第 5 章所描述的，Ⅱ 型等温线（见图 7.1）通常会出现一个相当长的几乎线性的中间区域（如图 5.2 的 BCD）。该线性部分的起始点被 Brunauer 和 Emmett（1937）命名为"B 点"，从经验上来说，B 点对应着单层吸附的结束和多层吸附的开始。Emmett 和 Brunauer （1937）从 B 点处的吸附量计算了假设单层的吸附分子是紧密堆积情况下的吸附表面积。

BET 方法把 Langmuir 单层吸附模型延展至多层吸附，这一点具有重要历史意义，同时它也对 B 点给予了合理解释。在过去的 70 年中，BET 方程一直普遍用于评估吸附剂、催化剂、颜料及一些小的多孔材料的比表面积。其中，氮气被普遍用作 77 K 下的吸附物（Gregg 和 Sing, 1982; Lowell 等, 2004; ISO, 2010; ASTM, 2012）。不过我们仍需知道，BET 氮气方法的显著优点已快要掩盖住其理论的根本弱点（见第 5 章）。实际上，BET 模型的不足在早期就已被指出（Cassel,1944; Hill, 1946; Gregg 和 Jacobs, 1948; Halsey, 1948）。就如本章将介绍的，BET 方法的应用基本上是一个经验过程，因为它并不依赖 BET 的理论模型。因此有必要测试 BET 方法的局限性，尤其是界定它应用的主要条件。

20 世纪 60 年代 Kiselev, Pierce, de Boer, Sing 等人（Gregg 和 Sing, 1982）开发了分析物理吸附等温线的各种经验方法。这些方法包括了对明确定义的无孔吸附剂标准等温线的测量以及特别是 Kiselev（1965, 1972）提出的相关理论的应用。以这种方式，可能检测出 BET 面积的有效性并从复合等温线中提取有用信息（例如，对外延面积的评估）。

7.2 BET 方法

7.2.1 简介

运用 BET 方法的物理吸附等温线对吸附表面积进行测定，主要包含两个步骤。首先，做出 BET 图，从中导出单层吸附量，n_m。第二步，根据 n_m 计算比表面积，a（BET），但我们还需要知道一个完整单层中每个吸附分子所占据的平均面积 σ（即分子的截面积）。每一步中都引入了一些不确定的假设，因此需要谨慎考虑。

7.2.2　BET 图

如第 5 章所介绍，BET 方程可以简洁地以线性形式给出：

$$\frac{p/p^{\circ}}{n(1-p/p^{\circ})} = \frac{1}{n_{\mathrm{m}}C} + \frac{C-1}{n_{\mathrm{m}}C}\left(\frac{p}{p^{\circ}}\right) \tag{7.1}$$

其中，n（$=n^{\mathrm{a}}/m^{\mathrm{s}}$）是相对压力 p/p° 下的吸附总量；n_{m}（$=n_{\mathrm{m}}^{\mathrm{a}}/m^{\mathrm{s}}$）是单层容量。在 BET 理论中，参数 C 与 E_1（第一层的吸附能量）呈指数关系。虽然在单层吸附完成前，吸附剂-吸附质能量与 C 值基本上呈同方向变化（Gregg 和 Sing，1982），但它们的确切关系仍然未知（参见 5.2.3 节）。

根据等式（7.1），BET 的 $(p/p^{\circ})/[n(1-p/p^{\circ})]$ 对 p/p° 做图应该为一条直线，其斜率是 $s = \dfrac{C-1}{n_{\mathrm{m}}C}$，截距是 $i = \dfrac{1}{n_{\mathrm{m}}C}$。通过对这两个方程求解，我们得到：

$$n_{\mathrm{m}} = \frac{1}{s+i} \tag{7.2}$$

$$C = (s+i)+1 \tag{7.3}$$

正如在第 5 章所指出的，在所有已知的物理吸附等温线中，都仅在有限区域内遵从等式（7.1）（参见图 5.4）。在 Brunauer 等（1938）的原始工作中，他们发现，某些特定吸附剂（硅胶、氧化铬凝胶和两种铁催化剂）的 Ⅱ 型等温线 BET 图在 p/p° 大约为 0.05～0.35 的范围内呈线性，而 n_{m} 位于 p/p° 约为 0.1 处。随后有研究表明，77 K 时氮气的 BET 图通常表现出较短的线性区间，所以 p/p°=0.05～0.35 并不是"标准 BET 范围"（Rouquerol 等，1964; Sing，1964; Everett 等，1974; Gregg 和 Sing，1982; Badalyan 和 Pendleton，2003; Lowell 等，2004）。氮气在无孔和介孔二氧化硅中的 BET 图在 p/p° 约为 0.25（Everett 等，1974）及 C 约为 80～150 处开始偏离线性。还有很多其他的例子（不仅限于氮气），偏离起始于相对压力低于约 0.2（Gregg 和 Sing，1982）处。类似的上限报道还出现在无孔炭黑对氮气的吸附中（Choma 和 Jaroniec，2001），但是 C 值就具有大得多的范围，为 200～900。

根据等式（7.1），对应于单层吸附的相对压力与 C 值呈反比：

$$\left(\frac{p}{p^{\circ}}\right)_{n_{\mathrm{m}}} = \frac{1}{\sqrt{C}+1} \tag{7.4}$$

例如，当 C >350 时，BET 单层吸附容量位于 p/p° <0.05 处，而当 C<20 时，n_{m} 值位于 p/p°>0.18 处。如在第 5 章中指出的，当 C 值减小时，等温线的台阶也变得不那么尖锐（参见图 5.3）。尽管 Ⅱ 型的特征直到 C<2 时才消失，但是随着 C 的减少，等温线的曲率也会变得更加平缓，特别是在 C<50 左右时。

BET 等式的一个有趣特征是，有那么一种可能性，即当表面被一层"统计单层"覆盖时，还有一小部分仍未被覆盖。我们应该从 Hill（1946）中注意到，该部分 $(\theta_0)_{n_{\mathrm{m}}}$ 大小与 C 值直接相关：

$$(\theta_0)_{n_{\mathrm{m}}} = \frac{1}{\sqrt{C}+1} \tag{7.5}$$

因此，当形成统计单层时，C 值越高，表面的未覆盖部分越小。很明显可以看出，当 C 值为 1、9 和 100 时，未覆盖表面分别占比 50%、25%和大约 10%。

比较式（7.4）和式（7.5）可以得到：

$$(\theta_0)_{n_{\mathrm{m}}} = \left(\frac{p}{p^{\circ}}\right)_{n_{\mathrm{m}}} \tag{7.6}$$

根据该 BET 模型，它是计算表面未吸附比率的一种简单方法。

对 BET 图进行可靠分析需要一些实验点：一般认为在相对压力为 0.01～0.30 的检测范围之间，至少需要 10 个点。然而，并不建议在任何预设 p/p° 范围内拟合"最佳"直线。BET 图线性区域的位置和范围依赖于体系和操作温度，并且如果等温线是 II 型或 IV 型，那么 BET 图总是会位于等温线的台阶（即横跨 B 点）。尽管如此，合适压力范围的选取常常需要某种程度的量化判定，并且一些窄的、邻近的压力范围似乎能够给出一定的线性。为了克服这种不确定性，人们提出（Rouquerol 等，1964，2007）并已经采用（例如在 ISO 9277: 2010, E, 2010; ASTM C1274-12, 2012 中）了下面一些简单标准：

① C 的值应该为一个正值（即在 BET 图中纵坐标的任何负截距均表明已超出了 BET 等式的有效范围）；

② BET 等式的应用需限制在 $n(p^{\circ}-p)$ 或者 $n(1-p/p^{\circ})$ 随着 p/p° 的增加而增加的压力范围内；大于最大值的所有点都应该舍弃；

③ n_{m} 所对应的压力应该位于计算所选的压力范围之内；且

④ $(p/p^{\circ})_{n_{\mathrm{m}}}$ 的计算值［由式（7.4）给出］，与式（7.1）获得的对应于 BET n_{m} 的 p/p° 值相比较，不应该超过 10%。否则，需要重新选择相对压力范围。

标准①符合方程（5.26），它将 C 看作指数，标准③和④在 BET 理论范围内相互一致。标准②符合 Keii 等（1961 年）提出的另一种形式的 BET 方程：

$$\frac{1}{n/(1-p/p^{\circ})} = \frac{1}{n_{\mathrm{m}}} + \frac{1}{n_{\mathrm{m}}C} \cdot \frac{1-p/p^{\circ}}{p/p^{\circ}} \tag{7.7}$$

Parra 等（1994）运用上面的方程来处理微孔活性炭对氮气的吸附。当 $n(1-p/p^{\circ})$ 项开始降低（p/p° 值增大），新拟合明显地开始偏离线性。等式（7.7）特别适合评价高 C 值的情况。坐标上的截距就是 n_{m} 值，而斜率就是 $n_{\mathrm{m}}C$。不过，对于一般的情况而言，我们认为标准的 BET 等式仍然更为方便。

如在第 5 章中指出的，如果将饱和蒸气压下的吸附总量严格限制至有限数量的层数 N，BET 方法就会得出一个修正等式，Brunauer 等（1938）用等式（7.8）代替方程（7.1）：

$$\frac{n}{n_m} = \frac{C(p/p^\circ)}{1-(p/p^\circ)} \cdot \frac{1-(N+1)(p/p^\circ)^N + N(p/p^\circ)^{N+1}}{1+(C-1)(p/p^\circ) - C(p/p^\circ)^{N+1}} \tag{7.8}$$

实际上，等式（7.8）应该被看作另一个经验式，因为需要选择 N 值以给出多层范围内的最佳拟合。例如，Brunauer（1945）发现，77 K 下氮气在铁催化剂上的吸附，取 $N=6$ 时，拟合范围的上限从 p/p° 为 0.35 延伸至 0.7。由于式（7.8）适用范围的扩大，我们期望这个方程式能够给出更加准确的 n_m 值。然而结果是，假设 $N>4$，当我们比较式（7.1）和式（7.8）时，n_m 位置的差别还不足百分之几。考虑到 BET 理论的不足，我们认为用等式（7.8）计算单层吸附的 n_m，并没有更多优势。

7.2.2.1　单点法

对于一些常规的或探索性的工作，适于采用一些简化的实验过程，包括对等温线上，特别是 BET 范围内单点的确定。我们需要假设 C 足够大到能给出零截距。如果截距为零，那么 $C-1 \approx C$，我们可以得到：

$$n_m = n\left(1-\frac{p}{p^\circ}\right) \tag{7.9}$$

这种简化假设显然取决于等温线的形状：如果 $C \approx 100$，那么误差可能在几个百分点之内。经验证明，当 $C \leqslant 80$ 时，单点方法对 n_m 的估算误差在可接受的范围内。

7.2.3　BET 单层吸附量的有效性

如在第 5 章中所述，对不同吸附剂中氮气和其他气体吸附的一系列研究中，Emmett 和 Brunauer（1937）的结论是，B 点是单层和多层吸附的边界。有一点需要记住，B 点的定义是吸附等温线的中间区域、接近线性开始的起点（参见图 5.2 和图 7.1）。根据经验，我们选择 B 点而不是其他几个特征点（点 A，C，D 和 E），主要原因是：①它给出的表面积数值相当稳定；②在这一点上，吸附的等温熵变明显降低。

Brunauer 等（1938）用 BET 理论解释了 B 点的重要性。对于 12 种不同吸附剂上的氮气吸附，B 点处的单层吸附 n_m 值和相应吸附量（n_B）相当一致（在约 10% 内）。事实上，如果 C 值足够高，令 B 点更易于定义，那么两者的差值应该在几个百分点内（Gregg 和 Sing, 1982）。Brunauer 等得出，那些可以证明 B 点有效性的证据均可以同时证明 n_m 的有效性。这种一致性可能会令人惊讶，因为 B 点的实验位置与 BET 方程的性质并不完全相符，如图 5.3 所示，后者有一个拐点并且没有中间线性部分。

n_B 也即 n_m 的有效性还可以通过吸附数据中的实验能量进一步确认。根据第 3 章给出的原因，最好运用量热法而不是间接等效方法去计算吸附能。过去 60 年来的量热测量方法证实了，使用某些无孔和介孔固体，在 B 点或其附近，会出现吸附微分能的明显降低（Beebe 和 Young, 1954; Avgul 等, 1962; Holmes, 1967; Berezin 等, 1969; Berezin 和 Sagatelyan, 1972; Rouquerol 等, 1979）。当然，所有的结果都与 B 点的意义相符，即当单层吸附接近于完成之时，多层吸附才刚刚开始。它遵循一个规律：如果等温线有尖锐的台阶［见图 7.1 中的（Ⅰ）］，则点 B 可以被识别，并且 n_m 可以被暂时当作有效单层吸附容。如果不存在台阶或台阶是圆形，如图 7.1 中的等温线（Ⅱ）所示，那么 n_m 的物理意义就更加难以解释了。

必须强调的是，后面章节中讨论的量热测量法显示了，单层-多层物理吸附与 BET 模型并不一致。在完整的单层覆盖范围内，一些物理吸附体系显示出了明显的能量不均匀性。对于高度均匀的表面，如石墨化碳，某些吸附物的吸附能随着单层覆盖率的增加而增加（见图 10.10）。这种增加无疑来源于从相当低的表面覆盖率开始的吸附质-吸附质相互作用。我们可以看到，这些效应与 BET 理论都不兼容。

一般认为低的 C 值和模糊的 B 点是与单层覆盖及多层吸附的明显重叠相关[从等式（7.5）推断]，这是由于相对较弱的吸附剂-吸附质相互作用（例如，在低能聚合物表面上）和/或构型熵效应（例如，炭上的水或二氧化硅上的烃化合物）。因此，如果 C<50 左右，从第一层变换到下一层发生在相当大的覆盖范围内。二氧化硅上正烷烃和苯的吸附等温线，就是典型的这种形状（Kiselev, 1958）。例如，293 K 时正戊烷和正己烷在无孔或介孔二氧化硅上的吸附等温线是渐变式的曲线，没有 B 点，C 值约为 10。类似地，在 77 K，改性介孔二氧化硅表面上氮气吸附的等温线出现了明显变化，C 值约从 110 降到了 20（Choma 等, 2003）。

BET 理论对于Ⅵ型等温线并不适用，它是最简单的逐层吸附等温线。随着温度的升高，Ⅵ型等温线逐渐失去它的锐度。但是，Prenzlow 和 Halsey（1957）的研究结果表明，等温线变化的中点（拐点）对温度相当不敏感。这表明在此情况下，交尾高度，（step height）而不是 B 点，对应了单层吸附的完成。

在 BET 方法的应用中，亚步骤的存在提出了另一个问题。在第 10 章中我们将看到，亚步骤的存在说明单层经历了一个相变的过程，这必然导致单层密度的增加。在这种条件下，BET 方法是不可能对单层容量进行准确评估的。

在讨论 BET 面积的估算之前，有必要总结一下 BET 方程的状态和衍生出的单层容量。很显然，BET 模型是单层-多层物理吸附的过度简化。对均匀表面上局部单层吸附的简单 Langmuir 机制进行延伸，并不能解释吸附质-吸附质相互作用或不同的表面结构（例如，异质性）所产生的效应。在各种已经引入的理论精修以及辅助经验参数的帮助下，很容易延展校正 BET 图的线性范围。但是，模型复杂性的增加并不能弥补 BET 方法原有的"简洁"优势的丧失。

在没有其他复杂因素（例如微孔或高活性位点）的情况下，假设等温线的膝曲是尖锐的，那么类型 II 或 IV 等温线的 BET 图确实给出了对 n_m 的可靠估算，并且也有清晰可见的 B 点。明显地，将 BET 方程应用于类型 III 或 V 型等温线不合适。此外，当 II 型或 IV 型等温线给出了低 C 值（例如低于约 50）或异常高 C 值（例如，约 200 或以上）时，解释它们的 BET 单层吸附容量就要格外小心。在 7.2.4 节会重新论述这一问题，在 7.2.5 节中会讨论 I 型等温线所涉及的一些特殊难题。

7.2.4　无孔和介孔吸附剂的 BET 面积

比表面积，a（BET）可以运用下面的简单关系式，由 BET 单层吸附容量 n_m 获得：

$$a(\mathrm{BET}) = n_m L \sigma \tag{7.10}$$

其中，L 是阿伏伽德罗常数；σ 是完整单层吸附的每个分子占据的平均面积。

方程（7.10）的成功应用首先当然依赖于 n_m 的有效性，其次取决于 σ 是否已知或可通过某些其他方法测定。因此，不得不接受的事实是，对 n_m 解释的不确定性，令我们并无办法得到 σ 的精确值。

Emmett 和 Brunauer（1937）提议分子的横截面积 σ，可以从大量液态吸附物的液相密度计算出来。

因此，

$$\sigma = f \left(\frac{M}{\rho L} \right)^{2/3} \tag{7.11}$$

其中，f 是填充因子；如果为六边紧密堆积结构，那么 f 为 1.091；ρ 为操作温度下液态吸附物的绝对密度；而 M 为吸附物的摩尔质量。

对于最重要的情形，即 77 K 时的氮气吸附，σ（N_2）的值通常按照惯例，设为 0.162 nm^2，这是由 Emmett 和 Brunauer（1937）最先使用的分子面积。事实上，如果我们将 77 K 氮气的液体密度的最新数据代入方程（7.11），我们就能够得到分子横截面积为 0.163 nm^2，二者差异非常小，以至于没有必要去比较有效分子面积的不确定范围。

将值 σ（N_2）= 0.162 nm^2 代入等式（7.10），得到

$$\frac{a(\mathrm{BET})}{m^2 \cdot g^{-1}} = 0.097 \frac{n_m}{\mu mol \cdot g^{-1}} \tag{7.12}$$

或者运用 $v^\sigma(\mathrm{STP})$，可得到，

$$\frac{a(\mathrm{BET})}{m^2 \cdot g^{-1}} = 4.35 \frac{v_m^\sigma(\mathrm{STP})}{cm^3 \cdot g^{-1}} \tag{7.13}$$

然而，将 BET 氮气吸附面积与独立表面积数值进行比较的各种尝试均没有得到

有意义的结果（见 Gregg 和 Sing, 1982）。最直接的方法是比较 BET 面积和无任何表面粗糙度的固相的几何面积，但实际上，因为吸附的气体量非常小以及分子尺度表面粗糙度的不可避免，这是非常困难的。因此这类研究非常少（见 Gregg 和 Sing, 1982）。大多数 BET 面积有效性的测试是通过细分固相来进行，通常通过电子显微镜来确定粒度分布。这里存在着许多误差源（例如，很宽的粒度分布范围和粒子形状因素），因此比表面积数值之间的一致性不会高于±20%。

氮气具有永久四极矩，可以在许多表面形成近乎"标准"的氮气单层吸附。一般而言，特异性水平并不足够高到发生 77K 下的强定域。只有一种例外的情况，是在一些氧化物表面上暴露的小阳离子位点（见第 11 章）。这种情况下，低覆盖率时的微分吸附焓异常高，说明一小部分表面发生了强吸附。此时，氮气等温线的台阶在很低的 p/p^o 值时变得非常尖锐，并且 C 值很高。如前所述，氮气等温线形状向其他方向的改变来自于二氧化硅或碳的表面改性，它会导致 C 值降低至大约 $20 \sim 30$（Choma 等, 2003; Trens 等, 2004），同时也会增加 n_m 估值的不确定性。

从实验的角度来看，液氮的易得和现有商业设备的范围使 77K 下测量完整的氮气吸附-脱附等温线相对很容易。这是拥有确定 σ 值的氮气 $[\sigma(N_2)=0.162 \text{ nm}^2]$ 被国际公认为标准 BET 吸附物的另一个原因（IUPAC, Sing 等, 1985）。因此，在日常工作中，我们都是假设 77 K 时氮气单层为紧密堆积的"液态"，而不管 BET 单层的实际结构到底如何。

氩气是测定表面积的另一种可用吸附物：它化学惰性，分子对称且为单原子分子。虽然氩气和氮气分子的极化率非常相似，但它们的电子结构是完全不同的。当采用外推液体密度方法计算 77 K 下的氩气分子面积（Brunauer 和 Emmett, 1937）时，我们得到 $\sigma(Ar)=0.138 \text{ nm}^2$，这也是 Mc Clellan 和 Harnsberger（1967）的建议值。通过比较 BET 氩气和 BET 氮气的吸附面积我们发现，必须对它们依赖于吸附剂的分子面积（参见 Gregg 和 Sing, 1982）作出重大调整。对石墨化炭黑，使用 $\sigma(Ar)=0.138 \text{ nm}^2$ 和 $\sigma(N_2)=0.162 \text{ nm}^2$ 通常会给出很好的一致性，但对于氧化物来说并不如此。为了一致，我们发现必须把氩分子面积增加至 0.166 nm^2 或者把氮分子面积降低（至约 0.13 nm^2）。到目前为止，这个问题还没有完全解决，尽管中子衍射和吸附微量热法研究表明氮四极矩的取向确实依赖于表面结构。这种情况可能会随着二氧化硅表面的逐步脱羟基化而变化。如果氮分子能够与表面羟基"垂直"相互作用，那么完整单层的 $\sigma(N_2)$ 就可以减少到约 0.11 nm^2（Rouquerol 等, 1979, 1984）。

正如本书后面章节将要看到的，很多时候会建议同时使用氩气和氮气来表征固相表面。然而，考虑到方便和成本的原因，直到现在，在 77 K 下仍主要使用氮气吸附。在此温度下，氩气不能代替氮气吸附有几个原因。首先，77 K 低于氩的三相点（83.8 K），因而此时氩的状态存疑，不可能使用此温度下的氩气测定介孔孔径分布。第二，77 K 时的氩气等温线通常比氮气对表面结构的变化更为敏感。氮气在 77 K 下给不出很好的Ⅵ型等温线，它在表征多层吸附时，也总是表现出恒定不变的状态（Carrott 和 Sing, 1989）。

在 87 K 时氩气的吸附状态就不同了，因为这个温度已经高于氩气的三相点，以至于①经常会发生毛细管冷凝现象；②可以测量饱和蒸气压 p^o；③原则上来说，可以确定介孔的孔径分布。在存在微孔的情况下，由于气体扩散的热激活，吸附平衡在 87 K 时比 77 K 快得多。由于这些原因（参见 Thommes, 2004），当新的低温恒温器能够在 87 K 下轻松便捷地进行相关实验时，就可以期待未来能更多地运用氩气吸附。

由于操作原因，测量低表面积吸附剂的氮气或氩气等温线就更加困难了（如果 $a<1$ m² · g⁻¹）。为了解决这个问题，我们需要使用氪气。由于它在 77 K 下具有低的蒸气压 p^o（≈2 mbar），未吸附氪气的"死体积"校正相对较小，使较小吸附量时的测量成为可能，而且准确度也在可接受的范围内。

不过，与 77 K 的氩气一样，对氪气等温线的解释总是不甚明确。77 K 远远低于氪气的三相点，因而有必要用固相来计算它的 p/p^o。虽然微量热法和中子衍射的一些研究证实（Grillet 等，1985），在它的 BET 区域，吸附质可能处于液态。因此采用过冷液体的饱和压力 p^o（液体）作为 77 K 时的有效 p^o 来作 BET 图，已经成为惯例。通过方程（7.11）以及 77 K 时过冷液体的绝对密度，我们得到 77 K 时氪气分子面积为 0.152 nm²。不过，Beebe 等（1945）发现有必要采用 $\sigma(Kr)=0.195$ nm²，这是一个有用的经验值。我们的结论是，氪气吸附对于日常测量低面积粉末非常有用，其结果并不需要与从氮气吸附测量中获得的一致。测量中用到的 p^o 和 σ 的值应该记录下来。

在过去 70 年中，有各种不同的气体和蒸气可以用作表面积测定的吸附物（参见 Young 和 Crowell, 1962; Mc Clellan 和 Harnsberger, 1967; Gregg 和 Sing, 1982; Lowell 等, 2004）。如表 7.1 所示，吸附物中还包括氧气和氙气（低温）以及有机蒸气如丁烷和苯（在或接近"室温"）。对这些吸附物 σ 值的比较，似乎给出了非常混乱的结果。对于给定的吸附物，我们怎样解释这么多的 σ 推导值？

表 7.1　一些吸附物的分子面积

吸附物	T/K	横截面积 σ/nm²		
		文献范围[1]	紧密堆积单层液体[2]	常用值
氮气	77	0.13～0.20	0.162	0.162
氩气	77	0.10～0.19	0.138	0.138
氪气	77	0.14～0.24	0.152	0.202
氙气	77	0.16～0.25	0.168[3]	0.170
氧气	77	0.13～0.20	0.141	0.141
一氧化碳	195	0.14～0.22	0.163	0.210
正丁烷	273	0.32～0.53	0.321	0.440
苯	293	0.25～0.51	0.307	0.430

① McClellan 和 Harnsberger（1967）以及 Gregg 和 Sing（1982）引用的数值；

② 应用公式（7.11）；

③ 取自固体的密度。

为了对这个问题有所了解，我们可以看一下不同表面上正烷烃和苯的吸附并重新回顾一下 Kiselev（1957, 1958）的开创性工作（参见 Gregg 和 Sing, 1982）。在他们的工作中，吸附的正烷烃分子与石墨化碳的表面发生了强烈相互作用，并且随着碳原子数量的增加，吸附的微分能量也有序增加（见图 1.3）。而且，在均匀的石墨表面上，每个正烷烃等温线具有明确的 B 点。从 a(BET, N_2) 和 n_m（正烷烃）也即正烷烃的 BET 单层吸附容量计算出的分子面积 σ（正烷烃）数值的稳定增加，可以证实分子的排列很平坦。对于正己烷，$\sigma(C_6H_{14})$ 的 BET 推导值为 0.51 nm^2，与分子平坦排列时的 $\sigma(C_6H_{14})$ 值 0.54 nm^2（Isirikyan 和 Kiselev, 1961）接近。

二氧化硅上正烷烃的物理吸附行为非同寻常。对于二氧化硅上正戊烷的情况，$\sigma(C_5H_{12})$ 和 C 值分别为 0.7 nm^2 及 10，与石墨化碳上的相应值 0.5 nm^2 和 60 差别很大（Kiselev 和 Eltekov, 1957）。如前所述，二氧化硅上的等温线没有明显的台阶或 B 点，并且 σ 推导值不能用平面或垂直分子取向来解释（Gregg 和 Sing, 1967）。

Kiselev 和 Dubinin 等详细研究了苯的吸附（见第 10 章）。在石墨化碳上，等温线形状和吸附量热法的结果有力地证实了致密单层上平坦的分子取向（见图 10.10）。对于几种不同的石墨化炭黑，每种情况下 a(BET, N_2) 和 a(BET, C_6H_6) 都表现出很好的一致性，其中 $\sigma(C_6H_6)$ 取值 0.40 nm^2。

二氧化硅上苯的吸附非常难解释（参见 Gregg 和 Sing, 1982）。在 293K 的温度下，苯等温线具有渐变的曲率，而且没有明确的 B 点。在一系列用氮气吸附进行表征的硅胶上，$\sigma(C_6H_6)$ 的推导值在 0.3～0.5 nm^2 之间（Horvat 和 Sing, 1961）。另一个复杂之处在于为了除去与芳环的特异相互作用（见表 1.4）而进行的表面脱羟基化会产生其他效应。脱羟基之后，B 点完全消失，C 值也降低至 10 以下。

与碳氢化合物的行为相比，羟基化二氧化硅上的乙醇吸附就相当直接了（Madeley 和 Sing, 1959; Horvat 和 Sing, 1961; Branton 等, 1995）。现在我们知道，氢键是少量多层与局部单层的重叠以及明显 B 点的形成原因。使用上面的那些硅胶，可以推导出 293 K 时乙醇的 σ(EtOH) 值大多在 0.28～0.31 nm^2 范围内。

人们尝试以多种不同的方式解释上述发现的吸附现象。一个可能引起争论的问题是 σ 值的明显差异是否仅仅由单层结构的不同引起。确实，在一些表面上，分子取向导致了单层结构的差异（Karnaukhov, 1985）。吸附剂表面的曲率也能改变吸附质分子的堆积（Ohba 等, 2007）。不过，在我们看来，单层结构的差异本身并不能解释表观分子面积的巨大差别，如表 7.1 所示。基于这个原因及 BET 模型的不足，我们必须回到 n_m 有效性这个问题上。

如前所述，如果无孔或介孔吸附等温线的台阶是尖锐的，原则上可以从 BET 图上估算出"真实"的单层吸附容量。在这种情况下，B 点通常位于 $p/p^o<0.15$ 左右。相反，BET 图不能提供对Ⅲ型或Ⅴ型等温线的可靠分析，因为单层覆盖不会在整个表面上均匀地发生。实际情况是，吸附质分子最初只吸附在特定的表面位点上，然

后就开始了多层吸附（例如，碳上的水吸附，见第 10 章）。

现在，我们必须回到一个折中的情况，并提出一个问题：BET 图是否能从没有明确 B 点（见图 7.1）及 $C<50$ 左右的 II 型或 IV 型等温线中评估"统计单层容量"？表面覆盖可能相当均一，但如我们已经看到的那样——单层和多层吸附很明显会重叠。原则上，即使分子堆积未知，我们也应该能够计算可控条件下完整单层中吸附质的量。但考虑到 BET 模型的人为性质及 BET 图的经验性，当 $C<50$ 左右时，n_m(BET)的有效性一定是值得怀疑的。确实，这看起来就是对真实单层容量的不正确估算，而这正是文献报道中分子面积差异巨大的一个重要原因。

那么是否应该指定一个 C 值上限？面对这个问题，我们仍然不能太武断。一个高的初始吸附能以及非常低 p/p^o 下的尖锐等温线台阶就明确表明了，要么在小部分表面上存在高能量位点，要么在窄微孔中具有增强的吸附剂-吸附质相互作用。任何一种情况，都可能导致错误的 n_m 估值。

我们得出的结论是，最可靠的 n_m 值只能从 II 型或 IV 型等温线的 BET 图中获得，它们的 BET 图具有线性且在线性范围内具有明确的 B 点，而且 C 值在 50～150之间。我们还可以取 N_2 的 σ 值 0.162 nm^2，将得到的氮气 BET 吸附面积当作 77 K 下氮气吸附的有效表面积。

7.2.5　微孔固体的 BET 吸附面积

我们在解释 I 型等温线或复合型等温线（即 I 和 II 或 I 和 IV 的组合）时必须谨慎。微孔吸附剂的 BET 图的线性通常非常有限，这一点并不奇怪。事实上，一些微孔固体（例如活性炭和沸石）的 I 型氮气等温线的 BET 图在 $p/p^o<0.1$ 时呈非线性。这与 Langmuir 图不同，后者通常在高 p/p^o 范围呈线性（Gregg 和 Sing，1967；Alaya 等，2001）。因此，看起来似乎 Langmuir 图是评估单层吸附容量的更可靠的方法，当然，这未考虑 Langmuir 单层吸附覆盖机制实际上并不能应用于微孔填充。所以，我们建议 Langmuir 图不应该用于评估 I 型物理吸附等温线的单层吸附容量（或表面积）。

由于类似的原因，当 I a 型等温线（见图 1.4 和图 7.5）在 BET 坐标中绘制时，不能认为 n_m 的推导值是真实的单层吸附容量。敞开表面和窄微孔中物理吸附机理的差异已经由吸附热量测定和 α_s 曲线揭示（见第 9～11 章）。因此，分子尺寸孔中吸附剂-吸附质间相互作用的增强是等温线形状明显畸变的根源，如图 10.19 和图 10.20 所示。初级微孔填充的一个结果，是 C 值的相应增加。例如，有以下一组结果（Rouquerol 等，1979）：77 K 时，两种羟基化二氧化硅分别吸附氮气和氩气，介孔二氧化硅的 C 值分别为 133 和 32，而微孔二氧化硅分别为 238 和 40。图 7.5 中 I b 型等温线的情况，很明显是逐渐升高至平台。在更宽的微孔（孔宽至少 5 个分子直径左右）中，吸附质-吸附质的协同相互作用开始显现，准多层吸附开始发生。这些都将在第 9 章中予以讨论。

我们可以总结一下，尽管微孔材料的 BET 氮气面积（或 BET 氩气面积）是吸附剂"活性"的一个有用指标（参见 Rouquerol 等，2007），但它不应被视作一个有效面积或吸附剂的一个基本性质，它只是表征微孔材料的第一步。

7.2.2 节中列出的标准对于含微孔的吸附剂特别有用，比如图 7.2～图 7.4 中（Rouquerol 等，2007）87 K 下的氩气-沸石 13X 体系。在图 7.2 中，几个相对压力范围（0.01～0.2, 0.02～0.05 和 0.05～0.15）内的 BET 图都表现出了合理的线性，并且与 C 的正值一致。最终的单层吸附容量从 40 μmol·g^{-1} 变化至 52 μmol·g^{-1}（也即变化了 30%），这说明除了线性和正的 C 值外，还需要有其他标准。

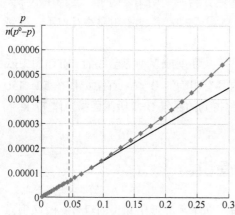

图 7.2　在 87 K，Ar 在沸石 13X 上的 BET 图

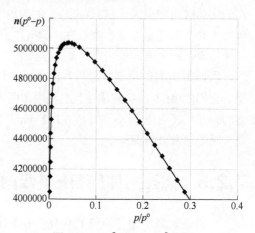

图 7.3　$n(p^{o}-p)$ 对 p/p^{o} 作图

图 7.3 显示，要应用这些标准，就需要 $n(p^{o}-p)$ 随 p/p^{o} 连续增加，这就给出了图中的一个"转折点"，位于 p/p^{o} 约 0.04 处，高于此值时 BET 方程不再适用。最后，图 7.4 显示了在所选压力范围（回归因子 R^{2}=1.000）内 BET 图的线性以及计算出的 n_{m} 的位置，它正好位于所选压力范围内（即符合另一个基本标准）。这些标准应用于 I 型等温线时特别有用，但是建议系统地应用它们，因为我们不能提前知道一个新样品具有何种程度的微孔。有必要再次强调，此过程旨在确保 BET 面积在引用和比较时是兼容的，但它并不代表 BET 面积实验值

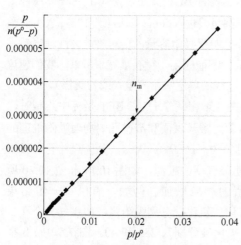

图 7.4　87 K 时在最终所选压力范围内，Ar 在沸石 13X 上的 BET 图

或计算值的有效性。

7.2.6　BET 面积的一些应用

尽管还有缺陷，BET 法仍广泛应用于研究过程控制及产品开发中。因此，测定材料如工业吸附剂、催化剂、颜料、水泥和聚合物的 BET 氮气吸附面积很普遍。可以为 BET 面积的一些典型应用进行一个简要说明。很明显，将吸附和其他测量方法结合起来是非常重要的，如同本书各章中一再强调的。

当然，在进行任何气体吸附测量之前，吸附剂必须以某种方式脱气（如第 3 章所述）。硬颗粒或多孔吸附剂不存在任何特殊问题。软性的和柔性的材料在 77 K 时会变硬，潮湿材料在储存时或样品在制备和脱气的初始阶段会经常发生老化。通过 BET 面积的变化，可研究凝胶、糊剂和沉淀物的老化（Baker 等，1971; Bye 和 Sing，1973），并寻找尽量避免水凝胶（Kenny 和 Sing，1994）以及其他一些开放结构如纸浆纤维（Swanson, 1979）发生结构坍塌的条件。

众所周知，（比如二氧化硅的）表面改性在色谱材料的制备和其他应用中是非常重要的（Unger, 1979; Choma 等, 2003）。在 Trens 等的工作中（Trens 等, 2004），氩气和氮气的吸附等温线在改性大孔硅胶中测定，其表面用各种烷基氯硅烷处理后越来越疏水。用以计算 BET 面积的 N_2 和 Ar 的分子面积分别为 $\sigma(N_2) = 0.162 \ nm^2$ 及 $\sigma(Ar) = 0.138 \ nm^2$，对未改性的二氧化硅 $a(BET, N_2) = 17.4 \ m^2 \cdot g^{-1}$，且 $a(BET, Ar) = 11.7 \ m^2 \cdot g^{-1}$。表面改性后，BET 氮气吸附面积逐渐减少，最终值约为 $14 \ m^2 \cdot g^{-1}$，而相应的 BET 氩气面积却出现了小幅增长至 $13.5 \ m^2 \cdot g^{-1}$ 左右。这些差异初看似乎是由于吸附的 N_2 分子取向变化所引起。但是，另一种解释是氮气等温线形状的显著差异是 BET 单层容量变化的主要原因。这一解释可以通过 C 值变化得到证实，即改性表面上氮气的 C 值从最初的 200 左右降低到了 30 左右，而氩的 C 值经历了一个相对较小的减少（从 30 左右至 15 左右）。无论哪个解释是正确的，实际的表面积变化可能相当小。必须再次强调记录 BET 图的线性范围以及 C 值和 σ 值的重要性。

Sappok 和 Honigmann（1976）对各种有机颜料进行了物理吸附研究。在 Mather 和 Sing（Mather 和 Sing, 1977）关于铜酞菁颜料的工作中，测量 77 K 下的氮气和氩气等温线之前，小份样品需在室温下脱气 20h 左右。部分样品观察到一些低压滞后现象，而其他样品则非常稳定，具有完全可逆的氮气和氩气等温线。BET 氮气吸附面积为 $43 \sim 88 \ m^2 \cdot g^{-1}$，$C$ 值为 30~70 左右。Ar 的相应 C 值为 20~55，$\sigma(Ar)$ 的推导值为 $0.15 \sim 0.16 \ nm^2$。在 298 K 甲苯和正丙醇的等温线测量（Dean 等, 1978, 1979）揭示了各种颜料吸附行为的巨大差异。与 α-铜酞菁明显的滞后和老化不同，β-铜酞菁具有几乎完全可逆的甲苯等温线。这些以及其他结果被认为是由于粒子形态和聚集结构的差异造成的（Dean 等, 1979）。值得注意的是，借助 BET 氮气和 BET

氩气吸附面积，有可能解释有机蒸气吸附数据并阐明老化机理。

无机颜料的 BET 吸附面积通常在科学技术领域文献中有所记录，虽然由于其表面结构的复杂性，对物理吸附数据的解释可能并不完全直接。对于白色二氧化钛颜料，它的分散性和耐久性通过二氧化硅（或氧化铝）沉积的表面处理可以显著提高。了解具有金红石粒子涂层"致密二氧化硅"的性质，可以借助于氮气和水蒸气的吸附及电泳迁移率研究来获得（参见 Furlong，1994）。这项工作揭示出，高能阳离子位点可以有效地用少量二氧化硅沉积来屏蔽，而且没有任何光学质量的损失。

7.3　等温线分析的经验方法

7.3.1　标准吸附等温线

如前所述，物理吸附等温线的详细过程，依赖于气-固体系的本质和吸附温度。鉴于在第一章中讨论的吸附剂-吸附质相互作用能量的宽范围，不难发现单层区域内等温线形状对吸附剂表面结构的变化特别敏感。但是，如第 5 章中指出的，对于一些吸附物（包括在 77 K 的氮气）来说，相应的多层等温线形状对吸附剂结构的依赖性要小得多。

在这种情况下，多层吸附膜的厚度 t 主要取决于平衡压力和温度，对吸附剂本质的依赖要小得多。多层厚度曲线可通过 II 型吸附等温线的归一化进行评估，即在没有任何微孔或介孔填充的情况下进行。实际上，77 K 无孔氧化物和碳上测量的一系列归一化的氮气吸附等温线上的确有可能与多层吸附相重叠（Harris 和 Sing，1959；de Boer 等，1966；Gregg 和 Sing，1982；Carrott 和 Sing，1989；Jaroniec 等，1999）。

由 Kiselev（1957）提出的早期标准化程序通过比较碳氢化合物、水蒸气等在一系列不同的吸附剂上的吸附等温线，简单绘制出表面过剩浓度 Γ（$=n/a$）对 p/p^o 的图，由此得出 BET 氮气面积 a（BET）。也可以用"约化吸附量"（reduced adsorption），n/n_m，代替 Γ 作图，它同样依赖 BET 方法确定单层吸附量 n_m，而不再要求知道分子横截面积 σ。

如果需要获得多层厚度 t，可以将约化吸附量（即吸附层的统计数量）进行下面的关系式变换：

$$t = \frac{n}{n_m} d'　　　　　　　　　　（7.14）$$

其中，d' 是单层吸附的有效厚度。一般需要假设吸附层的绝对密度等同于吸附温度下液态吸附物的绝对密度，因而得到：

$$d' = \frac{M}{\sigma \times L \times \rho^l}　　　　　　　　　（7.15）$$

其中的每一项都在之前给出过定义。

对于 77 K 时的氮气吸附，解方程式（7.11）和式（7.15），其中 ρ 取值 0.809 g·cm^{-3}，σ 取值 0.162 nm^2，M 取值 28.01 g·mol^{-1}，得出 d' =0.354 nm。这个平均分子厚度，与氮气的动力学直径（0.364 nm）吻合得不错。理论上紧密堆积的氮气多层厚度 t 则变成：

$$t = 0.354\frac{n}{n_m} \tag{7.16}$$

Lippens 和 de Boer（1964）用该方程绘制了 t 曲线，即 77 K 下各种无孔氧化物上氮气多层的吸附厚度与 p/p^o 的关系。

氮气在一些无孔氧化物（和碳）上吸附的 t 曲线，与氮气吸附的"通用多层厚度曲线"概念吻合较好，因而似乎说明该 t 曲线可以作为 77 K 下氮气吸附的标准等温线（de Boer 等，1965）。虽然这种说法现在被认为过于简单了，但许多氮气吸附等温线的多层部分可以叠加的事实（见第 10 章和第 11 章）对表面积测定和孔径分析具有重要启示。

以下描述的经验方法利用了标准等温线的概念，为等温线分析和表面积测定提供了另一种方法，可以避免我们对 BET 方法的依赖。

7.3.2　t 方法

Lippens 和 de Boer（1965）对通用 t 曲线的运用非常简单。实验等温线以下面的方式转化为 t 曲线：吸附总量 n，对无孔材料在相应 p/p^o 压力下的标准多层厚度重新作图。实验等温线和标准 t 曲线之间形状上的任何差异，都会以 t 曲线上的非线性区域和/或外推曲线的一个有限（正或负）截距（即在 $t = 0$ 时）表现出来。通过这种方法，从线性部分的斜率 $s_t=n/t$ 可以计算出比表面积 $a(t)$。从方程式（7.10）、式（7.11）和式（7.15），我们得到：

$$a(t) = \frac{M}{\rho}\cdot\left(\frac{n}{t}\right) \tag{7.17}$$

取 77 K 下氮气的密度 ρ 为 0.809 g·cm^{-3}，

$$\frac{a(t)}{m^2\cdot g^{-1}} = 0.0346\frac{s_t}{\mu mol\cdot nm^{-1}} \tag{7.18}$$

在 Lippens 和 de Boer（1965）的原创性工作中，他们假设微孔壁上的单层吸附可能与开放表面和介孔壁上的吸附形式相同。所以 t 方法并未考虑微孔填充的特殊之处。随后不久，有人指出（Sing, 1967），在合适的条件下，t 曲线是可以评估微孔体积和外部面积的。这些以及与 α_s 方法有关的更详细讨论将在下一节和第 10、11 章中进行。

Brunauer 等（1969）指出，正确的 t 曲线应该与所研究的吸附等温线具有相同的 C 值。但是，这并未考虑微孔填充的本质，因此并不是一个可接受的方法。现在普遍认同（IUPAC, Sing 等，1985）的是，一个合适的标准等温线必须在无孔固体上测定，它具有与测试吸附剂相同的表面结构（即表面化学）（Sing, 1970）。然而，t 方法最严重的局限性在于，它必须依赖标准物质单层吸附容量的 BET 评估，因为 t 是由约化吸附量 n/n_m 导出的，因此，如果 C 值相对较低，就会出现特殊问题。

7.3.3　α_s 方法

对 t 方法进行简单修改，就可以避免先计算 n_m，从而将分析扩展到几乎任何类型的物理吸附体系（Sing, 1968, 1970; Sing 和 Williams, 2005; Badalyan 和 Pendleton, 2007）。

为了将标准吸附数据转换成另一种无量纲形式，可以用预选（pre-selected）过的相对压力 $(p/p^o)_s$ 下的吸附量 n_s 代替 n_m。在实践中，通常取 $(p/p^o)_s = 0.4$ 比较方便。相应的约化吸附量为 $n/n_{0.4}$，称为 α_s。因此可以在不需要确定 BET 单层吸附容量的情况下，得到经验上的无孔标准吸附剂的约化等温线（或 "α_s 曲线"，即 α_s 对 p/p^o 图）。

77 K 时，无孔二氧化硅（Bhambhani 等，1972；Payne 等，1973；Kruk 等，1999）和碳（Carrott 等，1987；Carrott 和 Sing，1989；Gardner 等，2001）对氮气和氩气的标准 α_s 曲线已经绘出。此外，有机蒸气，包括四氯化碳（Cutting 和 Sing，1969）、苯（Isirikyan 和 Kiselev，1961；Carrott 等，2000）、甲醇（Carrott 等，2001a）和二氯甲烷（Carrott 等，2001b）的物理吸附数据也已有报道。

运用特定气固体系（在工作温度下）的 α_s 数据代替 t 数据，可以构建类似于 t 图的 α_s 图。用方程式（7.19）代替式（7.17）：

$$\frac{a_{test}}{a_{ref}} = \frac{n_{test}/(n_{ref})_{0.4}}{n_{ref}/(n_{ref})_{0.4}} \tag{7.19}$$

这里 $n_{ref}/(n_{ref})_{0.4} = \alpha_s$。

因此，通过 $n_{test}/\alpha_s = s_s$，得到：

$$a_{test} = \frac{a_{ref}}{(n_{ref})_{0.4}} \times s_s \tag{7.20}$$

其中，a_{ref} 是标准材料的特定 BET 表面积。

原则上，α_s 方法可应用于任何气固物理吸附体系，不管其等温线的形状如何。该方法可以用来检查 BET 面积的有效性，也可以确定吸附和孔隙填充机理（单层-多层吸附，初级和次级微孔填充或毛细管冷凝）。

在后面的章节中可以找到许多不同的 α_s 图的例子。在低 p/p^o 下精确的吸附测量，使构建氧化物和碳上氮气和氩气的高分辨 α_s 图成为可能（例如 Carrott 等，1989；Carrott 等，1991；Kaneko，1996；Branton 等，1997；Ribeiro Carrott 等，1997；Llewellyn 等，2000；Choma 等，2003；Fukasawa 等，2004；Arai 等，2007）。除了低温氮气、氩气和氧气等温线外，这种方式还分析了各种有机蒸气等温线，包括不同的烷烃（Carrott 和 Sing，1988；Carrott 等，1991），苯（Carrott 等，2000），甲醇（Carrott 等，2001a）和二氯甲烷（Carrott 等，2001b）。

在此，我们还关心与表面积评估有关的 α_s 等温线分析方法的一般原理。图 7.5 给出了各种假设 α_s 图的明显特征，其中把 α_s 图分成了几类，分别与 II 型、IV 型和 I 型等温线相关。

α_s 图最直接的形式是图 7.5 中的 II a 型，它对应着典型的 II 型等温线，且具有中等的 C 值（约为 100）。与标准材料具有十分相似的表面结构的无孔固相上的无限制单层-多层吸附导致了它的线性延伸

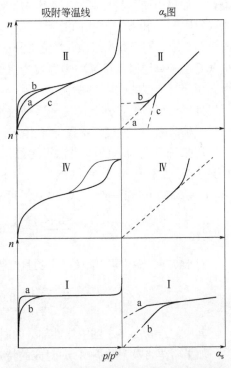

图 7.5　假设的 α_s 图（右）和相应的吸附等温线（左）：无孔吸附剂（顶部），介孔吸附剂（中间）和微孔吸附剂（底部）

长和零截距。显然，在这种情况下，实验和标准等温线的形状实际上是等同的，因此 α_s 图的斜率与表面积的比率 $a(S)/a_{ref}$ 成正比。因此，如果 a_{ref} 值已知，则计算 a_{test} 值就是一件简单的事情，在这里我们用 $a(S)$ 表明它是通过 α_s 方法计算的。

图 7.5 中 II b 型或 II c 型 α_s 图，是实验等温线的多层吸附部分符合标准，而单层部分不符合时获得的。图 II b 表明有相对强的吸附剂-吸附质相互作用发生，而图 II c 中是明显较弱的相互作用。不论 II b 还是 II c，都可以从多层吸附区域的线性斜率计算出 $a(S)$。

通常与介孔结构内的毛细管冷凝相关的 IV 型等温线，能够给出如图 7.5 中的 IV 型的 α_s 图。在这种情况下，等温线的起始部分对应着介孔壁上的单层-多层吸附。如果 α_s 图的相应部分是线性并能回推至原点，那么线性的斜率就可以用来计算总可及表面积 $a(S)$。也可得出结论，并没有如微孔填充等复杂因素的存在。向上的偏移只代表着毛细管凝结的开始。

I a 和 I b 型 α_s 图是典型的微孔吸附剂的图。多层吸附的长线性部分可用来评估外比表面积。任何向上的偏移（这里没有显示）可能来自独立介孔结构中的毛细管

217

凝结。如果中间的线性区域不是太短，则其斜率对计算介孔面积还是很有用的。如果我们确信 a 和 b 具有相同的表面化学结构，那么就可以把 Ⅰa、Ⅰb 型的 α_s 图形状的差异归结为初级和次级微孔填充的影响（见第 5 章和第 9 章）。因此，曲线 Ⅰa 的形式是由于单层吸附区域中等温线的扭曲造成的，它本身与分子尺度孔中（即初级微孔填充）增强的吸附剂-吸附质相互作用有关。另一方面，Ⅰb 的线性起始部分，可以外推到原点，显然是因为一系列较宽微孔壁上的未变形单层吸附所引起。只有在后一种情况，才能使用 α_s 图计算出一个可靠的内表面积值。

用来确定表面积的 α_s 方法已经经过一些无孔标准材料的校正。例如，对于无孔羟基化二氧化硅上的氮气吸附（S-N$_2$），在 77 K，a_{ref}=154 m^2·g^{-1}，且 $(n_{ref})_{0.4}$= 2387 μmol·g^{-1}，式（7.20）可写成：

$$\frac{a(\text{S-N}_2)}{\text{m}^2 \cdot \text{g}^{-1}} = 0.0645 \frac{s_s}{\mu\text{mol} \cdot \text{g}^{-1}} \tag{7.21}$$

对于 77 K 下相同二氧化硅上的氩气吸附（S-Ar），有：

$$\frac{a(\text{S-Ar})}{\text{m}^2 \cdot \text{g}^{-1}} = 0.074 \frac{s_s}{\mu\text{mol} \cdot \text{g}^{-1}} \tag{7.22}$$

其中，$s_s = n/\alpha_s$ 是 α_s 图中线性部分的斜率。

如果希望将吸附数据中 n 对应的特定气体体积的吸附数据，用传统的体积单位 cm^3（STP）·g^{-1}（Carruthers 等，1971）表示，就有必要将式（6.21）和式（6.22）的系数乘以理想气体摩尔体积，0.022414 cm^3·μmol^{-1}（θ=0℃和 p^0=1.01325 bar）。因此得到：

$$\frac{a(\text{S-N}_2)}{\text{m}^2 \cdot \text{g}^{-1}} = 2.88 \frac{v^\sigma / \text{cm}^3(\text{STP}) \cdot \text{g}^{-1}}{\alpha_s} \tag{7.23}$$

$$\frac{a(\text{S-Ar})}{\text{m}^2 \cdot \text{g}^{-1}} = 3.29 \frac{v^\sigma / \text{cm}^3(\text{STP}) \cdot \text{g}^{-1}}{\alpha_s} \tag{7.24}$$

7.3.4　对比图

对于给定吸附物，比较它的两个等温线形状的一个简单方法是绘制出每一个相同相对压力下一个吸附量与另一个吸附量之比（Gregg 和 Sing, 1982; Karnaukhov, 1985; Ribeiro Carrott 等, 1991; Branton 等, 1993）。当然，如果等温线形状完全相同，对比图将得到一条穿过原点的直线，其斜率等同于两种吸附剂的表面积之比。如同 α_s 图，任何对线性的偏离都可以用微孔填充、毛细管凝结或表面化学差异来解释。对比图可用于追踪孔隙的变化，因为它通常代表着材料的不断活化或老化，还可用于没有参照数据时特定吸附体系的探索性研究（Alario Franco 和 Sing, 1974; Mather 和 Sing, 1977; Branton 等, 1993; Fernandez 等, 2001）。

7.4　分形方法

当使用不同的实验方法来确定比表面积时，想要得到完全相同的结果是非常困难的。事实上，正如（Adamson，1990）所指出的那样，人们完全应该估计到这些结果是不同的！

为了说明这个问题，可以想象一下，多孔固体用于吸附的表面积，与能够散射低角度 X 射线的面积（包括封闭孔的面积），可能存在差别呢。即使在前者的情况下，吸附的程度也会依赖于吸附物的尺寸、形状和电子性质，并与吸附剂的表面化学、粗糙度和孔隙度有关。

原则上来说，分形方法提供了一种绕开棘手问题评估细粒或多孔固体绝对面积的方法。分形分析的目标是表征吸附剂的有效几何形状，从而更清楚地了解其行为。

分形几何学的应用可被认为是一种分辨率分析的方式：它系统地研究一个给定的性质（如表面积或孔隙体积）的量级如何随测量方法的变化而改变（Pfeifer 和 Obert，1989；Avnir，1991，1997；Sonwane 等，1999；Neimark，2002）。一般来说，人们可以采用下面这种简单的幂法则进行尺度变换：

$$所测性质 = kR^D \tag{7.25}$$

其中，k 和 D 是常数，用来定义分辨率 R（resolution）的量度。

现在，方程（7.25）可以用一种明确的形式表达：

$$N_m = k\sigma^{-D_a/2} \tag{7.26}$$

其中，N_m 是完整吸附单层的分子数目；σ 是吸附物的分子面积；D_a 是可及表面的分形维数（Farin 和 Avnir, 1989）。

D_a 的级数是由表面粗糙度或孔隙度来决定。原则上，D_a 的下限为 2，对应一个分子尺度的完美平滑表面。绝大多数无孔材料都会有一些表面粗糙度。对于它们来讲，常数 D_a 在 2 和 3 之间意味着一定程度的自相似性：表面的不规则形状在一定的分辨率范围内保持不变。因此，当以不同的放大倍数观察时，分形表面的物理结构看起来相似。

图 7.6 给出了两种多孔二氧化硅的 $\lg n_m$ 对 $\lg \sigma$ 的分形曲线图（这里，n_m 是 BET 单层吸附容量）。两个拟合都为线性，能够给出硅胶的 D_a 为 2.98，可控多孔玻璃的 D_a 为 2.09。这些值反映了分形尺度的极值，后者接近于平面理想值。

Farin（1989）和 Avnir 等（1992）编辑的众多 D_a 值中的一部分列入表 7.2 中。大部分值都在理论分形范围 $D_a=2\sim3$ 内，值得注意的是 $D_a \approx 2$ 对应于石墨化炭黑和柱撑黏土。

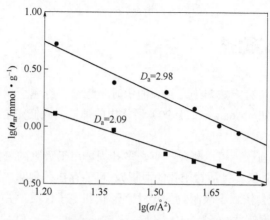

图 7.6　硅胶（圆）和可控多孔玻璃（正方形）上直链烷烃吸附分形图
[引自 Avnir 等（1992）及 Christensen 和 Topsoe（1987）]

表 7.2　从吸附数据评估的可使用分形维数值

吸附剂	吸附物	分形维数, D_a	吸附剂	吸附物	分形维数, D_a
石墨化炭黑	氮气和烷烃	1.9～2.1	硅胶	烷烃	2.9～3.4
活性炭	氮气和有机分子	2.3～3.0	其他氧化物	氮气和烷烃	2.4～2.7
柱撑黏土	氮气和有机分子	1.8～2.0			

　　Van Damme 和 Fripiat（1985）两个课题组报道了从氮气和各种有机吸附物的多层吸附容量计算出的柱撑黏土 D_a 值，分别为（1.89±0.09）和（1.94±0.10）。$D_a \approx 2$ 的事实似乎证明碱性蒙脱石表面是光滑的，且呈柱形规则分布。Van Damme 和 Fripiat 认为，柱形的随机分布必然会导致一些局域分子筛的形成，而这反过来会导致 $D_a > 2$。

　　Van Damme，Fripiat 和他们的合作者还讨论了分形分析的很多其他方面。例如，通过将 BET 模型扩展到分形表面，Fripiat 等（1986）能够清楚展示分形维数如何通过分子粗糙表面的逐渐平滑而降低。另外，微孔填充的作用是可以增强分形维数。

　　其他研究者，包括 Pfeifer 和 Obert（1989）、Pfeifer 等（1990）、Panella（1991,1994）、Neimark 和 Unger（1993）、Ahmad 和 Mustafa（2006），也研究了粗糙分形表面上的多层吸附。尤其是 Pfeifer 和他的合作者指出，当与 BET 理论相关联时，对多孔表面分形维数的解释是有问题的。相比之下，运用 FHH 分形法似乎更可靠，但前提是要考虑润湿效应。也即 Krim 和他的合作者们所采用的方法。

　　Krim 和 Panella（1991）及 Panella 和 Krim（1994）精心准备了均匀的银膜，并使用下面形式的 FHH 方程：

$$\ln\left(\frac{p}{p^o}\right) = -\frac{\alpha}{kT\theta^n} \tag{7.27}$$

其中系数 α 取决于吸附剂-吸附质的性质和吸附质-吸附质间的相互作用，相应的分形维数由指数 n 的量级来决定（de Gennes, 1985）。在 77.4 K 下氮气和氧气等温线在宽的多层吸附范围内给出了线性的 FHH 图。在光滑和粗糙的 Ag 基底上氮气的 n 值分别为 3.0 和 4.7，前者的分形维数符合预期，$D_a=2$。然而，粗糙表面上的氧气也得到了 $n \approx 3$ 的值，这应该归属为表面张力效应（因为液氧的表面张力远远高于液氮的）。

Panella 和 Krim 认为 $n=4.7$ 的高值更符合自仿射（self-affinity）表面的特性而不是自相似表面。自仿射分形与不对称缩放比例有关；就是不同方向上有不同的缩放比例关系（Avnir, 1997）。

FHH 分形方法也被 Ehrburger-Dolle 等（1994）采用，作为二氧化硅气凝胶性能系统研究的一部分。$D_a=2.1$ 的值是从气相二氧化硅 200 上氮气吸附的线性 FHH 图来评估的，而值 2.64 和 2.95 是从各种气凝胶的氮气多层吸附等温线上获得的。后者接近 3，似乎与高 p/p^o 下的主要过程毛细管冷凝的容积填充一致。显然，气相二氧化硅 200 的分形低维数与其分子的光滑表面相关。

Avnir 和他的合作者详细讨论了分形几何的另一个问题即表面积和粒度之间的关系。如果粉末颗粒光滑无孔，我们会发现下面的一个反比关系：

$$a = \frac{k}{d} \tag{7.28}$$

其中，常数 k 取决于密度和颗粒形状。

实际上，在粒子粗糙或多孔的情况下，方程（7.28）不成立。如果颗粒超高多孔，则出现一种相对于内部面积而言，可以忽略不计外部面积的极端情况。

在光滑和高度多孔两个极端条件之间的情况，Farin 和 Avnir（1988）给出了下面的表达形式：

$$\frac{a}{a_g} = R^{D_r-2} \tag{7.29}$$

其中，a 是总表观比表面积；a_g 是"几何"面积，它基于平均粒子半径 R；D_r 是粗糙度分形维数。许多多孔和无孔吸附剂的 $\log a$ 对 $\log R$ 的线性分形图已见诸报道（Farin 和 Avnir, 1989）。表 7.3 中是一些推导 D_r 值。大部分的测量是在 77 K 下用氮

表 7.3 从 $\lg a$ 对 $\lg R$ 的分形拟合中推导出的分形维数粗糙度数值（Farin 和 Avnir, 1989）

吸附剂	吸附物	分形维数，D_r	吸附剂	吸附物	分形维数，D_r
Aerosil 硅胶	氮气	2.0	焦炭	氮气	2.5
玻璃质二氧化硅	氮气	2.0		一氧化碳	2.5
蒙脱石	氮气	2.0	白云石	氮气	2.6～2.9
石英	氮气	2.1	生物碳酸盐	氮气	2.7～3.0
Snowit	氮气	2.2	多孔氧化硅	氮气	3.0
冰洲石	氮气	2.2		乙醇	3.0

气或氦气吸附，当然了，现在已有研究扩展至其他吸附物分子以进行比较。

总的来说，表 7.3 的结果与预期一样。气相二氧化硅和石英玻璃给出了较低的 D_f 值并不足为奇，它们对应了最小的表面粗糙度。碳酸盐骨架和多孔二氧化硅的高 D_f 值也是可以预料的。虽然对一些中间值（例如焦炭）的重要性还有些费解，但分形图的这种线性相关还是有实用价值的。

在以上所有结论的基础上，这个简单的分形方法看似还是能够有效检测和表征表面粗糙度和孔隙度的。乍一看，分形分析似乎比传统的假设更复杂，传统的假设是所有吸附物都有相同的面积。然而，必须谨记的是，由于实验的限制，幂律的运用只适于一小部分尺寸范围内的分子。

此外，正如 Drake 等（1990）指出和我们在这章中已经看到的，分子的横截面积很难准确确定。Avnir 等（1992）提出，即使使用标准化方法得到的可接受分子面积（通常是 BET 氮气面积）也需要谨慎。在对确定表面分形维数不同方法的评价中，Neimark（1990）强调了考虑不同物理吸附机制的重要性（例如在高 p/p^o 下，多层吸附与毛细管冷凝同时存在）。Conner 和 Bennett（1993）也指出了对线性对数分形图过于简化解释的风险。我们认为，过度简化的分形分析可能会模糊而不是澄清对吸附数据的解释。在实践中，有三个复杂的因素：①n_m 的推导值并不总是可靠的；②吸附和孔隙填充的不同机理；③表面和孔结构的不均匀性。

分形分析的一个严重局限在于不能从单个 D_a 值中推导出精确的表面粗糙度或孔隙度。在极端的情况下如分子筛，获得的差异很明显；但有很多体系（特别是异质底物），表面粗糙度和表面结构的影响很难区分。我们得出结论，对数分形图对吸附数据的关联是很有用的，尤其是对于精细多孔或细碎材料。在体系及操作条件清晰记录的情况下，派生的分形维数可以作为一个特征经验参数。在一些情况下，分形自相似（或自仿射）的解释似乎有些直接，但事实上许多吸附体系可能太复杂，而不适合采用分形分析。

7.5 结论和建议

虽然真正的气固物理吸附体系并不符合 BET 模型，但 BET 方法仍广泛应用于许多多孔及无孔材料 BET 面积 $a(BET)$ 的确定。出于这种考虑，77 K 的氮气是最理想的吸附物，虽然一些研究者开始更倾向于采用 87 K 下的氩气进行研究。

评估物理吸附等温线的 $a(BET)$ 包括两个步骤。首先从 BET 图的线性部分导出 BET 单层吸附容量 n_m。如果可能的话，这应该跨越了 II 型或 IV 型的等温线台阶（即位于 B 点附近）。应用一些标准可以确保 BET 范围能够客观选择。如果 BET 的 C 值在大约 50～150 的范围之外，则 n_m 数值需要怀疑：其中，如果 C<50，说明单层和

多层吸附具有明显重叠；如果 $C > 150$，那么要么存在强的局域吸附要么存在微孔填充。Ⅰ型等温线中微孔填充很明显，所以它的 n_m 的有效性值得怀疑，它不是真正的单层吸附容量。

严格来说，BET 方法不适用于Ⅲ型或Ⅴ型等温线。

在 BET 方法的第二步骤，由 n_m 计算 a（BET）需要已知或假设有效分子面积 σ。在"标准"的 BET 法中，77 K 完整的单层氮气吸附被认为是密堆积的，因此 σ（N_2）可取 $0.162\ nm^2$。这不可能总是正确，但大多数表面都存在一定程度的不均匀，那么调整 σ（N_2）值，结果并未多大改变，除非还有其他独立证据。如果满足一定条件，那么从Ⅱ型或Ⅳ型氮气吸附等温线推导出的 BET 面积可被认为是 77 K 下氮气吸附的有效表面积。虽然从Ⅰ型等温线获得的 BET 面积不应被视为"真实"的表面积，但它作为指示吸附剂是否具备活性仍然是有用的。

建议在报道 BET 面积时，一定要同时记录 BET 图的线性选择范围及 σ 和 C 的特定值。

另一种方法需要更多关注吸附机制。一个很有价值的方法是在测量吸附等温线的同时，研究吸附热量尤其是运用量热法。如果有吸附剂-吸附质相互作用增强的现象，它可能来自于微孔填充或高能位点吸附。然而，吸附量热法在实验和热力学上要求苛刻，不可轻易实施。

一个简单的方法是，用经验的方法分析物理吸附等温线。要做到这一点，首先需要确定已表征的无孔吸附剂上单层-多层吸附的标准等温线数据。然后，才有可能将气-固体系的等温线转化为相应的 α_s 图。表面上覆盖程度的不同或孔隙填充均会引起线性偏移。α_s 方法可以单独评估介孔吸附剂的总有效表面积或微孔吸附剂的外表面积，可应用于任何物理吸附系统。

参考文献

Adamson, A.W., 1990. Physical Chemistry of Surfaces. Wiley, New York, p. 561.

Ahmad, A.L., Mustafa, N.N.N., 2006. J. Colloid Interface Sci. 301, 575.

Alario Franco, M.A., Sing, K.S.W., 1974. An. Quim. 70, 41.

Alaya, M. N., Hourieh, M. A., El-Sejariah, F., Youssef, A. M., 2001. Adsorpt. Sci. Technol. 19, 321.

Arai, M., Kanamaru, M., Matsumura, T., Hattori, Y., Utsumi, S., Ohba, T., Tanaka, H., Yang, C.M., Kanoh, H., Okino, E., Touhara, H., Kaneko, K., 2007. Adsorption. 13, 509.

ASTM C1274-12, 2012. Standard test method for advanced ceramic specific surface area by physical adsorption.

Avgul, N.N., Kiselev, A.V., Lygina, I.A., Mikailova, E.A., 1962. Izv. an SSSR, Otd Khim Nauka. 769.

Avnir, D., 1991. Chem. Ind. 912.

Avnir, D., 1997. In: Ertl, G., Knozinger, H., Weitkamp, J. (Eds.), Handbook of Heterogeneous Catalysis, Vol. 2. Wiley-VCH, Weinheim, p. 598.

Avnir, D., Farin, D., Pfeifer, P., 1992. New J. Chem. 16, 439.

Badalyan, A., Pendleton, P., 2003. Langmuir 19, 7919.

Badalyan, A., Pendleton, P., 2007. In: Lewellyn, P.L., Rodriguez-Reinoso, F., Rouquerol, J., Seaton, N. (Eds.), Characterization of Porous Solids Ⅶ. Elsevier, Amsterdam, p. 383.

Baker, F.S., Carruthers, J.D., Day, R.E., Sing, K.S.W., Stryker, L.J., 1971. Disc. Faraday Soc. 52, 173.

Beebe, R.A., Young, D.M., 1954. J. Phys. Chem. 58, 93.

Beebe, R.A., Beckwith, J.B., Honig, J.M., 1945. J. Am. Chem. Soc. 67, 1554.

Benton, A.F., 1926. J. Am. Chem. Soc. 48, 1850.

Berezin, G.I., Sagatelyan, R.T., 1972. In: Thermochimie. Coll. Internationaux CNRS, Vol. 201. Editions du CNRS, Paris, p. 561.

Berezin, G.I., Kiselev, A.V., Sagatelyan, R.T., Serdobov, M.V., 1969. Zh. Fiz. Khim. 43, 224.

Bhambhani, M.R., Cutting, P.A., Sing, K.S.W., Turk, D.H., 1972. J. Colloid Interface Sci. 38, 109.

Branton, P.J., Hall, P.G., Sing, K.S.W., 1993. J. Chem. Soc., Chem. Commun, 1257.

Branton, P.J., Hall, P.G., Sing, K.S.W., 1995. Adsorption 1, 77.

Branton, P.J., Sing, K.S.W., White, J.W., 1997. J. Chem. Soc., Faraday Trans. 93, 2337.

Brunauer, S., 1945. The Adsorption of Gasesand Vapors. Princeton University Press, Princeton.

Brunauer, S., Emmett, P.H., 1935. J. Am. Chem. Soc. 57, 1754.

Brunauer, S., Emmett, P.H., 1937. J. Am. Chem. Soc. 59, 2682.

Brunauer, S., Emmett, P.H., Teller, E., 1938. J. Am. Chem. Soc. 60, 309.

Brunauer, S., Skalny, J., Bodor, E.E., 1969. J. Colloid Interface Sci. 30, 546.

Bye, G.C., Sing, K.S.W., 1973. In: Smith, A.L. (Ed.), Particle Growth in Suspensions. Academic, London, p. 29.

Carrott, P.J.M., Sing, K.S.W., 1988. Langmuir 4, 740.

Carrott, P.J.M., Sing, K.S.W., 1989. Pure Appl. Chem 61, 1835.

Carrott, P.J.M., Roberts, R.A., Sing, K.S.W., 1987. Carbon 25, 59.

Carrott, P.J.M., Drummond, F.C., Kenny, M.B., Roberts, R.A., Sing, K.S.W., 1989. Colloids Surf. 37, 1.

Carrott, P.J.M., Ribeiro Carrott, M.M.I., Roberts, R.A., 1991. Colloids Surf. 58, 385.

Carrott, P.J.M., Ribeiro Carrott, M.M.L., Cansado, I.P.P., Nabais, J.M.V., 2000. Carbon 38, 465.

Carrott, P.J.M., Ribeiro Carrott, M.M.L., Cansado, I.P.P., 2001a. Carbon 39, 193.

Carrott, P.J.M., Ribeiro Carrott, M.M.L., Cansado, I.P.P., 2001b. Carbon 39, 465.

Carruthers, J.D., Payne, D.A., Sing, K.S.W., Stryker, L.G., 1971. J. Colloid Interface Sci. 36, 205.

Cassel, H., 1944. J. Phys. Chem. 48, 195.

Choma, J., Jaroniec, M., 2001. Adsorpt. Sci. Technol. 19, 765.

Choma, J., Kloske, M., Jaroniec, M., 2003. J. Colloid Interface Sci. 266, 168.

Christensen, S.V., Topsoe, H., 1987. Haldor Topsoe Co, Denmark, private communication quoted by Avnir et al. (1992).

Conner, W.M., Bennett, C.O., 1993. J. Chem. Soc. Faraday Trans. 89, 4109.

Cutting, P.A., Sing, K.S.W., 1969. Chem. Ind, 268.

de Boer, J.H., Linsen, B.G., Osinga, Th.J., 1965. J. Catalysis. 4, 643.

deBoer, J.H., Lippens, B.C., Linsen, B.G., Broekhoff, J.C.P., van den Heuvel, A., Osinga, Th.J., 1966. J. Colloid Interface Sci. 21, 405.

Dean, C.R.S., Mather, R.R., Sing, K.S.W., 1978. Thermochimica Acta. 24, 399.

Dean, C.R.S., Mather, R.R., Segal, D.L., Sing, K.S.W., 1979. In: Gregg, S.J., Sing, K.S.W., Stoeckli, H.F. (Eds.), Characterisation of Porous Solids. Society of Chemical Industry, London, p. 359.

de Gennes, P.G., 1985. In: Adler, D., Fritzsche, H., Ovshinsky, S.R. (Eds.), Physics of Disordered Materials. Plenum, New York.

Drake, J.M., Levitz, P., Klafter, J., 1990. New. J. Chem. 14, 77.

Ehrburger-Dolle, F., Dallamano, J., Pajonk, G.M., Elaloui, E., 1994. In: Rouquerol, J., Rodriguez-Reinoso, F., Sing, K.S.W., Unger, K.K. (Eds.), Characterization of Porous Solids Ⅲ. Elsevier, Amsterdam, p. 715.

Emmett, P.H., Brunauer, S., 1937. J. Am. Chem. Soc. 59, 1553.

Everett, D.H., Parfitt, G.D., Sing, K.S.W., Wilson, R., 1974. J. Appl. Chem. Biotechnol. 24, 199.

Farin, D., Avnir, D., 1988. In: Unger, K.K., Rouquerol, J., Sing, K.S.W., Kral, H. (Eds.), Characterization of Porous Solids I. Elsevier, Amsterdam, p. 421.

Farin, D., Avnir, D., 1989. In: Avnir, D. (Ed.), The Fractal Approach to Heterogeneous Chemistry. John Wiley, Chichester, p. 271.

Fernandez, E., Centeno, T.A., Stoeckli, F., 2001. Adsorpt. Sci. Technol. 19, 645.

Fripiat, J.J., Gatineau, L., Van Damme, H., 1986. Langmuir 2, 562.

Fukasawa,K.,Ohba,T.,Kanoh,H.,Toyoda,T.,Kaneko,K.,2004.Adsorpt.Sci.Technol.22,595.

Furlong, D.N., 1994. In: Bergna, H.E. (Ed.), The Colloid Chemistry of Silica. American Chemical Society, Washington, p. 535.

Gardner, L., Kruk, M., Jaroniec, M., 2001. J. Phys. Chem. B. 105, 12516.

Gregg, S.J., Jacobs, J., 1948. Trans. Faraday Soc. 44, 574.

Gregg, S.J., Sing, K.S.W., 1967. Adsorption, Surface Area and Porosity, first ed. Academic Press, London.

Gregg, S.J., Sing, K.S.W., 1982. Adsorption, Surface Area and Porosity, second ed. Academic Press, London.

Grillet, Y., Rouquerol, F., Rouquerol, J., 1985. Surface Sci. 162, 478.

Halsey, G.D., 1948. J. Chem. Phys. 16, 931.

Harris, M.R., Sing, K.S.W., 1959. Chem. Ind, 487.

Hill, T.L., 1946. J. Chem. Phys. 14, 268.

Holmes, J.M., 1967. In: Flood, E.A. (Ed.), The Solid-Gas Interface. Marcel Dekker, New York, p. 127.

Horvat, D.M., Sing, K.S.W., 1961. J. Appl. Chem. 11, 313.

Isirikyan, A.A., Kiselev, A.V., 1961. J. Phys. Chem. 65, 601.

ISO9277:2010(E), 2010. Determination of the specific surface area of solids by gas adsorption-BET method.

Jaroniec, M., Kruk, M., Olivier, J.P., 1999. Langmuir 15, 5410.

Kaneko, K., 1996. In: Dabrowski, A., Tertykh, V.A. (Eds.), Adsorption on New and Modified Inorganic Sorbents. Elsevier, Amsterdam, p. 573.

Karnaukhov, A.P., 1985. J. Colloid Interface Chem. 103, 311.

Keii, T., Takagi, T., Kanataka, S., 1961. Anal. Chem. 33, 1965.

Kenny, M.B., Sing, K.S.W., 1994. In: Bergna, H.E. (Ed.), The Colloid Chemistry of Silica. American Chemical Society, Washington, p. 505.

Kiselev, A.V., 1957. In: Schulman, J.M. (Ed.), Second International Congress of Surface Activity Ⅱ. Butterworths, London, p. 168.

Kiselev, A.V., 1958. In: Everett, D.H., Stone, F.S. (Eds.), The Structureand Properties of Porous Materials. Butterworths, London, p. 195.

Kiselev, A.V., 1965. Disc. Faraday Soc. 40, 205.

Kiselev, A.V., 1972. Disc. Faraday Soc. 52, 14.

Kiselev, A.V., Eltekov, Y.A., 1957. In: Schulman, J.H. (Ed.), Second International Congress of Surface Activity Ⅱ. Butterworths, London, p. 228.

Krim, J., Panella, V., 1991. In: Rodriguez-Reinoso, F., Rouquerol, J., Sing, K. S. W., Unger, K. K. (Eds.), Characterization of Porous Solids Ⅱ. Elsevier, Amsterdam, p. 217.

Kruk, M., Jaroniec, M., Sayari, A., 1999. Langmuir 15, 5683.

Langmuir, I., 1916. J. Am. Chem. Soc. 38, 2221.

Langmuir, I., 1918. J. Am. Chem. Soc. 40, 1361.

Lippens, B.C., de Boer, J.H., 1964. J. Catal. 3, 44.

Lippens, B.C., de Boer, J.H., 1965. J. Catal. 4, 319.

Llewellyn, P.L., Rouquerol, F., Rouquerol, J., Sing, K.S.W., 2000. In: Unger, K.K., Kreysa, G., Basel, J.P. (Eds.), Characterization of Porous Solids V. Elsevier, Amsterdam, p. 421.

Lowell, S., Shields, J.E., Thomas, M.A., Thommes, M., 2004. Characterization of Porous Solids and Powders: Surface Area, Pore Size and Density. Kluwer, Dordrecht.

Madeley, J.D., Sing, K.S.W., 1959. Chem. Ind, 289.

Mather, R.R., Sing, K.S.W., 1977. J. Colloid Interface Sci. 60, 60.

Mc Clellan, A.L.H., Harnsberger, H.F., 1967. J. Colloid Interface Sci. 23, 577.

Neimark, A.V., 1990. Adsorpt. Sci. Technol. 7, 210.

Neimark, A.V., 2002. In: Schüth, F., Sing, K.S.W., Weitkamp, J. (Eds.), Handbook of Porous Solids I. Wiley-VCH, Weinheim, p. 81.

Neimark, A.V., Unger, K.K., 1993. J. Colloid Interface Sci. 158, 412.

Ohba, T., Matsumura, T., Hata, K., Yumura, M., Iijima, S., Kanoh, H., Kaneko, K., 2007. J. Phys. Chem. C 111, 15660.

Panella, V., Krim, J., 1994. In: Rouquerol, J., Rodriguez-Reinoso, F., Sing, K.S.W., Unger, K.K. (Eds.), Characterization of Porous Solids III. Elsevier, Amsterdam, p. 91.

Parra,J.B.,deSousa,J.C.,Bansal,R.C.,Pis,J.J.,Pajares,J.A.,1994.Adsorpt.Sci.Technol.11,51.

Payne, D.A., Sing, K.S.W., Turk, D.H., 1973. J. Colloid Interface Sci. 43, 287.

Pfeifer, P., Obert, M., 1989. In: Avnir, D. (Ed.), The Fractal Approach to Heterogeneous Chemistry. John Wiley, Chichester, p. 11.

Pfeifer, P., Obert, M., Cole, M.W., 1990. In: Fleischmann, M., Tildesly, D.J., Ball, R.C. (Eds.), Fractals in the Natural Sciences. Princeton University Press, Princeton, NJ, p. 169.

Prenzlow, C.F., Halsey, G.D., 1957. J. Phys. Chem. 61, 1158.

Ribeiro Carrott, M., Carrott, P., Brotas de Carvalho, M., Sing, K.S.W., 1991. J. Chem. Soc. Faraday Trans. 87, 185.

Ribeiro Carrott, M.M.I., Carrott, P.J.M., Candeias, A.J.E.G., 1997. In: McEnaney, B., Mays, T.J., Rouquerol, J., Rodriguez-Reinoso, F., Sing, K.S.W., Unger, K.K. (Eds.), Characterisation of Porous Solids IV. Royal Society of Chemistry, Cambridge, p. 103.

Rouquerol, F., Rouquerol, J., Imelik, B., 1964. Bull. Soc. Chim. Fr, 635.

Rouquerol, J., Rouquerol, F., Pérès, C., Grillet, Y., Boudellal, M., 1979. In: Gregg, S.J., Sing, K.S.W., Stoeckli, H.F. (Eds.), Characterization of Porous Solids. Society of Chemical Industry, London, p. 107.

Rouquerol, J., Rouquerol, F., Grillet, Y., Torralvo, M.J., 1984. In: Meyer, A.L., Belfort, G. (Eds.), Fundamentals of Adsorption. Engineering Foundation, New York, p. 501.

Rouquerol, J., Llewellyn, P., Rouquerol, F., 2007. In: Llewellyn, P. et al., (Ed.), Characterization of Porous Solids VII. Studies in Surface Science and Catalysis, Vol. 160. Elsevier, Amsterdam, p. 49.

Sappok, R., Honigmann, B., 1976. In: Parfitt, G.D., Sing, K.S.W. (Eds.), Characterization of Powder Surfaces. Academic Press, London, p. 231.

Sing, K.S.W., 1964. Chem. Ind. 321.

Sing, K.S.W., 1967. Chem. Ind. 829.

Sing, K.S.W., 1968. Chem. Ind. 1520.

Sing, K.S.W., 1970. In: Everett, D.H., Ottewill, R.H. (Eds.), Surface Area Determination. Butterworths, London, p. 15.

Sing, K.S.W., Williams, R.T., 2005. Adsorpt. Sci. Technol. 23, 839.

Sing, K.S.W., Everett, D.H., Haul, R.A.W., Moscou, L., Pierotti, R.A., Rouquerol, J., Siemieniewska, T., 1985. Pure Appl. Chem. 57, 603.

Sonwane, C.G., Bhatia, S.K., Calos, N.J., 1999. Langmuir 15, 4603.

Swanson, J.W., 1979. In: Gregg, S.J., Sing, K.S.W., Stoeckli, H.F. (Eds.), Characterisation of Porous Solids. Society of Chemical Industry, London, p. 339.

Thommes, M., 2004. In: Lu, G.Q., Zhao, X.S. (Eds.), Nanoporous Materials: Science and Engineering. Imperial College Press, London, p. 317.

Trens, P., Denoyel, R., Glez, J.C., 2004. Colloids Surf. A 245, 93.

Unger, K.K., 1979. Porous Silica. Elsevier, Amsterdam.

Van Damme, H., Fripiat, J.J., 1985. J. Chem. Phys. 82, 2785.

Williams, A.M., 1919. Proc. R. Soc. A96, 298.

Young, D.M., Crowell, A.D., 1962. Physical Adsorption of Gases. Butterworths, London.

第 **8** 章

介孔的测定

Kenneth S.W. Sing, Francoise Rouquerol, Jean Rouquerol, Philip Llewellyn

Aix Marseille University-CNRS, MADIREL Laboratory, Marseille, France

8.1 引言

本章目的是概括性地讨论物理吸附应用于介孔尺寸的分析（即，对于有效孔径为 2～50 nm 的吸附剂），也将解释 IUPAC 分类中的类型Ⅳ等温线（见图 1.4）。本章部分遵从"经典"路线：基于毛细管凝结和开尔文方程的使用来测定介孔尺寸分布。接下来是对使用密度泛函理论（DFT）进行孔径分析的优点和局限性进行说明。最后，从毛细管凝结，网络渗滤，空穴作用和分子模拟等角度简要地讨论吸附滞后现象。

几乎所有从物理吸附数据进行孔径分析的计算方法，都是基于假设孔是刚性的，且有确定形状。许多研究人员假定介孔是规则的圆柱体或平行狭缝，但实际上，完全符合这些形状的真实吸附材料相当少。应该记住的是，大多数具有重要技术应用性的多孔吸附材料，是由不规则、相互复杂连接的孔组成的。

77 K 下氮气吸附分析，已成为用于介孔尺寸分析普遍接受的标准方法（Gregg 和 Sing, 1982; Lowell 等, 2004）。在各类官方出版物中描述了建议使用的实验和计算方法（例如 IUPAC: Sing 等, 1985 和 Rouquerol 等, 1994; British Standard, 1992; 国际标准化组织, ISO 15901-3）。但是，过去几年来，87 K 的氩气吸附作为另一种选择，它的优势已经受到了关注。

以吸附-脱附回滞环形式出现的物理吸附滞后现象，对它的解释是一个长期存在的问题。吸附滞后可能源于各种方式（例如通过延迟凝结或网络渗透效应），但是回滞环的形状有时可以为介孔结构提供有用的定性信息。人们曾经认为滞后现象与所有的Ⅳ型等温线有关，但现在也有一些完全可逆的Ⅳ型等温线被报道，特别是某些形式的 MCM-41。这些等温线包括 77 K 的氮气等温线（Branton 等, 1993）、273 K 的新戊烷等温线和 298 K 的甲苯等温线（Russo 等, 2009）。

8.2 介孔体积、孔隙率和平均孔径

8.2.1 介孔体积

习惯上把吸附材料的总比孔容积 v_p，作为设定 p/p^o（例如，p/p^o=0.95）下的液体吸附体积。然而，这样并不总是令人满意的，因为总吸附能力（即，$p/p^o \to 1$ 下的吸附量）取决于任何无孔面积的大小，也取决于孔径分布的上限。

如果 IV 型等温线具有一个独特的停滞期，其在大约 90° 的角度上切割 p^o 轴，通常可以得到一个可接受的总介孔体积的评估值 v_p。在停滞期的吸附量（n_{sat}）是总吸附量的一个度量，并且为了获得 v_p，假定吸附质在工作温度下具有液体的正常摩尔体积，V_m^l。这个确定孔隙体积的简单方法是基于 80 年前（Gurvich, 1915）提出的一个普适原理，称为 Gurvich 准则。

许多介孔吸附材料对各种吸附质的吸附可以证明 Gurvich 规则的有效性。表 8.1 中的结果比较典型的与预期吻合，介于在给定介孔吸附材料上测定的许多等温线得到的 v_p 值之间。尽管吸附质的化学和物理性质差别很大，v_p 的平均值偏差大约是在 5%之内。

表 8.1 在 25℃下硅胶的饱和吸附量，以液体体积和数量来计算

吸附质	v_{sat} / cm³·g⁻¹	n_{sat} / cm³·g⁻¹	吸附质	v_{sat} / cm³·g⁻¹	n_{sat} / cm³·g⁻¹
正己烷	0.431	3.28	环己烷	0.421	3.88
2,3-二甲基丁烷	0.429	3.28	甲基环己烷	0.425	3.32
2-甲基戊烷	0.431	3.28	乙基环己烷	0.426	2.99
正庚烷	0.431	2.91	苯	0.440	4.92
2,2,3-三甲基丁烷	0.420	2.88	硝基甲烷	0.449	8.33
正辛烷	0.434	2.66	硝基乙烷	0.434	6.03
2,2,4-三甲基戊烷	0.439	2.63	四氯化碳	0.421	4.30
2,3,4-三甲基戊烷	0.425	2.66			

来源：引自 McKee (1959)。

有些 IV 型等温线不符合 Gurvich 规则。对这种情况的一个可能解释是，除了介孔结构外，具体的吸附材料具有一系列狭窄的微孔，导致分子筛分特点。那么 IV 型等温线的整体形状就会产生误导，这有必要对其进行更为详细的分析（例如通过采用 α_s 方法），以评估不同吸附质对微孔填充的贡献。另一个导致 Gurvich 规则失败的原因可能是介孔结构缺乏刚性。

如果 IV 型等温线具有较短的停滞期，其后呈向上摆动，那么停滞期的吸附总量

可被认为是介孔在特定吸附范围内的容量。然后，对介孔尺寸上限的评估可借助于 Kelvin 方程来校正多层吸附。

在将 n_p 转换为 v_p 时，我们假设了凝结层和吸附层同时具有接近体相液体吸附质的平均密度。严格地说，应该考虑到吸附质各部分的密度差异，但这些校正相比于其他 v_p 评估中的不确定性可能要小。

8.2.2 孔隙率

就目前而言，我们定义孔隙度 ε 为总可测的孔体积比率 V_p 与吸附剂的表观体积之比。从而，

$$\varepsilon = \frac{V_p}{V_p + V^s} \tag{8.1}$$

其中，V^s 是固体的不可测体积。一般来说，不应该期望能找到一个孔隙度与堆积球的配位数之间的简单关系（见表 8.2）。然而，Karnaukhov（1971, 1979）已经给出，对于大范围下常规填料（$N=3 \sim 12$），一个"理想"的孔隙度（$\varepsilon = 0.815 \sim 0.260$）是可以确定的。实际上，将随机球形堆积的特性与这些规则堆积之间的特性联系起来并不容易（Haynes, 1975），因为整个孔隙空间可以由无限种类的局部堆积来定义。

表 8.2　三种半径为 r 的球形颗粒堆积获得的孔结构性质

堆积类型	N	ε	空穴中内切球半径	连接通道处内切圆环半径
六方紧密堆积	12	0.260	0.225 r（八面体） 0.414 r（四面体）	0.155 r
简单六方	8	0.395	0.527 r	0.414 r 0.155 r
四面体	4	0.660	1.00 r	0.732 r

来源：引自 Avery 和 Ramsay (1973)。

8.2.3 液压半径和平均孔径

比孔容量与比表面积的比率 v_p/a，作为表征孔径的简单方法已被采用许多年。当其用于一组孔时，其体积对表面之比被称为液压半径 r_h，它具有明确的物理意义，使得孔的几何形状能采用单个参数来确定（Everett，1958）。

例如，如果介孔结构由一组开放、且无相互作用的圆柱体组成，平均孔隙半径 $\bar{r}_p$ 由下式给出

$$\bar{r}_p = 2v_p / a \tag{8.2}$$

当然这是基于比表面积 a 局限于圆柱形的孔壁的假设。MCM-41 满足这种情况

（见第 13 章）。

适合这种简单处理的其他孔结构是平行狭缝形状孔隙或平行板聚集体。适当的体积/表面关系与方程（8.2）相似，但现在平均孔隙宽度 w_p 代替 r_p。从而，

$$\overline{w}_p = 2v_p / a \tag{8.3}$$

许多其他孔道几何结构的 r_h 的数学意义已经确立（Everett, 1958），但是对于大多数真实体系来说，不可能给出对 r_p 或 w_p 的确切评估，或对 r_K 有用的解释。例如，就如已经提到的堆积球组合，孔隙度取决于堆积密度及粒度。同样，在相互交叉孔的网络情况下，r_h 的值取决于孔半径和相交叉的晶格间距。

8.3 毛细凝聚和 Kelvin 方程

8.3.1 Kelvin 方程的推导

众所周知（Defay 和 Prigogine, 1951），一个球形界面半径的曲率 r 和表面张力 γ 可以保持不同压力 p'' 和 p' 下两种流体间的力学平衡。界面凹侧的相位比凸面上承受的压力 p'' 会更大。该力学平衡条件通过 Laplace 方程给出：

$$p'' - p' = \frac{2\gamma}{r} \tag{8.4}$$

实际上，在特定情况下，当 $r \rightarrow \infty$，$p''=p'$，由平面界面隔开的两相间的力学平衡仅在其压力相等下才能得到。

如果不是球面，而是考虑具有两个主曲率半径 r_1 和 r_2 曲面的界面，在界面上每个点的机械平衡条件是：

$$p'' - p' = \gamma \left[\frac{1}{r_1} + \frac{1}{r_2} \right] \tag{8.5}$$

或者引入由以下定义的平均曲率的半径 r_m：

$$\frac{1}{r_m} = \frac{1}{2} \left[\frac{1}{r_1} + \frac{1}{r_2} \right] \tag{8.6}$$

等式变成：

$$p'' - p' = \frac{2\gamma}{r_m} \tag{8.7}$$

这是方程（8.4）的推广式，有时被称为 Young-Laplace 方程（参见 Sing 和 Williams，2012）。

一个相关的现象就是给定液相的平面和曲面间的蒸气压差异。经典热力学的应

用（参见 Defay 和 Prigogine, 1951）让我们能通过相对蒸气压函数 p/p° 取代此机械压力的差异，$\Delta p = p^g - p^l$。物理化学平衡条件是

$$\mu^l = \mu^g \tag{8.8}$$

如果我们现在从一个平衡状态转移到另一个相邻平衡状态，在恒温下，那么

$$dp^g - dp^l = d\left(\frac{2\gamma}{r_m}\right) \tag{8.9}$$

和

$$d\mu^l = v^l dp^l = d\mu^g = v^g dp^g \tag{8.10}$$

这允许等式（8.9）以下面的形式写出：

$$d\left(\frac{2\gamma}{r_m}\right) = \frac{v^l - v^g}{v^l} dp^g \tag{8.11}$$

与蒸气摩尔体积 v^g 相比，如果忽略液相摩尔体积 v^l，并假定蒸气是理想状态的，方程（8.11）变成

$$d\left(\frac{2\gamma}{r_m}\right) = -\frac{RT}{v^l} \frac{dp^g}{p^g} \tag{8.12}$$

如果将这个方程从零曲率（$1/r_m = 0$，$p^g = p^\circ$）整合到其他一些状态（$1/r_m$，p），并假设 v^l 几乎恒定，我们得到

$$\ln \frac{p}{p^\circ} = -\frac{2\gamma v^l}{r_K RT} \tag{8.13}$$

这给出了 p/p° 对弯液面的平均曲率半径的依赖性 r_m，现在由 r_K 取代。方程（8.13）通常被称为 Kelvin 方程（见 Sing 和 Williams, 2012），因为它与 Lord Kelvin 最初提出的等式密切相关（Thomson, 1871）。在这个等式中，要注意的是，r 和 v^l 被假定为独立于 r_K。

对于 77.35 K 下的氮气吸附，可以使用下列值：$\gamma = 8.85$ mN·m^{-1}；$\rho^l = 0.807$ g·cm^{-3}；$M = 28.01$ g·mol^{-1}；$V_{LM} = 34.71$ cm^3·mol^{-1}。然后：

$$\frac{r_K}{nm} = -\frac{0.415}{\log_{10}(p/p^\circ)}$$

如果蒸气压力很高或液-气吸附质接近其临界状态，那么，由 Everett（1979）推导出的更普适的方程就是更恰当的。

8.3.2　开尔文方程的应用

现在可以考虑方程（8.13）与物理吸附有关的重要性。首先，来考虑一个圆柱形介孔的组合，其中所有的孔道都有完全相同的半径 r_p。在"理想"（和简化）且严格的热力学可逆情况下，按照方程（8.13），可以设想孔隙填充为垂直立管。

在这种圆柱孔状的特殊情况下，假定冷凝物具有球形及半径为 r_K 的弯液面似乎是合理的。但是，作为在介孔壁上已经存在的一些物理吸附，显然 r_K 和 r_p 是不相等的。如果吸附多层的厚度为 t，接触角假定为零，则圆柱孔的半径可简化为

$$r_p = r_K + t \tag{8.14}$$

如图 8.1 所示。

然而，如果在吸附膜和毛细凝聚物间有一个有限的接触角 θ，则 r_p 和 r_K 之间的关系就变成了：

$$r_p = r_K \cos\theta + t \tag{8.15}$$

在式（8.15）的应用中，通常假设 $\theta=0°$，因此 $\cos\theta=1$。当我们考虑其他孔隙形状时，r_K 和 r_p 之间的联系更为复杂。特别重要的两种类型是平行狭缝和球状颗粒间的空隙。初步来看，前者的类型似乎更适合分析。

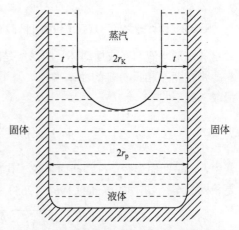

图 8.1　圆柱形介孔中 Kelvin 半径 r_K 与孔半径 r_p 之间的关系

在狭缝状孔隙中形成的弯液面的形状不可能是球形的，因此等式（8.5）中的 r_1 和 r_2 不再相等。在最简单的情况下，它的形状是半圆柱形的。曲率被限制在穿过孔的一个轴上，且在另一个主方向上的曲率是无限的，所以 $1/r_2=0$。我们现在有 $1/r_K=1/2r_1$，因此 r_K 与有效孔隙宽度 w_p 直接相关。它代替方程（8.14），可以得到

$$w_p = r_K + 2t \tag{8.16}$$

接下来考虑毛细凝聚在堆积球体系中的情况，这通常有三个阶段。在整个表面上的初始吸附伴随着粒子接触点的第一阶段凝结。第二阶段，最初的粒子间凝聚是可逆的，但是随着前进的弯液面遇到粒子间的狭窄开口（即，"窗户"或"喉咙"）会自发填满。第三阶段涉及填充颗粒内更大的空隙（或空腔）。

在堆积球形粒子表面的单层-多层吸附的初始过程，由于两个相反的作用而变得复杂。首先，由于相邻粒子间表面积的损失，总是存在明显减少的吸附［见图 8.2

（a）]。另一方面，因为两个表面极为接近，环形空隙内部的吸附增强（即类似于小尺度微孔填充）。

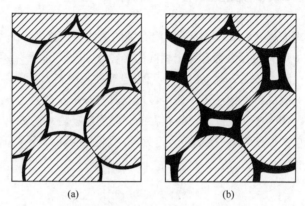

（a）　　　　　　　　　　（b）

图 8.2　固体球之间不规则堆积的孔隙截面：（a）第一凝聚阶段；（b）第二凝聚阶段

马鞍形弯液面（或摆动环）的形成是凝结的第一阶段。等式（8.13）的应用现在需要指定两个相反符号的曲率半径，一个是凹的，另一个是凸的。Kelvin 等式因此采取下列形式

$$\ln(p/p^\circ) = -\frac{\gamma v^l}{RT}\left[\frac{1}{r_1} - \frac{1}{r_2}\right] \tag{8.17}$$

其中，r_1 是凹面半径；r_2 是凸面半径，其直接与粒子半径相关。如果假设球形粒子都是相同的半径 R，由 Wade（1964, 1965）提出的曲率为 r_2

$$\left[\sqrt{(R+t+r_1)^2 - R^2} - r_1 + R + t\right]/2$$

毛细凝聚的第二和第三阶段显然依赖于颗粒大小和球形粒子的堆积程度（即配位数）。如图 8.2（b）所示，切面可为 3～4 个相邻粒子的空间。如果粒子是三角形阵列，冷凝的第二阶段是由内切圆的半径控制。虽然所占量可能相对较小，但这个阶段很重要，且与迟滞有关（见 8.6 节）。

堆积球基底的总体孔隙体积主要由内腔的大小决定，这又取决于粒子的半径 R 和配位数 N。对应于毛细凝聚主要阶段的有效 Kelvin 半径，可由空腔内球的半径 r_s 近似得出（Karnaukhov, 1971）。

许多对物理吸附的理论和实验研究是通过密堆积无孔粒子进行的（参见 Haynes, 1975）。Wade（1964）、Broekhoff 和 Linsen（1970）、Karnaukhov（1971）和 Kanellopoulos 等（1983）在这个领域都有开创性工作。在处理相等球的随机堆积中，Mason（1971）的研究表明，四面体的子单元可以通过随机边缘的一个分布函数而建构，这被认为是堆积的一个特性。Kanellopoulos 等（1983）将这个模型应用至一个密集堆积球体系，建立了不规则四面体的二维网络，且假定了四面体内空穴是

通过不规则的三角格子相互连接。

Adkins 和 Davis（1986,1987）对球形粒子组合体的氮气吸附进行了系统研究。经过对各种孔隙堆积模型的研究，得出的结论是脱附过程可以通过结构颈缩处（即窗户）的 Kelvin 半球形半月板的不稳定性进行充分描述，且吸附过程可看作是空穴结构的最大尺寸上延迟的 Kelvin 凝结。这个推理与滞后的网络渗滤理论是一致的，将在 8.6 节简要地讨论。

在 Avery 和 Ramsay（1973）的实验研究中，发现逐渐压实非常小的球形氧化物颗粒会导致氮等温线由 II 型变为 IV 型，最后变为 I 型的顺序变化。这清楚地表明，由于粒子配位数增加，孔宽度减小。

表 8.2 给出了一些由球形粒子堆积的不同堆积度而造成的孔结构性质。可以看出，只有在四面体堆积（N=4）的这种情况下，空腔的有效尺寸近似等于粒子尺寸。

对其他微粒系统的堆积也进行了模拟研究，如盘状和棒状的（Karnaukhov 1979）。虽然这种方法是基于真正的粉末的过度简化结构进行，但它确实能对毛细凝聚阶段的半定量分析提供有用启示。这些机理已被广泛证实（例如，Avery、Ramsay，1973 和 Bukowiecki 等，1985）。

Scherer（1998）的研究使人们意识到，许多气凝胶的表征是个问题。即使气凝胶硬到足够能承受蒸汽冷凝过程中的毛细压力，通常的 Kelvin 半径和孔隙体积值也可能有较大的偏差。例如，对于特定的二氧化硅气凝胶，发现氮气吸附所测得的孔体积总量小于其他方法所评估的 60%。Scherer 认为氮气浓缩的不足不是因为孔径尺寸，而是因为固体表面的特殊曲率。Scherer 将凝胶描绘成由节点连接的交叉实心圆柱的网络。吸附/冷凝将在节点周围开始，但如果节点之间的距离大于连接节点的圆柱半径，则这一过程将会被阻止。因此，在早期阶段，弯液面采用零曲率，整个孔隙空间部分是空的，而不管有效孔径，直到 $p/p^o \rightarrow 1$ 为止。定量处理冷凝过程是由 Scherer 提出的，该方法通过最小化弯液面表面积来评估弯液面形状。

8.4　介孔尺寸分布的经典计算

8.4.1　基本原则

1945—1970 年，人们提出了许多不同的数学程序，用于处理氮吸附等温线的孔径分布推导。最恰当的是参考这些称为"经典"的计算方法，因为它们都是基于 Kelvin 方程的应用来估算孔径。在这些方法中，当前一直被采用，且最受欢迎的方法是由 Barrett（1951）、Cranston 和 Inkley（1957）、Dollimore 和 Heal（1964）、Roberts（1967）和 Kruk（1997）等提出的。在早期的工作中，习惯上假设孔的形状是圆柱形的，但现在认为狭缝形和堆积球体模型更适合于某些体系。

氮气（在 77 K）普遍被认为是介孔尺寸分析中最适合的吸附物，原因如下：首先是氮气多层膜的厚度对吸附材料粒子尺寸或表面结构的差异性基本上不敏感（Carrott 和 Sing, 1989）。其次，相同的等温线可以用于评估表面积和介孔尺寸分布（Sing 等, 1985）。但是，尽管有这些考虑，还有一个新的看法是可使用 87 K 下氩气吸附进行孔径分析，其优点是基于 DFT 和分子模拟的"微观"方法（Thommes 等, 2012）。事实上，在理想情况下，表征介孔固体的吸附气体应该是不止一种（例如，参见 Llewellyn 等, 1997; Machin 和 Murdey, 1997）。

在采用经典方法时，必须假设：

① Kelvin 方程适用于整个介孔范围；
② 弯液面曲率由孔径和形状控制，$\theta=0°$；
③ 孔隙是刚性的，且有明确的形状；
④ 分布局限于介孔范围；
⑤ 每个孔隙的填充（或排空）不取决于其在网络内的位置；
⑥ 孔壁上的吸附过程与对应开放表面的吸附过程完全相同。

孔隙体积和孔隙尺寸之间的关系用图表示为，孔体积相对于平均孔径的累积形式（即 v_p 对 $\bar{r}_p$）；或更常用的分布形式（或频率曲线），dv_p/dr_p 对 $\bar{r}_p$（或 $\bar{w}_p$）。由于计算通常是基于逐步降低的 $p/p°$，表面上是去除冷凝，实际上是孔径分布以 $\delta v_p/\delta r_p$ 对 $\bar{r}_p$ 的形式来表示。计算有时是复杂的，因为在每一脱附步骤中，都必须对除去毛细凝聚物的孔中的多层吸附质进行稀释。

在尝试进行孔径分布评估之前，必须确定Ⅳ型等温线回滞环的哪个分支被用来分析。从 8.6 节的滞后讨论中可以明显看出，这个选择并不容易，从这点来讲，对其主要含义进行总结可能是有帮助的。

均匀管状孔的相对简单的孔结构有望给出一个狭窄的 H1 型回滞环（见图 8.3），在这种情况下，通常用脱附支来进行分析。另一方面，如果是相互连通的宽泛的孔分布，似乎采用吸附支分析更可靠，因为脱附支的位置在很大程度上受网络-渗透作用所控制。如果一个 H2 型回滞环非常宽泛，那么采用这两个分支都不完全可靠，这是因为存在组合效果（即滞后冷凝和网格-渗透）的可能性。此外，当急剧脱附部分位于 $p/p°$ 临界值（即，在 77 K 下的氮气吸附，该临界值约为 0.42）时，则冷凝物会变得不稳定且出现孔隙排空。

8.4.2　计算过程

通常将Ⅳ型等温线的平稳阶段作为介孔尺寸分布计算的起点。如果所有的孔均充满，理论上脱附过程的第一步（如，$p/p°$ 从 0.95 到 0.90）仅涉及去除毛细凝聚物。随后的每个步骤都涉及从一组孔隙的核心中除去凝析物，以及减薄大孔隙中的多层膜（即指那些已经排空冷凝物的孔）。在下面的处理中，符号 v_K 用来表示内核体积，和前面部分一样，v_p 是孔隙体积。相应的半径是 r_K 和 r_p。

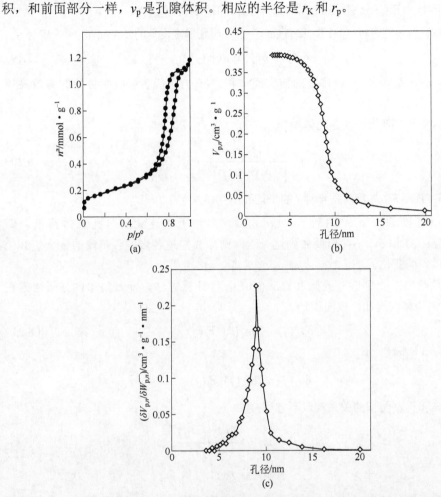

图 8.3　（a）IV 型吸附等温线；（b）IV 型吸附等温线对应的 BJH 孔径分布的介孔体积与孔径的积分形式；（c）IV 型吸附等温线对应的 BJH 孔径分布的介孔体积与孔径的微分形式
（引自 Rouquerol 等，2003）

　　假设在每个脱附步骤"j"中释放氮气的量是 $\delta n(j)$，为了孔径计算的目的，这个量表示为液氮的体积，$\delta v'(j)$。在第一个脱附步骤（$j=1$）中，初始释放的量只有毛细蒸发的量，因此，核心空间的释放体积等于释放的氮的体积，$\delta v_K(1)=\delta v'(1)$。

　　如果孔是圆柱形的，我们能得到一个介孔的第一组和最大组的核空间体积 $v_K(1)$ 及孔隙体积 $v_p(1)$ 间的简单关系。从而，

$$v_{p}(1) = \frac{\overline{r}_{p}^{2}(1)}{\overline{r}_{K}^{2}(1)} v_{K}(1) \tag{8.18}$$

其中，$\overline{r}_{p}(1)$ 和 $\overline{r}_{K}(1)$ 分别是第一步的平均孔径和核半径。

随着解析步骤进行（$j \neq 1$），我们必须考虑多层膜厚度变薄的量，$\delta t(j)$。对于步骤 j：

$$\delta v(j) = \delta v_{K}(j) + \delta v_{t}(j) \tag{8.19}$$

其中，$\delta v_{K}(j)$ 是步骤 j 中排空的核空间体积；$\delta v_{t}(j)$ 是从多层膜中去除的等效液体体积。

步骤 j 中冷凝物排空的孔体积 $\delta v_{p}(j)$ 为

$$\delta v_{p}(j) = \frac{\overline{r}_{p}^{2}(j)}{\left[\overline{r}_{K}(j) + \delta t(j)\right]^{2}} \cdot \delta v_{K}(j) \tag{8.20}$$

其中，$\overline{r}_{p}(j)$ 和 $\overline{r}_{K}(j)$ 目前是步骤 j 的平均孔隙和核半径。

我们可以利用式（8.18）～式（8.20）得到所有连续的总孔隙体积量，即 $\delta v_{p}(1)$、$\delta v_{p}(2)$ 和 $\delta v_{p}(j)$；但要做到这一点，则需要知道各步的各阶段的各个值 $\delta v_{t}(j)$（多层体积的变化）。

已经给出了个别圆柱孔隙和核 $\delta v_{t}(j)$ 的各种计算方法，而最简单的是采用方程（8.2）来计算。例如，核面积是

$$\delta a_{K}(j) = 2\delta v_{K}(j) / \overline{r}_{K}(j) \tag{8.21}$$

类似地，孔隙面积是

$$\delta a_{p}(j) = 2\delta v_{p}(j) / \overline{r}_{p}(j)$$

相应的核和孔隙面积的关系与以下方程有关

$$\begin{aligned} \delta a_{K}(j) &= \delta a_{p}(j) \frac{\overline{r}_{p}(j) - \overline{t}(j)}{\overline{r}_{p}(j)} \\ &= \delta a_{p}(j) \cdot \rho(j) \end{aligned} \tag{8.22}$$

在原来的 Barrett，Joyner 和 Halenda（BJH）方法中，$\rho(j)$ 被赋予一个单独的值，对应出现频率最高的孔径尺寸；而在 Pierce（1953）所采纳的方法中，则取 $\rho(j)=1$，即省略了校正部分。当然，在现代计算机的帮助下，在每个独立步中采用校正因子并不难（Montarnal, 1953）。

累积的孔体积和孔面积可以通过 $\delta v_{p}(j)$ 和 $\delta a_{t}(j)$ 各自贡献的总和获得。作为孔体积-面积分析总体一致性的检查，将 $v_{p}(j_{max})$ 和 $a_{p}(j_{max})$ 的累积值与相应的 Gurvich 体积和 BET 面积进行比较是有用的。鉴于所有值的不确定性和近似性，不应期望得到完美一致的值（Gregg 和 Sing, 1982）。事实上，据说 5%以内的一致可能是偶然的！

虽然许多吸附材料具有非常复杂的孔结构，但一些研究组的介孔尺寸分析似乎

表明，计算出的孔径分布对模型相当不敏感（如 Dollimore 和 Heal, 1973; Havard 和 Wilson, 1976）。然而，正如 Haynes（1975）所指出的，这种结果可能部分归因于计算的过度简化。

图 8.3 给出了 BJH 孔径分析的一个典型例子。吸附材料是一种介孔氧化铝（Rouquerol 等, 2003）。在图 8.3（a）中，77 K 下Ⅳ型氮气等温线具有相当清晰的平稳阶段。窄的回滞环是 H1 型，这与刚性介孔结构一致。因为任何渗透作用可能都是最低限度的，所以常用脱附部分来做介孔尺寸分析。Harkins 和 Jura（1944）的多层吸附方程和 Montarnal（1953）对孔径的修正已被采用。孔径分布显示为图 8.3（b）中的累积介孔体积与孔径的关系，以及图 8.3（c）中的微分形式。虽然总体上存在大的孔径范围（5～15 nm 左右），但微分峰的锐度表明分布相对较窄，超过 50%的介孔体积位于 8～10 nm 孔内。

鉴于 Kelvin 方程的局限性，现在人们普遍认为，BJH 方法只能提供粗糙但有用的中孔尺寸分布评估。已引入的各种改进无疑改善了这种情况（参见 Thommes, 2004）。Kruk 等（1997）提出了 KJS 经验方法。在 KJS 方法中，孔径和相对平衡压力之间的关系是根据有序介孔材料如 MCM-41 的吸附数据经验性推导出的，MCM-41 具有可控尺寸的开口圆柱形孔。通过大孔二氧化硅的实验数据获得多层吸附厚度曲线。这样具有以下优点：通过测定新的标准多层等温线，该方法可以应用于修饰的介孔材料（Gierszal 等, 2013）。

8.4.3　多层吸附厚度

很明显，对多层厚度和稀化效果的修正是非常重要。例如，对于在 77 K 下的氮气吸附，在 p/p^o=0.5 下的 t 约为 0.6 nm，恰好在 r_p 约为 2 nm 的圆柱形孔隙中出现凝结之前。在 p/p^o=0.8 的对应值是 t 约为 0.9 nm 和 r_p 约为 5 nm。

通过假设平均分子层厚度，可从 n/n_m 算得 t 的值。根据 Lippens（1964）的建议，平均氮气吸附层厚度通常取为 0.35 nm。这个值是基于六角密堆积的多层结构和分子直径为 0.43 nm 的假设。

关于介孔壁上的多层覆盖与开放表面完全相同的方式进行的假设，已受到一些研究者的质疑（参见 Everett, 1988）。Evans 和 Marconi（1985）最先提出了理论：在窄的介孔上，多层吸附厚度可能会比无孔表面上的大得多，其他学者也提出了类似的观点（例如 Thommes 等, 2012）。另一方面，有很多的实验结果支持长期以来的假设，即在前毛细凝结区域，介孔和无孔吸附材料的相应等温线遵循非常相似的路径（Gregg 和 Sing, 1982; Milburn 和 Davis, 1997）。Harkins 和 Jura（1944），Halsey（1948）和 Shull（1948）所提出的方程描述了氮气多层厚度，其仍被普遍使用，但仍有许多工作要做。借助于小角中子和 X 射线衍射（见 Schreiber, 2007），现在可以

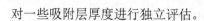
对一些吸附层厚度进行独立评估。

8.4.4 Kelvin 方程的有效性

现在回到 Kelvin 方程的有效性问题上。虽然 Kelvin 方程的热力学基础已经确立（Defay 和 Prigogine, 1966），但其孔径分析的可靠性值得怀疑。在这方面，有三个相关的问题：①弯液面曲率和孔径及形状的确切关系是什么？②Kelvin 方程是否适用于狭义范围的介孔（例如，$w_p<5$ nm）？③表面张力是否随孔隙宽度而变化？这些问题的答案仍然是难以捉摸的，但最近的理论工作推进了我们对介孔填充和冷凝性质的理解。

许多年前（Foster, 1932），人们就认识到 Kelvin 方程很可能在弯液面曲率接近极限值时无效。早期也做了许多修正 Kelvin 方程的尝试（参见 Brunauer, 1945; Sing 和 Williams, 2012）。如已指出的那样，当 Kelvin 方程应用于毛细凝聚时，通常认为化学势降低完全取决于弯液面的曲率，该假设意味着吸附层的状态与冷凝物之间的急剧不连续性。然而，正如 Derjaguin（1957）首次提出的那样，这种过渡更可能是渐进的。Everett 和 Haynes（1972, 1973）也讨论过这个问题。

Evans 等（1986）指出，可以使用统计力学的方法导出 Kelvin 方程。这种方法设计就是为了避免与弯液面的确切形式相关的困难，这就使得需要给出一个新的数学方程，描述那些限定在液-气共存曲线上不同尺寸和形状的孔隙中的流体的作用。可以得到一个与式（8.13）数学形式相同的方程，前提条件是"不饱和度"不太大，也就是说，p/p^o 不太低。结果表明，当 r_K 降低，并且超过"毛细临界点"不再适用时，这个简单方程就变得没那么精确了。在较低的 r_K 或更高的 T 时，由于孔中仅存一种稳定的流体结构，其两相关系就不存在了。

由于特定介孔中的毛细凝聚物处于蒸汽的热力学平衡态，其化学势 μ^s 必须等于气相的化学势（在给定的 T 和 p 条件下）。正如所看到的，μ^s 和 μ^l（自由液体的化学势）之间的差异通常被认为完全是由于弯液面上的 Laplace 压降 Δp 造成的。但是，在孔壁附近，应该考虑吸附势 $\phi(z)$ 的贡献。因此，如果要使化学势在吸附相的整个过程中保持不变，就必须减少毛细凝聚的贡献。

分子模拟研究（例如 Jessop 等, 1991; Lastoskie 等, 1993; Lastoskie 和 Gubbins, 2000）也表明 Kelvin 方程不能解释流体-壁面间相互作用的影响，以及相关的孔隙液的不均匀性，Kelvin 方程似乎低估了孔径尺寸，因此其可靠性可能不会延至低于 7.5 nm 的孔径。其他有力的证据表明，对于小于 10 nm 的孔，使用校正的 Kelvin 方程会低估约 25%的孔径尺寸（参见 Thommes, 2004）。事实上，在特定的介孔内，弯液面的曲率似乎不是恒定的。在圆柱形孔中间，其孔壁效应可以忽略，曲率半径是 r_K；而当接近孔壁时，曲率半径逐渐增加。当然，这些发现是有助于修正 DFT 方法，将在 8.5 节中讨论。

8.5　介孔尺寸分布的 DFT 计算

8.5.1　基本原则

Seaton 等（1989）在此领域做了开创性的工作，他们采用最初称为平均场理论的统计力学方法（Ball 和 Evans, 1989）。在他们工作早期（Jessop 等, 1991），已经知道平均力场论随着孔径的减小而变得不太精确，但即便如此，仍认为此方法测定孔径分布比基于 Kelvin 方程的经典方法更实用。

最近，修正的 DFT 方法已成为解释物理吸附数据的有力工具（Balbuena 和 Gubbins, 1992,1993; Lastoskie 等, 1993; Cracknell 等, 1995; Maddox 和 Gubbins, 1995; Olivier, 1995; Ravikovitch 和 Neimark, 2001; Neimark 和 Ravikovitch, 2001; Neimark 等, 2003）。尤其是，这种方法现在已被视为评估孔径分布的推荐方法（Lastoskie 等, 1994; Olivier 等, 1994; Thommes, 2004; Gor 等, 2012）。

人们可能难以接受所使用的不同术语（例如，DFT，局部 DFT，非局部 DFT，淬火固体 DFT），下面给出了一个适用于物理吸附和孔隙填充的密度泛函理论的简单概述。首先考虑一个限定在给定尺寸和形状的孔中的单组分流体，其本身就处于一个确切的固相结构内。假设介孔是开放的，而受限的流体与体相内的相同流体（气体或液体）处于热力学平衡态，并保持相同的温度。如第 2 章所述，在平衡条件下，整个体系中会建立一个均衡的化学势。由于体相流体是均匀的，所以其化学势可以通过压力和温度来简单确定。然而，因为流体在孔壁附近受到吸附力的作用，所以孔内的流体密度不是恒定的。这种非均质流体实际上是一种层状分布的吸附质，只有在外源场的影响下才是稳定的。这种密度分布可用"密度剖面图"来表示，$\rho(r)$ 表示为与孔壁间距离 r 的函数。更确切地说，r 是广义坐标向量。

在 DFT 计算中，考虑了统计力学的巨正则系综。适当的自由能量是巨 Helmholtz 自由能，或者是巨势能函数，$\Omega[\rho(r)]$。这个自由能函数是以密度剖面图的形式表示，$\rho(r)$，然后，通过最小化自由能（μ，V，T 恒定不变），原则上可以得到平衡密度剖面。

对于单组分流体，受空间变化外部势能的影响，巨势函数变为

$$\Omega[\rho(r)] = F[\rho(r)] + \int \mathrm{d}\, r \rho(r)[U_{ext}(r) - \mu] \tag{8.23}$$

其中，$F[\rho(r)]$ 是本征 Helmholtz 自由能函数；$U_{ext}(r)$ 是外部相互作用能，并且对孔体积 V 积分。

$F[\rho(r)]$ 函数可以分成理想气体项和吸附分子间排斥以及吸引力的贡献相（即，

流体-流体相互作用）。通常是基于硬球排斥和 Lennard-Jones 12-6 对势假设的，平均力场一般适用于长程吸引力。然而，评估靠近固体表面的非均质硬球流体的密度分布存在一个特殊的问题。该平均力场方法给出了一个不真实的该区间密度剖面图。

正是为了氮气吸附等温线的分析，Seaton 等（1989）开发了这种"局域"DFT 方法。虽然局部密度近似对于流体-流体相互作用是可以接受的，但它对于靠近固体表面的流体是不适用的。这是因为在这些孔壁附近的短程相关性是不允许局域密度近似的。为此，才开发了非局域密度泛函。

非局域密度泛函理论（NLDFT）的方法涉及流体密度的短程平滑近似和权重函数的合并。各种方法已被采用，例如平滑的密度近似（Tarazona, 1985），Ravikovitch 和 Neimark（2001）已对此作了讨论。在受限状态下，对均一流体的大范围密度的描述作了改进。以这种方式，有可能得到与蒙特卡罗分子模拟所确定的密度剖面较好的一致性（Lastoskie 等, 1993; Cracknell 等, 1995; Neimark 等, 2003）。

在氮气与两块石墨板相互作用的特殊情况下（即，一个碳狭缝中），Steele 10-4-3 势已被用来计算有效的外部相互作用能（Lastoskie 等, 1993）。目前为止，这个系统受到最多关注，一般来说表面是假定为均匀的，以至于在 xy 平面上相互作用能是不变的。

对于狭缝状和圆柱形介孔中的吸附和相变，NLDFT 方法似乎可以给出令人满意的描述。它也可以描述不同类型的等温线，包括逐层Ⅵ型等温线。然而，这个方法确实有局限性。它对非常窄的孔不适用，并且也无法预测固-液吸附质的转变。通常假定吸附材料的表面在分子层面上是光滑的。在实验上，这仅仅在石墨化碳（或某些类型的氮化硼）上可以被观察到，并且我们知道这样的表面会出现阶梯形的Ⅵ型等温线。如果也能预测其他系统的分层，那么在推导的孔径分布中也会出现异常。

Neimark 及其同事解决了这个问题，并提出了"淬火固体 DFT 方法"，它考虑到了吸附材料表面的"粗糙度"（Gor 等, 2012）。固体组分密度分布包括在了巨势的描述中，因此当硬球与流体分子通过对势相互作用时，二组分密度泛函给出了整个固-液相互作用的模型。该方法的关键点是固-液硬球混合物的过剩自由能。固体是"淬火"的，在计算中它被认为是完全刚性的，通过粗化参数，此淬火固体的密度被用于巨势的优化中。

对于这些方法，一旦对给定压力定义了密度分布，特定孔的吸附量可以从曲线下的面积获得。表面过剩的吸附分子数量，就如所看到的实验测定吸附量，之后通过 $[\rho(r)-\rho_B]dr$ 给出，其中 ρ_B 是（μ, T）时的体相密度。

因此，NLDFT 或 QSDFT 可用于生成一系列（或内核）假设的"单孔等温线"，其适用于一定范围的孔径尺寸和壁势。也可以通过另一种理论方法或分子模拟（例如 GCMC）来构建这样一个内核。NLDFT 和 QSDFT 的主要区别在于，前者假设吸附表面是均匀的，而后者考虑到吸附表面的表面粗糙度。与 NLDFT 内核相比，QSDFT 和 GCMC 等温线在毛细凝聚之前是平滑的，即它们没有展现由人为分层转换引起的逐步变化（Gor 等, 2012）。

内核可被认为是一个给定类的吸附质/吸附剂体系的理论参照。这种理论方法为新的分类提供了基础，该分类基于三种方式：连续的孔填充，毛细凝聚和分层过渡。因此 Lastoskie 等（1993）提出了在物理吸附的分类系统中应该采用填充行为而不是孔径宽度。因此，根据 DFT 模型，对应于这些方法间界限的临界孔宽度，极度依赖于温度。此外，那是固体-流体相互作用的程度控制着发生孔填充的压力，填充的类型取决于孔宽度和吸附质分子直径的比例。

对于核内给定的局域等温线，通常假定所有的孔都具有相同的尺寸和形状，并且孔径尺寸具有最小值和最大值。除了给定几何形状的孔（狭缝形，圆柱形，球形），也可以设置包括不同孔几何形状的更复杂内核。为了得到孔径分布，假设多孔吸附剂有大量的非相互作用的孔隙（即没有网络结构或渗滤效应），且孔宽度的分布可以用连续函数 f(w) 来描述。那么该实验等温线可被认为是每组孔的等温线的组合。

通过求解广义吸附等温线（GAI）积分方程得到孔径尺寸分布，它将理论等温线的核和实验等温线建立了相关性，现在的表示形式为：

$$N_{\exp}\left(\frac{p}{p^{\circ}}\right)=\int_{w_{\min}}^{w_{\max}}N_{\text{theo}}\left(\frac{p}{p^{\circ}},w\right)f(w)\mathrm{d}w \qquad (8.24)$$

GAI 方程基于测得的等温线是由大量的单个的单孔等温线组成的假设，且取决于它们的分布，f(w) 在有限孔径尺寸范围内。式（8.22）和式（5.55）的形式相似性是显而易见的，并且每个方程的解完全是一个不适定问题，并且需要一定程度的正则化。有几种正则化算法可以得到有几种有意义的解，如求和和数值去卷积（Olivier 等, 1994）或非负最小二乘法（Ravikovitch 和 Neimark, 2001）。

计算方法如图 8.4 的流程图所示。

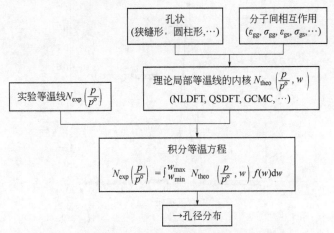

图 8.4　通过等温线重建方法计算孔径分布的流程图

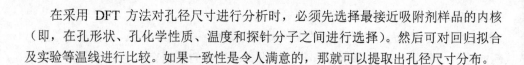
在采用 DFT 方法对孔径尺寸进行分析时，必须先选择最接近吸附剂样品的内核（即，在孔形状、孔化学性质、温度和探针分子之间进行选择）。然后可对回归拟合及实验等温线进行比较。如果一致性是令人满意的，那就可以提取出孔径尺寸分布。

8.5.2　77 K 下的氮气吸附

图 8.5 给出了 NLDFT 和 BJH 方法分析介孔大小的典型示例。在 77 K 时介孔二氧化硅样品的氮气等温线明显是Ⅳ型，且具有明确的吸附平台和狭窄的 H1 回滞环。NLDFT 分析的内核是对二氧化硅圆柱形孔中氮气吸附而设计，且脱附等温线假定为平衡曲线。

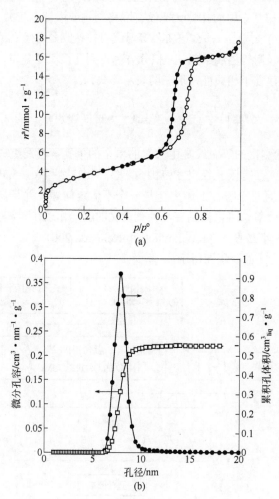

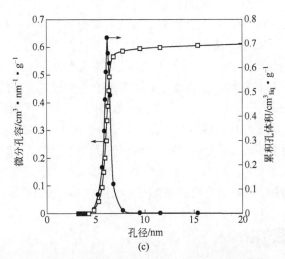

图 8.5 （a）在 77 K 下介孔二氧化硅上氮气吸附获得的孔径分布的比较；
（b）用 DFT 方法计算；（c）和用 BJH 方法计算

很明显，通过 DFT 和 BJH 方法评估的孔径分布曲线存在明显差异。虽然在图 8.5 中两个"频率"曲线具有相似的宽度，但它们的位置是完全不同的：DFT 给出了孔隙宽度为 7～10 nm 的分布，而 BJH 分布是大约 5～8 nm。其他研究人员也报道了类似的结果（Neimark 和 Ravikovitch，2001；Lowell 等，2004；Thommes，2004；Thommes 等，2012）。

DFT 方法评估介孔尺寸分布的可靠性已在几种有序的孔结构应用中被证实，如 MCM-41 和 SBA-15。因此，NLDFT 预测的吸附-脱附等温线部分与相应的实验数据之间达到了很好的定量一致（Neimark 和 Ravikovitch，2001）。这项工作也证实了回滞环的吸附支上亚稳态必须被考虑，而脱附过程是在气液两相共存的条件下进行的（即处于热力学平衡）。这种情况对于有序的三维网络（如 MCM-48）较为复杂，而对于高度无序的网格材料，如硅胶或多孔玻璃，更是这样。有两个独立的问题是：①对一组单孔等温线有正确的内核；②在脱附路径上的网格结构阻塞和气穴现象，以及在吸附路径上的延迟凝结。DFT 对经典方法的巨大优势是，原理上讲，它可以应用于毛细凝聚和微孔填充。后一种应用在第 9 章讨论。

8.5.3　87 K 下氩气吸附

文献中报道的大部分氩气等温线测定均在 77 K 下测定。在此温度下，氩气远低于其三相点温度，因此介孔尺寸分析限于小于 15 nm 左右的孔径（Thommes，2004）。然而，通过增加吸附温度到 87 K，就有可能实现上至饱和气压的毛细凝聚。正如第 9 章所讨论的，采用 87 K 下的氩气吸附对微孔吸附剂的表征特别重要。但是，即使对于介孔吸附剂，永久性四极矩的缺失使得计算内核变得更容易，这是因为它对表面化学不太敏感。虽然这种方法仍然主要是以研究为基础，但已发现它是富有成效的，特别是比较 77 K 氮气和 87 K 氩气下吸附等温线的 DFT 分析。例如，对木质纤维素碳进行的比较，最终显示有大量的介孔腔通过狭窄的介孔颈连接到外部（Silvestre-Albero 等，2012）。在 4～7 nm 范围内，由两种吸附等温线的脱附支通过 NLDFT 方法获得的 PSD 曲线存在矛盾。这是由于在 4 nm 左右的孔中脱附时发生了气穴现象，使得对脱附支进行 NLDFT 分析不再可靠。当然，BJH 分析也有同样的限制。这使得研究者使用 QDFT 分析氮气等温线的亚稳态吸附部分，在那里不会发生气穴现象。用这种方法，就有可能获得对孔径尺寸分布的更可靠评估。

8.6　回滞环

回滞环，出现在物理吸附等温线的多层吸附范围内，通常与毛细凝聚相关。众所周知，大部分介孔吸附剂会出现独特的且可重复的回滞环（de Boer, 1958; Sing 等，1985）。但是，根据经典热力学定律，吸附量由吸附质的化学势来控制（见 2.3 节）。所以，回滞环的两个分支不能同时满足热力学可逆性的要求。因此，这种可重复的，稳定的迟滞现象的出现就意味着存在某些明确的亚稳态。在过去的 100 年来，对吸附滞后的解释引起了人们很大的关注（见 Sing 和 Williams，2004）。

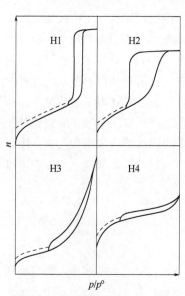

图 8.6　回滞环的 IUPAC 分类
（Sing 等，1985）

在文献中已经报道了许多不同形式的回滞环，但是主要类型都列在了 IUPAC（Sing 等，1985）建议的分类中，如图 8.6 所示。H1、H2 和 H3 型被列入了 de Boer（1958）提出的第一类回滞环。类型 H1（最初命名为 A 型）是非常窄的回滞环，具有非常陡且几乎平行的吸附及脱附部分。相比之下，H2 型回滞环（以前的 E 型）较宽，且具有长而平坦的停滞期及一个陡的脱附部分。H3 型（原 B 型）和 H4 型在高 p/p^o 下未出现停滞期，因此更难以建立极限脱附边界曲线。

某些类型的回滞环特征与某些定义好的孔结构相关联。因此，H1 型回滞环是由窄的且具有均匀孔隙分布的吸附剂给出（例如 MCM-41 和 SBA-15，见第 13 章）。许多无机氧化物凝胶给出了更常见的 H2 型回滞环。这些材料中的孔结构是复杂的，并且往往是由不同大小和形状的相互交联网络孔隙组成。H3 型回滞环通常是由片状颗粒聚集体给出（Rouquerol 等，1970），而 H4 类型是从活性炭和其他在微孔范围内具有狭缝形状的吸附剂中得到。

许多 H2 和 H4 型回滞环的共同的特征是对于给定的吸附质（在特定温度下），在极限相对压力下非常陡的脱附支与吸附支相连。曾经有人认为这种滞后的较低极限取决于吸附质和操作温度，根本不在吸附剂上（参见 Gregg 和 Sing，1982）。现在认为，严格地说这是不正确的（Rasmussen 等，2010）。然而，在 77 K 氮气吸附情况下，较低的闭合点通常位于临界 p/p^o 约为 0.42 处。因此，在低于 p/p^o 之下的任何回滞环都是由于不可逆变化所致，例如吸附剂的膨胀或化学吸附（见第 10 章和第 11 章）。

原则上，毛细凝聚和蒸发的过程应该是在封闭的锥形孔隙中可逆地进行（Everett，1967）。在相对较低的压力下，在孔的窄端会出现吸附分子的浓度增加（即微孔填充效应），如图 8.7 所示。在特定 p/p^o 下，弯液面随着 p/p^o 的增加开始形成，然后向孔入口处稳步上移。蒸发以相反的方向进行，但包括相同的基本步骤（即弯液面构造），因此，整个等温吸附是可逆的。

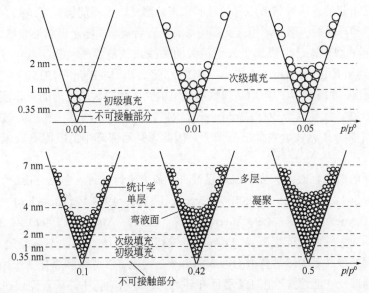

图 8.7　吸附过程中连续填充微孔和介孔的主要步骤（对于 77 K 的 N₂ 吸附，压力刻度给出了数量级。上排中的尺寸标度是下排的两倍）

许多年来，Everett 及其合作者对吸附滞后做了系统研究，揭露了这种现象具有温度依赖性（Amberg 等，1957；Everett，1967；Burgess 等，1989）。因此，随着温度增加，大多数回滞环经历了尺寸的减小。这些发现被延伸到了介孔定孔玻璃（Findenegg 等，1994；Machin，1994；Brown 等，1997；Pellenq 等，2007），MCM-41（Branton 等，1997；Morishige 和 Nakamura，2004）和石墨化碳（Lewandowski 等，1991）的吸附测量上。

正如体相液-气平衡一样，滞后（或毛细）相图可以有不同的表示方式。通过取回滞环闭合的上端和下端，来表示蒸气和毛细凝聚液共存区域的界限，如平滑曲线将凝结相的两种密度与温度相关联。对于给定体系，两条曲线在滞后临界温度，$T_c(h)$ 处汇合。这样的迟滞相图与相应的体相液（如 CO_2/石英玻璃）的相图类似，但重要的差别在于 $T_c(h)$ 总是比相应的体相临界温度 T_c 低得多。

等温线在高于 $T_c(h)$ 的温度下变为可逆的事实似乎表明了孔隙凝结物和蒸气之间的区别肯定消失了，并且表面张力变为零：也就是吸附质在 $T_c(h)$ 处失去其液状特性。但是，鉴于处理如 MCM-41 这样高度一致的孔结构（见第 13 章），这个解释可能过于简单了。如已经指出的那样，在后面将会做更详细的讨论，显而易见的是吸附滞后可能起因于不同的方式，也可能是在某些特殊的条件下会发生可逆的，逐步的凝结。

大多数较老的吸附滞后的理论明确地使用了 Kelvin 方程。Zsigmondy（1911）提出这种现象是由于冷凝液和蒸发液的接触角的差异引起的。这个解释可能说明了表面杂质的存在引起的一些异常效应，但以其原来的形式，是不能解释记录的大部分回滞环的永久性和再现性。然而，当这变得明显时，滞后凝结的概念仍然是非常重要的。

另一个早期理论，也引起了人们很大的关注，就是"墨水瓶"理论（ink-bottle theory）：最初是由 Kraemer（1931）提出，随后由 McBain（1935）发展起来。Kraemer 指出，如果唯一的出口是通过窄通道的话，相对大的孔内的液体蒸发速度可能会相对较慢。依据这个论据 Brunauer（1945）得出如下结论：在脱附过程中孔中的液体不可能与其蒸气达到真正的平衡，因此，是回滞环中的吸附支表现了热力学可逆性。

弯液面的形成、改性和去除机理已被许多研究者讨论过，包括 Foster（1932），Cohan（1944），de Boer（1958），Everett（1967, 1979），Broekhoff 和 Linsen（1970），Haynes（1975），Lew 和 owski 等（1991）；Machin（1992）和 Findenegg 等（1994）。现在大量证据支持 Foster 的观点，即凝结过程并不总是遵从简单的 Kelvin 方程。最显著的滞后弯液面形成的例子是通过许多黏土和氧化物给出了 H3 型回滞环，通过一些活性炭给出 H4 型回滞环。在狭缝状的孔中，弯液面仅在高 p/p^o 处形成；随后在很宽的范围内，吸附等温线属于 Ⅱ 型（但是不可逆），可能看起来渐近地接近 p^o 轴。这样的等温线可被认为是伪 Ⅱ 型等温线，但我们更喜欢采用 Ⅱb 型，因为在大部分吸附支，实际上可能没有可检测的毛细凝聚。

Cohan（1938）认为，在一个开口孔道中，弯液面的差异取决于不同的冷凝和蒸发过程。根据这个观点，圆柱形弯液面的初始形成控制了凝结过程，然而，一旦孔隙填满，就会形成两个半球形的弯液面。通过方程式（8.11）和式（8.13）的应用，我们发现给定值 r_K 表示孔填充时的校正宽度 $2(r_p-t)$，以及孔排空时的校正半径 r_p-t。因此，由于凝结和蒸发过程发生在不同的相对压力下，单个开放式管状孔的填充和排空中的滞后现象显然很简单。

　　Everett（1979）指出，在单个开口式圆柱中出现凝结时会涉及几个不可逆转的步骤。由于圆柱形弯液面不稳定，一个自发的变化就会导致一个波状体的出现。在下一个阶段，由于液体的双凹镜形的形成使得孔被堵塞。蒸发过程按热力学可逆的方式进行，其与 Kelvin 方程一致，目前相对压力取决于半球形弯液面的曲率半径。因此，在这个简单体系的情况下，脱附支的位置应被用于 r_p 的计算。

　　Broekhoff 和 de Boer（1967）以及 Saam 和 Cole（1975）采用了不同的方法，他们通过多层膜的稳定性，亚稳定性和不稳定性，解释了圆柱形孔隙中的滞后现象。Findenegg 等(1994)，Lewandowski 等(1991)以及 Michalski 等(1991)详细探讨了 Saam-Cole 理论的适用性。因此，有两个相反的效应主导了圆柱形介孔中的多层薄膜的亚稳态。远程吸附力有助于使薄膜变得稳定，而毛细作用力则是液体凝结的原因。在临界薄膜厚度 t_c 下，弯曲的薄膜变得不稳定且有凝结发生。液体冷凝液的蒸发需要较低的 p/p^o，目前残留的膜厚度是 t_m。因此，可能把（t_c-t_m）的差值看作是多层膜亚稳态的厚度范围。

　　在 Saam-Cole-Findenegg 方法的基础上，可以设想一个"理想"等温线用于均匀开口圆柱形介孔中的蒸气物理吸附，如图 8.8 所示。这里，C 点代表多层（厚度为 t_c）的亚稳态极限，M 点为三相共存点（多层，冷凝物和气体）。沿 MC，多层和气体处于亚稳态平衡。

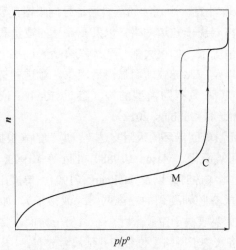

图 8.8　具有圆柱形孔的介孔固体吸附-脱附等温线，所有的都具有相同的半径

　　在圆柱形孔中吸附多层膜的化学势可表示为

$$\mu_m = \mu_0 + U(r_p) - \gamma / r_K \Delta\rho \tag{8.25}$$

其中，$U(r_p)$ 是膜与吸附剂之间的相互作用能；r_K 是内半径（$r_K=r_p-t$）；$\Delta\rho$ 是液气之间

的密度差。术语"$\gamma r_K \Delta \rho$"表示与弯曲膜/蒸气处界面相关的能量。

如果多层足够厚，相互作用能 $U(r_p)$ 可以通过对势 C/r^6 的积分而得。从 Saam-Cole 理论，依据 t/r_p，就有可能达到临界膜厚度 t_c 及亚稳极限 t_m。Findenegg 等（1994）预测了随后的定性形态：①当孔半径减小，稳定极限会转移至相对较大的膜厚度 t/r_p；②对于给定的孔隙半径，稳定性极限取决于温度。后者的效应主要取决于表面张力的负温度系数，因此稳定极限会随 $T \to T_c$ 转移至降低较大的膜厚度。

Findenegg 等（1993，1994）测试了 Saam-Cole 理论的适用性。他们在选定等级的定孔玻璃上测定某些有机蒸气的吸附，给出了迄今所采用的理论方法的半定量核定。然而，为了选择具有狭窄尺寸和形状分布的易进入介孔的特定吸附剂，显然评估 $U(r_p)$ 还需要一些改进。

在早期 Everett（1955，1967）尝试从域理论的角度来公式化孔群的行为。在独立的域理论中，假设每个孔都是以孤立的状态与蒸气相互作用，因此，总的行为就被认为是依赖于单个孔性质的统计学分布。他们也预测了跨环的路径（即，扫描行为）。例如，根据独立的域模型，如果在给定范围内追踪扫描环，则这些子环面积应该是恒定的，与它们在主环中的位置无关。一般来说，这种预测是不能实现的，必然得出结论，这些域并不会独立存在（Everett，1979）。

实际上，大部分介孔吸附剂都有不同尺寸的复杂网络孔隙。因此，冷凝蒸发过程不可能独立地出现在每个孔隙中。假设冷凝物在"Kelvin 相对压力"下不能离开孔（或孔的一部分），除非有一个连续的蒸气通道导向吸附剂表面。结果就是部分冷凝物被捕获的可能性将取决于孔道网络，以及孔尺寸的数量和空间分布。因此，在相对较低的孔连通性情况下，如果大部分孔体积只是通过狭窄通道可进入的，那么会观察到大量的截留以及因此导致的明显滞后现象。对这种有序和无序的纳米多孔网络，科研人员提出了许多不同模型结构（参见 Ravikovitch 和 Neimark，2002；Bandosz 等，2003；Palmer 和 Gubbins，2012）。

如果假定孔隙填充沿着回滞环的吸附支是"可逆"的（根据 Kelvin 方程），网络效应的计算机建模就可被简化。Mason（1988），Liu 等（1993，1994），Lopez-Ramon 等（1997），Zhdanov 等（1987）以及 Neimark（1991）等应用了渗滤理论。一种方法是将孔隙空间想象成空腔和孔颈的三维网络（或格子）。如果总的孔颈体积比较小，吸附支的位置应主要取决于空腔尺寸分布。另一方面，如果蒸发过程是由渗滤控制，脱附支的位置将取决于网络配位数和孔颈尺寸分布。

Seaton（1991）所青睐的另一个可选结构模型，是由聚集的小粒子组成，其包含了介孔网络（可能还有微孔）。粒子间的空隙形成一个连续的大孔网络。在 Seaton 的模型中，介孔网络被表示为简单立方晶格（Liu 等，1992）。在渗流的术语中，每个孔都被视为晶格中的一个键，并且每个孔的结合点都是一个节点。在脱附过程中，当两个条件都满足时，液体冷凝物从孔隙离析：①相对压力必须足够低，以使汽化在热力学上是有利的；②孔道必须能够让气相直接进入，要么是因为它位于表面，要么是因为它与另一个冷凝液已经汽化的孔隙相邻。在脱附过程的开始阶段，一些凝结物从靠近表面的较宽的孔（也就是，未占据的键）被移除。随着压力降低，蒸气填充的孔（被占据的键）形成团簇，最终遍及整个粒子。遍及整个粒子形成团簇的阶段相应于渗滤阈值，此时，孔排空变快。这个阶段对应于 H2 型回滞环的拐点。正如人们所预期的，"可及性曲线"的位置严重依赖于晶格尺寸和配位数。虽然这些基本原理似乎是合理的，但未知的晶格参数的物理意义值得怀疑。当渗滤理论可以明确地与特征等温线类型及孔径尺寸范围、形状和排列相关时，渗滤理论的应用可能就更加有用。

Monson 及其同事论证了分子动力学在控制毛细凝聚和蒸发中的重要性（Woo 和 Monson, 2003; Monson, 2008, 2009）。他们最近的方法（Edison 和 Monson，2012）是基于动态平均场理论（DMFT）应用于以立方二维晶格气体模型的形式表示的三维网络。为了计算占据密度随时间的变化，这涉及从一处到另一处的分子转移概率的数值计算。在单个狭缝宽度的最简单情况下，吸附滞后对片段长度的依赖性是显而易见的，而由于两个孔宽及墨水瓶模型阵列的引入使其变得更加复杂。那么平衡很大程度上取决于流体向或从大孔隙输送的难易。这些基本结果表明吸附动力学可以影响吸附和脱附平衡；将 DMFT 方法应用扩展到三维连接网络的提议是很有意义的。

Neimark，Ravikovitch 和 Thommes 和他们的合作者们已采用 NFDFT 和分子模拟（例如 Neimark 和 Ravikovitch, 2001; Ravikovitch 和 Neimark, 2001, 2002; Thommes 等, 2006, 2012; Rasmussen 等, 2010）对有序纳米多孔结构的孔填充机制进行了广泛研究，这些可通过 X 射线衍射，电子显微镜等方法进行表征。他们有关 MCM-41 和 SBA-15 的工作证实了吸附支上的滞后冷凝就是 H1 型回滞环出现的原因。因此，在相对较大的介孔中，自发调幅凝结会在亚稳多层变得不稳定时出现，而在脱附的路径中，因为蒸发在液-气共存的条件下发生，所以没有亚稳态。

正如前期研究（例如 Branton 等, 1983）发现，77 K 下窄介孔 MCM-41 上的Ⅳ型氮气吸附等温线是完全可逆的。同样地，MCM-48-具有相对较窄的介孔规则网络，在 77 K 时也具有可逆的氮气和氩气等温线（Schumacher 等, 2000）。因此，在这些相对较窄的介孔中，与孔壁的相互作用足以强到引发孔隙填充，而不涉及任何滞后冷凝。

相比之下，H2 型大回滞环出现在不同宽度的孔隙网络或如 SBA-16 一样含有球形空腔（墨水瓶）的情况下（Ravikovitch 和 Neimark, 2002; Rasmussen 等, 2010; Edison 和 Monson, 2012; Monson, 2012）。这种孔隙网络脱附的两种基本机制被认定为渗滤孔堵塞和气穴。如已表明的那样，在前一种情况下，网络内蒸发的开始与渗滤阈值有关：受限冷凝物的疏导，随之自由进入多层和任何剩余冷凝物。但是，如果颈部宽度小于某些临界尺寸（在 77 K 下氮气吸附估计约为 5 nm），从孔体的脱附机制涉及气穴作用：这是亚稳态冷凝液体中气泡的自发成核和生长，此时狭窄的颈部可能已被充满。在这种情况下，脱附压力不会取决于颈部大小，而主要依赖于冷凝液的性质，以至于相应的脱附支部分并未提供任何有关颈部宽度或孔体的信息。

可以得出的结论是，有许多不同方法可导致吸附滞后。在评估介孔隙情况下，有两个主要贡献因素：①在吸附支，亚稳多层膜及相关毛细凝聚滞后的产生；②在脱附支，通过网络渗滤和/或气穴效应对凝聚物的截留。许多多孔材料是由复杂网络组成，以至于不得不接受不同的孔隙填充和排空机制的组合；但为了解释Ⅳ型物理吸附等温线，记录回滞环的形状和尺寸（或许没有）是有益的。

8.7　结论和建议

（1）如果物理吸附等温线是Ⅳ型的，在相对高压力下具有明确的平台，并且没有可检测的微孔，那么有效的介孔体积就可从 $p/p^o=0.95$ 处的吸附量来评估。

（2）如果回滞环是 H1 型的，由于多层吸附和滞后毛细凝聚的亚稳态，脱附支应用来计算介孔尺寸分布。

（3）如果回滞环是 H2 型，则陡峭的脱附支位置要么依赖于网络孔隙阻塞效应，要么是凝结物的气穴作用。冷凝物稳定性的限制性 p/p^o 与孔径尺寸分布没有直接关系，而是主要受吸附质性质和操作温度的影响。从回滞环形状可以得到有用的定性信息，从吸附支可能得到半定量的孔径尺寸分析。

（4）对于 H3 型回滞环，等温线不是Ⅳ型（没有平台）且不能进行介孔尺寸分析。

（5）如果可得到所研究吸附剂类型的适当内核，通常最好采用基于 DFT 的方法进行孔径分析，而不是依赖于"经典"BJH 方法。但是，在现成的 DFT 软件应用中，有各种假设和限制需要考虑。除非表面组成和吸附剂质地均匀，否则导出的孔径尺寸分布，不可能给出真实孔结构的完全真实的描绘。

（6）BJH 方法的一个优点是它的应用不像 DFT 方法那样"软件依赖"，因为不同商业软件供应商提供的核心操作程序是多样的。因此，BJH 方法允许用户对数据处理有更直接的控制。而且，出于许多目的，使用经验性处理是可接受的，就如 Kruk 等（1997）提出的介孔尺寸分析那样。

（7）将来，87 K 氩气吸附可能会比 77 K 氮气吸附对孔径尺寸分析更有吸引力。

参考文献

Adkins, B.D., Davis, B.H., 1986. J. Phys. Chem. 90, 4866.

Adkins, B.D., Davis, B.H., 1987. Langmuir. 3, 722.

Amberg, C.H., Everett, D.H., Ruiter, L.H., Smith, E.W., 1957. In: Solid/Gas Interface. Proceedings of the Second International Congress of Surface Activity. Butterworths Scientific Publications, London, p. 3.

Avery, R.G., Ramsay, J.D.F., 1973. J. Colloid Interface Sci. 42, 597.

Balbuena, P.B., Gubbins, K.E., 1992. Fluid Phase Equilib. 76, 21.

Balbuena, P.B., Gubbins, K.E., 1993. Langmuir. 9, 1801.

Ball, P.C., Evans, R., 1989. Langmuir. 5, 714.

Bandosz, T.J., Biggs, M.J., Gubbins, K.E., Hatton, Y., Iiyama, T., Kaneko, K., Pikunic, J., Thomson, K.T., 2003. In: Radovic, I.R. (Ed.), Chemistry and Physics of Carbon, Vol. 28. Marcel Dekker, NewYork.

Barrett, E.P., Joyner, L.G., Halenda, P.H., 1951. J. Am. Chem. Soc. 73, 373.

Branton, P.J., Hall, P.G., Sing, K.S.W., 1983. J. Chem. Soc. Chem. Commun. 16, 1257.

Branton, P.J., Hall, P.G., Sing, K.S.W., 1993. J. Chem. Soc. Chem. Commun. 1257.

Branton, P.J., Sing, K.S.W., White, J.W., 1997. J. Chem. Soc. Faraday Trans. 93, 2337.

British Standard, 1992. BS 7591 – Part 2, British Standards Institution, London.

Broekhoff, J.C.P., de Boer, J.H., 1967. J. Catal. 9, 9.

Broekhoff, J.C.P., Linsen,B.G., 1970.In: Linsen, B.G. (Ed.),Physical and Chemical Aspects of Adsorbents and Catalysts. Academic Press, London.

Brown, A.J., Burgess, C.G.V., Everett, D.H., Nuttal, S., 1997. In: McEnaney, B., Mays, T.J., Rouquerol, J., Rodriguez-Reinoso, F., Sing, K.S.W., Unger, K.K. (Eds.), Characterization of Porous Solids IV. The Royal Society of Chemistry, Cambridge, p. 1.

Brunauer, S., 1945. The Adsorption of Gases and Vapours. Oxford University Press, London p. 126.

Bukowiecki, S.T., Straube, B., Unger, K.K., 1985. In: Haynes, J.M., Rossi-Doria, P. (Eds.), Principles and Applications of Pore Structural Characterization. Arrowsmith, Bristol, p. 43.

Burgess, C.G.V., Everett, D.H., Nutall, S., 1989. Pure Appl. Chem. 61, 1845.

Carrott, P.J.M., Sing, K.S.W., 1989. Pure Appl. Chem. 61, 1835.

Cohan, L.H., 1938. J. Am. Chem. Soc. 60, 433.

Cohan, L.H., 1944. J. Am. Chem. Soc. 66, 98.

Cracknell, R.F., Gubbins, K.E., Maddox, M., Nicholson, D., 1995. Acc. Chem. Res. 28, 281.

Cranston, R.W., Inkley, F.A., 1957. Advances in Catalysis, Vol. 9. Academic Press, New York, p. 143.

de Boer, J.H., 1958.In: Everett, D.H., Stone, F.S.(Eds.), The Structure and Properties of Porous Materials. Butterworths, London, p. 68.

Defay, R., Prigogine, I., 1951. Tension Superficielle et Adsorption. Dunod, Paris.

Defay, R., Prigogine, I., 1966. Surface Tension and Adsorption. Longmans, Green and Co., Bristol.

Derjaguin, B.V., 1957. Proceedings of the Second International Congress on Surface Activity, Vol. Ⅱ. Butterworths, London, p. 154.

Dollimore, D., Heal, G.R., 1964. J. Appl. Chem. 14, 109.

Dollimore, D., Heal, G.R., 1973. J. Colloid Interface Sci. 42, 233.

Edison, J.R., Monson, P.A., 2012. Micropor. Mesopor. Mater. 154, 7.

Evans, R., Marconi, U.M.B., 1985. Chem. Phys. Lett. 114, 415.

Evans, R., Marconi, U.M.B., Tarazona, P., 1986. J. Chem. Phys. 84, 2376.

Everett, D.H., 1955. Trans. Faraday Soc. 51, 1551.

Everett, D.H., 1958. In: Everett, D.H., Stone, F.S. (Eds.), Structure and Properties of Porous Materials. Butterworths, London, p. 95.

Everett, D.H., 1967. In: Flood, E.A. (Ed.), The Solid-Gas Interface. Edward Arnold, London, p. 1055.

Everett, D.H., 1979. In: Gregg, S.J., Sing, K.S.W., Stoeckli, H.F. (Eds.), Characterization of Porous Solids. Society of Chemical Industry, London, p. 229.

Everett, D.H., 1988. In: Unger, K.K., Rouquerol, J., Sing, K.S.W., Kral, H. (Eds.), Characterization of Porous Solids I. Elsevier, Amsterdam, p. 1.

Everett, D.H., Haynes, J.M., 1972. J. Colloid Interface Chem. 38, 125.

Everett, D.H., Haynes, J.M., 1973. In: Colloid Science. Chemical Society, London, p. 123.

Findenegg, G.H., Groß, S.,Th, Michalski, 1993. In: Suzuki, M. (Ed.), Fundamentals of Adsorption. Kodanska, Tokyo, p. 161.

Findenegg, G.H., Groß, S., Th, Michalski, 1994. In: Rouquerol, J., Rodriguez-Reinoso, F., Sing, K.S.W., Unger, K.K. (Eds.), Characterization of Porous Solids Ⅲ. Elsevier Science BV, Amsterdam, p. 71.

Foster, A.G., 1932. Trans. Faraday Soc. 28, 645.

Gierszal, K., Kruk, M., Jaroniec, M., 2013. Adsorpt. Sci. Technol. 31, 153.

Gor, G.Y., Thommes, M., Cychosz, K.A., Neimark, A.V., 2012. Carbon. 50, 1583.

Gregg, S.J., Sing, K.S.W., 1982. Adsorption, Surface area and Porosity, 2nd edn, Academic Press, London.

Gurvich, L., 1915. J. Phys. Chem. Soc. Russ. 47, 805.

Halsey, G.D., 1948. J. Chem. Phys. 16, 93.

Harkins, W.D., Jura, G., 1944. J. Am. Chem. Soc. 66, 1366.

Havard, D.C., Wilson, R., 1976. J. Colloid Interface Sci. 57, 276.

Haynes, J.M., 1975. Colloid Science, Vol. 2. Chemical Society, London, p. 101.

Jessop, C.A., Riddiford, S.M., Seaton, N.A., Walton, J.R.P.B., Quirke, N., 1991. In: Rodriguez-Reinoso, F., Rouquerol, J., Sing, K.S.W., Unger, K.K. (Eds.), Characterization of Porous Solids Ⅱ. Elsevier, Amsterdam, p. 123.

Kanellopoulos, N.K., Petrou, J.K., Petropoulos, J.H., 1983. J. Colloid Interface Sci. 96, 90.

Karnaukhov, A.P., 1971. Kinet. Catal. 12 (908), 1096.

Karnaukhov, A.P., 1979. In: Gregg, S.J., Sing, K.S.W., Stoeckli, H.F. (Eds.), Characterization of Porous Solids. Society of Chemical Industry, London, p. 301.

Kraemer, E.O., 1931. In: Taylor, H.S. (Ed.), A Treatise of Physical Chemistry. Macmillan, New York, p. 1661.

Kruk, M., Jaroniec, M., Sayari, A., 1997. Langmuir. 13, 6267.

Lastoskie, C., Gubbins, K.E., 2000. In: Unger, K.K., Kreysa, G., Baselt, J.P. (Eds.), Characterization of Porous Solids V. Elsevier, Amsterdam, p. 41.

Lastoskie, C., Gubbins, K.E., Quirke, N., 1993. J. Phys. Chem. 97, 4786.

Lastoskie, C., Gubbins, K.E., Quirke, N., 1994. In: Rouquerol, J., Rodriguez-Reinoso, F., Sing, K.S.W., Unger, K.K. (Eds.), Characterization of Porous Solids Ⅲ. Elsevier, Amsterdam, p. 51.

Lewandowski, H., Michalski, T., Findenegg, G.H., 1991. In: Mersmann, A.B., Scholl, S.E. (Eds.), Fundamentals of Adsorption, Ⅲ. Technical University of Munich, Munich, Germany, p. 497.

Lippens, B.C., Linsen, B.G., de Boer, J.H., 1964. J. Catal. 3, 32.

Liu, H., Zhang, L., Seaton, N.A., 1992. Chem. Eng. Sci. 47, 4393.

Liu, H., Zhang, L., Seaton, N.A., 1993. Langmuir. 9, 2576.

Liu, H., Zhang, L., Seaton, N.A., 1994. In: Rouquerol, J., Rodriguez-Reinoso, F., Sing, K.S.W., Unger, K.K. (Eds.), Characterization of Porous Solids Ⅲ. Elsevier Science BV, Amsterdam, p. 129.

Llewellyn, P.L., Sauerland, C., Martin, C., Grillet, Y., Coulomb, J.P., Rouquerol, F., Rouquerol, J., 1997. In: McEnaney, B., Mays, T.J., Rouquerol, J., Rodriguez-Reinoso, F., Sing, K.S.W., Unger, K.K. (Eds.), Characterization of Porous Solids IV. The Royal Society Chemistry, Cambridge, p. 111.

Lopez-Ramon, M.V., Jagiello, J., Bandosz, T.J., Seaton, N.A., 1997. In: McEnaney, B., Mays, T.J., Rouquerol, J., Rodriguez-Reinoso, F., Sing, K.S.W., Unger, K.K. (Eds.), Characterization of Porous Solids IV. The Royal Society Chemistry, Cambridge, p. 73.

Lowell, S., Shields, J.E., Thomas, M.A., Thommes, M., 2004. Characterization of PorousSolids and Powders: Surface Area, Pore Size and Density. Kluwer, Dordrecht.

Machin, W.D., 1992. J. Chem. Soc. Faraday Trans. 88, 729.

Machin, W.D., 1994. Langmuir. 10, 1235.

Machin, W.D., Murdey, R.J., 1997. In: McEnaney, B., Mays, T.J., Rouquerol, J., Rodriguez-Reinoso, F., Sing, K.S.W., Unger, K.K. (Eds.), Characterization of Porous Solids IV. The Royal Society Chemistry, Cambridge, p. 221.

Maddox, M.W., Gubbins, K.E., 1995. Langmuir. 11, 3988.

Mason, G., 1971. J. Colloid Interface Sci. 35, 279.

Mason, G., 1988. In:Unger, K.K., Rouquerol, J., Sing, K.S.W., Kral, H. (Eds.), Characterization of Porous Solids I. Elsevier, Amsterdam, p. 323.

McBain, J.W., 1935. J. Am. Chem. Soc. 57, 699.

Mc Kee, D.W., 1959. J. Phys. Chem. 63, 1256.

Michalski, T., Benini, A., Findenegg, G.H., 1991. Langmuir. 7, 185.

Milburn, D.R., Davis, B.H., 1997. In: McEnaney, B., Mays, T.J., Rouquerol, J., Rodriguez-Reinoso, F., Sing, K.S.W., Unger, K. (Eds.), Characterization of Porous Solids IV. The Royal Society Chemistry, Cambridge, p. 274.

Monson, P.A., 2008. J. Chem. Phys. 128, 084701.

Monson, P.A., 2009. In: Kaskel, S., Llewellyn, P., Rodriguez-Reinoso, F., Seaton, N.A. (Eds.), Characterisation of Porous Solids VIII. Royal Society of Chemistry, p. 103.

Monson, P.A., 2012. Micropor. Mesopor. Mater. 160, 47.

Montarnal, R., 1953. J. Phys. et Rad. 12, 732.

Morishige, K., Nakamura, Y., 2004. Langmuir. 20, 4503.

Neimark, A.V., 1991. In: Rodriguez-Reinoso, F., Rouquerol, J., Sing, K.S.W., Unger, K.K. (Eds.), Characterization of Porous Solids II. Elsevier, Amsterdam, p. 67.

Neimark, A.V., Ravikovitch, P.I., 2001. Micropor. Mesopor. Mater. 44, 697.

Neimark, A.V., Ravikovitch, P.I., Vishnyakov, A., 2003. J Phys-Condens Mater. 15 (3), 347.

Olivier, J.P., 1995. J. Porous Mater. 2, 9.

Olivier, J.P., Conklin, W.B., Szombathely, M.V., 1994. In: Rouquerol, J., Rodriguez-Reinoso, F., Sing, K.S.W., Unger, K.K. (Eds.), Characterization of Porous Solids III. Elsevier, Amsterdam, p. 81.

Palmer, J.C., Gubbins, K.E., 2012. Micropor. Mesopor. Mater. 154, 24.

Pellenq, R.J.-M., Coasne, B., Denoyel, R.O., Puibasset, J., 2007. In: Llewellyn, P.L., Rodriguez-Reinoso, F., Rouquerol, J., Seaton, N. (Eds.), Characterization of Porous Solids VII. Elsevier, Amsterdam, p. 1.

Pierce, C., 1953. J. Phys. Chem. 57, 149.

Rasmussen, C.J., Vishnyakov, A., Thommes, M., Smarsly, B.M., Kleitz, F., Neimark, A.V., 2010. Langmuir. 26, 10147.

Ravikovitch, P.I., Neimark, A.V., 2001. J. Phys. Chem. B. 105, 6817.

Ravikovitch, P.I., Neimark, A.V., 2002. Langmuir. 18, 1550.

Roberts, B.F., 1967. J. Colloid Interface Sci. 23, 266.

Rouquerol, F., Rouquerol, J., Imelik, B., 1970. Bull. Soc. Chim. Fr. 10, 3816.

Rouquerol, J., Avnir, D., Fairbridge, C.W., Everett, D.H., Haynes, J.M., Pernicone, N., Ramsay, J.D.F., Sing, K.S.W., Unger, K.K., 1994. Pure Appl. Chem. 66, 1739.

Rouquerol, F., Luciani, L., Llewellyn, P., Denoyel, R., Rouquerol, J., 2003. Techniques de l'Ingénieur, Traité Analyse et Caractérisation, Paris, p. 1050.

Russo, P.A., Ribeiro Carrott, M.M.L., Conceicao, F.M.L., Carrott, P.J.M., 2009. In: Kaskel, S., Llewellyn, P., Rodriguez-Reinoso, F., Seaton, N.A. (Eds.), Characterisation of Porous Solids VIII. Royal Society of Chemistry, Amsterdam, p. 295.

Saam, W.F., Cole, M.W., 1975. Phys. Rev. B. 11, 1086.

Schreiber, A., Ketelsen, I., Findenegg, G.H., Hoinkis, E., 2007. In: Llewellyn, P.L., Rodriguez-Reinoso, F., Rouquerol, J., Seaton, N. (Eds.), Characterization of Porous Solids Ⅶ. Elsevier, Amsterdam, p. 17.

Schumacher, K., Ravikovitch, P.I., Du Chesne, A., Neimark, A.V., Unger, K.K., 2000. Langmuir. 16, 4648.

Seaton, N.A., 1991. Chem. Eng. Sci. 46, 1895.

Seaton, N.A., Walton, J.P.R.B., Quirke, N., 1989. Carbon. 27, 853.

Shull, C.G., 1948. J. Am. Chem. Soc. 70, 1410.

Silvestre-Albero, A., Gonçalvez, M., Itoh, T., Kaneko, K., Endo, M., Thommes, M., Rodriguez-Reinosos, F., Silvestre-Albero, J., 2012. Carbon. 50, 66.

Sing, K.S.W., Williams, R.T., 2004. Adsorpt. Sci. Technol. 22, 773.

Sing, K.S.W., Williams, R.T., 2012. Micropor. Mesopor. Mater. 154, 16.

Sing, K.S.W., Everett, D.H., Raul, R.A.W., Moscou, L., Pierotti, R.A., Rouquerol, J., Siemieniewska, T., 1985. Pure Appl. Chem. 57 (4), 603.

Tarazona, P., 1985. Phys. Rev. A. 31 (4), 2672.

Thommes, M., 2004. In: Lu, G.Q., Zhao, X.S. (Eds.), Nanoporous Materials: Science and Engineering. Imperial College Press, London, p. 317.

Thommes, M., Smarsly, B., Groenewolt, M., Ravikovitch, P.I., Neimark, A.V., 2006. Langmuir. 22, 756.

Thommes, M., Cychosz, K.A., Neimark, A.V., 2012. In: Tascon, J.M.D. (Ed.), Novel Carbon Adsorbents. Elsevier, Amsterdam, p. 107.

Thomson, W.T., 1871. Philos. Mag. 42, 448.

Wade, W.H., 1964. J. Phys. Chem. 68, 1029.

Wade, W.H., 1965. J. Phys. Chem. 69, 322.

Woo, H.J., Monson, P.A., 2003. Phys. Rev. E67: 041207, 109.

Zhdanov, V.P., Fenelonov, V.B., Efremov, D.K., 1987. J. Colloid Interface Sci. 120, 218.

Zsigmondy, A., 1911. Z. Anorg. Chem. 71, 356.

第9章

微孔评估

Kenneth S.W. Sing, Françoise Rouquerol, Philip Llewellyn, Jean Rouquerol

Aix Marseille University-CNRS, MADIREL Laboratory, Marseille, France

9.1 引言

回顾前文可知，微孔（宽度小于 2 nm）的填充发生在物理吸附等温线的前毛细管凝聚范围内（如图 8.7）。如果孔宽 w 小于几个分子直径 ["窄微孔"（narrow micropore）或"超微孔"（ultramicropore<0.7 nm）]，那么在非常低的 $p/p°$ 范围时就会发生孔道填充。这个我们称之为"初级微孔填充"的过程与增强的吸附剂-吸附质相互作用有关，并总是伴随亚单层吸附等温线的部分扭曲。而对于更宽的微孔 ["宽微孔"（wide micropore）或"次微孔"（supermicropore, 0.7~2 nm）]，则在更高的 $p/p°$ 范围通过二级或协同过程进行微孔填充，并通常可以延伸到多层区域。虽然多年前就已知这些吸附机理（见 Gregg 和 Sing, 1982），但是研究者们还可以通过分子模拟、密度泛函理论（DFT）和对有序孔结构的高分辨率吸附测量来进行更加严格的研究。本章将介绍当前用于微孔孔径分析的最流行的吸附方法，主要目的是概述这些过程的相对优点和局限性。关于一些特定吸附剂的表征应用将在后面的章节中进行更加详细的讨论。

如图 9.1（a），理想的 I 型等温线具有长的、几乎水平的平台，一直到 $p/p°$ 接近

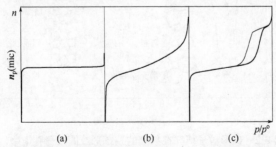

图 9.1　不同孔径下吸附得到的氮气吸附等温线：（a）窄微孔（或者"超微孔"）；
（b）宽微孔（或者"次微孔"）；（c）微孔和介孔

于 1。在这种情况下，微孔的容量 $n_p(mic)$，可以直接认为是处于水平时的吸附量。通常在大分子筛沸石晶体和一些微孔碳中可以得到这种比较理想的 I 型等温线。而其他的多孔吸附剂中通常会包含各种尺寸的微孔和介孔。另外，还有一些微孔吸附剂是由非常细小的团聚颗粒组成，也表现出明显的外比表面积。这种材料得到的是复合等温线，不会具有显著平台［如图 9.1（b）］。图 9.1（c）所示的图中出现了迟滞回环并伴随着终止饱和平台，这通常可以用来判断材料中是否存在介孔。

在这种情况下，介孔壁上形成多层吸附之后，由于在较高 $p/p°$ 值时发生了毛细凝聚，使得等温线向上偏移。当然，如果此时存在从宽微孔到窄介孔范围的连续孔径分布，则无法检测到中间多层吸附。

目前，研究者们正在尝试通过对复合等温线的分析来得出微孔容量。从 $n_p(mic)$ 计算出微孔体积 $v_p(mic)$ 几乎都基于如下假设：在操作温度下微孔中的吸附质与处于液态的吸附物具有相同密度。前面在第 8 章中已经了解到，对于介孔吸附剂中的凝聚，这个假设（即 Gurvich 规则）似乎是合理的。当然，对于微孔材料，情况又不一样，特别是当孔径处于极微孔（<0.7 nm）范围时。

研究者们还对分子在圆柱形和狭缝形孔道中的进入以及填充进行了研究，揭示出分子直径以及微孔的宽度和形状这两者的重要性（Carrott 等，1987; Carrott 和 Sing, 1988; Balbuena 和 Gubbins, 1994; Sing 和 Williams, 2004）。图 9.2 给出的是孔径对球状粒子填充密度的影响。在此，用相应密堆积状态下填充密度的百分比来表示圆柱体和狭缝中的填充程度。尽管这是一张没有考虑吸附力而过于简化的示意图，但它确实说明了获得准确的可及孔隙体积比较困难。从图 9.2 可以判断，当 $w/d>4$ 时似乎更加符合 Gurvich 规则。当然，符合 Gurvich 规则本身并不能保证填充密度与液相时相同。

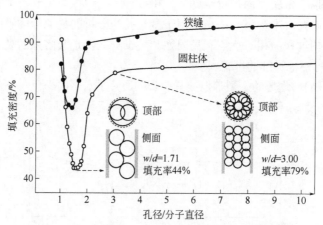

图9.2　球形粒子填充在狭窄的狭缝形或圆柱形孔道中，以及两种不同尺寸圆柱体示意图（引自 Carrott 等, 1987）

另外，图 9.2 中存在一个显著的特点，那就是平行侧狭缝具有额外自由度，使得填充密度大幅度提高。事实上，当我们研究碳分子筛和某些沸石的吸附性质时，考虑狭缝和圆柱体中填充密度的差异是非常重要的。

在评估狭窄狭缝和圆柱体中的填充密度时，假定在给定狭缝或圆柱体中，所有分子都具有相同的宽度。然而，这也不是完全正确的，因为有效孔隙宽度在某种程度上取决于分子间相互作用（Everett 和 Powl, 1976），并且受限非均匀流体的密度在孔结构内也是不均匀的（Gubbins, 1997）。

当然，也有严重背离 Gurvich 规则的情况（见 Sing 和 Williams, 2004），一个可能的原因是吸附发生在分子筛中，较大的吸附分子不能进入具有特定尺寸的窄微孔。从文献记载来看，许多沸石和部分活性炭也存在这种现象。尺寸排阻测量（气体吸附或浸没式量热法）可以确定微孔尺寸分布（Denoyel 等, 1993; Gonzalez 等, 1997; Lopez-Ramon 等, 1997）。即使排阻效应很小甚至没有时，我们也强烈推荐使用不同尺寸和极性的分子来表征微孔吸附剂（见 Lowell 等, 2004）。

9.2　气体物理吸附等温线分析

9.2.1　经验法

在早期研究中，研究者们曾使用 t 方法进行微孔分析。在 Lippens 和 de Boer（1965）的工作中，他们提出多孔固体的总表面积与它们 t 图的初始线性部分的斜率成正比（见第 7 章）。此外，在 Mikhail 等的 MP 法中，研究者们取 t 图的切线来表示不同微孔组分的表面积。然后再对给定形状的孔隙（如：平行侧狭缝）确定其孔隙体积分布。虽然这个简单的方法一开始引起人们兴趣，但是随后 Dubinin（1970）和其他研究者（如：Gregg 和 Sing, 1976）指出 MP 法从根本上来讲并不合理。因此，选择具有相同 BET C 值的标准等温线也不可靠（参照 Brunauer, 1970；Lecloux 和 Pirard, 1979 推荐的步骤），因为它没有考虑到亚单层等温线的形状同时取决于表面化学性质和微孔结构。当然，标准多层厚度曲线是通过无孔参比材料来确定，且这个参比材料具有与微孔样品相似的表面结构，那么 t 图也可以用来评估微孔容量（Sing, 1967, 1970）。

因此，α_s 方法（见第 7 章）的一个重要优势，就是它不需要依赖任何与参比材料吸附机制相关的先验假设，因此其应用不局限于氮气的吸附。基于这个原因，它可以探索各种不同吸附剂微孔填充的各个阶段（Sing 和 Williams, 2005）。正如第 7 章所述，标准等温线是以 $(n/n_x)_s$ 对 p/p^o 的简约形式绘图，归一化因子 n_x 是在预选择的 p/p^o 情况处对应的吸附量（为了方便，一般取 $p/p^o=0.4$）。

为了构建给定微孔吸附剂的 α_s 图，以吸附量 n 对减少的标准吸附 $\alpha_s = (n/n_x)_s$ 作图。图9.3给出的是两种不同微孔吸附剂的假设 α_s 图。

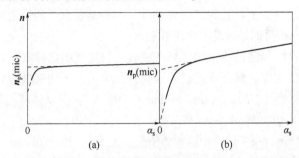

图9.3　具有不同孔径样品的假设 α_s 图

（a）窄微孔（或者"超微孔"）；（b）只有宽微孔（或者"次微孔"）

在图 9.3（a）中，由于在超微孔中吸附剂-吸附质之间相互作用的增强，使得等温线在低 p/p^o 范围是弯曲的，因此在（a）图中没有初始线性区域。而在（b）图中，初始线性部分对应次微孔壁上的单层吸附。当 p/p^o 渐高，次微孔的协同填充逐渐发生，在某些情况下会观察到 α_s 图的向上偏移。如果不存在毛细管凝聚（或者只在高的 p/p^o 范围才可以检测到），那么一旦微孔被填充，图 9.3 中的两种情况都开始呈现线性关系。其中，低斜率表示的是在相对较小的外表面上发生了多层吸附。将线性多层部分后推，得到 n 轴上的截距即为特定的微孔容量 $n_p(mic)$。

如前面所述，有效微孔体积 $v_p(mic)$ 的计算公式如下：

$$v_p(mic) = n_p(mic)M / \rho \tag{9.1}$$

此时，M 为吸附质的摩尔质量；ρ 为吸附质的平均绝对密度（通常假设等于液相吸附质的绝对密度）。

α_s 法已经被许多研究者用来研究微孔填充中的各个阶段（Carrott 等，1989；Fern 和 ez-Colinas 等，1989；Kenny 等，1993；Kaneko，1996；Sing 和 Williams，2005；Almazan-Almazan 等，2009；Villarroel-Rocha 等，2013）。例如，高分辨氮气检测已经证实超微孔和次微孔碳材料中吸附行为的差异（Kenny 等，1993）。此外，通过对不同尺寸的探针分子做高分辨 α_s 图，可以研究孔宽度/分子尺寸比例（w/d）的改变对孔填充机制的影响（Carrott 等，1987，1988a,b；Sing 和 Williams，2004，2005）。用这种方式，还可以对孔径分布进行半定量评估（见第 10 章）。

9.2.2　Dubinin-Radushkevich-Stoeckli 法

Dubinin-Radushkevich 方程，即第 5 章中的方程（5.44），也可以用以下形式表示：

$$\log_{10}(n) = \log_{10}[n_p(mic)] - D\log_{10}^2(p^o/p) \tag{9.2}$$

其中，D 为经验常数［见方程（5.45）］。根据 DR 理论，用 $\log_{10}(n)$ 对 $\log_{10}^2(p^\circ/p)$ 作图应该为一线性关系，并且斜率和截距分别为 D 和 $\log_{10}[n_p(\text{mic})]$。根据式（9.1），由 $n_p(\text{mic})$ 可以得到 $v_p(\text{mic})$。

活性炭的各种 DR 图将在第 10 章中给出。本章中，我们用图 9.4 中的两个假设例子来说明一些重要性质。

作为一般规则，如果等温线可逆（也就是不存在低压滞后），那么超微孔碳将会在很宽的 p/p° 范围内［见图 9.4（a）］给出线性 DR 图。总的来说，在更宽的孔道或者外表面上任何显著的吸附都会使线性发生偏离［见图 9.4（b）］。但是，无孔或介孔固体的一些 DR 图仍然表现出有限的线性范围。这一行为促使 Kaganer（1965）提出了与方程（9.2）类似的一种形式，用 n_m（单层容量）代替 $v_m(\text{mic})$。

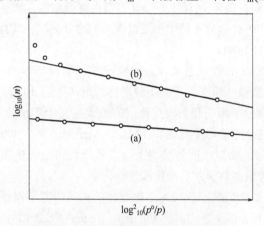

图 9.4　具有不同孔径样品的 DR 假设图
（a）只具有窄微孔（或者"超微孔"）；（b）也包括宽微孔（次微孔）

显然，简化 DR 拟合中有限的线性范围并不能用来准确评估孔径分布。为了描述某些活性炭中的双峰微孔尺寸分布，Dubinin（1975）应用了一个两项式，方程写成下面的形式：

$$n = n_{p,1}\exp[-(A/E_1)^2] + n_{p,2}\exp[-(A/E_2)^2] \tag{9.3}$$

式中，$n_{p,1}$ 和 $n_{p,2}$ 为两种孔道的微孔容量；E_1 和 E_2 为相对应的特征能量；吸附势 $A = RT\ln(p^\circ/p)$。

在方程（9.3）的应用中，Dubinin（1975）提出，较宽的孔道称为"次微孔（约 1.5 nm）"，它们在较高的 p/p° 范围内进行填充。

正如 Stoeckli（1977）设想的一样，方程（9.3）还可以应用到更多不同种类的孔道计算中。通过假设高斯分布，Stoeckli 等（1977，1979）试图对孔径的连续分布积分以代替单个 DR 贡献的加和（见第 5 章）。积分转换可以通过使用相当于"误差函数"的数学运算来给出微孔尺寸分布与高斯半宽度 Δ 之间的指数关系。换句话说，Δ 被认为是式（5.48）中 B 在其平均值周围的分散度量。

为了说明 Dubinin 和 Stoeckli 所引用的各术语的重要性，我们将 Dubinin-Astakov（DA）方程（即式 5.46）写成如下形式：

$$n = \boldsymbol{n}_p \exp[-(A / \beta E_0)^N]\tag{9.4}$$

这里的 β 和 N 已经在第 5 章中给出了定义，式（5.46）中的 E 也由 βE_0 代替。在有限的实验事实基础上，Dubinin（1979）提出 E_0 与孔隙宽度 w 呈反比关系：

$$w = K / E_0\tag{9.5}$$

K 为经验常数，对于一系列的活性炭来说，据报道其值大约为 $17.5\ \text{nm} \cdot \text{kJ} \cdot \text{mol}^{-1}$（见 Bansal 等，1988）。随着 N 在 1.5～3.0 范围内逐渐增加，微孔孔径变得渐小且孔径分布逐渐均匀。在一种碳分子筛中出现过 $N = 3$ 的极值，它具有特别窄的孔径分布（Dubinin 和 Stoeckli，1980）。

Dubinin-Stoeckli 法的数学之美让人印象深刻，但是基本的 DR 方程对次微孔（0.7～2 nm）的二级微孔填充似乎并不能严格适用（见第 10 章）。值得注意的是，当这个方法应用于碳分子筛中相对较窄范围的超微孔（<0.7 nm）时，或者说只涉及初级微孔填充时，这个方法似乎最成功（Martin-Martinez 等，1986）。虽然 DA 方程可以用在沸石分子筛的物理吸附等温线上，但是得到的结果更加难以解释。这表明在使用时需要同时考虑到材料的孔结构和表面化学。

尽管 DR 方程如今仍然广泛应用于微孔碳的物理吸附等温线（例如：Almazan-Almazan 等，2009; Thommes 等，2012; Villarroel-Rocha 等，2013），但是它对于微孔容量的评估还存在问题（见图 10.11 和表 10.1）。不管怎样，作为给定范围内的经验关系，这个方法还是可以应用于内插或外推实验数据。

9.2.3 Horvath–Kawazoe（HK）法

1983 年，Horvath 和 Kawazoe 提出了一种确定微孔尺寸分布的方法。最初，HK 分析法是应用于碳分子筛中氮气吸附等温线的测定，其中假设吸附剂含有狭缝状的石墨孔道。随后，HK 法被扩展到沸石和磷酸铝的圆柱形和球形孔道中的氩气和氮气吸附（Venero 和 Chiou，1988; Davis 等，1989; Saito 和 Foley，1991; Cheng 和 Yang，1995; Horvath 和 Suzuki，1997）。

HK 法一般基于以下思路：对于给定尺寸和形状的微孔，填充时所需的相对压力与吸附剂-吸附质的相互作用能直接相关。与 FHH 理论一样（见第 5 章），这个理论假设相比于变化较大的内部能量，熵对吸附自由能的贡献较小，并且内部能量本身在很大程度上取决于势能阱的深度。换一种方式表达，可以假设吸附时的摩尔熵对孔尺寸的变化并不敏感。通过这种方法，可以评估填充给定尺寸孔道时所需的相对压力 $(p/p^o)_{pore}$，因为已经假设相对压力只取决于相互作用能 $\phi(z)_{pore}$，因此有：

$$RT\ln(p/p^o)_{pore} = f[\phi(z)_{pore}] \tag{9.6}$$

1983 年，Horvath 和 Kawazoe 运用 Kirkwood-Müller 方程并将现有的实验数据代入氮和碳的物理性质中，得到 77 K 下氮气在碳分子筛中的吸附方程。表 9.1 中给出了几个通过该吸附方程求得的 $(p/p^o)_{pore}$ 值。尽管 HK 法的基本原则仍然存疑，并且如今已经基本被 DFT 方法所取代，但它还是被看作微孔填充统一理论进程发展中的第一阶段。

虽然表 9.1 中的 $(p/p^o)_{pore}$ 预测值与对应实验值不能完全吻合，但是估算出的范围还是有意义的。因此，我们可以得知超微孔的填充可以发生在非常低的相对压力下。事实上，高分辨率吸附测量（如：Conner, 1997; Maglara 等, 1997; Ravikovitch 等, 2000; Thommes 等, 2006）已经证实，要研究微孔填充的第一阶段就需要 $p/p^o < 10^{-6}$ 的工作条件。

表 9.1　填充碳狭缝形孔道所需 N_2 的 p/p^o 的 HK 预测值

有效孔宽度，w/nm	$(p/p^o)_{pore}$	有效孔宽度，w/nm	$(p/p^o)_{pore}$
0.4	1.46×10^{-7}	0.8	2.95×10^{-3}
0.5	1.05×10^{-5}	1.5	7.59×10^{-2}
0.6	1.54×10^{-4}		

9.2.4　密度泛函理论

在第 6 章和第 8 章已经提到过，计算机模拟（如：分子动力学和蒙特卡罗模拟）以及将 DFT 用于纳米孔中流体行为的研究（Olivier, 1995; Gubbins, 1997; Jagiello 等, 2011; Thommes 等, 2012; Landers 等, 2013）已经成为当今科学研究的热点。

在本章中，我们将会讨论非定域 DFT（NLDFT）和淬火固体 DFT（QSDFT）在纳米孔分析中的应用。与之前的旧方法［例如：Barrett, Joyner 和 Halenda 法（BJH）］不同，DFT 与毛细凝聚无关并且在整个微孔至介孔范围都可以应用。此外，对于许多吸附剂-吸附质体系，NLDFT 和 QSDFT 软件都已经商业化而极易获得。

在第 8 章中我们已经对 DFT 做了总体描述，所以在此只进行简要概述。NLDFT 是建立在经典和统计热力学完善的体系基础上，并且假设在某些特定的条件下，吸附质与气相中的吸附物处于热力学平衡。孔隙流体的密度分布 $\rho(r)$ 可以通过巨热力势［见方程（8.26）］最小化来得到，而巨热力势取决于流体-流体及流体-固体间的相互作用。一旦 $\rho(r)$ 已知，我们就可以计算吸附等温线和其他的热力学性质。在计算中，对流体-流体相互作用的参数进行交叉检查可以确保整体性质的一致性，同时通过调整无孔参比吸附剂的模拟等温线以吻合实验数据可以得到流体-固体的相互作用。通常我们假设孔道具有简单的几何形状（狭缝形、圆柱形或球体）。NLDFT 把孔壁看作是平滑的，这可能会导致低压下分析的异常。为了克服这个缺点，QSDFT 为孔道表面加上了一定程度的粗糙度（Gor 等，2012）。通过类似的方法，另外有研究者（Jagiello 和 Olivier，2013a,b）将表面能量异质性和几何波纹考虑进去，也对 NLDFT 进行了修改。

就这样，对特定的气-固体系和给定形状的孔道计算出了它们一系列的理论等温线。这一系列的理论等温线被称为"内核"（kernel）。孔径分布函数 $f(w)$ 的计算可以通过对总的吸附等温方程式（GAI）求解，计算公式如下：

$$N_{exp}\left(\frac{p}{p^o}\right) = \int_{w\,\mathrm{min}}^{w\,\mathrm{max}} N_{theo}\left(\frac{p}{p^o}, w\right) f(w)\mathrm{d}w \tag{9.7}$$

其中，$N_{exp}(p/p^o)$ 为测得的吸附分子数；$N_{theo}(p/p^o, w)$ 为模型孔中理论等温线的内核。公式需要对一定的孔径范围进行积分。虽然 GAI 方程的解从严格意义上来说还存在问题，但通过使用正则算法仍然能够得到一些有意义的结果（Dombrowski 等，2000；Ravikovitch 等，2000）。

图 9.5 中是 QSDFT 的一个应用示例，其中给出了两种碳布样品的孔径分布图（Llewellyn 等，2000）。我们使用商业软件来进行计算，其中的内核以石墨碳中孔道为狭缝形孔道的假设为基础。从氮气等温线（77 K 条件下）的形状以及对应的高分辨率 α_s 图中可以看出，虽然样品 A 和 B 均为微孔材料，但是在样品 B 中还存在一定量的介孔。对图 9.5 的 DFT 分析还可以提供更多的信息，例如从图中可以得出每个碳布中都存在独特的双峰微孔结构。显然，在两种吸附剂中都存在含量近似的超微孔和次微孔，但是在样品 A 中次微孔结构的孔道尺寸会更大一些。由于在基本的逐层吸附 NLDFT 中，不允许存在任何表面异质性、粗糙度以及无序孔结构，所以在这里我们使用的是 QSDFT 的内核（见图 10.14）。虽然如此，QSDFT 模型中的无序程度也不能完全反映实际样品的状态。因此，图 9.5 中给出的孔径分布只能被当作是有效孔径分布的半定量评估。当然，对具有良好性质的有序多孔材料的研究，目前已获得相当大的进展，已经有可能从氮气和氩气等温线中推导出的孔径尺寸之间得到良好的一致性（Ravikovitch 等，2000；Thommes 等，2006，2012）。

9.2.5　壬烷预吸附法

1969 年，Gregg 和 Langford 提出了一种评估微孔的有趣方法。它的主要目的在于用正壬烷填充吸附剂的微孔，留下更宽的孔道以及开放表面，以进行 77K 时的氮气吸附。之所以选择壬烷做预吸附物，是因为它具有相对较大的物理吸附能，反过来在脱附时也具有较高的能垒（即活化能）。因此，需要升高温度才可以以可测的速率将壬烷从窄孔中除去。此外，正壬烷的长链分子可以进入到直径只有 0.4 nm 的窄微孔中，这与其他体积更大的烃分子是不同的。

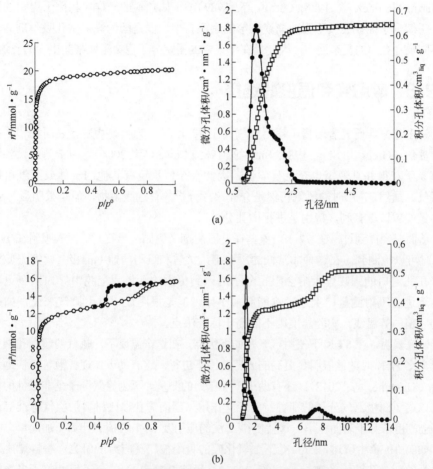

(a)

(b)

图 9.5　77 K 下，两种碳布通过 QSDFT 得到的 N_2 吸附等温线（左）
以及相应的孔径分布图（右）

（a）仅有微孔；（b）同时存在微孔和介孔

以下是 Gregg 和 Langford 的实验步骤。首先在 77 K 下将脱气的吸附剂暴露在正壬烷蒸汽中，室温条件下脱气后测得 77 K 下第一条氮气吸附等温线。然后将样品放置在一系列越来越高的温度下进行脱气，并在各个脱气阶段后连续测定氮气吸附等温线直至壬烷完全被去除。

第一个被测定的样品是活化的炭黑，研究发现要将预吸附的壬烷完全去除，需要在 350℃ 的条件下持续脱气。据报道，在多层范围内所有中间氮气吸附等温线都是平行的，只有在 20℃ 和 350℃ 下脱气后测得的等温线间的垂直间隔才可以求得令人满意

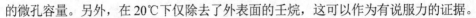
的微孔容量。另外，在 20℃下仅除去了外表面的壬烷，这可以作为有说服力的证据。

不过，近期的一些关于预吸附法的研究表明，实验结果并不总是易于解释（Martin-Martinez 等，1986；Carrott 等，1989）。正如预料的一样，相比于更宽的次微孔，壬烷分子往往会被更强地捕获在窄的超微孔中，但是因为许多微孔吸附剂具有各种不同尺寸孔隙的复杂网络，因此处在窄孔中的壬烷分子也会阻塞某些更宽的孔道。

9.2.6 吸附物和温度的选择

许多年来，研究者习惯于使用氮气（在 77 K 下）为吸附物进行表面积和孔径分布的评估（Gregg 和 Sing，1982；Sing 等，1985；Lowell 等，2004）。由于商业设备和软件都易于获得并且液氮也充足且廉价，因此至今似乎没有其他的气体或蒸气可以代替氮气。虽然 77 K 时的氮气仍然是介孔尺寸分析的首选吸附物，但是很明显，87 K 时的氩气应该更有利，特别是进行微孔分析时。

前面已经提到过，在 77 K，某些微孔吸附剂（例如：沸石）的氮气吸附在 $p/p^o < 10^{-6}$ 时可以检测到。在这种非常低的压力下，扩散和吸附的速率都极其缓慢。此外，在窄孔孔道口的强物理吸附会阻止分子进入到更大的孔道或空腔中。如果在更高的温度下进行吸附测量，上述影响能够最小化，但是很明显，对于氮气来说，如果想得到完整的等温线，实验温度则不能高于标准沸点。

研究表明，在 87 K 下使用氩气有如下优点。在这个温度下，氩气的超微孔填充会在一个比 77 K 时的氮气明显更高的 p/p^o 范围下进行，这有助于加速扩散、更快地达到平衡（Thommes 等，2012），还有助于平衡压力的测量。因为氩气分子是非极性的，所以可以避免四极氮气分子的那种特定相互作用，因而无孔参比材料的氩气标准等温线并不会高度依赖于表面化学。这就使得 α_s 法的应用及 DFT 内核的计算更加简单。

如第 10 章中所述，273 K 下二氧化碳的吸附被广泛应用于研究"缓慢燃烧"活性炭中的超微孔结构（Thommes 等，2012）。尽管 CO_2 和 N_2 的分子尺寸差不多，但是 CO_2 的吸附往往比 N_2 多得多。显然，更高的操作温度，是 CO_2 吸附量大的主要原因。不过，由于 CO_2 为四极矩分子，它与沸石和一些微孔氧化物之间具有强的特异性相互作用，使得它们在吸附行为上的差异变得更加难以解释。

为了各种原因，有一系列具有不同分子尺寸和极性（Sing 和 Williams，2004；Thommes 等，2012）的吸附物可供选择使用是有道理的。如在第 10 章中指出的，选择各种"球状"烷烃分子，可以研究与吸附物分子尺寸相关的 I 型等温线特性的差异。另外，气相色谱保留测量也可用于研究有机探针分子与微孔吸附剂的相互作用。有的研究中选用水作为探针分子，这吸引了很多研究热情。众所周知，水分子相对来说较小，但是它具有很高的极性和反应性，并且它还具有形成强氢键的倾向。因此，水作为探针分子也是不足为奇的！

9.3　微量热法

由于宽度为几个分子直径的微孔具有明显增强的吸附能，因此微量热法也可用于微孔评估。下面将要讲述这种实验方法的过程概况。

9.3.1　浸没微量热法

9.3.1.1　不同干燥样品浸没在相同的液体中

在这个方法中，液体的选择应能够使微孔尽可能地完全填充。最常用的液体有水、甲醇、苯、环己烷和正己烷，具体选用什么液体取决于表面预期的极性和微孔的形状（圆柱形、狭缝形等等）。

第一步通常都是对浸没的比能量进行简单的比较。在没有相对较大比例外表面积的情况下，这些能量由微孔网络的性质控制（例如：Stoeckli 和 Ballerini, 1991 或者 Rodriguez-Reinoso 等, 1997）。

为了能更加详细地对微孔进行评估，就必须能够对浸没数据的能量进行解释。目前有两种方法比较受研究者们欢迎。

第一种方法是基于 Dubinin-Stoeckli 体积填充原理（见 5.2.4 节）。浸没能量 $\Delta_{imm}U$ 与给定微孔孔径和浸没液体（Bansal 等, 1988）的微孔体积 $W_0(d)$ 以及"特征能量" E 有关，表达式如下：

$$\frac{\Delta_{imm}U}{m_s} = \left[-\beta E W_0(d)(1+\alpha T)\sqrt{\Pi}\Big/2V_m^l \right] + u^i a(\text{ext}) \tag{9.8}$$

这里，m_s 为吸附剂的质量；d 为分子直径；V_m^l 为液体的摩尔体积；u^i 为 1 m^2 的外表面积 $a(\text{ext})$ 的浸没能量；β 为缩放因子；α 为液体的热膨胀系数。如果外表面积可以忽略，那么浸没能量似乎为可浸入浸没液体的微孔体积 $W_0(d)$ 提供了近似的比较评估。然而，只有当特征能量 E 在所有样品中都保持一致或者具有相同变化时上面的结论才成立。总的来说，关于这个问题应该严肃对待。

第二种方法中的浸没能量 $\Delta_{imm}U$ 与微孔表面积 $a(\text{mic})$ 直接相关，这一点在 4.2.3 节中已有描述。其关系式很简单，如下所示：

$$\Delta_{imm}U = u^i a(\text{mic}) + u^i a(\text{ext}) \tag{9.9}$$

有意思的是，虽然式（9.8）和式（9.9）的复杂性差别很大，但是它们却相互一致：由于 E 是孔宽度 w 的反函数，所以 EW_0 近似与 $a(\text{mic})$ 成正比。

9.3.1.2 干燥样品浸没在不同分子大小的液体中

这种方法是为分子筛而设计的。它的基本数据简单地用一条浸没比能量对浸没液体分子尺寸的曲线来表示。这样，就可以直接从探针分子得到微孔尺寸分布的即时信息，也就是说以一种实在又实用的方式考虑到样品的所有缺陷及探针扩散时所遇到的实际阻碍（例如：由于弯曲或收缩）。从这点来说，这个方法为小分子尺寸吸附物的单一吸附方法（详见 9.2 节）提供了有利补充。对于室温下的实验，表 9.2 中已经列出了可用的液体，它们都非常适合用于碳材料的研究。因为表达分子探针的"临界尺寸"或"分子大小"有多种方式，所以使用时注意一套数据的一致（所以表 9.2 有两列数据）。再者，可以对微量热数据进行处理，从而与各种分子的微孔体积（见 Stoeckli 等，1996）或者图 9.6 所示的微孔表面积作比较（见 Rodriguez-Reinoso 等, 1997；Villar-Rodil 等, 2004）。

表 9.2　用于探针微孔尺寸的浸没液体

液体	临界尺寸/nm（引自 Stoeckli, 1995）	液体	分子大小/nm（引自 Denoyel 等, 1993）
二氯甲烷	0.33	苯	0.37
苯	0.41	甲醇	0.43
环己烷	0.54	异丙醇	0.47
四氯化碳	0.63	环己烷	0.48
1,5,9-环十二碳三烯	0.76	叔丁醇	0.6
磷酸三 2,4-二甲苯酯	1.5	α-蒎烯	0.7

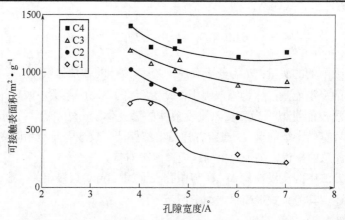

图 9.6　一系列活性炭（从 C1～C4 活化作用依次增加）的可及表面积随表 9.2（右侧）所列液体中浸没量热法的孔隙宽度的变换曲线（引自 Denoyel 等, 1993）

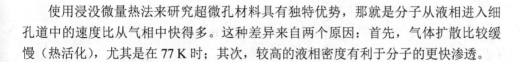

使用浸没微量热法来研究超微孔材料具有独特优势，那就是分子从液相进入细孔道中的速度比从气相中快得多。这种差异来自两个原因：首先，气体扩散比较缓慢（热活化），尤其是在 77 K 时；其次，较高的液相密度有利于分子的更快渗透。

9.3.1.3 部分预蒸气吸附样品的浸没

这是一个用来评估微孔中气体吸附能量的间接方法。预吸附的蒸气可以是浸没液体的蒸气，又或者是其他吸附物：例如，Stoeckli 和 Huguenin（1992）设计了一个在浸没量热法（水或苯）之前进行水预吸附的实验，用来研究微孔碳中水的填充机理。

9.3.2 气体吸附微量热法

微孔中吸附能增量最好是通过 $\Delta_{ads}\dot{u}$ 的直接微量热测量来得到。此外，通过比较 N_2 和 Ar 的吸附可以辨别吸附能的增量是由微孔限制引起还是由特定的吸附剂-吸附质相互作用引起。这两种效应都出现在氮气等温线的低压范围，而氩气中几乎不存在特定相互作用。

研究微孔率的气体吸附量热法具有一个重要的特性，就是在低压范围（比如，$p/p^o<0.05$）具有最高的灵敏度，这恰好是微孔填充的压力范围，并且在这个范围内测得的吸附等温线相对于平衡压力来说往往缺乏准确性。因此，一般建议用 $\Delta_{ads}\dot{u}$ 对 n 作图，而不是对 p/p^o 作图。然后可以通过 $\Delta_{ads}\dot{u}$ 的值来区分各种类型的微孔，并且得到它们有效体积的信息。关于这些，可以通过图 10.15 中的微量热曲线来说明，它是通过两种活性炭中氮气和氩气的吸附测量得到的。由此可见，微量热法是检验等温线分析的一种独立方法。$\Delta_{ads}\dot{u}$ 的值非常有意义。例如，对于碳分子筛来说，在氮气和氩气中 $\Delta_{ads}\dot{u}$ 的初始值是无孔炭黑中的两倍以上：这是狭缝形微孔中预测到的最大增量（Everett 和 Powl，1976）。

9.4 结论和建议

（1）在 IUPAC 分类中，纯的微孔吸附剂得到的物理吸附等温线为 I 型等温线。分子尺度孔道的微孔填充通常发生在非常低的 p/p^o 范围，而对于更宽的微孔则在较高的 p/p^o 范围发生填充。

（2）α_s 图法提供了一种复合等温线的分析方法，它可以获得孔道填充机制的信息，并且还能估算微孔容量以及有效外表面积。

（3）Dubinin-Rad uskevich（DR）图可以用于吸附数据的内插或外推，但是并不能完全准确地得到微孔体积。

（4）DFT 常常被推荐应用于孔径分析，其中的 NLDFT 考虑了表面异质性和粗糙度，因而可以获得有效孔径分布的半定量评估。

（5）在未来的研究中，87 K 下的氩气吸附有望取代 77 K 下的氮气吸附，以进行纳米孔径分析。

（6）通过不同分子尺寸液体中进行的浸没微量热法，可以简单检验微孔的尺寸以及可及性。相同的分子还可以在气相中进行吸附，尽管在窄微孔中的扩散问题需要特别谨慎。

参考文献

Almazan-Almazan, M.C., Perez-Mendoza, M., Fern 和 ez-Morales, I., Domingo-Garcia, M., Lopez-Garzon, F.J., Martinez-Alonso, A., Suarez-Garcia, F., Tascon, J.M.D., 2009. In: Kaskel, S., Llewellyn, P., Rodriguez-Reinoso, F., Seaton, N.A. (Eds.), Characterization of Porous Solids VIII. Royal Society of Chemistry, Cambridge, p. 159.

Balbuena, P.B., Gubbins, K.E., 1994. In: Rouquerol, J., Rodriguez-Reinoso, F., Sing, K.S.W., Unger, K.K. (Eds.), Characterization of Porous Solids III. Elsevier, Amsterdam, p. 41.

Bansal, R.C., Donnet, J.B., Stoeckli, H.F., 1988.Active Carbon. Marcel Dekker, New York, p. 139.

Brunauer, S., 1970. In: Everett, D.H., Ottewill, R.H. (Eds.), Surface Area Determination. Butterworths, London, p. 63.

Carrott, P.J.M., Sing, K.S.W., 1988. In: Unger, K.K., Rouquerol, J., Sing, K.S.W., Kral, H. (Eds.), Characterization of Porous Solids I. Elsevier, Amsterdam, p. 77.

Carrott, P.J.M., Roberts, R.A., Sing, K.S.W., 1987. Chem. Ind. 855.

Carrott, P.J.M., Roberts, R.A., Sing, K.S.W., 1988a. In: Unger, K.K., Rouquerol, J., Sing, K.S.W., Kral, H. (Eds.), Characterization of Porous Solids I. Elsevier, Amsterdam, p. 89.

Carrott, P.J.M., Roberts, R.A., Sing, K.S.W., 1988b. Langmuir. 4, 740.

Carrott, P.J.M., Drummond, F.C., Kenny, M.B., Roberts, R.A., Sing, K.S.W., 1989. Colloids Surf. 37, 1.

Cheng, L.S., Yang, R.T., 1995. Adsorption.1, 187.

Conner, W.C., 1997. In: Fraissard, J., Conner, W.C. (Eds.), Physical Adsorption: Experiment, Theory 和 Applications. Kluwer, Dordrecht, p. 33.

Davis, M.E., Montes, C., Hathaway, P.E., Arhancet, J.P., Hasha, D.L., Garces, J.E., 1989.J. Am. Chem. Soc. 111, 3919.

Denoyel, R., Fern 和 ez-Colinas, F., Grillet, Y., Rouquerol, J., 1993. Langmuir. 9, 515.

Dombrowski, R.J., Hyduke, D.R., Lastoskie, C.M., 2000. Langmuir. 16, 5041.

Dubinin, M.M., 1970. In: Everett, D.H., Ottewill, R.H. (Eds.), Surface Area Determination. Butterworths, London, p. 123.

Dubinin, M.M., 1975. In: In: Cadenhead, D.A. (Ed.), Progress in Surface and Membrane Science, Vol. 9. Academic Press, New York, p. 1.

Dubinin, M.M., 1979. In: Gregg, S.J., Sing, K.S.W., Stoeckli, H.F. (Eds.), Characterisation of Porous Solids. Society of Chemical Industry, London, p. 1.

Dubinin, M.M., Stoeckli, H.F., 1980. J. Colloid Interface Sci. 75, 34.

Everett, D.H., Powl, J.C., 1976. J. Chem. Soc. Faraday Trans. I. 72, 619.

Fern and ez-Colinas, J., Denoyel, R., Grillet, Y., Rouquerol, F., Rouquerol, J., 1989. Langmuir. 5, 1205.

Gonzalez, M.T., Rodriguez-Reinoso, F., Garcia, A.N., Marcilla, A., 1997. Carbon. 35, 8.

Gor, G.Y., Thommes, M., Cychosz, K.A., Neimark, A.V., 2012.Carbon.50, 1583.

Gregg, S.J., Sing, K.S.W., 1982. Adsorption, Surface Area 和 Porosity, 2nd edn Academic Press, London.

Gregg, S.J., Langford, J.F., 1969. Trans. Faraday Soc. 65, 1394.

Gregg, S.J., Sing, K.S.W., 1976. In: In: Matijevic, E. (Ed.), Surface 和 Colloid Science, Vol. 9. Wiley, New York, p. 336.

Gubbins, K.E., 1997. In: Fraissard, J., Conner, C.W. (Eds.), Physical Adsorption: Experiment, Theory 和 Applications. Kluwer, Dordrecht, p. 65.

Horvath, G., Kawazoe, K., 1983. J. Chem. Eng. Jpn. 16, 470.

Horvath, G., Suzuki, M., 1997. In: Fraissard, J., Conner, C.W. (Eds.), Physical Adsorption: Experiment, Theory 和 Applications. Kluwer, Dordrecht, p. 133.

Jagiello, J., Kenvin, J., Olivier, J., Contescu, C., 2011. Adsorpt.Sci. Technol. 29, 769.

Jagiello, J., Olivier, J.P., 2013a. Carbon. 55, 70.

Jagiello, J., Olivier, J.P., 2013b. Adsorption. 19, 777.

Kaganer, M.G., 1959. Zhur.Fiz.Khim.33, 2202.

Kaneko, K., 1996. In: Dabrowski, A., Tertykh, V.A. (Eds.), Adsorption on New 和 Modified Inorganic Sorbents. Elsevier, Amsterdam, p. 573.

Kenny, M.B., Sing, K.S.W., Theocharis, C., 1993. In: Suzuki, M. (Ed.), Proceedings of the 4th International Conference on Fundamentals of Adsorption. Kodansha, Tokyo, p. 323.

L 和 ers, J., Yu, G., Neimark, A.V., 2013, Colloids and Surfaces A: Physicochemical and Engineering Aspects, in press.

Lecloux, A., Pirard, J.P., 1979. J. Colloid Interface Sci. 70, 265.

Lippens, B.C., de Boer, J.H., 1965. J. Catal. 4, 319.

Llewellyn, P.L., Rouquerol, F., Rouquerol, J., Sing, K.S.W., 2000. Studies in Surface Science 和 Catalysis, Vol 128. Elsevier, Amsterdam p. 421.

Lopez-Ramon, M.V., Jagiello, J., B and osz, T.J., Seaton, N.A., 1997. Langmuir. 13, 4435.

Lowell, S., Shields, J.E., Thomas, M.A., Thommes, M., 2004. Characterization of Porous Solids 和 Powders: Surface Area, Pore Size 和 Density. Kluwer, Dordrecht.

Maglara, E., Pullen, A., Sullivan, D., Conner, W.C., 1997. Langmuir. 10, 11.

Martin-Martinez, J.M., Rodriguez-Reinoso, F., Molina-Sabio, M., McEnaney, B., 1986.Carbon. 24, 255.

Mikhail, R.Sh.,Brunauer, S., Bodor, E.E., 1968. J. Colloid Interface Sci. 26, 45.

Olivier, J.P., 1995. J. Porous Mat. 2, 9.

Ravikovitch, P.I., Vishnyakov, A., Russo, R., Neimark, A.V., 2000. Langmuir. 16, 2311.

Rodriguez-Reinoso, F., Molina-Sabio, M., Gonzalez, M.T., 1997. Langmuir. 13, 8.

Saito, A., Foley, H.C., 1991. AIChE J. 37, 429.

Sing, K.S.W., 1967. Chem. Ind. 829.

Sing K.S.W. (1970) In: Surface Area Determination (D.H. Everett 和 R.H. Ottewill, eds), Butterworths, London, p.15.

Sing, K.S.W., Everett, D.H., Haul, R.A.W., Moscou, L., Pierotti, R.A., Rouquerol, J.,

Siemieniewska, T., 1985. Pure Appl. Chem. 57, 603.

Sing, K.S.W., Williams, R.T., 2004. Part. Part. Syst. Charact. 20, 1.

Sing, K.S.W., Williams, R.T., 2005. Adsorpt. Sci. Technol. 23, 839.

Stoeckli, H.F., 1977. J. Colloid Interface Sci. 59, 184.

Stoeckli, H.F., Ballerini, L., 1991. Fuel.70, 557.

Stoeckli, H.F., Huguenin, D., 1992. J. Chem. Soc. Faraday Trans. 88 (5), 737.

Stoeckli, H.F., Houriet, J.Ph., Perret, A., Huber, U., 1979. In: Gregg, S.J., Sing, K.S.W., Stoeckli, H.F. (Eds.), Characterisation of Porous Solids. Society of Chemistry Industry, London, p. 31.

Stoeckli, H.F., 1995. In: Patrick, J.W. (Ed), Porosity in Carbons. E.Arnold. London, Chapter. 3, 66‐97.

Stoeckli, H.F., Centeno, T.A., Fuertes, A.B., Muniz, J., 1996. Carbon.34, 10.

Thommes, M., Cychosz, K.A., Neimark, A.V., 2012. In: Tascon, J.M.D. (Ed.), Novel Carbon Adsorbents. Elsevier, Amsterdam, p. 107.

Thommes, M., Smarsly, B., Groenewolt, M., Ravikovitch, P.I., Neimark, A.V., 2006. Langmuir. 22, 756.

Venero, A.F., Chiou, J.N., 1988. Mater. Res. Soc. Symp. Proc. 111, 235.

Villar-Rodil, S., Denoyel, R., Rouquerol, J., Martinez-Alonso, A., Tascon, J.M.D., 2004.Thermochim.Acta.420, 141.

Villarroel-Rocha, J., Barrera, D., Garcia Blanco, A.A., Jalil, M.E.R., Sapag, K., 2013.Adsorpt.Sci. Technol. 31, 165.

第10章 | 活性炭吸附

Kenneth S.W. Sing

Aix Marseille University-CNRS, MADIREL Laboratory, Marseille, France

10.1 引言

在本章中，"活性炭"一词是指具有可观的内部和/或外部表面积的多孔或细分的碳。人们广泛研究了 Brunauer-Emmett-Teller（BET）比表面积在约 $5\sim3000$ $m^2 \cdot g^{-1}$之间的各种碳的吸附性质。低于该范围的碳通常被认为是无孔粉末，但这并非总是正确。与其他材料一样，比表面积大于 100 $m^2 \cdot g^{-1}$ 左右的活性炭基本上都是多孔的。

术语"活性炭"倾向于更具体地指代由富碳前体通过某些形式的化学或物理活化而产生的一种高度多孔的材料（通常为微孔）。大多数商品级活性炭具有无序微孔结构和巨大的内表面积。现在已有活性碳纤维（activated carbon fibre, ACF）、碳布以及整体材料、凝胶和膜等形式的碳吸附剂和催化剂载体。而且，它们的孔径可以在狭窄微孔、介孔或大孔范围内实现很好的调节。

炭黑由小球状颗粒组成，是重要的工业产品。虽然炭黑比活性炭的比表面积小得多，但作为吸附剂，它们也是重要的研究和参考材料。在高温石墨化后，球形颗粒会变为多面体，并形成非常均匀的表面结构。作为模型吸附剂，石墨化炭黑具有非常独特的价值。

除了上述无序碳材料以外，还有一些具有明确结构的碳，现在正引起很多关注。这些包括富勒烯、碳纳米管（CNT）和有序介孔碳（OMC）。这些碳的长程排列和独特性质为基础研究和应用研究提供了新的契机。

通常，77 K 低温氮气的吸附，是表征所有活性炭的表面积和孔隙率的第一步。虽然在应用分子模拟（MS）和密度泛函理论（DFT）解释吸附数据方面已取得了进展，但在常规工作中（例如质量控制或专利说明中），仍依赖于使用等温分析这一"经典"方法——特别是用于表面积测定的 BET 法和用于微孔及介孔大小分析的 Dubinin-Radushkevich（DR）和 Barrett-Joyner-Halenda（BJH）方法。正如其他章节所解释的，这些方法都有其局限性。事实上，DFT 和 MS 的应用涉及各种需要被考虑在内的假设。通过应用经验方法（例如α_s图或比较图），可以评估外表面（即微孔的外面）的有效面积和微孔容量，并检查 BET 面积的有效性。

为了理解活性炭的吸附行为，除低温氮气吸附之外，通常还需要进行其他测量。基于不同的原因，选择不同大小、形状和极性的分子进行探测是非常有效的。此外，可能有必要进行高压或动态测量，或考察碳/液界面处的吸附。所以，到底选择何种表征方法最合适，取决于研究或应用的最终目的。

正如本书的其他章节一样，在这里讨论的方法是可供选择的。在单独的一章中，不可能充分考虑所有已发表的有关活性炭的研究内容。我们的主要目标是讨论并解释物理吸附等温线及其他典型活性炭的吸附数据。首先，我们将简要介绍基本类型活性炭的制备，性质和应用。

10.2 活性炭：制备、性质和应用

本节简要介绍各种活性炭的制备和性质。更多的详细信息可以在许多优异的书籍和综述中找到（如 Bansal 等, 1988; Patrick, 1995; McEnaney, 2002; Rodriguez-Reinoso, 2002; Bandosz 等, 2003; Marsh 和 Rodriguez-Reinoso, 2006; Bottani 和 Tascon, 2008; Palmer 和 Gubbins, 2012; Tascon, 2012）。

10.2.1 石墨

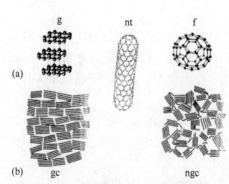

图 10.1 （a）石墨（g）、碳纳米管（nt）和富勒烯（f）的结构；（b）石墨化碳（gc）和非石墨化碳（ngc）结构模型（引自 Franklin, 1951）

众所周知，石墨是在常温和常压下碳元素的稳定形式。平面石墨烯层是由各向异性的原子通过六元碳环相连的方式构成（见图 10.1）。它有两种形式：在正常的α形（或六边形）中，石墨烯层以 ABAB…的形式交替存在；而在 β 形（或菱形）中，堆叠的顺序是 ABCABC…。在每种情况下，石墨烯层内的碳-碳距离均为 0.142 nm，晶面间距通常约为 0.335 nm。这种高度特征化的层结构与碳的 sp^2 电子杂化相关。C 原子的三个外层电子杂化形成定域 sp^2 键（即三个三角形 $\sigma\text{-}sp^2$ 平面轨道），剩余电子离域在 π 分子轨道上。

石墨烯的层结构能够解释石墨在导电和导热时的强定向依赖性以及它的高度的热稳定性。沿基面易于裂解并且易于形成插层化合物也是它的特征性质。与金刚石不同，石墨是一种相对较软的材料，可以很容易地分解成小的片状颗粒。

关于"石墨化碳"一词的使用仍存在一些混淆。根据 IUPAC 的标准（参见 Fitzer 等，1995），石墨烯层必须在三维晶体网络中彼此平行地排列。因此，石墨碳这个术语不应该用于任何不具有长程石墨结构的碳。Franklin（1951）在她有关碳结构的开创性工作中引入了石墨化碳和非石墨化碳 [见图 10.1（b）]，前者能在高温下转变成石墨。虽然现在看起来是过分简单化了（参见 Bandosz 等，2003），但该模型仍然被广泛接受，因为它能够有效区分两种极端无序排列的碳结构。在石墨化碳的情况下，含有石墨微晶的小结构单元彼此大致平行，从而促使交联相对容易地发生。这种转变在非石墨化碳的情况下是不可能的，因为微晶的随机取向抑制了长程有序的建立。

如第 5 章和第 6 章所述，石墨结构已广泛用于物理吸附的理论、建模和 MS 的研究中（参见 Steele，1974; Ravikovitch 等，2000; Do 和 Do，2002，2003; Bandosz 等，2003; Bock 等，2008; Bojan 和 Steele，2008; Do 等，2008; Olivier，2008; Neimark 等，2009）。暴露的石墨表面主要由石墨烯基面组成。在不考虑能量的不均匀性的情况下，可以简化气-固相互作用能量的计算。

天然石墨和合成石墨通常在其结构中含有缺陷。孔隙率的大小取决于制造过程，最高可达 30%。它的形状可以是狭缝状裂缝或类球状孔隙，两种形状还可以相连，使得整个孔隙结构呈现不规则的网络结构（Patrick 和 Hanson，2002）。

石墨是 Brunauer 及其同事在早期工作中研究 BET 方法应用涉及的吸附剂之一（参见 Brunauer，1945）。Harkins 和 Jura（1944a，b）在其用于表面积测定的"绝对方法"中，使用的石墨粉末具有 4.3 $m^2 \cdot g^{-1}$ 的 BET 氮气面积，与从浸渍法中获得的数值 4.4 $m^2 \cdot g^{-1}$ 非常吻合。这种一致性被认为是确认他们的石墨样品为无孔结构的强有力证据。

石墨的表面积可以通过研磨或剥离两种方式显著增大。精细研磨肯定会导致表面积增加，但也导致表面不均匀性程度的增加（Olivier，2008）。Gregg 和 Hickman 研究了长时间研磨的效果（参见 Gregg，1961）。经过长时间的球磨后，他们发现 BET 氮气比表面积大大增加，最终可达 600 $m^2 \cdot g^{-1}$，同时伴随着大孔体积的形成。

在 de Boer 及其同事的一项研究中（见 van der Plas，1970），使用到了两种 BET 比表面积分别为 75 $m^2 \cdot g^{-1}$ 和 218 $m^2 \cdot g^{-1}$ 的研磨石墨样品，据报道它们均呈微孔状。Thomy 和 Duval（1969）使用特殊技术来制备表面积约为 20 $m^2 \cdot g^{-1}$ 的剥离石墨。正如图 5.5 中氮气等温线的分步特征所表明的，这种形式的剥离石墨显然为无孔状态，且具有非常均匀的基面（Thomy 等，1972）。

在石墨的许多应用中都需要考虑孔隙率（Patrick 和 Hanson，2002）。狭缝状裂纹的存在对它的机械性能和导电性会产生不利影响。孔结构在气化反应中有重要作用，并且在石墨作为核调节剂的研发中必须加以控制。对于其他的一些应用，表面性质十分重要，在锂离子电池中，石墨阳极的性能依赖于基面面积比例的降低（参见 Olivier, 2008）。

10.2.2 富勒烯和纳米管

碳的其他具有明确定义的形式还有富勒烯和纳米管（CNT）（参见 Minett 等，2002; Bottani 和 Tascon, 2008）。1985 年，Kroto（1985）等发现了巴克敏斯特富勒烯分子 C_{60}，之后对富勒烯和纳米管 CNT 进行了表征。众所周知，这个球形分子（直径 1 nm）具有一个类英式足球的结构，由六元环和五元环构成的稳定的碳原子笼组成（见图 10.1）。"巴克敏斯特富勒烯"（buckminster fullerene）这个名字［通常简化为巴基球（buckyball）］的灵感来自于由建筑师巴克明斯特·富勒（R. Buckminster Fuller）设计的网格穹顶建筑。虽然起初被认为很稀有，但人们很快就发现 C_{60} 可以很容易地（与 C_{70} 一起）合成。制备的克级富勒烯已经可以满足对 C_{60} 富勒烯的化学和物理性质进行更详细的研究。

富勒烯比石墨更不稳定，它们的结构和电子性质非常独特。由于 π 键程度的降低和 σ 键特征的增加，石墨基底的芳香特性因而改变。由此产生的碳层曲率导致形成 C_{60} 和其他巨型分子，包括纳米管。多层富勒烯还包括从烟灰中分离出来的"碳洋葱"或"巴克（bucky）洋葱"（Ugarte, 1995）。在适中的温度和压力下，通过富勒烯分子的聚集可形成被称为"富勒体"（fullerites）的分子固体。

许多实验室研究了纯度不确定的富勒烯对气体的物理吸附（参见 Suarez-Garcia 等，2008）。在 Ismail 和 Rodgers（1992）关于 C_{60} 晶体的工作中，报道了 77 K 下氮气和氪气吸附的 BET 比表面积（即 $\geqslant 5$ $m^2 \cdot g^{-1}$）与 298 K 时二氧化碳的吸附（即 $\geqslant 130$ $m^2 \cdot g^{-1}$）存在非常大的差异。显然，这种差异不能用吸附单层内的分子堆积来解释；相反，更有可能是由于较高温度下二氧化碳具有较大平移能，使得它能渗入 N_2 和 Kr 无法到达的区域。起初，这些区域是否具有明确的微孔结构或者仅仅是由于单个 C_{60} 分子之间的空位（即缺陷）并不是十分清楚。

Kaneko 等（1993）证实了某特定批次的 C_{60} 粉末具有微孔特性。通过 α_s 方法分析 I 型氮气等温线给出它的外部面积大约为 1 $m^2 \cdot g^{-1}$（BET 面积为 24 $m^2 \cdot g^{-1}$）。这个外部面积数值与通过电子显微镜测定的晶体尺寸一致。Kaneko 和其他人还对 C_{60} 晶体的多孔性质进行了更加详细的研究（Setoyama 等，1996; Thess 等，1996）。将 C_{60} 粉末从二硫化碳中重结晶，然后在热处理过程的退火之前和退火之后进行研究。氮气吸附测量显示重结晶物质同时具有微孔和介孔，其中的介孔可通过热处理完全除去，而样品保持为微孔。由于微孔和 C_{60} 分子似乎具有相似的尺寸，因此得出结论，微孔主要以分子缺陷和晶格空位形式存在。

　　研究人员对实验测定的及 GCMC 模拟确定的物理吸附等温线进行了一些比较。例如，在 MartinezAlonso 等（2000, 2001）对高纯度 C_{60} 的研究工作中，发现 N_2、Ar 和 CO_2 等温线之间获得了很好的一致性。结构缺陷对能量异质程度发生作用这一假说的影响也被进一步分析（见 Suarez-Garcia 等，2008）。其他一些理论研究还探索了吸附能量对 C_{60} 和 C_{70} 晶体形貌的依赖性（如 Arora 和 Sandler, 2005）。两种晶体结构和石墨的表面曲率和电子构型的差异，似乎明显影响 77 K 和低表面覆盖率下的氮气吸附能。

　　一些研究团队通过反相色谱法（IGC）研究了有机分子和富勒烯之间的相互作用（Papirer 等，1999; Bottani 和 Tascon, 2004）。正如所预料的那样，富勒烯晶体的分散吸附电位远低于石墨化炭黑的分散吸附电位，这是由烷烃较小的微分吸附能判断得出的。然而，极性分子表现出的更强的特异性相互作用似乎与 C_{60} 的电子供体特性有关。

　　一些课题组对富勒烯用于储氢的可行性进行了研究（参见 Suarez-Garcia 等，2008）。当然，在常温下，C_{60} 晶体外表面上物理吸附的氢量可能太小而无价值。然而，氢吸附可能以另一种方式发生，即被吸附的氢可以位于晶格间隙位置中，呈"固溶体"形式，或者吸附态可能涉及氢原子与富勒烯笼中碳原子的化学键合。间隙吸收可能是有限的，但完全氢化的 $C_{60}H_{60}$ 状态原则上会提供一种可能的方式来实现有效摄取大约为 7%（质量分数）的 H_2。然而，由于多方面原因，富勒烯用于氢存储是否在商业上可行仍值得怀疑，但对氢吸附的科学兴趣可能会持续下去。

　　碳纳米管（CNTs）首先由 Iijima（1991）发现。它们存在于各种烟尘中，并且由柴油的不完全燃烧形成。现在有多种方法可用于制备碳纳米管（参见 Bandosz 等，2003），但最常见的合成路线可能仍然是碳弧法（carbon-arc method）（Ebbesen 和 Ajayan, 1992）。由于原材料通常被无定形碳和石墨污染，所以需要净化。通过应用分子排阻色谱可以实现分离（Minett 等，2002）。

　　多壁碳纳米管（multiwall carbon nanotubes, MWCNTs）由许多同心碳纳米管（高达 80 个左右）构成，外直径高达 55 nm 左右，相应的内直径为 2～50 nm 左右。多壁碳纳米管通常存在缺陷，几乎没有完美的直筒。因此，缠结的聚集体通常与纳米尺寸的颗粒混合。值得注意的是，现在可以通过 CVD 方法生产高质量的强大 MWMT（参见 Minett 等，2002）。但是，由于其疏水性，它们不容易分散。在 Bradley 等（2012）最近的一项研究中，如水蒸气吸附增强所表明的，可以通过仔细控制羟基化而实现表面极性的明显增大，而材料的结构几乎没有变化。

　　单壁碳纳米管（single-wall carbon nanotubes, SWCNTs）通常以缠结的垫子或捆绑物——"绳索"形式存在（Journet 等，1997; Lambin 等，2000）。Poulin 等（2002）开发了颗粒-凝固纺丝工艺生产纤维，其由聚合物链和 SWNT 的互连网络组成。单壁碳纳米管束的直径为 10～30 nm，并被组合在直径为 0.2～2 mm 的长丝内。发现该类型材料的 BET 氮吸附比表面积为 160 $m^2 \cdot g^{-1}$，并且 DFT 和对比图分析显示，存在多种介孔并且没有微孔（Neimark 等，2003）。

Ajayan 和 Iijima（1993）首先完成了 CNTs 的选择性开放，这种涉及使用熔融铅的方法已被其他方法所取代，包括用硝酸回流。开放式 SWCNT 具有极高的 BET 表面积，原则上可达 2630 $m^2 \cdot g^{-1}$（考虑到所有组分 C 原子的暴露）。一旦全部打开，CNT 就可以填充各种纳米粒子，这为开发新型吸附剂、催化剂和复合材料提供了可能性。

Ohba 和 Kaneko（2002），Esteves 等（2009），Furmaniak 等（2010）讨论了确定纳米管束内部和外部表面积所涉及的问题。有人指出，由于微孔隙的存在，BET 比表面积可能会引起误解。另外，通常假设严格地密排的单层仅适用于"平坦"表面，但窄纳米管的明显表面曲率必定在一定程度上影响单层结构。另一个相关的问题是与 CNT 微观结构中不同可接近区域和孔隙有关的能量不均匀性的程度。在最近的研究中，Yamamoto 等（2011）能够在严格控制的条件下制备几种不同的束结构，氮气对比图给出每个束的微孔体积和外部面积的近似评估值。

正如已经指出的那样，在清洁能源要求的背景下，氢气的储存受到了很大的关注。尽管情况并不十分清楚，但应用碳纳米管的前景似乎比富勒烯更为明朗。Chambers 等（1998）报道的意外结果，在室温和 120 bar 的压力下实现"碳纳米纤维"存储容量超过 20%的可能性，这激发了研究者们很大的兴趣。这种显著的氢气吸收水平尚未得到任何其他研究组的证实，现在看来这些发现的可靠性值得怀疑。事实上，已经报道了 SWNTs 的低得多的氢气吸附，但其数量似乎高度依赖于制备和预处理的条件（Lee 等，2001；Johnson 和 Cole，2008）。

Yamamoto 等（2011）的工作中，研究了关于纳米曲率和管束结构的影响，可能有助于解释为什么 SWCNTs 的吸附性质难以重现。内部管壁看起来对超临界 H_2 和 CH_4 具有比外壁更高的吸附亲和力。此外，在封闭的管束中，最高的相互作用能位于孔隙空间中。当然，这种分析假设了刚性的等尺寸碳纳米管组装。然而，众所周知（Futaba 等，2006）SWCNT 管通常有很宽的直径范围（例如 1～5 nm），管束内的填料不均匀，并且管束并非真正的刚性结构（Wesolowski 等，2011）。

10.2.3 炭黑

炭黑具有重要的工业重要性。它们是印刷油墨、涂料、塑料和充气轮胎中首选的黑色颜料和填料。这些和其他应用取决于炭黑表面化学以及粒度和聚集体结构。颗粒表面与分散介质的相互作用包括在固/液界面处的吸附，能够影响分散体的质量和稳定性。表面化学的变化会对炭黑的性能产生重大影响。例如，高浓度的化学吸附氧使表面更亲水并且导致在含水介质中分散性改善。

炭黑是由各种有机前体（固体、液体或气体）的受控热解或燃烧产生的。它们由离散或聚集的球体颗粒组成，一般在 10～1000 nm 的范围内（见图 10.2）。碳原子排列在局部和扭曲的石墨烯层中。这些层在颗粒的中心是无序的，但可能倾向于平行于颗粒表面（Medalia 和 Rivin, 1976）。表面不是原子般光滑的，并且被描绘为重叠的"准石墨尺度"（Donnet, 1994）。

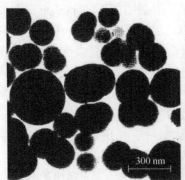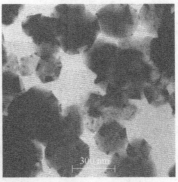

图 10.2　炭黑（左）和石墨化炭黑（右）的电子显微照片

采用各种制造工艺可以生产不同等级的炭黑（Medalia 和 Rivin, 1976）。在高温炉炼油过程中，石油残渣在耐火炉中经受部分燃烧和裂化。胶体碳以小球状颗粒（一般≤30 nm）的热烟雾的形式产生，其在冷却时经历聚集以产生支链状结构。松散的聚集体可以通过压实转化成良好的介孔材料（Kiselev, 1968）。

槽法炭黑是由非常小的颗粒组成，其 BET 面积为 100 $m^2 \cdot g^{-1}$。许多早期的物理吸附研究（例如由 Joyner 和 Emmett, 1948）在片形槽法炭黑（Spheron 6）上进行，所用的片形槽法炭黑（Spheron 6）BET 氮气比表面积约为 120 $m^2 \cdot g^{-1}$。当时，人们认为碳颗粒（直径约 25nm）是无孔的，但后来的研究工作（Carrott 等, 1987; Sing, 1994）揭示约 20%的 BET 比表面积可能归因于微孔填充。Stoeckli 等（1994a,b）采用了一系列技术，包括不同蒸气的物理吸附和浸润量热法，来研究一系列炭黑的表面积和微孔结构。得出的结论是，在一定范围内，可以使用与活性炭表征相同的标准技术（Stoeckli 等, 1994a, b）。

通过天然气的热裂解过程，可以产生更大尺寸（约 200 nm）和更低 BET 比表面积（约 10 $m^2 \cdot g^{-1}$）的球状颗粒。热炭黑（例如 Sterling FT）的灰分含量低于炉炭黑，而且由于其原始颗粒的离散性质，现在通常倾向于将其用于基础性吸附研究（Olivier, 2008）。

非石墨化炭黑的表面性质在很大程度上受表面氧化物和含氧基团的存在影响（Medalia 和 Rivin, 1976; Boehm, 2008）。因此，分散炭黑的水溶液酸度取决于它们的氧含量，这归因于羧基和其他官能团如醇和酚的存在（Boehm, 1966, 1994, 2008）。低氧含量的炭黑通常具有的基本性质，在一定程度上与芳环结构的基本特征有关。Andreu 等（2007）研究了与表面氧含量有关的物理吸附特异性，表面氧含量与低级醇的吸附等温线之间存在很强的相关性。

炭黑的渐进石墨化是在惰性气氛中进行热处理（温度> 1000℃）的结果。一些技术等级的非石墨化炭黑具有超过 200 $m^2 \cdot g^{-1}$ 的 BET 面积，但石墨化材料的表面积更小（<100 $m^2 \cdot g^{-1}$）。它最初由 Schaeffer 等（1953）给出结果，认为石墨化程度是热处理温度的函数，也取决于原始炭黑的性质。石墨化炭黑（Graphon）是 Spheron 的石墨化形式，其 BET 氮气比表面积约为 90 $m^2 \cdot g^{-1}$，Kiselev（1968）和其他人（见 Holmes, 1966）首次完整的在物理吸附能量的一些量热测量中使用了该样品，在未压缩的状态下，石墨化炭黑看起来似乎是无孔的。

Everett 和 Ward（1986）详细研究了热处理对 Vulcan 3 物理性质的影响。意外地发现 BET 氮气比表面积在 1035～1050℃范围内呈现出尖峰。1100～2700℃之间的面积稳定下降，与之前的研究相一致，但峰值似乎是由于挥发性物质的去除和一些表面孔隙度的形成所致，这种表面孔隙在较高温度下会被去除。

在石墨化过程中，热炭黑中相对较大的颗粒转化为定义明确的多面体，其表面比例高，呈石墨基面（见图 10.2）。由于它们表面的均匀性，在气相和液相吸附的基本研究中，石墨化炭黑已被用作模型吸附剂（参见 Parkyns 和 Sing, 1975; Gregg 和 Sing, 1982; Bottani 和 Tascon, 2008; Denoyel 等, 2008）。

为了确定标准吸附数据，各种尝试都使用炭黑作为无孔标准物质（参见 Sing, 1994; Carrott 等, 2001; Gardner 等, 2001; Guillot 和 Stoeckli, 2001）。非石墨化炭黑中的碳颗粒的球形似乎使其成为有吸引力的参考材料，然而，在实践中遇到一些困难。特定的炭黑产生可逆的 Ⅱ 型等温线这一事实可能具有误导性，需要更详细的分析来确定微孔隙的存在。此外，小颗粒的聚集可导致高 p/p^o 下的颗粒间毛细凝聚，这进而可导致聚集体的不可逆收缩（压实）。另一个困难是粒子表面的不均匀性，它必须从一种炭黑变成另一种形式的材料。

尽管存在这些问题，但对于几种商品级非石墨化炭黑包括 Vulcan、Elftex 和 Sterling 在许多气体和蒸气的标准物理吸附等温线方面已取得了有益的进展（Carrott 等, 1987, 2000, 2001）。

10.2.4　活性炭

有文献记载的木炭药用和冶金用途的历史可以追溯到古埃及、古希腊和古罗马，但直到十八世纪后期才开始注意到木炭的吸附特性（见 Forrester 和 Giles, 1971; Derbyshire 等, 1995）。活性炭的工业生产开始于二十世纪初，并且在第一次世界大战期间规模大大增加。由颗粒形式的氯化锌处理木屑产生活化的材料，材料廉价易得，如木材、泥煤、煤和坚果壳，仍被广泛用于大规模生产活性炭（Baker, 1992; Derbyshire 等, 1995; Rodriguez-Reinoso, 2002; Marsh＆Rodriguez-Reinoso, 2006）。

活性炭的分子结构一直是许多研究的主题（参见 Bandosz 等, 2003; Bottani 和

Tascon, 2008; Palmer 和 Gubbins, 2012），并提出了许多结构模型（参见 Bandosz 等，2003; Palmer 和 Gubbins, 2012）。对于流体-碳相互作用能的计算以及 MS 或 DFT 的应用，通常假定孔是由堆叠的平行石墨烯层组成的壁形成的狭缝，并认为每个石墨烯层都是碳原子的均匀六角形排列，没有任何缺陷或化学杂质（参见 Bandosz 等，2003; Do 和 Do, 2003; Do 等, 2008）。

10.2.4.1　炭化

当在惰性气氛中加热时，有机材料经历热解分解，在碳化早期阶段形成多元芳香环结构。随着热处理温度（HTT）的增加，固体炭或焦炭开始获得短程有序并形成扭曲的石墨薄片。此外，局部和各向异性致密化导致薄片之间自由空间的形成。

木材和其他天然存在的前体由三维聚合物网络的纤维素（CEL）和木质素组成。在小于 700℃的温度下热解导致水、二氧化碳和各种有机分子（例如醇、酮、酸）的损失。随后 C/H 和 C/O 比率逐渐增加，但是杂原子（Cl、N、S 等）在芳族大分子的边缘处仍然化学键合，并且这些最终转化为表面复合物。一些最纯净的焦炭衍生自糖类、再生的 CEL 和某些合成的聚合物，但即使这样也不具有完全清洁的碳表面，除非它们已经经过特殊处理。

借助高分辨电子显微镜和其他技术，Oberlin 及其同事们研究了随着炭化过程材料微观结构的变化（Bonijoly 等, 1982; Rouzard 和 Oberlin, 1989; Oberlin 等, 1999）。基本结构单元（BSU）被确定为聚芳香环的小聚集体。热处理温度（HTT）的增加导致 BSU 形成扭曲的叠层（或柱），但长程石墨结构的晶体生长需要去除各种缺陷。由糖产生的"不可石墨化"焦炭含有高度无序堆叠特征，其功能基团形式的缺陷牢固地附着于 BSU。相比之下，衍生自蒽的"可石墨化焦炭"似乎经历了 BSU 堆叠的渐进排序并形成了长程石墨结构。

在经历 800～900℃的 HTT 的焦炭中，BSU 之间的间隙具有窄的微孔尺寸，但通常它们不易被吸附分子接近。

10.2.4.2　活化

焦炭的活化是为了改善孔隙结构的可接触性，并且如果需要的话，可以增加孔隙宽度和孔隙体积。Jagtoyen 和 Derbyshire（1993）研究了作为热和酸处理碳的 HTT 函数的 BET 比表面积、孔尺寸和细胞壁厚度的变化。在这项工作中，最初的收缩之后伴随着内部表面积的形成而出现了相当大的扩张。在 HTT>450℃时，表面积和孔隙体积减小，同时收缩很小。

活化总是涉及某种形式的化学"攻击"。然而，化学活化经常用于指热处理之前的某种形式的化学浸渍的术语，而热活化（也称为物理活化）意味着在轻度反应性气氛（例如 CO_2）中对炭进行热处理。由于渐进活化，微孔开放并扩大。所涉及的复杂反应由前体中的各种无机化合物催化进行（参见 Rodriguez-Reinoso, 2002）。

化学活化需要用化学试剂如氯化锌或磷酸对前体（通常为木质纤维素材料）进行预处理。尽管 $ZnCl_2$ 曾经是首选的试剂，但其在欧洲和北美的使用现在正在减少（Rodriguez-Reinoso, 2002）。由于各种原因，最常用的脱水剂是磷酸，但 KOH 和其他试剂可用于生产特殊级别的超活性炭和介孔碳材料（Freeman 和 Sing, 1991; Silvestre- Albero 和 Rodriguez-Reinoso, 2012）。

活化反应的程度是通过焦炭燃烧后质量变化来确定的，表示为受控条件下 HTT 导致的炭化材料的重量损失百分比。对于一些焦炭，燃烧程度在恒定温度下随着 HTT 的时间线性增加。Rodriguez-Reinoso（1986）报道了这种形式的线性相关性，用于在 850℃ 左右的温度下活化炭化橄榄石和杏仁壳。广泛的线性关系清楚表明，反应速率在非常宽的燃烧范围内（即 8%～80%）几乎恒定。

二氧化碳气氛中的活化通常用于实验室规模，但蒸气活化通常有利于大规模生产，用于具有工业重要性的大多数活性炭（Baker, 1992）。蒸气反应比二氧化碳反应快很多（Wigmans, 1989）。蒸气活化通常在 750~950℃ 的温度下进行。必须避免氧气和碳材料之间的直接接触，因为在这样的温度下，氧气会积极地攻击炭化材料。

10.2.4.3　结构和性质

大多数活性炭在很大程度上都是微孔的，但出于某些目的，希望将孔径范围扩展到介孔或大孔范围。在这方面的进展是通过使用特殊的预处理过程并仔细控制碳化和活化条件（Freeman 和 Sing, 1991; Jagtoyen 和 Derbyshire, 1993; Rodriguez-Reinoso, 2002; SilvestreAlbero 和 Rodriguez-Reinoso, 2012）。制备微孔和介孔混合体系并不困难，但生成明确的介孔结构要求较高。

已经对活性炭的表面组成和结构进行了许多研究（Boehm, 1966, 1994; Bansal 等, 1988;Schlögl, 2002）。多年来已知活性炭似乎表现出酸性和碱性性质（Boehm, 1966,2008; Puri, 1970; Bansal 等, 1978a, b）。酸性性质归因于酚类和羧酸基团的存在，而基本特征更难以解释（参见 Bansal 等, 1988）；虽然已经确定了醛、酮、内酯和醌，但是整个表面组成可能很复杂并且不容易确定。

一些 sp^2 和 sp^3 缺陷位点可能被 H 原子占据，因此呈现疏水性——基底石墨烯表面也是如此。剩余的较小部分表面是亲水性的，并且通常认为这是由于存在碳-氧络合物，其对碳的化学反应性具有很大影响（Schlögl, 2002）。

尽管使用红外光谱研究碳的表面结构的实验难度很大，但 IR 测量（特别是 FT-IR）揭示了由氧化和取代反应产生的表面化学变化的重要信息。Starsinic 等（1983），van Driel（1983）和其他人（见 Zawadzky, 1989; Boehm, 1994）系统地对

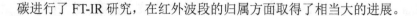

碳进行了 FT-IR 研究，在红外波段的归属方面取得了相当大的进展。

10.2.4.4　活性炭的应用

活性炭是所有相对廉价的通用吸附剂中使用最广泛的。这种普遍重要性的显著原因是它们大的内表面，其通常位于大范围的微孔内。大孔网络为分子输送到微孔提供了途径。对于许多应用，例如从气体和液体中去除杂质，微孔结构提供了大的吸附容量和高的吸附亲和力。然而，众所周知，表面化学在控制活性炭的性能以及应用方面也起着重要作用（参见 Rodriguez-Reinoso, 2002; Boehm, 2008）。

一些粉末或颗粒式的商品活性炭广泛用于处理饮用水（参见 Newcombe, 2008）。为了达到净化饮用水的最佳效果，显然有必要使用足够孔径的活性炭来去除相当大的溶质分子，如杀虫剂和毒素。对于其他一些应用，包括溶剂回收和气体分离，需要微孔碳材料。

有机溶剂回收可能是最重要的气相应用，因为它用于生产塑料、橡胶、合成纤维、印刷油墨等。为此，吸附剂通常为硬颗粒或颗粒形式（即无尘）。微孔碳材料的其他气相应用包括呼吸保护，气体分离，气体储存，排出废气中的有毒成分和回收 H_2S 和 CS_2。气味控制是另一个越来越重要的应用。

活性炭在食品和饮料行业的其他应用包括糖的脱色、咖啡因和氯的去除。活性炭在回收黄金中的用途在长期以来都具重要性（参见 Bansal 等, 1988）。众多的小批量应用包括医疗血液处理、电镀和干洗。

10.2.5　超活性炭

制备 BET 比表面积至少为 1000 $m^2 \cdot g^{-1}$ 的活性炭并不困难，实际上可以通过用磷酸进行化学活化（Baker, 1992; Rodriguez-Reinoso, 2002），然后对某些浸渍前体如硬木（Jagtoyen 和 Derbyshire, 1993）、橄榄石（Molina-Sabio 等, 1995; Rodriguez-Reinoso 等, 1995）进行受控热处理即可。典型的商业产品具有在 500～2000 $m^2 \cdot g^{-1}$ 的 BET-比表面积（Baker, 1992），但是制造具有显著更大 BET 比表面积的"超活性炭"显然在技术上要求更高。

1978 年由 AMOCO（标准石油公司）科学家 Wennerberg 和 O'Grady 公开了一种新型化学活化方法，以制备出目前活性最强的炭。这些超活性炭通过高温石油焦炭或与过量氢氧化钾混合的煤的热处理。典型的研究样品 PX21 的 BET 氮气比表面积约为 3700 $m^2 \cdot g^{-1}$，总微孔体积约为 1.75 $cm^3 \cdot g^{-1}$（见 Atkinson 等, 1982）。

密歇根州 Anderson 开发公司建造第一个生产 AMOCO 超活性炭的商业工厂。他们的产品（例如 AX21）的 BET 面积在 2800～3500 $m^2 \cdot g^{-1}$ 及总孔体积为 1.4～2.0

$cm^3 \cdot g^{-1}$（见 Carrott 等，1987，1988a，1988b，1989）。AMOCO 工艺由日本的关西焦炭和化学公司进一步开发和扩展，它们以粉末状和粒状形式销售的极其活泼的炭，由石油焦、煤或椰壳炭的 KOH 活化制备。

在 Otowa 等（1993）描述的制备程序中，将石油焦和过量 KOH 的混合物在 400℃下脱水，然后在 600～900℃的氮气流下加热。活化的物质用水彻底洗涤以除去 KOH 和 K_2CO_3。据报道，以这种方式制备的某些批次的 MAXSORB 具有大于 3100 $m^2 \cdot g^{-1}$ 的 BET 面积和大于 2.5 $cm^3 \cdot g^{-1}$ 的总孔容积（Otowa，1991；Otowa 等，1993，1996）。在对活化过程的系统研究中，Otowa 等（1993，1996）发现 KOH 脱水形成的 K_2O 与 CO_2（由水煤气变换反应产生）反应生成 K_2CO_3。金属钾的嵌入也是在高于 700℃的温度下形成的，这可能是造成炭化材料剧烈膨胀的原因，因此形成了较大的内部表面积和孔隙体积（McEnaney，2002）。

鉴于该系统的复杂性，未经处理的 MAXSORB 具有高浓度的表面官能团（—COOH，—OCO 和—OH，以相似的比例存在）也属正常情况；然而，这些官能团可能在 700℃的惰性气氛中进一步热处理而被大部分去除（Otowa 等，1996）。这种后处理形式不影响亚甲基蓝吸附和 BET 比表面积之间的良好相关性，但它确实导致从水中除去 $CHCl_3$ 的性能得到突破性的显著提高。不过，研究发现表面官能团的存在对于一些应用是有益的（例如用于双层电容储能）。

10.2.6　碳分子筛

文献中对使用术语"碳分子筛"（carbon molecular sieve, CMS）存在一些混淆，该术语已被应用于两种不同类型的孔结构：①互连超微孔（ultramicropore）（w 约小于 0.7 nm）的组合体和②不同大小的分子尺寸的入口。

Walker 及其合作者（Lamond 等，1965；Walker 和 Janov，1968；Walker 和 Patel，1970；Nandy 和 Walker，1975）首次报道了使用聚合物（例如聚丙烯腈，PAN；聚偏二氯乙烯和共聚物）作为前体合成 CMS。这种活化的焦炭几乎是非常纯的，具有明确的超微孔结构，但是它们很昂贵。如果炭化和活化阶段控制得很好以使燃烧程度降低（Freeman 和 Sing，1991；Rodriguez-Reinoso，2002），则可以使用其他较便宜的前体，如无烟煤、合成聚合物和木质纤维素材料。

第二类 CMS 孔入口尺寸可以通过有机蒸气的裂化或热解沉积碳来控制。这种类型气体分离材料的应用依赖于分子筛或动力学选择性（即扩散控制）和平衡能力（Sircar，2008）。Bergbau-Forschung 过程空气中氮气商业回收涉及这种类型的 CMS 的开发（Schröter 和 Jüntgen，1988）。

通过从石油残余物中获得中间相沥青的热解可以制备超活性等级的 CMS（具有高 BET 比表面积 3000 $m^2 \cdot g^{-1}$ 和超微孔的窄分布）（Wahby 等，2010）。这种类型

CMS 用于二氧化碳捕集和储存的潜在用途，目前是研究人员非常感兴趣的课题（参见 Wahby 等，2010；Silvestre-Albero 和 Rodriguez-Reinoso，2012）。很明显，高 CO_2 吸附容量取决于孔径和表面化学性质。与其他材料（例如 MOFs 和沸石）相比，定制的超微孔碳似乎具有许多优点：CO_2 吸附在很宽的压力范围内是快速和可逆的。

正如 Carruthers 等（2012）指出，需要记住重要的一点是，捕集二氧化碳的 CMS 的有效性受吸附的亲和力影响，而吸附的亲和力反过来严重依赖于与 CO_2 分子尺寸相关的孔隙宽度。其他要考虑的因素包括孔入口的有效尺寸，它控制进出的容易程度和较大孔隙的范围和空间分布。

10.2.7　ACFs 和碳布

第一批高强度碳纤维生产于 20 世纪 50 年代（参见 Donnet 和 Bansal，1990）。早期的碳化产品是以人造丝为基础的，但很快发现通过使用 PAN 作为前体可以改善机械性能和碳产率。另外，具有较低强度和模量的不太昂贵的纤维可由各种其他前体制成，包括石油沥青和木质素。然而，棉花和其他形式的天然 CEL 纤维具有不连续的长丝，因此所得到的力学性能比人造丝基纤维差。

在第一例 ACF（活性碳纤维）开发之前不久（参见 Mays，1999；Rodriguez-Reinoso，2002），在 Economy 和 Lin 工作（1971,1976）中，高度多孔碳纤维是由纤维酚类前体 Kynol 制备的。在 800℃氮气气氛中进行炭化，并在 750～1000℃的蒸气中进行活化。这些产品似乎主要是微孔的，并且发现它们对于从空气或水溶液中去除少量的某些污染物（例如苯酚和杀虫剂）是有效的。

Kaneko 及其同事对从 CEL，PAN 和沥青制备的 ACF 的特性进行了广泛的研究。X 射线衍射和电子显微镜显示，PAN 基和沥青基纤维具有比 CEL 基材料更均匀的孔结构，尽管后者具有最大的 BET 比表面积和孔体积（Kakei 等，1991）。Setoyama 等（1996）研究了氟化活性炭的性质。在基于 CEL 的 ACF 氟化之前和之后测定它们的氮气等温线，分析表明尽管微孔容量和孔宽度减小，但由于氟化作用，微孔结构似乎变得更均匀。在另一项研究中，Wang 和 Kaneko（1995）确定了基于沥青基 ACF 的 SO_2 等温线和吸附能。在低 p/p^o 下的相对较强的吸附归因于增强的非特异性分散相互作用和特定的永久偶极诱导的偶极相互作用的组合。

Bailey 和 Maggs（1972, 1973）揭示了一种制造"碳布"的新方法，这是一个重要的发展。在英格兰 Porton Down 的化学防御设施实验室开发的连续工艺涉及三个主要阶段：①将黏胶人造丝卷浸入无机氯化物（例如 $ZnCl_2$、$AlCl_3$ 和 NH_4Cl）的水溶液中；②在氮气中烘箱干燥；③二氧化碳中的炭化和活化。

最初的 Porton 材料具有相当的强度和弹性，BET 比表面积约 1200 $m^2 \cdot g^{-1}$，广泛分布的微孔和无可检测的介孔或大孔（参见 Atkinson 等，1982；Hall 和 Williams，

1986)。鉴于其早期前景，试图控制碳布的孔隙结构是合乎逻辑的，因此 Atkinson 等（1982,1984），Freeman 和 Sing（1991）和 Freeman 等（1987,1988,1993）对孔隙的形成进行了系统的研究。

除了混合氯化物之外，用磷酸二氢钠预处理人造丝织物，提供了在高度燃烧时产生明确的介孔结构的方式（Freeman 等, 1988）。电子显微镜证实，这种介孔结构与通过蒸汽活化产生的孔扩大之间存在重要差异。还探索了用过渡金属盐和氧代配合物浸渍黏胶人造丝的效果，以及使用更高度有序的前体代替黏胶人造丝（Freeman 等, 1993）。发现与基于人造丝的产品相比，由 Kevlar 制备的活性炭，与二氧化碳的相互作用更强烈。

各种商业级别的活性碳织物现已上市。这些产品旨在提供针对有害气体的保护（Hall 和 Sing, 1988），去除医用敷料中的难闻气味（Wright 等, 1988）或用于水处理。通过用金属（例如银、铜或铂）浸渍活化材料可以产生特定的吸附性能和催化活性。

在分离和催化技术中，使用纤维材料取代粉末、球粒或颗粒有几个优点。一个重要的操作优势是对流体流动的低阻力，与纤维内相对短的分子扩散路径一起，可以产生显著快速的吸附动力学（Gimblett 等, 1989；Suzuki, 1994）。已经发现碳布提供的质地和吸附性质的独特组合对气相色谱法特别重要。因此，可以通过将 15～20个微孔碳布盘（Carrott 和 Sing, 1987）夹在一起来构建有效的色谱"柱"。这种设计被用于研究烷烃、烯烃和其他有机分子的低覆盖能量（Carrott 和 Sing, 1988）。

10.2.8 整体材料

现在可以制备一系列不同形状和内部孔隙度的块体碳材料（整体材料也叫块体材料）（例如蜂窝型）。常规方法是使用黏合剂来实现粉碎材料的固结，这通常会导致孔堵塞，从而造成孔隙率和表面积的损失，其程度取决于黏合剂的类型。例如，通过使用海泡石可以使微孔体积的减少最小化。

现在已经可用多种方式制备无黏合剂活性炭整体材料（activated carbon monoliths, ACMs）。Rodrigues-Reinoso 和他的同事（例如 Ramos-Fernandez 等, 2008）使用中间相基材料作为前体，在氮气中热处理之前，将通过石油残渣热解获得的中间相沥青与控制量的 KOH 球磨。通过调整超级活性炭制备技术，可以生产高内表面积和可接受的机械强度的微孔 ACM。BET 比表面积（约 1500～3000 $m^2 \cdot g^{-1}$），微孔宽度和体积（高达 1 $cm^3 \cdot g^{-1}$）都取决于 KOH/C 比。另一种方法是通过碳凝胶，如以下部分所述。

ACM 现在作为先进的吸附剂、催化剂载体和能量存储技术而受到关注。它们具有吸附容量大，天然气储存量最小的优点（Sircar, 2008）。

10.2.9　碳气凝胶和 OMCs

正如已经指出的那样（参见 10.2.4 节），活性炭通常表现出一些短程有序性，这是由扭曲石墨片层的局部发展带来的。相关的微孔结构主要由非刚性不规则狭缝组成。孔隙增加伴随着燃烧程度增加而形成，但这通常不会形成规则的介孔结构。因此，需要特殊的技术来制备具有可控大小和形状的介孔碳。

一种方法是制备有机凝胶作为前体。通过溶胶-凝胶缩聚方法获得多分散聚合物珠粒网络形式的气凝胶，然后进行超临界干燥（例如用 CO_2）以使产物崩解最小化，最后介孔-大孔粒子间网络在热解后被保留。碳气凝胶首先由 Pekala（1989）以这种方式制备，通过间苯二酚与甲醛的溶胶-凝胶缩聚反应合成有机气凝胶前体，并在惰性气氛中进行超临界干燥和热解以制备 BET 比表面积 $500 \sim 1200 \ m^2 \cdot g^{-1}$ 和孔体积 $0.9 \ cm^3 \cdot g^{-1}$ 的碳气凝胶。最近的工作（参见 Bandosz 等，2003）揭示了可以通过改变反应条件来改变孔结构。Kaneko 等（1999）研究了以类似方式制备的三种老化碳气凝胶的结构。透射电子显微镜揭示直径为 5 nm 碳颗粒的互连网络具有不同程度团聚，高分辨氮气 α_s 图显示凝胶是介孔的，在很小程度上也是微孔的。

在 Yamamoto 等（2011）的工作中，制备方法被拓展以提供碳冷冻凝胶微球。在这种情况下，乳液聚合之后进行冷冻干燥和热解，并且可以制备介孔微球以及涂布有表面分子筛层的微球。吸水率测量表明该材料的疏水程度随着热解温度的增加而增加，BET 氮气比表面积根据反应条件不同可分为两个不同的范围：$525 \sim 750 \ m^2 \cdot g^{-1}$ 和 $4 \sim 9 \ m^2 \cdot g^{-1}$。

Carrott 等（2007）通过磷酸-间苯二酚-甲醛气凝胶的化学活化制备了一系列孔结构的整体材料。微孔和介孔产物的特征在于在正壬烷的预吸附之前和之后构建了氮气 α_s 图。值得注意的是，通过仔细控制酸/气凝胶比值，可以容易获得大的孔体积（例如 $\geqslant 1.4 \ cm^3 \cdot g^{-1}$）。

对于特定的应用，碳气凝胶可以以微球或块体或薄膜形式生产。在燃料电池和超级电容器技术的背景下，它们特殊的电气性能吸引了研究者的兴趣。由于它们的低导热性，所以具有作为绝热体的潜在价值。碳气凝胶中的小球形颗粒（例如直径 $5 \sim 10 \ nm$）在无规网络中互连，因此颗粒间孔隙以无序阵列分布（Bandosz 等，2003）。

借助矩阵，可以用完全不同的方式合成 OMC（Schüth，2003；Darmstadt 和 Ryoo，2008）。已经开发了两种不同的方法，这些程序被称为"软"模板和"硬"模板（参见 Cao 和 Kruk，2010）。第一种方法涉及使用自组装的表面活性剂分子或嵌段共聚物作为模板以允许碳前体形成规则的交联聚合物网络。去除模板之后，再对前体热解（Li 和 Jaroniec，2004）。在硬模板中，使用固体纳米结构作为模板，以便在去除模板之后保持其孔形态。第一个被使用的模板是 MCM-48 二氧化硅（Lee 等，2001；Ryoo

等, 2001), 但现在 SBA-15 常与中间相沥青一起使用 (Cao 和 Kruk, 2010)。

OMC 具有有序纳米结构, 窄的可控中孔尺寸分布, 大孔体积 (高达 2 $cm^3 \cdot g^{-1}$) 和明显的比表面积 (高达 500 $m^2 \cdot g^{-1}$)。正如人们所期望的那样, 它们的氮等温线表现出典型的Ⅳ型特征。目前正在研究一些潜在的应用, 包括从水溶液中去除大分子 (Darmstadt 和 Ryoo, 2008; Figueiredo 等, 2011)。

10.3　无孔碳的气体物理吸附

10.3.1　氮气和二氧化碳在炭黑上的吸附

氮气吸附 (在约 77 K) 通常用于表征多孔碳和无孔碳。在本节中, 考察了各种石墨化炭黑和非石墨化炭黑的氮气等温线的显著特征, 并注意到通过改变表面结构产生的变化。二氧化碳正在成为考察活性炭微孔结构的常用吸附物, 因此有必要回顾一下炭黑上少量的二氧化碳吸附测量。

10.3.1.1　氮气吸附

由于炭黑颗粒是球状的, 被用于 BET 方法验证的一些初期尝试 (Emmett 和 DeWitt, 1941)。通过和电子显微镜获得表面积值的比较, 似乎为氮气吸附 BET 比表面积的有效性提供了可靠证据 (Brunauer, 1945; Gregg 和 Sing, 1982, 第64页)。现在来看, 在早期测量中获得的很好一致性结果, 可能存在某种程度上偶然性 (Sing, 1994)。但是, 如前所述, 热解炭黑肯定是一种有价值的无孔吸附剂的参考。此外, 尽管石墨化热解炭黑比较紧缺, 但作为研究材料仍然十分重要。

在 Isirikyan 和 Kiselev (1961) 的研究中, 在 77 K 下对四种不同石墨化热解炭黑 (BET 比表面积在 6.5～29.1 $m^2 \cdot g^{-1}$ 范围内) 的氮吸附等温线进行了很详细的测定。图 10.3 给出了单位面积吸附的量 (以 $\mu mol \cdot m^{-2}$ 表示) 与相对压力 p/p^o 的归一化曲线。Kiselev 及其同事将这种等温曲线称为 "绝对吸附等温线", 但当然它们并不完全是绝对的, 因为它们取决于 BET 氮气比表面积的有效性, 通常假设 $\sigma(N_2)=$ 0.162 nm^2。

图 10.3 中常见的归一化等温线的研究揭示了许多独有的特征。在非常低的 p/p^o 下, 等温线相对于 p/p^o 轴略微凸起并且很明显, 线性亨利定律区不会超出 p/p^o 为 5×10^{-4} 左右。尽管等温线不是真正的阶梯式 (即它不是真正的Ⅵ型等温线), 但确实表现出了单层特征。接下来是波状的第二层区域, 然后是平滑的多层曲线。因此, 随着多层覆盖率的增加, 等温线似乎符合正常的Ⅱ型形状。

石墨化过程对氮气等温线形状的影响在图 10.4 (a) 中更清晰地显示出来。在这里，许多石墨化炭黑和非石墨化炭黑的等温线以 $n/n_{0.4}$ 的约化形式和 p/p° 绘制在一起，其中 $n_{0.4}$ 是在 $p/p^\circ=0.4$ 条件下的吸附量。很显然，所有的等温线在 $p/p^\circ=0.3\sim0.8$ 的多层范围内都遵循几乎共同的路径，但只有非石墨化的炭黑给出了完全平滑的 Ⅱ 型等温线。

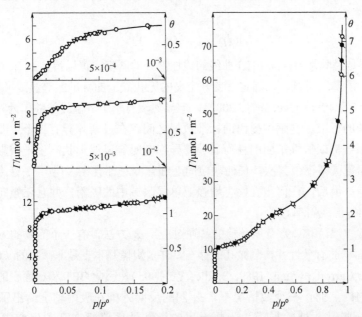

图 10.3 不同 p/p° 时，六种石墨化热炭黑在 77 K 下 N_2 的吸附等温线
（引自 Isirikyan 和 Kiselev, 1961）

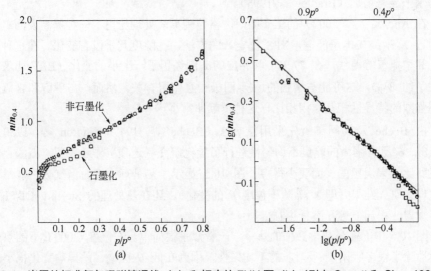

图 10.4 炭黑的标准氮气吸附等温线（a）和相应的 FHH 图（b）（引自 Carrott 和 Sing, 1989）

○，见 Carrott 等, 1988a, b；◇ □，见 Isirikyan 和 Kiselev, 1961；▽，见 Pierce, 1969；△，见 Rodriguez -Reinoso 等, 1987

通过线性化 Frenkel-Halsey-Hill（FHH）坐标中的多层等温线，可以给出对多层一致性的更严格测试评价，见图 10.4（a）中吸附等温线的 FHH 图。如图 10.4（b）所示，在这里，根据 FHH 方程，$\lg(n/n_{0.4})$ 与 $\lg[\lg(p^{\circ}/p)]$ 的几个曲线在宽多层范围内是线性的，

$$\ln(p^{\circ}/p) = k(n/n_{0.4})^{s} \qquad (10.1)$$

其中 s 是经验常数。从 FHH 曲线的线性部分的斜率，可以得到 $s = 2.70 \pm 0.05$。

已经做了多次尝试，以确定在良好定义的无孔碳上的标准氮等温线（参见 Sing，1994; Kruk 等，1996; Choma 等，2002），但显然没有单个等温线能够作为石墨化碳和非石墨化碳的标准。文献中提出的标准数据之间存在显著差异有三个主要原因。首先，碳表面结构或极性基团的任何显著差异都会对等温线形状产生一些影响，特别是在低表面覆盖率下；其次，任何颗粒间毛细管冷凝都会在多层/毛细管冷凝区产生向上的偏差；最后，任何微孔性将增强亚单层区域中的吸附，并且还倾向于降低多层区域中的等温线斜率。

正如第 7 章和第 9 章所解释的，通过应用 α_{s} 方法，有一个简单的方法来检查 BET 比表面积的有效性并检测微孔的存在。许多炭黑基本上是非微孔的（Carrott 等，1987，2001; Carrott 和 Sing，1989; Bradley 等，1995），因此 BET 和 α_{s} 面积的相应值是非常一致的。然而，在少数情况下，α_{s} 图的反向外推在吸附轴上给出了小的正截距，这是一些微孔性的指示。一些炭黑的微孔性质已经在几项研究中得到证实（Stoeckli 等，1994a，b; Kruk 等，1996）。正如人们所预料的那样，氧化通常会导致微孔的水平显著增加（Bradley 等，1995）。

在 Andreu 等（2007）的工作中，严格控制臭氧处理给出了一种提高表面氧含量（通过 X 射线光电子能谱，XPS 测定）的方法，孔隙度几乎没有变化。在这种情况下，Ⅱ型氮气等温线（在 77 K）和相应的 α_{s} 图经历了一个小的变化（BET 比表面积增加了约 8%），这可能与增强的场梯-四极相互作用有关。然而，与甲醇和含氧表面之间强烈的特异性相互作用相比，这种贡献非常小。

由 Beebe 及其同事最先采用量热法（Beebe 等，1947; Kington 等，1950）对 Spheron 6 具有强大的能量不均匀性进行了量化研究。这项工作还表明，石墨化炭黑的表面比原来炭黑的表面要少得多。图 10.5 显示了热处理炭黑对氮气吸附能量效应的更详细研究结果（即 $\Delta_{ads}\dot{h}$ 随覆盖度 θ 的变化）。还在热处理的 Sterling FT-FF（即热解炭黑）样品上进行微量热测量。

图 10.5 中的微量热学数据的解释乍一看似乎很简单。在温度 >2000℃ 下的热处理显然消除了很多吸附剂-吸附质的不均匀性，因为在低 θ 区域，差异焓变化很小。当然，这与主要由石墨基面构成的均匀表面形成的结果相一致。

但是，这种解释有可能过于简单化了。Steele 和 Bojan（1989）对石墨氮气吸附

能量的模拟研究表明，吸附剂与吸附质的相互作用随着表面覆盖率的增加而稳定下降。这个意外的发现归因于分子-分子相互作用导致氮气分子取向的变化。因此，随着表面布居数的增加，被吸附的分子相对于基底面采取垂直取向的可能性更大。由此可见，实验观察到的几乎恒定的吸附能可能是吸附质-吸附质相互作用增加和吸附剂-吸附质相互作用降低之间的补偿结果。

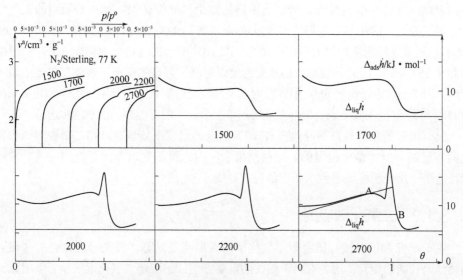

图 10.5　77 K 时热处理炭黑（处理温度 1500～2700℃）上的 N₂ 的微分吸附焓
与覆盖度之间的关系曲线（Grillet 等，1979）

现在来看图 10.5 中的高表面覆盖区域，发现高温石墨化 Sterling 的微分焓曲线中出现了两个最大值。第一个是在 θ 约为 0.8 处达到最大值的宽峰，第二个是在 θ 约为 0.1 附近的尖峰。$\Delta_{ads}\dot{h}$ 的初始增加可以归因于相邻吸附分子之间的正常吸引力相互作用，而第二个峰是二维（2D）相变的结果（Rouquerol 等，1977）。

使用"连续准平衡技术"（见第 3 章）可以足够详细地确定相应的吸附等温线，以揭示图 10.5 中所示的与尖锐量热峰相同 θ 的亚台阶。等温线亚台阶和量热峰显然与被吸附物填充密度的增加有关。Rouquerol 等（1977）和 Grillet 等（1979）认为这些变化是由于从超临界二维流体状态到二维局部化状态退化的一阶过渡。

许多年前，Isirikyan 和 Kiselev（1961）以及 Pierce 和 Ewing（1962, 1967）得出的结论是，77 K 石墨上氮气单层吸附最有利的位置在碳六角形中心（参见图 10.6）。当时，人们认为，由于其尺寸和双原子形

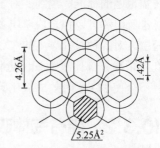

图 10.6　氮气分子在石墨上的
位置（Rouquerol 等，1977）

状，每个氮气分子将需要由 4 个六边形提供的空间。一个简单的计算表明，这相当于完成的单分子层的分子面积 $\sigma(N_2)$ 为 0.21 nm^2。在对 Sterling MT（3100℃）上的氮和其他气体的等温线进行详细的经验分析后，Pierce 和 Ewing（1967）得出结论认为，0.194 nm^2 对于在石墨化碳上的 BET 单分子层中氮气的有效面积更为现实。这个值与 Carrott 等（1987）单独提出的（0.195 nm^2）非常接近。

但是，其他一些研究人员得出了不同的结论。他们认为，如果被吸附的氮气分子占据三分之一的相邻六角形位点（Rouquerol 等, 1977; Bojan 和 Steele, 1987; Ismail, 1990），则可采用相应的"人字形"结构。图 10.6 所示的这种处理将使 $\sigma_m(N_2)$ 的值减小到 0.157 nm^2，因此相应单层的填充密度仅略高于假设的密排"液体"单层的填充密度。由于通过中子衍射和 X 射线散射已经分别对这种状态进行了证实（参见 Ismail, 1992），这个值现在似乎是石墨基面上局部单层中氮气的有效分子面积的优选值。

只有当石墨化的热炭黑经过在 1700℃ 以上的温度下处理时，第二个量热峰和相关的等温线分步才是可检测的。这些结果表明，二维相变对表面基面的完善非常敏感，这进一步表明相变导致了相应结构的形成。

10.3.1.2　二氧化碳吸附

鉴于研究人员对微孔碳吸附二氧化碳的兴趣明显复苏，预期可能也会关注该吸附物与无孔碳的相互作用。有两个相关的重要方面：①测定二氧化碳的参考吸附数据和②与二氧化碳四极矩相关的特异性程度。因为表征目的，CO_2 等温线通常在 273 K 确定（参见 Lowell 等, 2004），但是在这个温度下，饱和压力约为 3.5 MPa。因此，在低于大气压（即约 0.1 MPa）的条件下，所吸附的量不能超过可能的总吸附容量的一小部分。这对于研究窄微孔结构的性质（即孔径小于 1 nm）是可以接受的，但是它不适合研究完整的微孔范围。

Guillot 和 Stoeckli（2001）通过测定 253 K、273 K 和 298 K 下 Vulcan 3G（一种石墨化炭黑，参考物质）的 CO_2 等温线，在远高于大气压的情况下获得了多种多层覆盖范围的标准等温线。对于高达 3 MPa 的压力（即在 273 K 下 $p/p^o = 0.86$），发现标准等温线可以拟合成单层多层范围内的简单多项式表达式和亚单层中的 DRK 方程范围。对各种微孔碳上的 CO_2 吸附等温线构建比较图，Sing 的 α_s 方法用于提供对微孔容量和外部比表面积的近似评估。虽然没有确凿的证据，但似乎具体的相互作用并不会使 273 K 时的二氧化碳比较图解释复杂化。

10.3.2　稀有气体吸附

Beebe 等（1953），Beebe 和 Young（1954），Beebe 和 Dell（1955），Polley 等（1953），以及 Prenzlow 和 Halsey（1957）开创性地研究确定了石墨化炭黑上氩和氪

的低温等温线的逐步特征。早期的测量显示，当炭黑在 1000～2000℃范围内和越来越高的温度下加热后，特别是在 77 K 下，氩气等温线经历了从 Ⅱ 型到 Ⅵ 型的逐渐变化。

原始非石墨化表面的能量不均匀性，被 Beebe 等（1953）所进行详细的吸附量热测量所证实。通过比较 Spheron 和 Graphon 吸附氩气的微分能量的变化，这些研究人员发现，由于石墨化的缘故，"微分吸附热"的初始急剧下降基本上被消除了；相反，在更高的表面覆盖率下观察到微分能量的增加；现在普遍认为这是由于吸附质-吸附质相互作用随着能量不均匀性程度降低而变得更加明显。

Thomy 和 Duval（1969, 1972）随后对刨花石墨上的氩气吸附进行了系统研究。如图 5.1 所示，在 77.3 K 确定了它们的阶梯等温线，物理吸附过程的逐层特性是显而易见的，至少达到 4 个分子层。该等温线形状与由 Amberg 等（1955）报道的石墨化炭黑上氩气等温线的形状非常相似。

Thomy 和 Duval（1969, 1972）的工作为氪（Kr）等温线中存在的一个亚台阶提供了第一个充分证明的证据。温度对亚台阶的形状和位置的影响如图 10.7 所示。在 77.3～96.3 K 的温度范围内，亚台阶的立管保持垂直的情况用于证实亚台阶是由于一阶 2D 相变引起的。因此很明显，在给定的温度下，两个亚单层相在特征压力 p_{2D} 下处于热力学平衡。正如第 5 章所讨论的那样，二维相图是作为 p_{2D} 与 T 相关的图而得到的。

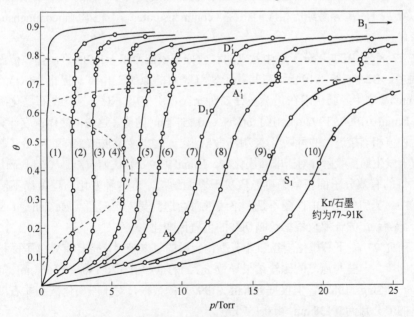

图 10.7　剥离石墨上氪气的吸附等温线（引自 Thomy 等, 1972）

编号为 (1)～(10) 的曲线，分别是在 77.3 K、82.4 K、84.1 K、85.7 K、86.5 K、87.1 K、
88.3 K、89.0 K、90.1 K 和 90.9 K 的温度下获得

如前所述，吸附微量热法是研究二维相变最有用的技术之一。Tian-Calvet 微量

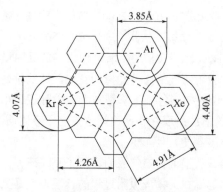

**图 10.8 石墨上氙气、氪气和氖气的可能
结构（引自 Larher, 1974）**

点状虚线单元：Xe 分子线性扩展了
(4.91–4.40)/4.40=11.6%。短横虚线单元：Xe 分子线性
压缩了(4.40–4.26)/4.26=3.23%，Kr 分子扩展了
(4.26–4.07)/4.07=4.7%，Ar 分子扩展了
(4.26–3.85)/3.85=10.6%

热法用于研究氩气在石墨化炭黑上的吸附（Grillet 等，1979）。与氮气一样，氩气相变化伴随着 $\Delta_{ads}\dot{h}$ 中的峰值出现，但在这种情况下的量比较小。量热峰值的差异与氩气吸附亚台阶的较低高度一致。此外，在 77 K 吸附的量是不同的，单层氮气吸附得更密集。因此，与氮气吸附不同，2D "固态" 氩气并不与石墨结构对齐。

根据 Larher（1983）的观点，氩气的行为也不同于氮气和氙气，如图 10.8 所示，这三种吸附分子的大小和位置上的差异与石墨基面有关。在此，与惰性气体 Ar、Kr 和 Xe 的稠密二维（111）平面相比，显示了一个假想的相称六角形结构。可以看出，对于 Kr 和 Xe，晶格失配可能非常小，但对 Ar 来说明显增大，对 Ne 来说显然要大得多。因此，可以预测 Kr 和 Xe 比 Ar 或 Ne 更容易经历相应的相称（commensurate）-不相称（incommensurate）的相变。

在 77 K 下 BET 单分子层中氪气的有效分子横截面积 $\sigma(Kr)$ 的 "最佳" 值已经讨论了很多。Beebe 等（1945）在其关于氪气吸附的原始工作中，提出 $\sigma(Kr)$ 的值为 0.195 nm^2，这个经验值现在仍然被许多研究人员所使用。对于氪气在石墨化碳上的吸附，Ismail（1990，1992）给出了 $\sigma(Kr) = 0.157$ nm^2 的值，这与由液体密度计算出的分子面积值相当接近，并可以用 X 射线散射测定。这显然意味着 Kr 和 N_2 分子在相同的位置上发生局部吸附。对于非石墨化碳，Ismail（1992）认为 $\sigma(Kr) = 0.214$ nm^2。

氪气的有效分子面积似乎可能取决于表面结构，但这种变化的程度尚不清楚。在实践中，当氪气的 BET 图不是严格线性时会遇到另一个问题（Malden 和 Marsh，1959），然后 n_m 的计算值根据绘制切线的位置而变化。

在研究 77 K 下石墨化炭黑和非石墨化炭黑的氩气吸附，选择有效分子面积时有类似的困境。一些与氮气的比较结果导致 $\sigma(Ar)$ 的推荐值在 0.130～0.165 nm^2 范围内（Gregg 和 Sing，1982），但根据 Ismail（1992）的数据，对于石墨化碳和非石墨化碳最合适的值分别为 0.138 nm^2 和 0.157 nm^2。

正如在第 7 章中所解释的那样，在 77 K 下对 Kr 或 Ar 的 BET 单层容量的评估取决于在 77 K 下构建 BET 图的 p^o 的选择：也就是稳定的 3D 饱和压力使用固体 p^o(sol)或外推液体值 p^o (liq)。直到最近，大多数研究人员都遵循 Beebe 等（1945）的早期建议，认为应该采用过冷 p^o(liq)值，因为 77 K 时氪气和氩气的许多Ⅱ型等温线似乎以锐角切割 p^o (sol)轴（Gregg 和 Sing, 1982）。然而，Ismail（1990）提出了支持 p^o (sol)的证据。对于 Kr 在石墨化碳上的吸附，p^o(sol)的情况特别强烈，因为在与基面对齐形成 2D "固体"后，液体类型的多层似乎不可能在 77 K 处形成。然而，关于更普遍使用 p^o (sol)的证据并不令人信服，并且似乎有效的 p^o 取决于吸附剂的性质。

如果操作温度高于吸附物的三相点，则可以避免该问题。事实上，在 87 K（液氩温度）下的氩气测量在一些实验室中受到重视（Gardner 等, 2001; Thommes 等, 2012）。采用较高温度的优点在于，阶梯式等温线被正常的Ⅱ型等温线代替，该等温线是在单层-多层覆盖的完整范围内获得的。此外，氩气不会与任何表面官能团进行特定的相互作用，因此可以确定各种无孔碳的参考吸附数据。在 Gardner 等（2001）的工作中，选择了两种不同的炭黑（一种石墨化和另一种未石墨化）作为无孔的参考材料。在 77 K 和 87 K 下的标准氩气等温线数据以表格形式报道，并可用于在活性炭上构建 α_s 图。

10.3.3 有机蒸气吸附

在适当的低温下，许多有机分子在石墨上进行局部吸附。小分子（例如甲烷和乙烷）的吸附模式高度依赖于温度，单层随着热能的增加而变得更加可移动。

剥离的石墨在 77 K 下甲烷吸附等温线如图 10.9 所示：在 77 K 时，阶梯式特征与氮气的明显特征非常相似（见图 5.7）。石墨上的乙烷（Bienfait, 1985）和石墨化的 Sterling MT（Davis 和 Pierce, 1966）上的氯乙烷也给出了阶梯式等温线。另一方面，在 293 K 下石英化的 Sterling MT 对苯和己烷的等温线基本上是Ⅱ型，尽管己烷等温线与氮气相似，有轻微的第二层台阶的迹象。在石墨化炭黑上的丙烷（在 196 K）、异丁烷（在 261 K）和新戊烷（在 273 K）的等温线都是典型的Ⅱ型（Carrott 和 Sing, 1989）。

可以得出结论，如果温度不是太高，最简单的有机吸附物可以在石墨基面上逐步吸附，以得到明确的Ⅵ型等温线。然而，大多数有机吸附物具有趋于高 C(BET) 值的Ⅱ型

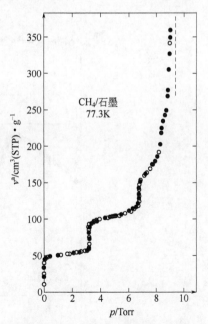

图 10.9　77.3 K 时，石墨泡沫（空心圆）和剥落石墨（实心圆）上 CH_4 的分步等温曲线（引自 Bienfait 等, 1990）

吸附等温线，因此明显显示出单层容量。

用甲烷和乙烷都观察到类似于图 10.7 中的亚台阶（Bienfait, 1980,1985），已经有可能为这些系统中的几个构建 2D 相图（Gay 等, 1986; Suzanne 和 Gay, 1996）。LEED 和中子衍射已经提供了关于二维结构的信息。例如，在 64～140 K 的温度范围内已经报道了石墨上乙烷的 7 个不同的 2D 相。因此，在小于 85K 的温度下确定了 3 个"固体"相，S_3 相明显具有密排六方结构，其中 $\sigma(C_2H_6) = 0.157 \text{ nm}^2$。

在石墨上使用己烷的情况下，吸附分子似乎在低于 151 K 的温度下采用有序的人字形结构，而在较高温度下形成流体状相（Krim 等, 1985）。一些研究人员（如 Avgul 和 Kiselev, 1970; Clint, 1972; Gregg 和 Sing, 1982）得出结论，长链烷烃分子倾向于平坦且平行于基面，这解释了吸附能和分子的面积随着分子链的增长而持续变大。

在 Isirikyan 和 Kiselev（1961）关于石墨化热解炭黑对正己烷和苯的吸附比较研究中，发现两种吸附物的行为有显著差异。图 10.10 说明了这种差异，其中以吸附的微分能量相对于表面覆盖率来绘制。对于苯，在广泛的覆盖范围内几乎恒定的吸附能量清楚地表明相邻吸附质分子之间的横向相互作用水平低。相反，正己烷吸附能的显著增加为吸附质-吸附质相互作用随着单层膜密度增加而稳定增加提供了明确的证据。

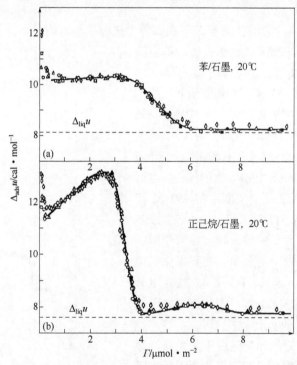

图 10.10　三种不同石墨化热解炭黑在 20℃时对苯（a）和
正己烷（b）吸附的微分能量（引自 Isirikyan 和 Kiselev, 1961）

由于他们研究了各种炭黑吸附 CH_2Cl_2 和 C_6H_6，Stoeckli 等（1994a,b）已经证明了使用多种吸附和量热技术的重要性。这项工作已经证实，一些炭黑的高表面积不局限于外表面。通过浸润式微量热法、气相微量热法以及它们的对比图和 DR 图形式，揭示了这些特定的炭黑在某种程度上是微孔的。这些发现强化了 BET 方法不能总是依赖于评估炭黑的有效表面积的观点。

10.4 多孔碳气体物理吸附

10.4.1 氩气、氮气和二氧化碳吸附

10.4.1.1 77 K 时的氮气吸附

氮气仍然是确定活性炭的表面积和表征孔结构最常用的吸附物（参见 de Vooys, 1983; Fernandez-Colinas 等, 1989a,b; Rodriguez-Reinoso 等, 1989; Sing, 1989, 1995, 2008; Bradley 和 Rand, 1995; Thommes 等, 2012）。

如第 8 章所述，由于多层等温线路径对表面化学的差异相当不敏感，所以对于常规介孔分析，可以使用"通用"形式的氮气等温线。然而，大多数活性炭是高度微孔的，并且微孔尺寸分布的确定仍然是一个比较困难的问题。事实上，正如第 9 章所讨论的那样，即使是对微孔总体积的评估也存在概念上的困难。因此，应该把氮气吸附等温线的测量看作只是微孔碳表征的第一阶段。

在图 10.11 中显示了 4 种活性炭上的氮气等温线以及相应的 α_s 图和 Dubinin-

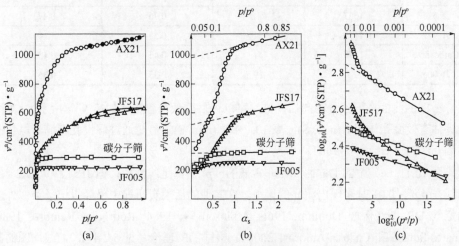

图 10.11　（a）微孔碳上的吸附等温线（空心符号表示吸附；实心符号表示脱附）；（b）微孔碳的 α_s 图和（c）微孔碳的 DR 图

Radushkevich（DR）图。碳分子筛和碳布 JF005 都是分子筛碳，而 AX21 是超活性炭。碳分子筛和碳布 JF005 的等温线在 IUPAC 分类中具有明确的 I 型，但碳布 JF517 和超级折叠碳 AX21 上的等温线明显更复杂。

图 10.11（b）中每个如图所示的多层部分表现出明显的线性范围。通过假设该线性部分表示外表面上不受限制的多层吸附，可以得出外部面积的近似估计 $a(ext)$。因此，如果所吸附的量 v^σ 或 v^a 以单位 $cm^3 \cdot g^{-1}$ 表示，表 10.1 中 $a(ext)$ 的值是通过以下等式获得的：

$$a(ext) = 2.86v^\sigma / \alpha_s \qquad (10.2)$$

其中因子 2.86 已经通过校准与几种无孔炭黑的 BET 比表面积进行了评估（Carrott 等，1987）。

表 10.1 中 $a(BET)$ 的值为 BET 比表面积，其来自 BET 图的线性区域，假定分子面积为 $0.162\ nm^2$。表 10.1 中 $a(ext)$ 的值明显小于 $a(BET)$ 的相应值。自然会产生这样的问题：BET 方法是否提供了总面积（即内部加外部面积）的可靠评估？每个 α_s 图的低压区域的非线性特征清楚地表明等温线在单层区域失真，因此可以得出结论 $a(BET)$ 不代表有效的表面积（见第 7 章）。对此解释的额外支持来自微量热数据，本节后面将对此进行讨论。

表 10.1　一些微孔碳（N_2）的表面积和孔体积

碳	$a(BET)/m^2 \cdot g^{-1}$	$a(ext)/m^2 \cdot g^{-1}$	$v_p(mic, S)/cm^3 \cdot g^{-1}$	$v_p(mic, D)/cm^3 \cdot g^{-1}$
PX 21	3700	178	1.75	0.99
AX 21	3393	233	1.52	1.00
JF 516	2053	246	0.98	
JF 517	1657	218	0.76	0.47
JF 142	1479	54	0.55	
Carbosieve	1179	41	0.43	0.45
JF 005	882	19	0.33	0.35

α_s 图的线性多层部分的向后外推，可以评估总微孔容量（如第 9 章所示），并因此评估有效微孔体积 $v_p(mic, S)$。表 10.1 中 $v_p(mic, S)$ 的值是通过假设孔充满液氮（密度为 $0.808\ g \cdot cm^{-3}$）得到的。

图 10.11（c）中的 DR 曲线在非常低的 p/p^o 下都是线性的，但 JF517 和 AX21 的曲线在 $p/p^o > 0.01$ 时表现出明显的偏差。在其他的活性炭研究中已经报道了类似外观的氮气 DR 图（例如 Dubinin, 1966; Atkinson 等, 1984; Rodriguez-Reinoso, 1989; Linares-Solano 和 Cazorla-Amoros, 2008）。根据 DR 理论（见 5.2.4 节），线性图的截距应等于 $lgv_p(mic, D)$，其中 $v_p^\sigma(mic)$ 是填充微孔所需的气体体积。表 10.1 中的表观

微孔体积 $v_p(mic, D)$ 是由 $v^o(mic, D)$ 的值获得的，同样通过液体密度。

通常，具有窄微孔的碳给出了长线性的 DR 图，而更有限的线性表示存在更宽的微孔和介孔（Gregg 和 Sing, 1982; Atkinson 等, 1984）。Dubinin（1975）将更宽的微孔称为"次微孔"（supermicropore）。很明显，表 10.1 中的 $v_p(mic, S)$ 和 $v_p(mic, D)$ 的相应值仅在次微孔不存在时才是一致的（Carrott 等, 1987）。Rodriguez-Reinoso（1989）报道了类似的结果。由于非常窄的微孔（即超微孔）的初始填充发生在非常低的 p/p^o，所以在 $p/p^o > 0.01$ 时吸附量的变化非常小（Atkinson 等, 1987; Kenny 等, 1993），因此发现 DR 图在相当广泛的 p/p^o 范围内是线性的事实就不足为奇了。

在许多研究中（例如 Fernandez-Colinas 等, 1989a, 1989b; Kakei 等, 1991; Kenny 等, 1993; Kaneko, 1996; Llewellyn 等, 2000），已经发现高分辨 α_s 图和 DR 图的形状为连续填充微孔提供了有力证据。例如，图 10.12（a）中的氮气等温线是在一系列活化的松木炭上测定的（Fernandez-Colinas 等, 1989a, b）。等温线形状的变化是第一个迹象，表明由于蒸气中的渐进活化而导致孔变宽。如图 10.12（b）中的曲线所示，证实了这种解释，并表明这主要是由于次微孔结构（即宽微孔）的形成。看起来，在非常低的 p/p^o（即 $p/p^o < 0.01$）下，初级微孔填充的初始阶段之后是次微孔的逐渐填充。

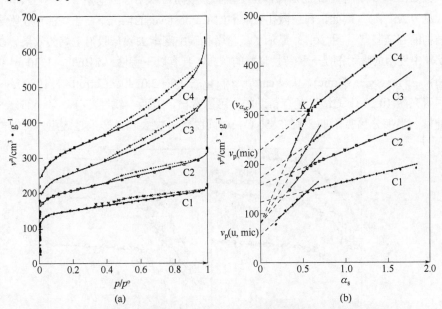

图 10.12　77 K 时，四种活性炭上的（a）N_2 吸附等温线和（b）相应 α_s 图
（Fernandez-Colinas 等, 1989a, b）

次微孔壁的表面覆盖率通过在 $\alpha_s < 0.5$ 的短线性部分的外观来表示。将该部分外推至 $\alpha_s = 0$，提供了有效超微孔体积 $v_p(u, mic)$（即窄微孔）的近似评估值。

如图 10.12（b）所示，在每个图的多层范围上延伸可获得第二个线性部分。该分支的向后推断给出来自 v^a 轴上截距的总有效微孔体积 $v_p(mic)$。因此，有效的次微

孔体积 $v_p(sup, mic)$ 可以看作是 $v_p(mic)-v_p(u, mic)$ 的差值。有趣的是，在 $v_p(u, mic)$ 的初始小变化之后，它在进一步激活期间保持不变，而 $v_p(sup, mic)$ 的增加幅度稳定。

在表 10.2 中类似地分析了 CO_2 活化的未经其他处理的人造丝布上的氮气等温线。可以看出，次微孔体积和面积随着燃烧百分比逐渐增加，而超微孔体积再次保持几乎恒定。外比表面积也几乎没有变化，直到燃烧超过 70%。在整个系列中，介孔率的范围很小（Freeman 等，1990）。

表 10.2　未处理碳布的微孔结构的演变
（Carrott 和 Freeman 的氮气等温线分析，1991）

燃烧百分比/%	20	31.2	49.7	70.1	92.0
微孔总体积/$cm^3 \cdot g^{-1}$	0.35	0.47	0.67	0.85	1.11
超微孔体积/$cm^3 \cdot g^{-1}$	(0.34)	(0.34)	0.34	0.34	0.34
次微孔体积/$cm^3 \cdot g^{-1}$	(0.01)	(0.13)	0.33	0.51	0.77
次微孔表面积/$m^2 \cdot g^{-1}$	—	(500)	1030	1520	1690
外部面积/$m^2 \cdot g^{-1}$	20	30	30	50	200

正如在第 9 章中讨论的那样，正壬烷的预吸附可以用作阻塞狭窄的微孔入口的手段（见 9.2.5 节）。因此，在超微孔吸附剂如 Carbosieve 的情况下，壬烷的预吸附导致孔结构的完全阻塞。图 10.13 显示了从超微孔碳中逐渐去除预吸附壬烷的效果。在这项工作中使用的吸附剂是一种特性良好的碳布，具有以下特性：$a(BET)$，1330 $m^2 \cdot g^{-1}$；$a(ext)$，25 $m^2 \cdot g^{-1}$；$v_p(mic)$，0.44 $cm^3 \cdot g^{-1}$；w_p，0.6～2.0 nm（Carrott 等，1989）。

研究图 10.13 中的情况是有帮助的。可以看出，有两个线性部分：第一部分的反向外推，当部分预吸附的壬烷在 50℃长时间脱气时被去除，产生零截距。可以得出

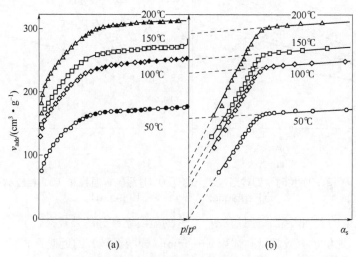

图 10.13　炭布 JF012 预吸附壬烷并在指定温度下脱气之后的
（a）77 K 时的氮气吸附等温线和（b）对应 α_s 图（引自 Carrott 等, 1989）

结论，氮气吸附的初始阶段是通过次微孔壁上的单层吸附，接着形成一个准多层，直到孔隙填充在 p/p^o 为 0.4 左右时完成。脱气温度的升高导致从超微孔和狭窄入口逐渐去除壬烷，并且在 200℃ 下长时间除气后原始氮气等温线恢复。因此，可以将总微孔容量 $v_p(mic)$（通过前面描述的线性多层分支的后推得到的）的变化与超微孔容量恢复的大小 $v_p(u, mic)$（如前所定义）进行比较，当处于 $v_p(mic) > v_p(u, mic)$ 的阶段时，可以清楚地表明壬烷的预吸附导致了一些次微孔的狭窄入口堵塞。

DFT 和 α_s 法的应用如图 10.14 所示，它显示了在不同条件下活化得到不同范围孔径分布的两个碳布样品的氮气等温线。样品 A 和 B 的 BET 面积分别为 1666 $m^2 \cdot g^{-1}$ 和 1058 $m^2 \cdot g^{-1}$。等温线 A 的可逆 I 型特征明显说明了样品 A 的微孔性质，而等温线 B 显示出的 IV 型形状指示出样品 B 中具有毛细凝聚现象。通过对等温线进行 α_s 分析可以获得更多的定性和定量信息。图 10.14（b）中的 α_s 图说明，样品 A 和 B 中都具有两个阶段的微孔填充，而样品 B 中还有另一个介孔填充阶段。通过线性部分的

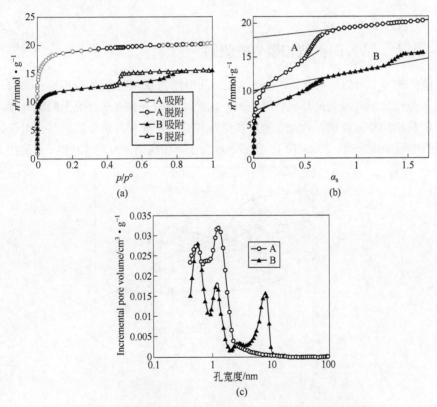

图 10.14 两种微孔碳织物 A 和 B 在 77 K 时的 N₂ 吸附（a）
吸附-脱附等温线；（b）α_s 图及（c）孔径分布的 DFT 图
（引自 Llewellyn 等，2000）

反向外推，可以评估有效的超微孔和次微孔容量，并且从这些线性区域各自的斜率可以近似评估有效的外表面积和超微孔表面积（Llewellyn 等，2000）。

图 10.14（c）中的孔径分布曲线是通过借助商业 Micromeritics 软件应用 DFT 方法获得的。DFT 分析相对于介孔尺寸分析的经典 BJH 方法（参见第 8 章）具有优势，其原则上适用于微孔填充和毛细凝聚，但是必须牢记其局限性，特别是，假设实验等温线是一系列局部等温线的复合体，即碳表面是均匀的，并且孔均为单个刚性狭缝的形式。

正如 Do 和 Do（2003）指出的那样，由于以下原因，导出的孔径分布应该被认为是有效的：①碳中的毛孔形状不规则；②缺陷存在于石墨烯表面；③极地群体附属于边缘地点；④毛孔相互关联；⑤分子相互作用不符合简单模型。

因此，图 10.14（c）中的 DFT 衍生的孔径分布曲线相对于 77 K 时氮气的吸附是有效的分布。尽管有这些限制，α_s 图和 DFT 分析的组合可以提供解释多孔碳的吸附行为。

10.4.1.2　77 K 时氩气和氮气的吸附

氮气的一个可能的缺点是，由于其双原子分子形状和四极性（quadrupolar），所以它不是研究微孔填充的代表性吸附剂。因此，比较一系列活性炭上的氮气和氩气吸附测量结果是有益的。为此，吸附微量热仪是一种非常有价值的工具。对于氩气和氮气的吸附微分焓，如图 10.15 所示，绘制了其中两个活性炭 C1 和 C4 的图（即

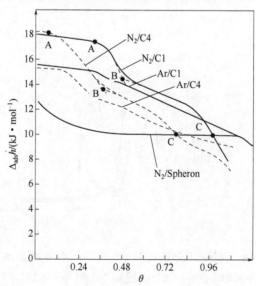

图 10.15　活性炭 C1、C4（与图 10.12 中相同）和 Spheron 1500
上 77 K 时 N_2 和 Ar 的微分吸附焓（Fernandez-Colinas 等，1989a,b）

$\Delta_{ads}\dot{h}$ 对比 θ)。正如所料，在大多数微孔填充范围内，氮气吸附能明显高于相应的氩气能。正如第 1 章所讨论的那样，这种差异可能是由氮气所经历的特定场梯度-四极相互作用引起的。然而，很明显，对于 C1 和 C4，相应的吸附能曲线具有相同的总体外观。

对图 10.15 中氮气的吸附焓曲线的研究表明，可以确定物理吸附的三个特征阶段：A 点位于第一个平台的末端；B 点位于第二个较不明确的高平台的开始；C 点是孔填充曲线穿过非石墨化碳（Spheron 1500）上单层吸附的相应曲线的点。可以将初始高吸附焓（$\Delta_{ads}\dot{h}$ 对于氮气约为 18 kJ·mol^{-1}，对于氩气约为 16 kJ·mol^{-1}。）用于氩气中的初步微孔填充。接下来是过渡区域 AB，最后主要是 BC 的协同填充范围。

正如第 1 章和第 6 章所指出的，物理吸附能量是由分子尺寸孔隙中吸附剂与吸附质相互作用的重叠产生的（Everett 和 Powl，1976）。在碳中狭缝状孔隙的情况下，对于有效孔隙宽度，可以预期吸附能量显著提高，$w<c \cdot 2d$（d 是分子直径）。吸附能量增强两倍将是分子在窄缝状孔隙中进入的最大预期值，这些值记录在表 1.5 中，但显然图 10.15 中的初始值处于稍低的水平。这些发现表明，该系列活性炭中最窄的孔隙宽度可能在 0.8 nm 的范围内。

Atkinson 等（1987）报道了通过选择微孔碳吸附氩气和氮气的详细微量热研究。吸附的微分焓以两种方式呈现：在图 10.16 中，它们以通常的方式绘制，作为分数微孔填充的函数，v/v_p(mic)；在图 10.17 中，它们被绘制成平衡压力 p/p^o 的函数。后面的介绍特别有趣，因为它揭示了在低 p/p^o 下吸附能的显著差异。如第 3 章所述，Tian-Calvet 微量热法是此类研究的首选技术，因为吸附焓测量是在恒温下进行的。

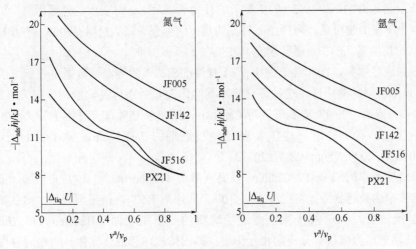

图 10.16　微孔碳上 N$_2$ 和 Ar 的微分吸附焓，对孔填充分数作图

（引自 Atkinson 等，1987）

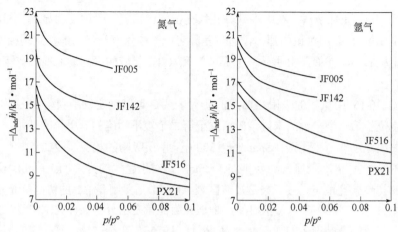

图 10.17　微孔碳上 N_2 和 Ar 的微分吸附焓对相对压力作图

（引自 Atkinson 等，1987）

微孔碳 JF005（一种分子筛碳布）、JF142、JF156 和 PX21（超活性炭）的氮气等温线和相应的 α_s 图，与图 10.11 中的碳 JF005、Carbosieve、JF517 和 AX21 非常相似。因此，JF005 和 JF142 都是超微孔的，而 JF516 和 PX21 含有很宽范围的微孔。表 10.1 包括了来自氮气等温线的 $a(\text{BET})$、$a(\text{ext})$ 和 v_p 值。

图 10.16 和图 10.17 中显示的吸附微分焓的变化，说明了所有四个碳材料与微孔填充有关的强烈的不均匀性。然而，很明显，对于氮气和氩气的吸附，微分焓曲线有两种类型。特别有趣的是 JF005 和 JF142 在几乎整个微孔填充范围内所提供的高吸附焓，这与 JF516 和 PX21 的更复杂的行为形成对比。对于后一种吸附剂，微孔填充的两个阶段清楚可见。同样显而易见的是，两种分子筛碳材料 JF005 和 JF142 超过 80% 的孔填充（即初级微孔填充）发生在 $p/p^o<0.01$ 时。

根据这些结果，在非常低的 p/p^o 下获得准确的吸附等温线数据是有意义的。正如第 3 章所解释的那样，这种高分辨率的吸附测量并不容易，但初步研究（Kenny 等，1993）表明，在 77 K 氮气下对 Carbosieve 微孔的初始填充开始于 $p/p^o<10^{-5}$，并在 p/p^o 约为 10^{-2} 完成。这些发现已经被近期的工作广泛证实（Conner，1997；Llewellyn 等，2000；Thommes 等，2011）。

通过应用非局部 DFT，Gubbins 及其同事们（Balbuena 等，1993）预测，逐步填充非常狭窄的狭缝状微孔发生在 $p/p^o<10^{-5}$。非局部 DFT 理论还预测在次微孔填充中存在层状转变。在这些计算中假定了均质的石墨型表面（Balbuena 和 Gubbins，1994），填充压力取决于分子间相互作用（即固体流体和液体流体）的相对强度和精确的孔隙几何形状（Bock 等，2008）。

Brauer 等（1993）进行了碳微孔中氩气吸附的 GCMC 模拟。正如所料，随着孔隙宽度从 0.7 nm 增加到约 1 nm，势能曲线经历了从单个深势能阱到两个最小值的变

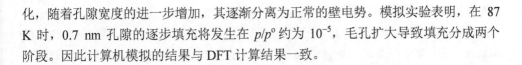

化，随着孔隙宽度的进一步增加，其逐渐分离为正常的壁电势。模拟实验表明，在 87 K 时，0.7 nm 孔隙的逐步填充将发生在 p/p^o 约为 10^{-5}，毛孔扩大导致填充分成两个阶段。因此计算机模拟的结果与 DFT 计算结果一致。

10.4.1.3　87 K 时的氩气吸附

如 10.3.2 节中已经指出的那样，如果操作温度升高到液体 Ar 的温度 87 K，石墨化碳上氩气等温线的逐步特征则被去除。出于多种原因，已提出 87 K 下 Ar 的吸附作为 77 K 下 N_2 的替代方案，用于表面积测定和孔径分析（Thommes 等，2012）。Ar 显然是非极性的单原子分子，比 N_2 的活性低得多，原则上来说，DFT 的应用应该比氮气的情况更直接。此外，更高的操作温度为快速平衡和微孔填充范围提供了更有利的条件（Silvestre-Albero 等，2012；Thommes 等，2012）。很明显，B 点在较高温度下没有明确定义（因 C 值较低），但如果 Rouquerol 等（2007）提出的方法用于评估 BET 单层容量，这就并不是一个严重的问题。现在判断 87 K 的氩气吸附是否会被接受为表面积测定和孔径分析的标准方法还为时尚早。

10.4.1.4　273 K 时的二氧化碳吸附

一百多年前就报道了第一次可靠的木炭吸附二氧化碳测量（例如 1910 年 I.F. Homfray 的工作，见 McBain，1932 年），随后，许多二氧化碳等温线在各种形式的活性炭上得到确定。目前对二氧化碳物理吸附的极大兴趣主要是由于：①它被用作探测超微孔碳的表征；②分离和捕获这种麻烦的"温室气体"（参见 Silvestre-Albero 和 Rodriguez-Reinoso，2012）。

当研究碳化有机聚合物的性质时，Marsh 和 WynneJones（1964）发现 195 K 下二氧化碳的吸附水平远高于他们的 BET 氮气比表面积可以解释的水平。初看起来，这似乎令人惊讶，因为两种分子在尺寸上没有很大的不同：N_2 的动力学直径为 0.36 nm，而 CO_2 的动力学直径为 0.33 nm，相应的最小尺寸为 0.30 nm 和 0.28 nm。然而，迄今为止，引起二氧化碳吸附量增加的最重要因素是更高的操作温度（见 Gregg 和 Sing，1982）。

当二氧化碳测量在 273 K 或 298 K 进行时，这种影响更大程度地显示出来。在这些温度下，二氧化碳饱和压力非常高（例如在 298 K，$p = 6.34 \times 10^6$ Pa），因此 p/p^o 在低于大气压时被限制在约 0.02。这有一个好处，即等温线的初始部分，相比通常在 77 K 时氮气可能的准确度，可以用更高的精度来确定，此外，DR 图通常更趋于线性（Rodriguez-Reinoso，1989）。

在他们对微孔碳的广泛研究中，Rodriguez-Reinoso 和他的同事使用二氧化碳作为分子探针（一般在 273 K），同时在 77 K 使用氮气（Garrido 等，1987；Rodriguez-

Reinoso, 1989; Rodriguez-Reinoso 等, 1989; Molina-Sabio 等, 1995; Silvestre-Albero 和 Rodriguez- Reinoso, 2012,2012）。已经确定了三组多孔碳：①由于 N_2 被限制在非常狭窄的孔隙中扩散，低燃烧度的活性炭吸附 CO_2 的量比吸附 N_2 的量大得多；②低至中等程度燃烧的活性炭，具有相当窄的微孔，产生大约 N_2 和 CO_2 相当量的吸附；③中等到高度燃烧的活性炭，具有较宽的微孔范围，产生比 CO_2 更大的 N_2 吸附量。

在 Cazorla-Amoros 等（1996）的工作中，CO_2 吸附等温线在 273 K 和 298 K 的压力下测定，压力高达 4 MPa。已经证实，低于大气压下的 CO_2 吸附是表征非常窄的微孔的一种有用的补充技术，而在更高的压力下，CO_2 和 N_2 的吸附情况看起来相似。Ravikovitch 等（2000）开发了一种统一的微孔碳孔径表征的理论方法，将 NLDFT 和 GCMC 应用于 CO_2（在 273K）、N_2 和 Ar（均在 77 K）的等温线。

Stoeckli 和他的同事在他们正在进行的微孔填充工作中使用了高压 CO_2 吸附（在各种温度下）以及吸附、浸入式量热和蒸气吸附测量（Guillot 等, 2000; Guillot 和 Stoeckli, 2001; Stoeckli 等, 2002）。两种很好的表征微孔碳的方式特别引人注意：一种在极宽的 p/p^o 范围内给出线性 DR 图，另一种强活化材料给出具有更短线性范围的平滑 DR 图。相应的 CO_2 微分吸附焓证实了不同的微孔填充机制，线性 DR 区域与超微孔中吸附剂-吸附质相互作用增强相关。

借助 CO_2 吸附和浸润量热法，Stoeckli 等（2002）也研究了几种 CMS 的微孔结构。正如对这种超微孔碳的预期，CO_2 的 DR 图表现出很长的线性范围。通过二氧化碳比较图的分析，可以近似估计由外部表面积和微孔体积组成。

Müller（2008）用 GCMC 模拟研究了吸附 CO_2 分子与孔径和形状之间的四极相互作用。狭缝状孔隙中无法检测到在某一临界尺寸的窄纳米管中发现的倾斜排序。当然，这种形式的特定相互作用可能在活性炭无序孔结构将 CO_2 分子紧密包装中起一小部分作用。

10.4.2　有机蒸气吸附

苯在活性炭孔隙结构的许多早期研究中是最受欢迎的吸附物（Cadenhead 和 Everett, 1958; Dubinin, 1958,1966; Smisek 和 Cerny, 1970）。事实上，为了构建给定微孔碳的特征曲线，Dubinin 和他的同事（Dubinin, 1966）最初采用苯作为标准吸附物。因此，在 Dubinin 微孔体积填充理论（the volume filling of micropores, TVFM）的背景下，比例因子 $\beta(C_6H_6)=1$（见第 5 章）。

Polanyi 关于特性曲线温度不变性的概念成为 Dubinin（1966）提出的 TVFM 的一个重要特征。该方法提供了一种将在不同温度下确定的等温线系列汇集在一起的方式。所得到的共同曲线可以被认为是微孔碳的孔隙由特定吸附物的分数填充与定义为 $RT\ln(p^o/p)$ 的"吸附势"之间的关系。一个典型特征曲线的例子如图 10.18 所示，其中很明显，对于活性炭 CK，共同特征曲线是由在 20～140℃温度范围内确定的所有苯等温线给出的。

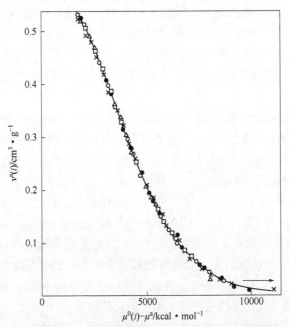

图 10.18 活性炭 CK 上苯吸附的 DR 特征曲线，温度范围从 20℃（△）到 140℃（●）（引自 Dubinin，1975）

并非所有特征曲线都是不随温度变化的（Aranovich，1991; Tolmachev，1993）。在宽温度范围内的不变性具有热力学意义，这与许多体系的行为不一致，尤其是当涉及强吸附剂-吸附质相互作用或吸附机制的组合时。正如可以预料的那样，当在相同的微孔碳上测定各种吸附物的等温线时，经常会获得不同的特征曲线。事实上，相当少的文献记载的例子是从不同蒸气的等温线得出相同的特征曲线（Bansal 等，1988）。Bradley 和 Rand（1995）比较了煤基活性炭上一系列低级醇等温线的特征曲线。甲醇和乙醇的特征曲线非常吻合，但异丙醇和正丁醇的相应曲线在低载荷下有偏离（如氮气）。作者得出结论，偏差可能是超微孔内分子堆积限制的结果。

在过去的 30 年中，许多不同大小、形状和极性的有机分子被用作分子探针。已经通过应用 DR 方程或者在少数情况下通过 Dubinin-Astakhov（DA）方程分析了多孔碳上实验等温线。到目前为止，更复杂的 Dubinin-Serpinsky 处理（Stoeckli，1993）只被极少数其他研究者应用。

如前所述，DR 图广泛的线性范围通常与初级微孔填充有关。但是，必须记住，微孔填充机制取决于吸附系统的性质和温度以及孔径。由于它包含一个额外的可调参数，DA 方程显然比简单的 DR 方程适应性更强。对于大多数活性炭，公式（5.46）中经验指数 N 的值在 1.5～3 范围内。

Stoeckli（1981）、McEnaney 和 Mays（1991）、Hutson 和 Yang（1997）等（参见 Rudzinski 和 Everett, 1992）试图在积分变换或广义化的吸附等温线方面为 DR 和 DA 方程提供理论基础，以式（5.55）的形式表示。然而，实际上，DR 和 DA 方程通常是凭经验应用的，因此得出的量（微孔体积，特征能量和结构常数）并不总是易于解释。

也许有一种更实用的替代方法是比较许多不同分子大小的非极性蒸气（Carrott 和 Sing, 1988）的孔隙填充行为。以这种方式，有可能探测等温线中的变化，这是由于增加吸附质的尺寸和极化性而不增加特定相互作用的差异的复杂性。以下几个例子将说明这种方法的适用性。

在图 10.19～图 10.22 中给出了 4 种不同活性炭上的氮气、丙烷、异丁烷和新戊烷的吸附等温线和相应的 α_s 图。图 10.19 中的等温线是在 Carbosieve 及图 10.20 和图 10.21 中的不同等级的碳布上测定的，而图 10.22 中的等温线是在超活性炭 AX21 上测定的。为了便于比较吸附量，吸附量表示为吸收液体的等量体积。当然，必须牢记，被吸附物的密度不可能与相应的散装液体密度完全相同。虽然图 10.19～图 10.22 中的一些等温线比其他的更为复杂，但它们都属于 IUPAC 分类中的第一类。因此，显然 4 种碳材料主要是微孔的，但具有不同的孔径范围。

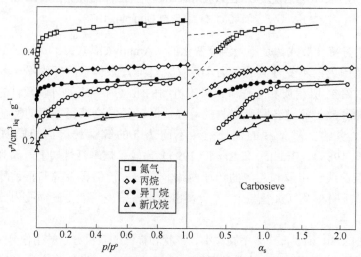

图 10.19　Carbosieve S 的吸附等温线和相应的 α_s 图

（引自 Carrott 等, 1988a,b）

空心符号：吸附；实心符号：脱附

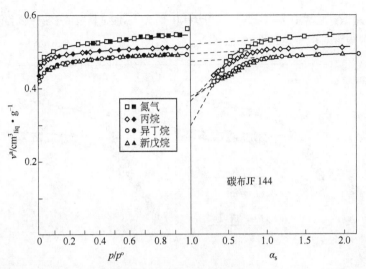

图 10.20　碳布 JF144 的吸附等温线和相应的 α_s 图（Carrott 等，1988a,b）

空心符号：吸附；实心符号：脱附

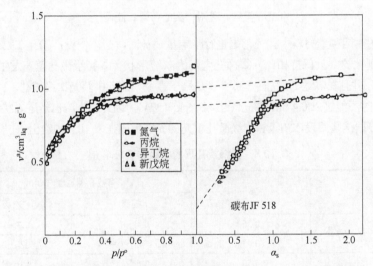

图 10.21　碳布 JF518 的吸附等温线和相应 α_s 图（Carrott 等，1988a,b）

空心符号：吸附；实心符号：脱附

　　图 10.19～图 10.22 中 α_s 图是借助用 Elftex 120 和其他无孔炭黑样品获得的标准吸附数据构建的（Carrott 等，1987；Carrott 等，1988a,b）。正如本章前面所解释的（也参见第 7 章），微孔吸附剂上的 α_s 图通常有两部分。如果第一部分是线性的（在 $\alpha_s<1.0$，即 p/p^o <0.4），则它可归因于次微孔壁上的吸附，因此其后向外推至等于

α_s=0 得到超微孔容量；第二部分，在 α_s>1.0 时，与毛细凝聚或多层吸附相关，如果呈线性，则截距对应于总微孔容量。

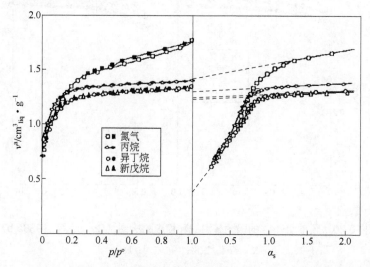

图 10.22　活性炭 AX21 的吸附等温线和相应 α_s 图（Carrott 等，1988a,b）
空心符号：吸附；实心符号：脱附

在试图对四种碳材料中孔径范围进行半定量估计时，必须假设：①孔在物理吸附测量期间是刚性的并且保持如此；②微孔全部为狭缝形状；③初级微孔填充发生在宽度<2d 的孔中，并且在高达 5d 左右（其中 d 是分子直径）的孔中填充次级微孔。由于 N_2 分子在 77 K 时不能进入 0.4 nm 沸石通道（Breck，1974），因此认为这也是进入狭缝形孔隙的下限。根据这些假设，初级和次级微孔填充的允许范围在表 10.3 中给出。

表 10.3　狭缝状孔隙的初级和次级填充

吸附物	d/nm	有效孔隙宽度，w/nm	
		初级	次级
氮气	0.36	0.4～0.7	0.7～1.8
丙烷	0.43	0.45～0.9	0.9～2.2
异丁烷	0.50	0.5～1.0	1.0～2.5
新戊烷	0.62	0.6～1.2	1.2～3.1

图 10.19 中的等温线证实了 Carbosieve 的分子筛和超微孔特性。异丁烷和新戊烷等温线的显著特征是它们有明显的低压滞后（low-pressure hysteresis, LPH）。由于庞大的异丁烷和新戊烷分子的吸收速度非常缓慢，因此热力学平衡不确定，这些等温线不适合详细分析。相反，较小的氮气和丙烷分子被更快速地吸附并且其在 Carbosieve 上的等温线是可逆的，尽管可用的微孔容量是相当不同的。

氮气和丙烷的情况表明，在每种情况下，总摄取量的 70%～80%与初级微孔填充有关。如果我们接受表 10.3 中的初级和次级孔隙填充的近似界限，并考虑到不同的氮气和丙烷微孔容量，我们可以暂时得出结论：约 60%的氮气可用孔体积在有效宽度为 0.45～0.9 nm 左右的孔中。体积更大的异丁烷和新戊烷分子的进入明显更加受限，并且缺乏可逆性使得解释复杂化，但填充的新戊烷似乎达到总微孔体积的约 55%并且位于约 0.6 nm 的孔中。必须再次强调的是，以这种方式使用少量分子探针不能预期提供超过有效微孔尺寸分布的初步粗略速算。至少有两个未知变量：孔隙形状的分布和无序多孔碳的非刚性。

由于所有等温线现在都是可逆的，异丁烷和新戊烷的吸附路径实际上是相同的，所以对于 JF144 的等温线情况稍微不复杂（图 10.20），每个低覆盖率截距的位置表明初级微孔填充的比例相当高（60%～70%），并且重要的是至少 90%的微孔氮气容量可用于新戊烷吸附。从这些结果可以得出结论：碳布中的微孔主要分布在有效孔隙宽度范围内（约 0.6～2.0 nm）。

在图 10.21 中，JF518 的所有三种烃化合物等温线都非常接近，除非在极低的 p/p^o 条件下，氮气吸收量要大得多。JF518 的所有等温线表现出逐渐向高平台方向发展的趋势。次级微孔填充的优势由初级截距的小规模确认（大约 20%的总烃微孔容量）。这一强烈的迹象表明，大多数孔隙处于次微孔范围，有效宽度约为 1～3 nm。

图 10.22 中超级 AX21 上的碳氢化合物等温线也相当接近（特别是在低 p/p^o 时）。在这种情况下，氮气等温线的一个显著特征是毛细凝聚范围内的窄滞后环，并且相应的 α_s 图的形状表示次微孔和窄介孔的连续范围。由于在完成合作微孔填充和可逆毛细凝聚开始之间似乎没有明显的界限，目前不能确定次级微孔填充的上限。

所有氮气等温线在一定程度上偏离相应的烃等温线的事实说明了氮气的异常吸附行为，并证实低温氮气吸附不能提供对多孔碳的吸附性质的完整评估。此外，在微孔吸附剂的表征中涉及不可避免的困难。正如其他作者也指出的那样（Gregg 和 Sing, 1982; Aukett 等, 1992; Bradley and Rand, 1995），微孔中的吸附物密度不可能与相应的液体密度相同。此外，分子堆积的程度在一定程度上取决于孔径和形状（Carrott 和 Sing, 1988）。由于这些和其他原因，建议参考有效或表观的孔径或体积（Rouquerol 等, 1994），并指定吸附物和操作温度。

10.4.3　水蒸气吸附

类型Ⅲ和 V 的等温线在 1940 年首次提出，但 BDDT 分类时并不常见（见 Brunauer, 1945）。在 20 世纪 50 年代早期，Pierce 和他的同事们证明，通过在 Graphon（一种石墨化炭黑）上吸附水蒸气来给出Ⅲ型等温线（Pierce 和 Smith, 1950; Pierce 等, 1951; Pierce Smith, 1953 年）。Kiselev 和他的同事报道说，在氢气中高温处理后，石墨化炭黑的吸水量很小，甚至很难在 $p/p°<0.8$ 时检测到（Avgul 等，1957）。相应地，石墨化碳在水中浸润能量也被发现非常低（Zettlemoyer 等，1953；Barton 和 Harrison，1975；Bansal 等，1988）。

在 20 世纪 50 年代（Pierce 等，1951；Arnell 和 McDermott，1952；Pierce 和 Smith，1953；Dacey 等，1958）也报道了在木炭上的第一个明确定义的 V 型水等温线。从那时起，微孔碳吸附水蒸气的研究已经相当详细（参见 Dubinin，1980；Gregg 和 Sing，1982；McCallum 等，1999；Kaneko，2000；Striolo 等，2003；Bradley，2011）。

在石墨基面上（即在石墨烯上）吸附水的原因不难理解。水分子很小，极化率相对较低。在没有特定相互作用的情况下，吸附剂与吸附质之间的相互作用因此较弱，这说明炭黑浸润水中的能量较低（参见 Bradley，2011）。

微孔碳上水等温线的两个典型例子如图 10.23 所示。尽管如已经所看到的，但是 Carbosieve 和超活性炭 AX21 都是高度微孔的，但它们的孔径分布却大不相同。很显然，Carbosieve 中非常窄的孔隙（w 约为 0.4～0.8 nm）开始在 $p/p°$ 约为 0.3 进行水蒸气填充，而在 $p/p°>0.5$ 时填充 AX21 较宽的孔（w 约为 1～3nm）。图 10.23 中两个水等温线之间的另一个有趣的差别是它们的滞后环的大小：Carbosieve 给出的回环陡峭而狭窄，而 AX21 回环更宽更圆。这种差异与 Miyawaki 等（2001）研究工作的结果一致。

图 10.23 所示类型的等温线的定性解释首先由 Pierce 和 Smith（1950）提出，他假设最初有几个水分子被吸附在极性位点（如氧复合物）上，而随着 $p/p°$ 的增加，然后在这些有利位点周围形成氢键键合分子簇。这些团簇随着压力的增加而增长，直到它们合并在一起并且孔隙被填满。根据 Pierce 和 Smith 的说法，滞后是由于孔隙填充和排空涉及的步骤之间的差异所致，后者表现出更稳定的状态。两阶段过程是 Dubinin 和 Serpinski（1981）采用的模型的基础，并由 Barton 和 Koresh（1983）以及 Talu 和 Meunier（1996）进一步发展。

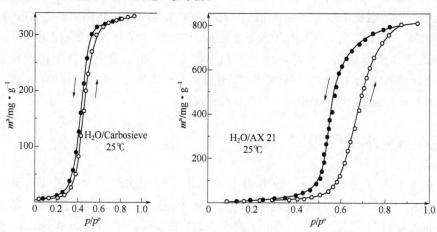

图 10.23 在 300℃脱气后的微孔碳于 25℃测量得到的等温线（Sing, 1991）

文献中的大多数 V 型水等温线表现出明显的滞后现象，但是在某些超微孔碳上已经报道了一些可逆的或几乎可逆的水等温线。例如，Dacey 等（1958）获得的等温线，在 Saran 炭上有明确的 V 型特征，在 p/p^o 为 0.5～0.6 左右有陡峭的上升。存在少量的 LPH，等温线似乎在 $p/p^o > 0.55$ 时是完全可逆的。然而，有人指出，在等温线急剧上升的部分，需要超过 24 h 达到平衡。Kaneko（2000）报道了另一种几乎可逆的 V 型水等温线。Miyawaki 等（2001）探索了这些参数，他发现了环宽度和 p/p^o 位置之间的半定量关系。

完全可逆的 V 型等温线相当罕见。Dubinin（1980）报道的例子是由低度燃烧（5.7%）的超微孔碳材料给出这样的等温线。20%燃烧的碳材料，滞后现象几乎遍及整个孔隙填充范围。Vartapetyan 等（2005）报道了类似的发现，他研究了由热带木材生产的活性炭的吸附水。在 Barton 和 Koresh（1983）的工作中，在碳布的低温（即 40℃）抽空之后获得了可逆的水等温线。这种材料的分子筛特性在 400℃ 时通过脱气而减少，并且这也导致在水等温线中出现滞后现象。Barton 和 Koresh（1983）得出可疑的结论，认为这种滞后现象主要是由于表面氧化物的浓度决定了从簇吸附到连续吸附相变化的吸附值。

V 型水蒸气等温线初始部分的形状由表面化学控制（Gregg 和 Sing, 1982; Bansal 等, 1988; Rodriguez-Reinoso 等, 1995; Choma 和 Jaroniec, 1998; Kaneko, 2000 ; Boehm, 2008; Bradley, 2011; Thommes 等, 2011）。如已经指出的，纯碳表面对水的低亲和力与碳表面和吸附质之间弱的非特异性相互作用有关。当存在某些官能团时，特定的相互作用开始起作用，并且吸附亲和力由此增加。Walker 和 Janov（1968）确定了水的吸附与化学吸附氧的表面浓度之间的关系。Bansal 等（1978a,b）也研究了表面氧对水分吸附的影响，他们得出结论：在 $p/p^o < 0.5$ 时，水分吸收水平由表面含氧结构的浓度决定。

在 XPS 的帮助下，Kaneko 等（1995）研究了 ACF 表面的亲水位点。在这项工作中，研究了基于 CEL 和 PAN 的 ACF，并且样品用 H_2O_2 化学处理或者在 1000℃ 下在 H_2 中加热。正如预期的那样，H_2O_2 处理的表面氧化增加了水的初始吸收，而 H_2 处理导致在低 p/p^o 下吸附的水量显著减少。XPS 谱的峰面积的测量提供了确定亲水位点的分数表面覆盖度的方法。这样，在水蒸气的低压吸附和亲水位点（主要是 COOH）之间发现线性关系。

许多其他研究人员研究了改变多孔碳表面化学所产生的影响。在 Hall Holmes（1991,1992,1993）的系统工作中，通过用氯气、光气、氟气、四氧化二氮（N_2O_4）和 1,1-二氟乙烯等试剂处理来实现对活性炭的化学改性。在水蒸气填充孔隙所需的 p/p^o 中观察到显著变化。在某些情况下，发现改性吸附剂的性能取决于反应条件：例如，氯化产生的疏水性程度受反应温度的影响。尽管生产相对疏水的材料需要 180℃ 左右的温度，但似乎低温氯化可能提供将不同官能团连接到碳表面的方法（Hall 和 Holmes, 1993）。

Kaneko 等（1995）发现有可能生产高度疏水性的氟化微孔碳纤维。据报道，两种氟化碳的 BET 比表面积分别为 420 $m^2 \cdot g^{-1}$ 和 340 $m^2 \cdot g^{-1}$，微孔体积分别为 0.19 $cm^3 \cdot g^{-1}$ 和 0.14 $cm^3 \cdot g^{-1}$。这些材料给出了 I 型氮气和甲醇等温线，但是当 $p/p^o<0.8$ 时，水蒸气的吸附量太小而无法测量，甚至在 p/p^o 约为 1 时吸收量也很低。

Bailey 等（1995）开发了一种确定主要吸水位点位置的新方法。这种方法涉及萘的预吸附，选择萘是因为其平面分子形状和与水不混溶。用一些活性炭，发现氢键连接的水团簇的生长受到萘的抑制，而在其他情况下，几乎没有影响。据认为，较大微孔中的位点易于被预吸附的萘阻塞。现在判断这种有趣方法的成功为时尚早，这可能成为正壬烷预吸附的有效的替代方法。

显然，水蒸气吸附的初始阶段取决于碳表面上存在的许多极性位点。在 Dubinin 和 Serpinski（1981）的理论中，这些位置被认为是均匀高能的初级吸附中心。水分子首先以 1∶1 的比例吸附在主要中心上，然后这些分子作为其他分子吸附（通过氢键）的次级吸附中心。

以此模型为基础的 Dubinin-Serpinsky（DS）方程可用如下方程表示：

$$p/p^o = n/[k_1(n_0+n)(1-k_2n)] \tag{10.3}$$

其中，n 是在 p/p^o 时水的比吸附量；n_0 是初级中心的比吸附量；k_1 是吸附和解吸速率常数的比率；k_2 是与在 $p/p^o=1$ 时吸收相关的常数。

在一些研究中，已经发现方程（10.3）适用于 $0.4<p/p^o<0.8$ 范围内的实验水吸附数据（Stoeckli 等，1994a，b）。实际上，p/p^o 范围取决于碳表面的性质和孔结构（Carrott 等，1991；Carrott，1993）。通过添加其他经验参数（Barton 等，1991，1992；Talu 和 Meunier，1996；Miyawaki 等，2001），拟合范围得到扩展。

Stoeckli 等（1994a,b）已经表明，水蒸气等温线的吸附分支可以用 Dubinin-Astakov（DA）类型的方程来描述：

$$n = n_p \exp[-(A/E)^N] \tag{10.4}$$

其中，n_p 是微孔容量；$A=RT\ln(p/p^o)$；N 和 E 是不随温度变化的参数。

正如在第 5 章中看到的，方程（10.4）习惯上应用于 I 型等温线。但是，如果 E 的值足够低（即在室温附近 $E<2\sim3$ $kJ \cdot mol^{-1}$），则它可以应用于 V 型等温线的主要部分。此外，至少有一些系统已经发现，E 和 N 不随温度明显变化，因此满足温度不变条件（Stoeckli 等，1994a，b）。另一方面，到目前为止还无法确定这些术语的确切含义，而式（10.3）和式（10.4）必须被视为经验方程。

在 Kaneko（2000）的重要综述中，讨论了限制在"碳纳米空间"中水的结构。由 Iiyama 等（1995）获得的特征 X 射线衍射图，已经提供了微孔碳中存在长程有序水的新证据。通过检查额外的 X 射线衍射和小角散射数据，Kaneko 确定了不同尺寸微孔中水的特征模式。正如人们所预料的那样，超微孔中的分子似乎不如次微孔中的流动性好。此外，这种行为与超微孔填充的可逆性相关，与填充和排空更宽微孔相关的滞后相反。Miyawaki 等（2001）更详细地探讨了孔隙宽度与水吸附滞后之间的关系。对于一系列 ACFs，滞后环面积的增加与孔隙宽度的增加有关。

通过应用众所周知的 Gurvich 法则，习惯上通过在接近饱和的压力下（例如，在 $p/p^o = 0.98$）的吸附来评估表观比孔体积并假定吸附质具有液体性质（在 293 K 下水的体液密度为 0.99g·cm^{-3}）。以这种方式评估的来自水和其他等温线的微孔体积之间的大量比较显示，在一些情况下比较一致，但是也有相应值之间存在显著差异的（例如在 Vartapetyan 等，2005 的工作中）。Thommes 等（2011）报道了水蒸气吸附和氮气吸附，测煤基活性炭（AC）的微孔体积存在 18% 的差异，水蒸气给出较低的值。这些以及其他数据（Iiyama 等，2000）似乎表明碳裂缝状微孔中吸附的水的有效密度在 0.81 g·cm^{-3} 和 0.86 g·cm^{-3} 之间。但是，这些数据的解释可能并不像它看起来那么直截了当。

早期在各种微孔碳上的吸附测量结果（参见 Sing，1991），揭示了由相应的水蒸气和氮气吸附能力得到的微孔体积之间的类似差异。但是，当在四种微孔碳上水蒸气（298 K）和异丁烷（261 K）之间进行比较时，对应的微孔体积的值非常一致。这些结果表明，仅仅通过比较表观孔隙体积的相应值，难以表征吸附结构。

尽管量化总体水-碳相互作用存在理论上的困难，但 MS 研究广泛支持了 Pierce 和 Smith（1950,1953）最初的想法。因此，Müller、Gubbins、Seaton、Quirke 及其合作者的 GCMC 研究证实，水对碳的吸附不是以有序的单层-多层形式进行的（见 Müller 等，1996; McCallum 等，1999; Jorge 和 Seaton，2002; Striolo 等，2003）。相反，水优先在特定位点吸附。被吸附的分子作为成核位点，用于进一步吸附分子，形成氢键三维团簇。很明显，在假想的单层形成之前很久就会发生自发的孔隙填充。该机制的复杂性是由于：①亲水位点的精确位置和性质；②吸附质-吸附质氢键结构；③微孔尺寸和形状分布。因此，每种活性炭都可能以独特的方式进行。

Thommes 等（2011）强调了微孔碳吸附水的特性。借助于程序升温脱附和质谱联用，以及 XPS 和一系列物理吸附测量，可以分离水吸附对孔隙度和表面化学性质的依赖性。通过比较表征良好的超微孔碳上水等温线证实，低 p/p^o 上的吸收差异取决于表面化学，而在较高的 p/p^o 下，等温线环的位置受孔结构控制。一项详细的研究表明，环形并不取决于孔隙填充的程度，但脱附边界曲线的位置在一定程度上取决于温度。这些结果与 Ohba 等（2004）的研究结果是定性一致的，并提供额外的支持，认为滞后是延迟凝结的结果。

上述所有结果都符合这样一个事实，即与 Silicalite 中管状孔隙的疏水性（Carrott 等，1991）相比，水可容易地容纳在狭窄的狭缝状碳孔隙中。如图 10.24 所示，可以在宽度约大于 0.5 nm 的狭缝中放置一层氢键合水的薄片，其结构几乎没有变形。因而，很容易

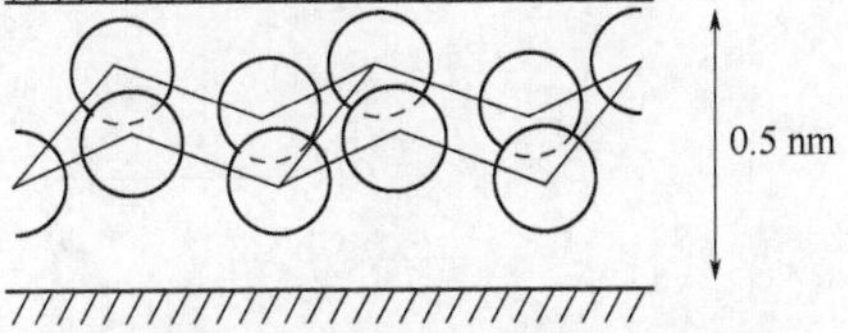

图 10.24　狭缝状孔隙中水的 H 键结构（Carrott 等，1991）

明白为什么滞后环的外观依赖于孔径。中心层中的吸附物似乎可能会随着孔宽度的增加而变得更加液态。在不存在孔堵塞或网络效应的情况下，狭缝状微孔的填充/排空可以可逆地发生（即没有滞后现象）。在极限 p/p^o 以上，有两个阶段填充更宽的孔，导致出现吸附/解吸滞后现象。对于具有均匀狭缝形孔的微孔碳，限制性 p/p^o 可以被认为与吸附物相边界相似并且是温度依赖。

10.4.4　氦气吸附

氦气常用于吸附测压以确定"死空间"体积（见第 3 章），但该方法是基于这样的假设：气体在环境温度下不吸附，并且不会渗入，吸附剂结构是吸附分子不能接近的。事实上，对于一些微孔吸附剂，在远高于正常沸点（4.2 K）的温度下可以检测到显著量的氦气吸附。由于这个原因，由氦气比重测定法（Rouquerol 等，1994）确定的表观密度（或所谓的真密度）可能取决于操作温度和压力（Fulconis, 1996）。

由于其尺寸小（碰撞直径约 0.20 nm），氦气似乎是研究超微孔碳的有用探针分子。显然，在液氦温度（4.2 K）下工作的实验难度是氦气未被广泛用于表征多孔吸附剂的主要原因。另外，由于氦具有一些不寻常的物理性质，因此可以预期其吸附行为将是异常的并且取决于量子效应。

Kaneko 及其同事（Kuwabara 等，1991; Setoyama 等，1993; Setoyama 和 Kaneko, 1995; Setoyama 等，1996）在微孔碳吸附氦气的一系列研究中得到了强有力的证据，物理吸附氦气的密度与 4.2 K 时的体相液体氦的密度（即 0.102 g·cm^{-3}）不同。通过采用由 Steele（1956）在理论基础上提出的值 0.202 g·cm^{-3}，Kaneko 和他的同事能够通过某些微孔碳在相应的 He 和 N$_2$ 的吸收之间获得相当好的一致性，如图 10.25 所示。

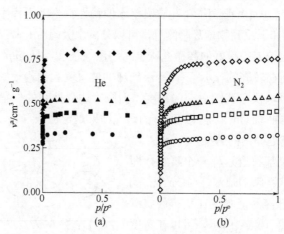

图 10.25　碳上 He（4.2 K）和 N$_2$（77 K）的吸附等温线（引自 Setoyama 等，1996）

活化炭的燃烧程度分别为 19%（○●），34%（□■），52%（△▲）和 80%（◇◆）

对于其他多孔碳，通过可用的更大的氦吸附表观孔隙体积来证明存在窄超微孔。

图 10.26 和图 10.27 比较了一系列氦气和氮气等温线的形状。为了便于比较，吸附量以液体体积的形式表示。如已经指出的那样，吸附氦气的调整密度取为 0.202 g·cm^{-3}，而吸附氮气假定具有 0.808 g·cm^{-3} 的正常液体密度。很明显，在此基础上，根据 Gurvich 规则，相应的饱和度水平又相当一致。氦气等温线的一个显著特征是它们在非常低的 p/p^o 下相对陡峭。图 10.26 显示了氦气和氮气等温线之间的显著差异，其中横坐标 p/p^o 由 $\log_{10}(p/p^o)$ 代替。现在很明显，与 p/p^o 约为 10^{-4} 的相应的氮气微孔填充相比，由氦气填充的微孔开始于 $p/p^o < 10^{-6}$。

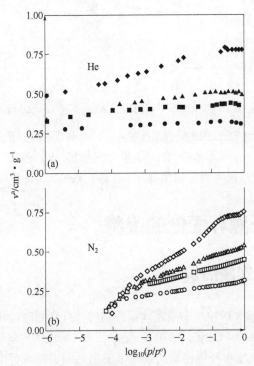

图 10.26　图 10.25 中吸附等温线的对数图（Setoyama 等，1996）

根据 Gurvich 体积之间已经注意到的一致性，观察到的氦气和氮气等温线的低压特性差异更加显著。Kaneko 给出这种差异的解释是基于 Steele（1956）最初提出的理论，即在 4.2 K 的石墨表面上氦气的异常高吸附是由于"双层吸附加速"。鉴于这种不寻常的行为，可以预期在 4.2 K 时氦气会表现出独特的微孔填充机制。然而，事实证明，氦气和氮气的微孔填充在初级和次级阶段之间似乎有着密切的相似性。

图 10.27 中的氦气和氮气 α_s 图由图 10.26 中的等温线得出，借助于在无孔炭黑上测定的标准等温线数据（Setoyama 等，1996）。尽管 p/p^o 范围有显著差异，但显然相应的氦气和氮气 α_s 图的形状非常相似。可以得出结论，对于两种吸附物，物理吸附

的初始阶段主要是次微孔壁的表面覆盖或超微孔的初级微孔填充。这些发现与由橄榄石制备的这些样品和其他多孔碳的活化条件完全一致。

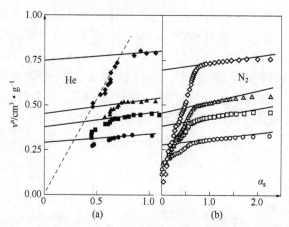

图 10.27　图 10.25 和 10.26 中吸附等温线的 α_s 图（Setoyama 等，1996）

正如所看到的，一些活性炭狭缝状微孔中 4.2 K 的表观密度似乎是大约 $0.20\ \mathrm{g\cdot cm^{-3}}$。然而，真密度必须取决于吸附系统的性质、孔径和形状。Setoyama 和 Kaneko（1995）针对活性炭微孔中氢气的密度给出了 $0.20\sim0.23\ \mathrm{g\cdot cm^{-3}}$ 的可能范围。

10.5　碳-液界面处的吸附

10.5.1　浸润式量热仪

Bailey 和 Maggs（1972）在描述他们最初的一批炭布时，使用了传统的"润湿热"法（参见 Smisek 和 Cerny，1970）。现在已知这种浸润式量热仪的形式使用价值是有限的，但是如果它在严格控制的条件下使用，则该技术可以给出关于活性炭的表面积、表面化学或孔隙度的有价值信息（参见 Denoyel 等 2008；Silvestre-Albero 等，2012）。第 4.4 节描述了使用敏感 Tian-Calvet 微量热计的实验程序。方法主要的区别在于润湿液体的选择。

对表面化学的系统研究需要选择极性液体。在 Zettlemoyer 和 Chessick（1974）的早期工作中，使用不同偶极矩的液体，目的是获得浸没能量与偶极子和表面静电场的特定相互作用之间的线性关系。通过维持恒定的烃部分（例如，通过比较正丁胺和正丁醇的浸泡能量），非特异性相互作用能的差异被最小化。

Rodriguez-Reinoso 等（1997）通过用苯、甲醇和水进行浸润能量测量，确定了活性炭上两种不同表面氧基团的性质。通过这种方法，可以区分以 CO 或 CO_2 形式热位移的官能团行为。同样，Bradley 和 Stoeckli 及其同事，采用浸润式量热法以及其他技术，广泛地研究了氧化对炭黑和 CNTs 表面极性的影响（例如 Bradley 等，1995; Lopez-Ramon 等, 1999; Andreu 等, 2007; Bradley 2012）。

通过表征一系列炭黑浸润水、甲苯、甲醇、乙醇和异丙醇中的焓以及相应的物理吸附等温线和 XPS 测量，Andreu 等（2007）对表面氧化前后表现出的特异性和非特异性相互作用进行了详细研究。正如人们所预料的那样，在醇类中，发现特异性程度与烃链长度成反比。对于甲苯，每单位面积的浸没焓随着表面氧含量的增加而变化很小，并且可以得出结论：相互作用基本上是非特异性的，并且由于表面氧化而没有显著的结构变化。

在最近表面羟基化对 MCNTs 性质影响的研究中，Bradley 等（2012）使用浸润水中的焓来跟踪极性的变化。与炭黑一样，表面浸渍焓的大幅增加（4 倍）证实了处理过的材料具有高度极性（亲水）性质，同时水蒸气的吸收也显著增强。

正如在第 4 章中已经讨论的那样，介孔固体的表面积可以通过浸入式量热仪直接评估，并与 BET 比表面积进行比较。然而，由于 BET 比表面积的不可靠性，后者对于解释超微孔碳的浸润焓数据没有帮助。但是，如 9.3 节所述，这并不能否定浸润式量热仪在表征微孔材料中的应用。对于微孔碳的孔径分析，应采用一系列不同分子大小的探针液体。浸润的能量可以转换成每个液体都可以进入的有效区域，然后从表面积与分子大小的关系曲线获得微孔尺寸分布（见图 9.5）。

Tian-Calvet 微量热技术用于比较炭布、超活性炭和石墨化炭黑的性能（Atkinson 等, 1982）。表 10.4 中的结果是在浸入一系列有机液体中的标准批量的 Porton 碳布（AM4），AMOCO 超活性炭（PX21）和石墨化炭黑（Vulcan 3G）上获得的。

表 10.4　300 K 时有机液体中炭布 AM4、碳 AMOCO PX 21 和石墨化炭黑
Vulcan 3G 的浸润能（Atkinson 等, 1982）

浸没液体	浸润能					
	AMOCO PX21		炭布 AM4		Vulcan 3G	
	$J \cdot g^{-1}$	$mJ \cdot m^{-2}$	$J \cdot g^{-1}$	$mJ \cdot m^{-2}$	$J \cdot g^{-1}$	$mJ \cdot m^{-2}$
正己烷	245	66	94	74	6.1	86
环己烷	190	51	97	77	5.8	82
新己烷	190	52	72	58	5.3	75
甲苯	271	73	155	123	8.2	115
三甲苯	300	81	161	128	9.8	138
异杜烯	305	82	154	122	10.7	150

注：以单位 $mJ \cdot m^{-2}$ 表示的面积数值基于 BET 氮气比表面积。

表 10.4 中的结果证实，石墨化炭黑的浸渍面积能量（第 7 栏）随着碳数 N_C 的增

加而逐渐增加。这种行为与图 1.5 中的 E_0 对 N_C 的依赖性一致，并且也与 Bradley 及其同事的工作广泛一致。正如已经指出的那样，由于 BET 比表面积的不可靠性，不可能对两种微孔碳的表观面浸润能进行明确的解释。

通过以下方式能够取得进一步的进展：通过采用比热力学更严格的处理，可以将浸润的能量转化为积分吸附能（见第 5 章）。在图 10.28 中，碳布和超活性炭的 $\Delta_{ads}u$ 的推导值相对于 N_C 绘出。现在，活性炭布和超活性炭吸附总能量的差异与 N_C 依赖性一致。但是，除非有一些额外的信息，否则这些结果的价值仍然是有限的。在这种特殊情况下，$\Delta_{ads}u$ 相应值之间的差异可归因于炭布中超微孔的比例较高。

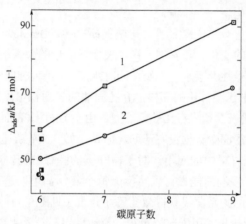

图 10.28　炭布 AM4(1)和超活性炭 PX21(2)浸润在有机液体中的积分摩尔吸附能与碳原子数的关系曲线（Atkinson 等, 1984）

10.5.2　溶液中的吸附

在溶液/碳材料界面上的吸附被广泛用于大规模水处理、糖脱色、金回收等（Derbyshire 等, 1995; Rodriguez-Reinoso, 2002; Bottani 和 Tascon, 2008）。除了这些成熟的应用之外，现在人们对可能使用活性炭去除各种污染物如芳香烃、腐植酸和重金属离子（Costa 等, 1988; Youssef 等 1996; Moreno-Castilla, 2008）以及放射性废物处理（Qadeer 和 Saleem, 1997）表现出了相当的兴趣。近年来，在优化商业级活性炭的性能方面取得了相当大的进展。

如第 4 章所述，从溶液中吸附一般比气/固界面处的物理吸附更复杂。尽管存在这种复杂性，人们还是尝试对稀溶液的吸附等温线进行了分类（参见 Denoyel 等, 2008）。图 10.29 中显示了两种假设的理想类型，其中"表观吸附"（即基于溶质浓度变化的表面过量减少）相对于平衡浓度作图。L 型是具有高平台的"经典"朗缪尔等温线形式，其对应于单层吸附，而在 S 型的情况下，表面覆盖先于溶质分子之间的相互作用。

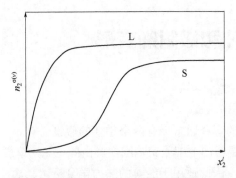

图 10.29　稀溶液吸附等温线的两种基本形状（Denoyel 等, 2008）

许多活性炭给出 L 型的溶质等温线，但通常不能获得明确的平台（对应于单层完成或微孔容量）。那么通常应用 Langmuir 方程或 Langmuir-Freundlich 关系的简单或二元形式，推测这种关系考虑了能量不均匀性（Jaroniec 和 Madey, 1988; Derylo-Marczewska, 2010）。

过去，人们对活性炭吸附染料和碘的研究给予了很多关注（参见 Brunauer, 1945; Orr 和 Dalla Valle, 1959），这一点仍然值得关注。尽管已经使用了已知尺寸、形状和化学性质的染料分子，但结果不容易解释（Giles 等, 1970; Mc Kay, 1982,1984; Figueiredo 等, 2011）。Ziolkowska 和 Garbacz（1997）研究了碘（从水溶液中吸附）的吸附情况，Fernandez-Colinas 等（1989 a,b）在系统研究了四种活性炭的孔隙率时也进行了研究。在这项工作中，碘等温线通过改变形式的方法进行分析，以无孔炭黑作为参考，以评估在 0.5～1.5 nm 范围内有效宽度孔的可用体积。微分焓测量为该方法的有效性提供了独立的证据。

众所周知，酚类化合物是工业污染物，因此，它们的吸附行为受到了关注（Moreno-Castilla, 2008）。Juang 等（2001）确定了微孔率对在水溶液中吸附苯酚和4-氯苯酚的影响。最近 Velasco 和 Ania（2011）证实了这一点，他们研究了活性炭在表面氧化之前和之后对苯酚的吸附机理。有点令人惊讶的是，这些结果表明微孔结构比碳表面极性更重要。Derylo-Marczewska 等（2010）对硝基酚和氯酚的吸附平衡和动力学的工作揭示了更复杂的行为模式，这似乎取决于吸附质、吸附剂和温度。发现用活性碳布从水溶液中除去半酰胺（非选择性除草剂）高度依赖于表面化学和溶液的 pH 值（Moreno-Castillo 等, 2011）。在 Ania 等（2011）关于活性炭对青霉素的"反应性吸附"工作中也发现了 pH 的重要性。

上述发现证实了碳材料/溶液界面（特别是活性炭）吸附的复杂性，并且需要谨慎解释表观吸附数据。现在显而易见的是，除了特异性和非特异性溶质-碳材料相互作用的性质和强度之外，还必须考虑溶剂的作用（在与碳材料和溶质的相互作用中）

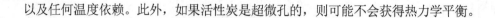

以及任何温度依赖。此外，如果活性炭是超微孔的，则可能不会获得热力学平衡。

10.6 LPH 和吸附剂变形

10.6.1 背景介绍

物理吸附等温线的解释通常会有两个重要的假设。首先，如果存在吸附滞后现象，则它总是位于等温线的毛细凝聚范围内。由此可见，单层-多层覆盖和微孔填充都被认为是可逆现象，因此适用于经典的热力学分析。其次，在操作条件下，没有气体分子能够渗入吸附剂，吸附剂保持刚性且没有结构变形。

事实上，已经有许多滞后现象延伸到非常低的压力的报道（参见 Bailey 等，1971；Gregg 和 Sing，1976,1982）：这种行为通常被称为 LPH。使用超微孔碳获得的典型 LPH 现象如图 10.19 所示，似乎应该简单地将 LPH 看作是与缺乏热力学平衡相关的假象（参见 Silvestre-Albero 等，2012）；或者，LPH 的外观可能会给出有关吸附剂性质的一些有用信息。在这里，只讨论多孔碳的行为，特定的黏土、氧化物、沸石和MOFs 给出不同类型的 LPH，每个系统都需要单独考虑。

众所周知，不明确的吸附-脱附滞后现象可能是错误实验技术的结果（参见第 3 章和 Lowell 等，2004）。例如，如果没有足够的时间使吸附平衡，可能会导致虚假滞后现象。另一个可能的误差来源是气相或表面存在杂质。在可重复使用的 LPH 的证据可以接受之前，必须避免或消除这些复杂情况。

物理吸附可能总是伴随着吸附剂的一些变形，但是对于许多系统来说，这似乎是非常小且可逆的，通常被认为是微不足道的。尽管一般忽略了这种影响，但人们早就知道，显著的尺寸变化与某些微孔碳的物理吸附有关（见 Gregg，1961）。根据最近的工作（例如 Balzer 等，2011），现在是时候讨论这些现象的影响了。

10.6.2 激活入口

由于物理吸附是一个放热过程，因此在给定的平衡压力下吸附的量应随着温度升高而降低。当然，实践中发现在每个温度下都可以建立热力学平衡；然而，微孔碳上的一些等温线表现为异常（参见 Gregg 和 Sing，1976,1982）。因此，如果在一个温度下的吸附等温线明显位于较低温度下的相应等温线之上，显而易见的推论是热力学平衡不是建立在一个或两个等温线之上的。根据 Maggs 在 1953 年提出并由Zwietering 独立提出的"激活入口"（activated entry）假说（参见 Gregg 和 Sing，1982），这是由于吸附物分子通过狭窄的孔入口非常缓慢地扩散造成的。在足够高的温度下，吸附速率变得足够快以在测量时间内达到平衡。

由 Marsh 和 Wynne-Jones（1964）及其他人（参见 Gregg 和 Sing, 1976, 1982）记录的超微孔碳吸附 CO_2 和 N_2 的实验数据似乎支持激活入口的概念。正如 10.4.1 节所讨论的那样，195 K 和 273 K 下 CO_2 的吸收量远远大于 77 K 下相应的 N_2 吸收量，这一事实不能用简单的分子筛来解释。同样，在 196~273 K 的温度范围内发现丁烷的吸附量显著增加（Gregg 和 Sing, 1976）。

虽然所有这些结果都与激活入口的观点一致，但它们不应被视为原始形式假设的确凿证据。正如下面的部分将会看到的那样，还必须考虑一些活性炭物理吸附蒸气所引起的尺寸变化。

10.6.3　低压滞后

McDermott 和 Arnell 在他们关于人造石墨吸附气体的研究中发现了两种可重现的滞后现象。一个在较高的相对压力下可以归因于毛细凝结-蒸发，而另一个则延伸到较低的压力，被认为与吸附剂的膨胀有关。尽管当时不可能证实这一假设，但已经知道一些吸附系统确实会发生膨胀（参见 Gregg, 1961）。

1971 年，Everett 及其同事对 LPH 的解释作出了重大进展。他们的综合论文（Bailey 等, 1971）基于 Bristol 对多孔碳吸附有机蒸气的广泛研究。除此之外，发现这种现象极其依赖于吸附性物质和脱气条件，并且在持续几个月的一系列实验中，获得了明确的证据，即 LPH 与碳结构的一些扭曲相关，表明孔结构和吸附行为的变化。所提出的理论涉及分子尺寸孔中吸附分子的不可逆嵌入，导致吸附剂的非弹性变形。此外，在某些情况下，即使所有嵌入分子已被除去，操作温度下的弛豫也非常缓慢。

下面提出了 LPH 的一般热力学描述。吸附剂（1）和吸附物（2）一起被认为是双组分体系。在恒定的温度和外部压力下，Gibbs-Duhem 方程可以表示为以下形式：

$$d\mu_1 = -(n_2 / n_1)d\mu_2 \qquad (10.5)$$

其中，μ_1 和 μ_2 是化学势，n_1 和 n_2 是各组分的物质的量。如果吸附物与其蒸气平衡，

$$d\mu_2 = RTd\ln p_2 \qquad (10.6)$$

则，

$$d\mu_1 = -RT(n_2/n_1)d\ln p_2 \qquad (10.7)$$

$$\mu_1 = \mu_1^\circ - RT\int_0^P (n_2 / n_1)d\ln p_2 \qquad (10.8)$$

其中，μ_1 是空的固体结构的化学势。

如果固体结构不变或在物理吸附等温线的过程中弹性变化（可逆），则 μ_1° 保持恒定并且没有滞后现象，但是如果在等温线上的某点处结构不可逆地跳转到一个新的构型，此时，空的结构的 μ_1° 值发生了改变，则发生 LPH 现象。由于这个原因，并

且由于超微孔碳的复杂性质，吸附和脱附等温线遵循不同的平滑路径。

就活性炭而言，可能将插层描绘成局部层间渗透的一种形式，并用"扩散压力"来表示该过程，这使得吸附膜能够"撬开"薄片。因此，为了允许 LPH 发生，结构的某些部分必须被拉紧超过它们的弹性极限。如果固体结构坚固且刚性（即交联），则不能期望 LPH 发生。Everett 模型能够解释分子大小和形状效应：如果吸附分子足够小较容易渗入狭窄的狭缝状孔隙中，或者太大而不能渗入扩张状态，则 LPH 不存在。

10.6.4　扩张和收缩

在 20 世纪 20 年代和 30 年代（见 McBain, 1932; Brunauer, 1945; Gregg, 1961）进行了第一次由物理吸附带来的活性炭膨胀测量。正如 Meehan 在 1927 年首先报道的那样，伴随 CO_2 吸附的活性炭的小膨胀似乎是各向同性的。McBain 指出，吸附剂的任何膨胀都不能归因于毛细缩合。

通过使用专门设计的引伸计（extensometer），Bangham 和他的同事们测量了压缩炭棒长度的分数变化（Bangham 和 Fakhoury, 1930; Bangham 和 Razouk, 1938; Bangham 和 Franklin, 1946）。以这种方式确定的膨胀等温线在形状上与相应的吸附等温线在某种程度上类似，但是发现膨胀通常与自由表面能（不是吸附量）的减少成比例。由 Bangham（1937）开发的热力学处理涉及吉布斯吸附方程在气固系统中的应用。

在 Haines 和 McIntosh（1947）的研究工作中，用某些吸附物（如丁烷）以低 p/p^o 记录炭棒的小收缩。各种有机蒸气在较高的 p/p^o 范围内，炭棒延伸看起来是可逆的，并符合 Bangham 的线性关系。相比之下，水蒸气的脱附导致炭棒显著收缩至其原始长度以下。

现在人们对多孔碳和其他材料的吸附诱导变形的兴趣，又重新浓厚起来。在原位实验测量不同整体式碳干凝胶对氮气和二氧化碳吸附的长度变化时，Reichenauer 及其合作者已经探索了与孔隙结构有关的不同膨胀和收缩阶段（Balzer 等, 2011）。似乎有几种机制对样本长度的整体变化起作用。在中孔范围内，脱附长度变化与表面自由能变化之间有很好的相关性（Bangham 模型）。微孔充填显然更为复杂：在 77 K 的 N_2 下，最初的小收缩之后是膨胀急剧增加，直至 $p/p^o \leqslant 0.1$。这些变化的幅度可能在一定程度上取决于微孔尺寸分布。进一步的工作显然还有相当大的空间，特别是在天然气封存和储存方面。

10.7　活性炭表征：结论和建议

由于表面化学和孔结构的复杂性，活性炭的表征并不总是直截了当的。吸附技术具有不可或缺的作用，但显然它们都有某种限制。为了理解活性炭的行为，有必要应用多种方法的组合。表征技术最合适的选择仍在讨论之中，但可以根据过去几年取得的进展给出方法指导。

在 77 K 下氮气的物理吸附等温线是一个有用的开始。等温线的整体形状提供了碳的孔隙结构的第一个定性印象。大多数活性炭都是微孔的，正如其典型的 I 型等温线形状所显示的那样。逐渐燃烧伴随着等温线形状的变化，伴随着平坦平台的损失，并且经常形成吸附滞后现象。这种孔扩大形式并不总是与真正的IV型等温线（即，在高 p/p^o 下具有明显的平台）的发展相关联，因此没有明确限定的介孔结构。但是，通过改变预处理和活化条件，可以获得更规则的介孔产物。

BET-氮气比表面积是一个有用的特征量，但是如果孔不超过约 0.7 nm（即，如果炭是超微孔的），它不具有有效面积的物理意义。可通过三种方式研究窄微孔的性质：①通过构建 α_s 图；②通过在不同温度下使用各种分子探针（例如 273 K 下的 CO_2）；③通过吸附量热法。DR 法是一种评估活性炭微孔体积的常用方法，但其经验性质和其他限制值得牢记。

尽管用于介孔尺寸分析的 BJH 方法仍然广泛用于常规分析活性炭上的氮气等温线，但它现在正与另一种更复杂的方法相竞争。原则上，基于 DFT 的计算程序（例如 NLDFT）可以应用于微孔和介孔碳，但是必然涉及有问题的假设，从而导出的量仍然具有不确定的有效性。

现在有一个强有力的例子，即在 87 K 下采用氩气代替 77 K 下的氮气作为表面积和孔径分析的首选吸附质。需要对多孔碳和非多孔碳进行更多的研究以确定使用 Ar 的优点（例如其非特异性相互作用）是否超过液氩温度下较高的操作成本。

有几种不同的表面化学方法可以被研究。一种方法是使用水汽测量来检测与暴露的极性基团的氢键相互作用。另一种方法是将浸渍量热法与各种极性液体一起应用，以确定特定的吸附剂-吸附质相互作用能。就此而言，可以使用 IGC 在非常低的表面覆盖率下获得微分吸附焓。

采用特定技术的确切目的应该经过严格核查。例如，BET 比表面积和孔径通常在专利说明书或科学出版物中引用，但这些数量很少直接与活性炭在诸如催化或水净化等应用中的性能相关。为了优化吸附剂活性，因此有必要进行其他测量（例如，溶液的化学吸附或物理吸附），与给定的应用更密切相关。

参考文献

Ajayan, P.M., Iijima, S., 1993. Nature. 361, 333.

Amberg, C.H., Spencer, W.B., Beebe, R.A., 1955. Canad. J. Chem. 33, 305.

Andreu, A., Stoeckli, H.F., Bradley, R.H., 2007. Carbon. 45, 1854.

Ania, C.O., Pelayo, J.G., Bandosz, T.J., 2011. Adsorption. 17, 421.

Aranovich, G.L., 1991. J. Colloid Interface Sci. 141, 30.

Arnell, J.C., McDermott, H.L., 1952. Canad. J. Chem. 30, 177.

Arora, G., Sandler, S.I., 2005. J. Chem. Phys. 123, 044705.

Atkinson, D., McLeod, A.I., Sing, K.S.W., Capon, A., 1982. Carbon. 20, 339.

Atkinson, D., McLeod, A.I., Sing, K.S.W., 1984. J. Chim. Phys. 81, 791.

Atkinson, D., Carrott, P.J.M., Grillet, Y., Rouquerol, J., Sing, K.S.W., 1987. In: Liapis, A.I. (Ed.), Proceedings of the 2nd International Conference on Fundamentals of Adsorption. Engineering Foundation, New York, p. 89.

Aukett, P.N., Quirke, N., Riddiford, S., Tennison, S.R., 1992. Carbon. 30, 913.

Avgul, N.N., Kiselev, A.V., 1970. Chem. Phys. Carbon. 1, p. 1.

Avgul, N.N., Kiselev, A.V., Kovalyova, N.V., Khrapova, E.V., 1957. In: Schulman, J.H. (Ed.), Proceedings of the 2nd International Congress on Surface Activity, Vol. Ⅱ. Butterworths, London, p. 218.

Bailey, A., Maggs, F.A.P., 1972. British Patent 1 301 101.

Bailey, A., Cadenhead, D.A., Davies, D.H., Everett, D.H., Miles, A.J., 1971. Trans. Faraday Soc. 67, 231.

Bailey, A., Maggs, F.A.P., Williams, J.H., 1973. British Patent 1 310 011.

Bailey, A., Lawrie, G.A., Williams, M.R., 1995. Adsorption Sci. Technol. 12, 193.

Baker, F.S., 1992. Kirk-Othmer Encyclopedia of Chemical Technology, Vol. 4. John Wiley, New York, p. 1015.

Balbuena, P.B., Gubbins, K.E., 1994. In: Rouquerol, J., Rodriguez-Reinoso, F., Sing, K.S.W., Unger, K.K. (Eds.), Characterization of Porous Solids Ⅲ. Elsevier, Amsterdam, p. 41.

Balbuena, P.B., Lastoskie, C., Gubbins, K.E., Quirke, N., 1993. In: Suzuki, M. (Ed.), Proceedings of the 4th International Conference on Fundamentals of Adsorption. Kodansha, Tokyo, p. 27.

Balzer, C., Wildhage, T., Braxmeier, S., Reichenauer, G., Olivier, J.P., 2011. Langmuir. 27, 2553.

Bandosz, T.J., Biggs, M.J., Gubbins, K.E., Hattori, Y., Iiyama, T., Kaneko, K., Pikunic, J., Thomson, K.T., 2003. In: Radovic, L.R. (Ed.), Chemistry and Physics of Carbon. Marcel Dekker, New York, p. 41.

Bangham, D.H., 1937. Trans. Faraday Soc. 33, 805.

Bangham, D.H., Fakhoury, N., 1930. Proc. R. Soc. A130, 81.

Bangham, D.H., Franklin, R., 1946. Trans. Faraday Soc. 42, 289.

Bangham, D.H., Razouk, R.I., 1938. Proc. R. Soc. A166, 572.

Bansal, R.C., Bhatia, N., Dhami, T.L., 1978a. Carbon. 16, 65.

Bansal, R.C., Dhami, T.L., Parkash, S., 1978b. Carbon. 16, 389.

Bansal, R.C., Donnet, J.-B., Stoeckli, F., 1988. Active Carbon. Marcel Dekker, New York.

Barton, S.S., Harrison, B.H., 1975. Carbon. 13, 47.

Barton, S.S., Koresh, J.E., 1983. J. Chem. Soc. Faraday Trans. I79, 1147–1165.

Barton, S.S., Evans, M.J.B., MacDonald, J.A.F., 1991. Carbon. 29 (8), 1099.

Barton, S.S., Evans, M.J.B., MacDonald, J.A.F., 1992. Carbon. 30 (1), 123.

Beebe, R.A., Dell, R.M., 1955. J. Phys. Chem. 59, 746.

Beebe, R.A., Young, D.M., 1954. J. Phys. Chem. 58, 93.

Beebe, R.A., Beckwith, J.B., Honig, J.M., 1945. J. Am. Chem. Soc. 67, 1554.

Beebe, R.A., Biscoe, J., Smith, W.R., Wendell, C.B., 1947. J. Am. Chem. Soc. 69, 95.

Beebe, R.A., Millard, B., Cynarski, J., 1953. J. Am. Chem. Soc. 75, 839.

Bienfait, M., 1980. In: Dash, J.G., Ruvalds, J. (Eds.), Phase Transitions in Surface Films. NATO ASI, Vol. B51. Plenum, New York, p. 29.

Bienfait, M., 1985. Surf. Sci. 162, 411.

Bienfait, M., Zeppenfeld, P., Gay, J.M., Palmari, J.P., 1990. Surf. Sci. 226 (3), 327.

Bock, H., Gubbins, K.E., Pikunic, J., 2008. In: Bottani, E.J., Tascon, J.M.D. (Eds.), Adsorption by Carbons. Elsevier, Oxford, p. 103.

Boehm, H.P., 1966. In: Eley, D.D., Pines, H., Weisz, P.B. (Eds.), Advances in Catalysis, Vol. 16. Academic Press, New York, p. 179.

Boehm, H.P., 1994. Carbon. 32, 759.

Boehm, H.P., 2008. In: Bottani, E.J., Tascon, J.M.D. (Eds.), Adsorption by Carbons. Elsevier, Oxford, p. 301.

Bojan, M.J., Steele, W.A., 1987. Langmuir. 3 (6), 1123.

Bojan, M.J., Steele, W.A., 2008. In: Bottani, E.J., Tascon, J.M.D. (Eds.), Adsorption by Carbons. Elsevier, Oxford, p. 77.

Bonijoly, M., Oberlin, M., Oberlin, A., 1982. Int. J. Coal Geol. 1, 283.

Bottani, E.J., Tascon, J.M.D., 2004. Chem. Phys. Carbon. 29, 209.

Bottani, E.J., Tascon, J.M., 2008. Adsorption by Carbons. Elsevier, Amsterdam.

Bradley, R.H., 2011. Adsorption Sci. Technol. 29, 1.

Bradley, R.H., Rand, B., 1995. J. Colloid Interface Sci. 169, 168.

Bradley, R.H., Sutherland, I., Sheng, E., 1995. J. Chem. Soc. Faraday Trans. 91, 3201.

Bradley, R.H., Cassity, K., Andrews, R., Meier, M., Osbeck, S., Andreu, A., Johnston, C., Crossley, A., 2012. Appl. Surf. Sci. 258, 4835.

Brauer, P., Poosch, H.-R., Szombathely, M.V., Heuchel, M., Jaroniec, M., 1993. In: Suzuki, M. (Ed.), Proceedings of the 4th International Conference on Fundamentals of Adsorption. Kodansha, Tokyo, p. 67.

Breck, D.W., 1974. Zeolite Molecular Sieves. John Wiley, New York, p. 636.

Brunauer, S., 1945. The Adsorption of Gases and Vapours. Oxford University Press, London.

Cadenhead, D.A., Everett, D.H., 1958. Industrial Carbon and Graphite. S.C.I, London, 272.

Cao, L., Kruk, M., 2010. Adsorption. 16, 465.

Carrott, P.J.M., 1993. Adsorption Sci. Technol. 10, 63.

Carrott, P.J.M., Freeman, J.J., 1991. Carbon. 29, 499.

Carrott, P.J.M., Sing, K.S.W., 1987. J. Chromatography. 406, 139.

Carrott, P.J.M., Sing, K.S.W., 1988. In: Unger, K.K., Rouquerol, J., Sing, K.S.W., Kral, H. (Eds.), Characterization of Porous Solids I. Elsevier, Amsterdam, p. 77.

Carrott, P.J.M., Sing, K.S.W., 1989. Pure Appl. Chem. 61, 1835.

Carrott, P.J.M., Roberts, R.A., Sing, K.S.W., 1987. Carbon. 25, 59.

Carrott, P.J.M., Roberts, R.A., Sing, K.S.W., 1988a. Langmuir. 4, 740.

Carrott, P.J.M., Roberts, R.A., Sing, K.S.W., 1988b. In: Unger, K.K., Rouquerol, J., Sing, K.S.W., Kral, H. (Eds.), Characterization of Porous Solids I. Elsevier, Amsterdam, p. 89.

Carrott, P.J.M., Drummond, F.C., Kenny, M.B., Roberts, A., Sing, K.S.W., 1989. Colloids Surf. 37, 1.

Carrott, P.J.M., Kenny, M.B., Roberts, R.A., Sing, K.S.W., Theocharis, C.R., 1991. In: Rodriguez-Reinoso, F., Rouquerol, J., Sing, K.S.W., Unger, K.K. (Eds.), Characterization of Porous Solids II. Elsevier, Amsterdam, p. 685.

Carrott, P.J.M., Ribeiro Carrott, M.M.L., Cansado, I.P.P., Nabais, J.M.V., 2000. Carbon. 38, 465.

Carrott, P.J.M., Ribeiro Carrott, M.M.L., Cansado, I.P.P., 2001. Carbon. 39 (193), 465.

Carrott, P.J.M., Conceicao, F.L., Ribeiro Carrott, M.M.L., 2007. Carbon. 45, 1310.

Carruthers, J.D., Petruska, M.A., Sturm, E.A., Wilson, S.M., 2012. Microporous Mesoporous Mater. 154, 62.

Cazorla-Amoros, D., Alcaniz-Monge, J., Linares-Solano, A., 1996. Langmuir. 12, 2820.

Chambers, A., Park, C., Baker, R.T.K., Rodriguez, N.M., 1998. J. Phys. Chem. B102, 4253.

Choma, J., Jaroniec, M., 1998. Adsorpt. Sci. Technol. 16, 295.

Choma, J., Jaroniec, M., Kloske, M., 2002. Adsorpt. Sci. Technol. 20, 307.

Clint, J.H., 1972. J. Chem. Soc. Faraday Trans. 1. 68, 2239.

Conner, W.C., 1997. In: Fraissard, J., Conner, W.C. (Eds.), Physical Adsorption: Experiment, Theory and Applications. Kluwer, Dordrecht, p. 33.

Costa, E., Calleja, G., Marijuan, L., 1988. Adsorption Sci. Technol. 5 (3), 213.

Dacey, J.R., Clunie, J.C., Thomas, D.G., 1958. Trans. Faraday Soc. 54, 250.

Darmstadt, H., Ryoo, R., 2008. In: Bottani, E.J., Tascon, J.D.M. (Eds.), Adsorption by Porous Carbons. Elsevier, Oxford, p. 455.

Davis, B.W., Pierce, C., 1966. J. Phys. Chem. 70, 1051.

Denoyel, R., Rouquerol, F., Rouquerol, J., 2008. In: Bottani, E.J., Tascon, J.M.D. (Eds.), Adsorption by Carbons. Elsevier, Oxford, p. 273.

Derbyshire, F., Jagtoyen, M., Thwaites, M., 1995. In: Patrick, J.W. (Ed.), Porosity in Carbons. Edward Arnold, London, p. 227.

Derylo-Marczewska, A., Miroslaw, K., Marczewski, A.W., Sternik, D., 2010. Adsorption. 16, 359.

de Vooys,F., 1983. In: Capelle, A., deVooys, F.(Eds.), Activated Carbon: AFascinating Material. Norit N.V, Amersfoort, p. 13.

Do, D.D., Do, H.D., 2002. Adsorption. 8, 309.

Do, D.D., Do, H.D., 2003. Adsorption Sci. Technol. 21, 389.

Do, D.D., Ustinov, E.A., Do, H.D., 2008. In: Bottani, E.J., Tascon, J.D. (Eds.), Adsorption by Carbons. Elsevier, Amsterdam, p. 239.

Donnet, J.-B., 1994. Carbon. 32, 1305.

Donnet, J.-B., Bansal, R.C., 1990. Carbon Fibers. Dekker, New York.

Dubinin, M.M., 1958. Industrial Carbon and Graphite. Society of Chemical Industry, London, p. 219.

Dubinin, M.M., 1966. In: Walker, P.L. (Ed.), Chemistry and Physics of Carbon, Vol. 2. Marcel Dekker, New York, p. 51.

Dubinin, M.M., 1975. In: Cadenhead, D.A. (Ed.), Progress in Surface and Membrane Science, Vol. 9. Academic Press, New York, p. 1.

Dubinin, M.M., 1980. Carbon. 18, 355.

Dubinin, M.M., Serpinski, V.V., 1981. Carbon. 19, 402.

Ebbesen, T.W., Ajayan, P.M., 1992. Nature. 358, 220.

Economy, J., Lin, R.Y., 1971. J. Mater. Sci. 6, 1151.

Economy, J., Lin, R.Y., 1976. Appl. Polymer Symp. 29, 199.

Emmett, P.H., DeWitt, T., 1941. Ind. Eng. Chem. Anal. Ed. 13, 28.

Esteves, I.A.A.C., Cruz, F.J.A.L., Müller, E.A., Agnihotri, S., Mota, J.P.B., 2009. Carbon. 47, 948.

Everett, D.H., Powl, J.C., 1976. J. Chem. Soc. Faraday Trans. I. 72, 619.

Everett, D.H., Ward, R.J., 1986. J. Chem. Soc. Faraday Trans. 1. 82, 2915.

Fernandez-Colinas, J., Denoyel, R., Rouquerol, J., 1989a. Adsorption Sci.Technol. 6 (1), 18.

Fernandez-Colinas, J., Denoyel, R., Grillet, Y., Rouquerol, F., Rouquerol, J., 1989b. Langmuir. 5, 1205.

Figueiredo, J.L., Sousa, J.P.S., Orge, C.A., Pereira, M.F.R., Orfao, J.J.M., 2011. Adsorption. 17, 431.

Fitzer, E., Kochling, K.H., Boehm, H.P., Marsh, H., 1995. Pure Appl. Chem. 67, 473.

Forrester, S.D., Giles, C.H., 1971. Chem. Ind., 831.

Franklin, R.E., 1951. Proc. R. Soc. A209, 196.

Freeman, J.J., Sing, K.S.W., 1991. In: Suzuki, M. (Ed.), Adsorptive Separation. Institute of Industrial Science, Tokyo, p. 261.

Freeman, J.J., Gimblett, F.G.R., Roberts, R.A., Sing, K.S.W., 1987. Carbon. 25, 559.

Freeman, J.J., Gimblett, F.G.R., Roberts, R.A., Sing, K.S.W., 1988. Carbon. 26, 7.

Freeman, J.J., Sing, K.S.W., Tomlinson, J.B., 1990. In Carbone-90, Extended Abstracts, GFEC, Paris, p. 164.

Freeman, J.J., Tomlinson, J.B., Sing, K.S.W., Theocharis, C.R., 1993. Carbon. 31, 865.

Fulconis, J.M., 1996., Thèse, Université d'Aix-Marseille Ⅲ, Marseille.

Furmaniak, S., Terzyk, A., Gauden, P.A., Harris, P.J.F., Wisniewski, M., Kowalczyk, P., 2010. Adsorption. 16, 197.

Futaba, D.N., Hata, K., Namai, T., Yamada, T., Mizuno, K., Hayamizu, Y., Yumura, M., Iijima, S., 2006. J. Phys. Chem. B. 110, 8035.

Gardner, L., Kruk, M., Jaroniec, M., 2001. J. Phys. Chem. 105, 12516.

Garrido, J., Linares-Solano, A., Martin-Martinez, J.M., Molina-Sabio, M., Rodriguez-Reinoso, F., Torregrosa, R., 1987. Langmuir. 3, 76.

Gay, J.-M., Suzanne, J., Wang, R., 1986. J. Chem. Soc. Faraday Trans. 2. 82, 1669.

Giles, C.H., D'Silva, A.P., Trivedi, A.S., 1970. In: Everett, D.H., Ottewill, R.H. (Eds.), Surface Area Determination. Butterworths, London, p. 317.

Gimblett, F.G.R., Freeman, J.J., Sing, K.S.W., 1989. J. Mater. Sci. 24, 3799.

Gregg, S.J., 1961. The Surface Chemistry of Solids. Chapman and Hall, London.

Gregg, S.J., Sing, K.S.W., 1976. In: Matijevic, E. (Ed.), Surface and Colloid Science, Vol. 9. Wiley, p. 231.

Gregg, S.J., Sing, K.S.W., 1982. Adsorption, Surface Area and Porosity. Academic Press, London.

Grillet, Y., Rouquerol, F., Rouquerol, J., 1979. J. Colloid Interface Sci. 70, 239.

Guillot, A., Stoeckli, F., Bauguil, Y., 2000. Adsorpt. Sci. Technol. 18, 1.

Guillot, A., Stoeckli, F., 2001. Carbon. 39, 2059.

Haines, R.S., McIntosh, R., 1947. J. Chem. Phys. 18, 28.

Hall, C.R., Holmes, R.J., 1991. Colloids Surf. 58, 339.

Hall, C.R., Holmes, R.J., 1992. Carbon. 30, 173.

Hall, C.R., Holmes, R.J., 1993. Carbon. 31, 881.

Hall, C.R., Sing, K.S.W., 1988. Chem. Br. 24, 670.

Hall, P.G., Williams, R.T., 1986. J. Colloid Interface Sci. 113, 301.

Harkins, W.D., Jura, G., 1944a. J. Am. Chem. Soc. 66, 1362.

Harkins, W.D., Jura, G., 1944b. J. Am. Chem. Soc. 66, 919.

Holmes, J.M., 1966. In: Flood, E.A. (Ed.), The Solid-Gas Interface, Vol. 1. Marcel Dekker, New York, p. 127.

Hutson, N.D., Yang, R.T., 1997. Adsorption. 3, 189.

Iijima, S., 1991. Nature. 354, 56.

Iiyama, T., Nishikawa, K., Otowa, T., Kaneko, K., 1995. J. Phys. Chem. 99, 10075.

Isirikyan, A.A., Kiselev, A.V., 1961. J. Phys. Chem. 65, 601.

Ismail, I.M.K., 1990. Carbon. 28, 423.

Ismail, I.M.K., 1992. Langmuir. 8, 360.

Ismail, I.M.K., Rodgers, S.L., 1992. Carbon. 30, 229.

Iiyama, T., Ruike, M., Kaneko, K., 2000. Chem. Phys. Lett. 331, 359.

Jagtoyen, M., Derbyshire, F., 1993. Carbon. 31, 1185.

Jaroniec, M., Madey, R., 1988. Physical Adsorption on Heterogeneous Solids. Elsevier, Amsterdam.

Johnson, J.K., Cole, M.W., 2008. In: Bottani, E.J., Tascon, J.M.D. (Eds.), Adsorption by Carbons. Elsevier, Oxford, p. 369.

Jorge, M., Seaton, N.A., 2002. Mol. Phys. 100, 3803.

Journet, C., Maser, W.K., Bernier, P., Loiseau, A., Lamy de la Chapelle, M., Lefrant, S., Deniard, P., Lee, R., Fischer, J.E., 1997. Nature. 388, 756.

Joyner, L.G., Emmett, P.H., 1948. J. Am. Chem. Soc. 70, 2357.

Juang, R.-S., Tseng, R.-L., Wu, F.-C., 2001. Adsorption. 7, 65.

Kakei, K., Ozeki, S., Suzuki, T., Kaneko, K., 1991. In: Rodriguez-Reinoso, F., Rouquerol, J., Sing, K.S.W., Unger, K.K. (Eds.), Characterization of Porous Solids Ⅱ. Elsevier, Amsterdam, p. 429.

Kaneko, K., 1996. In: Dabrowski, A., Tertykh, V.A. (Eds.), Adsorption on New and Modified Inorganic Sorbents. Elsevier, Amsterdam, p. 573.

Kaneko, K., 2000. Carbon. 38, 287.

Kaneko, K., Setoyama, N., Suzuki, T., Kuwabara, H., 1993. In: Suzuki, M. (Ed.), Proceedings of the 4th International Conference on Fundamentals of Adsorption. Kodansha, Tokyo, p. 315.

Kaneko, Y., Ohbu, K., Uekawa, N., Fujie, K., Kaneko, K., 1995. Langmuir. 11, 708.

Kaneko, K., Hanzawa, Y., Iiyama, T., Kanda, T., Suzuki, T., 1999. Adsorption. 5, 7.

Kenny, M., Sing, K., Theocharis, C., 1993. In: Suzuki, M. (Ed.), Proceedings of the 4th International Conference on Fundamentals of Adsorption. Kodansha, Tokyo, p. 323.

Kington, G.L., Beebe, R.A., Polley, M.H., Smith, N.R., 1950. J. Am. Chem. Soc. 72, 1775.

Kiselev, A.V., 1968. J. Colloid Interface Sci. 28, 430.

Krim, J., Suzanne, J., Shechter, H., Wang, R., Taub, H., 1985. Surf. Sci. 162, 446.

Kroto, H.W., Heath, J.R., O'Brien, S.C., Curi, R.F., Smalley, R.E., 1985. Nature. 318, 162.

Kruk, M., Jaroniec, M., Bereznitski, Y., 1996. J. Colloid Interface Sci. 182, 282.

Kuwabara, H., Suzuki, T., Kaneko, K., 1991. J. Chem. Soc. Faraday Trans. 87, 1915.

Lambin, P., Meunier, V., Henrard, L., Lucas, A.A., 2000. Carbon. 38, 1713.

Lamond, T.G., Metcalfe, J.E., Walker, P.L., 1965. Carbon. 3, 59.

Larher, Y., 1974. J. Chem. Soc. Faraday Trans. I. 70, 320.

Larher, Y., 1983. Surf. Sci. 134, 469.

Lee, S.M., Ann, K.H., Lee, Y.H., 2001. J. Am. Chem. Soc. 123, 5059.

Li, Z., Jaroniec, M., 2004. Anal. Chem. 76, 5479.

Linares-Solano, A., Cazorla-Amoros, D., 2008. In: Bottani, E.J., Tascon, J.M.D. (Eds.), Adsorption by Carbons. Elsevier, Oxford, p. 431.

Llewellyn, P., Rouquerol, F., Rouquerol, J., Sing, K.S.W., 2000. In: Unger, K.K. et al., (Ed.), Studiesin Surface Scienceand Catalysis, Vol. 128. Elsevier Science BV, Amsterdam, p.421.

Lopez-Ramon, M.V., Stoeckli, H.F., Moreno-Castella, C., Carrasco-Marin, F., 1999. Carbon. 37, 1215.

Lowell, S., Shields, J.E., Thomas, M.A., Thommes, M., 2004. Characterization of Porous Solids and Powders: Surface Area, Pore Size and Density, Kluwer, Dordrecht.

Malden, P.J., Marsh, J.D.F., 1959. J. Phys. Chem. 63, 1309.

Marsh, H., Rodriguez-Reinoso, F., 2006. Activated Carbon. Elsevier, Amsterdam.

Marsh, H., Wynne-Jones, W.F.K., 1964. Carbon. 1, 281.

Martinez-Alonso, A., Tascon, J.M.D., Bottani, E.J., 2000. Langmuir. 16, 1343.

Martinez-Alonso, A., Tascon, J.M.D., Bottani, E.J., 2001. J. Phys. Chem. B. 105, 135.

Mays, T.J., 1999. In: Burchell, T.D. (Ed.), Carbon Materials for Advanced Technologies. Pergamon, Amsterdam, p. 95.

McCallum, C.L., Bandosz, T.J., McGrother, S.C., Müller, E.A., Gubbins, K.E., 1999. Langmuir. 15, 533.

McDermott, H.L., Arnell, J.C., 1955. Can. J. Chem. 33, 913.

McEnaney, B., 2002. In: Schüth, F., Sing, K.S.W., Weitkamp, J. (Eds.), Handbook of Porous Solids, Vol. 3. Wiley-VCH, Weinheim, p. 1828.

McEnaney, B., Mays, T.J., 1991. In: Rodriguez-Reinoso, F., Rouquerol, J., Sing, K.S.W., Unger, K.K. (Eds.), Characterization of Porous Solids Ⅱ. Elsevier, Amsterdam, p. 477.

Mc Kay, G., 1982. J. Chem. Technol. Biotechnol. 32, 759.

Mc Kay, G., 1984. J. Chem. Technol. Biotechnol. 34A, 294.

Medalia, A.I., Rivin, D., 1976. In: Parfitt, G.D., Sing, K.S.W. (Eds.), Characterization of Powder Surfaces. Academic, London, p. 279.

Minett, A., Atkinson, K., Roth, S., 2002. In: Schüth, F., Sing, K.S.W., Weitkamp, J. (Eds.), Handbook of Porous Solids, Vol. 3. Wiley-VCH, Weinheim, p. 1923.

Miyawaki, J., Kanda, T., Kaneko, K., 2001. Langmuir. 17, 664.

Molina-Sabio, M., Munecas, M.A., Rodriguez-Reinoso, F., McEnaney, B., 1995. Carbon. 33, 1777.

Moreno-Castilla, C., 2008. In: Bottani, E.J., Tascon, J.D.M. (Eds.), Adsorption by Carbons. Elsevier, Oxford, p. 653.

Moreno-Castillo, C., Fontecha-Camara, M.A., Alvarez-Merino, M.A., Lopez-Ramon, M.V., Carrasco-Marin, F., 2011. Adsorption. 17, 413.

Müller, E.A., 2008. J. Phys. Chem. 112, 8999.

Müller, E.A., Rull, L.F., Vega, L.F., Gubbins, K.E., 1996. J. Phys. Chem. 100, 1189.

Nandy, S.P., Walker, P.L., 1975. Fuel. 54, 169.

Neimark, A.V., Ruetsch, S., Kornev, K.G., Ravikovitch, P.I., Poulin, P., Badaire, S., Maugey, M., 2003. Nano Lett. 3, 419.

Neimark, A.V., Lin, Y., Ravikovitch, P.I., Thommes, M., 2009. Carbon. 47, 1617.

Newcombe, G., 2008. In: Bottani, E.J., Tascon, J.M.D. (Eds.), Adsorption by Carbons. Elsevier, Amsterdam, p. 679.

Oberlin, A., Bonnamy, S., Rouxhet, P.G., 1999. In: Thrower, P.A., Radovich, L.R. (Eds.), Chemistry and Physics of Carbon, Vol. 26. Marcel Dekker, New York, p. 1.

Ohba, T., Kaneko, K., 2002. J. Phys. Chem. B. 106, 7171.

Ohba, T., Kanoh, H., Kaneko, K., 2004. J. Phys. Chem. B. 108, 14964.

Olivier, J.P., 2008. In: Bottani, E.J., Tascon, J.D.M. (Eds.), Adsorption by Carbons. Elsevier, Oxford, p. 147.

Orr, C., Dalla Valle, J.M., 1959. Fine Particle Measurement. Macmillan, New York.

Otowa, T., 1991. In: Suzuki, M. (Ed.), Adsorpive Separation. Institute of Industrial Science, Tokyo, p. 273.

Otowa, T., Tanibara, R., Itoh, M., 1993. Gas Sep. Purif. 7, 241.

Otowa, T., Nojima, Y., Itoh, M., 1996. In: LeVan, M.D. (Ed.), Fundamentals of Adsorption. Kluwer, Boston, p. 709.

Palmer, J.C., Gubbins, K.E., 2012. Microporous Mesoporous Mater. 154, 24.

Papirer, E., Brendle, E., Ozil, F., Balard, H., 1999. Carbon. 37, 1265.

Parkyns, N.D., Sing, K.S.W., 1975. In: Everett, D.H. (Ed.), Specialist Periodical Report: Colloid Science, Vol. 2. The Chemical Society, London, p. 26.

Patrick, J.W., 1995. Porosity in Carbons. Edward Arnold, London.

Patrick, J.W., Hanson, S., 2002. In: Schüth, F., Sing, K.S.W., Weitkamp, J. (Eds.), Handbook of Porous Solids, Vol. 3. p. 1900.

Pekala, R.W., 1989. J. Mater. Sci. 24, 3221.

Pierce, C., 1969. J. Phys. Chem. 73, 813.

Pierce, C., Ewing, B., 1962. J. Am. Chem. Soc. 84, 4072.

Pierce, C., Ewing, B., 1967. J. Phys. Chem. 71, 3408.

Pierce, C., Smith, N., 1950. J. Phys. Colloid Chem. 54, 784.

Pierce, C., Smith, R.N., Wiley, J.W., Cordes, H., 1951. J. Amer. Chem. Soc. 73, 4551.

Pierce, C., Smith, R.N., 1953. J. Phys. Colloid Chem. 57, 64.

Polley, M.H., Schaeffer, W.D., Smith, W.R., 1953. J. Phys. Chem. 57, 469.

Poulin, P., Vigolo, B., Launois, P., 2002. Carbon. 40, 1741.

Prenzlow, C.F., Halsey, G.D., 1957. J. Phys. Chem. 61, 1158.

Puri, B.R., 1970. In: Walker, P.L. (Ed.), Chemistry and Physics of Carbon, Vol. 6. Marcel Dekker, New York, p. 191.

Qadeer, R., Saleem, M., 1997. Adsorption Sci. Technol. 15 (5), 373.

Ramos-Fernandez, J.M., Martinez-Escandell, M., Rodriguez-Reinoso, F., 2008. Carbon. 46, 384.

Ravikovitch, P.I., Vishnyakov, A., Russo, R., Neimark, A.V., 2000. Langmuir. 16, 2311.

Rodriguez-Reinoso, F., 1986. In: Figueredo, J.L., Moulijn, J.A. (Eds.), Carbon and Coal Gasification. Martinus Nijhoff, Dordrecht, p. 601.

Rodriguez-Reinoso, F., 1989. Pure Appl. Chem. 61, 1859.

Rodriguez-Reinoso, F., Martin-Martinez, J.M., Prado Burguete, C., McEnaney, B., 1987. J. Phys. Chem. 91, 515.

Rodriguez-Reinoso, F., 2002. In: Schüth, F., Sing, K.S.W., Weitkamp, J. (Eds.), Handbook of Porous Solids, Vol. 3. Wiley-VCH, Weinheim, p. 1766.

Rodriguez-Reinoso, F., Garrido, J., Martin-Martinez, J.M., Molina-Sabio, M., Torregrosa, R., 1989. Carbon. 27, 23.

Rodriguez-Reinoso, F., Molina-Sabio, M., Gonzalez, M.T., 1995. Carbon. 33, 15.

Rodriguez-Reinoso, F., Molina-Sabio, M., Gonzalez, M.T., 1997. Langmuir. 13, 2354.

Rouquerol, J., Partyka, S., Rouquerol, F., 1977. J. Chem. Soc. Faraday Trans. 1. 73, 306.

Rouquerol, J., Avnir, D., Fairbridge, C.W., Everett, D.H., Haynes, J.M., Pernicone, N., Ramsay, J.D.F., Sing, K.S.W., Unger, K.K., 1994. Pure Appl. Chem. 66, 1739.

Rouquerol, J., Llewellyn, P., Rouquerol, F. (2007) In: Characterization of Porous Solids Ⅶ (Eds. P.L. Llewellyn, F. Rodriguez-Reinoso, J. Rouquerol, N. Seaton) Elsevier, Amsterdam, p. 49.

Rouzard, J.N., Oberlin, A., 1989. Carbon. 27, 517.

Rudzinski, W., Everett, D.H., 1992. Adsorption of Gaseson Heterogeneous Surfaces. Academic Press, London.

Ryoo, R., Joo, S.H., Kruk, M., 2001. Adv. Mater. 13, 677.

Schaeffer, W.D., Smith, W.R., Polley, M.H., 1953. Ind. Eng. Chem. 45, 1721.

Schlögl, R., 2002. In: Schüth, F., Sing, K.S.W., Weitkamp, J. (Eds.), Handbook of PorousSolids 3. Wiley-VCH, Weinheim, p. 1863.

Schröter, H.J., Jüntgen, H., 1988. In: Rodriguez, A.E., LeVan, M.D., Tondeur, D. (Eds.), Adsorption: Science and Technology. Kluwer, Dordrecht, p. 269.

Schüth, F., 2003. Angew. Chem. Int. Edit. 42, 3604.

Setoyama, N., Kaneko, K., 1995. Adsorption. 1, 1.

Setoyama, N., Ruike, M., Kasu, T., Suzuki, T., Kaneko, K., 1993. Langmuir. 9, 2612.

Setoyama, N., Kaneko, K., Rodriguez-Reinoso, F., 1996. J. Phys. Chem. 100 (24), 10331.

Silvestre-Albero, J., Rodriguez-Reinoso, F., 2012. In: Tascon, J.M.D. (Ed.), Novel Carbon Adsorbents. Elsevier, Amsterdam, p. 583.

Silvestre-Albero, J., Silvestre-Albero, A., Rodriguez-Reinoso, F., 2012. Carbon, 50, 3128. Elsevier, Amsterdam, p. 3.

Sing, K.S.W., 1989. Carbon. 27, 5.

Sing, K.S.W., 1991. In: Mersmann, A.B., Scholl, S.E. (Eds.), ThirdInternational Conference on Fundamentals of Adsorption. Engineering Foundation, New York, p. 69.

Sing, K.S.W., 1994. Carbon. 32, 1311.

Sing, K.S.W., 1995. In: Patrick, J.W. (Ed.), Porosity in Carbons. Edward Arnold, London and Oxford, p. 49.

Sircar, S., 2008. In: Bottani, E.J., Tascon, J.D.M. (Eds.), Adsorption by Carbons. Elsevier, Oxford, p. 565.

Smisek, M., Cerny, S., 1970. Active Carbon. Elsevier, Amsterdam, p. 10.

Starsinic, M., Taylor, R.L., Walker, P.L., 1983. Carbon. 21, 69.

Steele, W.A., 1956. J. Chem. Phys. 25, 819.

Steele, W.A., 1974. The Interaction Gases with Solid Surfaces. Pergamon, Oxford.

Steele, W.A., Bojan, M.J., 1989. Pure Appl. Chem. 61, 1927.

Stoeckli, H.F., 1981. Carbon. 19, 325.

Stoeckli, F., 1993. Adsorption Sci. Technol. 10, 3.

Stoeckli, H.F., Huguenin, D., Laederach, A., 1994a. Carbon. 32, 1359.

Stoeckli, F., Jakubov, T., Lavanchy, A., 1994b. J. Chem. Soc. Faraday Trans. 90, 783.

Stoeckli, F., Guillot, A., Slasli, A.M., Hugi-Cleary, D., 2002. Carbon. 40, 211.

Striolo, A., Chialvo, A.A., Cummings, P.T., Gubbins, K., 2003. Langmuir. 19, 8583.

Suarez-Garcia, F., Martinez-Alonso, A., Tascon, J.M.D., 2008. In: Bottani, E.J., Tascon, J.M.D. (Eds.), Adsorption by Carbons, p. 329.

Suzanne, J., Gay, J.M., 1996. In: Unertl, W.N. (Ed.), Handbook of Surface Science. Richardson, N.V., Holloway, S. (Series Eds.), Physical Structure, Vol. 1. North-Holland Elsevier, Amsterdam, p. 503.

Suzuki, M., 1994. Carbon. 32, 577.

Talu, O., Meunier, F., 1996. AIChE J. 42, 809.

Tascon, J.M.D., 2012. Novel Carbon Adsorbents. Elsevier, Amsterdam.

Thess, A., Lee, R., Nikolaev, P., Dai, H., 1996. Science. 273, 483.

Thommes, M., Morlay, C., Ahmad, R., Joly, J.P., 2011. Adsorption. 17, 653.

Thommes, M., Cychosz, K.A., Neimark, A.V., 2012. In: Tascon, J.M.D. (Ed.), Novel Carbon Adsorbents. Elsevier, London and Oxford, p. 107.

Thomy, A., Duval, X., 1969. J. Chim. Phys. 66, 1966.

Thomy, A., Regnier, J., Duval, X., 1972. In: Colloques Int CNRS. Thermochimie, Vol. 201. CNRS, Paris, p. 511.

Tolmachev, A.M., 1993. Adsorption Sci. Technol. 10, 155.

Ugarte, D., 1995. Carbon. 33, 989.

van der Plas, Th., 1970. In: Linsen, B.G. (Ed.), Physical and Chemical Aspects of Adsorbents and Catalysts. Academic Press, London, p. 425.

van Driel, J., 1983. In: Capelle, A., de Vooys, F. (Eds.), Activated Carbon: A Fascinating Material. Norit N. V, Netherlands, p. 40.

Vartapetyan, R.Sh., Voloshchuk, A.M., Buryak, A.K., Artamonova, C.D., Belford, R.L., Ceroke, P.J., Kholine, D.V., Clarkson, R.B., Odintsov, B.M., 2005. Carbon. 43, 2152.

Velasco, L.F., Ania, C.O., 2011. Adsorption. 17, 247.

Wahby, A., Ramos-Fernandez, J.M., Martinez-Escandell, M., Sepulveda-Escribano, A., Silvestre-Albero, J., Rodriguez-Reinoso, F., 2010. ChemSusChem. 3, 974.

Walker, P.L., Janov, J., 1968. J. Colloid Interface Sci. 28, 499.

Walker, P.L., Patel, R.L., 1970. Fuel. 49, 91.

Wang, Z.M., Kaneko, K., 1995. J. Phys. Chem. 99, 16714.

Wesolowski, R.P., Furmaniak, S., Terzyk, A.P., Gauden, P.A., 2011. Adsorption. 17, 1.

Wigmans, T., 1989. Carbon. 27, 13.

Wright, J.E., Freeman, J.J., Sing, K.S.W., Jackson, S.W., Smith, R.J.M., 1988. British Patent 8 723 447.

Yamamoto, M., Itoh, T., Sakamoto, H., Fujimori, T., Urita, K., Hattori, Y., Ohba, T., Kagita, H., Kanoh, H., Niimura, S., Hata, K., Takeuchi, K., Endo, M., Rodriguez-Reinoso, F., Kaneko, K., 2011. Adsorption. 17, 643.

Youssef, A.M., El-Wakil, A.M., El-Sharkawy, E.A., Farag, A.B., Tollan, K., 1996. Adsorption Sci. Technol. 13 (2), 115.

Zawadzky, J., 1989. In: Thrower, P.A. (Ed.), Chemistry and Physics of Carbon, Vol. 21. Marcel Dekker, New York, p. 147.

Zettlemoyer, A.C., Chessick, J.J., 1974. Advances in Chemistry, Vol. 43. American Chemical Society, Washington, DC, p. 58.

Zettlemoyer, A.C., Young, G.Y., Chessick, J.J., Healey, F.H., 1953. J. Phys. Chem. 57, 649.

Ziolkowska, D., Garbacz, J.K., 1997. Adsorption Sci. Technol. 15, 155.

第 **11** 章 | 金属氧化物吸附

Jean Rouquerol, Kenneth S.W. Sing, Philip Llewellyn

Aix Marseille University-CNRS, MADIREL Laboratory, Marseille, France

11.1 引言

一些金属氧化物（特别是氧化铝、氧化镁和二氧化硅）易形成具有高比表面积的稳定状态，作为重要的吸附剂，它们已经在许多基础和应用吸附研究中显示出其独特性能。其他氧化物（例如铬、铁、镍、钛、锌）往往会形成较低的表面积，但却表现出特定的吸附和催化活性，因此这些氧化物也引起了人们极大的兴趣。

在体相性质中，金属氧化物吸附剂的形态从无定形固相（例如二氧化硅）到各种结晶形式（例如锐钛矿和金红石），但都倾向于进行表面水合和/或羟基化作为配位稳定的方式。其他存在的表面配体也可以通过红外光谱检测。表面羟基可以与许多极性吸附分子以特定的方式相互作用，特定相互作用的可能类型包括氢键和路易斯电子受体-供体交换。在某些情况下，表面脱水导致强阳离子位点暴露，而表面的其他部分变得不太活泼。

最活泼的金属氧化物吸附剂通常是高度多孔的。过去，孔隙易生成但难以控制，许多工业吸附剂如硅胶和活性氧化铝等具有复杂的微孔或介孔结构。然而，近年来在阐明孔隙形成、发展机制及其实验控制方面已取得较大的进展。

本章的目的：①对正在开发、表征和应用的一些重要的氧化物吸附剂取得的进展进行阐述；②对前几章所述的方法进行说明以解释吸附数据。

11.2 二氧化硅

11.2.1 热解二氧化硅和结晶二氧化硅

热解二氧化硅是在高温下形成的。其最常见的一类为"气相二氧化硅"（二氧化硅气溶胶），也就是人们广泛熟悉的 Aerosil 二氧化硅，是由四氯化硅经火焰高温分解而得到。虽然 Aerosil 严格来说为法国 Degussa（1994）公司的一种二氧化硅商标，但是这个名词已被统称为二氧化硅气溶胶。其他一些热解二氧化硅也可通过电弧高温熔炼法或等离子体气化法制得。

从吸附的角度来看，基本上可认为热解二氧化硅是无孔的。电子显微镜测试表明，电弧产生的二氧化硅（例如 Degussa TK 800 或 TK 900）由不连续的球形颗粒组成。然而，高分辨电子显微镜的应用表明，球体（通常直径 10～100 nm）实际上是直径远小于 1 nm 的球形单元的团聚体（Barby, 1976）。这些初级颗粒的配位数通常非常高，以致在次级颗粒内没有可检测的微孔结构。

在最初的未老化和未压缩状态下，热解二氧化硅在 77 K 时产生可逆的 II 型氮气等温线（如图 11.1 所示）。当以无量纲形式（例如 α_s 对 p/p^o 作图时，随着其减小，等温线位于 p/p^o 较宽范围内的常见曲线上（Carruthers 等, 1968; Bhambhani 等, 1972）。

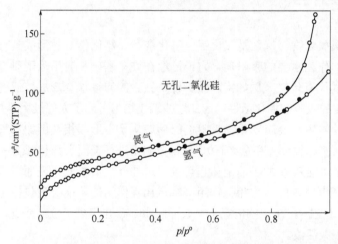

图 11.1　在 77 K 时无孔 TK 800 型二氧化硅上氩气与氮气的吸附等温线

相应的，在 77 K 的氩气等温线也给出了一个常见的呈减少的等温线（Payne 等, 1973），尽管测量的准确性较高，但由于 p^o 和未吸附气体的三倍下降，在这种情况下，等温线的台阶更加平滑，而 B 点的视觉位置的不确定性更大。另一个区别是，在 77 K 时，氩气的多层吸附在高 p/p^o 区域受限（见图 11.1）。

在无孔羟基化二氧化硅上，77 K 时氮气和氩气吸附的标准等温线数据分别记录在表 11.1 和表 11.2 中。最初的等温线由五种不同的电弧二氧化硅来测得，这些二氧化硅的比表面积在 36～166 $m^2 \cdot g^{-1}$ 范围内（Carruthers 等, 1968; Bhambhani 等, 1972; Payne 等, 1973）。在 Aerosil 200 和介孔硅胶上（Bhambhani 等, 1972），单层和较低的多层区域得到了较一致的等温线。然而，考虑到这些材料的宽粒度分布和不均匀性，所以精心制备一系列无孔二氧化硅，测定其标准等温线是有意义的。

表 11.1　在无孔羟基化二氧化硅上 77 K 下氮气吸附的标准数据

p/p^o	$n/\mu mol \cdot g^{-1}$	$\alpha_s\,(=n/n_{0.4})$	p/p^o	$n/\mu mol \cdot g^{-1}$	$\alpha_s\,(=n/n_{0.4})$
0.001	4.0	0.26			
0.005	5.4	0.35	0.28	13.6	0.88
0.01	6.2	0.40	0.30	13.9	0.90
0.02	7.7	0.50	0.32	14.2	0.92
0.03	8.5	0.55	0.34	14.5	0.94
0.04	9.0	0.58	0.36	14.8	0.96
0.05	9.3	0.60	0.38	15.1	0.98
0.06	9.4	0.61	0.40	15.5	1.00
0.07	9.7	0.63	0.42	15.6	1.01
0.08	10.0	0.65	0.44	16.1	1.04
0.09	10.2	0.66	0.46	16.4	1.06
0.10	10.5	0.68	0.50	17.0	1.10
0.12	10.8	0.70	0.55	17.8	1.14
0.14	11.3	0.73	0.60	18.9	1.22
0.16	11.6	0.75	0.65	19.9	1.29
0.18	11.9	0.77	0.70	21.3	1.38
0.20	12.4	0.80	0.75	22.7	1.47
0.22	12.7	0.82	0.80	25.0	1.62
0.24	13.0	0.84	0.85	28.0	1.81
0.26	13.3	0.86	0.90	37.0	2.40

表 11.2　在无孔羟基化二氧化硅上 77 K 时氩气吸附的标准数据

p/p^o	$\alpha_s\,(=n/n_{0.4})$	p/p^o	$\alpha_s\,(=n/n_{0.4})$	p/p^o	$\alpha_s\,(=n/n_{0.4})$	p/p^o	$\alpha_s\,(=n/n_{0.4})$
0.01	0.243	0.14	0.657	0.30	0.876	0.56	1.198
0.02	0.324	0.15	0.674	0.32	0.900	0.58	1.225
0.03	0.373	0.16	0.689	0.34	0.923	0.60	1.250
0.04	0.413	0.17	0.705	0.36	0.948	0.62	1.275
0.05	0.450	0.18	0.719	0.38	0.973	0.64	1.300
0.06	0.483	0.19	0.733	0.40	1.000	0.66	1.327
0.07	0.514	0.20	0.748	0.42	1.022	0.68	1.354
0.08	0.541	0.22	0.773	0.44	1.048	0.70	1.387
0.09	0.563	0.24	0.801	0.46	1.064	0.72	1.418
0.10	0.583	0.25	0.813	0.48	1.098	0.74	1.451
0.11	0.602	0.26	0.826	0.50	1.123	0.76	1.486
0.12	0.620	0.28	0.851	0.52	1.148	0.78	1.527
0.13	0.638			0.54	1.172		

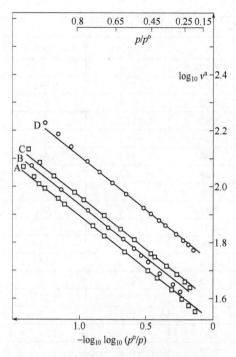

图 11.2　热解硅石上氮气吸附的 FHH 图：
（A）TK 900，140℃；（B）TK 800，
1000℃；（C）TK 800，140℃；
（D）Aerosil 200，140℃

Kiselev（1957）的早期工作表明，无孔二氧化硅上正戊烷和正己烷的吸附等温线特征介于 II 型和 III 型之间。在低表面覆盖率下吸附的微分熵急剧下降，并且给出 C(BET)<10 的值。最近，发现 TK 800 上的异丁烷（在 261K）和新戊烷（在 273 K）的等温线具有相似的形状（Carrott 等，1988；Carrott 和 Sing，1989）。与苯的行为不同，由于表面脱羟基，这些烷烃等温线未出现明显的形状变化。这与它们的分子相互作用的非特定性质一致（见第 1 章）。

第 5 章和第 10 章讨论了 Frenkel-Halsey-Hill（FHH）多层分析方程的适用性。图 11.2 给出了各种热解二氧化硅的氮气 FHH 图。与预期的一样，每个 FHH 图在很宽的 p/p^o 范围内均是线性的，但是当电弧二氧化硅 TK 800 和 TK 900 在 140℃脱气时，是相对较宽的（即 $p/p^o \leqslant 0.3 \sim 0.9$）。通过在 1000℃下吸附剂脱气使 TK 800 脱羟基化，导致 FHH 曲线在 $p/p^o < 0.5$ 处线性偏离。这种偏差可能与特定场梯度-四极相互作用去除表面羟基而降低有关。在 Aerosil 200 上的 FHH 图上，线性的向上偏离很小，这可以在 $p/p^o > 0.8$ 处检测到，归因于颗粒间毛细凝聚。

FHH 图也是由异丁烷和新戊烷在热解二氧化硅上的等温线构建的（Carrott 等，1988）。表 11.3 记录了新戊烷和氮气的 FHH 指数 s 的导出值。此表中还包括 BET-氮

表 11.3　氮气（在 77 K）和新戊烷（在 273 K）在热解二氧化硅上的 FHH s 值，
BET（N_2）面积，两种气体的 BET C 值和表观横截面积

二氧化硅	a(BET-N_2)/$m^2 \cdot g^{-1}$	$C(N_2)$	$s(N_2)$	C(np)	s(np)	σ(np)/nm^2
TK 800	158	94	2.72	6	1.97	0.62
TK 900	136	101	2.71	7	1.97	0.60
TK 900[①]	120	47	2.69	8	1.96	0.58
Aerosil 200	205	95	2.67	7	2.01	0.60
Aerosil 200[①]	192	43	2.68	8	2.00	0.59

①在纯氮气氛下在 950℃加热 8h。

注：1. 括号里的 np 表示新戊烷；2. 数据引自 Carrott et al.（1988）。$\sigma(N_2)$=0.162 nm^2。

气比表面积，氮气和新戊烷的 BET C 值。正如所预期的，TK 800 和 Aerosil 200 经高温处理导致高比例的去除表面 OH 基团，从而使氮气吸附剂相互作用能显著降低（参见第 1 章），并因此导致 $C(N_2)$ 的值降低。

表 11.3 中，$s(N_2)$ 和 $s(np)$ 的数值较恒定，这是由于线性 FHH 图在多层范围内平行的结果。这些结论证实，每种吸附剂的多层特性在表面化学中的变化不敏感。

α_s 方法已用于分析多孔和无孔二氧化硅在以下气体的吸附等温线，这些气体包括氮气（Bhambhani 等，1972；Carrott 和 Sing，1984）、氩气（Carruthers 等，1971；Payne 等，1973）、四氯化碳（Cutting and Sing，1969）和新戊烷（Carrott 等，1988）。

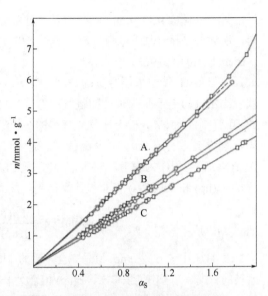

图 11.3　热解二氧化硅氮气吸附的代表性 α_s
（引自 Carrott 和 Sing，1984）

曲线 A—Aerosil 200；B—TK 800；C—TK 900

脱气温度：298 K（○）；413 K（□）

对热解二氧化硅的不同样品研究得出了一致的变化行为模式，在单层和较低多层范围内，相应的 α_s 曲线都是线性的。在每种情况下，后推给出零截距，这证实了不存在微孔结构。Aerosil 200 样品在较高多层区域呈现向上偏差（见图 11.3），这与 FHH 证据表明的由颗粒间毛细凝聚所致相一致。

根据氮气等温线的形状以及图 11.3 中的曲线的线性可以预测，坡线的斜率能够计算 BET 比表面积，$a(BET)$ 和面积 $a(S)$ 的相应值之间获得较好的一致性，如表 11.4 所示。$a(S)$ 的值由下式给出：

$$a(S) = 0.0641n / \alpha_s \tag{11.1}$$

表 11.4　BET 和 α_s 方法得到热解二氧化硅表面积的比较

二氧化硅	脱气温度 T/K	$a(BET-N_2)/m^2 \cdot g^{-1}$	$a(S)/m^2 \cdot g^{-1}$
TK 800	298	153	151
	413	158	158
TK 900	298	136	136
	413	136	135
Aerosil 200	298	215	213
	413	221	218

其中吸附量 n 以 mmol·g^{-1} 表示，并且因子 0.0641 是通过对 Fransil 进行校准所得，所述的 Fransil 是电弧二氧化硅的 BET(N_2) 表面积为 38.7 m^2·g^{-1} 的表征所得（Bhambhani 等, 1972）。

由于 BET 特定单层容量的物理意义 n_m 不明确，所以当 B 点不存在（如烷烃）或者比氮气的更不明确时（如氩气和氪气），情况会更复杂。尽管如此，根据吸附剂的 BET(N_2) 面积来分析上述气体获得的 n_m 值可能是值得的。因此，对于研究中的气体，推导其单分子区域的表观值 s_m 确实可以用常规分子面积 0.162 nm^2 计算的 BET(N_2) 表面积作为参考。表 11.3 中吸附的新戊烷表观分子面积 $\sigma(np)$ 由 BET 单层容量 $n_m(np)$ 和 BET(N_2) 表面积计算得到。从而，

$$\sigma(np)/nm^2 = \frac{1.66a(N_2)/m^2 \cdot g^{-1}}{n_m(np)/\mu mol \cdot g^{-1}} \tag{11.2}$$

表 11.3 中的 5 个 $\sigma(np)$ 值是完全一致的 [即（0.595±0.015）nm^2]，但是对于可自由旋转的新戊烷分子密堆积单层，$\sigma(np)$ 值远大于从液体密度计算的值 0.40 nm^2。必须注意的是 C(BET) 值非常低（如 6～8），因此不能确定 $n_m(np)$ 表示真正的统计单层容量。

长时间储存的热解二氧化硅会缓慢老化，导致 BET 面积损失。例如，根据 Payne 等（1973）和 Baker 等（1976）的测量，TK800 的原始比表面积为 163～166 m^2·g^{-1}，存放 8 年后比表面积损失约 6 m^2·g^{-1}，这显然是由于一些粒间介孔的出现，而导致在高的氮气 p/p^o 区间，氮气等温线中形成了狭窄的滞后环（Carrott 和 Sing, 1984）。通过将脱气温度从 25℃ 提高到 140℃ 能实现面积的局部修复（见表 11.4），这可能是由于从颗粒间隙中除去了水分，因为残留水和压实的存在共同导致面积损失。

研究者们（Avery 和 Ramsay, 1973; Gregg 和 Langford, 1977）已经对压实的二氧化硅粉末上气体的物理吸附做了详细研究。图 11.4 显示了由于增加压实压力而引起的氮气吸附特性变化。图中的吸附等温线首先从 II 型变为 IV 型，最后为 I 型。Avery 和 Ramsay（1973）的结果清楚地表明，介孔和微孔可以通过渐进压实无孔粉末来实现。伴随着这种表面积急剧下降（从 630 m^2·g^{-1} 到 219 m^2·g^{-1}）颗粒的堆积密度会显著增加。

Phalippou 等（2004）研究了气凝胶（通过超临界干燥处理获得），比较了热烧结和机械压缩对 BET-氮气比表面积的影响。当均衡压缩（压力范围低于 Avery 和 Ramsay 所使用的压力范围）导致体积密度从 0.2 g·cm^{-3} 增加到 0.5 g·cm^{-3} 时，BET 氮气比表面积几乎没有变化（恒定于约 425 m^2·g^{-1}）。然而，1000℃ 下的热烧结造成表面积下降到约为 275 m^2·g^{-1}，导致密度的增加。作者认为，在这种情况下，机械压力仅导致最大孔隙的塌陷，而热烧结作用于所有孔隙，包括在 BET-氮气比表面积中起主要作用的最小孔。

Kiselev（1958,1971）研究了表面硅烷醇（羟基）基团在控制特定物理吸附相互作用中的重要性。研究发现，完全羟基化的二氧化硅表面 OH 浓度为 7～9 mmol·m^{-2}，

这对应于表面群体 N_{OH}，约为 5 nm^{-2}（Zhuravlev 和 Kiselev，1970）。Zhuravlev（1987）报道了 100 个完全羟基化的无定形二氧化硅的平均 N_{OH} 值为 4.9 nm^{-2}（180～200℃脱气后）。这个数值与最初 Vleeskens（Okkerse，1970）提出的 N_{OH} 值为 4.6 nm^{-2} 差距不大。

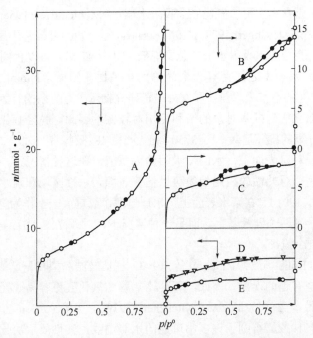

图 11.4 在 77 K 下，压实 Aerosil 对氮气吸附等温线的影响

A—未压缩；B—1.5 kbar 下压缩；C—6 kbar 下压缩；D—7.5 kbar 下压缩；E—15 kbar 下压缩

一个完全羟基化的状态，其中所有的 OH 基团与 Si 原子结合（具有 N_{OH}= 4.6 nm^{-2}）将对应于 β-方晶石的八面体（111）面或 β-鳞石英的基面。但是，如表 11.5 所示，某些电弧和气相二氧化硅的表面羟基浓度明显较低，典型值在 N_{OH}=3.4～4 nm^{-2}

表 11.5 热解二氧化硅、沉淀二氧化硅和介孔硅胶的羟基化程度和水蒸气吸附

二氧化硅	脱气温度 T/℃	N_{OH}/nm^{-2}	水蒸气吸附量(p/p^o=0.2)/$\mu mol \cdot m^{-2}$
Fransil	25	4	5.3
TK 800	25	3.6	5.0
	1000	约 0	1.3
VN3	25	14[1]	22
SiO_2 凝胶	25	3.4, 5[1]	6.4, 6.5[2]
	1000	约 0	1.3

① Gallas 等（1991）的结果。

② Kiselev（1958, 1971）的结果。

范围内（Baker and Sing, 1976; Unger, 1979, p.62; Gallas 等, 1991）。

如前所述，表面 OH 浓度水平对诸如氩气或烷烃等非极性分子的等温线或吸附量几乎没有影响。当吸附分子是四极（例如氮气和二氧化碳）时，特定的相互作用变得显著，当涉及氢键时（例如与水或低级醇）变化更明显。

许多研究都是在无定形二氧化硅上吸附水蒸气（Zettlemoyer, 1968; Baker 和 Sing, 1976; Iler, 1979, p.651; Unger, 1979, p.196; Burneau 等, 1990）。普遍认为通过热处理除去表面硅羟基，会导致水吸附水平的急剧降低（见表 11.5）。可以预期，表面 OH 浓度和对水蒸气的亲和力之间会有一个简单的相关性。然而，Fubini 等（1992）和 Gallas 等（1991）的系统吸附量热和红外光谱研究揭示了更复杂的行为。

很明显，孤立的硅羟基对水的亲和力相对较低。因此，脱羟基化之后当仅有硅氧烷桥和一些分离的硅羟基（在约 3750 cm^{-1} 产生 IR 吸收带）时，二氧化硅才表现出疏水性。在脱羟基表面上，水的净吸附焓为负值。在这种情况下，吸附焓低于正常凝结焓。吸附微量热法的应用使得可以估算表面亲水性区域和疏水性区域的相对程度（Bolis 等, 1991）。在亲水表面上，水通过两个氢键（一个作为氢供体而另一个作为受体）吸附到两个硅羟基上。而另一种情况下，对孤立的 OH 基较弱的结合作用则可能涉及一个氢键。

研究者们（Bolis 等, 1991; Fubini 等, 1992）在比较结晶型和无定形二氧化硅的性质时发现了一些有趣的现象。例如，石英比热解二氧化硅更容易脱羟基化，这与其更持久的亲水性一致（Pashley 和 Kitchener, 1979）。研究水在 α-方晶石上的吸附时，Fubini 等（1992）得到了许多不可逆的水等温线，其性质取决于热预处理。通过暴露于水蒸气使疏水二氧化硅完全再羟基化通常是缓慢的；对于一些脱羟基化样品，快速解离化学吸附会导致等温线明显的迟滞现象，延伸到整个 p/p^o 范围，如图 11.13 所示（Baker 和 Sing, 1976）。

吸附微量热法表明，无定形和结晶型二氧化硅的表面都是能量不均匀的。此外，红外光谱证据表明它们的表面结构取决于制备和处理的条件。

11.2.2　沉淀二氧化硅

尽管具有重要的商业价值，但沉淀二氧化硅在科学文献中受到的关注程度远低于 Aerosil 或硅胶。在某些方面，它们与热解二氧化硅类似，实际上，它们一度被视为无孔二氧化硅的替代品。因此，由 Bassett 等（1968）获得的可逆的氮气和氩气的 Ⅱ 型等温线，一直被认为代表不复杂的单层-多层吸附。Carrott 和 Sing（1984）的工作表明，表观 Ⅱ 型特征在这里是外表面和某些微孔内吸附的结果，等温线实际上应该被认为是复合 Ⅰ+Ⅱ 型等温线。

相比热解二氧化硅的一般行为，人们发现沉淀二氧化硅的物理吸附水平对脱气条件的变化很敏感，物理吸附平衡更难以达到，因此预期的真正吸附等温线通常具有更复杂的外观。图 11.5 的结果说明了一批 VN3（一种 Degussa 产品）的行为（Carrott 和 Sing，1984）。可以看出，脱气温度从 25℃升高到 110℃已使氮气等温线产生了显著的上移，此外还导致了 $p/p^o = 0.6$ 时出现了一小步吸附并且导致出现少量的低压迟滞。在 200～300℃的温度下脱气后测定的等温线表现出了类似的特征，但在后一种情况下，该步骤位于相对较低的压力（$p/p^o ≈ 0.2$），并且明显的滞后延伸至整个等温线。很显然，这些步骤不能用任何明确定义的相变来解释，它们更可能是由于吸附分子向颗粒内部区域的缓慢扩散所致，而且所述内部区域不易获得。因此说明这些曲线的某些部分不代表真正的平衡，所以不应被认为是真正的吸附等温线的一部分。

为了避免这个问题，图 11.5 中 VN3 上的氮气 α_s 图由脱附等温线构建。在每种情况下，反向外推线性部分在 n 轴上给出正截距，并且在 $p/p^o ≈ 0.7$ 时可看到向上偏差。这种行为是在低 p/p^o 时的外部表面和窄微孔内发生的典型吸附。在较高 p/p^o 下，向上偏差表明外表面上的多层吸附伴随着颗粒间毛细凝聚，这部分是导致窄滞后回环的原因。

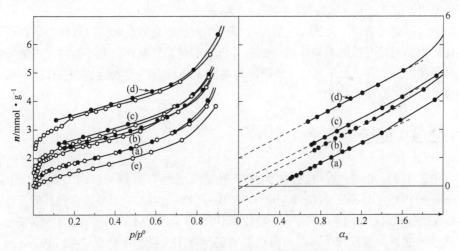

图 11.5　在 25℃（a）、110℃（b）、200℃（c）和 300℃（d）下脱气的沉淀二氧化硅 VN3 的氮气吸附等温线（左图，空心圆为吸附，实心圆为脱附）和 α_s 图（右图），为了清楚起见，纵坐标向上移动 1 mmol · g^{-1}；（e）在 200℃脱气和正壬烷预吸附后的氮气等温线（Carrott 和 Sing, 1984）

图 11.5 中的 α_s 图已通过前面第 8 章描述的方法进行了分析。表 11.6 给出了计算的外表面积 a(ext, S) 和微孔体积 v_p(mic, S) 的值，这些分别来自各自的 α_s 图的斜率和截距。可以看出，外表面积在 110～300℃（383～573 K）范围内不会发生显著变化，并且 BET 面积 [a(BET)] 变化是由微小孔体积引起的。

通过应用 Gregg 和 Langford（1969）的壬烷预吸附方法已进一步确认了微孔的存在。在 200℃脱气后，将 VN3 样品暴露于正壬烷蒸气中，然后在 25℃脱气并重新测定氮气等温线，结果如图 11.5 中的等温线（e）所示，并且 a(BET)的推导值为 122 $m^2 \cdot g^{-1}$，这与外表面积 a(ext, S)= 124 $m^2 \cdot g^{-1}$ 很好地吻合。

表 11.6   在不同温度下脱气并且在 77 K 下通过 N_2 吸附研究沉淀
二氧化硅 VN3 给出的 BET 面积、外部面积和微孔体积的值

脱气温度/K	a(BET, N_2)/$m^2 \cdot g^{-1}$	a(ext, S)/$m^2 \cdot g^{-1}$	v_p(mic, S)/$cm^3 \cdot g^{-1}$
298	146	114	0.014
383	178	122	0.027
473	195	124	0.034
573	174	125	0.030

Gallas 等（1991）注意到沉淀二氧化硅样品中硅羟基的值极高（N_{OH} 14 nm^{-2}），他们认为这是由于存在许多内部羟基所致。这与 VN3 异常大的吸水量相一致，如表 11.5 所示。这比提供密实水单层所需的量（大约 15.7 $mmol \cdot m^{-2}$）大得多，并且进一步证明了沉淀二氧化硅的微孔性质。

上述研究可得以下结论：在沉淀过程中，水的捕集导致沉淀二氧化硅比热解二氧化硅更易形成开放的颗粒内微观结构。内表面保持羟基化，但不易被大多数吸附性分子接近。水分子由于其尺寸小而能与内部 OH 基团发生特定的相互作用，这就引起了水蒸气的异常高吸收。

11.2.3 硅胶

在过去的 70 年里，硅胶的物理吸附研究已经有大量的报道（Deitz, 1944; Brunauer, 1945; Okkerse, 1970; Barby, 1976; Iler, 1979, p.488）。以高度多孔且相当致密的颗粒制备稳定的吸附剂二氧化硅干凝胶并不困难。尽管现在有多条硅胶的制备路线，但通过硅酸钠与酸反应生成的水凝胶脱水仍然用于大量制备商业硅胶（Patterson, 1994）。这些硅胶材料被广泛用作相对便宜的吸附剂、干燥剂和催化剂载体。

许多早期的物理吸附测量是对未知来源、不确定的硅胶进行的。由于水凝胶形成及其老化并转化为干凝胶已进行了系统的研究，所以现在可以在相当精准的范围内控制吸附性质（Barby, 1976; Iler, 1979; Unger, 1979; Kenny 和 Sing, 1994）。

单硅酸仅在低 pH 和极低浓度的水溶液中稳定（Iler, 1979）。硅酸的缩聚反应速率取决于 pH 值、浓度和温度。在某个阶段，聚硅酸溶胶转化为沉淀物（即絮凝体系）或水凝胶。当水凝胶与老化介质接触时会发生进一步的变化。老化的机理包括胶凝-胶结和 Ostwald 熟化（即以较小颗粒为代表的较大颗粒的生长），并导致胶体颗

粒的尺寸和堆积密度发生变化。颗粒生长和颗粒-颗粒硅氧烷（Si-O-Si）结合在很大程度上是不可逆的，但是可以通过酸处理（Mitchell, 1966）等方法实现一定程度的解聚。硅酸聚合的模拟将通过以下连续阶段来描述：①二聚物和小的低聚物的形成；②非循环链的增长；③环形成和球形颗粒的生长；④Ostwald 熟化；⑤如果二氧化硅浓度足够高，则发生颗粒间的交联（Jin 等, 2011）。

水凝胶具有开放结构（即颗粒低配位数）并且机械强度弱。含水液相的去除通常导致二氧化硅骨架的剧烈收缩和额外的硅氧烷键的形成（Fenelonov 等, 1983）。因此产生的干凝胶作用较强且较紧凑，但不可避免地导致较低的孔体积。

在获得高分辨电子显微镜图片之前，人们对二氧化硅干凝胶的结构仍然是一个猜想。现在，我们知道它是由非常小的球状单元组成的无定形框架结构（见图11.6）。这些初级颗粒是各向同性的，并且具有 1~2 nm 大小均匀的尺寸（摩尔质量约为 2000 g·mol^{-1}）。在一些干凝胶中，初级颗粒紧密堆积在次级颗粒内，而在其他系统中则有更开放的结构分布（Barby, 1976）。

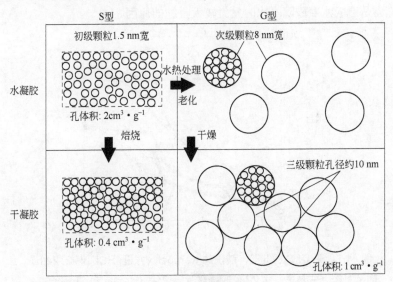

图 11.6　硅胶的形貌

干凝胶的性质部分取决于其母体水凝胶的性质，部分取决于转化条件。人们已详细研究了最终的干凝胶孔隙度对胶凝和后处理条件的依赖性（参见 Barby, 1976; Iler, 1979, p.209; Kenny 和 Sing, 1994）。在 Madeley 和 Sing（1953, 1954, 1962）的早期工作中，微孔产品由水凝胶获得，且水凝胶是通过将硅酸钠加入到较低 pH 值的硫酸（例如 pH 3.5）中制备，当在较高 pH 值（例如 pH 6）下进行反应时得到介孔产物。另一方面，如果在缓冲水性介质中进行凝胶化（Madeley 和 Sing, 1962），硅酸浓度的较大范围变化对产物几乎没有影响。

Neimark 等（1964）研究了各种介质对二氧化硅水凝胶老化的影响。当水凝胶与酸接触时（pH 2～5），分散状态稳定，这似乎是由于水的氢键对粒子提供了保护（即"水合物壳"）。图 11.7 中的结果说明了酸洗对提高吸附活性的影响。在这种情况下，原始水凝胶在 pH 5.4 下制备，然后进行不同形式的后处理（Wong, 1982）。在 HCl（pH 2.0）中浸泡 24 h 导致其整个氮气等温线明显向上移动。分析吸附数据显示，BET 氮气面积 a(BET) 从 284 $m^2 \cdot g^{-1}$ 增加到 380 $m^2 \cdot g^{-1}$，且孔隙体积 v_p 从 0.44 $cm^3 \cdot g^{-1}$ 增加到 0.55 $cm^3 \cdot g^{-1}$。

图 11.7 中等温线形状在酸处理后几乎没有变化，这一事实表明介孔结构未被明显改变。然而，正如 8.6 节所指出的那样，这种形式的 H2 滞后环不容易解释，因为它与不规则孔隙网络中明显的渗滤作用相关。

当用乙醇洗涤水凝胶时，获得的等温线变化最显著，如图 11.7 所示。真空干燥的材料，称之为醇凝胶，在整个 p/p^o 范围内氮气吸收量要大得多，a(BET) 为 641 $m^2 \cdot g^{-1}$ 和孔隙体积 v_p 为 0.93 $cm^3 \cdot g^{-1}$。很明显，通过用乙醇代替水，可以减小毛细管力，大的毛细管力是造成水凝胶除去水时发生较大收缩的原因。

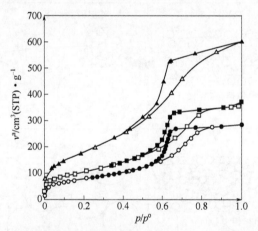

图 11.7　干凝胶（圆圈），酸洗的 werogel（方框; HCl, pH 2, 24 h）

和醇凝胶（三角形）在 77 K 时的氮气等温线（Kenny 和 Sing, 1994）

如果在超临界条件下除去液相以得到气凝胶，则可获得更大的孔体积，这种类型的凝胶具有极高的表面积和孔隙体积，见表 11.7。但当暴露于水蒸气时，其机械性变弱且不稳定，是因为颗粒配位数低所致。由离散初级颗粒组成的二氧化硅的上限面积约为 2000 $m^2 \cdot g^{-1}$，但不可能达到如此大小的比表面积。

Barby（1976）定义了两种常规的二氧化硅干凝胶（表 11.7）。S 型凝胶可以是微孔或介孔的，并且以正常方式生产，这使得水凝胶除去水时发生相当大的表面积和孔体积损失。如果水凝胶经水热处理，则初级颗粒发生更剧烈的凝集-胶结作用，干燥后孔隙率大部分被限制在次级颗粒之间的间隙中，如图 11.6 所示。得到的 G 型干凝胶的表面积稍低,但孔体积更大,更均匀(Barby,1976)。

表 11.7　典型的硅凝胶的性质

凝胶种类	孔隙	$a(\text{BET-N}_2)/\text{m}^2 \cdot \text{g}^{-1}$	$v_p/\text{cm}^3 \cdot \text{g}^{-1}$
气凝胶	微孔	800	2.0
G 型干凝胶	介孔	350	1.2
S 型干凝胶	介孔	500	0.6
	微孔	700	0.4

鉴于大多数二氧化硅干凝胶的结构复杂性,人们预测其吸附行为同样复杂,并提出以下相关问题:

① $a(\text{BET})$和孔径分布的推导值是否可靠?

② 微孔和介孔填充的各个阶段能否确定?

下面从有关氮气和氩气吸附的一些典型数据的讨论来揭示上述问题的答案,并说明使用α_s等温分析方法的价值。

图 11.8 和图 11.9 中等温线和相应的α_s-plots 表示氮气在具有代表性介孔和微孔硅胶上的吸附(Bhambhani 等,1972)。表 11.8 给出了比表面积的推导值。表 11.8 中的 BET 氮气面积 $a(\text{BET})$的值是基于通常的假设所得,即吸附分子在完整的单层中紧密堆积,常规分子面积 $s(\text{N}_2)$为 0.162 nm^2。$a(\text{S, N}_2)$的相应值由α_s图的初始斜率通过关系式计算得出:

$$a(\text{S}, \text{N}_2) = 2.89 v^\sigma(\text{STP}/\alpha_s) \tag{11.3}$$

该关系式是当吸附数据以体积吸附值 $v^a(\text{STP})$,或者表面过量体积 $v^\sigma(\text{STP})$表示时的换算关系,并以 $\text{cm}^3(\text{STP}) \cdot \text{g}^{-1}$ 表示。

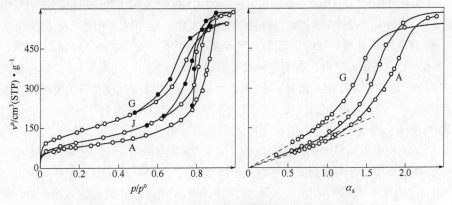

图 11.8　介孔硅胶 A、J 和 G 的氮气等温线(左)和α_s图(右)
(引自 Bhambhani 等,1972)

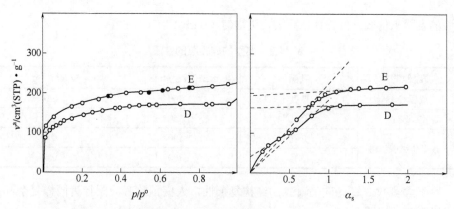

图 11.9　微孔硅胶 D 和 E 的氮气等温线（左）和 α_s 图（右）

（引自 Bhambhani 等，1972 年）

表 11.8　氮气 BET 值和 α_s-plots 的表面积值的比较

二氧化硅	孔隙	$a(\text{BET, N}_2)/\text{m}^2 \cdot \text{g}^{-1}$	$a(\text{S,N}_2)/\text{m}^2 \cdot \text{g}^{-1}$
硅胶 A	介孔	300	303
硅胶 G	介孔	504	503
硅胶 J	介孔	349	350
硅胶 D	微孔	767	810~960, 35[①]
硅胶 E	微孔	631	730, 20[①]

① 外表面积 $a(\text{ext, S})$。

　　表 11.8 中 $a(\text{BET, N}_2)$ 与 $a(\text{S, N}_2)$ 相应值间的良好一致性表明凝胶 A、G 和 J 仅为介孔，没有微孔，通过图 11.8 中的等温线和 α_s 曲线的特征形状也可以得到证实。然而，每条 α_s 曲线的线性范围不会超过 $p/p^o = 0.4$，凝胶 A 和 J 的情况恰好低于滞后的下限。这个结果与在球状颗粒的接触区域周围发生一些可逆毛细管冷凝的现象相一致。图 11.9 中微孔凝胶 D 和 E 的氮气等温线对应图 1.2 中给出分类的 I b 型。在 $p/p^o = 0.4$ 处逐渐进入平台，表明两种凝胶都含有大量微孔（见第 9 章）。凝胶 D 的 α_s 图的两个阶段确实存在微孔填充：在 $p/p^o < 0.01$ 的初级微孔填充导致等温线出现一些初始畸变，而次级微孔的二次（协同）微孔填充出现的范围为 $p/p^o \approx 0.02 \sim 0.2$。在表 11.8 中，凝胶 D 的三个面积来自 α_s 图推导。通过式（11.3），第一个面积（810 $\text{m}^2 \cdot \text{g}^{-1}$）来自斜率对应的初级微孔填充。如 7.3.3 节的解释，认为它只是 α_s 图的下一部分的斜率（其可以外推到原点并对应于次级微孔填充），其提供了可靠的内表面积（960 $\text{m}^2 \cdot \text{g}^{-1}$）。最后，如第 9 章所述，可用于多层吸附的外表面积 $a(\text{ext, S})$，可以从 α_s 图的高 p/p^o 部分计算出来，前提是有足够的线性范围确认其未出现毛细管冷凝。这种情况显然可以通过凝胶 D 实现，因此它的外表面积（35 $\text{m}^2 \cdot \text{g}^{-1}$）也可被认为是正确的。对于凝胶 E，其中 α_s 图显示仅发生次级微孔填充，可认为两个表面积

是有意义的，即内表面积（730 mm^2·g^{-1}）和外表面积（20 m^2·g^{-1}）。不难发现，对于凝胶 E 和 D，BET 面积不同于由 α_s 作图方法计算的内表面积和外表面积的总和。在这种情况下，BET 方法最好作为可提供特征性和可重现性的图形，但不能作为计算实际表面积的方法（Rouquerol 等，2007）。

图 11.10 和图 11.11 分别为氩气和氮气等温线、氩气的 α_s 图（Payne 等，1973）图中实验测定的 77 K 下的 p^o 值 [如 p^o（固体）] 已用于计算 p/p^o。比较同种吸附剂（介孔凝胶 B 和微孔凝胶 C）上氩气等温线的形状与氮气等温线的形状是有意义的。凝胶 B 上的氮气等温线具有明确的 B 点 [C(BET)≈100]，而氩气等温线则有较平缓的曲率和较少的 B 点特征 [C(BET)<50]。在中等范围区间内，这两个等温线大致平行，这种行为与 TK 800 上的非常相似（见图 11.1）。图 11.10 中凝胶 C 上的 I 型等温线具有 I b 型等温线的典型特征，但最显著的是在 p/p^o≈0.1 处出现氩气和氮气等温线的交叉。

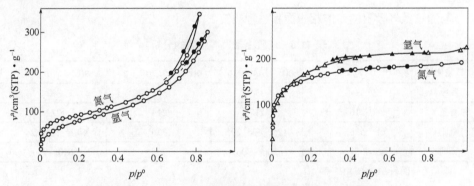

图 11.10　在 77 K，介孔二氧化硅凝胶 B（左）和微孔
二氧化硅凝胶 C（右）的氩气和氮气等温线（引自 Payne 等，1973）

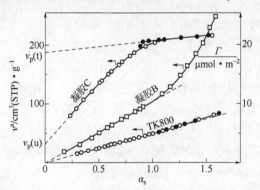

图 11.11　无孔（TK 800）、介孔（凝胶 B）和微孔（凝胶 C）二氧化硅的氩气 α_s 图
（引自 Payne 等，1973）

图 11.11 中凝胶 B 和 C 的 α_s 图显示的线性偏差证实了这些硅胶相应的介孔和微孔性

质。因此，凝胶 B 的 α_s 图的线性直至 $p/p^o = 0.4$（如 $\alpha_s = 1$）。这表明氩气单层以与无孔表面上相同的方式在介孔表面上形成吸附。向上的偏差显然是因为开始出现毛细凝聚。

凝胶 C 的行为完全不同，$p/p^o<0.02$ 处等温线具有很强的扭曲，这导致了 α_s 图出现了正截距。接着是两个线性区域，第一个与次微孔的表面覆盖和填充相关联，第二个与外表面的多层覆盖相关。这两个线性部分的后推法提供了测定超微孔体积 $v_p(u)$（宽度≤1 nm）和总微孔体积 $v_p(t)$ 的方法。

表 11.9 中比表面积 $a(S,Ar)$ 的值是对氩气 α_s 图线性部分应用式（11.4）计算得出的。

$$a(S, Ar) = 3.30v^o(STP) / \alpha_s \qquad (11.4)$$

其中，$v^o(STP)$ 或 v^a 是吸附氩气的体积，$cm^3(STP) \cdot g^{-1}$；因子 3.30 是通过对 Fransil 和 TK 800 的 BET 氮气比表面积（作为参比）与传统的氮气分子面积 0.162 nm^2 相比来校准获得的。

与通过氮气吸附测定的相应面积进行比较。

表 11.9 硅胶上氩气等温线的分析

二氧化硅	$a(BET, N_2)/m^2 \cdot g^{-1}$	$a(S, N_2)/m^2 \cdot g^{-1}$	$a(BET, Ar)/m^2 \cdot g^{-1}$	$a(S, Ar)/m^2 \cdot g^{-1}$
凝胶 B	334	335	337	337
凝胶 K	216	217	214	222
凝胶 C	586	425~625, 29[①]	720	540~1150, 24[①]
硅胶	657	500~700	728	640~950

① 指外表面积，$a(ext, S)$。

表 11.9 的结果表明，对于无孔和介孔二氧化硅，在 $a(S, Ar)$、$a(BET, Ar)$ 和 $a(BET, N_2)$ 的相应值之间获得良好一致性，前提条件是氩气表观分子面积大约为 0.182 nm^2。如果氩气 BET 图是基于 p^o（固体）或分子面积大约 0.17 nm^2 [如果它们基于在 77 K 的外推 p^o（液体）]（Gregg 和 Sing，1982），或者，通过给予氩分子由其液体密度推导的分子面积 0.138 nm^2，并因此假设氮气具有比常规 0.162 nm^2 更小的分子面积，也可获得良好的一致性。以下三点支持后一种解释：

① 氮气分子不是球形的（与氩气分子不同），当"站立"在表面上时，它所覆盖的面积可以小至 0.112 nm^2（Rouquerol 等，1984）。

② 早期研究发现氮气分子的四极矩与硅胶表面极性羟基之间存在特异性相互作用（Kaganer，1961；Aristov and Kiselev，1963），并可通过量热法直接测量（Rouquerol 等，1979a,b）如图 11.12 所示。

③ 如果这种相互作用能够为氮气分子提供一些取向，则必然可降低其分子面积，而 0.162 nm^2 的值是对应于分子在所有方向上的自由取向的最大值。

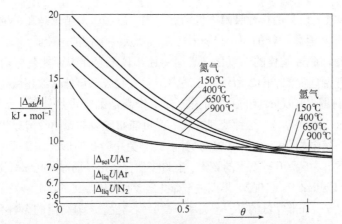

图 11.12 在介孔硅胶上氩气和氮气吸附的微分焓：在不同温度下脱气的效应
（引自 Rouquerol 等, 1979a, b）

上述两种解释（疏松的氩单层或具有取向分子的致密氮单层）之间的选择至今仍是一个争议问题。应注意的是，这些解释并不是彼此排斥的，它们可能同时存在，分别解释了在 77 K 下测定的 Ar 和 N_2 的 BET 面积间差异的一部分。

11.2.3.1 脱羟基凝胶

当硅胶被加热到较高温度时，水首先从介孔和宽微孔中损失，然后从狭窄的微孔中损失，最后通过表面羟基的重新结合损失。表面脱羟基化通常发生在 200～1000℃ 的范围内，并伴随着一些表面积的损失（参见 Iler, 1979）。然而，面积和孔结构的精确变化取决于许多因素，包括原始羟基化凝胶的性质和热处理条件（例如在空气、真空或水蒸气中）。

Kiselev 等（Kiselev 和 Kiselev, 1957; Kiselev, 1958）对脱羟基二氧化硅吸附气体进行了首次系统研究。在对氩气和氮气的吸附研究中，Aristov 和 Kiselev（1965）发现，与氮气相反，氩气等温线降低似乎并不依赖于表面羟基化的程度。

介孔二氧化硅表面脱羟基化对 Ar 和 N_2 吸附能的影响如图 11.12 所示。在 Rouquerol 等（1979a, b）的工作中，Tian-Calvet 微量热法用于测定作为表面覆盖函数的微分焓变化。尽管强的能量不均匀性是两种气体吸附的特征，但对于 Ar，吸附焓的变化在 150～900℃ 的脱气温度范围内几乎不变。N_2 行为的显著差异只能归因于弱化特定场梯度-四极相互作用，这是表面羟基数目减少的结果。在低 N2 覆盖率下，完全羟基化样品（150℃）和几乎完全脱羟基化的样品（900℃）之间的吸附焓变下降约 3 kJ·mol^{-1}，这可认为是氮气-羟基特异性相互作用的直接测量（Rouquerol 等, 1984）。

如第 1 章所述，极性分子和二氧化硅之间的特定相互作用确实可通过除去表面所有羟基来消除，因此部分脱羟基化的作用是大大降低某些分子的吸附能。Kiselev

等（1965，1971）研究的极性吸附物包括醇、酮、醚和胺，结论是在每种吸附剂中，吸附剂-吸附质相互作用能的减少伴随着等温线实质特征性的改变。

可以预测，脱羟基化的二氧化硅表面将比母体羟基化表面能量更均匀，这在实践中仅部分符合，如图 11.12 所示。在高温下对硅胶脱气可能导致超微孔的形成，为了避免这个问题，Kiselev 组后来的大部分工作都是围绕水热处理二氧化硅进行的（参见 Zhuravlev，1994）。这种处理方式，有可能将硅胶的原始骨架球状结构转变成更均匀的海绵状结构（Kiselev，1971），并以此避免超微孔的形成。

如上所述，水在无孔硅石上的吸附已有许多研究报道，而对多孔二氧化硅脱羟基化的关注较少。Dzhigit 等（1962）早期关于介孔硅胶吸附水蒸气的研究涉及了等温线和量热测量。他们发现在非常低的表面覆盖率下，吸附焓受脱羟基作用的影响不明显，但随着表面覆盖率的增加，差异变大。脱羟基后发生的水蒸气缓慢吸收归因于化学吸附。

Baker 和 Sing（1976）研究了微孔和介孔凝胶的脱羟基化。图 11.13 中降低的水等温线是通过无孔 TK 800、介孔凝胶 J 和微孔凝胶 E 在 1000℃下脱气测定。三个等温线全都表现出显著的滞后现象，延伸至非常低的 p/p^o，但是三个吸附等温线的初始阶段（在 $p/p^o<0.3$）遵循类似路径。对水的这种低亲和力显然是所有脱羟基二氧化硅表现出疏水性的特征。当 $p/p^o<0.3$ 时，表面再羟基化非常缓慢，但是在多层吸附范围内变快，并且这种现象显然对低压滞后是不利的。事实上，可发现凝胶 E 和 J 的等温线脱附分支非常类似于两种羟基化凝胶相应部分的水等温线（Baker 和 Sing，1976）。可以得出结论，再羟基化凝胶 E 中的微孔恢复了它们对水的高亲和力。

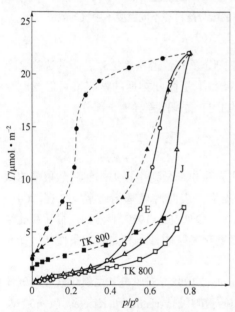

图 11.13　在 25℃下，TK 800、凝胶 E 和凝胶 J 的水蒸气吸附等温线，脱气温度为 1000℃（引自 Baker 和 Sing，1976）

11.3　氧化铝：结构、材质和物理吸附

11.3.1　活性氧化铝的介绍

通常将通过对某种形式的水合氧化铝（即结晶氢氧化物、氧化物-氢氧化物或水

合氧化铝凝胶）进行热处理而制备的吸附氧化铝（通常为工业产品）命名为"活性氧化铝"。多年来，人们已经知道某些形式的活性氧化铝可以用作强力干燥剂或用于吸附各种蒸气。吸附剂活性取决于热处理条件，这在早期研究阶段已很明显。例如，Bayley（1934）报道，活性氧化铝的商业样品吸附 H_2S 受到吸附剂预热温度的影响，在 550℃ 热处理后获得最大吸附量。在研究醇类催化脱水过程中，Alekseevskii（1930）发现要获得醇类反应物的最佳吸附，催化剂的煅烧温度约为 400℃，而 600℃ 的煅烧温度则会使烯烃优先吸附。

之后开始出现了表面积与煅烧温度相关性不一致的问题（Krieger, 1941; Feachem 和 Swallow, 1948; Taylor, 1949; Gregg 和 Sing, 1951; de Boer, 1957）。事实上，这种差异并不奇怪。为了获得性质可重现的吸附剂，必须控制以下条件：①起始原料的化学和物理性质（即其结构，晶体/粒度，样品量，纯度）；②热处理条件（炉的类型，气体，时间-温度分布，最好通过 CRTA 加热程序，见 3.4 节）；③用于解释吸附数据的方法（BET、BJH 等）。

11.3.2　原材料

11.3.2.1　氢氧化铝

尽管文献中已经描述了氢氧化铝 $Al(OH)_3$ 的各种改性，但是常见的仅有三种形式：α-三水铝石（gibbsite 原来也称为水铝矿）、三羟铝石（拜耳石）和诺水铝石。α-三水铝石是最有名的且储量最丰富的，它是北美和美国铝土矿的主要成分，在 Bayer 法中作为中间产品（即"拜耳水合物"）获得，可用于从铝土矿生产铝。

三种氢氧化物的晶体结构都是基于双层密集的氢氧根离子，三分之二的八面体间隙被铝离子占据（见图 11.14）。这些层通过最邻近的邻位羟基之间的氢键结合在一起，因此，结构上的差异存在于层间间隔，即在 c 轴中。对于 α-三水铝石的情况，双层的堆叠按照 ABBAABBA 的顺序。两个相邻的 A 层或 B 层间的距离是 0.28 nm，而 A-B 之间的距离是 0.20 nm。

拜耳石在自然界中不存在，但它可以通过许多不同的方式制成（例如通过铝醇盐的水解）。三羟铝石中的 OH 层似乎按照 ABABAB 的顺序堆叠。在双层内，A-B 之间的距离为 0.21 nm，双层之间的 A-B 距离为 0.26 nm。三羟铝石的密度相对略高于三水铝石。

尽管人们已发现诺水铝石矿床，但通过改性并不容易获得相对纯净的诺水铝石。由于这个原因，确切的结构仍在讨论中，推测层叠可能由三羟铝石和三水铝石结合而成。

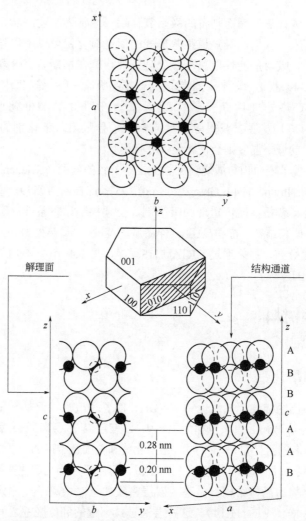

图 11.14 α-三水铝石的晶体结构（●铝离子；○氢氧根离子）（引自 Saafeld, 1960）

在最常见的工业存在形式中，三水铝石是一种沙质材料，粒径为 50～100 mm，每个颗粒本身就是一个较小的六角形晶体的致密团聚体，典型的尺寸为 5～15 mm，BET 氮气比表面积通常不超过 0.2 m² · g⁻¹。人们对其他形式的三水铝石也进行了物理吸附研究，包括松散、薄的六方晶体，其 BET 氮气比表面积分别为 5 m² · g⁻¹ 和 15 m² · g⁻¹，分别对应于平均晶体尺寸 1 mm 和 0.2 mm（Rouquerol 等，1975）。另外还有多孔聚集体。例如，Ramsay 和 Avery（1979）发现，一批非常纯的 α-三水铝石粉末在高 p/p^o 下出现具有 H1 滞后环的Ⅳ型氮气等温线。似乎 α-三水铝石是介孔的，也可能是大孔的，有效孔隙宽度主要为 20 nm 以上。BET 氮气比表面积为 41 m² · g⁻¹，这与平均厚度一致。通过电子显微镜和 X 射线谱线增宽测定为 25 nm 的薄六角形小片。这种相当不确定的孔隙度归因于三水铝石微晶之间的空间，并且发现其在 400℃热处理后仍然存在。Stacey（1987）使用了一批 BET-氮气比表面积较低（$5.6\ m^2 \cdot g^{-1}$）的三水铝石，平均直径 75 mm 的多晶颗粒由 0.3 mm 片状晶粒组成。

Aldcroft 和 Bye（1967）发现微晶诺水铝石样品有介孔。氮气吸附等温线为Ⅱb型，表明微晶之间存在非刚性孔结构。BET 氮气面积为 $34\ m^2 \cdot g^{-1}$，似乎代表微晶的外部面积。给出的可逆Ⅱ型氮气等温线的相对较低面积（$8\ m^2 \cdot g^{-1}$）的三羟铝石的老化样品（Bye 和 Robinson，1964）基本上是无孔的（Payne 和 Sing，1969）。电子显微镜显示该样品由离散的圆锥形晶体组成。

11.3.2.2　羟基氧化铝

有两种典型的羟基氧化铝（AlOOH）——硬水铝石和薄水铝石具有密切相关的结构。硬水铝石出现在某些类型的黏土和铝土矿中，它是由刚玉 α-Al_2O_3 经水热处理制成。薄水铝石的特点是含有立方密堆积阴离子，硬水铝石具有六边形紧密结构。这种差异解释了在较低温度（450~600℃）下，可能出现硬水铝石到刚玉的直接热转变。

科学家们对薄水铝石颇感兴趣。Lippens 和 Steggerda（1970）指出，应该明确区分结晶薄水铝石和拟薄水铝石凝胶状形式，且拟薄水铝石总是含有一些非化学计量的层间水。拟薄水铝石是欧洲铝土矿的主要成分，可通过中和铝盐的方法容易地制备，但结晶薄水铝石需要在水热条件中形成。

一般来说，拟薄水铝石的 BET 面积随着结晶度的降低而增加（Lippens 和 Steggerda，1970）。通过铝醇盐水解制备的凝胶倾向于是多孔的，但它们的复杂性质和孔隙度总是不易表征。然而，通过产物在含乙醇或乙二醇水溶液中老化，可以获得明确的介孔结构（Bye 等，1967；Aldcroft 等，1971）。这被认为是凝聚-胶结类型老化过程的结果，涉及溶剂屏障的减少并且因此促进粒子与粒子之间的微小相互作用（Bye 和 Sing，1973）。

Bugosh 等（1962）首次报道了纤维状薄水铝石（即杜邦产品，名为 Baymal 胶体氧化铝），其 BET 比表面积为 $275\ m^2 \cdot g^{-1}$。直径约 5 nm、长度 100 nm 的离散薄水铝石纤维被吸附的乙酸酯基保护，因此易于分散。

Fukasawa 等（1994）采用高分辨吸附技术，对通过缓慢干燥薄水铝石溶胶制备的多孔薄水铝石玻璃膜进行测量。小角度 X 射线测量表明，薄水铝石的 2.5 nm 薄片在 [010] 方向上密堆积，其中包含约 0.3 nm 宽的均匀狭缝形孔。薄水铝石薄膜上的氮气等温线为Ⅰb 型（参见第 1 章），不同寻常的是，吸附量（在多层范围内）逐渐增加至 p/p^o = 0.65（即平台的开始）。这些结果表明，氮气吸附涉及初级和次级微孔填充，以及在更宽的孔隙上的一些多层吸附。借助多探针吸附测量，得出的结论确

实有三组孔。然而，由于依赖于 Dubinin-Radushevich 等温线分析方法，对 0.3 nm、0.7 nm 和 1.3 nm 的孔宽度估计值的准确性还值得进一步商榷。

11.3.3 水合氧化铝的热分解

11.3.3.1 三氢氧化铝的热分解

人们已经详细研究了三种氢氧化物热分解所涉及的结构和材质变化（Rouquerol, 1965; Aldcroft 等, 1968; Lippens 和 Steggerda, 1970; de Boer, 1972; Rouquerol 等, 1975, 1979a,b; Ramsay 和 Avery, 1979; Stacey, 1987）。现在很清楚的是，脱水序列不仅取决于氢氧化物的晶体结构，还取决于其材质和热处理条件。

Achenbach（1931）首先指出，α-三水铝石晶体的脱水是赝晶的，晶体形状和原始晶格被保留，因此形成了高度多孔的产物。事实上，结构水的损失先于新的稳定结构形成，这显然是非常重要的。

在图 11.15 中，通过在空气中加热拜耳石和诺水铝石的小晶体，获得的活化氧化铝 BET 氮气面积相对于煅烧温度作图。在这项工作中，把每个样品放入炉中记录温度并保持 5 h（Aldcroft 等, 1968）。显然，三氢氧化铝在大于 200℃ 的温度下发生热分解，在 250～300℃ 形成最大 BET 面积。先前已报道过的 α-三水铝石也有类似的结果，但最大 BET 比表面积约为 300 $m^2 \cdot g^{-1}$，是在 300～400℃ 获得的（Gregg 和 Sing, 1951; de Boer, 1957）。变化的等温线类型 Ⅱ→Ⅰ→Ⅳ 提供了第一个迹象，即通过在 250～450℃ 热处理三氢氧化铝获得微孔产物以及更高温度下获得介孔产物（Aldcroft

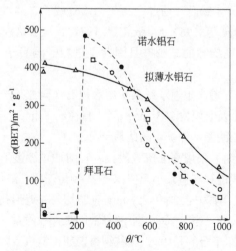

图 11.15　煅烧水合氧化铝 5 h 的 BET 面积对煅烧温度作图
［引自 Lippens（1961）和 Sing（1972）］

等, 1968; Lippens 和 Steggerda, 1970）。

如前所述, 等温线 α_s 分析方法可以推广到外比表面积 a(ext, S)和孔容 v_p(mic, S)。当然, 首先需要在无孔氧化铝中获得参照标准等温线。严格意义上, 参考材料的表面化学性质应该和多孔吸附剂完全一样。但实际上, 由于活性氧化铝表面结构的复杂性, 这是很难实现的。尽管如此, 已发现无孔 Degussa 氧化铝 C 吸附的等温线数据适应在多孔氧化铝中进行各种等温线分析（Sing, 1970）。

α_s 方法可用于煅烧拜耳石和诺水铝石小晶体的氮气等温线分析（Aldcroft 等, 1968）。因此, 表 11.10 中的外表面积 a(ext) 的每个值是从 α_s 图的线性多层部分的斜率获得的, 通过式（11.6）进一步计算得出。显然随着氢氧化物热分解,（BET）面积发生非常大的变化, 但与 a(ext)中的任何显著变化无关。事实上, 细碎的无定形碳化物的外表面积至少在 600℃时仍保持不变。这些结果证明, 即使在热分解完成之后, 三氢氧化物的晶体结构也能保持不变。将多层图反推至 $\alpha_s=0$, 给出了表 11.10 中所记录的每个 v_p(mic) 值。可以看出, 在进一步热处理之后, 300℃或 400℃下产生的孔体积保持恒定, 但等温线特征变化表明在较高温度下出现了孔扩大。

表 11.10 拜耳石和诺水铝石的热分解

吸附剂[①]	a(BET)/m²·g⁻¹	a(ext)/m²·g⁻¹	v_p (mic)/cm³·g⁻¹	孔隙度
拜耳石	15	15	—	无孔
拜耳石 (400)	382	30	0.20	微孔
拜耳石 (600)	199	23	0.21	介孔
诺水铝石	34	19	0.02	(微晶)
诺水铝石 (300)	415	20	0.19	微晶
诺水铝石 (600)	265	20	0.23	介晶+微晶
诺水铝石 (1000)	62	65	0.21	介晶

①括号里给出的是煅烧温度（℃）, 每个样品在所记录温度下在空气中加热 5 h (Sing, 1972)。

通过使用拜耳石和诺水铝石的细晶体, Aldcroft 等 (1968) 能够确保去除结构羟基时产生的水的快速释放。Papée 和 Tertian 较早证明了残余水对三水铝石热分解过程的重要影响（Tertian 和 Papée, 1953; Papée 等, 1954; Papée 和 Tertian, 1955）。结果表明, 在 400℃以下, α-三水铝石一部分转化为薄水铝石（boehmite）, 一部分转化为多孔形式的ρ-氧化铝, 即"过渡态氧化铝"。这两种产物的相对量取决于水蒸气的受控压力: 在 0~100 mbar 范围内, 低水蒸气压力有利于 α-三水铝石直接转化为不规则的微孔 ρ-氧化铝; 而在高水蒸气压下, 高达 42%的 α-三水铝石转化为薄水铝石。

在 20 世纪 50 年代, de Boer 等（de Boer 等, 1954,1956; de Boer, 1957）在三水铝石和拜耳石热脱水的研究中使用了各种技术, 并且采用两种分解途径获得了较详细的数据。结果表明, 通过在 165℃的饱和水蒸气中处理三水铝石或拜耳石, 可以生成结晶度较好的薄水铝石。所有研究结果为薄水铝石的形成涉及晶粒内水热转变理论提供了定性的依据。

尽管取特定批次的氢氧化物样品，通过简单煅烧可以获得可重现的结果，但是产物的化学组成和孔隙度通常是复杂的。与其他热分解研究一样，通过应用受控速率热分析（CRTA，参见 3.4 节），脱水反应和烧结/老化过程得到显著改善，从而可以精确控制样品上方的残余水压以及样品床内本身的压力和温度梯度。这在热分解的任何阶段都显著提高了样品的均匀性，如其他大量吸附剂结果所示（Llewellyn 等，2003）。

Rouquerol（1965）使用工业三水铝石样品（80～160 mm 的结晶聚集体，BET 氮气比表面积约 0.1 $m^2 \cdot g^{-1}$），控制 30 Pa 水蒸气压下，得到 N_2 吸附-脱附等温线，如图 11.16 所示，图解如下：

183℃：开始热分解，BET（N_2）比表面积为 16 $m^2 \cdot g^{-1}$，滞后环没有饱和平台，为 H4 型，这可能是由于板状三水铝石晶体部分解聚而形成非刚性体系中的毛细凝聚。相似的滞后环在温度 898℃也存在，这可能对应于附聚物几乎稳定的外部形状和大小。

207℃：将三水铝石热分解成微孔"过渡态氧化铝"和一些薄水铝石。箭头指示微孔填充的结束。（到目前为止，通过实验解释了较宽的滞后环，实验中采用了不同于其他实验的重要的 N_2 最后冷凝的方法）。

606℃：在薄水铝石相热分解后，BET（N_2）比表面积仍然较大，并且指示微孔

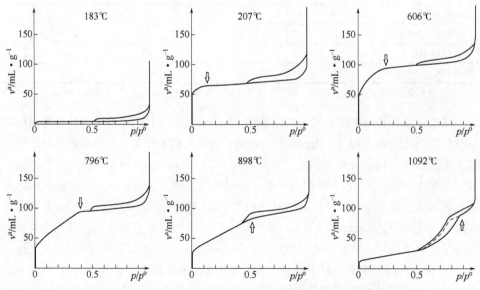

图 11.16 对于用 CRTA 处理的低于 30 Pa 的工业三水铝石样品，
在 77 K 时的 N_2 吸附-脱附等温线，直到所示的每个温度（引自 Rouquerol, 1965）

填充完成的箭头向较高压力移动，因为它将在 1092℃下进行最后一次处理，这表明了孔径逐渐变宽。

1092℃：如箭头所示，完成的孔填充出现在滞后环内，意味着微孔已经变成介孔。所得到的相当复合的等温线看似添加了 I 型（由于在结晶的 α-氧化铝上有少量高能量位点）、IV 型（由于中孔并且负责环的下部）以及所谓的 II b 型，这是非刚性系统的特征。

研究水蒸气压和颗粒尺寸对多孔结构的影响以及所获得的中间薄水铝石的量，Rouquerol 等（Rouquerol 等，1975，1979a，b；Rouquerol 和 Ganteaume，1977）进一步开展了这项工作。这项研究始于 Papée 和 Tertian（1955），现在利用 CRTA 技术提供精确控制。图 11.17 显示了作为最终温度的函数，在 4～500 Pa 范围内水蒸气压对 BET

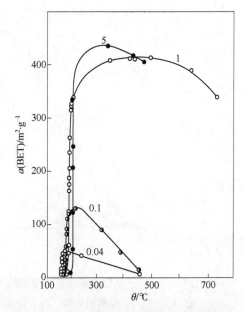

图 11.17 在 CRTA 脱水过程中，颗粒度为 1 mm 的三水铝石样品 BET 氮气比表面积的形成过程（引自 Rouquerol 和 Ganteaume, 1977）

CRTA 条件：曲线上方的数字表示以 mbar 为单位的受控压力；脱水速率为 11.4 mg·h^{-1}·g^{-1}

（N$_2$）比表面积的影响。通过这些结果可以解释为：即使在"真空"的压力范围内，微孔宽度也是与压力直接相关的。在任何低压下的热分解，平行的微孔通过三水铝石晶体"钻出"，遵循 z 方向上预先存在的结构通道路径即垂直于基底（001）平面（参见图 11.14）。微孔的数量是预先确定的，即总的 N$_2$ 吸附容量 [通过表观 BET（N$_2$）面积测量] 在与它们的宽度相同的方向上变化。

图 11.18（a）以不同的方式报道了相同的结果，即绘制 BET（N$_2$）比表面积对失水量（以起始样品质量的%表示）的图。在初始阶段，失去一些水而使得氮气分子不能接近，BET（N$_2$）比表面积的线性增加与恒定宽度微孔的渐进钻孔一致。图 11.18（b）中，在三水铝石热分解的给定阶段，水蒸气压从 1 mbar（100 Pa）下降到 0.04 mbar（4 Pa），BET（N$_2$）比表面积的线性增加仍持续，但存在较小的斜率，这表明孔径目前变窄，因此在晶体中钻出的微孔变成"漏斗形"。

在 Ramsay 和 Avery（1979）的工作中，少量微晶三水铝石在温度高达 425℃下加热，通过真空分解获得的产物虽然吸附了水，但对氮气的吸附非常少。在水蒸气存在的情况下，氧化铝的结晶性更好并且孔径变宽，这些结果与法国研究人员的结论一致。

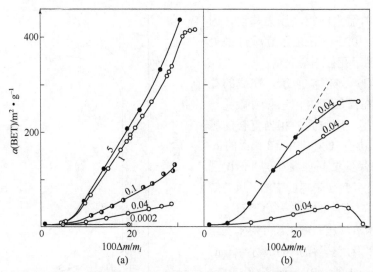

图 11.18　细三水铝石脱水过程中 BET 比表面积与质量损失百分比的关系：

（a）与图 11.18 相同的条件；（b）控制压力在 1 mbar 和 0.04 mbar 之间变化

（引自 Rouquerol 等，1979a,b）

现在清楚的是，如果水热形成薄水铝石可以避免（例如通过使用低压 CRTA 和小晶体方法），则三种氢氧化物在相当低的温度（约 200℃）下失去其结构水而形成几乎无定形的 ρ-Al₂O₃。随着温度升高至大约 250～800℃，γ-系列氧化铝（如 γ-、η-或 θ-型氧化铝）的形成变化复杂。在 1200℃的温度下，通常出现向致密的、低表面积 α-Al₂O₃ 的转变。

11.3.3.2　薄水铝石和水合氧化铝的热分解

薄水铝石大约在 400～450℃分解。如预期所示，煅烧产物比由氢氧化物制备的活性氧化铝具有低得多的比表面积。然而，de Boer 等（1972）的结果指出，在 580℃制备的样品是高微孔的，并且在此温度下外表面只有很小的变化。

人们已经开展了一些有关水合氧化铝以无序形式分解的工作。这些材料可以以凝胶或絮凝物的形式制备，但是它们的表面性质要在严格控制凝胶/絮凝、老化、干燥和存储的条件下制得的材料才可重现结果（Bye 和 Sing，1973）。微孔含水氧化铝凝胶暴露于水蒸气导致 BET 面积快速且不可逆的损失，但使介孔拟薄水铝石凝胶趋于更稳定（Sing，1972）。然而，将任一种类型的凝胶浸泡在液态水中通常会导致其转化为无孔拜耳石，并因此导致比表面积大大降低。

与明确定义的氢氧化物的热活化相反，无定形或拟薄水铝石凝胶的煅烧不会导致比表面积的任何显著增加（见图 11.15）。在这方面，无序的水合氧化铝与硅胶类似。图 11.16 中的结果还表明，煅烧过的拟薄水铝石凝胶的表面积在高温范围

（700~1000℃）更稳定。例如，在 1000℃下加热 5 h 后，煅烧过的含水氧化铝仍具有 132 $m^2 \cdot g^{-1}$ 的比表面积。一些氧化铝凝胶在高温下倾向于保持较差的有序性，以至于不易转变为有序的 α-Al_2O_3。根据 Teichner 等（1976, 1986）的报道，无定形氧化铝的气凝胶在真空中加热时能渐晶化。

11.3.4　活性氧化铝的合成

11.3.4.1　活性氧化铝的结构

氧化铝在自然界中以刚玉 α-Al_2O_3 形式存在，其硬度高，电阻率高，化学反应活性低。它可以通过薄水铝石或三水铝石进行高温（> 1200℃）处理制得，并且通常具有低的比表面积（< 5 $m^2 \cdot g^{-1}$）。

相对疏松的"过渡态"氧化铝（γ-型）结构上高度多孔，性质较活泼，并且不会在自然界中产生，通过在中间温度下热处理 $Al(OH)_3$ 或 $AlOOH$ 来制备，并且在高温下不可逆地转化为 α-Al_2O_3。它们的 BET（N_2）比表面积通常为 300~400 $m^2 \cdot g^{-1}$，广泛用作催化剂和催化剂载体。

Lippens 和 Steggerda（1970）提出了各种不同的氧化铝结构分类方案。一种方法是关注它们的形成温度，但是寻找氧化物晶格差异可能更合乎逻辑。在此基础上，人们可以广泛地区分具有六方密排格子的 α-系列（如 ABAB…）和具有立方密堆积格子的 γ-系列（如 ABCABC…）。此外，毫无疑问，γ-型和 η-型 Al_2O_3 都具有尖晶石（$MgAl_2O_4$）类型的晶格。尖晶石晶胞由 32 立方密堆积的 O^{2-} 离子组成，因此 21.33 个 Al^{3+} 必须分布在 24 个可能的阳离子位点之间。γ-系列的各个成员之间的差异可能是由于晶格紊乱和八面体与四面体间隙之间的阳离子分布所致。

Peri（1965）首次讨论了模型 γ-Al_2O_3 表面的精细特征。据推测，尖晶石结构完全水合的（100）平面在方形晶格平面中将具有单层 OH^- 离子。在脱水时，两个相邻的 OH^- 将随机结合。然而，这种简单的成对凝聚是有限的，因为只有三分之二的表面 OH^- 可以在不改变表面结构的情况下脱水，剩余的 OH^- 会占据不同的位置，这可通过红外光谱和化学活性来表征。高温下，会发生离子迁移并产生各种表面缺陷。虽然这是一个过于简化的模型，但它对讨论氧化铝的催化活性和化学反应性具有重要价值。

事实上，活性氧化铝的表面结构非常复杂。置于空气中后，氧化铝表面总会充分水合，但与二氧化硅不同的是，它不会完全羟基化。因此，"结合"水的形式包含羟基和水分子两种形式。后者的脱水可能在低至 200℃下进行，并使高能 Al^{3+} 位点暴露。如在 Peri 模型中，随着温度升高，阳离子位点进一步通过相邻 OH^- 组合、离子迁移以及表面结构的最终重组而形成。

11.3.4.2 高温氧化铝的气体物理吸附

考虑到 γ-系列的复杂性，研究高温氧化铝特别是α-Al₂O₃ 对气体的吸附是很有意义的。无孔α-Al₂O₃ 可以通过 1200℃以上长时间火焰加热水解氧化铝的球形颗粒来获得，这是 Carruthers 等（1971）采用的程序。一批 Degussa 'Aluminiumoxid C' [指定的氧化铝 DC; a(BET)= 111 m² · g⁻¹] 用作初始材料，同时也作为标准无孔吸附剂，它由离散的球状颗粒组成，并且给出了 77 K 下可逆的Ⅱ型氩气和氮气等温线。在缩放的 α_s 图中，氮气等温线实际上与低面积拜耳石和老化的水合氧化铝样品的相应等温线相同（Bye 等, 1967；Payne 和 Sing, 1969）。

氧化铝 DC 样品通过编号记录了空气中煅烧的温度和规定时间，样品 DC（1200）6 是通过在 1200℃煅烧 6 h 制备，样品 DC（1200）114 是在 1200℃煅烧 114 h 制备。表 11.11 给出了这些高温样品的 BET 氮气面积。值得注意的是，在 1200℃下 6 h 后，样品 DC（1200）6 的比表面积非常高，并且没有检测到转化成α-Al₂O₃，而在 1200℃下 114 h 后，样品 DC（1200）114 已完全转化为α-Al₂O₃。

表 11.11　在高温氧化铝上的氩气和氮气吸附(Carruthers 等, 1971)

吸附剂	晶体结构	a(BET-N₂)/m² · g⁻¹	a(S, N₂)/m² · g⁻¹	a(S, Ar)/m² · g⁻¹
氧化铝 DC	δ-Al₂O₃	111	(111)	(111)
DC (1200) 6	θ-Al₂O₃	74.8	74.6	77.0
DC (1200) 114	α-Al₂O₃	5.9	5.9	6.6
DC (1300) 6	α-Al₂O₃	4.5	4.3	4.9
DC (1400) 6	α-Al₂O₃	2.5	2.3	2.7

结果表明样品 DC（1200）6 的氩气和氮气等温线的 α_s 图在测定范围内呈线性。因为吸附剂结构在 1200℃下煅烧 6 h 没发生显著改变，所以相应的等温线形状是可预测的。其他 α_s 图的多层部分大部分是线性的，但是单层部分则出现很大的线性偏离。实际上，线性多层线可以外推回到原点，表明多层的产生对吸附剂的结构没有大的影响。

表 11.11 第 4 列和第 5 列的表面积值 a(S, N₂) 和 a(S, Ar) 由多层 α_s 图线性部分推导出。正如第 7 章所指出的，如果发生了无限制的多分子层吸附，可以从 α_s 图的斜率计算出比表面积。下面的公式可用于计算氧化铝的氩气和氮气吸附量：

$$a(S, Ar) = 3.22 v^\sigma (STP) / \alpha_s \tag{11.5}$$

$$a(S, N_2) = 2.87 v^\sigma (STP) / \alpha_s \tag{11.6}$$

v^σ(STP)或者 v^a，是气体的吸附体积，单位用 cm³ (STP) · g⁻¹ 表示，比例系数通

过氧化铝 DC 的 BET 氮气比表面积校正获得。

表 11.11 中 $a(BET-N_2)$ 与 $a(S, N_2)$ 的相应值显然是一致的，这看起来合乎逻辑，因为两者都依赖于氧化铝的 $BET-N_2$ 比表面积，即用于研究 $a(BET-N_2)$ 的氧化铝和研究 $a(S, N_2)$ 的氧化铝 DC。$a(S, Ar)$ 的高出值约在 3%～12%。和硅胶一样，这种（有限的）差异可以从两种不同的方式来解释，它们彼此并不矛盾（见 11.2.3 节），即改变氧化铝表面的类型（特别是其极性位置）可能会影响氩气或氮气分子的单层覆盖，而氮气分子（由于其永久的四极矩和可能的取向）更可能受到影响。

Barto 等（1966）使用了一种无孔的 α-Al_2O_3 [$a(BET)= 2.7\ m^2 \cdot g^{-1}$] 样品，对一系列正构脂肪族醇的吸附进行了一项重要研究。图 11.19 中给出的等温线非常清楚地显示了"自憎性"的效果，从 C_1 到 C_4 烃链长度的增加导致多层吸附程度的急剧下降。这种不寻常的物理吸附行为，是因为局部单层中醇分子的羟基和水合氧化铝表面之间形成定向氢键，烷基因此被诱导离开表面，从而提供有效的低能量屏障以防止进一步的吸附。

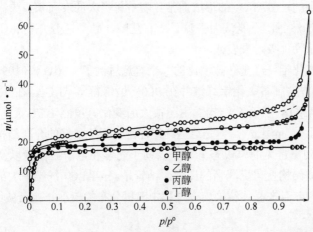

图 11.19　甲醇、乙醇、丙醇和丁醇在 α-Al_2O_3 上（2.7 $m^2 \cdot g^{-1}$）的吸附等温线

（引自 Barto 等，1966）

Barto 等（1966）根据醇吸附等温线绘制了 Langmuir 图，丁醇的曲线为最广泛的线性。单层容量的值从 Langmuir 图的线性区域获得，并且通过假设 BET-氮气比表面积的有效性，可以推导出四种醇的表观分子面积，C_1～C_4 系列的值分别为：0.205 nm^2、0.220 nm^2、0.234 nm^2 和 0.248 nm^2。值得注意的是，0.20 nm^2 是长链醇在紧密堆积的不溶性单层中占据的面积。正如所料，甲醇提供了"最好"的 BET 拟合，但即使在这种情况下，线性范围也被限制在 $p/p^o < 0.15$ 区域内。

Blake 和 Wade（1971）进一步研究了自憎性，测定了水蒸气和前五种正构脂肪族醇在氧化铝箔表面的吸附等温线，结果与α-Al_2O_3 非常相似。获得 II 型水等温线，初始陡峭斜率表明吸附的高亲和力。水的残余吸收量远大于预计值（相当于 1.5 个单层），被认为氧化表面相对于水分子可能是微孔的。

Carruthers 等（1971）研究了各种形式氧化铝对水蒸气的吸附作用。为了研究水与α-Al$_2$O$_3$ 的相互作用，样品 DC（1200）114（参见表 11.11）先在 400℃脱气。吸水量远大于相同样品在 25℃脱气给出的吸水量，第一个吸附-脱附循环在整个 p/p^o 范围内表现出明显的滞后现象。事实上，最初的质量不能通过在 25℃下长时间脱气来恢复，不可逆地保持了一定量水（13.1 μmol·m^{-2}），这几乎相当于密排的单层水分子的量（即 15.8 μmol·m^{-2}）。在 25℃排脱气后，水等温线是可逆的，但是吸附量却低于预期单层紧密堆积的数值。

水与过渡态氧化铝的相互作用更复杂。比较原始氧化铝 DC 和样品 DC（1200）6，水等温线是不可逆的，即使在 25℃脱气后也不可能建立热力学平衡。水分子的渗透速度似乎很慢，这涉及无序阳离子的水合过程。尽管如此，Castro 和 Quach（2012）利用水吸附微量热法来估算过渡态氧化铝的表面能对水预吸附的函数。

正如所看到的，α-Al$_2$O$_3$ 的形成通常伴随着相当大的表面积损失。高温处理总是改变孔隙结构，然而，不能认为去除了所有孔隙，必须区分开孔和闭孔，只有前者才可以通过测量物理吸附来表征。

高温处理氧化铝纤维是孔隙演化的一个有意思例子。Stacey（1991）的工作中，通过溶胶-凝胶方法制备氧化铝纤维并在 900℃煅烧得 η-Al$_2$O$_3$，在 1300℃下进一步煅烧转化成α-Al$_2$O$_3$，且介孔结构发生了很大的变化。虽然 BET-氮气比表面积从 84 m^2·g^{-1} 减少到 11 m^2·g^{-1}，但是这些纤维能继续保持很好的介孔结构。孔扩大似乎涉及从双模态到更常见的单模态分布。借助于光学和电子显微镜以及小角度中子散射，获得了材质结构变化更清晰的图像。结论是，α-Al$_2$O$_3$ 纤维中大部分残留介孔隙沿着纤维轴取向，且在晶体结构转变过程中随机分布的较小介孔已被优先消除。

11.4　二氧化钛粉末和凝胶

11.4.1　二氧化钛颜料

二氧化钛是大多数商业白色颜料的主要成分（Day, 1973; Wiseman, 1976; Solomon 和 Hawthorne, 1983）。表 11.12 给出了典型的常用白色颜料的物理性质。二氧化钛颜料相对于其他白色颜料的主要优点是：在光谱的可见光区域具有高折射率，并且具有相对低的密度。二氧化钛的另外两个优点是化学稳定性好且可制成约 0.2 μm 最佳尺寸的晶体。因为具有高度光散射和低可见光吸收，所以二氧化钛颜料是所有商业白色颜料中最白和最亮的。

表 11.12　典型白色颜料的物理性质 (Wiseman, 1976)

颜料	密度/g·cm^{-3}	折射率	a(BET)/m^2·g^{-1}	晶体尺寸/μm
锐钛矿	3.8	2.55	11	0.15
金红石（二氧化钛）	4.2	2.76	6	0.25
氧化锌	5.6	2.01	10	0.2
硫化锌	4.0	2.37	6	0.25
铅白	6.9	2.0	2	1

二氧化钛结晶以三种形式在自然界中存在：锐钛矿、板钛矿和金红石。金红石是最常见且最稳定的形式。如图 11.20 所示，其结构是基于轻微扭曲的氧原子的六方密堆积，其中钛原子占据八面体间隙的一半。锐钛矿和板钛矿都基于氧原子的立方堆积，但钛的配位又是八面体。

人们已经大规模开采了锐钛矿和金红石。锐钛矿是第一个成为商业用途的产品，但金红石现在的地位更高。这两种小的颜料晶体都是强紫外光吸收剂，可通过光催化降解有机分子，除非 TiO_2 表面受到保护。由于保护膜的快速降解，锐钛矿的特别高的光活性使其不适用于外部粉饰。颜料金红石晶体通常用氧化铝和/或二氧化硅涂覆并用有机物处理。

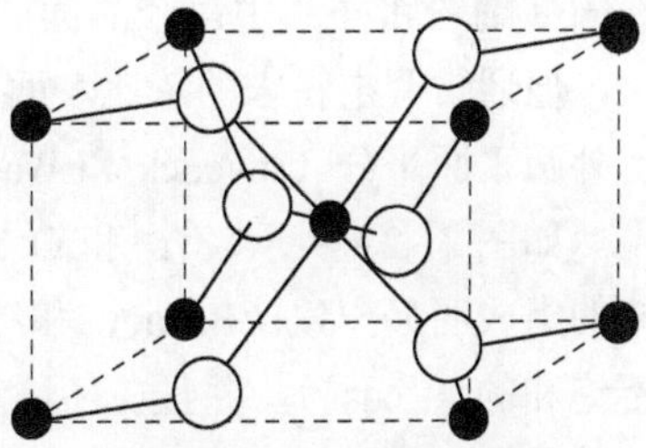

图 11.20　金红石的晶胞
（引自 Adamson, 1986）

●钛原子；○氧原子

人们对锐钛矿颜料的早期兴趣是锐钛矿粉末作为无孔吸附剂的时期。因此，锐钛矿是 Harkins 和 Jura（1944）在开发用于表面积测定的新程序中使用的为数不多的细粉结晶固体之一。锐钛矿在一些早期的吸附量热研究中也占了重要地位，参见 Kington 等（1950）的报道。不久之后金红石变得越来越重要。Drain 和 Morrison（1952）把细粉状金红石作为一系列重要的量热吸附能量测量的无孔吸附剂。尽管氩气、氮气和氧气对金红石的低温吸附表现出了能量不均匀性（Drain, 1954），但吸附的微分熵和摩尔熵的推导值为 BET 单层容量的有效性提供了有价值的证据。

随后，研究者们（Day, 1973; Wiseman, 1976; Parfitt, 1981; Rochester, 1986）对金红石的表面和胶体性质进行了详细的研究。在 20 世纪 70 年代初，研究人员广泛地使用红外光谱来表征金红石表面及其与水和其他分子的相互作用。通过浸入能量学、电动力行为以及电子显微术的应用，人们加深了对包覆金红石表面机制的理解。

11.4.2　金红石：表面化学和气体吸附

纯金红石在细粉状态下的应用可行性，已经在解释吸附等温线和能量数据方面取得进展。特别是，通过红外光谱表征已经可以解释金红石表面化学吸附性质的一些特征。

Day 和 Parfitt（1967）首次提出了 BET 氮气比表面积对脱气温度的依赖性，这种理论令人费解。他们发现当脱气温度从环境温度升高到 200℃时，表面积似乎增加约 20%，并且此后在较宽的温度范围内保持恒定。随后 Day 等（1971）对水和各种醇预处理金红石的影响进行了系统研究。样品在 400℃脱气，水蒸气平衡，然后在 25℃脱气，结果是，BET-氮气比表面积从 10.2 $m^2 \cdot g^{-1}$ 降低到 7.7 $m^2 \cdot g^{-1}$，氮气 C 值相应地从 450 降低到 180。用乙醇预处理得到 $a(BET, N_2)$= 7.5 $m^2 \cdot g^{-1}$ 和 $C = 39$。

首先认为 BET 比表面积变化是由于微孔存在，其中水和其他分子可能仅通过增加脱气温度而被捕获和去除。鉴于进一步的吸附和光谱测量研究，所有特性更可能与金红石的表面化学而不是其孔隙度有关。

金红石晶体的外表面几乎完全由三个晶面（110）、（100）和（101）组成。金红石固体细粉状样品中每个晶面的相对面积可能从一个多晶样品到另一个多晶样品变化，但通常假定粉末的总比表面积的 60%～80% 由（110）面提供，剩余的表面积由另外两平面平分（Jaycock 和 Waldsax, 1974; Boddenberg 和 Eltzner, 1991）。

如图 11.21 所示，Ti^{4+} 和 O^{2-} 在暴露的（110）表面上平行排列。表面结构与单元格的组成明显一致（Bakaev 和 Steele，1992）。在这个理想模型中，表面 Ti^{4+} 是配位不饱和的（'cus'），并且在环境温度下暴露于大气时，它们将通过配体连接或某种形式的化学键被覆盖。

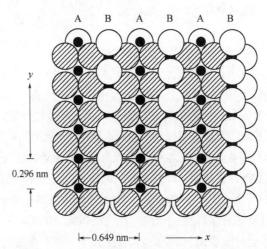

图 11.21　金红石（110）表面的俯视图（引自 Rittner 等, 1995）

●钛原子；○Ti 平面上方的 O 原子；◎Ti 平面下方的 O 原子

去除表面不饱和度的最明显方式是与水反应，这可能涉及游离化学吸附和/或分子吸附。详细的红外光谱研究表明两种过程都会发生（Griffiths 和 Rochester, 1977; Morishige 等，1985; Rochester, 1986）。虽然红外光谱的解释并不完全是直接的

（Parkyns 和 Sing, 1975），但普遍认为在 3655 cm^{-1} 和 3410 cm^{-1} 处的主要红外谱带分别代表末端和桥羟基的伸缩振动，这些羟基可能主要位于（110）面（Jaycock 和 Waldsax, 1974）。然而，在 3400 cm^{-1} 附近的其他宽带可能是氢键类引起的。水的解离化学吸附被认为发生在（110）面上以及暴露在（100）和（101）面 Ti^{4+}位点的水分子配位键上。

金红石晶体的脱水包括去除氢键水、配位结合水和表面羟基（脱羟基化）。对应于这三个阶段的温度范围会发生重合，且脱水温度取决于金红石样品本身和热处理条件，但通常在温度高达约 300℃下去除分子水，并在 200～500℃范围内进行脱羟基化。在研究水蒸气与金红石表面的相互作用时，Munuera 和 Stone（1971）的结论是：分子水可以通过在 325℃脱气而完全去除，使表面部分羟基化。他们将 250℃下热分析（TPD）峰归因于除去配位水，370℃峰归属于约 50%的表面脱羟基化。

氩气和氮气在金红石上的吸附能之间存在显著的差异（Furlong 等, 1980a, b）。使用 Tian-Calvet 微量热计测定无孔金红石上氩气和氮气的吸附微分能，脱气阶段的温度分别为 150℃、250℃和 400℃。图 11.22 绘制了每个脱气阶段后获得的吸附微分能量 $\Delta_{ads}\dot{u}$ 对表面覆盖度 θ 的图。

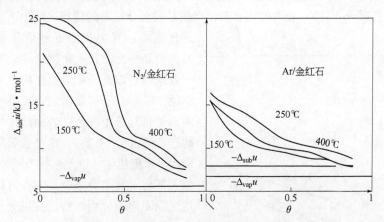

图 11.22　在 77 K 温度下，金红石在 150℃、250℃和 400℃下脱气时氮气和氩气吸附微分能量（引自 Furlong 等, 1980a, b）

图 11.22 中最显著特征是 250℃和 400℃下脱气金红石上吸附氮气的初始能量非常高，在 $\theta < 0.4$ 时 $\Delta_{ads}\dot{u}$ 超过 20 kJ·mol^{-1}。对于氩气，初始能量较接近，且这种差异在更高的吸附范围内变得更加明显。

表 11.13 给出了在 $\theta = 0.1$ 时氮气吸附的 $\Delta_{ads}\dot{u}$ 值，其中也包含了二氧化硅涂覆金红石的相应吸附能数据。数据证实含 2.6%致密硅涂层的金红石样品表面性质非常类似于纯氧化硅（Furlong 等, 1980a,b）。

表 11.13　在 77 K 温度下，金红石和二氧化硅涂覆金红石上的氮气吸附微分能量

脱气温度/℃	$\Delta_{ads}\dot{u}$ (N$_2$, θ=0.1)/kJ · mol^{-1}	
	金红石	二氧化硅涂覆金红石
150	18.5	19.3
250	24.0	20.0
400	24.9	20.6

　　值得注意的是，表 11.13 中 150℃脱气时金红石和二氧化硅涂覆的金红石上氮气吸附的 $\Delta_{ads}\dot{u}$ 相应值相差不大。毫无疑问，氮气在羟基化二氧化硅上的吸附是由氮气分子四极矩和表面 OH 基团之间的相互作用引起的，而且对于 150℃下脱气的金红石来说也是如此。显然，当金红石在较高温度下脱气时情况发生了变化。从图 11.22 中的吸附能曲线位置和表 11.13 中的数据可以得出结论：①在 250℃的脱气已去除了大部分（即使不是全部）来自阳离子位点配位的 H$_2$O 配体；②在 400℃脱羟基化导致了更多高能位点的暴露；③两种类型的阳离子位点似乎占据了整个表面的约 40%。

　　现在可以更详细地解释为什么随着脱气温度升高，BET 比表面积会增加。图 11.21 中暴露于（110）表面的图显示，即使是脱水金红石的理想平面也不能被认为是光滑的。真实表面更复杂且能量非均匀，但红外光谱和吸附微量热法可以非常一致地描述阳离子位点的作用。可以得出结论，吸附分子与暴露的"配位不饱和"阳离子相互作用导致在表面结构内掺入了超过 20% 的"单层"。这些被吸附的分子取代了水配位体（以及一些羟基），因此其位于氧离子间的空隙中。同样可能的是，这些强阳离子位点能够定位氮分子的取向（其导致比传统假设更致密的单层），并且可以被多于一层的氮分子簇包围。

　　许多研究者（Dawson, 1967; Day 等, 1971; Munuera 和 Stone, 1971）研究了金红石上水蒸气的吸附。在 Furlong 等（1986）的工作中，在连续地对金红石吸附剂脱气［脱气温度为 25℃曲线 1，100℃曲线 2，150℃曲线 3，300℃曲线 4，回到 25℃曲线 5］后，测定水蒸气的等温线。等温线结果如图 11.23 所示，可以看出等

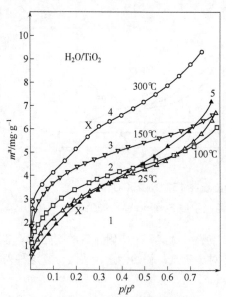

图 11.23　金红石上的水蒸气等温线，
在 25～300℃之间脱气
（引自 Furlong 等, 1986）

等温线 5 是在等温线 4 吸附后对样品在 25℃
下进行简单的脱气再吸附

温线 4 和 5 表现出了第二个台阶点（点 X 和 X'），并且在 $p/p^o > 0.1$ 时几乎平行。等温线 2 和 3 几乎平行，但没有明显的第二个台阶点。

根据上述推理，可以对图 11.23 中的等温线作出以下解释：在 25℃时的第一次脱气已经去除了游离的氢键水，因此曲线 1 是保留了全结合水表面的物理吸附等温线。配体水在 150℃时开始脱离表面，至 300℃所有配体水被除去，同时还有大部分羟基也被除去。因此，等温线 4 是阳离子位点特异性吸附和额外的物理吸附的复合等温线。配体水在 25℃时可以通过脱气除去，但以等温线 5 的形式再次被吸附。因此，等温线 5 和 4 上的两点即 X'和 X 之间的垂直距离提供了在 25℃脱气后保留的配体水的量（即 150 mmol·g^{-1}）。

实际上等温线 1 和 5 遵循的不同路径是表面性质变化的结果，其中涉及羟基的不可逆去除。物理吸附量可达到约 177 μmol·g^{-1}，对应于每 0.21 nm^2 的面积上有一个水分子，接近二氧化硅吸附水的值。

金红石表面脱水后会暴露出阳离子，这些"配位不饱和"离子可以充当路易斯酸（受体）位点，用于吸附吡啶、氨和其他碱。另一方面，虽然可以通过表面处理金红石（例如用 HCl），但似乎并没有产生 Brønsted 酸度。因此，脱水后的金红石表面可以与多种极性分子产生特异性相互作用（Parkyns 和 Sing, 1975）。

Day 等（1971）指出乙醇和异丙醇在与金红石相互作用方面存在着明显的差别。乙醇可以取代水并呈现游离化学吸附以形成表面乙醇盐，而异丙醇更容易以分子形式吸附。这与乙醇处理的 TiO_2 的疏水性质和乙醇单层的"自憎"性质一致，后一种效应表现为 I 型等温线的形式，与氧化铝上的乙醇吸附非常相似（见图 11.19）。

Grillet 等（1985）使用低 BET（N_2）比表面积（8.1 $m^2·g^{-1}$）的金红石样品，测量其在 77 K 对氪气吸附的压力-量热，并与氩气和氮气进行比较。与氮气不同，氪气和氩气等温线的路径并未因脱气温度从 140℃升高至 400℃而有所改变。从图 11.24 中可以看出，尽管氪气等温线在 IUPAC 分类中基本上是 II 型，但是它确实表现出一些阶段性的特点。因此，在 p/p^o 为 0.016 和 0.72 时（即在 0.66 和 1.45 的 BET 覆盖率下）存在次级步骤，这表示吸附模式发生了变化。第一个次级步骤位于等温线的亚单层范围内，通过微量热测量表明，它伴随着 610 J·mol^{-1} 的能量变化（阴影面积），这接近其在 77 K（即 644 J·mol^{-1}）的热能。因此，这个次级步骤很可能代表了吸附分子从 2D 流体到 2D 固体的状态变化。

没有迹象表明在同一金红石表面吸附的单层氮气或氩气中有任何的相变。就氪气而言，鉴于其四极性和吸附的特异性，这并不奇怪。氩气和氪气之间的差异可以按照"尺寸不相容因子"来解释（Grillet 等, 1985）。根据这种观点，在两种吸附结构中，氪气更可能被吸附在金红石表面。

这项工作使人们开始关注由氮气 BET 单层容量来推导比表面积所遇到的困难。Grillet 等（1985）证实，当金红石的脱气温度从 140℃升高到 400℃时，N_2 的 BET

单层容量 n_m 增加 5%，而 Kr 和 Ar 只增加 0.5%。Ar 的 BET 单层容量 n_m 对表面状态的低依赖性有利于比表面积测定。基于由氩气液体密度推导出的分子面积 0.138 nm^2，人们发现氮气的分子面积仅为 0.127 nm^2（氦的分子面积为 0.15 nm^2）。

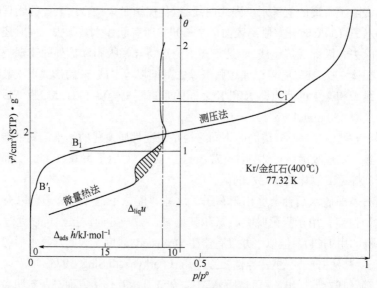

图 11.24　红金石上氪气吸附的等温线和微分焓 (Grillet 等, 1985)

　　Rittner 等（1995）对金红石（110）面吸附氙的影响进行了计算机模拟研究（如图 11.21 所示）。通过正交系统 Monte Carlo 技术获得的模拟等温线与在温度范围 196～273 K 内实验测定的数据非常吻合。Monte Carlo 计算表明（110）面的表面几何形状对 Xe 的吸附具有主要影响。在低表面覆盖率下，吸附几乎完全限于阳离子行，尽管吸附质结构由吸附质-吸附质相互作用决定，因此不与"配位不饱和的" Ti^{4+} 位点对齐。吸附质的平移迁移率增加与较高覆盖率下表面氧位的占用有关。很明显，当表面被完全覆盖时，Xe 原子并不全都在同一平面上。这些结果再次说明物理吸附对表面结构的依赖性。

11.4.3　二氧化钛凝胶的孔隙率

　　高表面积的二氧化钛凝胶可以用许多不同的方法制备。在 Harris 和 Whitaker（1962, 1963）的早期工作中，通过在苯溶液中进行钛醇盐的蒸汽水解来制备多孔凝胶。Bonsack（1973）从水溶液中获得了一系列 Ti^{4+} 硫酸盐微孔凝胶，最大 BET 氮气比表面积约为 420 $m^2 \cdot g^{-1}$。Teichner 等（1976）严格控制化学计量的水量，在高压釜中用相应醇的醇盐溶液水解，可以合成各种钛矿结构的大孔气凝胶。

　　在对二氧化钛凝胶孔隙率的系统研究中，Ragai 等（1980）、Ragai 和 Sing（1982,

1984）采用了含钛离子 $[Ti(H_2O)_6]^{3+}$ 的水溶液，加入氨水后产生水合 Ti^{3+} 氧化物的黑色沉淀物，然后将其氧化产生 Ti^{4+} 氧化物的白色水凝胶。记录加入氨水时的 pH 值，彻底清洗水凝胶，然后在 110℃ 烘箱中烘干得到致密干凝胶。

图 11.25 给出了由 Ragai 和 Sing（1984）制备的二氧化钛干凝胶的具有代表性的氮气等温线和相应的 α_s 图。每个 α_s 图表示吸附氮气的体积与减少的吸附量 α_s 的关系曲线，该参数是在无孔参比 TiO_2 上测定的（Ragai 等，1980）。很明显，在每种情况下，初始线性部分的外推都给出了零截距，这表明孔隙填充之前在宽微孔壁上有单层吸附，但没有发现可检测到的狭窄微孔的初级微孔填充。

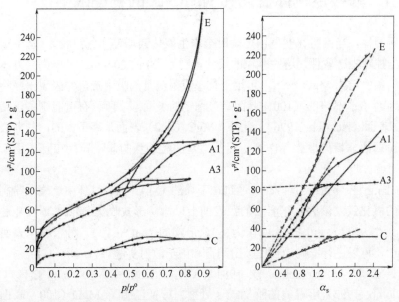

图 11.25　在 77 K，选定的水合二氧化钛凝胶上 N_2 吸附等温线（左）及其相应的 α_s 图（右）
（引自 Ragai 和 Sing，1984）

图 11.25 中的等温线和 α_s 图给出了三种孔结构的吸附行为：①凝胶 E 中的各种开放介孔；②凝胶 Al 中的良好的介孔网络；③凝胶 A3 和 C 中的宽微孔和一些介孔的分布。

许多新制备的水合氧化物凝胶（例如 Al_2O_3、TiO_2 和 ZrO_2）中孔隙的发展与配体水的去除有关。pH 值增加通常导致配体置换增强，并因此导致相邻阳离子之间的羟基和氧桥的形成，最终导致颗粒的胶结。配体水的滞留倾向于延缓凝胶网络的发展并使系统处于无序状态（Bye 和 Sing，1973）。

以这种方式可以解释图 11.25 所示 TiO_2 凝胶孔结构之间的差异（Ragai 和 Sing，1984）。凝胶 C 对氮气的低吸收可能是由于当残留水配体在低温下被除去时，残留在阳离子附近的许多不可进入的空腔。仅在 pH 值为 5 以上发生沉淀后才出现可观介孔，例如，在 pH 值为 7.1 制备的凝胶 E 具有非常开放的介孔结构。如果在相对低的 pH 值下制备凝胶，则会促进向金红石相转化。因此，凝胶 C 和 Al 在 500℃直接转化为金红石，而锐钛矿是通过凝胶 E 的相同热处理形成的。残留水配体的去除似乎能够导致形成缺陷结构并增强反应性。

11.5 氧化镁

11.5.1 非极性气体在无孔 MgO 上的物理吸附

众所周知，当镁带在空气中燃烧时会产生氧化镁烟雾（气溶胶），呈小颗粒形式分散，当控制生产条件，这些颗粒的尺寸范围为 20～200 nm，呈单晶立方体。以这种方式制备的无孔 MgO 粉末，可用于物理吸附测量的吸附剂，并表现出独特性质。特别是因为 fcc 晶格的（100）晶面是最稳定的表面态，所以有可能制备出高度均匀的 MgO 表面（Henrich，1976）。此外，MgO（100）表面是离子型的，与非极性分子产生相对弱的非特异性相互作用，而石墨基面显示强的非特异性相互作用，二者形成鲜明对比。

Coulomb 和 Vilches（1984）通过在干燥的 O_2/Ar 混合气体中燃烧镁带制备了非常均匀的氧化镁气溶胶。在清洁的铝表面上以涂层形式收集 MgO 颗粒并进行热处理（在大约 950℃、<0.1 Pa 的压力下），最终的 MgO（100）粉末的比表面积约为 8 $m^2 \cdot g^{-1}$，可以进行准确的物理吸附测量和中子散射实验。

Kr，Xe 和 Ar（Coulomb 等，1984）、CH_4（Madih 等，1989）和 C_2H_6（Trabelsi 和 Coulomb，1992）等温线的阶梯式（Ⅵ型）特征证明了 MgO（100）表面的均匀性。为了获得所需的高度表面均匀性，有必要除去水蒸气并控制氧气浓度和热处理条件（Coulomb 和 Vilches，1984）。水蒸气的不良影响会导致 $Mg(OH)_2$ 表面层的形成，这与通过 $Mg(OH)_2$ 的热分解制备的 MgO 样品所测定的不完美的等温线（即非阶梯特性）结果一致。

图 11.26 给出了一系列 Xe/MgO（100）体系的等温线。Kr/MgO（100）体系也获得了类似的结果（Coulomb 等，1984）。对应于第一层和第二层结构的垂直上升就像第一层子步骤一样清晰可见。与其他体系一样，该子步骤归因于二维"流体-固体"的过渡。按照 Larher 采用的方法，Coulomb 等（1984）能够估算 Xe/MgO 和 Kr/MgO 的二维三相点和临界点。

由 Coulomb 等（1984）在 48～69 K 的温度范围内测定的 Ar/MgO（100）等温线也表现出明确的第一层和第二层上升阶段，但在这些温度下似乎没有第一层次级步骤。在所研究的 p-T 范围内没有出现单层相变，这似乎与大的二维液-气共存区相关联。

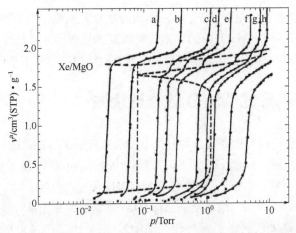

图 11.26　在温度为 97 K（a），100 K（b），106 K（c），108 K（d），

111 K（e），116 K（f），118 K（g），121 K（h），126 K（i）和 131 K（j）时，

MgO 上吸附 Xe 的等温线，相线边界用虚线表示（引自 Coulomb 等，1984）

然而，随后 Coulomb（1991）的工作揭示了在较低温度下二维固体结构的存在，所有的 Ar 原子似乎都位于由小的 Mg^{2+} 形成的通道上。在温度约 38 K 时，沿着通道的远程有序性消失，根据 Coulomb 的说法，这是形成二维"液晶"状态时出现的一种"一维熔化"。

Madih 等（1989）对 MgO（100）粉末上的甲烷吸附进行了中子衍射测量研究。图 11.27 中，在 87.4 K 条件下 CH_4 等温线展现出的良好的步进特征再次表明了逐层吸附模式的存在。尽管较高的阶段不如 CH_4 那么明显 C_2H_6 在 119.68 K 的 MgO（100）表面上也有一个类似的等温线。

Coulomb 等得出结论：在 87.4 K 下，有四层吸附的甲烷是有序排列的，随后被一层无序的液态层包覆。在正常的二维"固体"单层中，CH_4 分子面积为 0.178 nm^2。CD_4 甲烷的中子衍射图表明，在三相点（T_t = 89.7 K）以上，相当量的类似二维固体薄膜没有完全熔化，在 95 K 时两个统计层以上保持

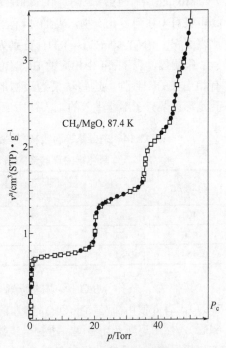

图 11.27　在 87.4 K，氧化镁（100）

上甲烷的吸附等温线

（引自 Gay 等，1990）

□吸附，●脱附

有序。然而，大块晶体也是在低于二维三相点的温度下形成，在接近熔点时消失。

正如预料，乙烷在 MgO（100）上的吸附更加复杂，并且显然具有短程有序的特征。C_2H_6 分子的尺寸和形状似乎在确定二维膜的结构中起着重要作用。

11.5.2 多孔形式 MgO 的物理吸附

高表面积的氧化镁可以通过各种镁化合物的热分解来制备。在 Gregg 和 Packer（1955）的早期工作中，通过在 380℃煅烧 $Mg(OH)_2$ 获得最大比表面积约 200 $m^2 \cdot g^{-1}$ 的 MgO，该温度略低于完全分解 $Mg(OH)_2$ 所需的温度。

Vleesschauwer（1970）通过结晶 $MgCO_3$（菱镁矿）和结晶 $MgCO_3 \cdot 3H_2O$（三水菱镁矿）进行热处理制备了两种介孔 MgO。后者通过在 400℃煅烧，可获得的 MgO 最大表面积约 350 $m^2 \cdot g^{-1}$。尽管菱镁矿热分解产生的比表面积（<140 $m^2 \cdot g^{-1}$）较低，但产物似乎具有更均匀的介孔结构，其在 800℃煅烧 24 h 的样品的氮气等温线在 $p/p° \approx 0.9$ 处呈现出窄的、几乎垂直的滞后回环。

Mikhail 等（1971）通过在 400～600℃的温度下，真空中热分解草酸镁二水合物可获得一系列多孔产物。表 11.14 给出了由氮气和环己烷的吸附等温线得到的 BET 比表面积，$\sigma(N_2)$ 和 $\sigma(C_6H_{12})$ 的值分别为 0.162 nm^2 和 0.39 nm^2。

很明显，表 11.14 中相应的 BET 氮气比表面积只有在分解温度高于 500℃后才具有相当好的一致性。这些结果为最初形成狭窄的微孔提供了有力的证据，而这些微孔是环己烷分子不能进入的。

表 11.14　来自氮等温线和在样品氧化镁上环己烷 BET 表面积的比较，
氧化镁由草酸盐的热分解制得 (Mikhail 等, 1971)

θ_{decomp}/℃	$a(BET, N_2)$ /$m^2 \cdot g^{-1}$	$a(BET, C_6H_{12})$ /$m^2 \cdot g^{-1}$	θ_{decomp}/℃	$a(BET, N_2)$ /$m^2 \cdot g^{-1}$	$a(BET, C_6H_{12})$ /$m^2 \cdot g^{-1}$
400	482	204	510	263	246
430	471	259	560	145	141
460	481	370	600	42	44

其他关于微孔 MgO 形成的研究中（Ribeiro Carrott 等, 1991a,b; Ribeiro 等, 1993），有人使用微晶 $Mg(OH)_2$ 作为前体，将 $Mg(OH)_2$ 在室温下彻底抽真空（103 mbar），然后逐渐升高温度。透射电镜显示，小氢氧化物颗粒（150～7000 μm）由六方片状组成，并且这种形态在整个分解过程中保持不变。在 150℃脱气后的质量相应于准确化学计量比的 $Mg(OH)_2$，在 300℃以下发生约 85%的分解，但要达到 100%的分解则需要 700～800℃的温度。X 射线衍射表明热分解伴随着立方 MgO 结构的逐渐形成和 $Mg(OH)_2$ 峰强度的逐渐降低。

图 11.28 中的每个比较图线都有两个线性部分。第一个线性部分的后推可得到零截距，而第二（多层）部分的后推则给出正截距。该现象可以基于第 9 章介绍的原则进行解释。对等温线数据的分析见表 11.15。

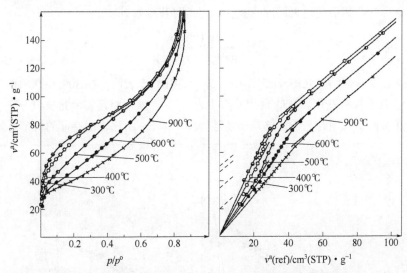

图 11.28　部分分解的 Mg(OH)$_2$（左）和以未分解的 Mg(OH)$_2$ 为
参比的样品（右）在 77 K 时的氮气等温线（引自 Ribeiro Carrott 等, 1991a, b）

表 11.15　热分解 Mg(OH)$_2$ 的氮气等温线的分析

$\theta / ℃$	分解度/%	$a(BET)/m^2 \cdot g^{-1}$	$a(com)/m^2 \cdot g^{-1}$	$v_p(mic)/cm^3 \cdot g^{-1}$	w_p/nm
150	0	99	99	0	0
240	12.6	110	110	0.007	1.27
250	28.0	128	128	0.017	1.13
270	73.4	230	231	0.063	0.93
400	92.8	237	230	0.078	1.15
500	95.5	191	188	0.072	1.64
600	98.7	164	163	0.053	1.77
750	100	141	142	0.033	1.57

图 11.28 中比较图（右），在多层范围内曲线是平行的，这一结果表明外部比表面积 [$a(ext)$= 99 m$^2 \cdot$ g^{-1}] 保持不变，这与在颗粒形态中没有观察到任何变化的结果一致。假设以类似液体状分子堆积，表 11.15 中微孔体积 $v_p(mic)$ 是由 v^a 轴上的截距计算出来的。

在表 11.15 中给出了两组由推导而来的比表面积：$a(BET)$ 的值由常用的 BET 法得来，$a(com)$ 来自于对比图的初始线性部分的斜率。相应的表面积值之间的一致性，与比较图的线性和零截距结果相吻合。可以得出，BET 法能用于每种吸附剂总表面积的可靠测量。

为了得到表 11.15 中的平均孔径宽度值 w_p，假定 BET-比表面积和所有孔隙是有效的狭缝形状，然后通过采用液压孔径原理，可获得如下公式：

$$w_p = \frac{2v_p(\text{mic})}{a(\text{BET}) - a(\text{ext})} \tag{11.7}$$

这些以及其他结果（Ribeiro Carrott 等，1991a）都表明，在30%和90%的分解度之间，w_p 几乎没有变化。宽的微孔径约 1 nm，这个宽度将足够满足氮气分子单层吸附发生在协同微孔填充之前，这是最能够解释图 11.29 中比较图特征的机理。

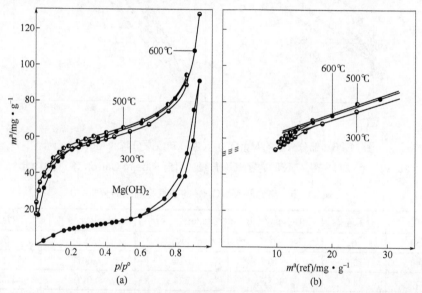

图 11.29　在 273 K 时，部分分解的和初始的 Mg(OH)₂（左）以及未分解的 Mg(OH)₂ 作为参比（右）的新戊烷等温线的相应比较图（引自 Ribeiro Carrott 等，1991a, b）

然而，更庞大的吸附分子预计会表现出不同的行为，只要它们的直径足够大以提供初级微孔填充即可。如新戊烷分子直径大小为 0.62 nm，MgO 孔径大约为 1.5～3 个分子直径的宽度，这就解释了为什么图 10.29 中新戊烷对比图的低压区不是线性的，并且不能外推到起点。这种情况下，由于靠近孔壁，并且物理吸附力增强，在低 p/p^o 下新戊烷等温线的形状因而被扭曲。

狭缝状微孔可以被认为是新形成的 MgO 结构中（111）面之间的空间间距，因此，如果每个微孔的宽度相当于四个（111）面，则宽度为 0.96 nm，这非常接近液压法测得的值。随着分解接近完成，发现孔隙扩大也就不足为奇了。

11.6　其他氧化物

11.6.1　氧化铬凝胶

众所周知，铬氧化物凝胶的吸附性和催化性能对制备、储存和热处理的条件非常敏感（Burwell 等，1960；Deren 等，1963；Carruthers 和 Sing，1967 ；Baker 等，1970,1971）。

中和 Cr(Ⅲ) 盐生产的无定形水凝胶通常保留大量的水，这些产品易于老化（即表面积损失），但通过严格控制干燥条件，它们可以转化成高度多孔的干凝胶。在空气或氧气中氧化铬凝胶在约 200℃ 以上的温度下进行热处理时，会出现氧化还原循环 $Cr^{3+} \rightarrow Cr^{6+} \rightarrow Cr^{3+}$，最终形成低面积晶态 $\alpha\text{-}Cr_2O_3$（Baker 等，1971）。

结晶过程是一个高度放热的转变（"发热或发光现象"），通常发生在比较低的温度（350～400℃）下；如果凝胶在惰性气氛中加热（Carruthers 和 Sing，1967），则可以出现结晶延迟和最小化。在图 11.30 中显示了氧化铬凝胶在真空和干燥氮气中，由热处理所引起的 BET 氮气比表面积的变化。

图 11.30 中的结果说明了加热过程中周围气氛的重要影响。特别引人注意的是直到接近 500℃ 时氮气仍提供着保护作用，这与辉光温度向上置换的结果一致。同样令人感兴趣的结果是，在 100℃ 的空气和氮气中，剧烈老化的现象可以通过真空加热来消除。

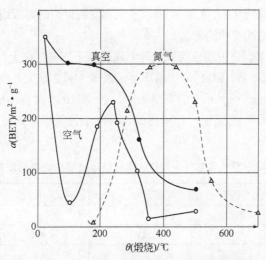

图 11.30　氧化铬凝胶的 BET 氮气比表面积与煅烧温度
（在空气中、真空中或干燥氮气气流中）（引自 Carruthers 和 Sing,1967）

图 11.31 中的氮等温线是在另一种氧化铬制备物（凝胶 B）的样品上测定的，通过在空气（A）或真空（V）中对样品加热不同时间得到。每个样品均标注了热处理的温度和持续时间。

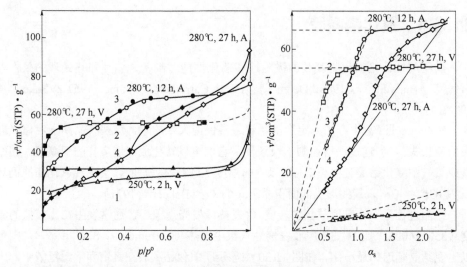

图 11.31　在空气（A）或真空（V）（每条曲线上显示的温度和持续时间）下加热的氧化铬凝胶 B 的样品，在 77 K 时的氮气等温线（左）和 α_s 曲线图（右）（Baker 等，1971）

对于样品 B（250℃，2 h，V），氮等温线是不可逆的，脱附分支的很长一部分平行于横轴 p/p^o。长期脱气（280℃，27 h，V）会导致可逆的 I 型等温线。在空气中的热处理（280℃，12 h，A；280℃，27 h，A）会导致进一步的孔扩大和表面积减小（见表 11.16）。曲线 1，2，3 和 4 揭示了从 I 型到 IV 型的等温线特征的逐渐变化，这是从微孔到介孔结构变化的标志。

图 11.31 中 α_s 图为分析相应的氮气等温线提供了依据。在无孔 α-Cr_2O_3 样品上测定标准等温线（Baker 等，1971）。如前所述，曲线 1 和 2 是微孔填充的特征，然后是小的外比表面（<5 $m^2 \cdot g^{-1}$）上的多层吸附。表 11.16 中微孔体积 $v_p(mic)$ 值是通过将多层分支线性部分外推到吸附轴所得的，同时假设吸附方式是类似液体状分子的堆积。

表 11.16　在空气和空气中加热的氧化铬凝胶 B 的比表面积和孔隙率

样品	孔隙	a(BET)/$m^2 \cdot g^{-1}$	a(S)/ $m^2 \cdot g^{-1}$	v_p(mic)/$cm^3 \cdot g^{-1}$
B (250℃, 2 h, V)	窄微孔	18		0.008
B (280℃, 12 h, V)	窄微孔	235	(280)	0.081
B (280℃, 27 h, V)	窄微孔	240	(280)	0.084
B (280℃, 12 h, A)	宽微孔	167	173	0.112
B (280℃, 27 h, A)	介孔	91	94	0.113 (mes)

图 11.31 右图中，曲线 3 长范围的近似线性可归因于可逆的宽微孔填充。曲线 4 向上的偏离线性是由于介孔中的毛细管凝聚现象。在这两种情况下，初始线性区域都可以外推到起点。因此可以得出结论，孔隙填充发生在孔壁的表面覆盖之后。表 11.16 中总表面积 $a(S)$ 的值是通过式（11.3）从该线性区域的斜率计算所得。可以看出，仅在具有介孔和宽微孔的样品的情况下，$a(BET)$ 和 $a(S)$ 的相应值之间才能获得相当好的一致性。

已经确定氧化过程 $Cr^{3+} \to Cr^{6+}$ 通常伴随着孔隙变宽；还原阶段 $Cr^{6+} \to Cr^{3+}$ 包括了 α-Cr_2O_3 结晶，与孔隙去除和表面积损失有关。同时确定的是，通过除去配体水可以促进更高氧化态的形成，从而降低 Cr^{3+} 的稳定性（Baker 等，1971）。

值得注意的是，正交晶系 CrOOH 和铁磁性 CrO_2 结构存在于一些氧化铬凝胶中，它们是在水热和氧化条件下制备的（Carruthers 等，1967，1969）。这一发现促进了人们对羟基氧化物和二氧化物拓扑相变的研究（Alario Franco 和 Sing，1972，1974），其涉及 CrOOH 小晶体的真空热分解。气体吸附和电子显微镜显示狭缝状孔会首先形成，晶体的外部尺寸几乎没有变化（Alario Franco 等，1973）；生成的中间产物 CrO_2 最终被分解，产生更大的孔隙并形成 α-Cr_2O_3 晶体。正如所预料的那样，在 H_2 中还原 CrO_2 导致 CrOOH 的形成，同时外部比表面积变化很小并且产生相对较小的微孔体积。

11.6.2　氧化铁：FeOOH 的热分解

在早期工作中，Goodman 和 Gregg（1959）发现，当在空气中煅烧高活性水合氧化铁时，它的比表面积 [$a(BET) \approx 300$ $m^2 \cdot g^{-1}$] 会逐渐损失。在 400℃ 热处理 5 h 后，BET 比表面积减少至约 50 $m^2 \cdot g^{-1}$。Bye 和 Howard（1971）对良好的氧化铁前体的热分解进行了首次系统研究，他们报道了由针铁矿形成的微孔。最近，许多实验室已经研究了针铁矿 α-FeOOH 向赤铁矿 α-Fe_2O_3 的热转化。

在 Naono 等（1987）的工作中，将针铁矿样品置于真空中，在 200～700℃ 的不同温度下（即对应于分解的化学计量范围）加热。氮气吸附测量表明，针铁矿在 300℃ 下脱气 10 h 后，BET 比表面积达到最大值 151 $m^2 \cdot g^{-1}$。氮等温线可以大致分为两组，如图 11.32 所示，（a）中的大多数曲线显然具有相当明显的 I 型特征，而（b）组中曲线是 IV 型或不可逆的 II 型（现分类为 II b 型）。从 H4 到 H3，所有等温线都表现出滞后回环和形状变化。

图 11.33 中的 t 曲线是由图 11.32 中的等温线构建的。为此，标准 t 曲线由两个非多孔针铁矿样品的氮气等温线推导出。与等温线一样，t 曲线大致分为两组：除了样品在 200℃ 下保温 2 h 的情况外，（a）组中的吸附等温线与较宽的微孔填充相关；而（b）组图显示在介孔中主要是毛细凝聚。（a）组中的 t 曲线特别引人关注，因为线性可逆的区在低 p/p^o 处，并且吸附分支有滞后环。此外，第一个线性部分可以以后

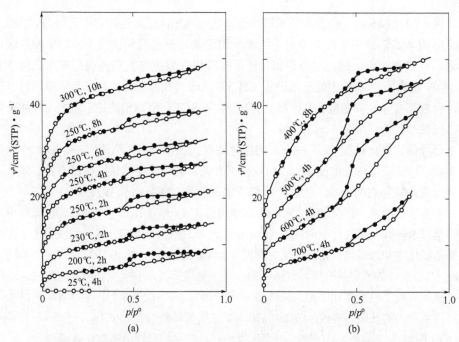

图 11.32　针铁矿加热到 200～700℃时的样品，在 77 K 时的氮气吸附等温线

（引自 Naono 等, 1987）

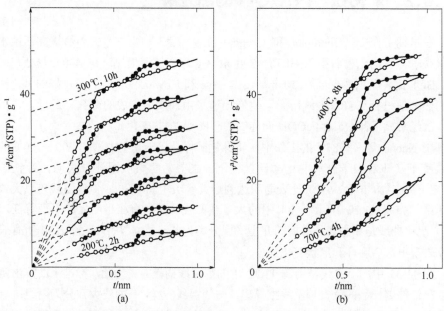

图 11.33　对在 200～700℃加热的针铁矿样品，由图 11.32 中的等温线构建的氮气 t 曲线

（引自 Naono 等, 1987）

推到原点。因此，得出结论，单层吸附已经发生在外表面和宽微孔的壁上，但是多层吸附仅发生在外表面上。这一证据与 H4 滞后环一起指向一系列狭缝状孔隙，并且通过高分辨电子显微镜得到证实（Naono 等，1987）。事实上，多孔样品的电子显微图片与用部分分解的 CrOOH 获得的显微照片具有非常相似的外观（Alario Franco 和 Sing，1972）。

等温线和 t 图的特征变化表明，当针铁矿的脱气温度高于 400℃ 时，所发生的表面积损失与孔扩大有关。在 400℃ 下获得的样品孔隙似乎具有从宽微孔延伸到介孔的较宽范围。氧化物在较高温度下主要成为介孔材料，但很明显，孔径的极限是不可辨别的。

Naono 等也研究了 g-FeOOH（Naono 和 Nakai，1989）和 b-FeOOH（Naono 等，1993）的热分解产生的材质变化。在后面的研究中，部分分解的样品给出了可逆的 Ⅱ 型氮气等温线。然而，t 图提供了清晰的证据，表明微孔结构已经形成并且外表面积实际上保持不变。由于最初的线性区域可能被推回到原点，所以似乎没有可检测到的等温线形变，因此没有显著的窄微孔填充。

11.6.3　微晶氧化锌

氧化锌的表面化学特性与其催化和光催化性质有关。例如，（0001）六方晶体平面在催化甲醇合成反应中具有特殊作用（Bowker 等，1983），在暴露的 Zn^{2+} 上发生 CO 的化学吸附和 H_2 的解离化学吸附。Bolis 等（1986）发现 ZnO "活性" 表面的相对大小高度依赖于前体（锌的草酸盐、碳酸盐）的性质。Chauvin 等（1986）的红外光谱测量可以得出类似的结论。氧化锌粉末样品（Grillet 等，1989）在 77 K 下测定的氮气吸附等温线如图 11.34 所示。通过 CRTA 技术在高达 450℃ 的温度下对吸附剂脱气，正如 Bonnetain 及其同事（见 Audier 等，1981）首先指出的，可以通过计算台阶高度 Y_2/Y_1 的比值来估计表面均匀性的程度。理想的均匀表面 $Y_2/Y_1=1$，图 11.34 中的 ZnO 值为 0.59（对于剥离的石墨，参考值为 0.9）。

图 11.34 中 Kr 等温线的一个特征是存在三个小的子步骤（a，b 和 c），这可以通过使用连续准平衡方法来测定吸附等温线。目前，这些子步骤的意义还不清楚，但更可能与不同晶面上的吸附相关，而不是吸附质的任何相变。对 ZnO 样品，Kr、Ar 和 N_2 的吸附等温线的 BET 分析给出以下比表面积值：$3.53\ m^2 \cdot g^{-1}$、$3.56\ m^2 \cdot g^{-1}$ 和 $3.76\ m^2 \cdot g^{-1}$（其中 σ 分别为 $0.143\ nm^2$、$0.138\ nm^2$ 和 $0.162\ nm^2$）。

图 11.35 中给出了 N_2 和 Ar 吸附的微分焓与表面覆盖率 θ 的关系曲线。有意义的是，N_2 和 Ar 都能给出几乎恒定的微分吸收焓，覆盖率高达 50%。这种能量均匀度与 Kr 和 Ar 等温线的逐步特征一致。与 TiO_2 一样，初始的 N_2 吸附能量远大于相应的 Ar 能量，非常高的 N_2 值主要是由于其与阳离子位点的强烈特异性相互作用。因此，450℃ 的脱气已经除去了保护性配体（如 H_2O 或 CO_2），使未屏蔽保护的 Zn^{2+} 自由裸露。

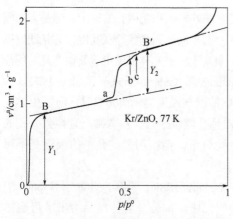

图 11.34　在 77 K 下氪气在 ZnO 上的吸附
等温线（Grillet 等，1989）

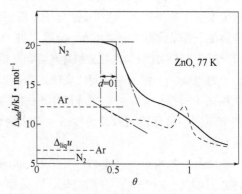

图 11.35　在 77 K 下，ZnO 上 N_2 和 Ar 吸
附的微分焓（Grillet 等，1989）

可以看出，图 11.35 中的 N_2 平台比相应的 Ar 平台稍长。原因有二：一可能是强的 N_2 特异性相互作用不局限于（0001）Zn^{2+} 位点，二也可能涉及表面缺陷和边缘位点。如果假设 Ar 平台的长度代表更可靠的阳离子表面范围，那么分别得到对于 Zn^{2+} 和其他高能量位点的有效面积约为 40% 和 10%。在高表面覆盖率下，Ar 吸附微分能量曲线有一个峰值。相关的吸附质-吸附质相互作用可能是二维相变（可能是二维液体-固体转变）的结果，但平滑的 Ar 等温线没有显示出任何子步骤。这些结果体现了吸附微量热法用于研究微晶粉末表面性质的价值。

11.6.4　水合氧化锆凝胶

二氧化锆因其化学惰性和耐火性质而闻名。首次对 ZrO_2 的物理吸附测量大约是在 1970 年（Rijnten，1970；Holmes 等，1972），此后，所做吸附研究相对较少，可能是由于锆复杂的化学性质造成的。例如，对二氧化碳在二氧化锆上吸附的理论研究得出，二氧化碳分子可以通过四种不同的方式与表面连接，即：①通过两个相邻的不饱和锆原子上的放热解离；②通过强物理吸附；③通过在单个不饱和 Zr 原子上的"顶端"吸附；④在表面 OH 基上的弱吸附（Boulet 等，2012）。因此，在制备良好的氧化物-氢氧化物结构时，有必要考虑 Zr^{4+} 通常表现出的高的配位数以及其形成聚合物离子网络的趋势。

无孔 ZrO_2 粉末可以通过高温气相冷凝方法制备，以这种方式能够制备出分散的、直径约 4 nm 的球形颗粒（Avery 和 Ramsay，1973）。借助 Matijevic（1988）开发的严格控制条件的溶胶-凝胶技术，还可以制备具有胶体分散性质的亚微米大小的碱性盐球形颗粒，如 $Zr_2(OH)_6CO_3$ 和 $Zr_2(OH)_6SO_4$。

在 Rijnten（1970）的工作中，一些方法被用于制备含水氧化锆凝胶。例如，将 NH4OH 的稀溶液滴加到剧烈搅拌的 ZrCl4 溶液中直至达到特定的 pH 值。在 pH 值分别为 4、6 和 8 时，经过老化、洗涤和干燥制备的凝胶的氮气等温线分别是 I b 型、I+Ⅳ型和Ⅳb 型，表明孔隙结构从宽微孔变化到介孔，相应的 BET 比表面积分别为 244 m²·g⁻¹、308 m²·g⁻¹ 和 320 m²·g⁻¹。

在 Gimblett 等（1981, 1984）和 Ragai（1989, 1994）的吸附研究中，均以氧氯化锆 ZrOCl₂·8H₂O 为原料。在一系列制备中，NH₃ 气体以可控的鼓泡速率通过 ZrOCl₂ 溶液，并连续监测 pH 值。在 pH=5 下制备的凝胶 ARZr3 的氮气等温线见图 11.36（a），在 25℃脱气后得到的等温线是 I b 型，表明有很宽的微孔；然而，在 200℃的脱气导致大部分的微孔容量被除去。

图 11.36（b）中的相应水吸附等温线是氧化锆 ARZr3 样品在 25℃下脱气后测定的。它给出三次连续的吸附/脱附过程。典型的 I 型特征等温线再次证明微孔的存在，但在低压区出现滞后现象。第一次脱附运行后，由于脱气导致重量的显著减少（即从 A 变为 B），这种行为延伸到第二和第三吸附/脱附循环，只是重量损失变得更小。

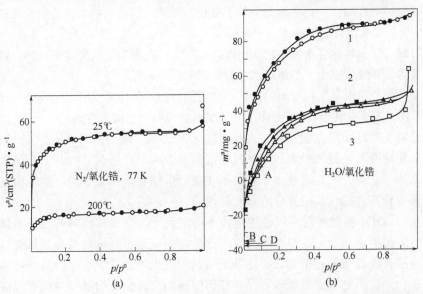

图 11.36　（a）在 77 K 时，在 25℃和 200℃脱气的氧化锆凝胶 ARZr3 上的氮气吸附等温线（实心圆表示脱附）。（b）同一凝胶上在 25℃时脱气的水吸附等温线。连续三次操作中，曲线 1、2 和 3 的起点分别为 A、B 和 C。D 是第 3 次操作的最终脱附点（实心符号表示脱附）（引自 Gimblett 等，1981）

增加制备凝胶的 pH 值，会导致所得凝胶的氮气和水蒸气等温线出现低压滞后。在 pH 值 5～11 范围内制备的凝胶基本上都是微孔的，尽管在较高 pH 值下较宽微孔的比例有所增加。在表 11.17 中总结了 BET 氮气比表面积和表观孔体积，可以看出，在 200℃下脱气导致每种凝胶的 BET 比表面积急剧减小。

表 11.17　含水氧化锆凝胶的 BET 氮气比表面积和表观孔体积

样品	pH (Prep)	脱气温度/℃	a(BET) /m^2·g^{-1}	v(mic, N$_2$) /cm^3·g^{-1}	v(mic, H$_2$O) /cm^3·g^{-1}
ARZr3	5	25	162	0.093	0.091
		200	63	0.030	—
ARZr4	7	25	210	0.119	0.110
		200	88	0.042	0.050
		400	18	0.013	0.003
ARZr5	9	25	220	0.124	0.075
		200	100	0.056	0.056
ARZr6	11	25	226	0.136	—

这些结果和其他研究结果（Gimblett 等，1981；Ragai 等，1994）表明含水 ZrO$_2$ 凝胶的微孔性在很大程度上取决于置换配位水时产生的微结构。因此，通过在 25℃脱气除去一部分水，是以弱结合配体的形式存在于 Zr 的配位球中。它们在低温下的脱气导致了空位的产生，并因此引起了微孔的形成。这种机制非常类似于在氧化铬凝胶中低温形成微孔的方法。

与氧化铬和其他含水氧化物的相似之处在于，在相当低的温度下，氧化锆凝胶通过移除（即缓慢放出）和添加水可能导致明显的表面积损失。显而易见，水配体的存在有助于稳定有序性较差的结构，而它们的去除使体系更容易出现进一步的变化，从而进入更有利于动力学的状态。水蒸气的吸附使这成为可能。

已发现可以使用碳酸氢盐作为沉淀剂（Gimblett 等，1984）形成混合的微孔-介孔氧化锆凝胶。氮气吸附和水蒸气吸附测量表明，在低温（<200℃）含水凝胶脱气之后，获得的微孔率是由于除去了 H$_2$O 和 NH$_3$ 配体造成的，但除去双齿碳酸根需要较高的脱气温度并导致介孔的形成。

水合 ZrO$_2$ 凝胶颗粒可以被描述为不确定尺寸、形状和结构的三维团聚体。它含有大量的水分子，其中许多与 Zr^{4+}配位结合。后者通过羟基和氧桥链以四聚单元连接。随着 pH 值的增加，这些连接的程度也增加，从而使得凝胶更加坚硬和致密。光谱和热重测量显示不存在任何明确的水合物，但是却表明有氢键和配位水的存在（Gimblett 等，1980）。

Hudson 和 Knowles（1996）已经使用了一种有趣的方法来获得高表面的介孔 ZrO$_2$。这涉及在水合氧化物中引入季铵阳离子和随后煅烧无机/有机中间体。在含水氧化物等电点以上的 pH 条件下，通过阳离子交换来实现掺杂。在 723 K 下煅烧后，发现结构是有序的，并且似乎是链长的线性函数。已经在煅烧产物上获得了清晰的 Ⅳb 型氮气等温线，其中许多具有 300 m^2·g^{-1} 以上的 BET（N$_2$）比表面积。Knofel 等（2008）使用了类似的方法，并随后对 CO$_2$ 吸附进行了量热测定，取得的实验结果与理论研究结果具有令人满意的一致性（Hornebecq 等，2011），有一点例外：最高的初始实验值为 124 kJ·mol^{-1}，这用模拟模型无法解释，也进一步说明了氧化锆表面的复杂性。

11.6.5 氧化铍

氧化铍在烧结后是一种具有高导热性的轻质耐火陶瓷，可以用作特殊电子元件，也可以作为火箭和核工业的特种材料，因为它是一种很好的中子慢化剂。但是粉尘吸入具有高致癌性，限制了其广泛应用。

尽管如此，对其吸附剂行为的热改性研究已经成为最有意义的案例之一。Rouquerol 等（1965，1970，1985）以沉淀状的 α-Be(OH)$_2$ 样品为原料（该样品由片状晶体组成，具有微小尺寸和厚度，厚度为纳米的几十分之一，BET 氮气比表面积为 46 m^2·g^{-1}），通过控制速率热分析仪（CRTA，参见 3.4 节），在恒定水蒸气压力 10 Pa 下以 11.2 mg·h^{-1}·g^{-1} 的恒定脱水速率分解。CRTA 热处理连续操作过程一直进行到 1075℃。在图 11.37 中给出了在 77 K 下测定的连续的 N$_2$ 吸附-脱附等温线，具有以下特征：

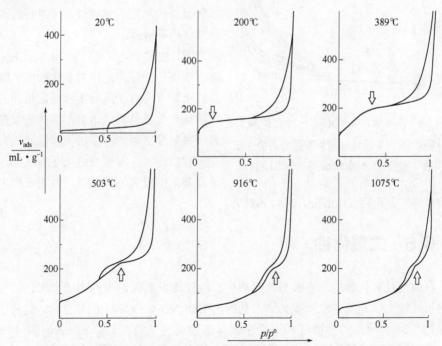

图 11.37　在 10 Pa 下结晶 α-Be(OH)$_2$ 的控制速率热分析（CRTA）产物上的一组 N$_2$ 吸附-脱附等温线，损失率为 11.2 mg·h^{-1}·g^{-1}（Rouquerol，1965）

① 未处理的 Be(OH)$_2$（在 20℃简单地脱气）具有典型的 H3 滞后环，没有吸附饱和平台和大的滞后回环，可以理解为松散片状晶体之间的吸附质凝结。

② 对于在 200℃获得的氧化物［即在 Be(OH)$_2$ 完全分解后］，获得典型的 I b+ II b 复合等温线，表明有填充的微孔（I b），随后在晶体之间凝聚（II b，具有 H3 滞后环）。

③ CRTA 处理的均匀性使晶体中产生尺寸均一的孔隙，其完全填充导致吸附等温线上出现典型的断裂（用箭头标记）。随着热处理的进行，该断裂向更高的压力转移，作者评估的宽度从 0.8 nm（200℃样品）增加到 7.6 nm（1075℃样品）。

④ 自 503℃温度以上，吸附等温线仍然是复合的，但为 IVa + II b 类型，且具有双滞后环，表明毛细凝聚先发生在介孔（环的下部），然后再到片状晶体之间（上面的部分）。

α-三水铝石热分解的情况（见 11.3.3 节和图 11.17），也具有大部分上述特征，尽管原料的晶粒不够规整，所得到的等温线形状也不规范。

图 11.38 给出了对于起始 Be(OH)$_2$ 材料，在滞后回环内进行的多次扫描实验结果。吸附分支对于所有实验都是相同的，实验操作简单，直到达到不同的浓缩量。每个脱附分支对浓缩量的依赖以及所有分支的相似形状，与假设结果是一致的，假设层间浓缩没有饱和极限，并由此产生可变的最终层间距离（Rouquerol 等, 1985）。

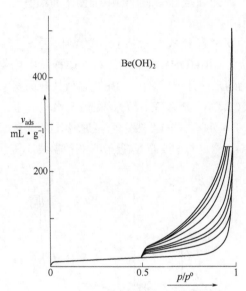

图 11.38 在晶体 α-Be(OH)$_2$ 上 77 K 时测定的 N$_2$ 吸附-脱附等温线的滞后环区域内的"扫描"实验（Rouquerol 等, 1985）

11.6.6　二氧化铀

在放射性氧化铀的制备和分离过程中，经过比表面积形成的中间步骤。获得分离的氧化铀 UO$_3$ 的方法之一是六水合硝酸铀 UO$_2$(NO$_3$)$_2$ · 6H$_2$O 的热分解。这种"干燥路线"对于设备的紧凑性和不产生液体废物而言是有利的。Bordere 等（1990, 1993, 1998）研究了在 CRTA 控制条件下热分解和发展多孔结构的机制（见 3.4 节）。

图 11.39 显示了在本研究中获得的几个中间产物或最终产物的典型的 N$_2$ 吸附-脱附等温线，讨论如下：

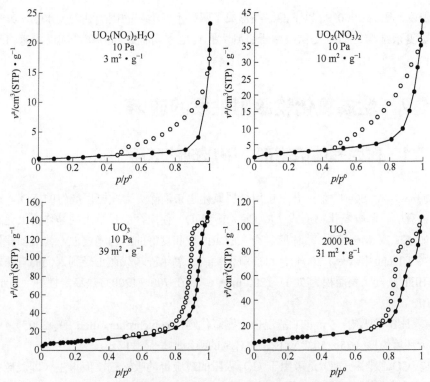

图 11.39　对于 $UO_2(NO_3)_2 \cdot 6H_2O$ 的受控速率热分解（CRTA）产物，
在 77 K 下 N_2 的吸附-脱附等温线（Bordere 等，1998）

① 其中三种产物是在恒定的 10 Pa 恒定压力和低质量损失率下获得的，经过六个连续步骤可以合成最好的最终产物，该产物具有 BET 氮气比表面积为 39 $m^2 \cdot g^{-1}$，鉴于铀的高摩尔质量，已经是同类型材料中比表面积非常高的材料。

② 一水合物（只能通过这种 CRTA 技术来制备和分离），由于其片状和非刚性结构中的毛细凝聚而具有典型的 H3 滞后（没有任何饱和平台）。

③ 硝酸铀酰无水物具有相同的片状结构，因此具有相同的Ⅱb 型等温线。比表面积从 3 $m^2 \cdot g^{-1}$ 增加到 10 $m^2 \cdot g^{-1}$，基本上是由于在最后一个水分子离开期间，片材被切割所致。

④ 在 10 Pa 下获得的氧化铀具有Ⅳ型等温线（虽然具有非常短的饱和平台），带有 H1 型滞后现象，假设形成狭缝形介孔，通过应用 BJH 方法，发现约 8 nm 的窄孔径分布。

⑤ 最后，另一个氧化铀是在 2000 Pa 的较高控制压力下制备的，具有双滞后回环，但与氧化铝（见 11.3.3 节）或氧化铍（见 11.6.5 节）观察到的现象不同，并非一部分是由于非刚性结构造成的。因为对于顶部的两个等温线，如果结构是非刚性的，滞后环的低点不会处于 0.7 的相对压力，而是在 0.42 和 0.5 之间。我们只得到双

峰孔隙度，因为 2000 Pa 以下的路线形成了两种不同类型的硝酸铀酰无水物，其最终导致更复杂结构的铀氧化物；由于直到大孔径范围均有连续分布，因而没有出现饱和平台。

11.7 金属氧化物吸附性质的应用

11.7.1 作为气体吸附剂、干燥剂的应用

① SO_2 和 SO_3 吸附：开发使用金属氧化物来消除火力发电厂产生的 SO_x。这些氧化物有的以单一氧化物形式（如 CaO 或 MgO）使用，但最常用的是作为氧化物载体（如 Cu 或 Mn 等）。载体应具有大的表面积和良好的结构稳定性。传统的载体通常是炭（Tseng 和 Wey, 2004），目前氧化铝或二氧化硅基载体正受到人们的青睐，因为其 BET 氮气比表面积为 $700\sim1200$ $m^2 \cdot g^{-1}$，在 $700\sim1200℃$ 热稳定性好（Mathieu 等，2013）。

② H_2S 的吸附：Zn dTi 基混合金属氧化物（Polychronopoulou 等, 2005），即使在接近环境温度（$25\sim50℃$）下，对 H_2S 的吸附也是显著的。

③ CO_2 吸附：CaO 是可用于 CO_2 吸附的最廉价的吸附剂，但再生（即脱碳）后循环使用时，其性能显著降低。机理研究认为，二氧化碳的吸附只发生在低覆盖率条件下，方解石成核只在局部形成而不是整个表面（Besson 等, 2012）。

MgO 是一种高效的 CO_2 吸附剂，具有高吸附量和低再生能量（Bhagiyalakshmi 等, 2010; Bian 等, 2010），可以通过多种途径制备。高吸附量与 BET 氮气比表面积（zhao 等, 2011）关系密切，混合的 $MgO-TiO_2$ 具有明显更高的吸附量，这是由于其孔体积和 BET 氮气比表面积均有增加的结果（Jeon 等, 2012）。

水预吸附对金属氧化物捕获 CO_2 的影响非常受关注（例如在 TiO_2 或混合羟基化 Fe_2O_3，$\gamma\text{-}Al_2O_3$ 的情况下）（Baltrusaitis 等, 2011）。

④ F_2 的吸附：生产铝的电解槽需要加入冰晶石（六氟铝酸钠）助熔氧化铝，同时氧化铝作为吸附剂吸收冰晶石浴中逸出的氟烟雾从而解决由此带来的环境问题。适当孔径的氧化铝（通过水吸附来进行选择，因为水和氟具有相当大小的分子）捕获氟后与其他氧化铝吸附剂一起重新加入冰晶浴中。

⑤ NH_3 的吸附：出于相同的环境保护目的，活性氧化铝也被用于氨气吸附（Saha 和 Deng, 2010）。

⑥ 干燥剂：干燥二氧化硅干凝胶和活性氧化铝主要用作干燥剂，具有廉价且易于通过简单加热而再生的双重优点。二氧化硅有时与少量有色湿度指示剂混合，广泛用作廉价的干燥剂，如电子设备和药物的包装（例如在片剂管中）。尽管如此，由

于它的孔径范围有一定的宽度，例如 4A 分子筛，所以不能保证水的残留蒸气压的恒定值。氧化铝在许多工业过程中用作干燥剂，例如用在空气分离的变压吸附（Pressure Swing Adsorption, PSA）单元的入口处。氧化铝凝胶也被用作药物中的胃吸附剂。

11.7.2 作为气体传感器的应用

由于金属氧化物显著的吸附性能，也被用于制作气体传感器（用于 CO、O_2、NO_2、H_2S、H_2、CH_4、CH_4OH 等），但是如果它们仍高度分散，则其多孔状材料比很薄层的沉积物的形式少。

在几百摄氏度下，半导体微传感器经常在加热的微热板上以沉积的薄膜形式存在。对吸附时金属氧化物的电特性变化（电阻、电容以及电噪声）Contaret 等（2011）进行了分析以提供关于吸附气体及其分压的具体信息。其他传感器可能使用厚膜（Srivastava 等，1994），并通过适当的传感器检测电导率，或者更简单地检测厚度。

按照标准，金属氧化物的选择范围很大（例如 WO_3、ZnO、SnO_2、TiO_2、Ti_2O_3、Cr_2O_3、NiO、V_2O_3、La_2O_3、Sb_2O_3、Y_2O_3 等），Korotcenko（2007）对它们进行了详细的论述，还发现混合氧化物的一些特性，例如 TiO_2-Ga_2O_3 或 TiO_2-E_2O_3，其中 TiO_2-E_2O_3 的作用是稳定更有活性的锐钛矿结构并限制其晶粒生长，即减少比表面积和活性部位的损失 （Mohammadi 等，2008）。Barsan（2007）等对研究金属氧化物作为电导气体传感器的实验技术进行了综合评述。

11.7.3 作为催化剂和催化剂载体的应用

沸石和类似材料（沸石型）作为催化剂和催化剂载体在石化工业中使用，之前被大量使用的是氧化铝凝胶，甚至更多的是二氧化硅-氧化铝凝胶。

氧化锆在催化方面的优势来自其酸性、碱性、氧化性和还原性以及耐腐蚀性和耐高温性的综合作用（Tanabe，1985）。它特别适用于醇的转化、异构化和甲醇合成等（Bowker 等，1983; He 和 Ekerdt，1984）。

金红石（TiO_2）可用于催化、光催化和微电子学（Linsevigler 等，1995; Haruta，1997; Diebold，2003）。通过光催化 TiO_2 能够降解吸附在自身上的挥发性有机物（VOC），以及预先吸附的水的作用（然而这是负面作用），这些引起人们的兴趣（Demeestere 等，2003）。介孔锐钛矿膜很有希望用作城市建筑物的涂层，通过环境光对典型的城市污染物 NO 和油酸进行光催化降解（Kalousek 等，2008）。

关于催化和光催化性能，氧化锌的表面化学性质也特别令人感兴趣。例如，

（0001）六方晶体平面似乎在催化甲醇合成反应中具有特殊作用（Bowker 等，1983）。CO 的化学吸附和 H_2 的解离化学吸附发生在裸露的 Zn^{2+} 阳离子上。

铁氧化物 Fe_3O_4 是 Haber 氨合成工艺中的基本催化剂，其另一催化用途是乙苯脱氢生产苯乙烯，通过使用适当的载体如活性炭可以提高其催化效率（Pereira Barbosa 等，2008）。

11.7.4　颜料和填料应用

作为颜料或填料的应用，要求在该过程的一个阶段中氧化物与周围的液体介质有良好的相互作用，良好的吸附性能，而且也要求具有一个最佳的晶粒尺寸。

氧化钛是最主要也是最亮的白色颜料（见 11.4.1 节）。金红石（甚至更多的锐钛矿）的强光催化活性使得晶体需要二氧化硅或氧化铝进行涂覆，以避免降解涂料中的其他有机组分或所掺入的聚合物浆料。

虽然氧化锌的使用较少，但也是广泛用作白色颜料。

沉淀二氧化硅用作聚合物的填充剂。例如在轮胎中，当需要白色或有色橡胶时，它可以代替炭黑。

Aerosil 以较小比例添加到有机液体中，通过液体产生自发网络（二氧化硅颗粒通过氢键相互连接），这大大增加了体系的黏度，因此它被广泛用于制作无滴漏涂料和胶水（与汽油一起使用制作凝固汽油）。

Fe_3O_4 纳米粒子（磁铁矿）的尺寸均匀，可用作黑色颜料（Cornell 和 Schwertmann, 2007）。

11.7.5　在电子产品中的应用

氧化锌被认为在光学、电子和压电领域具有很大的应用前景（Wöll, 2007），其表面具有受吸附（例如 O_2、CO、H_2、HCOOH、CH_3OH 等）影响的双峰光致发光光谱（一个可见发射峰和一个 UV 中的发射峰（Idriss 和 Barteau, 1992）。

参考文献

Achenbach, H., 1931. Chem. Erde 6, 307.

Adamson, A.W., 1986. Textbook of Physical Chemistry. Academic Press, Orlando, p. 875.

Alario Franco, M.A., Sing, K.S.W., 1972. J. Therm. Anal. 4, 47.

Alario Franco, M.A., Sing, K.S.W., 1974. An. Quim. 70, 41.

Alario Franco, M.A., Baker, F.S., Sing, K.S.W., 1973. In: Bevan, S.C., Gregg, S.J., Parkyns, N.D. (Eds.), Progress in Vacuum Microbalance Techniques, Vol. 2. Heyden, London, p. 51.

Aldcroft, D., Bye, G.C., 1967. Science of Ceramics, Vol. 3. Academic Press, London, p. 75.

Aldcroft, D., Bye, G.C., Robinson, J.G., Sing, K.S.W., 1968. J. Appl. Chem. 18, 301.

Aldcroft, D., Bye, G.C., Chigbo, G.O., 1971. Trans. Br. Ceram. Soc. 70, 19.

Alekseevskii, E.V., 1930. J. Russ. Phys. Chem. Soc. 62, 221.

Aristov, B.G., Kiselev, A.V., 1963. Russ. J. Phys. Chem. 37, 1359.

Aristov, B.G., Kiselev, A.V., 1965. Kolloid Z 27, 299.

Audier, M., Guinot, J., Coulon, M., Bonnetain, L., 1981. Carbon 19, 99.

Avery, R.G., Ramsay, J.D.F., 1973. J. Colloid Interface Sci. 42 (3), 597.

Bakaev, V.A., Steele, W.A., 1992. Langmuir 8, 1372.

Baker, F.S., Sing, K.S.W., 1976. J. Colloid Interface Sci. 55 (3), 605.

Baker, F.S., Sing, K.S.W., Stryker, L.J., 1970. Chem. Ind., 718.

Baker, F.S., Carruthers, J.D., Day, R.E., Sing, K.S.W., Stryker, L.J., 1971. Disc. Faraday Soc. 52, 173.

Baltrusaitis, J., Schuttlefield, J., Zeitler, E., Grassian, V., 2011. Chem. Eng. J. 170, 471.

Barby, D., 1976. In: Parfitt, G.D., Sing, K.S.W. (Eds.), Characterization of Powder Surfaces. Academic Press, London, p. 353.

Barsan, N., Koziej, D., Weimar, U., 2007. Sens. Actuators B121, 18.

Barto, J., Durham, J.L., Baston, V.F., Wade, W.H., 1966. J. Colloid Interface Sci. 22, 491.

Bassett, D.R., Boucher, E.A., Zettlemoyer, A.C., 1968. J. Colloid Interface Sci. 27, 649.

Bayley, C.H., 1934. Can. J. Res. 10, 19.

Besson, R., Rocha Vargas, M., Favergeon, L., 2012. Surf. Sci. 606 (3–4), 490.

Bhagiyalakshmi, M., Lee, J.Y., Jang, H.T., 2010. Int. J. Greenhouse Gas Control 4, 51.

Bhambhani, M.R., Cutting, P.A., Sing, K.S.W., Turk, D.H., 1972. J. Colloid Interface Sci. 38, 109.

Bian, S.W., Baltrusaitis, J., Galhotra, P., Grassian, V.H., 2010. J. Mater. Chem. 20, 8705.

Blake, T.D., Wade, W.H., 1971. J. Phys. Chem. 75, 1887.

Boddenberg, B., Eltzner, K., 1991. Langmuir 7, 1498.

Bolis, V., Fubini, B., Giamello, E., 1986. Actes des Ⅹ Ⅶ èmes Journées de Calorimétrie et d'Analyse Thermique, Ferrara, p. 33.

Bolis, V., Fubini, B., Marchese, L., Martra, G., Costa, D., 1991. J. Chem. Soc. Faraday Trans. 87, 497.

Bonsack, J.P., 1973. J. Colloid Interface Sci. 44, 430.

Bordére, S., Floreancig, A., Rouquerol, F., Rouquerol, J., 1993. Solid State Ionics. 63–65, 229.

Bordére, S., Llewellyn, P., Rouquerol, F., Rouquerol, J., 1998. Langmuir, 4217.

Bordére, S., Rouquerol, F., Rouquerol, J., Estienne, J., Floreancig, A., 1990. J.Therm. Anal. 36, 1651.

Boulet, P.,Knöfel, C.,Kuchta, B.,Hornebecq, V., Llewellyn, P.,2012.J.Mol. Model. 18,4819.

Bowker, M., Houghton, H., Waugh, K.C., Giddings, T., Green, M., 1983. J. Catal. 84, 252.

Brunauer, S., 1945. The Adsorption of Gases and Vapours. University Press, Princeton.

Bugosh, J., Brown, R.L., McWhorter, J.R., Sears, G.W., Sippel, R.J., 1962. Ind. Eng. Chem. Prod. Res. Dev. 1, 157.

Burneau, A., Barres, O., Gallas, J.P., Lavalley, J.C., 1990. Langmuir 6, 1364.

Burwell, R.L., Littlewood, A.B., Cardew, M., Pass, G., Stoddart, C.T.H., 1960. J. Am. Chem. Soc. 82, 6272.

Bye, G.C., Howard, C.R., 1971. J. Appl. Chem. Biotechnol. 21, 324.

Bye, G.C., Robinson, J.G., 1964. Kolloid Z 198, 53.

Bye, G.C., Sing, K.S.W., 1973. In: Smith, A.L. (Ed.), Particle Growth in Suspensions. Academic Press, London, p. 29.

Bye, G.C., Robinson, J.G., Sing, K.S.W., 1967. J. Appl. Chem. 17, 138.

Carrott, P.J.M., Sing, K.S.W., 1984. Adsorption Sci. Technol. 1, 31.

Carrott, P.J.M., Sing, K.S.W., 1989. Pure Appl. Chem. 61, 1835.

Carrott, P.J.M., McLeod, A.I., Sing, K.S.W., 1982. In: Rouquerol, J., Sing, K.S.W. (Eds.), Adsorption at the Gas–Solid and Liquid–Solid Interface. Elsevier, Amsterdam, p. p. 403.

Carrott, P.J.M., Roberts, R.A., Sing, K.S.W., 1988. Langmuir 4, 740.

Carruthers, J.D., Sing, K.S.W., 1967. Chem. Ind., 1919.

Carruthers, J.D., Fenerty, J., Sing, K.S.W., 1967. Nature 213, 66.

Carruthers, J.D., Cutting, P.A., Day, R.E., Harris, M.R., Mitchell, S.A., Sing, K.S.W., 1968. Chem. Ind., 1772.

Carruthers, J.D., Fenerty, J., Sing, K.S.W., 1969. In: Mitchell, J.W. (Ed.), 6th International Symposium on Reactivity of Solids. John Wiley, New York, p. 127.

Carruthers, J.D., Payne, D.A., Sing, K.S.W., Stryker, L.J., 1971. J. Colloid Interface Sci. 36 (2), 205.

Castro, R.H.R., Quach, D.V., 2012. J. Phys. Chem. C 116, 24726.

Chauvin, C., Saussey, J., Rais, T., 1986. Appl. Catal. 25, 59.

Contaret, T., Florido, T., Seguin, J.L., Aguir, K., 2011. Procedia Eng. 25, 375.

Cornell, R.M., Schwertmann, U., 2007. The Iron Oxides: Structure, Properties, Reactions, Occurrences and Uses. Wiley-VCH, Weinheim.

Coulomb, J.P., 1991. In: Phase Transitions in Surface Films Ⅱ. NATO-ASI Series B, Vol. 267. Plenum Press, Inc., New York, p. 113.

Coulomb, J.P., Vilches, O.E., 1984. J. Phys. 45, 1381.

Coulomb, J.P., Sullivan, T.S., Vilches, O.E., 1984. Phys. Rev. B. 30, 4753.

Cutting, P.A., Sing, K.S.W., 1969. Chem. Ind., 268.

Dawson, P.T., 1967. J. Phys. Chem. 71, 838.

Day, R.E., 1973. Progress in Organic Coatings 2. Elsevier Sequoia, Lausanne, p. 269.

Day, R.E., Parfitt, G.D., 1967. Trans. Faraday Soc. 63, 708.

Day, R.E., Parfitt, G.D., Peacock, J., 1971. Disc. Faraday Soc. 52, 215.

deBoer, J.H., 1957. In: Schulman, J.H. (Ed.), 2nd International Congress on Surface Activity Ⅱ. Butterworths, London, p. 93.

de Boer, J.H. (Ed.), 1972. Thermochimie. Colloques Internationaux du CNRS, No. 201. CNRS, Paris, p. 407.

de Boer, J.H., Fortuin, J.M.H., Steggerda, J.J., 1954. Proc. Kon. Ned. Akad. Wetensch. 57B, 170.

de Boer, J.H., Steggerda, J.J., Zwietering, P., 1956. Proc. Kon. Ned. Akad. Wetensch. 59B, 435.

Deitz, V.R., 1944. Bibliography of Solid Adsorbents. National Bureau of Standards, Washington, p. 156.

Demeestere, K., Dewulf, J., van Langenhove, H., Sercu, B., 2003. Chem. Eng. Sci. 58, 2255.

Deren, J., Haber, J., Podgorecka, A., Burzyk, J., 1963. J. Catal. 2, 161.

Diebold, U., 2003. Surf. Sci. Rep. 48, 53.

Drain, L.E., 1954. Sci. Progr. 42, 608.

Drain, L.E., Morrison, J.A., 1952. Trans. Faraday Soc. 48, 840.

Dzhigit, O.M., Kiselev, A.V., Muttik, G.G., 1962. Kolloid Z 24, 15.

Feachem, G., Swallow, H.T.S., 1948. J. Chem. Soc. 267.

Fenelonov, V.A., Gavrilov, V.Y., Simonova, L.G., 1983. In: Poncelet, G., Grange, P., Jacobs, P.A. (Eds.), Preparation of Catalysts Ⅲ. Elsevier, Amsterdam, p. 665.

Ferch, H.K., 1994. In: Bergna, H.E. (Ed.), The Colloid Chemistry of Silica. American Chemical Society, Washington, p. 481.

Fubini, B., Bolis, V., Cavenago, A., Ugliengo, P., 1992. J. Chem. Soc. Faraday Trans. 88, 277.

Fukasawa, J., Tsutsumi, H., Sato, M., Kaneko, K., 1994. Langmuir 10, 2718.

Furlong, D.N., Rouquerol, F., Rouquerol, J., Sing, K.S.W., 1980a. J. Chem. Soc. Faraday I 76, 774.

Furlong, D.N., Rouquerol, F., Rouquerol, J., Sing, K.S.W., 1980b. J. Colloid Interface Sci. 75, 68.

Furlong, D.N., Sing, K.S.W., Parfitt, G.D., 1986. Adsorption Sci. Technol. 3, 25.

Gallas, J.P., Lavalley, J.C., Burneau, A., Barres, O., 1991. Langmuir 7, 1235.

Gay, J.M., Suzanne, J., Coulomb, J.P., 1990. Phys. Rev. B 41, 11346.

Gimblett, F.G.R., Rahman, A.A., Sing, K.S.W., 1980. J. Chem. Technol. Biotechnol. 30, 51.

Gimblett, F.G.R., Rahman, A.A., Sing, K.S.W., 1981. J. Colloid Interface Sci. 84, 337.

Gimblett, F.G.R., Rahman, A.A., Sing, K.S.W., 1984. J. Colloid Interface Sci. 102, 483.

Goodman, J.F., Gregg, S.J., 1959. J. Chem. Soc. 3612.

Gregg, S.J., Langford, J.F., 1969. Trans. Faraday Soc. 65, 1394.

Gregg, S.J., Langford, J.F., 1977. J. Chem. Soc. Faraday Trans. I 73, 747.

Gregg, S.J., Packer, R.K., 1955. J. Chem. Soc., 51.

Gregg, S.J., Sing, K.S.W., 1951. J. Phys. Colloid Chem. 55, 592.

Gregg, S.J., Sing, K.S.W., 1982. Adsorption, Surface Area and Porosity. Academic Press, London, p. 74.

Griffiths, D.M., Rochester, C.H., 1977. J. Chem. Soc. Faraday Trans. I 73, 1510.

Grillet, Y., Rouquerol, F., Rouquerol, J., 1985. Surf. Sci. 162, 478.

Grillet, Y., Rouquerol, F., Rouquerol, J., 1989. Thermochim. Acta. 148, 191.

Harkins, W.D., Jura, G., 1944. J. Am. Chem. Soc. 66, 1362.

Harris, M.R., Whitaker, G., 1962. J. Appl. Chem. 12, 490.

Harris, M.R., Whitaker, G., 1963. J. Appl. Chem. 13, 198.

Haruta, M., 1997. Catal. Today. 36, 153.

He, M.Y., Ekerdt, J.C., 1984. J. Catal. 90, 17.

Henrich, V.E., 1976. Surf. Sci. 57, 355.

Holmes, H.F., Fuller, E.L., Gammage, R.B., 1972. J. Phys. Chem. 76, 1497.

Hornebecq, V., Knöfel, C., Boulet, P., Kuchta, B., Llewellyn, P., 2011. J. Phys. Chem. C 115, 10097.

Hudson, M.J., Knowles, J.A., 1996. J. Mater. Chem. 6, 89.

Idriss, H., Barteau, M.A., 1992. J. Phys. Chem. 96, 3382.

Iler, R.K., 1979. The Chemistry of Silica. John Wiley, New York.

Jaycock, M.J., Waldsax, J.C.R., 1974. J. Chem. Soc. Faraday Trans. I 70, 1501.

Jeon, H., Min, Y.J., Ahn, S.H., Hong, S. M., Shin, J. S., Kim, J. H., Lee, K. B., 2012. Colloids Surf. A Physicochem. Eng. Aspects 414, 75.

Jin, L., Auerbach, S.M., Monson, P.A., 2011. J. Chem. Phys. 134, 134703.

Kaganer, M.G., 1961. Dokl. Akad. Nauk SSSR 138, 405.

Kalousek, V., Rathousky, J., Tschirch, J., Bahnemann, D., 2008. In: Sayari, A., Jaroniec, M. (Eds.), Nanoporous Materials. Proceedings of the 5th International Symposium. World Scientific, New Jersey, p. 553.

Kenny, M.B., Sing, K.S.W., 1994. In: Bergna, H.E. (Ed.), The Colloid Chemistry of Silica. American Chemical Society, Washington, p. 505.

Kington, G.L., Beebe, R.A., Polley, M.H., Smith, W.R., 1950. J. Am. Chem. Soc. 72, 1775.

Kiselev, A.V., 1957. In: Schulman, J. (Ed.), Second International Congress Surface Activity. Butterworths, London, p. 229.

Kiselev, A.V., 1958. In: Everett, D.H., Stone, F.S. (Eds.), Structure and Properties of Porous Materials. Butterworths, London, p. 195.

Kiselev, A.V., 1965. Disc. Faraday Soc. 40, 205.

Kiselev, A.V., 1971. Disc. Faraday Soc. 52, 14.

Knöfel, C., Hornebecq, V., Llewellyn, P., 2008. Langmuir 24, 7963.

Korotcenko, G., 2007. Mater. Sci. Eng. B 139, 1.

Krieger, K.A., 1941. J. Am. Chem. Soc. 63, 2712.

Linsevigler, A.L., Lu, G., Yates Jr., J.T., 1995. Chem. Rev. 95, 735.

Lippens, B.C., 1961. Thesis. University of Delft.

Lippens, B.C., Steggerda, J.J., 1970. In: Linsen, B.G. (Ed.), Physical and Chemical Aspects of Adsorbents and Catalysts. Academic Press, London, p. 171.

Llewellyn, P., Rouquerol, F., Rouquerol, J., 2003. In: Toft Sörensen, O., Rouquerol, J. (Eds.), Sample Controlled Thermal Analysis. Kluwer Academic Publishers, Dordrecht, Boston, London, p. 135 (Chapter 6).

Madeley, J.D., Sing, K.S.W., 1953. J. Appl. Chem. 3, 549.

Madeley, J.D., Sing, K.S.W., 1954. J. Appl. Chem. 4, 365.

Madeley, J.D., Sing, K.S.W., 1962. J. Appl. Chem. 12, 494.

Madih, K., Croset, B., Coulomb, J.P., Lauter, H.J., 1989. Europhys. Lett. 8, 459.

Mathieu, Y., Tzanis, L., Soulard, M., Patarin, J., Vierling, M., Molière, M., 2013. Fuel Proc. Technol. 114, 81.

Matijevic, E., 1988. Pure Appl. Chem. 60, 1479.

Mikhail, R.S., Nashed, S., Kahlil, A.M., 1971. Disc. Faraday Soc. 52, 187.

Mitchell, S.A., 1966. Chem. Ind. 924.

Mohammadi, M.R., Fray, D.J., Ghorbani, M., 2008. Solid State Sci. 10, 884.

Morishige, K., Kanno, F., Ogawara, S., Sasaki, S., 1985. J. Phys. Chem. 89, 4404.

Munuera, G., Stone, F.S., 1971. Disc. Faraday Soc. 52, 205.

Naono, H., Nakai, K., 1989. J. Colloid Interface Sci. 128, 146.

Naono, H., Nakai, K., Sueyoshi, T., Yagi, H., 1987. J. Colloid Interface Sci. 120 (2), 439.

Naono, H., Sonoda, J., Oka, K., Hakuman, M., 1993. In: Suzuki, M. (Ed.), Fundamentals of Adsorption IV. Kodansha, Tokyo, p. 467.

Neimark, I.E., Sheinfain, R.Y., Lipkind, B.A., Stas, O.P., 1964. Kolloid Z 26, 734.

Okkerse, C., 1970. In: Linsen, B.G. (Ed.), Physical and Chemical Aspects of Adsorbents and Catalysts. Academic Press, London, p. 213.

Papée, D., Tertian, R., 1955. Bull. Soc. Chim. France. 983.

Papée, D., Charrier, J., Tertian, R., Houssemaine, R., 1954. In: Proceedings of the Congrès de l'Aluminium, p 31.

Parfitt, G.D., 1981. Dispersion of Powders in Liquids. Applied Science, London, p. 1.

Parkyns, N.D., Sing, K.S.W., 1975. Specialist Periodical Report Colloid Science 2. Chemical Society, London, p. 1.

Pashley, R.M., Kitchener, J.A., 1979. J. Colloid Interface Sci. 71, 491.

Patterson, R.E., 1994. In: Bergna, H.E. (Ed.), The Colloidal Chemistry of Silica. American Chemical Society, p. 617.

Payne, D.A., Sing, K.S.W., 1969. Chem. Ind., 918.

Payne, D.A., Sing, K.S.W., Turk, D.H., 1973. J. Colloid Interface Sci. 43 (2), 287.

Pereira Barbosa, D., Do Carmo Rangel, M., Rabelo, D., 2008. In: Sayari, A., Jaroniec, M. (Eds.), Nanoporous Materials. Proceedings of the 5th International Symposium. World Scientific, New Jersey, p. 607.

Peri, J.B., 1965. J. Phys. Chem. 69, 211.

Phalippou, J., Despetis, F., Calas, S., Faivre, A.L., Dieudonné, P., Sempéré, R., Woignier, T., 2004. Opt. Mater. 26 (2), 167.

Polychronopoulou, K., Fierro, J.L.G., Efstathiou, A.M., 2005. Appl. Cat. B Environ. 57, 125.

Ragai, J., 1989. Adsorption Sci. Technol. 6, 9.

Ragai, J., Sing, K.S.W., 1982. J. Chem. Technol. Biotechnol. 32, 988.

Ragai, J., Sing, K.S.W., 1984. J. Colloid Interface Sci. 101 (2), 369.

Ragai, J., Sing, K.S.W., Mikhail, R., 1980. J. Chem. Technol. Biotechnol. 30, 1.

Ragai, J., Selim, S., Sing, K.S.W., Theocharis, C., 1994. In: Rouquerol, J.,

Rodriguez-Reinoso, F., Sing, K.S.W., Unger, K.K. (Eds.), Characterization of Porous Solids Ⅲ. Elsevier, Amsterdam, p. 487.

Ramsay, J.D.F., Avery, R.G., 1979. In: Gregg, S.J., Sing, K.S.W., Stoeckli, H.F. (Eds.), Characterization of Porous Solids. Society of Chemical Industry, London, p. 117.

Ribeiro Carrott, M., Carrott, P., Brotas de Carvalho, M.M., Sing, K.S.W., 1991a. J. Chem. Soc. Faraday Trans. 87 (1), 185.

Ribeiro Carrott, M., Carrott, P.J.M., Brotas de Carvalho, M.M., Sing, K.S.W., 1991b. In: Rodriguez-Reinoso, F., Rouquerol, J., Sing, K.S.W., Unger, K.K. (Eds.), Characterization of Porous Solids Ⅱ (1961). Elsevier, Amsterdam, p. 635.

Ribeiro, Carrott M., Carrott, P., Brotas de Carvalho, M.M., Sing, K.S.W., 1993. J. Chem. Soc. Faraday Trans. 89, 579.

Rijnten, H.T., 1970. In: Linsen, B.G. (Ed.), Physical and Chemical Aspects of Adsorbents and Catalysts. Academic Press, London, p. 315.

Rittner, F., Paschek, D., Boddenberg, B., 1995. Langmuir 11, 3097.

Rochester, C.H., 1986. Colloids Surf. 21, 205.

Rouquerol, F., 1965. Thesis. Paris-Sorbonne University.

Rouquerol, J., Ganteaume, M., 1977. J. Therm. Anal. 11, 201.

Rouquerol, F., Rouquerol, J., Imelik, B., 1970. Bull. Soc. Chim. France 10, 3816.

Rouquerol, J., Rouquerol, F., Ganteaume, M., 1975. J. Catal. 36, 99.

Rouquerol, J., Rouquerol, F., Ganteaume, M., 1979a. J. Catal. 57, 222.

Rouquerol, J., Rouquerol, F., Peres, C., Grillet, Y., Boudellal, M., 1979b. Gregg, S.J., Sing, K.S.W., Stoeckli, H.F. (Eds.), Characterization of Porous Solids. Society of Chemical Industry, London, p. 107.

Rouquerol, J., Rouquerol, F., Grillet, Y., Torralvo, M.J., 1984. Fundamentals of Adsorption. In: Myers, A., Belfort, G. (Eds.), Proceedings of 1st Conference on Fundamentals of Adsorption, Schloss Elmau, Bavaria, Germany. Engineering Foundation, New York, p. 501.

Rouquerol, F., Rouquerol, J., Imelik, B., 1985. In: Haynes, J.M., Rossi-Doria, P. (Eds.), Principles and Applications of Pore Structural Characterization. Bristol, Arrowsmith, p. 213.

Rouquerol, J., Llewellyn, P., Rouquerol, F., 2007. In: Llewellyn, P., Rodriguez-Reinoso, F., Rouquerol, J., Seaton, N. (Eds.), Characterization of Porous Solids Ⅶ, Studies in Surface Science and Catalysis, Vol. 160. Elsevier, Amsterdam/Oxford, p. 49.

Saafeld, H., 1960. Neues Jahrb. Miner. Abh. 95, 1.

Saha, D., Deng, S., 2010. J. Chem. Eng. Data 55, 5587.

Sing, K.S.W., 1970. In: Everett, D.H., Ottewill, R.H. (Eds.), Surface Area Determination. Butterworths, London, p. 25.

Sing, K.S.W., 1972. In: Thermochimie. Colloques Internationaux No. 201. CNRS, Paris, p.601.

Solomon, D.H., Hawthorne, D.G., 1983. Chemistry of Pigments and Fillers. John Wiley, New York, p. 51.

Srivastava, R.K., Lal, P., Dwivedi, R., Srivastava, S.K., 1994. Sens. Actuators B 21, 213. Stacey, M.H., 1987. Langmuir 3, 681.

Stacey, M.H., 1991. In: Rodriguez-Reinoso, F., Rouquerol, J., Sing, K.S.W., Unger, K.K. (Eds.), Characterization of Porous Solids Ⅱ. Elsevier, Amsterdam, p. 615.

Tanabe, K., 1985. Mater. Chem. Phys. 13, 347.

Taylor, R.J., 1949. J. Soc. Chem. Ind. 68, 23.

Teichner, S.J., 1986. In: Fricke, J. (Ed.), Aerogels. Springer-Verlag, Berlin, p. 22.

Teichner, S.J., Nicolaon, G.A., Vicarini, M.A., Gardes, G.E.E., 1976. Adv. Colloid Interf. Sci.5, 245.

Tertian, R., Papée, D., 1953. Comp. Rend. Acad. Sci. 236, 1565.

Trabelsi, M., Coulomb, J.P., 1992. Surf. Sci. 272, 352.

Tseng, H.H., Wey, M.Y., 2004. Carbon 42, 2269.

Unger, K.K., 1979. Porous Silica. Elsevier, Amsterdam.

Vleesschauwer, W. F. M.,1970. In: Linsen, B.G. (Ed.), Physicaland Chemical Aspects of Adsorbents and Catalysts. Academic Press, London, p. 265.

Wiseman, T.J., 1976. In: Parfitt, G.D., Sing, K.S.W. (Eds.), Characterization of Powder Surfaces. Academic Press, London, p. 159.

Wöll, C., 2007. Prog. Surf. Sci. 82, 55.

Wong, W.K., 1982. PhD Thesis. Brunel University, UK.

Zettlemoyer, A.C., 1968. J. Colloid Interface Sci. 28, 343.

Zhao, Z., Dai, H., Du, Y., Deng, J., Zhang, L., Shi, F., 2011. Mater. Chem. Phys. 128, 348.

Zhuravlev, L.T., 1987. Langmuir 3, 316.

Zhuravlev, L.T., 1994. In: Bergna, H.E. (Ed.), The Colloid Chemistry of Silica. American Chemical Society, Washington, p. 629.

Zhuravlev, L.T., Kiselev, A.V., 1970. In: Everett, D.H., Ottewill, R.H. (Eds.), Surface Area Determination. Butterworths, London, p. 155.

第**12**章 黏土、柱撑黏土、沸石和磷酸铝的吸附

Jean Rouquerol, Philip Llewellyn, Kenneth Sing

Aix Marseille University-CNRS, MADIREL Laboratory, Marseille, France

12.1 引言

众所周知，天然黏土是岩石的风化产物并且分布广泛。由于地域位置的不同，依据地理起源以及所含的不同有机、无机杂质，所以它们总体的化学成分和质地会有所不同。该领域专家倾向于用"土"一词来定义一种小于 4 μm 的细小矿物所组成的天然材料（如高岭土、球黏土、漂白土和瓷土等），该材料在水合状态可以塑型，干燥条件下能够硬化（Bergaya 和 Lagaly, 2006）。虽然"黏土矿物"是它们明确定义的矿物组成成分，如高岭石、蒙脱石和海泡石等，然而为了简单起见，后者通常被统称为"黏土"，严格来说应该是黏土矿物质，这就是本章要详细讨论的内容。

黏土矿物是胶体粒子尺寸的水化层状硅酸盐，其中大部分（即使不是全部）单个板状颗粒尺寸在约 1 nm～1 μm 的范围内 （van Olphen, 1976; van Dammel, 等, 1985）。"层状硅酸盐"（薄层=叶状）用于泛指具有层结构的水化硅酸盐，其关键组成是含氧原子（或离子）的二维四面体和八面体。四面体中心的配位原子（或阳离子）大部分是硅，也有可能是 Al^{3+} 或 Fe^{3+}；八面体中心的配位阳离子通常是 Al^{3+}、Mg^{2+}、Fe^{3+} 或者 Fe^{2+}。一些结构的黏土（如蒙脱石）可以很好地重复合成，并且所得结构形式相对均一。

在古代，黏土的某些性能就已被知晓和探索利用，特别是用黏土制造陶器、砖头和瓦片。瓷土的主要构成是高岭石（或高岭土），现在高岭石仍然被大规模用于造纸和耐火材料。球黏土是一种更细和高度可塑性的高岭石，它包含一些云母和石英，现在多用于陶器、瓷器和地砖。

近晶黏土的膨胀性和触变性一直被广为人知，并且在农业和土木工程中非常重要。漂白土（主要是钙蒙脱石）具有较高的吸附性和阳离子交换性，而膨润土（钠蒙脱石）

则被广泛用于钻井泥浆、砂浆和油灰中，以提供所需的可塑性。活化蒙脱石呈酸性的性质被用于早期的催化裂解过程（如 Houdry 过程），从高分子量的烃制备汽油。

柱撑蒙脱石黏土开发的裂化催化剂已经尝试应用。柱撑蒙脱石中的各层被尺寸大的阳离子分离并保持分开状态。柱撑黏土（PILCs）有很大的表面剂，并具有非常有序的介孔结构（孔径大约在 0.6～1.2 nm）。这些材料已经引起了人们极大的兴趣并有望成为形状选择性催化剂的替代类型（Thomas, 1994, 1997; Fripiat, 1997）。

沸石与黏土之间有紧密的联系，它们都是硅酸盐且一般都具有很高的水吸附能力、开放的孔道结构以及可交换的阳离子；而且，天然的铝硅酸盐沸石经常与黏土同时出现（Bish, 2006）。沸石可能是具有晶体对称性的特殊微孔吸附剂成员中最重要和研究最完善的一员。虽然沸石在 200 多年前就被人们发现，但是它们的潜在价值如高选择性吸附能力，在 20 世纪 40 年代才首次被报道（Barrer, 1945, 1966, 1978）。直到 Breck 等（1956）宣布合成了从未报道过的沸石 A（即 Linde 分子筛 A），才进一步激发起人们对沸石的研究兴趣。此后，200 多种新型多孔沸石被相继合成出来。

分子筛沸石在催化、气体分离、干燥以及许多其他应用领域中已经显示出巨大的技术重要性，目前作为工业催化剂催化如下反应，如石蜡裂化、芳环的异构化和歧化反应（Thomas 和 Theocharis, 1989; Thomas, 1995; Martens 等, 1997）。

1982 年，磷酸盐分子筛开始被合成，现在有 60 多种结构已经由国际沸石协会结构委员会列举出来（见 http://www.iza-structure.org/databases/）。磷酸盐分子筛的化学成分与普通沸石不同，普通沸石中的 SiO_4 四面体被 PO_4 四面体所取代，但磷酸盐分子筛的结构、性能和应用与普通沸石相当。进一步的取代会导致结晶成具有超级大孔的沸石类结构，比如亚磷酸镓锌分子筛，能够制备具有从 24 和 28 到 40、48、56、64 和 72 个 T（T 为 Si 或 P）原子的环的大孔结构（Lin 等, 2013）。将锗掺杂到类沸石结构的材料中也可以形成大孔结构以及多级微-介孔固体（Jiang 等, 2011）。

仅用一个单独的章节全面地阐述黏土、沸石和磷酸盐分子筛的物理吸附性质是不太可能的。同第 10～14 章一样，本章的目的是应用和讨论在第 4～9 章中提出的一般性原理及其重要性。为此，本章将集中关注特定的体系（如工业上重要的合成沸石），而且由于黏土、沸石和磷酸盐分子筛的吸附行为在很大程度上取决于其固体结构，所以也会讨论结构化学的有关知识。

12.2　结构、形貌和层状硅酸盐吸附剂的性质

12.2.1　结构和层状硅酸盐的形貌

正如前文所指出的，所有黏土矿物的一个共同的结构特征是由相互连接的

SiO_4 四面体组成的二维聚合片层。这些硅氧烷 O—Si—O 六方（或"四面体"）片层由四面体四角处的四个可用氧原子中的三个构成，剩余的顶端氧原子则分布在片层之间（向上或向下）。

另一个主要结构组成是一个"八面体片"，由氧原子和金属原子组成，金属原子通常是铝或镁（由于铝存在于多数黏土矿物中，所以时常被称为硅铝酸盐）。六面体和八面体片层之间的连接平面包含有共享的顶端氧以及一些羟基官能团。其中的一类黏土矿物质中，一个八面体片是直接附着在一个氧化硅片上，从而得到 1 : 1 型的两片式基本结构；另一类重要的黏土矿物质中，一个八面体片如三明治一样被夹在两个氧化硅片之间，形成 2 : 1 型三片层结构。

单个的黏土矿物粒子是由片层堆积而成的，而这些片层有时被有规律的夹层材料隔开。各层之间通过次级作用力（例如范德华引力、氢键或弱静电吸引力）连接在一起。

12.2.1.1　高岭石

高岭石是一种 1 : 1 型（两片式）黏土的最好范例。图 12.1 给出了理想的高岭石的结构图。两片层的上、下基面是截然不同的。层重复距离或 c 间距即两个连续层中原子中心之间的距离，约为 0.72 nm。事实上，这与原子半径的总和大致相同，因此在理想的结构中没有足够的空间来容纳任何夹层材料，例如插入的水。

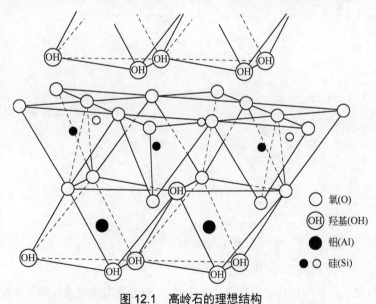

图 12.1　高岭石的理想结构

在完美的两层高岭石晶体中，单个晶胞的成分是 $[Al_2(OH)_4(Si_2O_5)]_2$，但是大多数高岭石黏土是有缺陷的，原因之一是硅被铝或者其他小原子同晶取代，过量的负电荷则由位于微晶外表面的阳离子补偿。

12.2.1.2 蒙脱石和蛭石

2：1 型层状（三片层）黏土包括组成蒙脱石（例如胶岭石、皂石和锂脱石）和蛭石的膨胀型或者溶胀型的黏土。蒙脱石的基本结构单元如图 12.2 所示。

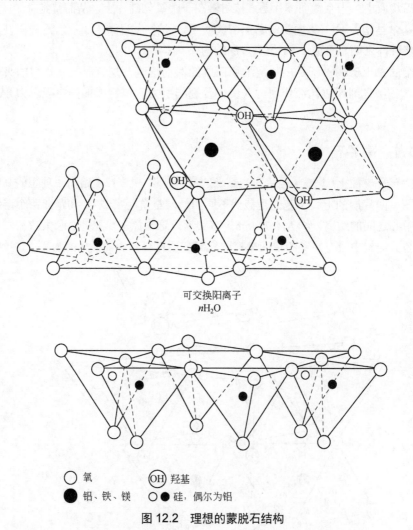

可交换阳离子
$n\text{H}_2\text{O}$

○ 氧　　ⓞⓗ 羟基

● 铝、铁、镁　　○● 硅，偶尔为铝

图 12.2　理想的蒙脱石结构

叶蜡石是最简单的层状硅铝酸盐，其中两个 SiO_4 四面体层被压缩到 AlO_6 八面体层上，形成一个三片层，该晶胞的成分是 $[\text{Al(OH)}_2(\text{Si}_2\text{O}_5)_2]_2$。另一种"理想的"结构是其中的铝原子被镁原子取代，也就是滑石。在这两种情况下，三片层都是电中性的，并且这些层是按照 ABAB 顺序堆叠。由于这种理想结构的内聚力，叶蜡石和滑石都不会以通常黏土矿物的特征形式即极细颗粒形式出现。

蒙脱石、蛭石和其他 2∶1 型层状硅酸盐的一个重要特征是可以在四面体和八面体片材中发生同晶取代。因此，Si 被 Al 取代会在四面体片材中发生，与此同时八面体片中的 Mg、Fe、Li 或其他小原子会取代 Al。取代导致的正电荷不足，可以由可交换的层间阳离子来补偿。

由于这些阳离子的存在，蒙脱石和蛭石的 c 间距（0.92 nm）比不带电的叶蜡石要略大。水分子能够穿透这些层，从而会导致层晶格的膨胀，从 c 间距的增加上能得到体现。对于一些蒙脱石，膨胀似乎以不连续的步骤发生，对应的晶格层之间会形成 1～4 层水（van Olphen, 1976）。

12.2.1.3　坡缕石

凹土和海泡石是纤维状黏土矿物的坡缕石族成员。如前文所述，SiO_4 四面体相连形成了聚合硅胶层，但现在顶点不都指向同一个方向，而是排列成条带状。在一个条带中，所有的顶点均指向上，而在下一个条带中，它们都指向下。条带的宽度在凹土中是 4 个四面体，而在海泡石中则是 6 个四面体。MgO_6 八面体可排列成 3 倍条带，其中的通道平行于纤维轴线，用于盛放水分子（Barrer, 1978）。

理想凹土的半个晶胞成分是 $Mg_5Si_8O_{20}(OH)_2(H_2O)_4 \cdot 4H_2O$。其中 4 个 H_2O 分子存在于通道中（即"沸石水"），另外 4 个 H_2O 分子与八面体阳离子结合。在加热时，水通过三个阶段流失：①沸石水和外表面吸附的水在温度小于 75℃ 条件下脱离；②在 75～370℃ 范围内配位水脱离；③最后是结构水脱离。在约 130℃ 的温度下，结构开始发生不可逆的塌陷，这与大概一半的配位水流失相关（Grillet, 1988; Cases, 1991）。通过使用控速热分析 CRTA（参见 3.4.3 节），可以对这些变化进行详细的研究。Rouquerol 等对黏土进行了大量的详细研究。

12.2.1.4　黏土颗粒的形貌和聚合

高岭石颗粒（小片）相对较厚且硬，通常含有 100 甚至更多的堆叠层。扁平状的颗粒倾向于形成最大直径为 1 μm 的六角形。晶体的形状取决于基底（001）面和棱边，比如（110）等。层间有足够强的作用力（主要是氢键）以防止在通常条件下裂开。然而，微晶确实会出现堆积层错，结构缺陷数量与颗粒尺寸之间似乎存在一种相反的关系（Cases 等, 1982）。精细天然高岭土的 BET 氮气比表面积通常为 10～20 $m^2 \cdot g^{-1}$（Gregg 等, 1954; Cases 等, 1986），在持续研磨下高岭石会粉碎，并且粉碎程度会达到最大化（Gregg, 1968），例如通过特定的长期或反复研磨黏土，其比表面积最大可以达到约 50 $m^2 \cdot g^{-1}$。

蒙脱石小片（类晶团聚体）是薄而柔软的，直径相对较大（可达 2 μm），但单个小片的宽度却小得多（如 1 nm），不过给定一个明确的颗粒尺寸值是相当困难的。蒙脱石的 BET 氮气比表面积通常为 30 $m^2 \cdot g^{-1}$，而颗粒大小大约是 1 μm。对于锂皂石，BET 氮气比表面积可能高达 300 $m^2 \cdot g^{-1}$（Bergaya, 1995）。海泡石具有纤维状形貌，典型的纤维长度为 2～3 μm 和直径 0.1 μm。海泡石的结晶形式越多，坚硬针状外观就会出现的越多。

稀释悬浮的黏土倾向于形成凝胶，其经典模型是高岭石的"纸牌屋"结构，其中面对边的关联会导致开放的 3D 结构（van Olphen, 1965）。例如在蒙脱石-水体系中，微观结构更可能是由面对面的相互作用所控制（Van Damme 等, 1985）。

12.2.2　层状硅酸盐的气体物理吸附

12.2.2.1　高岭石的物理吸附

（1）氮气吸附等温线

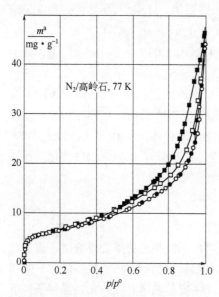

图 12.3　在 77 K 温度下，1460 MPa 压力压缩前（圆环）和压缩后（正方形）的高岭石氮气吸附-脱附等温线（分别用空心和实心符号表示）

（引自 Gregg, 1968）

如图 12.3 所示，在未压缩的状态下，天然高岭石样品表现出可逆的 II 型氮气吸附等温线（Gregg, 1968）；在 1460 MPa 的压力下，吸附等温线的初始部分（高达 p/p^o=0.4）没有明显变化，而在较高的相对压力下出现窄的滞后回环。未压缩前样品的吸附等温线有以下几个特征：首先，组合的高岭石小片表现出可逆的等温线，这个结果很有趣；其次，吸附剂的 BET 氮气比表面积为 17 $m^2 \cdot g^{-1}$，相对应于约 50 nm 厚度的小片；第三粒子刚性和类"纸牌屋"（house of cards）的堆积方式很可能导致形成一个大孔聚集体，这样就能解释可逆的 IIa 型等温线（开放和闭合环）。

高的压实压力足以将球形颗粒的组合转变成明确的介孔结构（Gregg, 1968），对多层分布的吸附等温线（□）过程具有适度的影响，图 12.3 所示。与此相反，脱附曲线（■）在一定范围内是弱化的 IVa 型（脱附分支的上部微凸部），随后产生Ⅰ型等温线的滞后特征。可以得出这样的结论：滞后回环与小片的非刚性系统中的毛细管冷凝（由于压实使得高岭石小片彼此更接近和更平行）以及孔结构的一些变化有关。

在煅烧对高岭土表面积影响的早期研究中，Gregg 和 Stephens（1953）发现温度在 100～800℃范围内，BET 比表面积有小幅度但明显下降的趋势，这个结果与 450℃损失 12%结构水的结果相反，这可能会认为加热破坏了结构并活化了固体，然而事实并非如此。

（2）氩气和氮气吸附能量学

Cases 等（1986）在 77 K 下使用 N_2（氮气）和 Ar（氩气）的吸附微量热法以及其他技术，研究高岭石的晶体学和形态学特征。图 12.4 中的差分吸收能曲线是在两种不同形式的高岭石样品上测定的，样品 GB3 是一种有序的英国瓷土，而样品 FU7 是经过反复干磨和分馏的法国高岭石。表 12.1 给出了两个样品在 77 K 条件下氩气和氮气吸附测定的 BET 比表面积。图 12.4 和表 12.1 可得到如下结果：①由氩气和氮气等温线得到的相应 BET 比表面积具有非常好的一致性（其他高岭石样品也一样）。②每个吸附能曲线可以分成初期急剧下降、一个长的衰退中期即 AB 和多层衰减期三个阶段。③BET 覆盖率，θ_A 和 θ_B 的值分别对应于位置 A 和 B（表格中的第 4 列和第 5 列）。

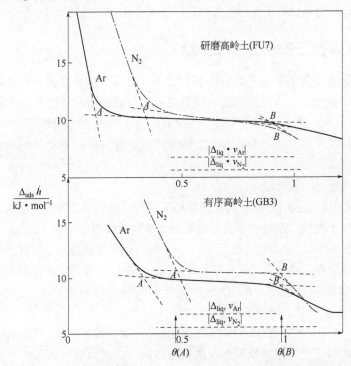

图 12.4　77 K 高岭土样品的 Ar 和 N_2 的微分吸附能对表面覆盖的函数

（引自 Case 等，1986）

表 12.1   在 77 K 温度下高岭土样品上的 Ar 和 N₂ 吸附

吸附剂	吸附质	a(BET)/$m^2 \cdot g^{-1}$	θ_A	θ_B	$100(\theta_B - \theta_A)$
GB3	Ar	11.6	0.34	0.97	63
	N₂	11.4	0.49	0.98	49
FU7	Ar	47.3	0.12	0.91	79
	N₂	46.8	0.33	0.92	59

这些研究结果的重要性在于，低覆盖度下明显的能量差异可能是由基面边缘位置（侧面）和缺陷位置（例如裂缝）上的吸附引起的。鉴于其相互作用的特异性，氮气吸附能明显大于相应的氩气吸附能就不难理解了。

中间区域（沿着 AB）的吸附能变化很小，这与（001）基面的吸附能均匀性结果一致。研磨高岭土（FU7）上的氩气恒定吸附能超过了表面覆盖率 79%，而有序高岭土（GB3）的相应表面覆盖率约为 63%。这些结果似乎证实，研磨会导致基面占整个表面积的比例显著增加。

Cases 等（1986）从氩气吸附的微分能量评价来获取对应于侧向区域（如高能量边缘位点）的百分比面积值，与从烷基十二烷基铵离子的吸附等温线获得的对应值十分一致。这些结果说明了吸附微量热法用于表征黏土矿物的价值。

12.2.2.2   蒙脱石和蛭石的物理吸附

硅藻土（通常其主要成分是蒙脱石）过去常被用于除去衣服上的油脂以及作为"漂白"或者脱色剂。本质上都是利用蒙脱石的物理性质，这些吸附性质主要取决于它们的结构。在 20 世纪 30 年代，研究者们为了探索天然和酸活化漂白黏土的表面特性，进行了许多尝试，但是首次重要的贡献是由 Barrer 和他的同事在 20 世纪 50 年代做出的。

（1）非极性分子的吸附

Barrer 和 McLeod（1954）对天然蒙脱石进行了物理吸附测量。如图 12.5 中所示，非极性分子氧气、氮气和苯的等温线形式与随后报道的结果（Cases 等，1992）非常类似。在 IUPAC 分类中（参见 8.6 节），滞后回环很明显是 H3 型，在高 p/p^o 时没有出现平台迹象，因此不应该是 Ⅳ 型等温线。此外，每个吸附分支具有典型 Ⅱa 型特征的氮气吸附等温线，与图 12.3 中高岭石的吸附等温线一样，直到达到临界 p/p^o，脱附分支都遵循不同的路径。

参考图 1.2 的分类，图 12.5 中的等温线确实是明确的 Ⅱb 型。就目前情况来看，这样的等温线可能由非刚性狭缝形状的孔道造成，或者由板状颗粒的非刚性堆积造成（Rouquerol 等，1970，1985）。事实上，蒙脱石颗粒薄且柔软可能是造成基面比未压实的高岭石更接近的原因。

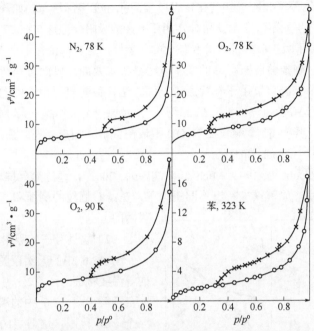

图 12.5　在蒙脱石上低极性分子的等温线（引自 Barrer, 1989）

　　Cases 等（1992）详细研究了一种具有良好表征的钠蒙脱石样品的性质。正如所料，77 K 时的氮气等温线出现一个明确的 H3 滞后回环，是一个 II b 型等温线的很好例子。测试值达到了一个高的 p/p^o，结果没有出现平台，表明没有介孔填充完成的迹象。因此，这个等温线被误认为 IV 型等温线，是因为当时 H3 滞后回线的含义和 II b 型等温线尚未有共同的认识。

　　Case 等（1992）以通常的 BET 坐标重新绘制了氮气等温线，并作 t 图。推导的 BET 比表面积为 43.3 $m^2 \cdot g^{-1}$，似乎和从 B 点吸附测量得到的值 45.9 $m^2 \cdot g^{-1}$ 相差不大。t 图是按照 de Boer 等（1966）最初提出的方式构建的，其中涉及采用 C 值相同的标准等温线，其中 C 值为 485。虽然三个短的线性部分被确定，但是清楚地解释 t 曲线图并不容易。根据最初的斜率，总表面积大约为 50 $m^2 \cdot g^{-1}$。通过在更高的 p/p^o 线性区域的反向外推，可以得出表观微孔体积约为 0.01 $cm^3 \cdot g^{-1}$，这种小的微孔填充贡献的出现与高的 BET C 值一致。

　　可以考虑通过与真实无孔形式的纳米蒙脱石上的氮气等温线数据进行比较，来对微孔率进行更实际的定量评估。该方法在实践中难以实现，更实用的方法是构建一系列不同粒径和缺陷结构的样品的氮气（也可优选氩气）吸附图进行比较，这样就应该可以建立微孔容量的定量差异。

　　在另一项研究调查中，测定了酸活化膨润土样品的氮气吸附等温线（Srasra,

1989）。通过酸活化使得样品的 BET 氮气比表面积从 80 $m^2 \cdot g^{-1}$ 增加到 250 $m^2 \cdot g^{-1}$。从氮气等温线的形状变化，可以推测孔径变宽，这与初始膨润土中一些微孔的减少有关。此外还研究了样品对 β-胡萝卜素的吸附，但这与在 77 K 时氮气的吸附没有关系。鉴于吸附模式的差异和黏土的复杂性，这个结论并不令人惊讶。

如上所述，确定蒙脱石样品的制备方法是很重要的，以此可获得可重复的分层程度。制备中的差异可以用于解释通过不同方法评估的表面积之间的巨大差异。这种情况出现在用 BET 氮气方法（61 $m^2 \cdot g^{-1}$）和原子力显微镜（AFM）方法测量蒙脱石表面积中，其中 62 个颗粒在 NaOH 溶液中分散并超声处理之后，AFM 测量结果是 346 $m^2 \cdot g^{-1}$（Macht 2011）。

据报道（Michot 等，1994; Michot 和 Villieras, 2002），通过简单推导在 77 K 下的氩气吸附等温线，就可以推断出不同压力下，在滑石颗粒的侧面和基面是如何发生吸附的。

（2）极性分子的吸附

图 12.6 中的天然蒙脱石对极性分子的等温线特征与图 12.5 中的等温线特征完全不同。图 12.6 中的滞后回环延伸到整个 p/p^o 范围，这与层结构的膨胀和收缩有关（Barrer, 1978）。可以从延迟相变的角度来解释和处理插层形式的层间吸附（Barrer, 1989）。

Annabi-Bergaya 等（1979）测定了一系列贫电荷的 Ca-蒙脱土（从钠和锂饱和的蒙脱石来制备）对甲醇和异丙醇的脱附等温线。每个脱附等温线是将样品用特定醇"表面清洁"之后测定的，以防止层间的不可逆坍塌，即把吸附剂暴露于 $p/p^o = 0.9$ 的醇蒸气中，随着 p/p^o 减小，质量会逐步损失。在每一个阶段，由 X 射线进行 d_{001} 晶面间距变化的独立测量。假设等温线由两部分组成即"内部"和"外部"等温线。外部等温线定义为坍塌材料的外表面等温线，其保持独立的贫电荷程度。获得的甲醇和异丙醇的外部等温线具有不同的形状：前者是Ⅱa 型，而后者主要是Ⅰ型。这种差异

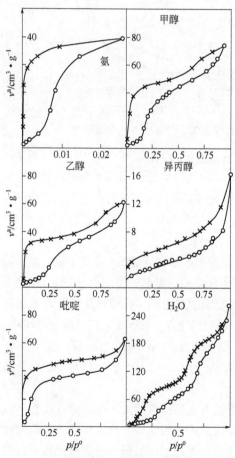

图 12.6 天然蒙脱石上极性分子的吸附等温线
（引自 Barrer 和 Reay, 1957）

并不奇怪，但要解释衍生外部区域的大小则比较困难。从甲醇等温线获得的比表面积值约为 300 $m^2 \cdot g^{-1}$，而 BET 氮气吸附测量值仅为 140 $m^2 \cdot g^{-1}$，这似乎高估了外表面对甲醇的吸附程度。

甲醇的吸附机理在 Annabi-Bergaya 等（1981）的论文中有进一步的讨论。作者特别关注了被吸附分子之间氢键的重要性，氢键作用与偶极-阳离子相互作用之间存在相互的竞争关系。在某些情况下，偶极-阳离子相互作用相对更强，阳离子可能会对结构的形成起到决定性作用。但是和其他的蒙脱石（例如锂蒙脱石）一起，可以通过特殊的吸附质-吸附质之间的作用，形成连续的吸附质网络（类似于晶体 CH_3OH 的结构）。

各种形式的蒙脱石和蛭石的水蒸气吸附研究已经有许多报道。在研究脱气温度对天然蛭石水蒸气吸附的影响中，Gregg 和 Packer（1954）获得了一组不寻常的阶梯式 I 型等温线，所有等温线都有低压滞后现象。在大约 $p/p^o = 0.02$ 处的上升台阶位置几乎与脱气温度无关。据报道，蛭石外部表面的水吸附量远大于预期的吸附值，因为根据 BET 氮气吸附法测量的比表面积只有 $1 \sim 2\, m^2 \cdot g^{-1}$。

如图 12.6 所示，天然蒙脱石的水吸附等温线（Barrer 和 Reay，1957）有一个不确定的双重步骤，van Olphen（1965）在水/蛭石体系中也报道了类似的结果。通过进一步的研究，van Olphen（1976）得出了结论：由于吸附了水分子，绿土和蛭石的层状晶格获得逐步扩展，在其中的夹层中形成了 1～4 个单层的水。

Cases 等（1992）获得了更清晰的蒙脱石水蒸气吸附图，如图 12.7 所示的钠蒙脱石的水蒸气吸附-脱吸等温线。图 12.7 中的吸附和脱附分支（分别为 A1 和 D1）的完全滞后环的波状特性显然类似于图 12.6 中的水吸附等温线，并且表明其中包含有复杂的脱附机理。但是，可以确定的是滞后回环的规模取决于压力降低之前所达到的最大相对压力，这种依赖性能够通过图 12.7 中的部分吸附等温线得出。在此，在吸附 $(p/p^o)_{max} < 0.25$ 时，有一个小的滞后回环（脱附分支 D3）；而当吸附达到 $(p/p^o)_{max} = 0.35$ 时，则会有一个较大的滞后回环（脱附分支 D2）。图 12.7 中

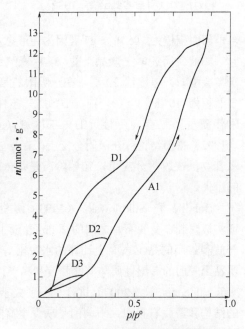

图 12.7　在 25℃时钠蒙脱石的水蒸气吸附-脱附等温线（引自 Cases 等，1992）

当吸附相对压力分别达到 0.88、0.35 和 0.25 后的脱附分支 D1、D2 和 D3

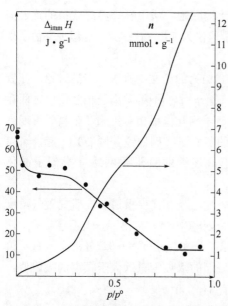

图 12.8　水浸润的能量对预覆盖水蒸气的
相对压力（引自 Cases 等, 1992）

的结果与 c 轴间距的移动是一致的，d_{001} 在 $p/p^o<0.25$ 时，保持接近 0.96 nm 的干态值，但随着水蒸气压力的增加，d_{001} 逐渐变化到 1.8 nm。吸附曲线在 $p/p^o = 0.25$ 初始区域的急剧增加证实，在 25℃时，层间距内水吸收达到了相对压力的阈值（和相应的化学势）。

浸润微量热法是由 Case 等（1992）使用的方法之一，它提供关于吸附水蒸气产生的微观结构变化性质的额外信息。该方法基于水蒸气渐进预吸附之后测定浸润能量。图 12.8 为浸润能量随预覆盖水蒸气相对压力 p/p^o 的变化，它与高岭石的吸附行为相反，为了将浸润能量降低到最终恒定的水平 12.6 J·g^{-1}，需要相对压力约 0.75。假设浸润颗粒被液态水覆盖，通过采用 Harkins 和 Jura 方法（见 4.2.3 节）获得外部面积值为 105 m^2·g^{-1}（因为纯液态水的表面内能是 0.119 J·m^{-2}）。

如前文所述，干燥黏土的 BET 氮气比表面积约为 50 m^2·g^{-1}，所以板状颗粒（类金刚石）厚度约 20 层。在水吸附的第一阶段，颗粒被分成约 6 个黏土小片（比表面积为 10^5 m^2·g^{-1}）。在 $p/p^o>0.25$ 条件下，外部尺寸保持相对恒定，但是层间吸附伴随着膨胀会向可接近的内部区域（可能高达 800 m^2·g^{-1}）发展。Cases 等（1992）得出结论：在吸附分支上，在 p/p^o 为 0.5～0.9 的范围内形成了两层和三层水合物；在脱附分支上，初始阶段是从外表面和中孔损失一部分水，随后是层间水的流失。

Delville 和 Sokolowski（1993）用蒙特卡罗模拟法对水吸附进行了研究，结果证实被限制在蒙脱石片之间的 2 nm 狭缝中的水分子不具有与液态水相同的性质。在开放和封闭的黏土表面上计算的水吸附等温线似乎是迥然不同的，而且计算结果表明黏土表面的润湿性质与其孔隙度和离子性质之间有很强的关联性。

Lantenois 等（2007）进行了一项关于合成贝得石的溶胀性的有趣研究（贝得石的结构和蒙脱石相似，不同的是缺少电荷的位置不同）。在膨胀的过程中，他们分析了水吸附数据，直到水的分压增加到 0.8，这可以称之为一个明显的 BET 水比表面积。结果表明层间吸附发生在外部吸附之后，并且第一个内部单层是以簇或柱的形式存在，而且根据实验等温线所示，在第一步结束时，水的吸附填充没有超过可用体积的 30%。

（3）膨胀蒙脱石的物理吸附

研究者们在 1955 年就已经知道蒙脱石中的可交换阳离子位于负电荷层之间，其分离程度取决于阳离子的大小及其水合状态。Barrer 和 MacLeod（1955）设想用较大阳离子替换小的阳离子，那么阳离子应该可以永久地隔开负电荷层，并使得物理吸附容量大大增强，而且有可能出现选择性。研究者将 Na^+ 换成各种烷基铵离子［例如，$[(CH_3)_4N_4^+]$ 和 $(C_2H_5)_4N^+$］，从图 12.9 的结果可以看出，阳离子替换后的黏土对非极性分子的吸附容量大大增加。而且极性分子能被自由吸附，消除了图 12.6 中的低压滞后现象。

在对其他烷基铵蒙脱石吸附剂活性的研究中，Barrer 和 Reay（1957）发现 $CH_3NH_3^+$ 形式的蒙脱石表现出分子筛的性质，然而，其对苯的吸收量高于预期，说明膨胀黏土不完全像刚性的分子筛。

Barrer 等（1978）的研究表明，可以将多种有机阳离子引入蒙脱石和蛭石的夹层区域。这些产物被称为有机-黏土，其中一些可用作涂料、油墨等的增稠剂。图 12.10

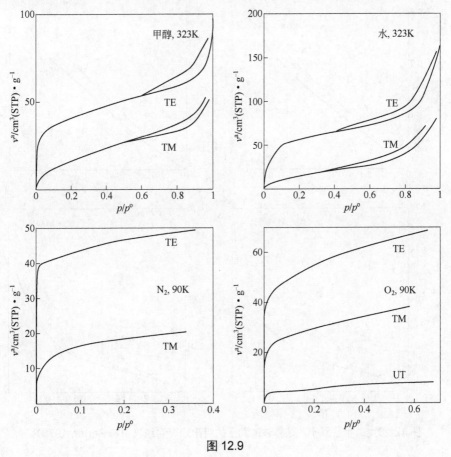

图 12.9

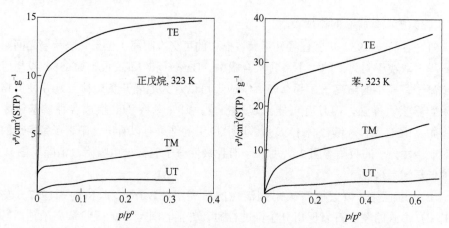

图 12.9　极性和非极性分子在烷基铵离子交换的蒙脱石上的吸附等温线
（引自 Barrer 和 Reay, 1957）

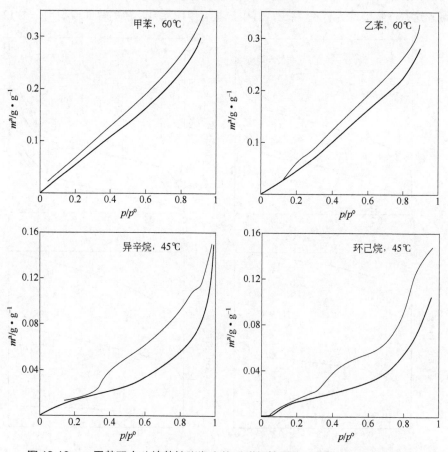

图 12.10　二甲基双十八烷基铵膨润土的吸附烃等温线（引自 Barrer, 1978）

为二甲基双十八烷基铵膨润土与多种碳氢化合物的蒸气吸附等温线，可以看出甲苯和乙苯等温线在 p/p^o 宽度范围几乎是线性的，而且和无机多孔吸附剂相比，它更像有机聚合物的吸附等温线。另外，异辛烷和环己烷的等温线表现出明显的 II b 型特征（Barrer, 1978）。

对于甲苯、乙苯这两种芳烃，Barrer 和 Kelsey（1961）发现，d_{001} 随 p/p^o 的提高稳步增长，但不同的烷烃却很少有变化。从前面研究结果来看，大部分的吸收发生在层间的区域。如 II b 型等温线的形状所示，其他有机蒸气的吸附可能包括黏土片层上和黏土片层间的可观数量的多层吸附。

12.3　柱撑黏土（PILC）：结构和属性

12.3.1　柱撑黏土的形成和属性

正如已经看到的，膨胀是蒙脱石层间吸附极性分子的直接结果。通过吸附水蒸气可以产生约 $800\ m^2 \cdot g^{-1}$ 的内部面积与至少 0.6 nm 的层间宽度，但是膨胀结构热稳定性差。令人惊讶的是，Barrer 在膨胀蒙脱石吸附性能上的工作（见前面章节），并没有立即引起过多关注。二十年后，Vaugha 等（1974）、Brindley 和 Sempels（1977）才第一次成功尝试引入无机柱撑来制备稳定的永久性膨胀蒙脱石。

12.3.1.1　柱化

图 12.11 为柱化过程的简化图。用大的无机阳离子代替可交换的阳离子是形成孔结构的原因，然后通过热处理除去 H_2O 和 OH 基团使其稳定化。通过这种方式，致密的纳米级氧化物柱就可以被插入到夹层"坑道"中。

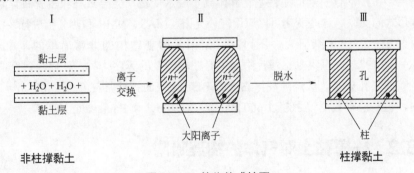

图 12.11　简化的成柱图

Vaughan 等（1988）建立了某些可以嵌入的无机聚合物阳离子，从而扩大近晶黏土的矿物及合成形式。早期的许多工作都是应用一种大型羟铝阳离子，该离子可以容易地从氯化铝水溶液中制备。Al_{13} 阳离子的结构$[Al_{13}O_4(OH)_{24}(H_2O)_{12}]^{7+}$是已知的，并且最初认为这种聚合物离子在插入状态下保持其原有性质。但是很显然，伴随着插层材料的交换和老化，该聚合物粒子也发生了变化（Vaughan, 1988; Fripiat, 1997）。

在最初的阶段，Vaughan 和他的同事们因发现他们的 PILC 样品具有催化活性而深受鼓舞，并且样品似乎是热稳定的。然而，当产物暴露于 600℃的温和水热条件下时，发现孔体积发生不可逆的塌陷。稳定柱状结构的第一个成功的方法是进一步聚合增加 Al_{13} 阳离子的摩尔质量，例如$[Al_{26}O_8(OH)_{52}(H_2O)_{20}]^{10+}$。其他方式还包括将 Al_{13} 离子与 Mg、Si、Ti 或 Zr 的化合物反应，形成较大的共聚物。

Grace 实验室也用 $ZrOCl_2 \times H_2O$ 的溶液进行实验，趋向于通过此法获得比 Al_{13} 路线更稳定的 PILC。但另一方面，由于氧化锆羟基聚合物的复杂性（Vaughan, 1988），重复获得同样的产品会更加困难。Burch（1987）、Farfan-Torres 等（1991）和 Ohtsuka 等（1993）已经在这方面取得了进展。

目前正在积极研究用各种其他大型多氢氧化物（如钛和各种过渡金属）柱化蒙脱石的可能性。例如，由 Sterte（1991）描述并由 Bernier 等（1991）表征的热稳定 Ti-PILC（如在 600℃下具有大于 300 $m^2 \cdot g^{-1}$ 的 BET 比表面积），该研究为使用不同的柱化剂广泛发展各种 PILC 提供前景，而且孔径尺寸可以延伸到介孔范围（Barrer, 1989; Fripiat, 1997）。

12.3.1.2　柱撑黏土的化学和物理性质

众所周知，近晶黏土表现出 Bronsted 和 Lewis 酸性，前者与黏土表面相关，后者与可交换阳离子相关。Fripiat（1997）指出，柱状黏土至少有两种方式可以改变黏土酸度：①聚阳离子柱替代高比例的原始阳离子；②柱子传递额外的酸度。但是，由于柱撑-蒙脱石的相互作用，最终结果不可能是一种形式的酸度简单替代另外一种形式的酸度。由热活化引起的脱羟基化和阳离子脱水变化，会导致柱和蒙脱石骨架之间的各种形式的交联。这些变化可以应用红外光谱、MAS、NMR 和热分析进行表征。

对黏土形态的详细研究，图 12.11 给出了微观结构的非常简单的印象（Van Damme 等，1985）。聚集黏土薄片中通常存在相当量的无序排列，从而导致宽的不明确的颗粒间隙孔分布。煅烧的柱撑黏土的 BET 比表面积通常在 200～400 $m^2 \cdot g^{-1}$ 的范围内，也已经有数据记录超过 600 $m^2 \cdot g^{-1}$（Dailey 和 Pinnavaia, 1992）。

12.3.2　柱撑黏土对气体的物理吸附

氮气等温线测量（在 77 K）已被许多研究人员用于评价柱撑黏土的表面积和孔隙度。尽管柱撑孔隙结构的确切尺寸不易建立（Fripiat, 1997），但人们普遍认为孔道（夹层）孔隙大部分在微孔范围内。因此，人们期望柱撑黏土给出 Ⅰa 型或 Ⅰb 型氮气等温线。实际上，Ⅰ型等温线已经有一些报道（例如见 Diano 等，1994；Cool 和 Vansant，1996），但是很少是完全可逆的。在 IUPAC 分类中，最常见的滞后回环类型是 H3 和 H4。大多数 PILC 的氮气等温线是 Ⅰ 型和 Ⅱb 型的组合，其确切形状取决于层间和外部范围的相对规模。

除非可以解决外表面覆盖和微孔填充的贡献，否则由特定 PILC 给出的 BET 氮气比表面积和表观孔体积的值几乎没有用处。然而，一个有用的初始步骤，就是寻找等温线形状的相似性和变化。例如，图 12.12 中的氮气等温线给出了蒙脱石前体、PILC 和高压釜晶化后的蒙脱石前体（Sterte，1991）。

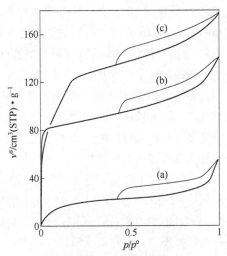

图 12.12 氮气等温线
（引自 Sterte, 1991）

（a）蒙脱石；（b）未处理的 La-Al-pillared 蒙脱石；
（c）高压釜晶化后的蒙脱石前体

很明显，图 12.12 中等温线的多层部分具有非常相似的形状，而且看起来确实处于平行状态，这表明近晶黏土（即其颗粒间孔隙度）的次生孔隙结构和其外部区域几乎没有变化。等温线（b）的陡峭低压区表明 PILC 含有狭窄的微孔，这些微孔通过水热处理会变宽，这一点可以从等温线（c）的外观看出。

各种程序已经被用于分析氮气等温线，一些研究人员还使用了原始形式的 Lippens 和 de Boer 的 t 曲线方法。其他研究者倾向于遵循 IUPAC 推荐的方式，即通过与给定的具有适当的无孔吸附剂的等温线形状作为标准进行比较。

Trillo 等（1993）采用后一种方法，研究热和水热处理对铝阳离子蒙脱石微孔性质的影响。这项工作揭示了单独采用 X 射线测量 d_{001} 间距可能给 PILC 微孔结构的热稳定性评价带来误导。例如，在 300℃下对 Al-PILC 进行热处理后，发现用于氮气吸附的表观微孔体积仅为以 d_{001} 间距表示的 30%。

研究者们（Gil 等，1995；Gil 和 Grange，1996）也使用 α_S 方法来分析由 Na-蒙脱石制备的一系列柱撑黏土的氮气等温线。H4 型的滞后回环与次级孔隙度和朗缪尔常数 b 的高值相关［见公式（5.14）］，表明存在微孔。对于 Al-PILC 样品，估计微孔容量在 p/p^o= 0.99 时占总摄取量的约 60%。

Gil 和 Grange（1996）也试图应用 DR 和 DA 方程［即式（5.41）和式（5.46）］，后者将在本章后面以式（12.1）给出。柱撑黏土似乎具有双峰吸附潜能分布，但这些发现的意义尚不完全清楚。Gil 和 Gandia（2003）通过 N_2 和 CO_2 吸附以及各种数据处理方法，仔细研究了氧化铝柱撑皂石的孔隙度。令人惊讶的是，Horvath-Kawazoe 方法可以毫无差别地应用于圆柱形和狭缝状孔隙几何形状，而所用的 DFT 模型被认为不适合这种类型的材料，可见该微孔表征的困难。

Bergaya 等（1993）在吸附数据解释方面做了一些工作，给出有用的结论，即狭窄孔隙中吸附分子的堆积强烈依赖于孔隙宽度。有人认为，层间孔隙中的分子是限制孔道孔隙体积的主要原因。这些评论强化了 IUPAC 的建议，即不应该期望实验方法能够对高孔隙材料的表面积或孔隙度进行绝对评估（Rouquerol 等，1994）。下面还将说明这项建议的重要性。

在一项关于氧化铝柱撑蒙脱石（Al-PILCs）孔隙度的研究中，Zhu 等（1995）已经从体积/表面比获得了 0.8～0.9 nm 的平均狭缝宽度值。此次样品的氮气吸附值与相应的 d_{001} 值约 0.8 nm 一致。然而，从氮气等温线和水吸附数据获得的有效微孔体积有着明显不同，并且显示吸附水的密度低于液体水的密度。

Bergaoui 等（1995）表达了不同的观点，他们认为通过氮气吸附表征 Al-PILCs 得出的结果会产生误导。这些研究人员发现 Dubinin-Radushkevich（DR）分析二氧化碳等温线给出的微孔体积值与由合成皂石中嵌入的 Al_{13} 聚合物量得到的"理论"值非常吻合。有趣的是，准平衡技术被用来确定 273 K 和 293 K 下的 CO_2 等温线。最初由 Rodriguez-Reinoso 设计的 CO_2 吸附微孔表征技术无疑是应用于活性炭的，但是 CO_2 与黏土和 PILC 的相对较强的场梯度-四极相互作用，可能使吸附数据的解释复杂化，由此可用来解释获得的插层皂石 DR 图中的曲率（Bergaoui 等，1995）。

Cool 和 Vansant（1996）最近的工作证明了使用各种吸附性分子来表征 PILC 孔隙度的重要性。研究者借助各种技术，通过测量氮气、氧气和环己烷的吸附，研究了天然锂蒙脱石和合成锂皂石的 Zr-柱化。未煅烧的 Zr-锂皂石样品的低温 N_2 等温线，部分属于Ⅰb 型，但也具有小的滞后回环。这些特征表明了该样品具有宽范围的孔隙，即从超微孔（<0.7 nm）延伸到次微孔和窄介孔（大约 1.4～2.1 nm）。

根据 Cool 和 Vansant（1996）的报道，0.7～1.1 nm 之间的孔隙可能存在于所有柱状黏土中，而更窄和更宽的孔隙则属于 Zr-锂皂石和 Zr-锂蒙脱石的特征。Zr-锂皂石对环己烷的相对高的吸附亲和力（即低压容量）可归因于其具有大量窄孔，从而导致吸附质-吸附剂的相互作用增强。

Galarneau 等（1995）报道了一些新颖的"多孔黏土异质结构"（PCHs）的可逆的Ⅰb 型氮气吸附等温线。所谓的"内部模板过程"被用于产生有效宽度为 1.4～2.2 nm 的热稳定孔隙（由 Horvath-Kawazoe 方法评估），这种方法涉及使用嵌入季铵阳离子和中性胺作为辅助表面活性剂，来指导有机硅化合物如原硅酸四乙酯的层间水解和缩合，然后通过煅烧除去表面活性剂，留下稳定且高度发展的超微孔/介孔结构。

12.4　沸石:合成、孔隙结构和分子筛性质

12.4.1　沸石的结构、合成和形貌

12.4.1.1　沸石结构

沸石的基本结构单元是 TO_4 四面体，其中 T 通常是硅或铝原子/离子（或铝磷酸盐中的磷）。在本节中，针对具有 $M_{x/n}[AlO_2]_x(SiO_2)_y \cdot mH_2O$ 通式的硅铝酸盐沸石，沸石骨架由$[AlO_2]_x(SiO_2)_y$组成，M 是非骨架可交换阳离子。

尽管已知有一些纯二氧化硅沸石（特别是 Silicalite 以及在 Instituto de Tecnologia Quimica de Valencia 获得的许多 ITQ 结构），但不可能获得氧化铝沸石。实际上，根据 Loewenstein 的规则，为了避免任何直接的 Al—O—Al 键，允许的 Si/Al 比至少为 1.0（即 $y > x$）。

通过在二级构筑单元（SBU）内不同的 TO_4 四面体连接布置，有可能制备出各种各样的沸石，且这些 SBU 本身在无数的 3D 网络中会连接在一起。两个最简单的 SBU 是 4 个和 6 个四面体环，和其他较大的单环和多达 16 个 T 原子的双环。晶胞总是包含整数个 SBU。

沸石结构可以用各种结晶学术语描述。对于许多体系，可以定义以下结构术语：SBU、框架密度、配位顺序、晶胞尺寸和组成、通道方向和孔径（窗口）尺寸（沸石结构类型图集，1992；Thomas 等，1997）。框架密度（FD），定义为每 1000 Å^3（即每 1 nm^3）结构的 T 原子数。

具有 A、X 和 Y 沸石特征的方钠石单元（或 β 框架）（见图 12.13）是由四环和六环排列成的立方八面体（即截头八面体），该笼具有约 0.6 nm 的内部有效直径。

一些最常见的结构是通过以不同方式连接方钠石单元而产生的：通过四环桥接方钠石单元，可获得沸石 A（Lindle A 型）；如果六环相连，则产生八面沸石（FAU）和 EMT 结构。很明显，这种桥接模式负责产生"超级笼"，即大型空穴。进入这些区域要通过孔（即"窗户"）。孔周围四面体原子 T 的数量决定孔的大小，比如催化中，经常说到小孔沸石八元环孔（即 8 个 T 原子和 8 个氧原子，具有 0.3～0.45 nm 的孔径）、中孔沸石十元环孔（0.45～0.60 nm）和大孔沸石十二元孔（0.60～0.80 nm）（Guisnet 和 Gilson，2002）。

晶内孔隙度通常被认为是在加热和排空沸石时放出的液态水所占据的体积分数。各种沸石的晶内孔隙度典型值为：丝光沸石，0.26；沸石 L，0.28；沸石 A，0.47；八面沸石，0.53（Barrer，1981）。由于框架的刚性，沸石框架在吸附或脱附期

间几乎没有膨胀或收缩，这种行为与黏土和其他硅铝酸盐相反。

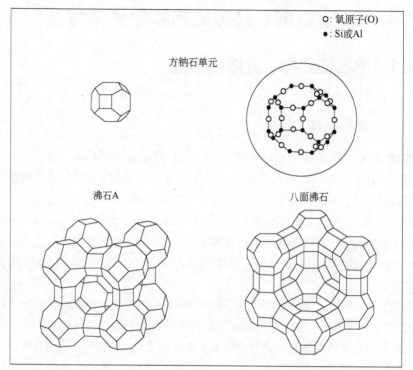

图 12.13　方钠石笼的组成和方钠石结构，沸石 A 和八面沸石（沸石 X 和 Y）

（1）沸石 A

Linde A 型沸石（Breck 等，1956；Reed 和 Breck，1956）具有典型的 $[Na_{12}(Al_{12}Si_{12}O_{48})_{27}H_2O]$ 晶胞单元成分，Si/Al 比始终接近 1.0。图 12.13 所示的赝单元由 8 个方钠石单元（β 笼）组成，SBU 是双四环和八环，FD 为 12.9 nm^{-3}，沸石 A 具有立方对称结晶结构。超笼（单独笼）具有约 1.14 nm 的自由直径，并且八元窗口具有约 0.42 nm 的自由孔，提供进入 3D 各向同性通道结构的入口。但是，如后面所讨论的，由于存在某些阳离子，该窗口尺寸会减小。

（2）沸石 X 和 Y

八面沸石型沸石都具有相同的骨架结构，如图 12.13 所示，为立方对称结晶。八面沸石晶胞的一般成分是 $(Na_2, Ca, Mg)_{29}(Al_{58}Si_{134}O_{134}) \cdot 240H_2O$。SBU 是双六环，FD 是 12.7 nm^{-3}，每个晶胞单元包含八个腔，每个腔的直径约为 1.3 nm。平行于 [110] 的 3D 通道具有 12 个环形孔，并具有大约 0.74 nm 的自由孔径。沸石 X 和沸石 Y 之间的差别在于它们的 Si/Al 比分别为 1~1.5 和 1.5~3。

（3）Pentasil 型沸石

Pentasil 结构是基于双五环 SBU。MFI 沸石 ZSM-5（见图 12.14）中最重要的成员叫做 Silicalite-1，它具有通式 $Na_n(Al_nSi_{96-n}O_{192}) \cdot 16H_2O$，其中 $n<27$，并且结晶具有正交对称性，ZSM-5 的 FD 为 17.9 nm^{-3}。与 ZSM-5 结构密切相关的是 MEL 沸石 ZSM-11，它与 ZSM-5 具有相同的总体结构式（但是 $n <16$）。如图 12.14 所示，ZSM-5 具有相交的直线和正弦通道；相反，ZSM-11 具有相交的直通道。MFI 和 MEL 形式的共生是常见的，并且会影响催化性质（Thomas 等，1997）。

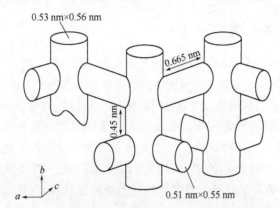

图 12.14　ZSM-5 的通道结构（引自 Thamm, 1987）

在正交 ZSM-5 和 Silicalite-1 晶体中，正弦曲折（之字形）通道沿着（100）延伸，另一个相交的直线通道系统沿着（010）方向（Kokotailo 等，1978）。孔开口由十元椭圆环限定，直通道的自由直径为 0.51 nm×0.55 nm，正弦通道的自由直径为 0.53 nm×0.56 nm。

晶胞单元中有四个互相连接的孔腔，每个孔腔的宽度约为 0.8 nm，四个互连的直线通道中的每一个长度都是 0.46 nm，四个正弦通道中的每一个长度都是 0.66 nm。

（4）可交换阳离子的作用

到目前为止，还没有考虑非骨架阳离子 M 的作用。由于硅铝酸盐骨架由 $(AlO_2)_x$ 和 $(SiO_2)_y$ 组成，它是阴离子的，净负电荷由在 T 位置的 Al 原子数量控制，很显然，需要相应数量的 M 阳离子来提供电荷的总体平衡。具有给定 Si/Al 比的沸石通常具有一定数量的可交换阳离子，可以是不同类型的，位于空腔内的各个位置和通道。

在沸石 A 中，已经确定了三个不同的阳离子位点：大多数阳离子占据中心腔中的角落位置（I 型位点），但是每个笼中总共有 12 个一价离子（例如 Na^+ 或 K^+），其中的一些必须占据八环窗口内部位点，因而会部分阻塞通道。因此，NaA（即 4A 分子筛）的有效窗口大小会由此从 0.42 nm 降低至约 0.38 nm。由于 K^+ 稍大，窗口尺寸会变得更小（即 3A 分子筛）。当 Na^+ 阳离子交换为 Ca^{2+} 或 Mg^{2+} 时，所需阳离子的数量减少，有效孔径和孔体积都会增加（即 5A 分子筛）。

八面沸石中的阳离子分布比沸石 A 中的阳离子分布复杂得多，已经确定了 5 个

不同的位点，并且发现阳离子的分布明显取决于阳离子的性质和水的存在。

如果沸石的骨架结构保持不变，则阳离子交换容量与 Si/Al 比成反比。此外，通过调节可交换阳离子的尺寸和化合价可以实现吸附和催化性能的"微调"。通过酸处理可以实现某些富含二氧化硅的沸石脱铝，并且所得到的"疏水性"沸石适用于从水溶液或潮湿气体中除去有机分子。

12.4.1.2　沸石的合成

很明显，天然沸石形成的时间长致使其不能在实验室中复制，但是在 20 世纪 40 年代，Barrer 等（1982）发现，许多天然沸石可以在水热条件下合成。基本的合成原料是合适的活化形式的氧化铝、二氧化硅和碱。

最初形成弱有序的硅铝酸盐水凝胶，之后是低聚物前体的生长和结晶度的发展。结晶沸石可能不是最稳定的产物，其形成取决于反应物的性质、反应条件和"动力学控制"。一般公认的结晶阶段是过饱和、成核和晶体生长。Feijen 等（1997）指出控制沸石形成的关键参数包括水凝胶组合物、pH 值、反应条件（温度和时间）和模板。

通常使用有机离子（例如四烷基铵阳离子中的四甲基铵 TMA^+或中性分子作为模板，即结构导向剂）。在过去，某些模板是经验性地引入的，虽然它们现在被广泛使用，但它们的行为还没有完全被理解。

合成沸石的晶体通常具有三价 T 离子的不均匀分布（即它们表现出一定程度的 T-Ⅲ 分区），这种分区形式的程度似乎是合成步骤的结果（Jacobs 和 Martens，1987）。可以一种新颖的方式，利用等温气体吸附微量热法来研究 MFⅠ型沸石中的 T-Ⅲ 分区（Llewellyn 等，1994a）。

12.4.1.3　沸石形貌

合成沸石的晶体通常很小，而且常常表现出各种形式的孪生和共生。对于一些沸石，通过电子显微镜可以鉴定尺寸小于 50 nm 的单个微晶（例如立方形 NaA），但聚集体尺寸通常在约 1～10 mm 的范围内，据报道，典型的 NaA 粉末在这个范围内的粒度分布具有广泛的对数正态特征（Breck，1974，p.388）。

虽然目前的研究旨在制备纳米尺寸的颗粒，但许多合成沸石的颗粒尺寸对于一些应用而言还是太小，因此它们必须形成多晶聚集体（例如通过造粒）。通常会添加黏合剂以改善骨料的强度和耐久性。需要注意的是，这些颗粒或聚集体形态及其他变化可能会显著影响吸附的平衡或动力学。

12.4.2　分子筛沸石吸附剂性质

很明显，许多沸石结构内的通道和空穴具有分子尺寸，并且它们的尺寸和构型是特定晶体骨架的固有性质。另外，由可交换阳离子产生的局部静电场在很大程度上造成了对水和其他极性分子的强亲和力。因此，对于给定的沸石组成和结构，良好沸石晶体的吸附行为是非常均匀和稳定的。此外，在一定范围内，吸附剂和离子的交换性能可以通过改变骨架结构、Si/Al 比和可交换阳离子的性质等方式进行调节控制。

在亚单分子层范围内，1 μm 立方沸石晶体外部区域的吸附量与微孔结构内的吸附（晶内吸附）量相比是非常小的。另外，除了在外表面上有少量的多层吸附之外，在更高的 p/p^o 时不应该有额外的吸收。然而，非沸石有三种方式会增加吸附量的贡献：①黏合剂（通常是黏土）可能具有相对较大的比表面积；②沸石微晶尺寸可能远小于 1 μm；③沸石可含有一些无定形硅铝酸盐或二氧化硅。在实践中，这些效应中的一个或多个会导致 I 型等温线的形式出现偏差（Sayari 等，1991）。

12.4.2.1　沸石 A 的气体物理吸附

某些形式的沸石 A（例如 3A 和 4A 分子筛）表现出显著的分子筛性质和填充限制，然而它们的物理吸附能力达不到孔完全被液态吸附物填充所计算的吸附量（Gurvich 规则，见 8.2.1 节）。在 77 K 时，NaA 对氩气或氮气的吸附量非常低，难以测量；随着温度升高，吸附量明显增加，Ar 约在 120 K 时达到最大吸附量，N_2 约在 200 K 时达到最大吸附量。在 273 K 时，Ar 吸附非常弱，而 N_2 吸附仍然很显著。

以上结果表明，低温下，Ar 和 N_2 向晶体内孔隙结构扩散的速率非常缓慢。吸附量随温度的增加不是热力学控制的，而是取决于分子能否获得足够的动能来通过 4A 分子筛孔径，这个过程可能是通过增强氧环结构的振动幅度来辅助完成的。

稍微小一点的分子如 O_2 可以更自由地移动通过八环孔，因此该分子的吸附量随着温度的升高而以正常方式降低。但是，如表 11.2 所示，v_p 的推导值并不完全一致（Breck，1974，p.428）。

通过钙交换钠对沸石 A 的吸附性能有显著影响。当 3～5 个 Na^+ 离子被交换后，吸附会发生急剧变化，这时 Ar 和 N_2 都能够在低温下进入通道，尽管表 12.2 中 v_p 的不同值之间缺乏一致性。

图 12.15 显示了在 273 K 和 293 K 的温度下，5A 分子筛吸附氧气和氮气的等温线。显然，在此温度下的等温曲线曲率大大减小。实际上，氧气等温线的线性几乎高达 10 bar（1 MPa）（即遵守亨利定律）。氮气吸附水平明显高于氧气吸附水平，主要是由于其特定的场梯度-四极相互作用引起的。氮气吸附剂-吸附质的这种增强作用

是导致吸附粒子具有较高亲和力的原因，这些可以通过在非常低负荷的条件下比较等温线的斜率差异来表示。

表 12.2 A 型和 X 型分子筛的孔体积推导值

分子筛	吸附质	$\theta / ℃$	$v_p / cm^3 \cdot g^{-1}$	分子筛	吸附质	$\theta / ℃$	$v_p / cm^3 \cdot g^{-1}$
	H_2O	25	0.29		H_2O	25	0.36
$Na_{12}A$	CO_2	−75	0.25		CO_2	−78	0.33
	O_2	−183	0.21		Ar	−183	0.30
	H_2O	25	0.31	NaX(Si/Al=1.25)	O_2	−183	0.31
	O_2	−183	0.24		N_2	−196	0.35
Ca_6A	Ar	−183	0.26		正戊烷	25	0.30
	N_2	−196	0.30		新戊烷	25	0.26
	正丁烷	25	0.23		苯	25	0.30

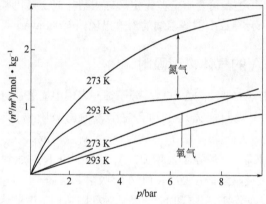

图 12.15 在 273 K 和 293 K 时，在 5A 分子筛中氧气和氮气的吸附等温线
（引自 Kirkby, 1986）

在常压变换吸附（PSA）工作范围内，5A 分子筛的 N_2/O_2 选择性比为 2：3；尽管它会随着分压的增加而明显降低。在环境温度下，吸附平衡非常快。在较低温度下，吸附速率降低，分离效率也降低。在 293 K 时，氩气产生的等温线非常接近氧气，因此该成分趋于保留在氧气部分中。由于用沸石不能实现氧气的选择性吸附，因此为了生产氮气，必须使用特殊类型的分子筛碳。

如果操作温度不太高，许多沸石能产生可逆的 I 型等温线。可以预料，朗缪尔方程至少在一定的压力范围内可以应用于这些系统。图 12.16 中，朗缪尔图的宽线性范围似乎支持朗缪尔方程的适用性。但是，正如 Ruthven（1984）指出的那样，表面一致性是不可靠的。在不同的表面覆盖度 θ 范围可以给出三个线性图，并且亨利定律常数和单层容量的衍生值 n_m 彼此不相容，并且与通过对吸附数据的更详细分析获得的值也不匹配（例如维里处理）。

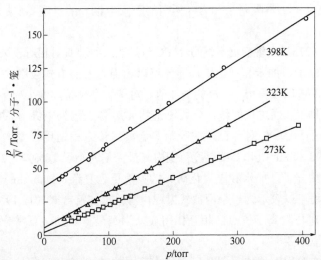

图 12.16　通过 5A 分子筛对程序吸附的朗缪尔图（引自 Ruthven 和 Loughlin, 1972）

通过将吸附数据绘制为 θ 而非 p 的函数，获取朗缪尔方程符合度的进一步搜索测试（Barrer, 1978），也会出现一些明显的偏差，这与简单的朗缪尔模型的不足之处相一致。

12.4.2.2　X 和 Y 沸石的气体物理吸附

表 12.2 中列出了沸石 NaX 的有效孔体积值，这些值是通过吸附所选择的分子测定获得的。忽略掉水、氮气和新戊烷的值，可以得出 v_p =(0.31±0.02) cm^3 · g^{-1}，与计算的超笼体积 0.30 cm^3 · g^{-1} 一致。这支持了 Breck（1974，p.428）的结论，即除了水是一个可能的例外情况，只有大型超笼可用于物理吸附，并且与单位晶胞的超笼体积约 67 nm^3 一致。

鉴于其异常特异性，与可交换阳离子的强烈相互作用以及一些渗入小β笼中的可能性，A 和 X 沸石中水的异常行为并不令人惊讶。高氮气值是值得关注的，这进一步证实在狭窄的微孔中吸附的氮气不是采用正常的液体结构。

Dubinin 等（1975）应用分数体积填充原理，进行了各种尝试，从而获得了沸石上一系列物理吸附等温线的相关性的特征曲线。如 5.2.4 节所述，原始的 DR 方程 [即式（5.41）] 是不够的，取而代之的是应用更一般的 Dubinin-Astakhov（DA）方程即式（5.46）。

DA 方程的简便形式是：

$$\boldsymbol{n} / \boldsymbol{n}_p = \exp[-(A / E)^N] \tag{12.1}$$

式中，n_p 是当所有通道和空腔充满时（即微孔容量）吸附的特定量。A 和 E 如 5.2.4 节中所定义：A 是吸附亲和力（所谓的吸附电位）的量度；E 是给定系统的特征能量。

Dubinin（1975）发现有必要区分 NaX 和其他八面沸石对相对较大和较小分子的吸附。对于大分子，如苯和环己烷，显然可以相当直接的方式应用式（12.1）：通过使用连续近似，可以获得 n_p 和 E 的最佳值。对于每个系统，这个程序给出了一个温度不变的特征曲线，通过该曲线，分数填充量 n/n_p 被表示为电势 A 的函数。例如，式（12.1）适用于 NaX 对环己烷的吸附等温线，该方程适用于宽的组分填充范围 $n/n_p = 0.10 \sim 0.98$ 和 $80 \sim 140℃$ 的温度范围内（最大偏差小于 10%）。

较小的极性分子（如水和二氧化碳）的吸附更为复杂，Dubinin（1975）认为整个孔隙填充过程可以表示为一个两项式方程，每一项都符合式（12.1）的数学形式。在低填充区域，与阳离子位点的相互作用被认为是最重要的，正常分散相互作用在高负载下变得更重要。

虽然许多实验等温线似乎服从可观压力范围的 DA 方程，但这种一致性的理论基础是有问题的。正如 Ruthven（1984）指出的那样，即使是 NaX 和其他沸石，温度不变性特征曲线也能提供有用的关联工程数据的经验值。

一般认为，维里等温方程比 DA 方程具有更高的理论有效性。如 5.2.1 节所述，维里方程的优点在于它不是基于任何模型，所以它可以应用于无孔和微孔吸附剂的等温线。此外，与 DA 方程不同的是，维里扩张具有特殊的优点，因为它可以归结为亨利定律。

Kiselev 等（Avgul 等，1973）所青睐的维里等温线的指数形式是式（5.6），即

$$p = n \exp(C_1 + C_2 n + C_3 n^2 + C_4 n^3 + \cdots) \tag{12.2}$$

通过使用前三个或四个系数，Avgul 等（1973）能够将式（12.2）应用于研究 Ar 和 Xe 对沸石 NaX 和 LiNaX 的填充，最高可达总填充量的 70%～80%。

如果温度不太低，式（12.2）的两个常数版本和其他维里扩展可应用于八面沸石等温线的低组分填充部分。这样就可能获得亨利定律常数 k。

确定 k_H 的另一种方法是气相色谱法，这是在较高温度下，当等温曲线曲率减小时常用的优选方法。Denayer 和 Baron（1997）采用微扰色谱分离技术研究了各种形式的 Y 型沸石对一系列正构烷烃和支链烷烃的吸附情况。通过测量吸附系统在不同负载下所对应的保留时间，可以推导出每种组分的吸附等温线，测量温度范围为 275～400℃。这项关于链长和支链烷烃（从 C_6 到 C_{12}）影响的研究结果遵循八面体沸石吸附低级烃的早期研究（Atkinson 和 Curthoys，1981；Thamm 等，1983）。不过，研究者的兴趣在于 NaY 和 HY 的行为。筛选的亨利常数 k_H 和低覆盖吸附能 E_0 的值列于表 12.3。

表 12.3　NaY 和 HY 上各种烷烃的亨利定律常数和低覆盖率吸附能（Denayer 和 Baron，1997）

吸附质	NaY		HY	
	$k_H/10^{-5}mol \cdot g^{-1}$	$E_0/kJ \cdot mol^{-1}$	$k_H/10^{-5}mol \cdot g^{-1}$	$E_0/kJ \cdot mol^{-1}$
正己烷	1.9	45.5	1.7	44.2
2-甲基戊烷	2.0	45.3	1.7	44.2
3-甲基戊烷	2.0	44.5	1.7	43.5
2,3-二甲基丁烷	2.0	44.1	1.8	43.5
2,2-二甲基丁烷	2.1	43.2	1.8	43.5
正庚烷	4.4	51.9	3.6	50.1
2,3-二甲基戊烷	5.1	50.6	3.6	50.1
正辛烷	10	57.5	7.9	56.0
2-甲基庚烷	10	57.2	7.9	55.7
2,5-二甲基己烷	11	57.1	8.3	56.0
正壬烷	23	63.4	17	62.0

对表 12.3 的调查表明，NaY 和 HY 的 k_H 和 E_0 的相应值之间存在相对较小的差异。这是因为吸附剂-吸附质相互作用基本上是非特异性的（见 1.6 节）。因此，沸石 Y 的分馏对石蜡吸附能量的影响最小，吸附物的分子形状也不重要。根据图 1.3 和图 1.4 的结果，摩尔质量（碳原子数）比分子形状重要得多。如前所述，E_0 和 N_C 之间存在线性关系。在这些条件下，N_C 的 k_H 的指数增长与式（5.3）的形式一致。

极性分子、离子与极性表面的相互作用在 1.6 节中已简要讨论。可以用简单的形式表示：

$$E_0=E_{ns}+E_{sp} \tag{12.3}$$

其中，E_{ns} 表示非特异性吸附剂-吸附物相互作用；E_{sp} 表示各种特定贡献。当沸石用作吸附剂时，E_{sp} 变得非常重要（Kiselev，1967；Barrer，1978）。表 12.4 中的低覆盖吸附量热数据说明了具体贡献的大小。

**表 12.4　NaX 分子筛上不同吸附物在零覆盖时的吸附能 E_0 以及推导出的
特定贡献 E_{sp}（Kiselev，1967）**

吸附质	$E_0/kJ \cdot mol^{-1}$	$E_{sp}/kJ \cdot mol^{-1}$	吸附质	$E_0/kJ \cdot mol^{-1}$	$E_{sp}/kJ \cdot mol^{-1}$
氩气	13.0		正己烷	61.4	
氮气	21.7	9	苯	75.2	14
乙烷	25.9		正戊烷	51.8	
乙烯	38.5	13	乙醚	87.8	36

在表 12.4 中对具有极其相似极化率的分子对的 E_0 值进行了比较。假设每一对相

应的 E_{ns} 值大致相等，能够粗略估计获得第 3 列中的 E_{sp} 贡献值。在此基础上，最意外的结果是对乙醚的非常大的 E_{sp} 贡献。

Barrer（1978）也报道了 NaX 在吸附二氧化碳、氨和水蒸气中，有大量的 E_{sp} 贡献。事实上，对于水，超过 90% 的低覆盖吸附要归因于 E_{sp}。对于这些高极性分子，阳离子-吸附剂相互作用可能对 E_{sp} 有重要贡献。

在 Schirmer 等（1980）的工作中，使用 Tian-Calvet 型微量热计测定了 NaY 分子筛对正己烷、环己烷和苯的吸附能。

图 12.17 中的结果代表了八面沸石对各种烷烃和芳烃的吸附能图。NaY 在低组分填充时，苯吸附能大于正己烷能量，尽管差值（约 6 kJ·mol^{-1}）远小于表 12.4 中 NaX 的相应差值（约 14 kJ·mol^{-1}）。正如已经指出的，这与 NaX 中有大量的可交换阳离子相符。图 12.17 中正己烷曲线中的最大值表明，在高负载下强吸附质-吸附质相互作用，与石墨化碳对苯的吸附相反 [参见图 10.10（a）]。

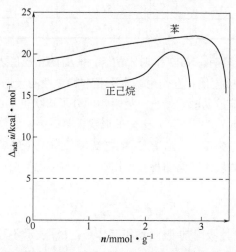

图 12.17　正己烷或苯吸附的差能与 NaY 沸石吸附量的差（引自 Schirmer, 1980）

鉴于 NaY 和 NaX 对苯吸附能的差异，研究者预计苯等温线的差异，尤其是在低负载量下。Kacirek 等（1980）的结果证实 NaX 对苯吸附亲和力确实显著高于 NaY。

一般来说，在极低覆盖率下表现出最强特异性的极性吸附剂（例如 NaX 上的 H_2O 和 CO_2）也显示出明显的能量不均匀性，它们的差异吸附能随着组分孔填充增加而急剧下降（Kiselev, 1965; Barrer, 1978）。另一方面，非极性和弱极性分子的吸附能往往不会经历太多的初始变化。正如所看到的，阳离子密度由 Si/Al 比控制，因此从 X 到 Y 或脱铝的变化通常导致更高程度的能量均匀性（Barrer, 1978; Schirmer 等, 1980）。

12.4.2.3　ZSM-5 和 Silicalite-1 沸石的气体物理吸附

对 ZSM-5 和 Silicalite 的早期研究中发现（Flanigen 等，1978; Ma, 1984），脂族烃和芳烃以及其他蒸气的吸附等温线似乎具有完整的 I 型外观。然而，单个吸附量间隔却很大，并且看起来脱附测量并没有执行。Rouquerol 和 Unger 等（Reichert 等，1991）最近的测量结果揭示，良好的 Silicalite-1 晶体的氮气和氩气等温线在 p/p^o 的微孔填充范围内表现出次级步骤。更为显著的是氮气等温线的预毛细凝聚区存在滞后回环（Carrott 和 Sing, 1986; Muller 和 Unger, 1986）。

表 12.5 中，Silicalite-1 的孔体积 v_p 值是采用通常的测量（即在 Gurvich 规则之后）饱和吸附容量的方式获得的。在每种情况下，均假定吸附质在操作温度下具有正常的液体密度，所以从 $p/p^o \to 1$ 的吸收量可被转化为吸附体积。

有很多解释用于表 12.5 中各个 v_p 值之间缺乏一致性的可能原因。必须记住高 p/p^o 下的总吸收量由三种机理控制：①低 p/p^o 下的晶内填充，通过可能的分子筛效果，和依赖于分子尺寸和形状以及孔几何形状的堆积叠加；②外表面上的多层吸附；③次级孔结构内的毛细管冷凝。在毛细凝聚范围内，过程②和③会出现一个有限多层斜率和一个滞后回环（Kenny 和 Sing, 1990）。

表 12.5　Silicalite-1 孔体积的推导值

吸附质	T/K	$v_p / cm^3 \cdot g^{-1}$	参考文献
氮气	77	0.190	Kenny and Sing (1990)
氧气	90	0.185	Flanigen et al. (1978)
正丁烷	293	0.190	Flanigen et al. (1978)
正己烷	293	0.199	Flanigen et al. (1978)
正己烷	293	0.185	Ma (1984)
苯	293	0.134	Flanigen et al. (1978)
苯	293	0.126	Ma (1984)
对二甲苯	293	0.13	Ma (1984)
间二甲苯	293	0.085	Ma (1984)
邻二甲苯	293	0.062	Ma (1984)
新戊烷	293	0.029	Ma (1984)
水	293	0.019	Kenny and Sing (1990)

Sayari 等（1991）已经提出了各种程序用于分别评估单一晶体的内容量与外表面积。α_s 方法是分析复合等温线的一种方法，已经应用于不同的 ZSM-5 样品的氮气等温线（Sing, 1989）。Gil 等（1995）使用这种方法研究柱撑黏土和沸石的微孔，通过这种方式，估测介孔在商业化样品 HZSM-5 中对总孔体积的贡献约为 25%。

通过使用相对较大的 HZSM-5 晶体（长约 350 mm），Muller 和 Unger（1988）获得如图 12.18 所示的 Ar 和 N₂ 的等温线。相比于以前的研究工作，开始开展研究较大尺寸的晶体。对于每种吸附剂，从多层范围内出现非常低的斜率可以得出结论即外表面积非常小，因而在平台上的吸附量对应于微孔容量。

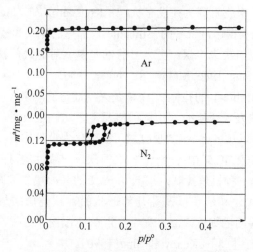

图 12.18 在 HZSM-5 中 Ar 和 N₂ 的吸附等温线（引自 Muller 和 Unger, 1988）

在图 12.18 中，氩气等温线显然是经典的 I b 型，而氮气等温线在 p/p^o = 0.12～0.15 的区域有一个明确的滞后回环。氮气环具有上下封闭点，并且非常稳定且可重现，不能将这种现象与更常见的低压迟滞形式混淆起来，因为低压迟滞的相差很大并且能延伸到可达到的最低压力。不过，氮气等温线区域内出现的一个回路与毛细管冷凝无关，因为在 77 K 时，这只能在 p/p^o> 0.4 时发生（见第 8 章）。

Muller 和 Unger（1988）决定在 p/p^o= 0.1 和液体密度条件下，根据氮气和氩气的吸附量测定微孔体积。因此，在第一个平台结束时（即在滞后环之前）获得氮气容量，可获得晶体孔隙体积的值为 0.144 $cm^3 \cdot g^{-1}$（氮气）和 0.147 $cm^3 \cdot g^{-1}$（氩气），这比先前估计的氮气值低得多。测定结果的相似性与两种吸附物具有明显的液体样特征是符合的。另外，假设氮气在第二个平台上具有类似固体的填充，就可以解释为什么吸附比率（约为 0.78）非常接近固体氮和液体氮密度的比率。

Muller 和 Unger（1988）对新型滞后回环的详细研究揭示了随着 HZSM-5 的晶体尺寸增加和铝含量降低，滞后回环变得更加明显。事实上，最显著的回环是从纯 Silicalite-1 的均匀晶体（约 150 μm）测试中获得的。在这种情况下，相关子步骤的几乎垂直上升部分对应于约 25～30 分子/单位晶胞分子的负载量。

微量热分析和高分辨率吸附测量（Muller 等, 1989a, b; Llewellyn 等, 1993a, b）发现在约 22 分子/单位晶胞氩气和氮气的等温线中存在较小的次级吸附步骤。Silicalite-

1 对氩气和氮气的吸附结果及其相应等温线见图 12.19 和图 12.20，对于纯 Silicalite 的每次吸附，微分吸附焓 $\Delta_{ads}\dot{h}$，在 $N^\sigma \approx 20$ 分子/单位晶胞外的范围几乎保持不变。

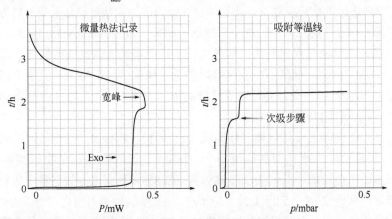

图 12.19　在 Silicalite-1 上 77 K 时氩气吸附等温线和相应的微量热学测量

（由 Grillet Y.和 Llewellyn P.提供数据）

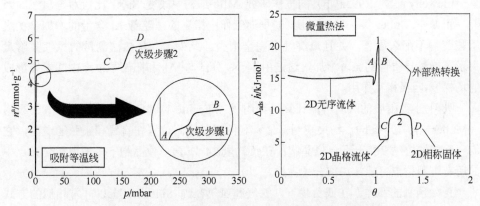

图 12.20　77 K 时 Silicalite-1 上的氮气等温线和吸附焓

（引自 Llewellyn 等，1993b）

对于氩气，在 $N^\sigma \approx 20 \sim 30$ 分子/单位晶胞范围，$\Delta_{ads}\dot{h}$ 中出现的一个单一的宽峰，对应于次级步骤的垂直上升部分。正如预料，Silicalite-1 上氮气的行为更复杂，它有两个峰，第一个位于 $\Delta_{ads}\dot{h}$ 的两个最小区之间。峰 1 位于 $N^\sigma = 22 \sim 25$ 分子/单位晶胞，宽峰 2 位于 $N^\sigma = 25 \sim 30$ 分子/单位晶胞，对应于等温线次级步骤的位置。

中子衍射实验（Reichert 等，1991；Llewellyn 等，1993a, b）已经证实次级步骤和相关的能量变化是由于吸附质中的相变引起的。对于氩气，尖锐的次级步骤和放热变化是由于氩气从无序相转变成固体样结构，其衍射峰在 10～100 K 的温度范围内保持稳定。氮气出现了类似氩气的总体变化，发生在两个阶段：第一阶段是从无序流动阶段到局部化阶段（或晶格流体状阶段）的变化，第二阶段和更大的过渡阶段 2 导致形成一种类似固体的相称结构。在中子衍射实验（Coulomb 等，1994a,b）中通过 ^{36}Ar 和 ^{40}Ar 之间的比较来观察，沸石本身在吸附过程中从单斜晶系变为斜方晶系，这呼应了沸石在吸附对二甲苯过程中观察到的结果（van Koningsveld，1989）。这种结构转变可能是由吸附过程引起的，但这似乎不可能解释孔内氩气或氮气状态的变化（Douguet 等，1996）。硅沸石中氩气吸附的分子模拟研究表明，等温线步骤可归因于吸附相的现场/场外相变，并且在高负载的吸附流体应力下，可能会导致沸石骨架的变形（Douguet 等，1996）。

因为 77 K 等温线非常陡峭（即高吸附亲和力），所以很难进行任何形式的维里分析。迄今为止，少数详细的硅沸石和 HZSM-5 氮气等温线是在较高温度（即 293~373 K）下确定的（Reichert 等，1991），且已经表明在低分数下遵守亨利定律。吸附等作焓的推导值为（15.0±1.3）$kJ \cdot mol^{-1}$，在实验误差范围内，对于 Silicalite-1 和 HZSM-5，二者似乎非常相似。这些值与在 77 K 下采用微量热法测量的吸附能量是一致的。

Llewellyn 等（1993a, b）的工作研究 MFI 结构中改变 Si/Al 比值对等温线的影响。正如在 Muller 等（1989a, b）的早期工作中指出的，随着 Al 含量的增加，次级步骤变得不那么显著，并且最终几乎完全消失。此外，微量热法测量的氮气吸附量揭示了能量异质性的显著增加，这是由于 N_2 分子与 Al 和阳离子位点之间发展形成的场梯度-四极相互作用。

吸附剂-吸附质的吸附势能计算已经用于 Silicalite-1 的通道和交点处氩气的吸附（Muller 等，1989a,b），结果表明，最有利的局部吸附位置在直线和正弦通道内，它们一起能够容纳 20 分子/单位晶胞；在负载量 24 分子/单位晶胞下，通道和交叉点中的所有可用位点可能被局部分子占据。

正如预测的那样，在低负载下，氩气和氮气在纯 Silicalite 上以非常相似的方式被吸附。在任何情况下，吸附能几乎保持恒定，直到 N^o=20 分子/单位晶胞。这表明局部吸附发生在吸附质与吸附质间相互作用很小的情况，被吸附的分子主要位于通道中并且在交叉点处浓度较低。

吸附能量的小幅增加可能是由于交叉点内部的协同相互作用造成的，这种情况之后紧接着是第一阶段转变，其中氩气的填充密度比氮气更剧烈。事实上，Ar 转变 1 时的 p/p^o 比相应的 N_2 转变 2 时低得多，这与两种吸附质电子性质的差异有关。Ar 的非极性性质允许被吸附的分子更容易产生吸附质-吸附质相互作用，并因此进行紧密填充和使得被吸附物有结构致密化的可能。

四极氮分子链末端之间的排斥似乎是导致吸附能在跃迁 2 之前急剧下降的原因。次级步骤 2 可能伴随着分子的重新取向，以实现更有利的四极-四极相互作用，即允许一个分子的末端接近其邻居的中心。这种转变可能通过形成链状结构导致准晶态的发展（Sing 和 Unger, 1993）。滞后作用涉及更剧烈的被吸附的氮气分子的重排，这并不奇怪。首先必须克服能垒，由于每个分子域是均匀的，所以宏观结果就会出现一个明确的滞后回环，该滞后回环具有可重复的边界和扫描行为（Reichert 等，1991）。

将 Silicalite-1 对氩气和氮气的吸附行为与其他吸附物进行比较是有意义的。Llewellyn 等（1993a, b）的研究表明在某些方面氮气和氩气的吸附行为方式类似，直到加载 N°= 20 分子/单位晶胞时，在 77 K 处的吸附能量都是恒定的，并且二者几乎相同。类型 2 的次级步骤在性质上也相似，但是与氩气相反，氮气次级步骤与吸热变化有关。目前，对这种差异的解释并不清楚，但必须记住氮分子比氩体积更大，因此吸热现象可能是微孔网络内限域效应造成的（Derycke 等，1991）。到目前为止，没有发现甲烷在 77 K 时发生相变，在这种情况下，直到 N°= 20 分子/单位晶胞其吸附能量也保持恒定，但此后却急剧下降（Llewellyn 等，1993a, b）。

在 77K 时，一系列 MF I 型沸石对一氧化碳和氮气的吸附非常相似（Llewellyn 等，1993a, b）。这是因为在 Silicalite-1 上，CO 也具有转变态 1 和 2，并且在 MFI 结构中 Al 的增加与平滑等温线和产生能量非均质性均具有相同的效果。事实上，由于 CO 的极性更强，其吸附能量的变化更大。

Al 含量对 MF I 型沸石吸附水蒸气的影响更大。Flanigen 等（1978）在工作中注意到，Silicalite 对水亲和力低的性质与碳吸附剂类似。实际上 Silicalite-1（例如 293 K）在 p/p° 的整个范围内都表现出低的水蒸气吸收率（Kenny 和 Sing, 1990; Carrott 等，1991），为了说明这种行为，图 12.21 比较了用水和氮气填充的表观分数孔。

图 12.21 中，Silicalite-1 在 p/p° = 0.90 时对水的吸附容量仅为氮气和其他小分子

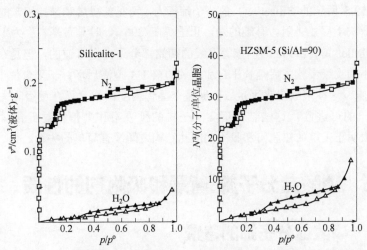

图 12.21　水蒸气和氮气在 Silicalite-1 和 HZSM-5 中的吸附（Si/Al=90）

（引自 Sing, 1991）

的 10%（见表 12.5）；当 Si/Al 比降低到 90 时，HZSM-5 中这一比例增加到约 18%。另外在毛细冷凝范围内存在滞后环，表明在二级孔结构内而不是在沸石通道结构中发生了高比例的水吸附或缺陷结构。Llewellyn（1996）等也报道了类似的发现。

另一个特征是在低 p/p^o 时水等温线的可逆性。这与大多数其他形式的脱羟基二氧化硅测定的水等温线表现出的低压滞后明显不同。基于没有明显的羟基化倾向这一事实，表明水不能很容易地渗透到 Silicalite 或 HZSM-5 的晶内孔中。然而，在 Llewellyn 等（1994a,b,c）的工作中，水能够在 p/p^o=1.0 时在 Silicalite-1 样品上凝结，这确实说明在低压区水等温线发生了不可逆的变化。

在解释这些现象时，除了考虑它们的大小之外，还必须考虑孔隙的几何形状。Silicalite /HZSM-5 系统的晶体内孔隙大部分为管状，直径约为 0.55 nm。在这样的封闭空间中，若定向氢键未发生相当大的变形，是不能容纳具有三维阵列氢键结构的水分子的。这与碳分子筛具有狭缝状孔隙的情况完全不同。

硅沸石晶体的质量对其疏水性和随后的水吸收有很大影响。Trzpit 等（2007）采用实验和分子模拟研究方式，比较了三种具有不同类型缺陷的样品，观察到较高压力下的凝结转变，减少了缺陷量，从而导致疏水性增加，这和先前 Ramachandran 等（2006）的建议相符合。事实上，需要高达 80～100 MPa 的压力才能发生孔隙填充（Eroshenko 等, 2001）。尽管如此，Trzpit 等的工作同时表明在较低的相对压力（低于 0.1）下，已经发生少量的吸水现象，这可能是因为亲水性的部分至少与晶体缺陷相连。据计算，限定在硅质岩孔隙环境中的水具有较低的偶极矩，与块体相比约低 10%（Puibasset 和 Pellenq, 2008）。鉴于完全用水填充疏水性硅质岩孔隙所需的压力非常高（因此也是值得关注的工作），可将这一特征用于与能源相关的应用（Eroshenko 等, 2001）。

如表 12.5 所示的 Silicalite-1 的分子筛行为，可见新戊烷和邻二甲苯的低饱和吸收率主要取决于尺寸排阻。有趣的是，正壬烷在 296 K 时具有基本上为 I 型特征的等温线（Grillet 等, 1993a,b），该等温线的初始部分是完全可逆的，但是在 p/p^o≈0.2 处的一个小的次级步骤之后是长平台和相关的窄 H4 型滞后环，长平台位于 N^o≈4 分子/单位晶胞。这种预吸附水平足以阻断整个晶体内孔结构。只有逐级除去壬烷，才能恢复氮气的可进性。这些结果证实了壬烷的预吸附和夹带相对于孔网络的复杂性，并且表明正壬烷的热脱附和吸附剂的孔结构之间没有简单的关系。

12.5 磷酸盐分子筛:背景和吸附剂的性质

12.5.1 磷酸盐分子筛的背景

Peri 在 1971 年报道磷酸铝光谱研究的结果时，注意到 $AlPO_4$ 和 SiO_2 的同构性质以及 AlPO$_4$ 作为吸附剂和催化剂载体的潜在价值。当时，人们可以很容易地制备稳定且具有高比表面积的 AlPO$_4$ 凝胶，但是在公开文献或专利中，没有迹象表明可以合成沸石形式的磷酸铝。

20 世纪 80 年代早期，联合碳化物公司的科学家们公开了铝磷酸盐分子筛族（AlPOs）的第一个新成员的合成方法（Wilson 等，1982a, b）。AlPO 结构的 Zeotype 框架可以描绘为交替的[AlO$_2$]$^-$和[PO$_2$]$^+$单元，所以 Al 和 P 都是以电中性状态占据相邻的 T 位点。

Davis 等（1988）发现的大孔 AlPO 为 VPI-5（弗吉尼亚理工学院后的 VPI）引起了人们极大的兴趣，因为大多数研究人员默认了沸石结构的通道直径不能超过 1nm，所以具有 1.2nm 通道的结构被认为是一种"心理学突破"（Ozin, 1992）。

研究最早且最详细的两个比较简单的 AlPO 是 AlPO$_4$-5 和 VPI-5。这两种结构都可以被认为是物理吸附研究的模型，其结构框架（001）面的平面投影如图 12.22 所示。

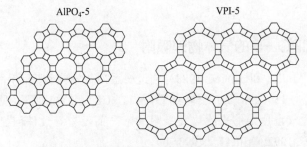

图 12.22　AlPO$_4$-5 和 VPI-5 骨架（001）面投影

（引自 Davis 等, 1988）

在 AlPO$_4$-5 和 VPI-5 中，最大的通道基本上是直筒。但是，如表 12.6 所示，二者的环大小存在明显的差异，在 VPI-5 和 AlPO$_4$-5 中 T 原子数分别为 12 和 18。孔尺寸来自 Davis 等（1989a, b）报道的晶体学数据。

需要对 AlPOs 进行化学改性来创造一种新型催化剂。在金属铝磷酸盐（MeAlPOs）中，骨架含有金属（Me），还有铝和磷。因此，通过用 AlPO 骨架中的 Me^{2+}（例如 Co、Cu、Mg、Zn 等）部分取代 Al^{3+}，以生产具有 Lewis 酸和 Brønsted 酸位点，或具有氧化还原性能的各种催化剂（Thomas, 1995; Martens 等, 1997; Thomas 等, 2001; Thomas 和 Raja, 2005）。

表 12.6　AlPO$_4$-5 和 VPI-5 的性质

大孔 AlPO	环数量	孔径/nm	孔体积/cm^3 · g^{-1}	
AlPO$_4$	4, 6, 12	0.73	0.18	0.15[①]
VPI	4, 6, 18	1.21	0.31	0.26[①]

① 一维孔。

在 20 世纪 80 年代早期，发现具有小窗口尺寸的硅铝磷酸盐（SAPO）可以有效地将甲醇转化为乙烯和丙烯。其中，最有效和最常用的是 SAPO-34，具有直径约 0.94 nm 的腔和直径 0.38 nm 的八元环窗，这样的窗口尺寸允许直链烃的穿透（例如 Denayer 等在 2008 年通过脉冲色谱研究了 $C_1 \sim C_{14}$ 的正构烷烃），但支链分子不能透过。用 P 取代部分 Si 会导致框架带负电荷，从而可允许引入 Brønsted 酸度。酸强度和酸密度与基于催化特征的催化活性一样重要，可以通过各种方式进行结构修饰和调整（Mees 等，2003）。

Petrakis 等（1995）已经讨论了具有通式 $Al100P_xFe_y$ 的另一组酸性金属磷酸盐的合成和性质，发现含有至少 15%磷的样品是无定形的中孔固体，而 P 含量较低的样品中存在 Fe 和 Al 的相分离迹象。

12.5.2 铝磷酸盐分子筛吸附剂的性质

12.5.2.1 AlPO₄-5 的气体物理吸附

Unger 等（Muller 和 Unger，1988）通过一系列高分辨率吸附手段，研究了不同批次合成的尺寸为 150 μm 六方晶体 $AlPO_4$-5。在 CRTA 的控制下（见 3.4 节），首先确定 200℃的脱气温度足够去除物理吸附的水，而没有导致任何显著的结构变化（Tosi-Pellenq 等，1992; Grillet 等，1993a,b）。

在 77 K 时，通过对氮气和氩气吸附的初始测量，可以获得平滑的 I 型等温线（Muller 等，1989a, b）。图 12.23 中显示了每个单元的分子所对应的吸附微分焓，氮气曲线高于氩气的曲线，但两个系统显然表现出高度的能量均匀性，因此认为这些实验结果证实了理论预测，即 $AlPO_4$-5 基本上为均匀的吸附剂，每个晶胞具有约 4 个氮气或氩气分子的微孔容量。

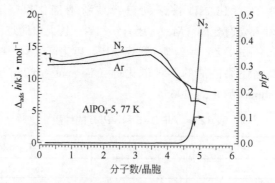

图 12.23　氮气等温线以及氮气和氩气在 AlPO₄-5 晶体
上的不同吸附焓（Muller 等，1989a,b）

图 12.24 中显示了在 77 K 下通过静态测压测定的第二个样品 AlPO$_4$-5 的氮气等温线（Tosi-Pellenq 等，1992）。鉴于 AlPO$_4$-5 的结晶性质，这种吸附剂在毛细冷凝范围内产生相当大的滞后回环。循环的形状表明滞后与延迟冷凝相比，其与网络渗透效应更密切相关。将 BJH 中孔尺寸分析方法应用于脱附分支，得到宽度在 2~20 nm 之间的宽孔径分布。然而，这种介孔形式不能成为 AlPO 结构的固有属性，它可能是由晶体间结构缺陷和空隙造成的。

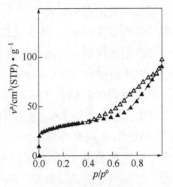

图 12.24 77 K 时，在 AlPO$_4$-5 上的氮气吸附等温线（Tosi-Pellenq, 1992）

图 12.25 所示的结果是使用相同的 AlPO$_4$-5 样品获得的，甲烷、氩气、氮气和一氧化碳的等温线以及相应的净微分吸附焓，是在 77 K 时吸附剂经 CRTA 脱气后测定的，直到温度达 353 K。

在图 12.25（a）中，甲烷、氮气和一氧化碳的吸附等温线几乎都遵循常规的路径，直到 p/p^o=0.2。事实上，在很低的 p/p^o 下，等温线之间存在显著差异（Coulomb 等，1997a,b），这可以从图 12.25（b）中的净吸附焓曲线看出。达到平台时的吸附量相当于单位晶胞内可以吸附 3.5 分子的氩气、氮气或一氧化碳，或者 3 分子的甲烷，这些值稍低于应用准平衡程序观察到的每单位晶胞可容纳 4 个氩或氮分子的微孔容量。

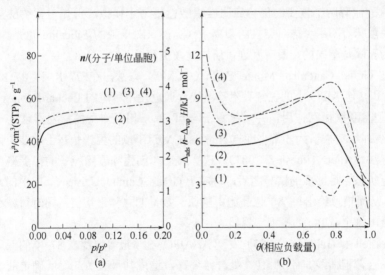

图 12.25 （a）77 K 时，AlPO$_4$-5 上甲烷（1）、氩气（2）、氮气（3）和一氧化碳（4）的吸附等温线及（b）相应的净微分吸附焓变

氮气和一氧化碳（但不是氩气和甲烷）在低负载下明显显示出能量的不均匀性，可能是由于负载分子与羟基和缺陷位点之间的特定相互作用引起的。在氩气、

氮气和一氧化碳的情况下，负载量为 70%～80%时达到最大焓是由于吸附质-吸附质相互作用能造成的。但甲烷的净微分焓曲线完全不同，表明吸附质的相变，最初认为这种相变涉及从"流体"类型到"固体"相的变化。

中子衍射研究（Coulomb 等，1994a, b; 1997a, b）提供了关于甲烷相转变的更多信息。吸附等温线和中子衍射是在不同温度下对以下两种样品中的 D_2、^{36}Ar、CD_4 和 CF_4 进行测量的，这两种样品为纯 $AlPO_4$-5 和 SAPO-5（含 5%Si）。仅从 $CD_4/AlPO_4$-5 观察到特征性次级步骤。中子衍射图表明两种不同的固相类型均涉及相变。吸附相是由 CD_4 分子的有序链组成，并且在次级步骤中发生结构改变，初步认为是因为该链从"二聚体"形式（在 4 分子/晶胞负载下）变成了"三聚体"（在 6 分子/晶胞）。但是，由于甲烷的动力学直径约为 0.38 nm，改变排序似乎不太可能。通过相关计算机模拟研究提供的另一个观点将在稍后讨论。

由 Coulomb 等（1997a, b）获得的其他中子衍射谱揭示了不同阶段的"签名"。例如，使用 SAPO-5（通过硅同晶取代铝和磷得到 $AlPO_4$-5），观察到 Ar/SAPO-5 体系的衍射图在高 Ar 负载下发生变化，这可能是因为短程有序的增加。实验结果表明，在低和中等负载量下，被吸附的 Ar 具有相对高的流动性，而在高负载下它以玻璃体形式"凝固"。因此，高度紊乱的现象似乎是因为缺乏相变。Kr/$AlPO_4$-5 等温线在 77.3 K 时出现弱次级步骤，表明该系统在工作温度下的过渡行为。

Cracknell 和 Gubbins（1993）首次提出了 AlPO 类结构对气体吸附的分子模拟，指出铝磷酸盐有两个重要的优势应比硅铝酸盐更易于模拟。首先，铝磷酸盐框架的电荷中性意味着不用考虑可交换的阳离子（当然，对于纯的 Silicalite 也是如此）；其次，因为孔隙是单向的、没有互连，所以建模更简单。

通过 Grand Canonical Monte Carlo（GCMC）方法，在 77 K 和 87 K 下模拟 $AlPO_4$-5 和其他 AlPO 上的氩气吸附等温线。通过使用精炼的 Lennard Jones（12-6）电势来模拟氩-氧相互作用，并对氩原子与 T 原子相互作用的重要贡献进行一些调整。极化贡献 E_p 被认为非常小而被忽略。GCMC 模拟的程序是基于散装流体普遍能接受的方法（Allen Tildesley，1987）。选择移动、创建和删除粒子的接受概率，使系统的给定状态在足够多的试验之后，对应于 Grand Canonical Ensemble 中的常数 m、V 和 T，从而模拟给出每个单位晶胞中氩原子数量的总体平均值，同时对减小的压力作图，给出每个 AlPO 的模型等温线。

Cracknell 和 Gubbins（1993）发现 Ar/$AlPO_4$-5 模拟等温线在 87 K 的低压区与实验数据吻合，但曲线在 $p/p° \approx 10^{-4}$ 处开始偏离，造成其最大负载比所确定的实验容量（Hathaway 和 Davis，1990）高出约 25%。吸附能量的模拟变化虽然与图 12.25 中的氩气曲线相似，但与实验微量热测试的数据有偏差。为了解释这些差异，Cracknell 和 Gubbins 注意到模拟中的假设可能存在问题，包括使用的 Lennard-Jones 参数和假定的 $AlPO_4$-5 结构的刚性。然而，他们认为更严重的问题可能是实验问题，因为一维孔隙特别容易堵塞。

Lachet 等（1996）对 CH_4/$AlPO_4$-5 进行了详细的分子模拟研究。标准的 GCMC 程序再次用于模拟一系列压力下的平衡系统，从而允许评估每个单元的分子数量和不同的吸附能量。还假设 $AlPO_4$-5 结构保持刚性，并在该研究中使用各种函数来模拟吸附剂-吸附质和吸附质-吸附质的相互作用。通过设置某些参数组产生次级步骤，但次级步骤的位置与微量热数据是否一致的关键取决于排斥性的氧-甲烷参数，间接地取决于孔径。Lachet 等（1996）得出的结论是，实验次级步骤可以解释为被吸附的甲烷的结构重排。另一方面，尚未确定该现象是否应该被视为真正的"相变"，并指出最大负载下的确切结构仍不清楚。

从上述结论中，我们已经注意到 $AlPO_4$-5 的各种样品之间的性质存在显著差异。

与 Silicalite-1 的情况不同，氩气和氮气在 $AlPO_4$-5 的单向通道中似乎没有经历明确的相变。这与 Boddenberg 等（2004）在 77 K，由具有相似一维通道的直径为 0.73 nm 的 SAPO-5 样品对 N_2 吸附的研究结果一致。结论为：吸附发生在三个连续的步骤中，即①一维微孔填充，可用位点吸附解释（比任何孔堵塞更好），每单位晶胞仅有 2 个 N_2 分子的不完全孔填充；②多层吸附发生在约 200 nm 聚集体（相当于 63 $m^2 \cdot g^{-1}$ 的 BET 面积）的外表面上；③附聚物之间的毛细凝聚，与 Tosi-Pellenq 等（1992）对 $AlPO_4$-5（见图 12.24）观察到的相似 。

图 12.26 中水蒸气的吸附-脱附等温线在整个 p/p^o 范围内表现出滞后现象。这种形式的滞后现象（p 延伸至非常低的 p/p^o）不能完全归因于介孔的填充和脱附。低压滞后是水等温线的一个共同特征，对于 $AlPO_4$-5，强保留水的最可能解释是水在缺陷位点上的游离化学吸附产生 Al-OH 和 P-OH。事实上，在 10^{-3} hPa 的脱气压力下，吸附水的量与氮气和一氧化碳的高能量吸收一致。

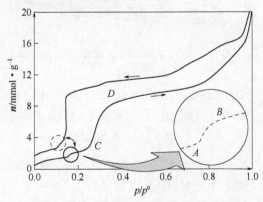

图 12.26　$AlPO_4$-5 在 290 K 条件下对水蒸气的吸附-脱附等温线（Grilletetal, 1993a, b）

通过使用准平衡吸附-脱附重量分析，Grillet 等（1993a, b）能够在 $p/p^o \approx 0.15$ 的水等温线中检测到次级步骤 AB。次级步骤可以在吸附和脱附等温线中看到（尽管在稍微不同的位置），这表明它与吸附质相变相关。这种解释与等量吸附焓的小变化和NMR谱的变化一致，但在此阶段不可能解释转变的性质。

在 $p/p^o≈0.3$ 的吸附分支中，更大步骤 CD 的产生不可能是因为毛细冷凝这种单一形式。有意思的是，相应的非常尖锐的脱附步骤位于更低的 p/p^o 处，因此 Stach 等（1986）认为，CD 对应于毛细凝聚和缓慢的配位水合作用导致产生 $Al(OP_4)(OH_2)_2$，这种解释得到了 NMR 光谱学测定结果的支持。

12.5.2.2　VPI-5 的气体物理吸附

Davis 等（1988,1989a,b）在原始研究报告中认为，VPI-5 获得的吸附等温线为 I 型。然而，通过对比氩气、氧气和水蒸气的等温线，发现每种吸附在 $p/p^o>0.4$ 均发生了显著的附加吸附。由于没有报道脱附测量结果，所以不能推断在高 p/p^o 下的进一步吸附是否是由多层吸附、毛细凝聚或吸附系统中的不可逆变化造成的。

图 12.27 显示了一些不同分子直径的有机分子蒸气的最新吸附-脱附等温线。这些测量是在不同的 VPI-5 样品上进行的，每个样品都在 673 K 下脱气 16 h。虽然等温线基本上是 I 型，但表现出一定程度的热力学不可逆性，滞后现象延伸到非常低的 p/p^o。显然，这种滞后现象不能归因于毛细冷凝，而是表明吸附系统中有更复杂的变化（例如吸附分子的活化进入或吸附剂的溶胀）。

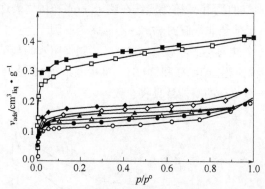

图 12.27　分别在 298 K、261 K、273 K 和 196 K 测定 VPI-5 的甲醇（菱形）、异丁烷（正方形）、新戊烷（圆形）和丙烷（三角形）的吸附-脱附等温线

（引自 Kenny 等，1992）

表 12.7 中记录了 Kenny 等（1992）在 $p/p^o=0.4$ 时，通过吸附量测定获得的 VPI-5 样品的各种表观微孔体积 v_p。如前所述，假定了吸附质密度等于操作温度下各自的液体密度。表 12.7 中还包括了来自 Davis 等（1989b）、Schmidt 等（1992）和 Reichert 等（1994）测量的 v_p 值。VPI-5 行为的复杂性表现在 v_p 的某些单个值与表观分子筛效应之间差异很大。

表 12.7 根据不同蒸气在 p/p^o=0.4 时的吸附容量评估出的 VIP-5 的表观微孔体积值
引自（Kenny 等, 1992）

吸附质	动力学直径/nm	温度/K	表观体积 v_p $\dfrac{cm^3 \cdot g^{-1}}{}$	吸附质	动力学直径/nm	温度/K	表观体积 v_p $\dfrac{cm^3 \cdot g^{-1}}{}$
水	0.27	298	0.31~0.35[1]	甲烷	0.38	77	0.17[2]
甲醇	0.38	298	0.32	丙烷	0.43	196	0.17
氧气	0.35	77	0.23[1]	异丁烷	0.50	261	0.18
氩气	0.34	77	0.17[2]	新戊烷	0.62	273	0.12, 0.15[1]
氮气	0.36	77	0.187, 0184[3], 0.146[2]				

[1] Davis et al. (1989a,b)。

[2] Reichert et al. (1994)。

[3] Schmidt et al. (1992)。

为了解释图 12.27 和表 12.7 中的异常结果，Kenny 等（1991a, 1992）对 VPI-5 的稳定性进行了系统研究。首先，从相同批次的 VPI-5 中取两个样品测定连续的 BET-氮气比表面积（通过单点法）。样品 A 在吸附测量之间保持在连续氮气干燥条件下，而样品 B 暴露于水蒸气中。两种样品均采用相同的脱气条件即在 673 K 下 16 h。样品 A 的 BET 比表面积几乎保持在 (394 ± 7) $m^2 \cdot g^{-1}$，而样品 B 的 BET 比表面积则出现了如下递减：$404\,m^2 \cdot g^{-1}$，$309\,m^2 \cdot g^{-1}$，$179\,m^2 \cdot g^{-1}$，$147\,m^2 \cdot g^{-1}$。

在另一组实验中，研究了脱气条件改变对 BET 比表面积的影响，通过一个样品研究逐渐升高的温度范围 273~1173 K 条件下的脱气和在相同的温度下对分离开的样品的脱气。分离开的样品一直保持较高的 BET 比表面积，结果表明约有 100 $m^2 \cdot g^{-1}$ 的差异。

借助热分析、X 射线衍射和漫反射 FT-IR 技术，可以推断沸石水的去除导致 VPI-5 部分结构转变为 $AlPO_4$-8。Schmidt 等（1992）已经进行了详细地研究，并且表明如果样品在减压（$10^{-3}\,Pa$）下缓慢加热就可以避免这种相变。这样，VPI-5 可以被加热到 450~500℃，而没有任何可检测到的结构变化。

由于 $AlPO_4$-8 结构具有约 0.8 nm 的开环，所以可以预期它能容纳表 12.7 中的各类分子。新戊烷的低吸收和低压滞后表明老化的材料具有不完美的 $AlPO_4$-8 结构。相变可能导致了单向通道的收缩和一些阻塞。

表 12.7 中的结果表明，与其他吸附剂相比，吸附水和甲醇的微孔体积相当大。考虑到分子的大小和进入窄六元环的较强能力（Davis 等, 1989a,b），预计该材料会有较大的水吸附量，但甲醇的高吸附率异乎寻常，需要进一步研究。

VPI-5 上水等温线的不寻常特征可以在图 12.28 中看到。在低 p/p^o 区有三个不同的步骤：步骤 1 在 p/p^o<0.001 时，步骤 2 在 p/p^o=0.013 时，步骤 3 在 p/p^o= 0.060 时发生。在步骤 2 和步骤 3 之间存在狭窄的滞后环，不过该等温线区域与毛细冷凝没

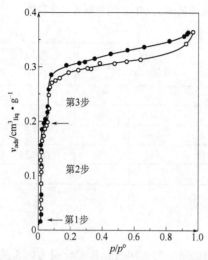

图 12.28　在 673 K 脱气 16 h 后，在 298 K 测定的 VPI-5 的水蒸气吸脱附等温线（Kenny, 1991b）

有相关性。

图 12.28 中的第 1 步必须是水分子与 VPI-5 表面的高活性区域之间相互作用的结果，可能暴露 P-OH 基团和其他缺陷位点（Kenny 等，1991b）。目前，对于两种填孔，第 2 步和第 3 步的解释也是推测性的。这些上升的相对压力远低于 $AlPO_4$-5 相应的单一孔隙填充步骤（Carrott 和 Freeman, 1991），这表明在 VPI-5 更宽的通道中可以更容易地形成 3D 氢键水结构。在孔壁处的水分子重排可能导致了第 2 步和第 3 步的分离以及出现相关的滞后回环。

通过图 12.28 中的等温线形状，很难明确地评估微孔容量。由于微孔填充过程被限制在 $p/p^o<0.1$ 的范围内，如果在 $p/p^o = 0.4$ 时的吸附量视为分子筛容量，则 v_p 值会被高估约 20%。

最后，图 12.28 的吸附分支上达到的最大 p/p^o 约为 0.95。吸附剂以 $p/p^o≈1$ 暴露于水蒸气中，会导致 VPI-5 结构不可逆地部分转化为 $AlPO_4$-8；此外，当放气温度逐步达到 673 K 时，发现水吸附能力显著下降（Kenny 等，1992）。由此得出的结论是 CRTA 技术非常适合对 VPI-5 的性质和热稳定性进行更进一步的研究。

12.6　黏土、沸石和磷酸盐基底的分子筛的应用

12.6.1　黏土的应用

黏土具有一定的吸附性能、可用性、惰性和稳定性，由于低成本已经在工业领域得到广泛应用（Harvey 和 Lagaly, 2006），此后的应用都与吸附剂的性质直接相关。

① 液相吸附：黏土可用于精炼矿物油，干洗溶剂的再生，脱色，染料吸附（Errais 等，2012; Gunay 等，2013），去污膏，无碳复印纸（膨润土吸附由圆珠笔压碎的微胶囊排出的染料），吸附放射性物质（如铯），吸附重金属铅（Oubagaranadin 和 Murthy，2009）、铬、镉（Ghorbel-Abid 和 Trabelsi-Ayadi，2011）、镍、锌和铜（Padilla-Ortega 等，2013），回收废纸中的脱墨，以及用作药物载体。

② 气相吸附：黏土也用于控制气味，作为胃气吸附剂，也可作为香烟过滤嘴

（海泡石）。其他潜在用途有：SO$_2$ 能够被蒙脱石吸附或被热和酸激活的高岭土吸附（Volzone 和 Ortiga, 2009, 2011）；H$_2$ 能被柱撑蒙脱石吸附（Gil 等, 2009）；借助二氧化硅-蒙脱石异质结构净化天然气（Pires 等, 2008）。

③ 催化作用：经过酸处理和阳离子交换的蒙脱石具有催化活性，这一催化性质来自于表面积、化学本质（酸性，阳离子）和二维层间的空间，该空间本身比一维孔更大，因此更易于反应物和产物的扩散，并且分子在此空间中的随机扩散比在三维空间中有更多的机会相遇（Laszlo, 1987）。柱状黏土可以调整层间距离，引入催化活性，增加聚合物的热稳定性。许多应用是基于 Brøsted 酸催化、Lewis 酸催化和氧化还原反应，当然还有简单的催化剂载体。尽管如此，工业用途的进一步发展仍然取决于能否更好地了解催化机制，以及制备具有良好性质表征和高度可重现的材料（Adams 和 McCabe, 2006），这对于天然黏土是困难的。

12.6.2　沸石的应用

沸石的特殊性质使其不仅作为分子筛，而且作为热稳定性和机械稳定性的材料。沸石可进行离子交换，并通过调节其窗孔制成化学工程和其他应用中的独特材料（Guisnet 和 Gilson, 2002; Maesen, 2007）。

12.6.2.1　气体物理吸附

在气体物理吸附中，沸石是非常有效的干燥剂，只要未饱和，就会提供非常低的残余蒸气压（尤其是 3A 和 4A 型）。早在 1955 年，沸石就被用于干燥制冷气和天然气。另一重要用途（吨级）是用于双层玻璃窗，通过将它们隐藏在框架中，可以避免冷端冷凝。

在气体分离领域，沸石独特的气体物理吸附性质得到良好的利用。在过去的 30 年中，变压吸附（PSA）已成为工业气体分离和浓缩最重要的程序之一（Sircar, 1993）。PSA 技术依赖于气体混合物中一种或多种组分的选择性吸附，涉及利用沸石的化学和扩散性质（Ruthven 和 Brandani, 2000）。当气体混合物与吸附剂接触时会发生组成变化，即选择性吸附，吸附组分的脱附在其分压充分降低时发生，吸附剂由此得到清洗，并准备进行下一阶段的吸附。以这种方式，PSA 工艺由高分压下的吸附阶段和低分压下的脱附阶段组成。PSA 技术可用于分离炼油厂生产的气体以及氢气的回收和净化。PSA 技术还广泛用于空气的分馏，在工业操作中有许多不同的过程，使用特别设计的工场和特定的吸附剂取决于需要氧气或氮气以及它们的纯度水平。沸石［例如 5A，NaX（13X）或仍然是 LiX］是用于富集氧气（高达约 95%）的优选吸附剂（Yang, 1987; Hutson 等, 2000）。关于 PSA 的化学工程原理不在本书的

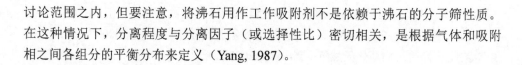

讨论范围之内，但要注意，将沸石用作工作吸附剂不是依赖于沸石的分子筛性质。在这种情况下，分离程度与分离因子（或选择性比）密切相关，是根据气体和吸附相之间各组分的平衡分布来定义（Yang, 1987）。

12.6.2.2 液体吸附

在液体吸附中，一个简单但最重要的上吨级应用是在洗涤剂粉末中，其中沸石取代了磷酸盐作为离子交换剂以吸附 Ca^{2+} 和 Mg^{2+}，以此来软化水，防止钙或镁盐沉淀导致的清洗不干净。沸石也被用作农业和园艺中的营养释放剂。为了消除尿毒症毒素，使用 MFI 沸石作为微孔聚合物膜进行血液透析的替代方案很有前景（Wernert 等，2005, 2006; Bergé-Lefranc 等，2008, 2009, 2012）。疏水性沸石也能储存能量，通过高压下的水分吸附，可以设想使用沸石-水体系作为低体积阻尼器（Eroshenko 等，2001）。

12.6.2.3 催化作用

对沸石在催化应用上的研究是主要的研究内容，始于 1967 年。开发沸石催化剂的最重要阶段之一是由 Mobil 科学家（美国专利 3,702,866）合成的沸石，现在通称为 ZSM-5（即沸石 Socony Mobil-5），它是这一类新型形状选择性催化剂中的第一个也是最重要的成员，使"合成汽油"的生产成为可能。在这个过程中，高辛烷值汽油是通过催化甲醇转化成芳烃和脂肪烃的混合物生产的（Derouane, 1980）。ZSM-5 具有独特化学性质和孔结构组合，是一种高效的脱水、异构化和聚合催化剂，为催化剂家族开辟了新的道路。这些催化剂中高度相似的空穴可被认为是同时运行的一大组纳米反应器。

1978 年，Flanigen 等（1978）报道了"一种新的疏水性结晶硅分子筛"的合成、结构和性质。这种新材料，被命名为 Silicalite（现在通常称为 Silicalite-1），具有与 ZSM-5 非常相似的通道结构，但不含铝。联合碳化物（Union Carbide）科学家指出，与含铝沸石不同，硅沸石不具有阳离子交换性质，因此对水具有低亲和力。据报道，它对大多数酸（但不是 HF）没有反应性，在空气中超过 1100℃时稳定。

目前，沸石在催化领域的成功应用是其独特性质决定的，包括：①高浓度活性位点；②高热稳定性和水热稳定性；③主要基于尺寸排阻的选择性（Cormaand Martinez, 2002）。催化应用倾向于具有良好阳离子质子位置分散和高二氧化硅含量的沸石，因为它们能够承受催化反应期间和再生期间所需的高温。沸石结构的最佳选择及其微调（尺寸和阳离子含量）为形状选择性转换提供了许多可能。它们主要用于石油裂化、石化工业和精细化学品合成（如药物、香料等）。

12.6.2.4 沸石膜

沸石的一种特殊应用形式是膜，其中沸石通常由多孔陶瓷负载，最常见的多孔陶瓷是氧化铝，分子筛可以采用各种方式在上面生长（Julbe, 2005）。

陶瓷膜的主要工业应用是有机溶剂（醇、酮、醚和环状烃等）的脱水处理，通过使用亲水分子筛进行持续的全蒸发（Morigami, 2001; Kita, 2006）。

陶瓷膜也可用于气体分离（Gavalas, 2006），如空气分离（Wang 等, 2002），但在大多数应用中，与价格更便宜和较少机械脆弱的聚合物膜存在竞争。

然而，沸石膜的化学和热性质依然使得人们对它们有浓厚兴趣，特别是在聚合物膜不能耐受的温度下处理流体。它们的性能高度依赖于没有缺陷（无定型孔径），需要通过动态或静态方法进行必要的检测（Julbe 和 Ramsay,1996）。

12.6.3　磷酸盐分子筛的应用

磷酸盐分子筛的应用特性与沸石分子筛基本相同，主要集中在催化应用上。

其中值得特别注意的是，SAPO-11 和 SAPO-34 是两个已在工业规模上投入使用的催化剂。SAPO-11 具有约 15% 的 Si 摩尔分数和约 0.6 nm 的微孔尺寸（Jacobs 和 Martens, 1986），通常用于润滑油的脱蜡；SAPO-34，具有摩尔分数约 3% 的 Si 和 0.4 nm 左右的微孔尺寸，被广泛用于甲醇转化成烯烃（Wilson, 2007）。

另外，Thomas 等广泛研究了使用含有几个百分比的过渡金属离子（Co，Mn，Fe）代替 Al^{3+} 位点的 MeAPO 分子筛，用于有机分子的择形性氧化反应。孔的尺寸允许氧分子自由扩散，通过选择合适的笼尺寸、金属离子和窗孔之间的平均距离，促使有机分子精确地朝着所期望的方向氧化。

这些磷酸盐分子筛也适用于制备分离小分子的陶瓷膜。研究发现基于 SAPO-34 的陶瓷膜可以将 CO_2/CH_4 分离，选择性高达 270（Li, 2005）。研究人员也制备和表征了 SAPO-34 与聚合物基底的混合膜，CO_2/CH_4 的选择性为 67（Peydayesh 等，2013）。

参考文献

Adams, J.M., McCabe, R.W., 2006. In: Bergaya, F., Theng, B.K.G., Lagaly, G. (Eds.) Handbook of Clay Science. Elsevier, Amsterdam, p. 541 (Chapter 10.2).

Allen, M.P., Tildesley, D.J., 1987. Computer Simulation of Liquids. Oxford University Press, Oxford.

Annabi-Bergaya, F., Cruz, M.I., Gatineau, L., Fripiat, J.J., 1979. Clay Miner. 14, 249.

Annabi-Bergaya, F., Cruz, M.I., Gatineau, L., Fripiat, J.J., 1981. Clay Miner. 16, 115.

Atkinson, D., Curthoys, G., 1981. J. Chem. Soc. Faraday Trans. I 77, 897.

Atlas of Zeolite Structure Types, 1992. In: Meier, W.M., Olson, D.H. (Eds.), International Zeolite Association. Butterworth–Heinemann, London.

Avgul, N.N., Bezus, A.G., Dobrova, E.S., Kiselev, A.V., 1973. J. Colloid Interface Sci. 42, 486.

Barrer, R.M., 1945. J. Soc. Chem. Ind. 64, 130.

Barrer, R.M., 1966. J. Colloid Interface Sci. 21, 415.

Barrer, R.M., 1978. Zeolites and Clay Minerals. Academic Press, London.

Barrer, R.M., 1981. J. Chem. Technol. Biotechnol. 31, 71.

Barrer, R.M., 1982. Hydrothermal Chemistry of Zeolites. Academic Press, London.

Barrer, R.M., 1989. Pure Appl. Chem. 61, 1903.

Barrer, R.M., Kelsey, K.E., 1961. Trans. Faraday Soc. 57, 625.

Barrer, R.M., MacLeod, D.M., 1955. Trans. Faraday Soc. 51, 1290.

Barrer, R.M., McLeod, D.M., 1954. Trans. Faraday Soc. 50, 980.

Barrer, R.M., Reay, J.S.S., 1957. In: Schulman, J.H. (Ed.), Proc. Second Int. Cong. Surface Activity, Ⅱ. Butterworths, London, p. 79.

Bergaoui, L., Lambert, J.F., Vicente-Rodriguez, M.A., Michot, L.J., Villieras, F., 1995. Langmuir. 11, 2849.

Bergaya, F., 1995. J. Porous Mater. 2, 91.

Bergaya, F., Lagaly, G., 2006. In: Bergaya, F., Theng, B.K.G., Lagaly, G. (Eds.), Handbook of Clay Science. Elsevier, Amsterdam, p. 1 (Chapter 1).

Bergaya, F., Gatineau, L., Van Damme, H., 1993. In: Sequeira, C.A.C., Hudson, M.J. (Eds.), Multifunctional Mesoporous Inorganic Solids. Kluwer, Dordrecht, p. 19.

Bergé-Lefranc, D., Pizzala, H., Paillaud, J.L., Schaef, O., Vagner, C., Boulet, P., Kuchta, B., Denoyel, R., 2008. Adsorption. 14 (2/3), 377.

Bergé-Lefranc, D., Pizzala, H., Denoyel, R., Hornebecq, V., Berge-Lefranc, J.L., Guieu, R., Brunet, P., Ghobarkar, H., Schaef, O., 2009. Microp. Mesop. Mater. 119 (1-3), 186.

Bergé-Lefranc, D., Vagner, C., Calaf, R., Pizzala, H., Denoyel, R., Brunet, P., Ghobarkar, H., Schaef, O., 2012. Microp. Mesop. Mater. 153, 288.

Bernier, A., Admaiai, L.F., Grange, P., 1991. Appl. Catal. 77, 269.

Bish, D.L., 2006. In: Bergaya, F.,Theng, B.K.G., Lagaly, G. (Eds.), Handbook of Clay Science. Elsevier, Amsterdam, p. 1097 (Chapter 13.2).

Boddenberg, B., Rani, V.R., Grosse, R., 2004. Langmuir. 20, 10962.

Breck, D.W., 1974. Zeolite Molecular Sieves. Wiley, New York.

Breck,D.W.,Eversole,W.G.,Milton,R.M.,Reed,T.B.,Thomas,T.L.,1956.J.Am.Chem.Soc. 78, 5963.

Brindley, G.W., Sempels, R.E., 1977. Clay Mineral. 12, 229.

Burch, R., 1987. Catal. Today. 2, 185.

Carrott, P.J.M., Freeman, J.J., 1991. Carbon. 29, 499.

Carrott, P.J.M., Sing, K.S.W., 1986. Chem. Ind. 786.

Carrott, P.J.M., Kenny, M.B., Roberts, R.A., Sing, K.S.W., Theocharis, C.R., 1991. In: Rodriguez-Reinoso, F., Rouquerol, J., Sing, K.S.W., Unger, K.K. (Eds.), Characterization of Porous Solids Ⅱ. Elsevier, Amsterdam, p. 685.

Cases, J.M., Lietard, O., Yvon, J., Delon, J.F., 1982. Bull. Mineral. 105, 439.

Cases, J.M., Cunin, P., Grillet, Y., Poinsignon, C., Yvon, J., 1986. Clay Miner. 21, 55.

Cases, J.M., Grillet, Y., Franc ,ois, M., Michot, L., Villieras, F., Yvon, J., 1991. In: Rodriguez-Reinoso, F., Rouquerol, J., Sing, K.S.W., Unger, K.K. (Eds.), Characterization of Porous Solids Ⅱ. Elsevier, Amsterdam, p. 591.

Cases, J.M., Berend, I., Besson, G., Francois, M., Uriot, J.P., Thomas, F., Poirier, J.E., 1992. Langmuir. 8, 2730.

Cool, P., Vansant, E.F., 1996. Microp. Mater. 6, 27.

Corma, A., Martinez, A., 2002. In: Guisnet, M., Gilson, J.P. (Eds.), Zeolites for Cleaner Technologies. Imperial College Press, London, p. 29 (Chapter 2).

Coulomb, J.P., Llewellyn, P., Grillet, Y., Rouquerol, J., 1994a. In: Rouquerol, J., Rodriguez-Reinoso, F., Sing, K.S.W., Unger, K.K. (Eds.), Characterization of Porous Solids Ⅲ. Elsevier, Amsterdam, p. 535.

Coulomb, J.-P., Martin, C., Grillet, Y., Tosi-Pellenq, N., 1994b. In: Weitkamp, J., Karge, H.G., Pfeifer, H., Holderich, W. (Eds.), Zeolites and Related Microporous Materials: State of the Art. Elsevier, Amsterdam, p. 445.

Coulomb, J.-P., Martin, C., Grillet, Y., Llewellyn, P.L., André, J., 1997a. In: Chon, H., Ihm, S.K., Uh, Y.S. (Eds.), Progress in Zeolites and Microporous Materials, Studiesin Sur face Science and Catalysis, Vol. 105. p. 1827.

Coulomb, J.-P., Martin, C., Llewellyn, P.L., Grillet, Y., 1997b. Progress in Zeolites and Microporous Materials, Studies in Surface Science and Catalysis, Vol. 105. p. 2355.

Cracknell, R.F., Gubbins, K.E., 1993. In: Suzuki, M. (Ed.), Proc Ⅳth Int. Conf. on Fundamentals of Adsorption. Kodansha, Tokyo, p. 105.

Dailey, J.S., Pinnavaia, T.J., 1992. Chem. Mater. 4, 855.

Davis, M.E., Saldarriaga, C., Montes, C., Garces, J., Crowder, C., 1988. Zeolites. 8, 362.

Davis, M.E., Hathaway, P.E., Montes, C., 1989a. Zeolites. 9, 436.

Davis, M.E., Montes, C., Hathaway, P.E., Arhancet, J.P., Hasha, D.L., Garces, J.M., 1989b. J. Am. Chem. Soc. 111, 3919.

deBoer, J.H., Lippens, B.C., Linsen, B.G., Broekhoff, J.C.P., vandenHeuvel ,A., Osinga, Th.J., 1966. J. Colloid Interface Sci. 21, 405.

Delville, A., Sokolowski, S., 1993. J. Phys. Chem. 97, 6261.

Denayer, J.F.M., Baron, G.V., 1997. Adsorption. 3, 251.

Denayer, J.F.M., Devriese, L.I., Couck, S., Martens, J., Singh, R., Webley, P.A., Baron, G.V., 2008. J. Phys. Chem. C. 112, 16593.

Derouane, E.G., 1980. Catalysis by Zeolites. In: Imelik, B., Naccache, C., Ben Taarit, Y., Vedrine, J.C., Coudurier, G., Praliaud, H. (Eds.), Elsevier, Amsterdam, p. 5.

Derycke, L., Vigneron, J.P., Lambin, P., Lucas, A.A., Derouane, E.G., 1991. J. Chem. Phys. 94, 4620.

de Stefanis, A., Perez, G., Tomlinson, A.A.G., 1994. J. Mater. Chem. 4, 959.

Diano, W., Rubino, R., Sergio, M., 1994. Microp. Mater. 2, 179.

Douguet, D., Pellenq, R.J.M., Boutin, A., Fuchs, A.H., Nicholson, D., 1996. Mol. Sim. 17(4-6), 255.

Dubinin, M.M., 1975. Progress in Surface and Membrane Science, Vol. 9. Academic Press, New York, p. 1.

Eroshenko, V., Regis, R.C., Soulard, M., Patarin, J., 2001. J. Am. Chem. Soc. 123 (33), 8129.

Errais, E., Duplay, J., Elhabiri, M., Khodja, M., Ocampo, R., Baltenweck-Guyot, R., Darragi, F., 2012. Colloids Surf. A Physicochem. Eng. Asp. 403, 69.

Farfan-Torres, E.M., Dedeycker, O., Grange, P., 1991. In: Poncelet, G., Grange, P., Delmon, B. (Eds.), Preparation of Catalysts V. Elsevier, Amsterdam, p. 337.

Feijen, E.J.P., Martens, J.A., Jacobs, P.A., 1997. In: Ertl, G., Knozinger, H., Weitkamp, J. (Eds.), Handbook of Heterogeneous Catalysis, Vol. 1. Wiley-VCH, Weinheim, p. 311.

Flanigen, E.M., Bennett, J.M., Grose, R.W., Cohen, J.P., Patton, R.L., Kirchner, R.M., Smith, J.V., 1978. Nature. 271, 512.

Fripiat, J.J.,1997. In: Ertl, G., Knozinger, H., Weitkamp, J. (Eds.), Handbook of Heterogeneous Catalysis, Vol. 1. Wiley-VCH, Weinheim, p. 387.

Galarneau, A., Barodawalla, A., Pinnavaia, T.J., 1995. Nature. 374, 529.

Gavalas, G.R., 2006. In: Pinnau, I., Yampolskii, Y., Freeman, B.D. (Eds.), Materials Science of Membranes for Gas and Vapor Separation. Wiley, Chichester, UK, p. 307.

Ghorbel-Abid, I., Trabelsi-Ayadi, M., 2011. Arabian J. Chem.

Gil, A., Gandia, L.M., 2003. Chem. Eng. Sci. 58, 3059.

Gil, A., Grange, P., 1996. Colloids Surf. 113, 39.

Gil, A., Massinon, A., Grange, P., 1995. Microp. Mater. 4, 369.

Gil, A., Trujillano, R., Vicente, M.A., Korili, S.A., 2009. Int. J. Hydrogen Energy. 34, 8611.

Gregg, S.J., 1968. Chem. Ind., 611.

Gregg, S.J., Packer, R.K., 1954. J. Chem. Soc., 3887.

Gregg, S.J., Stephens, M.J., 1953. J. Chem. Soc., 3951.

Gregg, S.J., Parker, T.W., Stephens, M.J., 1954. J. Appl. Chem. 4, 666.

Grillet, Y., Cases, J.M., François, M., Rouquerol, J., Poirier, J.E., 1988. Clays Clay Miner. 36, 233.

Grillet, Y., Llewellyn, P.L., Kenny, M.B., Rouquerol, F., Rouquerol, J., 1993a. Pure Appl. Chem. 65, 2157.

Grillet, Y., Llewellyn, P.L., Tosi-Pellenq, N., Rouquerol, J., 1993b. In: Suzuki, M. (Ed.), Proc IVth Int. Conf. on Fundamentals of Adsorption. Kodansha, Tokyo, p. 235.

Guisnet, M., Gilson, J.P., 2002. In: Guisnet, M., Gilson, J.P. (Eds.), Zeolites for Cleaner Technologies. Imperial College Press, London, p. 1 (Chapter 1).

Günay, A., Ersoy, B., Dikmen, S., Evcin, A., 2013. Adsorption. 19, 757.

Harvey, C.C., Lagaly, G., 2006. In: Bergaya, F., Theng, B.K.G., Lagaly, G. (Eds.), Handbook of Clay Science. Elsevier, Amsterdam, p. 501 (Chapter 10.1).

Hathaway, P.E., Davis, M.E., 1990. Catal. Lett. 5, 333.

Hutson, N.D., Zajic, S.C., Yang, R.T., 2000. Ind. Eng. Chem. Res. 39, 1775.

Jacobs, P.A., Martens, J.A., 1986. Pure Appl. Chem. 10, 1329.

Jacobs, P.A., Martens, J.A., 1987. Synthesis of High Silica Aluminophosphate Zeolites. Elsevier, Amsterdam.

Jiang, J., Jorda, J.L., Yu, J., Baumes, L.A., Mugnaioli, E., Diaz-Cabanas, M.J., Kolb, U., Corma, A., 2011. Science. 333 (6046), 1131.

Julbe, A., 2005. In: Cejka, J., van Bekkum, H. (Eds.), Zeolites and Ordered Mesoporous Materials Progress and Prospects. Stud. Surf. Sci. Catal., Vol.157. Elsevier, Amsterdam, p.135.

Julbe, A., Ramsay, J.D.F., 1996. In: Cot, L., Burggraaf, A.J. (Eds.), Fundamentals of Inorganic Membrane Science and Technology. Membrane Science and Technology Series, Vol. 4. Elsevier, Amsterdam, p. 67.

Kacirek, H., Lechert, H., Schweitzer, W., Wittern, K.-P., 1980. In: Townsend, R.P. (Ed.), Properties and Applications of Zeolites. The Chemical Soc, London, p. 164.

Kenny, M.B., Sing, K.S.W., 1990. Chem. Ind., 39.

Kenny, M.B., Sing, K.S.W., Theocharis, C.R., 1991a. Chem. Ind., 216.

Kenny, M.B., Sing, K.S.W., Theocharis, C.R., 1991b. J. Chem. Soc. Chem. Commun. 974.

Kenny, M.B., Sing, K.S.W., Theocharis, C.R., 1992. J. Chem. Soc. Faraday Trans. 88, 3349.

Kirkby, N.F., 1986. Membranes in Gas Separation and Enrichment. Royal Soc. Chem, London, p. 221 (Special Publication 62).

Kiselev, A.V., 1965. Discuss. Faraday Soc. 40, 205.

Kiselev, A.V., 1967. Adv. Chromatogr. 4, 113.

Kita, H., 2006. In: Pinnau, I., Yampolskii, Y., Freeman, B.D. (Eds.), Materials Science of Membranes for Gas and Vapor Separation. Wiley, Chichester, UK, p. 373.

Kokotailo, G.T., Lawton, S.L., Olson, D.H., Meier, W.M., 1978. Nature. 272, 438.

Lachet, V., Boutin, A., Pellenq, R.J.M., Nicholson, D., Fuchs, A.H., 1996. J. Phys. Chem. 100, 9006.

Lantenois, S., Nedellec, Y., Prélot, B., Zajac, J., Muller, F., Douillard, J.M., 2007. J. Colloid Interface Sci. 316, 1003.

Laszlo, P., 1987. Preparative using Supported Reagents. Academic Press, New York.

Li, S., Martinek, J.G., Falconer, R.D., Noble, R.D., Gardner, T.Q., 2005. Indus. Eng. Chem. Res. 44, 3220.

Lin, H.Y., Chin, C.Y., Huang, H.L., Huang, W.Y., Sie, M.J., Huang, L.H., Lee, Y.H., Lin, C.H.,

Lii, K.H., Bu, X., Wang, S.L., 2013. Science. 339 (6121), 811.

Llewellyn, P.L., Coulomb, J.-P., Grillet, Y., Patarin, J., Lauter, H., Reichert, H., Rouquerol, J., 1993a. Langmuir. 9, 1846.

Llewellyn, P.L., Coulomb, J.-P., Grillet, Y., Patarin, J., Andre, G., Rouquerol, J., 1993b. Langmuir. 9, 1852.

Llewellyn, P.L., Grillet, Y., Rouquerol, J., 1994a. Langmuir. 10, 570.

Llewellyn, P.L., Pellenq, N., Grillet, Y., Rouquerol, F., Rouquerol, J., 1994b. J. Thermal Anal. 42, 855.

Llewellyn, P.L., Grillet, Y., Schüth, F., Reichert, H., Unger, K.K., 1994c. Microp. Mater. 3, 345.

Llewellyn, P.L., Grillet, Y., Rouquerol, J., Martin, C., Coulomb, J. -P., 1996. Surface Sci. 352, 468.

Ma, Y.H., 1984. In: Myers, A.L., Belfort, G. (Eds.), Fundamentals of Adsorption. Engineering Foundation, New York, p. 315.

Macht, F., Eusterhues, K., Pronk, G.J., Totsche, K.U., 2011. Appl. Clay Sci. 53, 20.

Maesen, T., 2007. In: Ceijka, J., van Bekkum, H., Corma, A., Schüth, F. (Eds.), Introduction to Zeolite Science and Practice. Elsevier, Amsterdam, p. 1 (Chapter 1).

Martens, J.A., Souverijns, W., van Rhijn, W., Jacobs, P.A., 1997. In: Ertl, G., Knözinger, H., Weitkamp, J. (Eds.), Handbook of Heterogeneous Catalysis, I. Wiley-VCH, Weinheim, p. 324.

Mees, F.D.P., vandesVoort, P.,Cool,P.,Martens, R.M.,Janssen, M.J.G.,Verberckmoes, A.A., Kennedy, G.J., Hall, R.B., Wang, K., Vansant, E.F., 2003. J. Phys. Chem. B. 107, 3161.

Michot, L.J., Villieras, F., François, M.,Yvon, J., Le Dred, R., Cases, J.M.,1994. Langmuir. 10, 3765.

Michot, L.J., Villiáras, F., 2002. Clay Miner. 37, 39.

Morigami, Y., Kondo, M., Abe, J., Kita, H., Okamoto, K., 2001. Sep. Purif. Technol. 25, 251.

Muller, U., Unger, K.K., 1986. Fortschr. Mineral. 64, 128.

Muller, U., Unger, K.K., 1988. In: Unger, K.K., Rouquerol, J., Sing, K.S.W., Kral, H. (Eds.), Characterization of Porous Solids I. Elsevier, Amsterdam, p. 101.

Muller, U., Reichert, H., Robens, E., Unger, K.K., Grillet, Y., Rouquerol, F., Rouquerol, J., Pan, D., Mersmann, A., 1989a. Fresenius Z. Anal. Chem. 1.

Muller, U., Unger, K.K., Pan, D., Mersmann, A., Grillet, Y., Rouquerol, F., Rouquerol, J., 1989b. In: Karge, H.G., Weitkamp, J. (Eds.), Zeolites as Catalysts, Sorbents and Detergent Builders. Elsevier, Amsterdam, p. 625.

Ohtsuka, K., Hayashi, Y., Suda, M., 1993. Chem. Mater. 5, 1823.

Oubagaranadin, J.U.K., Murthy, Z.V.P., 2009. Ind. Eng. Chem. Res. 48, 10627.

Ozin, G.A., 1992. Adv. Mater. 4, 612.

Padilla-Ortega, E., Levya-Ramos, R., Flores-Cano, J.V., 2013. Chem. Eng. J. 225, 535.

Petrakis, D.E., Hudson, M.J., Pomonis, P.J., Sdoukos, A.T., Bakas, T.V., 1995. J. Mater. Chem. 5, 1975.

Peydayesh, M., Asarehpour, S., Mohammadi, T., Bakhtiari, O., 2013. Chem. Eng. Res. Design. 91,1335.

Pires, J., Bestilleiro, M., Pinto, M., Gil, A., 2008. Sep. Purif. Technol. 61, 161.

Puibasset, J., Pellenq, R.J.M., 2008. J. Phys. Chem. B. 112 (20), 6390.

Ramachandran, C.E., Chempath, S., Snurr, R.Q., 2006. Microp. Mesop. Materials. 90, 293.

Reed, T.B., Breck, D.W., 1956. J. Am. Chem. Soc. 78, 5972.

Reichert, H., Muller, U., Unger, K.K., Grillet, Y., Rouquerol, F., Rouquerol, J., Coulomb, J.P., 1991. In: Rodriguez-Reinoso, F., Rouquerol, J., Sing, K.S.W., Unger, K.K. (Eds.), Characterization of Porous Solids Ⅱ. Elsevier, Amsterdam, p. 535.

Reichert, H., Schmidt, W., Grillet, Y., Llewellyn, P., Rouquerol, J., Unger, K.K., 1994. In: Rouquerol, J., Rodriguez-Reinoso, F., Sing, K.S.W., Unger, K.K. (Eds.), Characterization of Porous Solids Ⅲ. Elsevier, Amsterdam, p. 517.

Rouquerol, J., Rouquerol, F., Llewellyn, P., 2006. In: Bergaya, F., Theng, B.K.G., Lagaly, G. (Eds.), Handbook of Clay Science. Elsevier, Amsterdam, p. 1003 (Chapter 12.11).

Rouquerol, J., Rouquerol, F., Imelik, B., 1970. Bull. Soc. Chim. France. 10, 3816.

Rouquerol, J., Rouquerol, F., Imelik, B., 1985. In: Haynes, J.M., Rossi-Doria, P. (Eds.), Principles and Applications of Pore Structural Characterization. Arrowsmith, Bristol, p. 213.

Rouquerol, J., Avnir, D., Fairbridge, C.W., Everett, D.H., Haynes, J.M., Pernicone, N., Ramsay, J.D.F., Sing, K.S.W., Unger, K.K., 1994. Pure Appl. Chem. 66, 1739.

Ruthven, D.M., 1984. Principles of Adsorption and Adsorption Processes. Wiley, New York (p.51).

Ruthven, D.M., Brandani, S., 2000. In: Kanellopoulos, N.N. (Ed.), Recent Advances in Gas Separation by Microporous Ceramic Membranes. Elsevier, Amsterdam, p. 187.

Ruthven, D.M., Loughlin, K.F., 1972. J. Chem. Soc. Faraday Trans. I. 68, 696.

Sayari, A., Crusson, E., Kaliaguine, S., Brown, J.R., 1991. Langmuir. 7, 314.

Schirmer, W., Thamm, H., Stach, H., Lohse, U., 1980. In: Townsend, R.P. (Ed.), Properties and Applications of Zeolites. The Chemical Society, London, p. 204.

Schmidt, W., Schüth, F., Reichert, H., Unger, K., Zibrowius, B., 1992. Zeolites 12, 2.

Sing, K.S.W., 1989. Colloids Surf. 38, 113.

Sing, K.S.W., 1991. In: Mersmann, A.B., Scholl, S.E. (Eds.), 3rd Fundamentals of Adsorption. Engineering Foundation, New York, p. 78.

Sing, K.S.W., Unger, K.K., 1993. Chem. Ind. 165.

Sircar, S., 1993. In: Suzuki, M. (Ed.), Fundamentals of Adsorption IV. Kodansha, Tokyo, p. 3.

Srasra, E., Bergaya, F., Van Damme, H., Ariguib, N.K., 1989. Appl. Clay Sci. 4, 411.

Stach, H., Thamm, H., Fiedler, K., Grauert, B., Wieker, W., Jahn, E., Ohlmann, G., 1986. Stud. Surface Sci. Catal. 28, 539.

Sterte, J., 1991. Clays Clay Miner. 39, 167.

Thamm, H., 1987. Zeolites. 7, 341.

Thamm, H., Stach, H., Fiebig, W., 1983. Zeolites 3, 94.

Thomas, J.M., 1994. Nature 368, 289.

Thomas, J.M., 1995. Faraday Discuss. 100, C9.

Thomas, J.M., Raja, R., 2005. Ann. Rev. Mater. Res. 35, 315.

Thomas, J.M., Theocharis, C.R., 1989. In: Scheffold, R. (Ed.), Modern Synthetic Methods, Vol. 5. Springer-Verlag, Berlin, p. 249.

Thomas, J.M., Bell, R.G., Catlow, C.R.A., 1997. In: Ertl, G., Knozinger, H., Weitkamp, J. (Eds.), Handbook of Heterogeneous Catalysis, Vol. 1. Wiley-VCH, Weinheim, p. 286.

Thomas, J.M., Raja, R., Sankar, G., Bell, R.G., 2001. Acc. Chem. Res. 34, 191.

Tosi-Pellenq, N., Grillet, Y., Rouquerol, J., Llewellyn, P., 1992. Thermochim. Acta. 204, 79.

Trillo, J.M., Alba, M.D., Castro, M.A., Poyato, J., Tobias, M.M., 1993. J. Mater. Sci. 28, 373.

Trzpit, M., Soulard, M., Patarin, J., Desbiens, N., Cailliez, F., Boutin, A., Demachy, I., Fuchs, A.H., 2007. Langmuir 23 (20), 10131.

van Damme, H., Levitz, P., Fripiat, J.J., Alcover, J.F., Gatineau, L., Bergaya, F., 1985. In: Boccara, N., Daoud, M. (Eds.), Physics of Finely Divided Matter. Springer-Verlag, Berlin, p. 24.

van Koningsveld, H., Tuinstra, F., van Bekkum, H., Jansen, J.C., 1989. Acta Cryst. B. 45, 423.

van Olphen, H., 1965. J. Colloid Sci. 20, 822.

van Olphen, H., 1976. In: Parfitt, G.D., Sing, K.S.W. (Eds.), Characterization of Powder Surfaces. Academic Press, London, p. 428.

Vaughan, D.E.W., 1988. Catalysis Today. Elsevier, Amsterdam, p. 187.

Vaughan, D.E.W., Maher P.K., Albers E.W., 1974. U.S. Patent 3,838,037 (to WR Grace and Co).

Volzone, C., Ortiga, J., 2009. Appl. Clay Sci. 44, 251.

Volzone, C., Ortiga, J., 2011. J. Environ. Manag. 92, 2590.

Wang, H., Huang, L., Holmberg, B.A., Yan, Y., 2002. Chem. Commun. 16, 1708.

Wernert, V., Schaef, O., Ghobarkar, H., Denoyel, R., 2005. Microp. Mesop. Mater. 83(1-3), 101.

Wernert, V., Schaef, O., Faure, V., Brunet, P., Dou, L., Berland, Y., Boulet, P., Kuchta, B., Denoyel, R., 2006. J. Biotechnol. 123 (2), 164.

Wilson, S.T., 2007.In: Ceijka, J., vanBekkum, H., Corma, A., Schüth, F. (Eds.), Introductionto Zeolit Science and Practice. Elsevier, Amsterdam, p. 105 (Chapter 4).

Wilson, S.T., Lok, B.M., Messina, C.A., Cannan, T.R., Flanigen, E.M., 1982a. J. Am. Chem. Soc. 104, 1146.

Wilson, S.T., Lok, B.M., Flanigen, E.M., 1982b. US Patent 4310440.

Yang, R.T., 1987. Gas Separation by Adsorption Processes. Butterworths, Boston (p. 263).

Zhu, H.Y., Gao, W.H., Vansant, E.F., 1995. J. Colloid Interface Sci. 171, 377.

第13章 | 有序介孔材料的吸附

Philip Llewellyn

Aix Marseille University-CNRS, MADIREL Laboratory, Marseille, France

13.1 引言

不同系列的有序介孔材料对于微孔沸石是一个重要补充。这些材料 20 年前就已被发现（Chiola 等，1971），在 20 世纪 90 年代初美孚公司许多科学家从事这项研究工作（Beck 等，1992; Kresge 等，1992），并且汇集了大量研究成果（Di Renzo 等，1997 年）。从合成的角度，这个领域已经带来了沸石和溶胶-凝胶两大科学的融合。从应用的角度，物理、化学和生物等许多领域都已经进行了大量研究。

重新引起对这些材料研究兴趣的是需要转换高分子量重油产品（Kresge 和 Roth，2013），其中一直进行的工作是如何使用表面活性剂分子在层状沸石之间引入大孔。合成柱撑黏土（第 12 章）的方法同样适合于沸石的合成，美孚实验室研究用 MCM-22 片状材料合成了 MCM-36 材料（Roth 等，1995）。

这项开创性工作的第二个任务是合成六角形排列的 MCM-41 有序介孔材料，随后是立方体的 MCM-48 和层状的 MCM-50，统称为 M41S 系列（Beck 等，1992; Kresge 等，1992）。一个协同的自组装机制普遍用于描述使用阳离子表面活性剂来制备这些材料的过程（Monnier 等，1993），后续的工作也表明，使用非离子表面活性剂（Tanev 等，1994）与一些知名材料，尤其是 SBA-15（六方）和 SBA-16（立方）等，来制备有序介孔材料是可能的（Zhao 等，1998a, b）。大多数材料是基于二氧化硅，但也可以将其他氧化物引入孔壁中以增加酸性（Zeleňák 等，2006; Zukal 等，2008），或通过有机基团的嫁接可以使表面功能化（Brunel，1999; Huang 等，2003; Drese 等，2009; Knofel 等，2009）。同样，也可以通过使用二氧化硅"胶"的方法使得孔壁本身有机官能团化（Asefa 等，1999）。

液晶相方法同样可用于制备有序介孔材料，这为开发制备介孔金属提供了可能（Attard 等，1995）。如第 10 章所述，可以使用有序介孔二氧化硅作为硬模板来制备其他材料，如有序的介孔碳和氮化碳（Ryoo 等，1999; Jun 等，2000）。当然，也可以使用直接合成路线来制备有序的介孔碳（Ma 等，2013）。

因此，有大量的合成方法和条件来制备具有多种化学性质的有序介孔材料。本章的目的是为读者概述这些材料的吸附性能，同时介绍几个可以被认为是理解毛细凝聚现象的模型。

13.2　有序介孔二氧化硅

13.2.1　M41S 系列

正如前文所述，美孚公司科学家在 1992 年公开了硅酸盐/硅铝酸盐介孔吸附剂 M41S 系列的合成方法 (Beck 等,1992; Kresge 等, 1992)。这个系列中研究最为彻底的是 MCM-41（美孚公司的催化材料，编号 41），它由非交叉管状孔组成。从图 13.1 可以看出，孔结构是由一个尺寸受控的均匀通道构成的六角形阵列。

在最初的 MCM-41 合成过程中，Beck 等（1992）在季铵盐表面活性剂（如十六烷基三甲基铵离子）存在下实现了硅铝酸盐凝胶的水热转化。将清洗并空气干燥的产物在 550℃下煅烧以除去残留的有机物质。

美孚科学家认为，介孔结构是由"液晶模板"机制形成的（见图 13.1），因为电子显微照片和衍射图样与某些表面活性剂/水液晶的胶束相非常相似。所观察到的孔隙宽度（约为 1.5～10 nm）对烷基链长度和有机亲油物质增溶的依赖性也与液晶模板机理吻合。

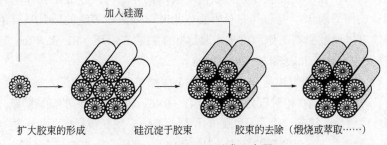

图 13.1　MCM-41 形成示意图

直到 1992 年，中间产物的确切性质仍然是未知的，研究者们更细致地研究了各种中间介孔结构的形成和形态（Monnier 等, 1993; Stucky 等, 1994; Huo 等, 1995; Firouzi 等, 1995）。现在看来，简单的"液晶模板"机制并不能解释六面体表面活性剂/硅酸盐相可以在非常低的表面活性剂浓度下产生，这与纯表面活性剂相图不一致。很明显，中间相形态特别取决于感胶离子转变的性质以及表面活性剂和硅酸盐相之间的相互作用。研究者提出了一种利用无机和有机物协同组合成三维结构阵列的广义模型，来解释介孔氧化物和纳米复合材料的合成（Ciesla 等，1994；Firouziet 等，1995）。

许多用于制备 M41S 和其他相关材料的方法已被提出。Meynen 等（2009）发表了已经验证的各种合成方法的综述。例如，Edler 和 White（1995）曾描述了一个低温合成纯硅相的 MCM-41 的方法。在制备路线中，关键阶段是控制硅酸钠和十六烷基三甲基溴化铵（CTAB）的混合溶液的老化时间，然后是中间产物的过滤、洗涤和干燥，并最终在 550℃ 的空气中煅烧。Grun 等（1999）给出了制备高质量 MCM-41 的另一种简单方法。假晶合成方法制备的 MCM-41 能够保持与反应物硅胶颗粒相同的总体形态（Martin 等，2002a）。Kruk 等（2000）给出了用不同链长表面活性剂制备 MCM-41 材料的优化合成方法。

煅烧阶段可能对表面羟基的量（Keene 等, 1999）和孔径（Keene 等, 1998）产生很大影响。虽然热处理经常被使用，但也可以使用其他处理方式，如臭氧处理（Keene 等, 1998；Buchel 等, 2001）和溶剂萃取（Zhao 等, 1998 a, b；Knofel 等, 2010）。

Inagaki 等（1993）报道了由水硅钠石合成的高度有序介孔材料，水硅钠石是一种层状聚硅酸盐，本身是由水合硅酸钠合成的。将水硅钠石分散在十六烷基三甲基氯化铵的水溶液中，在 70℃ 下加热数小时，加入盐酸使溶液的 pH 值为 8.5。过滤和洗涤后，将其在 700℃ 的空气中煅烧。在电镜下可以观察到类似 MCM-41 的六角形通道结构。

1992 年以来，许多不同的 MCM-41 样品上的物理吸附等温线已被报道，虽然这些等温线都具有一般的 Ⅳ 型外观，但它们的形状并不完全相同，少数是完全可逆的，而其他则表现出滞后现象。一系列的系统研究（Branton 等, 1993, 1995a,b, 1997）已经表明，在一定的温度下，相同的吸附剂样品与某些吸附物作用时，等温线给出明确的滞后现象，但与其它吸附物作用时，则给出可逆的或几乎可逆的等温线。此外，可以通过提高工作温度来去除这些体系的滞后环（Ravikovitch 等, 1995；Branton 等, 1997；Morishige 和 Shikimi, 1998）。

图 13.2 中的氮气等温线是 Keung（1993）根据美孚公司原始配方制备的样品上测得的。最显著的特征是在相对压力（p/p^o=0.41～0.46）很窄范围内的陡峭阶跃，以及等温线的整体可逆性。这是一个真正可逆的 Ⅳ 型等温线，现在被指定为 Ⅳb 型（见第 1 章）。如果吸附量是不连续测量的（即通常的程序），则有必要在该步骤区域内使每个脱附点平衡至少 1 h（Branton 等, 1993）。已经有多个实验室（Branton 等, 1994；Llewellyn 等, 1994；Ravikovitch 等, 1995）证实了该特定等级的 MCM-41 没有滞后现象。在下面的讨论中，这个等级被称为 "4 nm MCM-41" 或简称为 MCM-41 的 4 nm 样品。

表 11.1 中无孔羟基化二氧化硅上的氮气等温线数据（Bhambhani 等, 1972）被参考用来构建图 13.2 中的 $α_s$ 图。由于初始线性部分可以反向外推到原点，所以可以确定，在相对压力 p/p^o=0.41 孔隙填充开始之前，在介孔壁上发生单层-多层吸附，因此

没有检测到低 p/p^o 时的初级微孔填充。

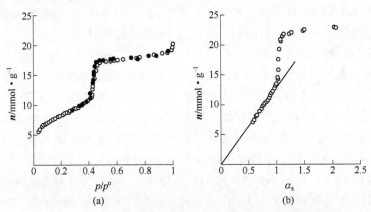

图 13.2　（a）4 nm MCM-41 在 77 K 下的氮气吸附等温线；
（b）相应的 α_s 图（改编于 Branton 等, 1994）

图 13.3 给出了 4 nm MCM-41 样品上的氩气吸附等温线（77 K 时），与相应的 α_s

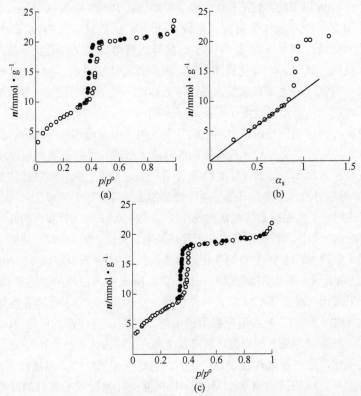

图 13.3　（a）4 nm MCM-41 在 77 K 时的氩气吸附等温线；（b）4 nm MCM-41
在 77 K 时的氧气吸附等温线；（c）相应的 α_s 图（Branton 等, 1994）

图。氩气的 α_s 图再一次表明了从单层-多层吸附到孔填充的突变过程。图 13.3 还给出了相同的 4 nm MCM-41 样品上的氧气吸附等温线（77 K 时），显然氩气和氧气等温线具有非常相似的滞后环（H1 型），这与氮气形成了鲜明对比。

在计算这些材料的表面积时，可以使用氩气作为参比探针，然后计算在 BET 单层中吸附质彼此的表观分子面积 σ。实际上，人们认为通过四极相互作用到表面的氮气分子，可以采取一个方向，相应于比常规假设更小的 σ（例如在 BET 方法中）。非极性和球形氩气分子情况并非如此，尽管有争议认为氩气不能均匀地浸润一些表面。在羟基化二氧化硅情况下，氮分子的横截面积被重新计算（参见 10.2.3 节）（Rouquerol 等，1979; Ismaïl，1992; Jelinek 和 Kováts，1994）。

在目前情况下，对于各种 MCM-41，以往研究中的重新计算已获得并证实了氮气分子横截面积是 $0.135 \sim 0.140 \, nm^2$（Llewellyn 等，1997; Galarneau 等，1999）。

这种介孔体系在计算 BET 面积时，需进一步考虑分子在平面上通过分子中心的横截面积。在圆柱形孔中，由于孔的曲率，考虑到探针可接近的区域，该面积可能被低估。围绕 $w/(w-d)$ 的差值可以被推导出，其中 w 是孔隙宽度，d 是分子直径，在氮气的情况下，对于 4 nm 以下的圆柱形孔，此差值可能超过 10%（Kruk 和 Jeroniek，2001）。

假设孔填充了冷凝液体吸附物（假设 Gurvich 法则是有效的），那么介孔体积 $v_p(mes)$ 的值可以通过相对压力 $p/p^o=0.95$ 时的吸附量得到。在此温度下，许多吸附物包括氮气、氩气、氧气、一氧化碳和甲烷，似乎都是这种情况。这种 $v_p(mes)$ 值间较好的一致性，与氩气的毛细凝聚状态是过冷液体而不是固体的假设一致。77 K 时的氮不同，此时的流体可能更接近于固态（Llewellyn 等，1997）。

等温线和 α_s 图中的陡峭阶跃表明毛细凝聚发生在很窄范围的介孔中。在计算介孔大小时，可以应用开尔文方程（假设半球形弯液面形成）并校正吸附层厚度。必须再次强调，Kelvin 方程不可能为计算大约 6 个分子直径的孔径提供可靠的依据。另外，正如第 8 章所指出的，标准统计多层厚度校正的应用可能过于简单化。几个研究小组已经强调了透射电子显微镜直接观察到的孔径与通过 BJH 方法计算出的孔径之间的差异。为了解决这个差异，许多研究方法已经被采用。Kruk 等（1997）使用 XRD 结构分析来估计一系列 MCM-41 材料的孔径，并建议在 BJH 分析中增加 0.3 nm 的值。其它模型，如 Derjaguin 提出的模型或 Broekhoff/de Boer 参考曲线的使用在 Coasne 等的综述中进行了讨论。对于 MCM-41，可以预料，管状孔形状以及不存在网络渗滤效应至少最小化了与"理想"毛细凝聚模型的偏差。然而，更广泛的应用 NLDFT 计算（见 8.5 节），只要使用适当的内核，就可以使用户更精确地评估介孔尺寸。

如前文所述，虽然氮气等温线是可逆的，但氩气和氧气的等温线在 77K 时表现出明确的滞后环。在相同的 4 nm MCM-41 样品上，使用以下吸附剂可得到相似的环，包括甲醇、乙醇、正丙醇、正丁醇和水蒸气（Branton 等，1995a）以及二氧化碳和二氧化硫（Branton 等，1995b）。所有这些回环在 IUPAC 分类中都属于 H1 型（见

8.6 节），但其宽度存在显著差异。如图 13.4 所示，可以看出，在 290 K 时甲醇比正丙醇给出了更窄的回环。根据样品的疏水性，水产生一个 V 型等温线（Llewellyn 等，1995），其形状与四氯化碳的形状非常相似（图 13.4）。

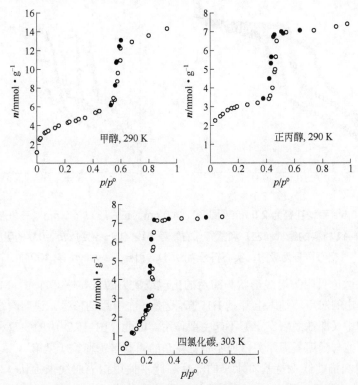

图 13.4　4 nm MCM-41 的有机蒸气吸附等温线（引自 Branton 等，1995a，1997）

研究者对等温线形状对 MCM-41 孔径大小的依赖进行了很多研究（Llewellyn 等，1994；Morishige 和 Shikimi，1998；Gelbet 等，1999）。图 13.5 中显示了由不同孔径的 MCM-41 吸附剂给出的三种类型的归一化的氮气等温线。根据以前的研究，一个非常陡峭和可逆的孔隙填充由 4 nm 样品给出（$p/p^o≈0.40\sim0.44$）。在 2.5 nm 样品上获得的等温线也是可逆的，但是孔填充发生的范围宽得多（p/p^o 约为 0.22\sim0.34）。4.5 nm 样品上的等温线是更常见的 IVa 型，具有明确的滞后环。之前提到的改性水硅钠石样品，在可观的 p/p^o 范围内给出了可逆的氮气孔填充（Branton 等，1996），等温线形状与图 13.5 中的 2.5 nm MCM-41 的类似。

研究人员发现其他吸附剂的与孔径大小相关的等温线形状和毛细凝聚位置也有类似的变化（Franke 等，1993；Ravikowitch 等，1995；Rathousy 等，1994；Schmidt 等，1995；Branton 等，1997；Kruk 等，2000）。在温度分别为 273 K、288 K、303 K 和 323 K 时，测定了 3.4 nm 的硅质 MCM-41 四氯化碳等温线。这些等温线基本上是 V 型，类似于水（见下文），在 323 K 时是完全可逆的，而其他的具有狭窄的几乎垂直的 H1 型滞后环（见图 13.4）。

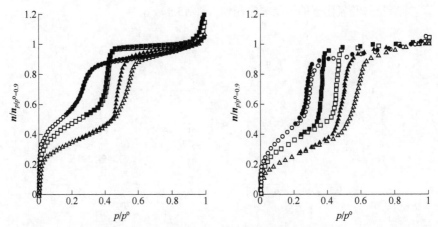

图 13.5　平均孔径为 2.5 nm（圆形）、4.0 nm（正方形）、4.5 nm（三角形）的 MCM-41 材料的氮气（左）和氩气（右）等温线（归一化到 p/p^o=0.9 的吸附量）

（空心符号为吸附；实心符号为脱附）（引自 Llewellyn 等，1994）

接下来讨论吸附等温线形状与滞后的出现或缺失的重要性。首先，MCM-41 的各种样品给出的滞后环基本上都是 H1 型，这是一个有用的信号，说明网络渗滤效应在介孔排空中（即在脱附支上）不起主要作用。因此，图 13.2 中的狭窄和几乎垂直的环路更可能与延迟凝聚相关，而不是更复杂的渗滤堵塞现象（见第 8 章）。这可以通过在脱附扫描曲线保持基本水平的滞后环路中使用扫描曲线来确认（Coasne 等，2013）。当然，鉴于模型 MCM-41 的非交叉叉管孔结构，这是可以预知的。

其次，必须考虑毛细凝聚滞后的下限问题。正如第 8 章中指出的，大量的前期工作表明，这种形式的滞后环的低闭合点决不会低于临界相对压力，而临界相对压力取决于吸附物和温度（但不取决于吸附剂）。在 77 K 氮气的情况下，滞后的下限似乎在 p/p^o=0.42。Morishige 等（Morishige 等，1997；Morishige 和 Shikimi，1998）对这个毛细临界点的孔径大小、温度和吸附气体的性质进行了详细的研究。

在 4 nm 样品上的氮气吸附等温线引起人们特别的兴趣，陡峭和可逆的等温线似乎代表了在狭窄分布的均匀圆柱形孔中可逆毛细凝聚/蒸发的几乎"理想"情况（参见图 8.8）。但是，必须注意的是，陡峭的孔隙填充起点位于 p/p^o=0.42 处。由于孔隙几何形状，没有可检测的粒子间凝聚，这通常导致与 p/p^o<0.42 的标准等温线的可逆偏离。因此，可以得出这样的结论：在对应于 p/p^o= 0.42 的临界化学势下，凝结物变得不稳定，同时在孔壁上留下被吸附的多层（在表面力的作用下）。

Ravikowitch 等（1995）详细讨论了这个体系。通过使用非局域密度泛函理论 NLDFT，在不同温度（70～82 K）下计算各种孔径（1.8～8 nm）的氮气吸附等温线模型。虽然假设吸附剂表面是能量均匀的，并且采取固-液分子间势能的简化处理，但计算出的等温线表现出与实验等温线相同的逐步Ⅳ型特性。然而，产生了宽滞后环，可以得出如下结论，巨势能差的大小可以看作是亚稳程度的度量。正如实验观察到的，对于给定的孔径，随着温度的升高，环的尺寸变小。此外，在给定的温度下，存在临界孔径，在该临界孔径以下，不可逆的孔隙填充（导致滞后）转化为可逆的孔隙填充。

虽然 MCM-41 样品的孔径分布可能很窄，但这些材料的表面化学性质是非常不均匀的。这表现在 77 K 条件下甲烷、一氧化碳和氮的吸附焓变（图 13.6）（Llewellyn 等，1996，1997）。首先，可以比较非极性分子甲烷与具有永久力矩（偶极矩=$0.39×10^{-30}$ cm）的一氧化碳的吸附。这两种分子的初始焓曲线下降，这是典型的异质表面并且经常在二氧化硅样品上观察到（Rouquerol 等，1979）。焓变的初始值随使用的探针分子的类型而变化，因此具有永久分子力矩的分子如一氧化碳和氮气在该区域中会引起较大的相互作用。Kruk 等（1997）已经分析了在一系列不同孔径硅质 MCM-41 样品上测定的详细的氮气吸附等温线。低压数据用来计算吸附能分布，从一个样品到另一个样品通常看起来几乎没有变化。然而，发现在最低可及压力（$5×10^{-7}<p/p^o<10^{-3}$）下的吸附由于孔径的减小而显著增强，认为是由于孔壁中的波纹或孔壁的整体曲率增加造成的。

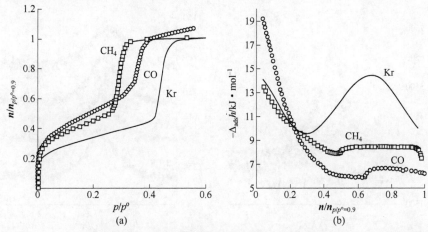

图 13.6　（a）77 K 时甲烷、一氧化碳和氮气在孔径 4 nm 的 MCM-41 上的吸附等温线；
（b）吸附等温线所对应的吸附焓变（Llewellyn 等，1997）

在相应等温线的毛细阶段，所有气体的吸附曲线焓变略有增加（图 13.6）。通过比较，从 253～293 K 时环戊烷在 MCM-41 上的吸附实验数据计算了等量吸附热（Franke 等，1993；Rathousky 等，1995），也显示了类似的行为。

对于 MCM-41 上的氮气吸附（图 13.6），在毛细冷凝过程中观察到焓变曲线中更大的峰，约 4 kJ·mol^{-1} 的数值大于凝固焓，高于简单凝结机理所预期的值。考虑到使用 Gurvich 法则来计算填充介孔的情况需要氮的固体密度，这表明在该区域中可能形成类似固体的氮相。

通过分子模拟 MCM-41 吸附氮气，Maddox 等（1997）研究了允许表面能不均匀性的影响。这种方法是基于模型不能再现实验等温线的事实而提出的，这种模型是假定固-液相互作用势为均匀的，该实验等温线已经在低表面覆盖的区域（p/p^o 低于 2.7×10^{-6}）精确测定出。Maddox 等（1997）指出由分子模拟得到的滞后环来自亚稳态，并且可能取决于模拟运行的长度，因此，它们不能与实验滞后回环直接比较。

为了能准确模拟氩气和氮气的吸附等温线，Kuchta 等（2004）也表明非均性效应是巨大的。他们把结构的不均匀性（粗糙度）和化学无序建模成能够匹配实验等温线的壁。这种吸附位点分布对于模拟介孔二氧化硅上的低压吸附是必不可少的。

为了遵循介孔内吸附流体的顺序，在 77 K 测得了孔径宽度为 2.5 nm 的 MCM-41 上吸附不同量的氘代甲烷（CD_4）的中子衍射图（图 13.7）。吸附量对应于：（a）吸附前脱气材料的衍射谱图；（b）在毛细冷凝步骤之前；（c）在毛细过程中；（d）在冷凝步骤之后。吸附在 MCM-41 样品上的氘化甲烷的衍射信号的特征，在于散射波范围矢量中非常宽的峰 $1.7\ \text{Å}^{-1} \leqslant Q \leqslant 1.9\ \text{Å}^{-1}$。这说明不存在长程有序。对于在 16.4 K 下进行氘化氢的吸附，同样获得类似的结果。因此，对这些气体的吸附，只观察到有短程有序（$20\ \text{Å} \leqslant L_{\text{coher}} \leqslant 30\ \text{Å}$）。

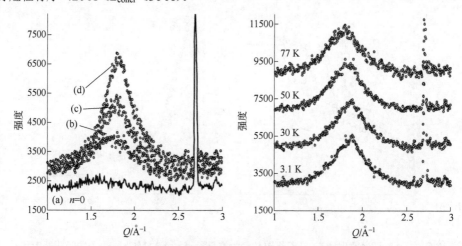

图 13.7　左：在 77 K 下，不同负载量在 2.5 nm MCM-41 上的 CD_4 的中子衍射图；
右：在不同温度下对孔［左图（c）点］的一半填充有 CD_4 的样品的
中子衍射图（Llewellyn 等, 1996）

图中可以看出，峰的形状没有发生变化，这表明氘代甲烷的分子排序保持不变，即短程有序。该短程有序是液体或无定形固体相的特征，因此，即使在 3.1 K 温度下这些实验也不能区分静态紊乱（无定形固体）或动态紊乱（流体相）（Llewellyn

等，1996）。

　　MCM-41 和其它相关有序介孔材料的一个显著特征就是其比表面积大，有可能产生具有稳定表面积远超过 1000 m² · g⁻¹ 的非微孔结构。当然，高面积和高孔隙体积就意味着孔壁必须相当薄，在某些情况下，孔壁厚度可能不超过两个氧原子。这似乎是这种材料长期稳定性差的原因（Cassiers 等，2002），因此缺乏广泛的应用。这在有水的情况下也是如此，下文会详细描述。

　　鉴于 MCM-41 的表面不均匀性，可以预测水蒸气的吸附将涉及一定程度的特异性。然而，Branton 等（1995b）和 Llewellyn 等（1995）发现在 4 nm 和 2.5 nm 样品上的水等温线是 IUPAC 分类中的 V 型（参见图 13.4 中的四氯化碳等温线）。实际上，吸附的初始焓变低于液化焓变，表明存在疏水性表面（Llewellyn 等，1995）。在 4 nm 材料上的等温线的初始部分几乎是可逆的，表明暴露于水蒸气导致很少的再羟基化。Ribeiro Carrott 等（1999）也已经发现，高比表面积的样品 MCM-41 暴露于高 $p/p°$ 水蒸气时出现了明显的老化。Inagaki 和 Fukushima（1998）也发现，与 MCM-41 具有相似性质的改性水硅钠石（FSM-16）样品在暴露于水蒸气时出现了显著的再羟基化，这种行为类似于大多数脱羟基二氧化硅。

13.2.1.1　MCM-48

　　在其他 M41S 材料中，MCM-48 是值得关注的（Vartuli 等，1994）。MCM-48 具有三维双连续孔隙系统，可以用最小螺旋二十四面体表面模拟。结晶学上，样品具有 *Ia3d* 对称性（Monnier 等，1993）。与 MCM-41 相比，该材料的合成组成窗口更窄，并且需要更高比率的表面活性剂/二氧化硅（Meynen 等，2009）。Schmidt 等（1996）已经描述了 Si/Al = 22 的 MCM-48 的合成，其中 Al 似乎只是四面体形式。MCM-48 的壁厚与 MCM-41 相当，因此这两种材料本征的水热稳定性是相似的。

　　另一种具有与 MCM-48 相似孔结构的双连续立方（*Ia3d*）介孔二氧化硅是 KIT-6（Kleitz 等，2003）。由于其吸附性质和使用扫描滞后的孔隙系统的特征（Cimino 等，2013），该样品同样受到关注。

　　从吸附的角度来看，MCM-48 可以看作是一个类似笼子的结构，其空腔和窗口大小相似。因此，这个样品作为理解相似尺寸的孔隙之间的网络和互连效应的模型是有意义的。

　　图 13.8 显示了在三种不同尺寸的 MCM-48 样品上的氮气和氩气等温线（Thomas 等，2000）。图 13.8（a）和（b）中的等温线基本上是可逆的，这是由于预先制备的材料为小孔尺寸。但是，也显示温度对吸附等温线有影响，如图 13.8（c）所示。事实上，对于平均孔径约 3 nm 左右的样品，在 77 K 的氩气吸附下观察到较小的滞后现象，在 87 K 时几乎消失。

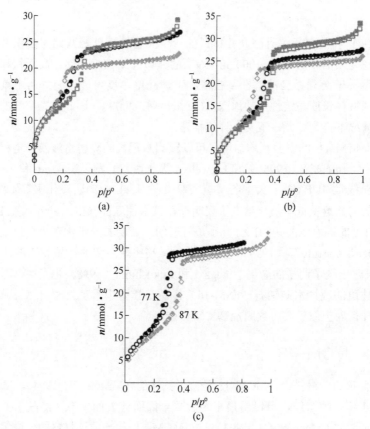

图 13.8　氮气（a）和氩气（b）在不同尺寸的 MCM-48 样品上的等温线，（c）为在 77 K 和 87 K 时在相同的 MCM-48 样品上的氩气等温线（Thommes 等，2000）

在 55～113 K 温度范围内，直径约为 2.4 nm 的 MCM-48 样品上，Morishige 等（2003）系统地跟踪了温度对氮气吸附的影响。研究发现滞后环在 67 K 左右消失，这一温度被描述为滞后临界温度（T_{ch}）（Ravikowitch 等，1995），该值可以与孔临界温度（T_{cp}）相比较，定义为在受限介质中气-液平衡的临界温度（即未连通的圆柱孔）。因此，毛细凝聚伴随着 T_{ch} 以下的滞后，T_{ch} 和 T_{cp} 之间的一阶转换是可逆的。在 T_{cp} 以上，认为吸附是连续进行的，没有毛细凝聚。Gelb 等（1999）曾经提出，孔隙之间的互通可能会影响 T_{cp} 在连接点的位置，相关长度可能会大于孔径。Morishige 等（2003）估计 MCM-48 样品的 T_{cp} 为 98 K，将这些值与文献中的值进行了比较，特别是与 MCM-41 相比较，发现用 MCM-48 得到的值没有偏离临界点位移和倒数孔半径之间的线性关系。因此得出结论：对于 MCM-48 而言，孔径在整个三维网络中并没有大的变化，孔内相互连接的效果不会影响孔隙率和孔临界温度。

图 13.8 所示的 MCM-48 的氮气等温线非常类似于图 13.5 中的 MCM-41，这进一步表明，网络几何的差异（在 MCM-41 中的普通圆柱毛孔和在 MCM-48 中的双连续

毛孔）对吸附现象本身影响不大，二维 MCM-41 孔隙系统和三维 MCM-48 系统之间的差别可能在传输方面。事实上，导致气体扩散受限的任何孔道堵塞，在 MCM-41 孔道中造成的影响都会比 MCM-48 更大。

有序介孔结构在生物化学分离和纳米复合材料等领域的应用有相当大的空间。利用这些高比表面积的二氧化硅作为锚定特定功能的框架（如有机配体、酶、金属或金属氧化物等），因此可能具有高浓度的结构明确的活性位点，将在后面的章节中看到。事实上，许多研究者都强调了 MCM-41 和 MCM-48 基催化剂的潜在价值（Thomas, 1994, 1995; yeet 等, 2001）。

尽管如此，MCM-41 和 MCM-48 还有许多问题没有解释清楚，例如：孔结构的规律性是否是应用的关键，孔径大小和高比表面积的规律是否是关键的材料参数。

然而，就应用而言，主要问题还是这些相的水热稳定性相对较差，这似乎与狭窄的孔壁厚度有关（Cassiers 等, 2002）。

13.2.2　SBA 系列

SBA（Santa Barbara acid）系列材料于 20 世纪 90 年代末在 Galen Stucky 集团诞生（Huo 等, 1996; Zhao 等, 1998a,b; Sakamoto 等, 2000）。随后许多具有不同孔径和结构的材料也被制备出来（参见表 13.1），各种各样的表面活性剂用于材料制备。在许多情况下，可以使用非离子表面活性剂，这为使用简单溶剂萃取方法去除有机相提供了可能。SBA 系列与 M41S 系列相关的一个常见特征是较厚的孔壁，使其具有更高的稳定性。

表 13.1　不同 SBA 材料列表

名　称	孔隙网络类型	参考文献
SBA-1	立方 *Pm3n* 结构，3D 笼形孔结构，具有较小宽度的窗口	Huo et al. (1996) and Kim and Ryoo (1999)
SBA-2	*P6₃/mmc* 结构，由圆柱状通道连接球形孔结构的 *hcp* 阵列	Huo et al. (1996) and Pérez-Mendoza et al. (2004)
SBA-3	*P6mm* 六方结构，具有圆柱状孔	Huo et al. (1996)
SBA-6	立方 *Pm3n* 结构，3D 笼状和双重孔结构	Sakamoto et al. (2000)
SBA-11	*Pm3m*，立方孔结构	Zhao et al. (1998a,b)
SBA-12	*P6₃/mmc*，3D 六方体	Zhao et al. (1998a,b)
SBA-15	*P6mm*，2D 六方体孔结构（类 MCM-41）	Zhao et al. (1998a,b)
SBA-16	*Im3m* a，立方笼状 3D 孔结构（类 MCM-48）	Zhao et al. (1998a,b) and Sakamoto et al. (2000)

与 MCM-41 和 MCM-48 相比，在这些不同的相中，作为对物理吸附现象的理解，有两个特别有意义的模型。其中第一个是 SBA-15（Zhao 等, 1998a），其具有类

似于 MCM-41 的六方孔排列。虽然 MCM-41 具有非交叉的圆柱体网络，但是在不同条件下制备的 SBA-15 可以包括不同量的可以与圆柱形介孔交叉的微孔（Galarneau 等，2001, 2003）。另一方面，SBA-16（Zhao 等，1998）与 MCM-48 相比较，两个系统都具有双连续孔隙结构，可以通过螺旋二十四面体极小表面模拟成立方结构。如上所述，MCM-48 的孔隙在整个孔隙网络中具有相似的宽度，SBA-16 的情况并非如此，其孔体大于此样品的入口，这几乎是墨瓶孔的理想情况。

13.2.2.1　SBA-15

SBA-15 具有二维六方介孔结构（P6mn 空间群）（Zhao 等,1998a, b）。孔径可以通过使用不同尺寸的嵌段共聚物来改变，孔的几何形状是圆柱体的排列方式，因此可以认为这是一种理解毛细冷凝现象的模型，非常类似 MCM-41。然而，根据合成条件（特别是温度），存在这样的可能性，即嵌段共聚物中的一个链嵌入到了二氧化硅壁中，当共聚物被去除时，就可能导致材料具有一定的微孔度（Zhao 等，1998, B; Galarneau 等，2001, 2003）。通过改变煅烧温度也可以影响微孔度的程度（Ryoo 等,2000）。

图 13.9 中（a）图给出了各种温度下 SBA-15 样品的等温线，使用 77 K 的氮气来检测在 60℃、110℃和 130℃制备的样品（Galarneau 等,2003）。从这些等温线可以看出，随着样品合成温度的升高，孔径和介孔体积相应地增加。为了更好地了解合成温度对微孔体积的影响，研究者进行了氩气吸附，并使用比较图（图 13.9 中右图）显示了负载量下的偏差。实际上，t 曲线中的任何非线性实例都是参考无孔固体

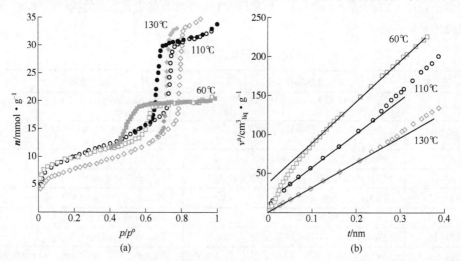

图 13.9　（a）77 K 下，SBA-15 在 60℃、110℃和 130℃合成，并在 550℃煅烧时的氮吸附/脱附等温线；（b）在 77 K 下，SBA-15 在 60℃、110℃和 130℃合成，并在 550℃煅烧的氩气吸附的比较图（Galarneau 等，2003）

单层-多层吸附的机理，如在 60℃和 110℃下制备的样品所观察到的，在低厚度处显著的向下偏差表示具有微孔性。然而，在 130℃下合成的样品几乎具有很少或没有微孔（Galarneau 等，2003）。在其他工作中，也发现毛细冷凝和滞后的扫描曲线在 SBA-15 上进行（Cimino 等，2013）。以上表明，即使存在交叉微孔系统，介孔也可以被认为是独立的。

在同一样品中同时存在微孔和介孔对估算孔隙宽度会有影响。事实上，人们可能会质疑通过单一的经典方法来估算微孔和介孔大小的有效性。在这种情况下，使用 NLDFT 或 QSDFT 方法可能更有意义。图 13.10（a）给出了一个处理 SBA-15 等温线的例子。在此，将 NLDFT 内核用于在 77 K 下氮气在圆柱形二氧化硅表面上等温线的脱附分支。从图 13.10（b）可以看出，实验等温线和拟合等温线之间非常吻合。

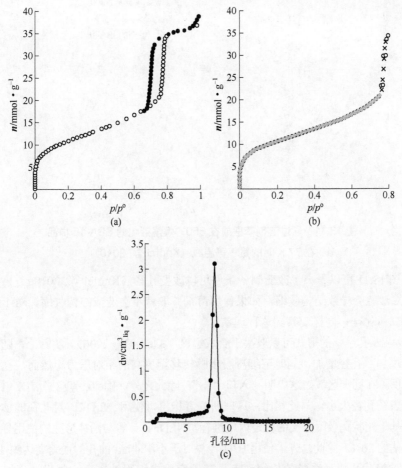

图 13.10 在 77 K 时 N$_2$ 在 SBA-15 上的吸附

（a）实验等温线；（b）从 NLDFT 分析的实验等温线和拟合等温线的比较

（吸附分支，二氧化硅圆柱）；（c）孔径分布

由此产生的孔径分布表明大部分是以 8.5 nm 直径为主的介孔。在这个样品中，没有明显的微孔。

13.2.2.2　SBA-16

可以使用具有相当长的环氧乙烷链的嵌段共聚物（如 F-127）来制备 SBA-16。这些链有利于球状聚集结构的形成，可以导致由交叉点形成的孔通过较小的窗口连接，使人想起墨水瓶孔的经典视图。在 77 K 时获得的Ⅳa 型氮气吸附等温线（图 13.11），具有吸附逐渐充满孔及更快的孔排空过程的特征，以 H2 型滞后环为其代表。

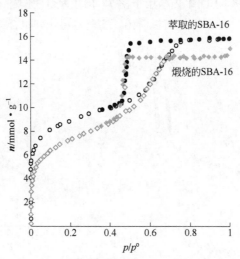

图 13.11　通过溶剂萃取或在 550℃煅烧活化的 SBA-16 样品
在 77 K 时的氮气等温线（Knöfel 等, 2010）

从图 13.11 可以看出，改变制备条件可以改变孔径（Knöfel 等, 2010）。事实上，在 550℃煅烧会导致结构收缩，如果使用溶剂萃取就不会造成结构收缩。对于许多有序介孔二氧化硅，同样观察到这种现象。

SBA-16 孔结构的形式可以取决于合成温度（Kleitz 等, 2006）。实际上，随着合成温度的增加，孔径增加，同时毛细冷凝步骤转移至更高的相对压力。然而，孔隙排空步骤仍保持在同一区域，这表明孔入口"小"。除此之外，Kleitz 等能够用 X 射线衍射分析来表征孔径大小。与此相比，这些研究者指出，使用 NLDFT 对孔径的估算最好是使用基于笼状孔吸附分支的特定内核进行。NLDFT 计算与圆柱形孔的使用导致孔径大小低估约 30%。除此之外，使用 BJH 计算对于小于 4 nm 的孔的误差高达约 45%。

这种笼状孔模型系统的传统观点是基于空腔中脱附的概念，脱附被延迟直到蒸气压力降低到孔隙窗口的平衡脱附压力以下（堵孔效应）（Mason, 1988）。然而，分子动力学（Sarkisov 和 Monson, 2001）和非局域密度泛函理论（NLDFT）

（Ravikowitch 和 Neimark, 2002）表明，基于堵孔概念的这种几何结构的吸附和脱附的经典情形并不一定有效。

同上述 MCM-48 的研究，Morishige 等（2003）同样观察了 SBA-16 样品的制备温度对滞后的依赖性。使用高分辨率电子显微镜（Sakamoto 等, 2000），研究相同制备过程的样品，研究表明该给定样品的孔入口直径为 2.3 nm，孔腔直径为 9.5 nm。比较 NLDFT 等温线的吸附分支，Morishige 等（2003）计算了一个 9.2 nm 的孔径，与以前的数据可以很好的吻合。然而，在 77 K，p/p^o 为 0.47 时，氮气脱附远高于 2.3 nm 直径的孔入口所预期的。在这项研究中，氮气在 SBA-16 上的毛细凝结和蒸发压力也依赖于温度。在 98 K 时不再能观察到滞后现象（T_{ch}）。不可逆的毛细蒸发压力对温度依赖性在 72 K 附近突然改变，这与在整体孔隙内的任何液氮相变无关。总而言之，该研究体系的行为证实了这样的观点，即脱附的孔排空是通过空化机制进行的（Sarkisov 和 Monson, 2001）。当堵塞的孔的尺寸很小以致冷凝流体接近亚稳态极限并且自发地蒸发，即使邻近的孔仍然是充满的，空化现象也会发生。在 77.4 K 的氮气吸附，空化现象发生在 p/p^o 为 0.50～0.42 的范围内，其特征在于脱附等温线的突变阶段（Rasmussen 等, 2010）。从实验和计算机模拟可以看出，将发生空化的相对压力与孔径关联起来是可能的（Rasmussen 等, 2010）。

13.2.3 大孔的有序介孔二氧化硅

已经有许多研究者探索研究控制二氧化硅材料的孔径尺寸，希望合成商业表面活性剂模板制备的孔径范围以外的孔径（Deng 等, 2013）。在 Corma 等（1997）的工作中，通过使用不同的表面活性剂/二氧化硅比例以及使用不同的结晶时间来改变 MCM-41 的孔径。后合成水热再处理也可用于增加 MCM-41 介孔的尺寸和体积（Sayari 等, 1997）。美孚公司科学家在初始的工作中指出，可使用溶胀剂来增加表面活性剂胶束的尺寸（Beck 等, 1992）。在后续的工作中，开发了两步合成过程，以增加孔尺寸和孔体积（Sayari 等, 1999 年）。

图 13.12 给出了原始的 MCM-41 和扩孔材料间氮气等温线的比较（Franchi 等, 2005）。通过 120℃下，在 *N,N*-二甲

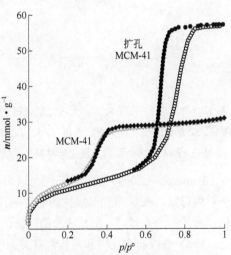

图 13.12 MCM-41 和扩孔的 MCM-41 在 77 K 下的氮气等温线（Franchiet 等, 2005）

基癸胺的存在下使用未煅烧的 MCM-41 的后合成水热处理 72 h 获得扩孔。可以看出，扩孔的材料具有三倍的介孔体积，同时孔径显著增加。

在用阳离子表面活性剂合成介孔材料时，可以容易购买到不同链长的表面活性剂。当使用嵌段共聚物时，系统研究每种链类型对制备材料的孔隙率的影响并不那么简单。使用二嵌段共聚物（Bloch 等，2009）和三嵌段共聚物（Bloch 等，2008）的情况分别如图 13.13 和图 13.15 所示。

用具有相同 PEO（聚环氧乙烷）嵌段长度和不同 PS（聚苯乙烯）单元长度的共聚物制备的一系列材料，其氮气等温线的共同特征是在 p/p^o 低于 0.05 的典型微孔填充起始阶段有急剧吸收（图 13.13）。随后，视样品差异，是一个 p/p^o 在 0.65～0.85 之间的假线性区域和毛细凝聚步骤。由于空化机制，在脱附时，可以看到很大的滞后环伴随着在 0.48～0.5 相对压力下由非常小的入口发生的孔隙排空。类似等温线可以从 KLE 二氧化硅中得到（Thommes 等，2006）。值得注意的是，脱附步骤的位置似乎同样与毛细冷凝的位置相关（即与孔径有关）。这证实了 Rasmussen 等（2010）的研究，涉及发生空化的相对压力与孔径相关。

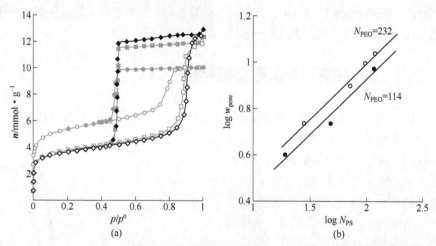

图 13.13　（a）在 77 K 下，大孔二氧化硅的氮气等温线，它的合成使用了具有相同 PEO 长度（232 单元）但不同的 PS 长度（28，72 和 115 单元）的二嵌段共聚物；（b）对 N_{PEO}=114 和 N_{PEO}=232 的两个系列二氧化硅材料，孔宽度作为 N_{PS} 函数的对数变化（Bloch 等，2009）

Bloch 等（2009）的这项研究可以根据 PS 嵌段来追踪孔径尺寸的演化。对这两个系列材料，PEO 嵌段长度的影响也同样被追踪。PS 嵌段只参与了介孔和孔径的演化，对于每个系列，一个普遍的趋势被证实，即当 N_{PS} 增加时，孔径增加。有意思的是，PEO 嵌段与介孔性和微孔性有关。研究者用下面的公式将介孔的尺寸与每个嵌段的长度 N 关联起来，这为设计制备孔隙的尺寸提供了可能。

$$r_p(\text{nm}) = 0.36 \cdot N_{PEO}^{0.19} \cdot N_{PS}^{0.5}$$

　　为了创造更多的开放孔隙，Bloch 等（2009）只是改变了合成温度，如图 13.14。可以看出，合成温度的增加导致介孔尺寸的轻微增加。合成温度从 25℃升高到 60℃，导致孔隙排空步骤的位置明显移动到更高的 p/p^o。这表明孔道的入口是开放的。有趣的是在 45℃下制备的样品，两种类型的开口独立存在。

　　当使用三嵌段共聚物时，系统地追踪嵌段长度对介孔尺寸的影响也是可能的（Bloch 等，2008）。聚苯乙烯（PS）和聚环氧乙烷（PEO）嵌段可以用共聚物式 PS_x-PEO_y-PS_x 来表示，其中 x 和 y 是嵌段单元的数目。与上述二嵌段的情

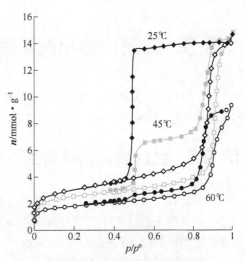

图 13.14　不同温度下制备的介孔二氧化硅在 77K 下的氮气等温线（Bloch 等，2009）

用于合成这些二嵌段共聚物的配方是 $N_{PEO}=114$ 和 $N_{PS}=115$

况一样，聚苯乙烯单元仅参与介孔的形成，而 PEO 单元似乎参与了了介孔和所有微孔的形成。微孔性程度可能与必须稳定的 PS-PEO 界面有关。的确，PEO 与 PS 长度的比率导致胶束形成，其中 PEO 链被不同程度的拉伸。微孔体积似乎随着 PEO 嵌段长度的增加而增加，形成了胶束的电晕。图 13.15 中的等温线再次表明了 I 型和 IV 型行为。介孔尺寸直接与 PS 嵌段长度相关，见图 13.15（b）。在脱附时，再次观察到空穴现象，其位置似乎随着孔径的大小略有变化。

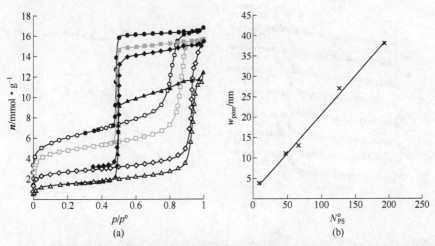

图 13.15　（a）利用 PS-PEO-PS 三嵌段共聚物［具有相同 PEO 长度（227 单元）和不同 PS 长度 48 单元（圆圈）、64 单元（正方形）和 125 单元（菱形）］制备的大孔二氧化硅在 77 K 时的氮气等温线；（b）作为 PS 单元数量函数的 BJH 孔径宽度的变化（Bloch 等，2008）

13.3 表面功能化对吸附性质的影响

有序的介孔二氧化硅材料可以用作高比表面积的框架，其上有可能增加特定的功能，通常是为了特定的应用。本节旨在深入了解与这种官能化有关的吸附性质的改变。

13.3.1 金属氧化物结合到壁中

有序介孔二氧化硅的表面是酸性的，这与羟基的量有关。通过将其它金属氧化物掺入到孔壁上或孔壁中，可以进一步改变表面的酸度。这通常是为了改善固体的催化性质而进行的（Taguchi 和 Schüth，2005）。制备基于纯氧化物的介孔材料而不掺入二氧化硅也是可能的（Yang 等，1998）。

Zukal 等（2008）研究了用不同量的氧化铝覆盖 SBA-15 表面的影响。图 13.16 给出了纯二氧化硅 SBA-15 和大部分被氧化铝包覆的样品的氮气等温线（77 K）。等温线表明，氧化铝的添加不会明显地改变介孔结构，尽管观察到介孔尺寸和体积会轻微地降低。另外，^{27}Al 的 MAS NMR 测量进一步显示，在高 Si/Al 比下，大部分铝原子是四面体的，表明框架铝物种的形成。然而，在较低的 Si/Al 比下，八面体和五配位铝的存在清楚地表明了松散键合物质的形成。

图 13.16 中观察到的主要变化是随着氧化铝涂层的增加，比表面积会减小，这可以由 α_s 图中不同的斜率观察到。少量的微孔率同样地填充了氧化铝涂层。这表明，

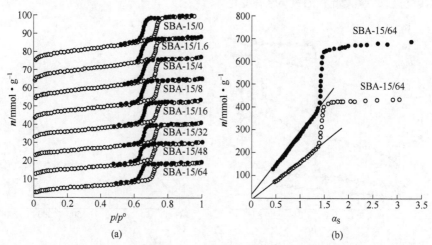

图 13.16　（a）在 SBA-15 和氧化铝涂覆的样品（该涂覆样品被标记为 SBA-15/c，其中 c 表示铝在嫁接溶液的浓度）上的氮气等温线；（b）原始 SBA-15 和有最大量氧化铝涂层的 SBA-15 的 α_s 图（Zukal 等，2008）

对于这一系列样品，初始二氧化硅的任何粗糙度的表面均填充有氧化铝，产生更平滑的孔壁电晕而没有任何介孔的堵塞。

就吸附相关的应用而言，可以引入阳离子来补偿氧化铝涂覆的 SBA-15 的酸性表面（Zukal 等，2010）。与沸石的情况非常相似，补偿阳离子对低压下二氧化碳吸收有很强的影响，这反映在吸附等容焓上（Zukal 等，2010）如图 13.17 所示。从该图可以看出氧化铝表面比纯二氧化硅 SBA-15 能引起更大的相互作用。向氧化铝中添加阳离子进一步增加了与 CO_2 的相互作用，如钠和钾交换的样品吸附等容焓约 34 kJ·mol^{-1}。

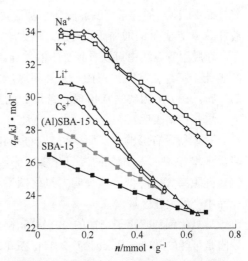

图 13.17　在 SBA-15、(Al) SBA-15 和阳离子交换形式的 (Al) SBA-15 的二氧化碳吸附等容焓（Zukal 等，2010）

在表面活性剂存在下，使氧化物与介孔二氧化硅共沉淀同样是可能的。Zeleňàk 等（2006）开展了这项工作，将不同量的 TiO_2 引入到了 SBA-16 的合成混合物中，得到的氮气等温线（77 K）如图 13.18 所示。

图 13.18 中的五个等温线对应于纯 SBA-16 样品以及加入 5%、10%、15% 和 30% 二氧化钛制备的样品。通常，这些等温线对应于指示存在微孔和介孔的 I 型和 IV 型行为。相对压力 p/p^o 低于 0.05 的低压吸附，表明微孔可能是由于在合成过程中三嵌段共聚物的聚（亚乙氧基）链部分渗透到二氧化硅壁中造成的（Galarneau 等，2003；Bloch 等，2008）。总的趋势表明，样品中 Ti 含量的增加会导致微孔的数量减少。介孔的特征是在 p/p^o 为 0.5～0.8 之间的等温线的毛细凝聚步骤。对于含 30%Ti 的样品，该毛细凝聚步骤大大减少；然而，在 p/p^o 在 0.9 以上的相对压力下观察到额外的填充步骤。可以推测，这是由颗粒间空隙造成的大孔隙，也许是 TiO_2 颗粒间，与 SiO_2 分开形成的。对于其他样品，毛细凝聚步骤的高度并没有随

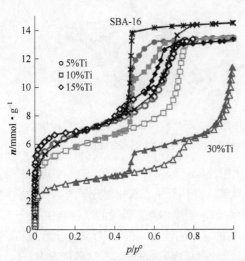

图 13.18　不同 TiO_2 含量以及纯二氧化硅 SBA-16 的氮气吸附/脱附等温线（Zeleňàk 等，2006）

着样品中 TiO_2 的含量有明显变化。然而，人们可以注意到，这一步的开始发生在随着样品中 Ti 含量的增加而相对压力增大时，表明孔隙宽度增加。

在脱附等温线中可以看到更多的差异。含有 10%和 15%Ti 的样品显示出明显的两步孔排空。孔排空首先在一系列相对压力范围内发生，这表明孔入口宽度的不均匀分布。在 p/p^o 大约是 0.48 时，急剧的脱附步骤表明了空穴现象的存在。

这些结果表明，在合成中引入高达 15%的二氧化钛会导致微孔体积的减小，而对介孔体积没有影响。然而，可以观察到随着二氧化钛含量的增加，介孔尺寸也会略微地增加。加入 30%的二氧化钛，导致其等温线与纯二氧化硅 SBA-16 非常相似，孔隙率大大降低。这表明二氧化钛不参与形成介孔，但可能是以颗粒的形式在样品中产生大孔区域。

与氧化铝和阳离子交换的 SBA-15 样品一样，追踪极性二氧化钛表面上的 CO_2 吸附是可能的（Hornebecq 等，2011；Bouletet 等，2012）。图 13.19 给出了 30℃下用 CO_2 测得的吸附焓变。它们表现出非常强的（$> 100\ kJ \cdot mol^{-1}$）初始吸附焓变，这是化学吸附的特征。这些焓随后逐渐下降到大约 $40 \sim 35\ kJ \cdot mol^{-1}$（在物理吸附范围内），并稳定在这个值。表明这是一个不均匀的表面。

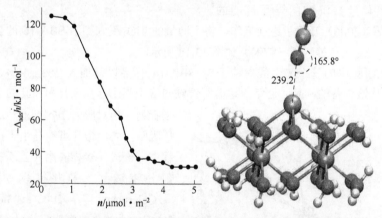

图 13.19　在介孔二氧化钛上的 CO_2 吸附焓变（左）和（右）用于在 $Zr_5O_{24}H_{28}$ 氧化钛团簇上 CO_2 吸附的一种结构（Hornebecq 等，2011）

为了进一步了解介孔二氧化钛的 CO_2 吸附性能，可以采用 DFT 方法（Boulet 等，2012）。研究者们探索了各种不同的二氧化钛簇，并计算了二氧化碳分子与每一种结构的相互作用。表 13.2 给出了在不同簇上吸附 CO_2 的摩尔焓。吸附的摩尔焓在 $65 \sim 25\ kJ \cdot mol^{-1}$ 之间，具体取决于与 CO_2 相互作用的原子的性质。在 $Zr_2O_{14}H_{20}$ 上观察到，当 CO_2 吸附在表面氧原子上时得到最弱的能量（$24.9\ kJ \cdot mol^{-1}$）。在这种情况下，CO_2 吸附平行于表面，并且与 Zr—O—Zr 轴线对齐，以使 CO_2 与氧原子之间的相互作用最大化。二氧化碳吸附到氧化表面上，有羟基的表面稍强于没有羟基基团的表面。

$Zr_2O_{14}H_{20}$ 和 $Zr_3O_{19}H_{26}$ 团簇的摩尔吸附焓分别为 32.6 kJ·mol^{-1} 和 33.9 kJ·mol^{-1}。这是典型的二氧化碳物理吸附形式，在吸附过程中吸着物和团簇都没有强烈的电子扰动。

表 13.2 CO_2 在不同氧化锆团簇上计算的吸附焓变（Hornebecq 等，2011；Boulet 等，2012）

团簇	摩尔吸附焓/kJ·mol^{-1}	团簇	摩尔吸附焓/kJ·mol^{-1}
$Zr_2O_{14}H_{20}$	−32.6	$Zr_3O_{19}H_{26}$	−33.9
$Zr_3O_{16}H_{20}$	−24.9	$Zr_5O_{24}H_{28}$	−64.6

在 $Zr_5O_{24}H_{28}$ 团簇上，二氧化碳以顶端形态吸附（见图 13.19）。碳原子与锆相互作用的位置是不稳定的，优化产生了顶端形式，因此形成一个碳酸盐类结构的 Zr-$CO_2^{\delta-}$。吸附焓变是所研究结构中是最强的一个，其总量约达 65 kJ·mol^{-1}。相对于由四个基本锆原子形成的正常平面，Zr—O（CO）距离为 239 pm，并且 CO_2 稍微倾斜为 16°。计算出的能量对于物理吸附机理来说是相当高的，尽管达不到实验测得的最高能量。这进一步表明了在 CO_2 与介孔二氧化钛的相互作用中发生了一定程度的化学吸附。

13.3.2 金属纳米粒子封装到孔中

本章介绍的有序介孔二氧化硅也被用作金属纳米粒子的载体（Shephard 等，1998；Rioux 等，2005；Chatterjee 等，2006；Sacaliuc 等，2007）。这是因为介孔材料具有很高比表面积，并且相对于等同的微孔沸石而言，介孔更有利于增加活性位点的可及性。

就这些材料上的吸附而言，使用金属纳米颗粒来吸附特定气体可能是有意义的，一氧化碳的情况确实如此。Bloch 等（2010），开展的研究是将银纳米粒子封装到介孔二氧化硅中，在这项研究中，使用了 13.2.3 节中描述的样品。

图 13.20 给出了基底大笼二氧化硅和银浸渍了的样品在 77 K 下测到的氮气等温线。从这些等温线可以看出介孔二氧化硅中银纳米颗粒的存在，导致二氧化硅的 BET 比表面积、总孔体积和总吸附容量都有所降低。然而，在二氧化硅基底中掺入银纳米颗粒之后，孔径仍然保持不变，表明相比其它结构参数而言，这不会明显地影响孔径大小。

在 30℃时，一氧化碳的吸附可以与另一极性分子二氧化碳的吸附相对比。然而，因为表面积不同，比较基底二氧化硅和银/二

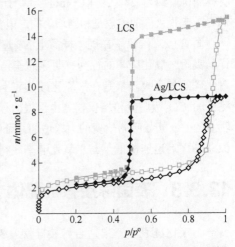

图 13.20 基底大笼二氧化硅（LCS）和银纳米粒子浸渍的样品在 77 K 时的氮气吸附等温线（Bloch 等，2010）

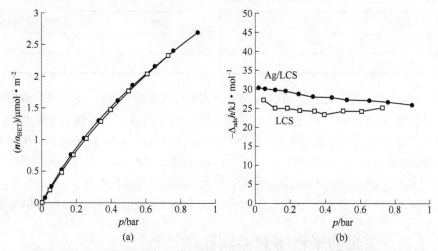

氧化硅复合材料上的吸附并不是那么简单。在这种情况下，作为压力的函数，可以将等温线绘制为每单位表面积吸附的探针气体量，如图 13.21 所示。在该图中，等温线重叠，表明银的存在不影响单位表面上的二氧化碳吸收量，即有效的 BET 比表面积。

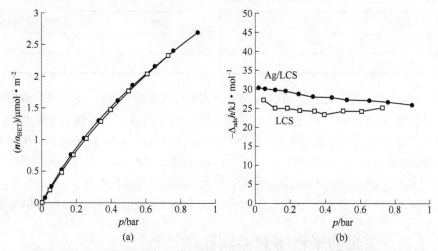

图 13.21　CO_2 在基底大笼二氧化硅（LCS）和银/二氧化硅复合材料上的
吸附等温线（a）和相对应的焓变（b）（Bloch 等，2010）

为了进一步从能量的角度来研究吸附现象，将两个样品的吸附焓变都作为压力的函数绘图（图 13.21），可以观察到介孔二氧化硅基底和银/二氧化硅复合材料上的焓发生了较小变化。对于二氧化硅基底测得约 $25\sim26$ $kJ\cdot mol^{-1}$ 的焓变，而对于银/二氧化硅复合材料测得值约为 $28\sim29$ $kJ\cdot mol^{-1}$。对于两个样品，吸附焓变没有明显地降低，这表明对 CO_2 来说表面的能量是相当均匀的。但含银样品显示出与 CO_2 的相互作用稍大。

图 13.22 给出了在同一样品上的一氧化碳的吸附。与二氧化碳吸附不同，这两种样品吸附一氧化碳时的行为有明显的差异。实际上，在银/二氧化硅复合材料样品上一氧化碳的表面吸附量是在二氧化硅基底上的两倍。这表明，复合材料相对于基底样品测到的 CO 吸附量倍增仅仅是由于银的存在，这可以通过测量吸附在银/二氧化硅复合物上的 CO 初始吸附焓变的大幅增加来证实，吸附焓变大约为 -45 $kJ\cdot mol^{-1}$。该值在 0.2 bar 之后迅速降低至与二氧化硅基底材料相似的值（-15 $kJ\cdot mol^{-1}$）。

13.3.3　表面嫁接有机配体

二氧化硅表面非常适合嫁接硅烷。例如，MCM-41 的表面嫁接氯二甲基辛基硅烷基团以使孔壁疏水（Martin 等，2002b）。在其它研究中，嫁接特殊的有机基团以增加材料的催化性能（Brunel，1999）。目前与吸附有关的一个应用是捕获温室气体二氧化碳。在这方面，有些研究使用含胺的配体嫁接到不同形式的有序介孔二氧化硅上

（Huang 等, 2003; Franchi 等, 2005; Harlick 和 Sayari, 2006; Heydari-Gorji 等, 2011）。有些工作表明，用含有超支化胺类物质几乎完全填充的介孔材料捕获二氧化碳是有效的，尽管可能发生扩散效应（Hicks 等, 2008; Drese 等, 2009, 2012）。

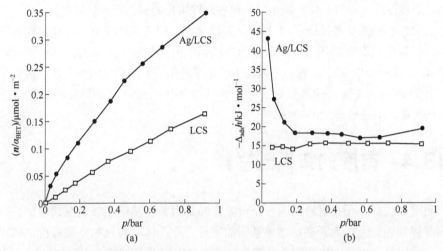

图 13.22　CO 在大笼二氧化硅（LCS）基底和银/二氧化硅复合材料上的
吸附等温线（a）和相应的微分吸收焓（b）（Bloch 等, 2010）

二氧化硅表面嫁接的含胺基团的类型影响表面的碱性，从而影响 CO_2 的吸附。例如，SBA-12 介孔二氧化硅嫁接不同的胺官能团，导致表面的碱性不同（Zelenàk 等, 2008），这在二氧化碳的化学固定中起重要作用。结果表明，碱性更强的氨基配体会提高吸附剂对二氧化碳吸附的效率。另一方面，活性部位碱性较低的吸附剂再生速度更快。

图 13.23 给出了在 SBA-16 上嫁接含胺基团对二氧化碳吸附性能的影响（Knöfel

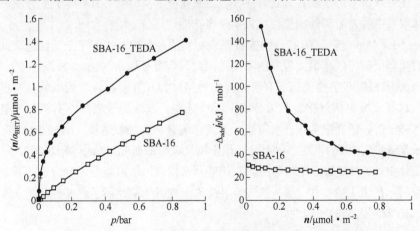

图 13.23　在 30℃下纯 SBA-16 和胺嫁接的 SBA-16 样品的
二氧化碳吸附焓变 (Knöfel 等, 2009)

等，2007; Knofel 等，2009），该 SBA-16 嫁接了二胺 TEDA $[(CH_3O)_3Si(CH_2)_3NH(CH_2)_2NH_2]$ 基团。在高压条件下测试二氧化碳等温线，显示在大约 8 bar 以上时更多的 CO_2 吸附在非官能化材料上，表明材料本身含有很大的孔体积可用于吸附。一般认为，嫁接过程会导致孔体积减小，从而导致嫁接后的样品吸附量下降。

然而，在初始负载量下（<1 bar），胺嫁接样品的吸附焓变更高。这种行为可以解释为二氧化碳在较低压力下主要吸附在较活泼的胺位点上。确实，测量到吸附焓变在 100 kJ·mol^{-1} 以上，说明可能发生了化学吸附。为了研究这个反应，进行了原位红外光谱补充实验，并观察到三种产物（氨基甲酸酯、氨基甲酸和二配位碳酸盐）的形成（Knöfel 等，2009）。

13.4 有序的有机硅材料

利用这些有序介孔材料的另一个研究方向是用各种基团使其表面功能化。有机基团嫁接到表面上，为了提高功能基团的密度，介孔体积可以被不同程度地填充。研究人员似乎很自然地想到制备孔壁为纯有机的有序介孔材料。由于硅烷/二氧化硅的化学性质已为人们所熟知，在此领域中已经合成了许多有序介孔有机硅材料（PMOs）（Asefa 等，1999; Mizoshita 等，2011; van der Voort 等，2013）。

PMO 材料是通过同时使用软表面活性剂模板和可水解的双硅烷在模板周围凝聚合成的。双硅烷在硅原子之间以有机官能团连接，其结构通式为 $Z_3Si-R-SiZ_3$，其中 Z 表示可水解基团（通常为乙氧基或甲氧基），R 为功能性连接基团（Mizoshita 等，2011；van der Voort 等，2013）。用于制备这些材料的合成条件（温度、酸度等）可以不同，还可以借鉴用于制备其它有序介孔二氧化硅（M41S、SBA 等）的方法。通过溶剂萃取其中的表面活性剂模板可以实现多孔性。

van der Voort 等（2013）对 PMO 系列材料的各种成分进行了全面综述。此系列材料的化学框架可以有很大程度的不同。因此，含有杂原子（例如 N、S、P）、金属络合物/纳米颗粒和手性桥基等有机基团的使用，为开发多种应用领域的材料提供了可能，这些领域包括催化、色谱分离、手性分离、金属离子吸附、有机蒸气吸附、酸性气体吸附、低介电常数介质薄膜、光捕获装置和生物载体等（Mizoshita 等，2011; van der Voort 等，2013），这些材料已经用于氢气吸附的研究（Jung 等，2006）。

这些 PMO 材料的孔结构与纯二氧化硅非常相似，这可能是因为合成过程非常相似导致的。在图 13.24 中给出了氮气等温线的一些例子，显示了这些样品与 M41S 固体或 SBA 材料之间的相似性。

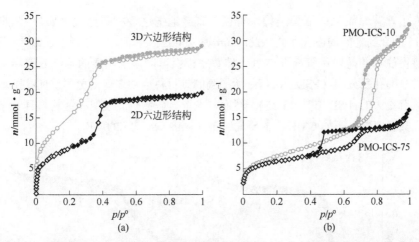

图 13.24　利用 PMO 测得的氮气等温线（77 K）实例：（a）具有两种不同晶体对称性的 1,2-双 (三甲氧基甲硅烷基) 乙烷产生的类似于 M41S 系列的孔拓扑和等温线；（b）具有类似于大笼二氧化硅的孔拓扑和等温线的三[3-(三甲氧基甲硅烷基)丙基] 异氰脲酸酯（ICS）（Olkhovka 和 Mietek，2005）

13.5　复制材料

研究者经过不懈努力制备出了有序介孔二氧化硅材料，沿着这条思路，很合理的想到去制备有序介孔碳材料。

制备这些材料的第一种途径是使用有序二氧化硅材料作为"硬"模板，将碳源（例如间苯二酚、蔗糖等）引入孔中（Lee 等，1999；Ryoo 等，1999），然后将其碳化，并按第 10 章所述通过溶解除去二氧化硅。值得注意的是来自 'CMK' 系列的几种材料：

① CMK-1，使用 MCM-48 作为模板（Ryoo 等，1999）。制备了两种碳材料双连续棒，在去除模板的过程中一定程度上熔合了碳材料。在碳棒不熔合的情况下，材料被称为 CMK-4（Kaneda 等，2002）。

② CMK-2，使用 SBA-1 作为二氧化硅源制成（Ryoo 等，1999）。

③ CMK-3，由孔完全填满的 SBA-15 制成（Jun 等，2000）。

④ CMK-5，由 SBA-15 制得，但这里的孔没有被完全填充，导致产生两个不同的孔系统（Joo 等，2001）。

值得注意的是，由 MCM-41 复制的材料没有太大意义。此外，这种"纳米浇铸"路线需要几个合成步骤，可以认为是相当复杂和耗时的。对于这些材料的放大合成而言，考虑前面使用的有序介孔二氧化硅（M41S、SBA 等）的铸造方法，使得这些材料除了实验室规模以外不适用于任何其他应用。

为了理解二氧化硅框架结构，可以很有趣地把这些材料当成"底片"。连接在 SBA-15 的介孔之间的微孔尤其如此（Jun 等，2000）。

值得注意的是，尽管介孔二氧化硅基底模板可以显示明显的毛细凝聚步骤，表明非常窄的孔径分布（PSDs），但是所得到的碳材料通常表现出更平缓的孔隙填充，表明具有更大的 PSD（图 13.25）。然而，电子显微镜研究表明有些材料具有一定程度的完美有序性，正如 CMK-5 的研究结果（Solovyov 等，2004）。

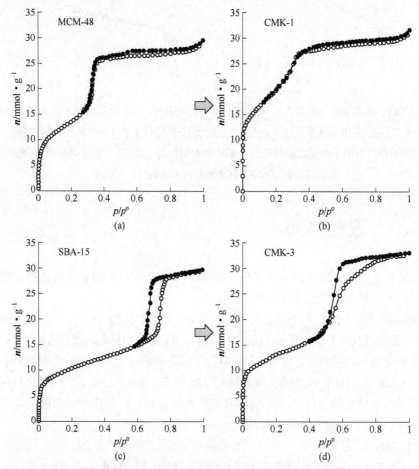

图 13.25　基底 MCM-48（a）和所得 CMK-1（b）以及基底 SBA-15（c）
和所得 CMK-3（d）的氮气等温线（77 K）（Kruk 等，2000，2003）

使用其他模板，如乳胶球或二氧化硅纳米球，可以导致清晰的球形笼结构。滞后环的扫描已被用来探索怎么样才能得到有趣的孔结构（Cychosz 等，2012）。

硬模板路线已被用来制造其他材料，如用于催化的氧化物（Lu 和 Schüth，2006；Valdés-Solís 和 Fuertes，2006；Tiemann，2008）。氮化硼（Dibandjo 等，2005）和碳化硅

（Krawiec 等，2006）同样已被制备出来。

然而，由于硬模板路线的限制，开发了介孔碳的直接合成法。Ma 等（2013）对这些材料的合成进行了综述。对于有序介孔有机硅，可以模拟有序二氧化硅材料的合成方法来制备有序介孔碳。因此，用这些材料测得的物理吸附等温线与相应的二氧化硅具有相似性。

13.6　结束语

自第一种有序介孔二氧化硅开发以来，引起了人们极大的兴趣。从物理吸附的角度，可以认为许多材料拥有模型孔道几何形状，如：

MCM-41 具有不相交的圆柱形孔；

SBA-15 具有非交叉的圆柱形孔，或连接介孔的微孔，具体取决于合成条件；

MCM-48 具有三维圆柱状网络，其交叉点实际上与孔同宽。KIT-6 是这种孔隙系统的另一个例子；

SBA-16 具有类似传统墨水瓶孔的笼状结构。

孔径可通过使用不同长度的表面活性剂或通过改变特定的合成条件（温度、老化或合成后重构）来调节。一些研究者已经自己制备表面活性剂，以探索制造其他孔道几何形状或孔尺寸大小的可能性。

相似的合成策略被用来制备不同化学组成的材料，特别是制备有序介孔有机硅或有序介孔碳。这些材料的低温物理吸附性质与相应的介孔二氧化硅非常相似。

考虑到各种应用，为了拓展这些吸附剂的化学性质，可以通过有机基团的嫁接、金属氧化物的金属纳米粒子的引入来使这些材料功能化。由二氧化硅以外的中孔氧化物制成的样品，可以通过涂覆二氧化硅或使用介孔二氧化硅（或碳）作为模板。使用这种纳米浇铸的方法同样可以制备非氧化物材料。

就应用而言，这些材料的制备成本可以视为制约其用于基础存储或分离的障碍。因此，高附加值应用可能会引起人们的兴趣，但问题在于孔结构的高度有序性是否与材料的较高表面积有关。

尽管如此，伴随着 NLDFT 处理孔径特征方法的发展，近年来对毛细凝聚相关现象的理解也取得了飞速进步。

参考文献

Asefa, T., MacLachlan, M.J., Coombs, N., Ozin, G.A., 1999. Nature. 402, 867.

Attard, G.S., Glyde, J.C., Goltner, C.G., 1995. Nature. 378, 366.

Beck, J.S., Vartuli, J.C., Roth, W.J., Leonowicz, M.E., Kresge, C.T., Schmitt, K.D., Chu, C.T.W., Olson, D.H., Sheppard, E.W., McCullen, S.B., Higgins, J.B., Schlenker, J.L., 1992. J. Am. Chem. Soc. 114, 10834.

Bhambhani, M.R., Cutting, P.A., Sing, K.S.W., Turk, D., 1972. J. Coll. Interf. Sci. 38, 109.

Bloch, E., Phan, T., Bertin, D., Llewellyn, P.L., Hornebecq, V., 2008. Micro. Meso. Mat. 112 (1–3), 612.

Bloch, E., Llewellyn, P.L., Phan, T., Bertin, D., Hornebecq, V., 2009. Chem. Mater. 21, 48.

Bloch, E., Llewellyn, P.L., Vincent, D., Chaspoul, F., Hornebecq, V., 2010. J. Phys. Chem. C. 114 (51), 22652.

Boulet, P., Knöfel, C., Kuchta, B., Hornebecq, V., Llewellyn, P. L., 2012. J. Mol. Model. 18 (11), 4819.

Branton, P.J., Hall, P.G., Sing, K.S.W., 1993. Chem. Commun. 1257.

Branton, P.J., Hall, P.G., Sing, K.S.W., Reichert, H., Schüth, F., Unger, K.K., 1994. Faraday Trans. 90, 2965.

Branton, P.J., Hall, P.G., Sing, K.S.W., 1995a. Adsorption. 1, 77.

Branton, P.J., Hall, P.G., Treguer, M., Sing, K.S.W., 1995b. Faraday Trans. 91, 2041.

Branton, P.J., Kaneko, K., Setoyama, N., Sing, K.S.W., Inagaki, S., Fukusima, Y., 1996. Langmuir. 12, 599.

Branton, P.J., Sing, K.S.W., White, J.W., 1997. Faraday Trans. 93, 2337.

Brunel, D., 1999. Micro. Meso. Mat. 27 (2–3), 329.

Buchel, G., Denoyel, R., Llewellyn, P.L., Rouquerol, J., 2001. J. Mat. Chem. 11 (2), 589.

Cassiers, K., Linssen, T., Mathieu, M., Benjelloun, M., Schrijnemakers, K., Van Der Voort, P., Cool, P., Vansant, E.F., 2002. Chem. Mater. 14, 2317.

Chatterjee, M., Ikushima, Y., Hakuta, Y., Kawanami, H., 2006. Adv. Synth. Catal. 348 (12–13), 1580.

Chiola, V., Ritsko, J.E., Vanderpool, C.D., 1971. US Patent 3 556 725.

Ciesla, U., Demuth, D., Leon, R., Petroff, P., Stucky, G., Unger, K.K., Schüth, F., 1994. Chem. Commun. 1387.

Cimino, R., Cychosz, K.A., Thommes, M., Neimark, A.V., 2013. Coll. Surf. A. http://dx.doi.org/10.1016/ j.colsurfa.2013.03.025 (in press).

Coasne, B., Galarneau, A., Pellenq, R.J.M., Di Renzo, F., 2013. Chem. Soc. Rev. 42, 4141.

Corma, A., Kan, Q., Navarro, M.T., Pérez-Pariente, J., Rey, F., 1997. Chem. Mater. 9, 2123.

Cychosz, K.A., Guo, X., Fan, W., Cimino, R., Gor, G.Y., Tsapatsis, M., Neimark, A.V., Thommes, M., 2012. Langmuir. 28, 12647.

Deng, Y., Wei, J., Sun, Z., Zhao, D., 2013. Chem. Soc. Rev. 42, 4054.

Di Renzo, F., Cambon, H., Dutartre, R., 1997. Micro. Meso. Mat. 10 (4–6), 283.

Dibandjo, P., Chassagneux, F., Bois, L., Sigala, C., Miele, P.J., 2005. Mater. Chem. 15, 1917.

Drese, J.H., Choi, S., Lively, R.P., Koros, W.J., Fauth, D.J., Gray, M.L., Jones, C.W., 2009. Adv. Funct. Mat. 19 (23), 3821.

Drese, J. H., Choi, S., Didas, S. A., Bollini, P., Gray, M. L., Jones, C. W., 2012. Micro. Meso. Mat. 151, 231.

Edler, K.J., White, J.W., 1995. Chem. Commun., 155.

Firouzi, A., Kumar, D., Bull, L.M., Besier, T., Sieger, P., Huo, Q., Walker, S.A., Zasadzinski, J.A., Glinka, C., Nicol, J., Margolese, D., Stucky, G.D., Chmelka, B.F., 1995. Science 267, 1138.

Franchi, R.S., Harlick, P.J.E., Sayari, A., 2005. Ind. Eng. Chem. Res. 44, 8007.

Franke, O., Schulz-Ekloff, G., Rathousky, J., Starek, J., Zukal, A., 1993. Chem. Commun. 9, 724.

Galarneau,A.,Desplantier,D.,Dutartre,R.,DiRenzo,F.,1999.Micro.Meso.Mat.27(2–3),297.

Galarneau, A., Cambon, H., Di Renzo, F., Fajula, F., 2001. Langmuir 17, 8328.

Galarneau, A., Cambon, N., DiRenzo, F., Ryoo, R., Choi, M., Fajula, F., 2003. New J. Chem. 27 (1), 73.

Gelb, L.D., Gubbins, K.E., Radhakrishnan, R., Sliwinska-Bartkowiak, M., 1999. Rep. Prog. Phys. 62, 1573.

Grun, M., Unger, K.K., Matsumoto, A., Tsutsumi, K., 1999. Micro. Meso. Mat. 27 (2–3), 207.

Harlick, P.J.E., Sayari, A., 2006. Ind. Eng. Chem. Res. 45 (9), 3248.

Heydari-Gorji, A., Belmabkhout, Y., Sayari, A., 2011. Langmuir 27 (20), 12411.

Hicks, J. C., Drese, J. H., Fauth, D. J., Gray, M. L., Qi, G. G., Jones, C. W., 2008. J. Am. Chem. Soc. 130 (10), 2902.

Hornebecq, V., Knöfel, C., Boulet, P., Kuchta, B., Llewellyn, P.L., 2011. J. Phys. Chem. C. 115 (20), 10097.

Huang, H.Y., Yang, R.T., Chinn, D., Munson, C.L., 2003. Ind. Eng. Chem. Res. 42 (12), 2427.

Huo, Q., Leon, R., Petroff, P.M., Stucky, G.D., 1995. Science 268, 1324.

Huo, Q., Margolese, D.I., Stucky, G.D., 1996. Chem. Mater. 8, 1147.

Inagaki, S., Fukushima, Y., Kuroda, K., 1993. Chem. Commun., 680.

Inagaki, S., Fukushima, Y., 1998. Micro. Meso. Mat. 21 (4–6), 667.

Inagaki, S., Guan, S., Fukushima, Y., Ohsuna, T., Terasaki, O., 1999. J. Am. Chem. Soc. 121, 9611.

Ismaïl, I.M.K., 1992. Langmuir 8, 360.

Jelinek, J.L., Kováts, E., 1994. Langmuir 10, 4225.

Joo, S.H., Choi, S.J., Oh, I., Kwak, J., Liu, Z., Terasaki, O., Ryoo, R., 2001. Nature 412, 169.

Jun, S., Joo, S.H., Ryoo, R., Kruk, M., Jaroniec, M., Liu, Z., Ohsuna, T., Terasaki, O., 2000. J. Am. Chem. Soc. 122 (43), 10712.

Jung, J.H., Han, W.S., Rim, J.A., Lee, S.J., Cho, S.J., Kim, S.Y., Kang, J.K., Shinkai, S., 2006. Chem. Lett. 35 (1), 32.

Kaneda, M., Tsubakiyama, T., Carlsson, A., Sakamoto, Y., Ohsuna, T., Terasaki, O., Joo, S.H., Ryoo, R., 2002. J. Phys. Chem. B. 106 (6), 1256.

Keene, M.T.J., Denoyel, R., Llewellyn, P.L., 1998. Chem. Commun., 20, 2203.

Keene, M.T.J., Gougeon, R.D.M., Denoyel, R., Harris, R.K., Rouquerol, J., Llewellyn, P.L., 1999. J. Mat. Chem. 9 (11), 2843.

Keung, M., 1993. PhD Thesis, Brunel University.

Kim, M.J., Ryoo, R., 1999. Chem. Mater. 11 (2), 487.

Kleitz, F., Choi, S.H., Ryoo, R., 2003. Chem. Commun. 2136.

Kleitz, F., Czuryszkiewicz, T., Solovyov, L.A., Lindén, M., 2006. Chem. Mater. 18, 5070.

Knöfel, C., Descarpentries, J., Benzaouia, A., Zeleňák, V., Mornet, S., Llewellyn, P.L., Hornebecq, V., 2007. Micro. Meso. Mat. 99 (1–2), 79.

Knofel, C., Martin, C., Hornebecq, V., Llewellyn, P.L., 2009. J.Phys.Chem.C 113(52), 21726.

Knofel, C., Lutecki, M., Martin, C., Mertens, M., Hornebecq, V., Llewellyn, P.L., 2010. Micro. Meso. Mat. 128 (1–3), 26.

Krawiec, P., Geiger, D., Kaskel, S., 2006. Chem. Commun. 23, 2469.

Kresge, C.T., Roth, W.J., 2013. Chem. Soc. Rev. 42 (9), 3663.

Kresge, C.T., Leonowiz, M.E., Roth, W.J., Vartuli, J.C., Beck, J.S., 1992. Nature. 359, 710.

Kruk, M., Jaroniec, M., Sayari, A., 1997. Langmuir 13 (23), 6267.

Kruk, M., Jaroniec, M., Sakamoto, Y., Terasaki, O., Ryoo, R., Ko, C.H., 2000. J. Phys. Chem. B. 104, 292.

Kruk, M., Jaroniek, J., 2001. Chem Mater. 13, 3169.

Kruk, M., Jaroniec, M., Joo, S.H., Ryoo, R., 2003. J. Phys. Chem. B. 107, 2205.

Kuchta, B., Llewellyn, P., Denoyel, R., Firlej, L., 2004. Coll. Surf. A 241 (1–3), 137.

Lee, J., Yoon, S., Hyeon, T., Oh, S.M., Kim, K.B., 1999. Chem. Commun., 2177.

Llewellyn, P.L., Grillet, Y., Schüth, F., Reichert, H., Unger, K.K., 1994. Micro. Mater. 3, 345.

Llewellyn, P.L., Schüth, F., Grillet, Y., Rouquerol, F., Rouquerol, J., Unger, K.K., 1995. Langmuir 11 (2), 574.

Llewellyn, P.L., Grillet, Y., Rouquerol, J., Martin, C., Coulomb, J.P., 1996. Surf. Sci. 352, 468.

Llewellyn, P.L., Sauerland, C., Martin, C., Grillet, Y., Coulomb, J.P., Rouquerol, F., Rouquerol, J., 1997. In: McEnaney, B., Mays, T.J., Rouquerol, J., Rodríguez-Reinoso, F., Sing, K.S.W., Unger, K.K. (Eds.), Characterisation of Porous Solids IV. The Royal Society of Chemistry, Cambridge, p. 111.

Lu, A.H., Schüth, F., 2006. Adv. Mater. 18, 1793.

Ma, T.Y., Liu, L., Yuan, Z.Y., 2013. Chem. Soc. Rev. 42, 3977.

Maddox, M.W., Olivier, J.P., Gubbins, K.E., 1997. Langmuir. 13 (6), 1737.

Martin, T., Galarneau, A., Di Renzo, F., Fajula, F., Plee, D., 2002a. Angew. Chemie. Int. Ed. 41 (14), 2590.

Martin, T., Lefevre, B., Brunel, D., Galarneau, A., Di Renzo, F., Fajula, F., Gobin, P.F., Quinson, J.F., Vigier, G., 2002b. Chem. Commun., 24.

Mason, G., 1988. Proc. R. Soc. Lond. A 415, 453.

Meynen, V., Cool, P., Vansant, E.F., 2009. Micro. Meso. Mat. 125 (3), 170.

Mizoshita, N., Tania, T., Inagaki, S., 2011. Chem. Soc. Rev. 40, 789.

Monnier, A., Schüth, F., Huo, Q., Kumar, D., Margolese, D., Maxwell, R.S., Stucky, G.D., Krishnamurty, M., Petroff, P., Firouzi, A., Janicke, M., Chmelka, B.F., 1993. Science. 261, 1299.

Morishige, K., Shikimi, M., 1998. J. Chem. Phys. 108, 7821.

Morishige, K., Fujii, H., Uga, M., Kinukawa, D., 1997. Langmuir 13, 3494.

Morishige, K., Tateishi, N., Fukuma, S., 2003. J. Phys. Chem. B. 107, 5177.

Olkhovyk, O., Mietek, J.M., 2005. J. Am. Chem. Soc. 127, 60.

Øye, G., Sjöblom, J., Stöcker, M., 2001. Adv. Coll. Interf. Sci. 89–90, 439.

Pérez-Mendoza, M., Gonzalez, J., Wright, P.A., Seaton, N.A., 2004. Langmuir 20, 7653.

Rasmussen, C.J., Vishnyakov, A., Thommes, M., Smarsly, B.M., Kleitz, F., Neimark, A.V., 2010. Langmuir 26 (12), 10147.

Rathousky, J., Zukal, A., Franke, O., Schulz-Ekloff, G., 1994. Faraday Trans. 90, 2821.

Rathousky, J., Zukal, A., Franke, O., Schulz-Ekloff, G., 1995. Faraday Trans. 91, 937.

Ravikowitch, P., Neimark, A.V., 2002. Langmuir 18, 1550.

Ravikowitch, P.I., Domhnail, S.C.O., Neimark, A.V., Schuth, F., Unger, K.K., 1995. Langmuir. 11, 4765.

Ribeiro Carrott, M.M.L., Estêvão Candeias, A.J., Carrott, P.J.M, Unger, K.K., 1999. Langmuir. 15 (26), 8895.

Rioux, R.M., Song, H., Hoefelmeyer, J.D., Yang, P., Somorjai, G.A., 2005. J. Phys. Chem. B 109 (6), 2192.

Roth, W.J., Kresge, C.T., Vartuli, J.C., Leonowicz, M.E., Fung, A.S., McCullen, S.B., 1995. In: Beyer, H.K., Karge, H.G., Kiricsi, I., Nagy, J.B. (Eds.), Catalysis by Microporous Materials, Stud. Surf. Sci. Catal., vol. 94, p. 301.

Rouquerol, J., Rouquerol, F., Peres, C., Grillet, Y., Boudellal, M., 1979. In: Gregg, S.J., Sing, K.S.W., Stoeckli, H.F. (Eds.), Characterisation of Porous Solids. Soc. Chem. Ind. London, p. 107.

Ryoo, R., Joo, S.H., Jun, S., 1999. J. Phys. Chem. B 103 (37), 7743.

Ryoo, R., Ko, C.H., Kruk, M., Antochshuk, V., Jaroniec, M., 2000. J. Phys. Chem. B 104, 11465.

Sacaliuc, E., Beale, A.M., Weckhuysen, B.M., Nijhuis, T.A., 2007. J. Catal. 248 (2), 235.

Sakamoto, Y., Kaneda, M., Terasaki, O., Zhao, D.Y., Kim, J.M., Stucky, G.D., Shin, H.J., Ryoo, R., 2000. Nature 408, 449.

Sarkisov, L., Monson, P.A., 2001. Langmuir 17, 7600.

Sayari, A., Liu, P., Kruk, M., Jaroniec, M., 1997. Chem. Mater. 9, 2499.

Sayari, A., Yang, Y., Kruk, M., Jaroniec, M., 1999. J. Phys. Chem. B. 103, 3651.

Schmidt, R., Stöcker, M., Hansen, E., Akporiaye, D., Ellestad, O.H., 1995. Micro. Mater. 3, 443.

Schmidt, R., Junggreen, H., Stocker, M., 1996. Chem. Commun 875.

Shephard, D.S., Maschmeyer, T., Sankar, G., Thomas, J.M., Ozkaya, D., Johnson, B.F.G., Raja, R., Oldroyd, R.D., Bell, R.G., 1998. Chem. Eur. J. 4 (7), 1214.

Solovyov, L.A., Kim, T.W., Kleitz, F., Terasaki, O., Ryoo, R., 2004. Chem. Mater. 16, 2274.

Stucky, G.D., Monnier, A., Schüth, F., Huo, Q., Margolese, D., Kumar, D., Krishnamurty, M., Petroff, P., Firouzi, A., Janicke, M., Chmelka, B.F., 1994. Mol. Cryst. Liq. Cryst. 240, 187.

Taguchi, A., Schüth, F., 2005. Micro. Meso. Mat. 77 (1), 1.

Tanev, P.T., Chibwe, M., Pinnavaia, T.J., 1994. Nature 368, 321.

Thomas, J.M., 1994. Nature. 368, 289.

Thomas, J.M., 1995. Faraday Discuss. 100, C9.

Thommes, M., Köhn, R., Fröba, M., 2000. J. Phys. Chem. B. 104, 7932.

Thommes, M., Smarsly, B., Groenewolt, M., Ravikovitch, P.I., Neimark, A.V., 2006. Langmuir 22, 756.

Tiemann, M., 2008. Chem. Mater. 20, 961.

Valdés-Solís, T., Fuertes, A.B., 2006. Mat. Res. Bull. 41, 2187.

Vartuli, J.C., Schmitt, K.D., Kresge, C.T., Roth, W.J., Leonowicz, M.E., McCullen, S.B., Hellring, S.D., Beck, J.S., Schlenker, J.L., Olson, D.H., Sheppard, E.W., 1994. Chem. Mat. 6 (12), 2317.

Van der Voort, P., Esquivel, D., De Canck, E., Goethals, F., Van Driessche, I., Romero-Salguero, F.J., 2013. Chem. Soc. Rev. 42 (9), 3913.

Yang, P.D., Deng, T., Zhao, D.Y., Feng, P.Y., Pine, D., Chmelka, B.F., Whitesides, G.M., Stucky, G.D., 1998. Science 282 (5397), 2244.

Zeleňák, V., Hornebecq, V., Mornet, S., Schäf, O., Llewellyn, P.L., 2006. Chem. Mater. 18, 3184.

Zeleňák, V., Halamova, D., Gaberova, L., Bloch, E., Llewellyn, P., 2008. Micro. Meso. Mat. 116 (1–3), 358.

Zhao, D.Y., Feng, J.L., Huo, Q.S., Melosh, N., Fredrickson, G.H., Chmelka, B.F., Stucky, G.D., 1998a. Science 279 (5350), 548.

Zhao, D., Huo, Q., Feng, J., Chmelka, B.F., Stucky, G.D., 1998b. J. Am. Chem. Soc. 120 (24), 6024.

Zukal, A., Siklova, H., Čejka, J., 2008. Langmuir. 24 (17), 9837.

Zukal, A., Mayerová, J., Čejka, J., 2010. Phys. Chem. Chem. Phys. 12, 5240.

第14章 金属有机框架材料（MOFs）的吸附

Philip Llewellyn[1], Guillaume Maurin[2], Jean Rouquerol[1]

1 Aix Marseille University-CNRS, MADIREL Laboratory, Marseille, France
2 University of Montpellier 2, Institute Charles Gerhardt, Montpellier, France

14.1 引言

金属有机框架化合物（MOFs）或多孔配位聚合物（PCPs）（Kitagawa 等，2004；Rowsell 和 Yaghi，2004；Tranchemontagne 等，2009；Farha 和 Hupp，2010；Janiak 和 Vieth，2010；Meek 等，2011；Stock 和 Biswas，2012）是一类涵盖范围非常广泛的材料，其中包括 ZIFs（类沸石咪唑框架材料）（Phan 等，2010）、COFs（共价有机框架材料）（Ding 和 Wang，2013）和 MOPs（微孔有机聚合物）（Jiang 和 Cooper，2010）等。目前已经制备出成千上万种不同结构的 MOF 材料，其中许多在 77 K 液氮条件下并不具有永久孔隙，本章中不予讨论这类材料。

PCPs 本身并不是十分新颖。第一个有潜力作为 PCP 材料的报道可以追溯到 19 世纪 50 年代（Kinoshita 等，1959），尽管当时并没有给出它的吸附结果。20 世纪 90 年代中期开始出现关于 MOFs 材料孔隙率和重要气体吸附性能的报道（Hoskins 和 Robson，1989；Yaghi 和 Li，1995；Kondo 等，1997；Férey，2001），这引起了人们对 MOFs 材料的兴趣。

MOF 材料的结构是由金属中心或者金属簇节点通过有机桥连配体相互连接而成（图 14.1）。MOF 材料的金属中心可以是二价金属（Cu，Zn，Mg 等）、三价金属（Al，Cr，Ga，Fe，In 等）和四价金属（V，Zr，Ti，Hf 等），元素周期表中几乎所有的金属都可以用来合成 MOF 材料。另外，被引入 MOF 材料的有机接头基团也是多种多样，主要包括羧酸、咪唑、膦酸和吡唑，这些有机配体的长度以及功能化程度也有非常大的差别。

从图 14.1 来看这类材料的合成似乎相对简单，实际情况并不如此，因为每个节点及连接配体都需要化学调配。在有些情况下，固体的活化本身就是一个问题。因此我们要感谢这类材料合成领域的专家们。

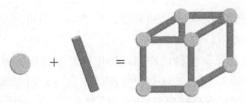

金属簇节点　　　有机桥连　　　　　3D多孔骨架

图 14.1　金属有机骨架示意图

迄今为止，已经有上千种不同结构的 MOF 材料被报道，这不难理解，因为金属节点和多种有机配体的组装，会带来大量可能的结构。改变金属节点和有机配体的配位方式，也能得到不同的几何构型（Eddaoudi 等，2002；Yaghi 等，2003；Kitagawa 等，2004；Férey，2008）。有机配体大小的改变，可以用来调整材料的孔体积（Rowsell 和 Yaghi，2004）。金属也可以部分不饱和以提供特定的吸附位点。此外，金属节点和有机配体还可以通过不同极性的官能团进行功能化，这些官能团可以为甲基、卤化物、羧基和氨基。以上这些使得这类材料的涵盖范围非常广泛，材料具有无穷多种不同的物理和化学性质。

其中还有一些 MOF 材料密度很低，具有显著的孔容和 BET 比表面积，这在很大程度上促进了这类材料在吸附上的应用。

另外，有一些 MOF 材料具有更加独特的性质，它们能应对外部条件的巨大变化，比如温度的变化（Liu 等，2008a）、机械压力（Beurroies 等，2010；Ghoufi 等，2012）以及探针分子的吸附（Seki，2002；Bourrelly 等，2005）等。例如，带羧酸基团的 MIL-88d（MIL：Materials of the Institut Lavosisier）在吸附某些溶剂时，晶胞变化可以超过 200%（Serre 等，2007a）。有机配体自身也会表现出一些重要的转动，这些转动能够引起一些意想不到的结果，比如对特定分子的吸附等（Fairen-Jimenez 等，2011）。

金属节点和有机配体可以通过官能团化来吸附特定的目标分子（Yang 等，2011）。此外，金属簇或者纳米颗粒也可以填充到材料孔道中，以提高对特定分子尤其是氢气的吸附（Dybtsev 等，2010；Zlotea 等，2011）。

针对气体（如氢气、甲烷和二氧化碳等）的研究主要集中于它们的吸附性质，吸附材料的研究则主要集中于它们的应用。这些研究往往在一定的温度范围内进行，通常还会达到很高的压力。对于柔性 MOF 材料，在低温条件下会失去柔韧性，表现出较低的吸附性能。例如，一些 MOF 材料在 77 K 的温度下呈现出无孔状态，但是在室温时却表现出显著的吸附性能。

由于 MOF 材料具有规整有界的多孔结构，使得它们可以很好地应用在吸附模拟研究中（见第 6 章），这使得模拟和实验可以很好地配合，有时实验在先，有时模拟预测在先。此外，由于这些固体的复杂性，研究时会采用许多原位和非原位的方法来解释吸附现象。其中，通过微量热法可以获得能量信息，红外光谱分析可以表征吸附位点和吸附质/吸附剂之间的作用强度，X 射线衍射可以用来确定固体的结构变化以及吸附质的优先吸附位置。

可以预测，对这类具有多种结构和各种化学性质的优异材料，它们的吸附研究同样也多种多样。因此要把所有这些研究都联系起来是不可能的，我们只能选择极有限的一些例子，来说明它们的吸附性能。

尽管目前还没有普遍接受的关于 MOF 材料类似沸石一样的结构类型的命名方法，但仍需强调，当本书出版时，IUPAC 的无机化学分部已经给出一个暂时术语，即"金属有机框架和配位聚合物"（Batten 等，2012）。并将 MOF 做了如下定义："金属有机框架，缩写为 MOF，是一种含有潜在孔洞的开放骨架的配位聚合物（或配位网络结构）"。明确放弃了"有机-无机杂化材料"定义的使用。同时，按照惯例给重要的新化合物一个原始位置加数字的俗名，比如 HKUST-1、MIL-101、NOTT-112。在本章中使用的都是这样的俗名。例如，把香港科技大学发现的材料叫做 HKUST-1（Chui 等，1999），而不是用它的另一个名字 Cu-btc（btc，三苯甲酸）。同种金属与同一有机配体可能会给出几种不同的结构，如果用后一种命名法确实会带来混淆。此外，有时会用几种不同金属合成具有相同结构的 MOF 材料，这时只需在名字后面加一个括号，括号中标出金属名称即可，例如，MIL-100（Cr）和 MIL-100（Fe）（Férey 等，2005）或者 CPO-27（Ni）和 CPO-27（Mn）（Dietzel 等，2008a,b）。

在讨论 MOF 材料的特性之前，需要先对表面积评估做一些说明。70 多年来，BET 法是表征吸附剂表面积的最常用方法，自然也广泛应用于 MOF 材料的表征中（Düren 等，2007; Farha 等，2012; Walton 和 Snurr，2007）。下一节将会深入探讨 MOF 材料的吸附等温线和多孔结构的复杂性，其中还常常含有微孔，从而导致一些特殊的问题，因此在 BET 方法的应用和阐释中必须全面考虑。

14.2 MOFs 的 BET 比表面积评估及意义

14.2.1 BET 比表面积的评估

跟大多数微孔吸附剂一样，对 MOF 材料的 N_2 吸附等温线进行 BET 拟合会在一定压力范围都呈现线性关系。这一问题可以通过应用线性之外的 7.2.2 节中列出的四个标准（a）～（d）来选择一个单一的合适的压力范围。

图 14.2（a）和（b）代表 MOF 材料 HKUST-1 在 77 K 下的 N_2 吸附等温线。应用 7.2.2 节中的标准（b）时，可以通过图 14.2（c）中的"一致性图"，即以 $n(p^o-p)$ 对 p/p^o 作图来实现。这一标准需要 BET 计算只局限在最大值之下的压力范围内进行，从图 14.2（c）可知最大值 $p/p^o=0.011$。这就意味着用于计算的相对压力将低于

BET 法通常的压力范围 0.05～0.35。在这个压力上限，得到图 14.2（d）的 BET 曲线，计算出对应的 BET 单层吸附容量 n_m 为 18.09 mmol·g^{-1}，此时的 $(p/p^o)_m$ 为 0.005。标准（c）要求此相对压力介于 BET 计算使用的相对压力范围之内（此处为 0.0001～0.0108），结果确实如此。最后，标准（d）要求这个相对压力与 $1/(\sqrt{C}+1)$ 值相差不能超过 20%，此时，$1/(\sqrt{C}+1)$ 为 0.0052，$(p/p^o)_m$ 与它只相差 4%。所有的标准都已经满足，所以 BET n_m 仍然为 18.09 mmol·g^{-1}，因此得到"（N$_2$）BET 比表面积"（运用传统的 N$_2$ 分子横截面积 $\sigma = 0.162$ nm^2·g^{-1}）为 1764 m^2·g^{-1}。

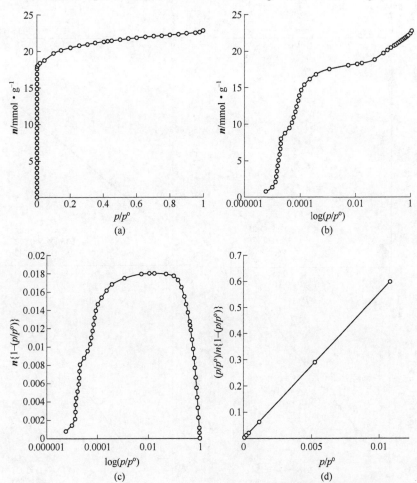

图 14.2　MOF HKUST-1 中 BET 法的应用——77 K 时 N$_2$ 吸附等温线

（a）标准图；（b）半对数图；（c）一致性图；（d）BET 图

图 14.3（a）是实验得到的 MOF NU109 的 N$_2$ 吸附等温线（Farha 等，2012），其中有一个重要阶段位于相对压力 0.22～0.3 之间。这意味着至少存在双峰微孔分布，

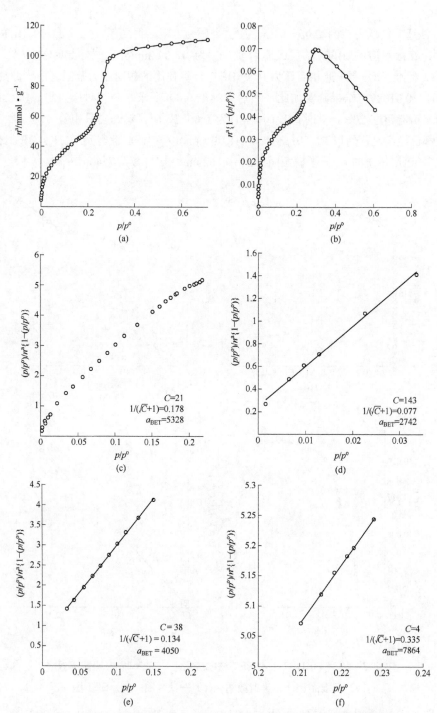

图 14.3　MOF NU109 中 BET 法的应用：（a）77 K 时的 N_2 吸附等温线；
（b）一致性图；不同 p/p^o 范围得到的 BET 图，相对压力范围分别为：
（c）0.01～0.03；（d）0.001～0.03；（e）0.03～0.15；（f）0.21～0.23

并且很有可能存在大量的宽微孔。图 14.3（b）的一致性曲线中，当 p/p^o 大约为 0.28 时纵坐标具有最大值，但是图 14.3（c）表明，这并不充分，因为根据图 14.3（b）的 BET 图可以在三个不同压力范围内得到三条直线［图 14.3（d）～（f）］。从这三张 BET 直线中计算出来的 BET 比表面积分别为 2442 $m^2 \cdot g^{-1}$、4050 $m^2 \cdot g^{-1}$ 和 7864 $m^2 \cdot g^{-1}$，对应的 C 值分别为 143、38 和 4，差别悬殊。实际上，从图 14.3（d）及（f）中得到的 BET n_m 相对应的 $(p/p^o)_m$ 已经高于实际的压力范围，因此它们不符合标准（c）。这样，就只有图 14.3（e）同时满足标准（c）和标准（d），对应的 (N$_2$) BET n_m 为 42 $mmol \cdot g^{-1}$，BET 氮气比表面积为 4050 $m^2 \cdot g^{-1}$，C 值为 38，这才是该体系的特征值。

对柔性 MOF 材料，也会出现一个或者几个阶段，运用上面的标准，似乎总是倾向于选择孔道结构完全打开并且稳定的压力范围，如果在吸附等温线中存在几个区域都满足上述标准，那么就务必指出计算 BET n_m 和（N$_2$）BET 比表面积的 p/p^o 范围。

任何情况下，当提供一个 BET 比表面积时，强烈建议系统地给出如下的数据：①7.2.2 节中列出的所有标准；②所选压力范围；③相对应的 C 值。

14.2.2 BET 比表面积的意义

在微孔存在下（通常发生在 MOF 材料中），BET n_m 包括了在吸附等温线上已经被填充的微孔的容量。假设所有 N$_2$ 分子的单位横截面积为 0.162 nm^2，将容量转换成比表面积就很简单了，但是可能会引起误导。因为只有在少数的情况下，BET 比表面积才等于"探针可及比表面积"（见 6.4.2 节）。这是因为如果假设 N$_2$ 分子覆盖了相同面积的平面区域，就会忽略它们在宽度只能容纳一个分子的狭窄微孔中实际覆盖面积比平面大 4 倍。在宽微孔中的覆盖面积小得多，因为有些被吸附分子甚至无法接触到孔壁。

在有微孔存在时，BET 面积和探针可及比表面积并没有直接关系，这也反映在英文缩写上，使用"BET area"而不是"BET surface area"，因为后者更适合用于没有微孔的情况，此时运用 BET 法直接推导出探针可及表面积还算合理。

经验表明，即使与探针-可及比表面积不同，BET 面积仍然有它的意义和用途。

BET n_m 也是一个有意义的参数，正如气体吸附量热法所示，它包括了主要与表面发生能量相互作用的吸附量，其吸附能超过凝聚能。它也可以被看作是计算 BET 时的压力范围下的吸附容量，因为它既包括了等温线中完全填满时的微孔容量，也包括剩余表面单分子层的容量。不将 BET n_m 转换为 BET 面积也许更明智，但是必须承认后者更具指导性且更易记忆，所以一定注意不要将"BET 比表面积"和"探针可及比表面积"混淆。

BET 比表面积的有用性来自于估算它时的严格步骤，即上面提到的 5 个标准（7.2.2 节中列出的四个标准加上 BET 拟合的线性）。它的确可以作为吸附剂的特征数据，用于各种比较，例如：活化和老化的研究；合成过程，或者吸附剂的模拟结构模型和实际结构的比较中，改变参数的效应研究。后一种情况，对比以相同步骤从模拟和实验的吸附等温线中计算出的 BET 面积（Düren 等，2007；Walton 和 Snurr，2007）是有意义的。尽管后来的研究中，r 距离比表面积（即模拟器的"可及表面积"）和 BET 面积似乎也能对照地很好，但它们的定义和性质都不相同，所以这种对比并无多大意义（详见第 6 章）。

尽管对 MOF 材料，还经常会计算"朗缪尔面积"，但应该先弄清楚它的意义。在真实的 I 型等温线中（即实验可以达到一个等温平台），朗缪尔面积相当于将实验饱和容量人为地转换为表面积。如果是在非真实的 I 型等温线中（即平台并非通过实验得到），朗缪尔方程［式（5.13）或者式（5.14）］能计算一个对应于假想平台的所谓朗缪尔单分子层容量 n_m，但它必须位于最后实验点之上。由此得到的朗缪尔面积总是比 BET 面积大，因此物理意义不大。

14.3　改变有机配体性质的影响

14.3.1　改变配体长度

改变材料吸附性质的一种可能方法是通过改变有机配体长度来实现，这个观点最初由 Yaghi 和合作者（Rowsell 和 Yaghi，2004）在研究 IRMOF 系列时提出。

IRMOF 系列以 ZrO_4 为中心，通过不同的羧酸配体相互连接而成，如图 14.4。

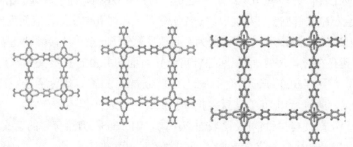

图 14.4　一些 IRMOF 系列材料的结构：IRMOF-1、IRMOF-10 和 IRMOF-16

节点含 ZrO_4 单元，连接体分别为苯-1,4-二羧酸、联苯-4,4'-二羧酸和三联苯-4,4'-二羧酸

图由美国西北大学 B. Borah 提供

增加配体的长度可以增大 MOF 材料的孔径和孔容积，这可以从气体吸附压力的变化上看出来，并且这个结论从图 14.5 所示的 IRMOF-1、IRMOF-10 和 IRMOF-16 的 N_2 吸附实验中已经得到证实（Walton 和 Snurr，2007；Walton 等，2008）。这一现象也能够在其他含有不同配体比如 NOTT 材料的 MOF 中观察到（Lin 等，2009），虽然

目前还没有实验的验证。

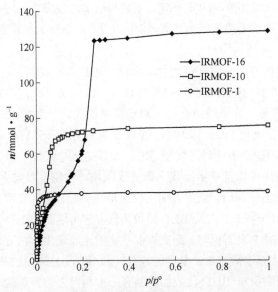

图 14.5　GCMC 模拟出的各种 IRMOFs 对氮气的吸附等温线

（引自 Walton 和 Snurr, 2007）

可以预测，改变孔径的大小也会对等温线形状有影响（如图 14.6）。确实，随着探针分子和温度的改变，能够看到等温线形状由 I 型到Ⅳ型的转变，因为吸附剂从微孔结构变成了介孔结构。一些模拟研究中认为还可能获得 V 型等温线（Fairen-Jimenez 等, 2010），这认为是相对较弱的液-固作用的结果。这当然来自于许多 MOF 材料本身的化学性质，但相对于其他微孔材料，比如沸石或活性炭，这其中也有

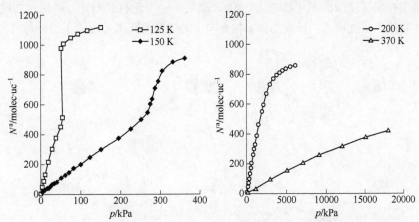

图 14.6　在不同的温度下，由 GCMC 模拟出的 IRMOF-16 的甲烷吸附等温线

（详见第 6 章）（引自 Fairen-Jimenez 等, 2010）

MOF 材料具有相对开放的骨架的原因。因此，随着吸附温度的降低，可能会吸附超过一层的液体，从而增加液-液相互作用，最终导致等温线类型的转变，比如图 14.6 所示的 IRMOF-16 中的 CH_4 吸附行为，其等温线从 I 型（200 K）转变至 V 型（150 K）和 IV 型（125 K）。

能否运用 BET 方法来表征这些材料，目前还是有争议的。特别是对于 IRMOF 系列材料（IRMOF-1、IRMOF-6、IRMOF-10 和 IRMOF-16），很难想象它们是否具有连续的孔壁或表面。分子模拟指出，对于狭窄微孔，一种情况是分子首先吸附到结构的角落，然后吸附到配体周围，或者遵循孔道填充机制（Walton 和 Snurr，2007）。这项研究还进一步比较了实验 BET 计算结果与蒙特卡罗方法模拟的等温线计算结果。模拟中还可以进一步计算 r 距离表面积，它也可以与上述两个 BET 比表面积进行比较（见第 6 章）。结果表明不仅模拟与实验 BET 表面积表现出相当好的相关性（除了 IRMOF-14 的实验 BET 面积偏低，这可能是由晶格缺陷或者不完善的脱气导致），而且 BET 表面积与 r 距离表面积之间也表现出非常好的相关性。其中，BET 比表面积的计算遵循 7.2.2 节中的标准（a）和（b）。对这些吸附剂而言，每种情况下，r 距离表面积与 BET 比表面积都有一个相同之处，那就是都不能测量探针可及比表面积，不过从吸附容量可以得到一个相当高的面积数值，但它与探针可及比表面积并无太多关联。事实上，将模型结构模拟获得的 BET 面积与实验合成样品的 BET 面积进行比较是非常有用的，因为可以确定合成样品的结构，更重要的是能够了解它们的活化和潜在降解性能是否已经最优化。

另一个可以系统地调节配体的 MOF 系列材料，即多孔二羧酸锆固体，用 MIL-140A、MIL-140B、MIL-140C 和 MIL-140D 来表示，可以使用通式 $ZrO[O_2\text{-}R\text{-}CO_2]$ ［R=C_6H_4（A）、$C_{10}H_6$（B）、$C_{12}H_8$（C）和 $C_{12}N_2H_8C_{12}$（D）］（Guillerm 等，2012）。

这类材料在复杂的氧化锆链上，沿 c 轴展示一个无机亚单元，并通过二羧酸连接体与其他六条链相连，形成晶体 c 轴方向上的三角形孔道（如图 14.7）。

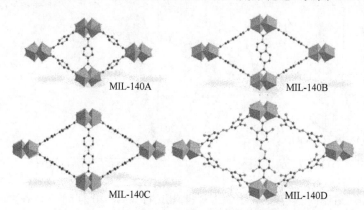

图 14.7　MIL-140（Zr）系列晶体结构示意图

这类材料的一个特别之处在于含有狭窄微孔（<0.7 nm），用 Gelb 和 Gubbins 报道的方法（见第 6 章）估算出 MIL-140A、MIL-140B、MIL-140C 和 MIL-140D 的微孔孔径分为 0.32 nm、0.40 nm、0.57 nm 和 0.63 nm。事实上，从理论上来估算这类微孔材料的比表面积还存在问题。图 14.8 是使用不同方法计算出来的比表面积。对 MIL-140C 和 MIL-140D 的情况，在 77 K 下运用上面推荐的前两个一致性标准，通过蒙特卡罗（GCMC）模拟的 N_2 等温线估算出来的 BET 表面积与计算出的 r 距表面积数值（见第 6 章）吻合。然而，运用同样的标准，从实验的 N_2 等温线估算出的 BET 表面积值要明显低于 r 距表面积，这种差异主要是由样品中残留的锆氧化物和/或样品的不完全活化引起。

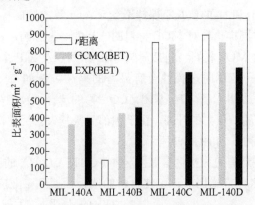

图 14.8　MIL-140 系列的比表面积：两种理论方法与实验 BET 法的结果比较

具有最窄孔径的 MIL-140A 和 MIL-140B 的结果就完全不同了。此时，对 r 距表面积的计算是通过几何方法，即把所有的原子都看作硬球体，这样最终只得到非物理数值，比如 MIL-140A 就没有比表面积。引起这个现象的原因可能是 BET 表面积和 r 距表面积具有不同的意义，或者是因为氮气大小（0.368 nm）的探针分子不能或者只能部分进入这类材料的窄微孔，因此当孔尺寸与氮气分子大小接近时，不适合用这种方法来表征比表面积。对它们来讲，有意义的比较只能首先通过充分探索可及表面，并把原子看作软 Lennard Jones 球体的 GCMC 模拟计算出吸附等温线，然后再运用 BET 法（图 14.8）。

从 MIL-140 系列这些典型的材料中可以看出，BET 法可看作材料表征的一种很有用的方法，即使是含有狭窄微孔的材料，但是必须找到一致性标准的合适压力范围。

能够绕过上面讨论的、各种估算"表面积"限制的另一种方法是计算出孔容，进而表征如 MIL-140A 和 MIL-140B 的微孔结构。用 Myers 和 Monson（2002）提出的方法计算 MIL-140A、MIL-140B、MIL-140C 和 MIL-140D 的孔容分别为 $0.10 \text{ cm}^3 \cdot \text{g}^{-1}$、$0.21 \text{ cm}^3 \cdot \text{g}^{-1}$、$0.35 \text{ cm}^3 \cdot \text{g}^{-1}$ 和 $0.36 \text{ cm}^3 \cdot \text{g}^{-1}$，与实验吸附数据吻合的很好。

14.3.2 将配体功能化

用不同的化学基团使有机连接体功能化是调节 MOF 骨架材料物理-化学性质（极性、酸碱性等）的有效途径，其目的在于调节 MOF 材料的吸附容量和选择性。这可以使用已经含有所需官能团的有机配体实现，或者通过后合成修饰来实现（Cohen, 2012）。MOF 领域的一项热门研究是希望将极性基团 NH_2 修饰到有机配体上，同时又保持它们的原始拓扑结构，以设计出更加高效的 CO_2 捕获材料。由于 CO_2 和 NH_2 之间强的静电作用，CO_2 的摩尔吸附焓与原来母体材料相比能够增加 $10\ kJ \cdot mol^{-1}$，而 CH_4 和 N_2 的值几乎保持不变（Yang 等，2011）。

有机配体功能化同样也会对 MOF 材料的选择性产生影响，正如在模拟或者实验中观察到的，大多数 MOF 材料（包括一些 MIL 系列以及 ZIF 系列、IRMOF 系列和 DOMF 系列）在低压范围时选择性会有显著的提高。例如在 3D 羧酸基 MIL-68（Al）中，一旦苯环上引入了 NH_2 基团，CO_2/N_2 的选择性预测从 38.0 升高到 85.0（Yang 等，2011）。随着压力的升高，由于大部分氨基失去活性，有机配体功能化对选择性的影响明显减小，如图 14.9 所示。

研究表明，一些连有更大极性官能团（如 SO_3H、CO_2H）的 MOF 材料显示了更高的选择性，通过这种方式调节，可使材料的选择性达到工业应用中最常用的沸石 13X 的水平。功能化氧化锆 UiO-66（Zr）体系就是一个典型的例子，见第 6 章以及 Yang 等（2011）发表的文章。

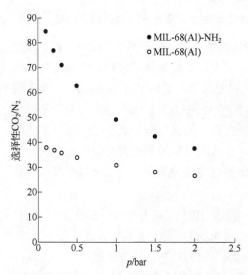

图 14.9 303 K 时，GCMC 预测二元 CO_2/N_2 混合体系在 MIL-68（Al）和 MIL-68(Al)-NH_2 中不同压力下的选择性（CO_2 相对于 N_2）（引自 Yang 等, 2012）

但是对于柔性骨架 MOF 材料，情况又完全不同，有机配体功能化改变的不仅是它们的物理-化学性质，更主要的是改变 MOF 材料的开孔情况，从而影响 MOF 材料的吸附/分离性能。对柔性骨架材料 MIL-53（Fe）来说，官能团的存在对材料的初始孔径及形状影响很大，这会导致吸附液体或气体分子时，出现完全不同的吸附行为（Devic 等，2012）。通常，刚性 MOF 材料的存储性能很少受官能团的影响，但是卤化的（Br，Cl）MIL-53（Fe）吸附非极性正烷烃时，由于官能团的位阻效应导致比母体更大的初始孔径，因而两种材料的吸附性能均有明显提高。

在 MIL-53(Al) 中，NH_2 的引入仍然会对 CO_2 的选择性吸附有积极影响，但这并不是由于 CO_2 与 NH_2 之间的相互作用，而是 NH_2 对骨架柔韧性的间接影响（Stavitski 等，2011），导致孔径变窄，CH_4 无法进入，从而将 CO_2/CH_4 的分离效率提升几个数量级，同时保持了相对较高的 CO_2 吸附容量。另一方面，相同的极性作用也会反向影响柔性 MOF 材料的吸附性能，因为形成了强的骨架内相互作用，导致目标分子难以进入。例如在 MIL-53（Fe）中，CO_2 与骨架的作用力无法克服 NH_2 的引入产生的骨架内氢键作用，导致材料完全无法吸附 CO_2。这一现象对于极性更大的分子，如液相中的水分子或乙醇分子来说，依然存在（Devic 等，2012）。

14.4 改变金属中心的影响

从上文了解到，改变 MOF 及相关材料的化学性质的可能性非常大。另一个可改变的因素是金属中心。对于一个已经给定的结构，金属中心可以影响体系的刚性/柔性，比如 MIL-47（V）和 MIL-53（Cr、Al、Sc、Fe）固体。如果中心金属为钒（Ⅳ），那么在客体分子存在时材料就表现出相当的刚性，但如果换成铬、铝、钪或铁，那么将为结构中引入大量柔性。有关 MOF 材料的结构柔韧性将会在后文中进一步讨论。金属的使用似乎有助于构筑材料的固有稳定性。一般来说，相对于使用二价金属（Mg、Zr 和 Cu 等）作中心，四价（Zr、Ti 等）或者三价金属（Cr、Al、Fe 和 Sc 等）为中心的结构都会使材料具有更好的热稳定性和抗湿性（Low 等，2009）。

在大部分情况下，金属中心都完全配位且被周围环境所屏蔽，因此对吸附本身影响不大。但是还有一些 MOF 材料，它的金属中心并没有与结构中的有机配体完全配位，因此导致配位不饱和位点（CUS）的存在，通常也称为开放金属位点。这些 CUS 可以作为特异性吸附位点应用于催化等领域。这种材料的典型例子有 HKUST-1（Chui 等，1999）、CPO-27（Dietzel 等，2008a,b）以及 MIL-100（Férey 等，2005）。

HKUST-1（也称 Cu-btc）由香港科学技术大学 Chui 等（1999）首次合成，结构为两个铜原子与四个有机连接体（间苯三甲酸）上的氧连接，构建出类似 $[Cu_3(btc)_2(H_2O)_3]$ 的分子。这类材料能够展示两种孔径，其中中心大孔的直径为 0.9 nm（如图 14.10），被直径为 0.5 nm 的孔笼包围。大孔与孔笼之间由直径为 0.35 nm 的三角形窗口互相连接。Rubes 等（2012）发表的文章中也能看到这个很好的孔隙结构。

在脱水作用下，由于 $[Cu_2C_4O_8]$ 笼形结构的收缩可以观察到晶胞体积的减小。红外研究表明，尽管周围四个氧原子对铜原子的屏蔽作用明显，使得这些金属位点处于非常低的配位不饱和状态（Prestipino 等，2006），但是脱水依然造成 Cu（Ⅱ）位点更加不稳定。

尽管氧原子对铜的屏蔽作用可能会限制已经观测到的相互作用，但这些 Cu(Ⅱ)

的配位不饱和位点仍可以作为特异性中心吸附不同的探针分子。可以考虑用 CO 对这些金属位点进行表征。红外研究表明，在 77 K 温度下生成了 Cu(Ⅱ)-CO 加合物。这已经由量子化学计算（Rubes 等，2012）得到证实，详见第 6 章。计算预测 CO 在 Cu（Ⅱ）上的优先吸附是通过 C 原子进行的，对应的摩尔吸附焓约为 30 kJ·mol^{-1}（吸附焓通常为负值，但为了简化，本章中直接使用吸附焓的绝对值）。在更高负载的情况下，模拟显示，第二个 CO 分子的配位所需摩尔吸附焓稍低，约为 28 kJ·mol^{-1}。

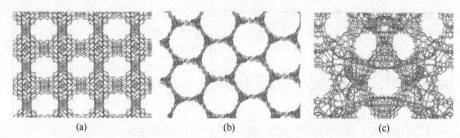

(a)   (b)   (c)

图 14.10　结构示意图：（a）HKUST-1；（b）CPO-27；（c）MIL-100

图 14.11 是 303 K 时 CO 在 HKUST-1 中的吸附数据。其中左图的吸附等温线通过逐点法获得，来自两种不同剂量的样品数据相互重叠，右图是实验测得的微分吸附焓。图中可见，第一个点的吸附焓值非常高，大约为 63 kJ·mol^{-1}，之后在吸附量为 0.1 mmol·g^{-1} 时，立刻下降至 29 kJ·mol^{-1}。第一个较高的吸附焓值可以用少量 Cu（Ⅰ）缺陷位点的存在来解释。焓变曲线的剩余部分显示了轻微的下降，在吸附量为 3 mmol·g^{-1} 时，下降到 25 kJ·mol^{-1}。量子化学计算表明这是由于Cu（Ⅱ）位点周围配位层的逐渐增加导致的。

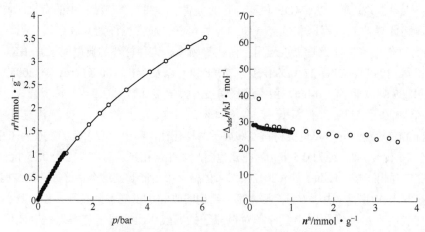

图 14.11　303K 时 CO 在 HKUST-1 中的吸附：左图为吸附等温线；
右图为相应的微分吸附焓（Rubes 等，2012）

第二个有意思的探针分子是 CO_2。图 14.12 给出的是 303 K 时得到的 CO_2 吸附等温线，同样能够看出吸附量随着压力的增大而增加。右图的微分吸附焓值在吸附量为 10 mmol·g^{-1} 以内时相对恒定，大约为 29 kJ·mol^{-1}，在 10 mmol·g^{-1} 以上，焓值增加了约 2～3 kJ·mol^{-1}。焓变曲线中的水平部分表明相互作用发生在能量均匀的表面上，类似于氩气在石墨中的吸附（详见第 10 章）。运用量子化学计算能够帮助理解吸附机理。计算结果表明 Cu（Ⅱ）位点与 CO$_2$ 之间的相互作用最强（Grajciar 等，2011），并且 CO$_2$ 分子与金属位点之间形成 Cu—O—C 的夹角为 123°，这有利于 CO$_2$ 与第二个 Cu（Ⅱ）位点作用的同时也能与有机连接体间形成色散作用。计算出的微分吸附焓值为 $\Delta_{ads}u$ = 28.2 kJ·mol^{-1}。其他位于笼中心或者笼窗口处的吸附位点（如图 14.13），经计算焓值比 CO$_2$-Cu（Ⅱ）间的相互作用力弱大约 5 kJ·mol^{-1}。这些表明，在所有笼状孔洞被填充之前首先是所有 Cu（Ⅱ）位点与 CO$_2$ 形成了配位，

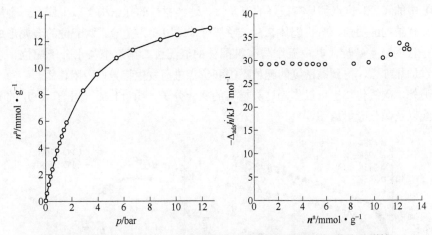

图 14.12　303 K 时 CO$_2$ 在 HKUST-1 中的吸附等温线和微分吸附焓

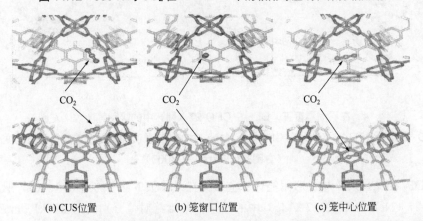

(a) CUS 位置　　　　　(b) 笼窗口位置　　　　　(c) 笼中心位置

图 14.13　量子化学能量优化中得到的 CO$_2$ 吸附加合物的几何结构（引自 Grajciar 等，2011）

（a）吸附在配位不饱和位点；（b）吸附在小孔笼窗口位置；（c）吸附在小孔笼中心位置

上方视图和下方视图分别为垂直于小孔开口和平行于小孔开口方向的视角

随后的孔洞填充不仅使得 CO_2 与 MOF 表面产生相互作用，而且在吸附的 CO_2 之间产生横向相互作用，并且额外的横向作用正好弥补了 CO_2 与 MOF 表面相互作用的降低。这与焓值曲线保持水平是一致的。不过，随着负载量的增加，横向相互作用力的增强最终导致微分吸附焓的升高，直到孔填充结束，这从实验中也可观测到。

这样看来，CO 和 CO_2 与 Cu（Ⅱ）的配位不饱和位点的相互作用是类似的。事实上 Cu（Ⅱ）周围的氧原子会部分屏蔽金属，导致 Cu（Ⅱ）和线形 CO_2 的相互作用并非最优，而是 Cu（Ⅱ）与 CO_2 中的 C 的相互作用为最优，在 CO 中也类似。这可以解释为什么 CO 相对于 CO_2 具有较强的相互作用。

CUS 位点的可及性是 MOF 材料用于吸附或者催化的必备条件，例如 CPO-27（M=Co，Ni，Mg）（Dietzel 等，2005）以及 MOF-74（M=Zn，Mn）（Rosi 等，2005）中的 CUS 位点都具有很好的可及性。这类材料的孔结构类似于蜂窝，金属形成蜂窝状结构的拐角，有机配体 2,5-二羟基对苯二甲酸为孔壁。六配位的金属形成与孔壁平行的三重螺旋，其中五个与有机配体的氢配位，第六个与水分子配位。水可以通过加热除去，得到高密度的配位不饱和位点进而发生特异性吸附作用。

另外，碳氧化物也可以作为这类材料的探针分子。图 14.14 给出了 CO_2 的吸附等温线以及微分吸附焓图。

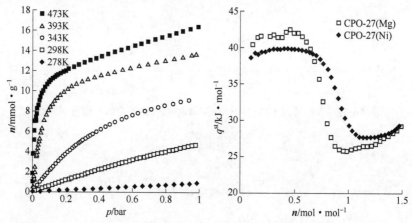

图 14.14 在不同温度下，CO_2 在 CPO-27（Ni）中的吸附等温线（左图）；
CO_2 吸附在 CPO-27（Ni）和 CPO-27（Mg）中时的等量吸附焓随金属原子的量的变化
（右图）（Dietzel 等，2009）

CO_2 在 CPO-27 中的吸附能计算值要比在 HKUST-1 中的高得多。CO_2 吸附在 CPO-27（Ni）和 CPO-27（Mg）中的等量吸附焓绝对值分别约为 39 kJ·mol^{-1} 和 42 kJ·mol^{-1}（图 14.14），比在 HKUST-1 中高约 10 kJ·mol^{-1}。可以用 CPO-27 结构中具有更多的"活性"金属位点（Valenzano 等，2011）来解释。这种活性可能来自于 CPO-27 中更加暴露的金属，因为 HKUST-1 中的 Cu 被氧原子部分屏蔽。在低吸附量的情况下，CO 在 CPO-27（Ni）中的等量吸附焓大约为 59 kJ·mol^{-1}（图 14.15），比在 HKUST-1 中的 29 kJ·mol^{-1} 高。CPO-27 的量子化学模拟显示，CO 分子中的 C 指向金属中心并与探针分子呈垂直排列（见第 6 章）。在 CPO-27（Ni）样品中还有可能会发生反馈 π 键的电荷转移。这些模拟还进一步表明，由于 CO$_2$ 中的氧原子与金属中心以及有机配体中的氧同时发生相互作用，使 CO$_2$ 处于一个倾斜的位置。作者还指出，由于材料的孔隙表面相比于平面具有一定的曲率，会导致探针分子与 CPO-27 间的相互作用增强。

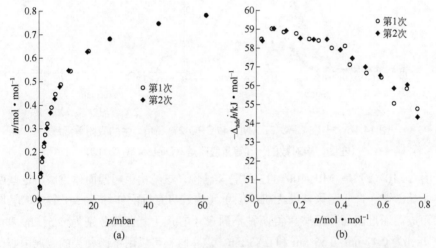

图 14.15　303 K 时 CO 在 CPO-27（Ni）中的吸附等温线（a）和相对应的等量吸附焓（b）给出了每个金属位点上 CO 分子的吸附量，引自 Chavan 等（2009）

这些金属位点的数量及强度，还使它们能够吸附其他探针分子。目前比较热门的研究是氢气以及对应的潜在储氢性能。就吸附能而言，理想的氢吸附摩尔焓介于 15～20 kJ·mol^{-1} 之间（Bhatia 和 Myers, 2006）。大部分 MOF 材料的氢气摩尔吸附焓为 6～8 kJ·mol^{-1}。在 CPO-27 系列中（如图 14.16），低负载时 CPO-27（Ni）、CPO-27（Co）和 CPO-27（Mg）的等量吸附焓分别为 13.0 kJ·mol^{-1}、11.5 kJ·mol^{-1} 和 10.9 kJ·mol^{-1}（Dietzel 等, 2010）。这些值能保持相对恒定，直到大约每个金属原子都吸附一个分子，这说明金属中心的作用更加强烈。尽管中子散射实验表明有两个吸附位点的存在，一个靠近金属中心处，另一个在链远端邻近三个氧原子处。但作为特异性吸附位点的金属中心，其影响对该领域的进一步发展具有更重要的意义。

还有一些 MOF 材料的金属位点能形成相当强的特异性吸附，其强度取决于这些位点在结构中的位置，并且有机配体会对它们产生不同的屏蔽效应，此外还取决于依据电子特性选择的金属。当然，也可以对给定的位点调节它的相互作用。对于 MOF 来说，金属中心也可能被还原，比如通过热处理的方法。有一个关于 MIL-100

还原的例子，其金属中心为铁。

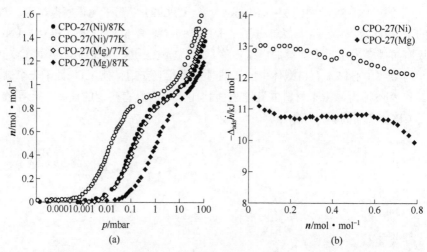

图 14.16　H₂ 在 CPO-27（Ni）和 CPO-27（Mg）中的吸附等温线
（左图，半对数图）和等量吸附焓（Dietzel 等，2010）

图 14.10（c）是 MIL-100 的三维骨架结构，该结构由超四面体组成，这些四面体单元是由铁（Ⅲ）三聚体的无机次级单元通过与有机配体均苯三甲酸中的氧原子连接而成。通过四面体组装可得两种不同尺寸的介孔，直径分别为 2.5 nm 和 2.9 nm，开孔为 0.47 nm×0.55 nm 和 0.86 nm。这个材料可以用不同种类的金属中心（例如 Cr、Al、Sc、Mn、V 和 Fe）来合成（Férey 等，2004，2005；Horcajada 等，2007；Volkringer 等，2009b；Mowat 等，2011）。大量的 Fe（Ⅲ）位点，可以转变为 Fe（Ⅱ）路易斯酸位点。这可以通过热处理的方法来实现：在 150℃、二级真空条件下脱气时仍然为 MIL-100［Fe（Ⅲ）］，但是当温度升高至 250℃，最多有 1/3 的 Fe（Ⅲ）被还原为 Fe（Ⅱ）（Yoon 等，2010）。在这两个极端之间，运用热处理的方法，可以带来不同数量的路易斯酸位点。

路易斯酸位点的数量对 CO₂ 的吸附影响较小（Yoon 等，2010）。事实上，温度从 150℃升高到 250℃，脱气样品的微分吸附焓只升高了大约 3 kJ·mol⁻¹。相比之下，CO 的微分吸附焓则升高了至少 10 kJ·mol⁻¹（如图 14.17）。

给定探针分子与不同强度吸附位点间相互作用的增强同样可以适用于其他类型的相互作用中。探针分子如丙烷、丙烯和丙炔还可能发生金属-π 相互作用（如图 14.18）。比如，当样品在 150℃ 或 250℃脱气时，丙烷的微分吸附焓并没有变化，而丙烯（Yoon 等，2010）和丙炔（Leclerc 等，2011）的微分吸附焓则随着除气温度的增加而明显升高。这表明了金属中心与双键或三键之间的 π-反馈效应。

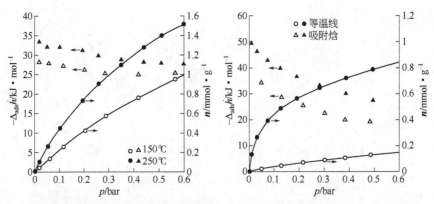

图 14.17　在 150℃和 250℃脱气后，CO₂（左图）和 CO（右图）在
MIL-100（Fe）中的吸附等温线和吸附焓（30℃）（引自 Yoon 等，2010）

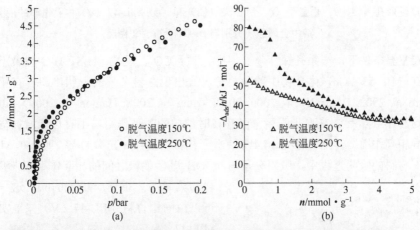

图 14.18　150℃和 250℃脱气后，丙炔在 MIL-100（Fe）中的吸附等温线（a）
和微分吸附焓（b）引自 Leclerc 等（2011）

14.5　改变其他表面位点性质的影响

对比同构 MIL-53（Cr）与 MIL-47（V）系列材料，可以明显看出，桥连 μ_2-OH 和 μ_2-O 对气体的吸附性能有影响。

MIL-53（Cr）是由 $CrO_4(OH)_2$ 的八面体链和反式-苯二甲酸互相桥连形成三维结构，并且其中给出一个直径约为 0.85 nm 的一维菱形孔道（Serre 等，2002）。在 MIL-53（Cr^{III}）中的金属-氧-金属链中含有羟基基团（μ_2-OH 基团），而同构材料 MIL-47（V^{IV}）中含有氧桥（μ_2-O 基团）（Barthelet 等，2002）（图 14.19）。这些位点可以作为客体分子的潜在吸附位点，和/或抑制它们的流动性，可以预料这两种固体会有不同的吸附机制。

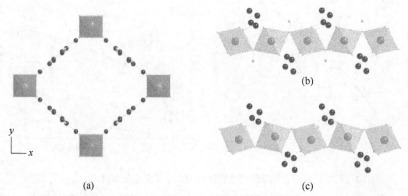

(a)

(b)

(c)

图 14.19 （a）沿 z 轴观察到的 MIL-53（Cr）/MIL-47（V）结构示意图（1D 菱形孔道结构）；垂直于（b）MIL-53（Cr）和（c）MIL-47（V）中孔道时的视图，其中金属原子分别与 μ_2-OH 和 μ_2-O 相连

在室温条件下，一系列探针分子（其中包括 CO_2、烃类、H_2S、H_2O 以及不同的醇）在 MIL-53（Cr）化合物中的吸附等温线出现意料之外的形状，即含有亚步骤（Serre 等，2002; Bourrelly 等，2005, 2010; Trung 等，2008; Hamon 等，2009）。微孔固体的这种不寻常行为来自于吸附分子存在时结构的呼吸作用，很有可能增加与孔壁的特异相互作用。详细讨论见 14.4 节。分子模拟以及红外光谱结果表明，在 MIL-53（Cr）材料的吸附过程中，吸附分子与 μ_2-OH 基团偶极之间的相互作用都来源于材料的柔韧性（Serre 等，2007b）。这一结论可以由同构材料 MIL-47（V）来证实。在 MIL-47（V）的结构中只含有氧桥键（μ_2-O 基团），在客体分子存在时并无呼吸现象，因此吸附等温线没有任何亚步骤，表现为微孔固体常见的 I 型等温线。图 14.20 给出的是 H_2S 在 MIL-53（Cr）和 MIL-47（V）两种固体中的吸附等温线，可以从中看出两种材料的区别。

极性吸附分子（如 CO_2）也可以通过微量热法来区分上述两种材料（Bourrelly 等，2005; Serre 等，2007b）。对于 MIL-53（Cr）来说，其曲线是非单调的，并且在吸附的初始阶段具有相当高的焓值，而在 MIL-47（V）中，随着负载量增加，其曲线几乎为

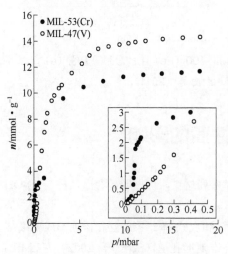

图 14.20 303 K 时 H_2S 在 MIL-53（Cr）和 MIL-47（V）中的吸附等温线（引自 Hamon 等，2009）

一水平线。这意味着，吸附了探针分子的 MIL-47（V）的表面为一能量均匀的表面，不存在优先吸附位点，而 MIL-53（Cr）中由于 μ_2-OH 基团的存在，其表面为一非均匀的能量表面。量子化学计算也能证实，在 MIL-47（V）固体的孔隙中不存在特异性吸附位点，如图 14.21（a），尽管与骨架间在最小距离 0.359 nm 的范围内有一些联系。相反在 MIL-53（Cr）固体中，主要的相互作用为 CO_2 与氢原子之间的"正面"相互作用，距离也小得多，大约为 0.23 nm，如图 14.21（b）。

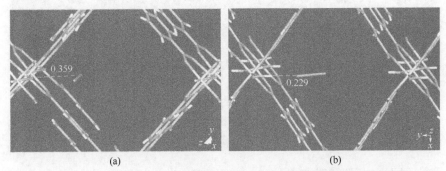

(a)　　　　　　　　　　　　(b)

图 14.21　量子化学能量优化得到的 CO_2 分子在不同材料孔隙中的排布：
(a) MIL-47（V）；(b) MIL-53（Cr）

μ_2-OH 基团的存在也会对孔隙内极性分子的动力学性质产生影响，这已被分子动力学耦合（详见第 6 章）以及准弹性中子散射实验所证实。

例如，CO_2 分子沿 MIL-53（Cr）固体通道方向的位移一直受限，CO_2 与 μ_2-OH 基团间的单一相互作用使得吸附遵循一维扩散机理（Salles 等，2009），而在 MIL-47（V）中由于不存在任何 CO_2-OH 相互作用，使得 CO_2 分子随意运动，遵循三维的扩散机理（Salles 等，2010b）。

用低亲水性的 μ_2-O 基团取代 MIL-53（Cr）固体中的 μ_2-OH 位点会导致 MIL-47(V)表面的疏水性更加显著。这个效应已经由 GCMC 模拟证实（Devautour-Vinot 等，2010）。事实上，水分子在 MIL-47（V）孔道中的分布极不均匀，有些孔道被填充，有些孔道则完全是空的（Salles 等，2011），这与之前提到的包括硅沸石-1（以其憎水性著称）在内的几类沸石的行为一致（Desbiens 等，2005；Caillez 等，2008）。相比于 H_2O 与 MIL-47（V）表面的相互作用，水分子之间的相互作用更强，因此水以簇的形式存在于孔道中心，而不是与孔壁作用。在高负载的情况下，图 14.22（a），水分子可以形成多达 12 个分子的簇，这与在液相中观察到的最多可由 14 个水分子形成的四面体簇类似（Ludwig，2001）。MIL-53（Cr）固体的情况略微不同，在低压情况下，所有的孔内都含有水分子，尽管水分子的分布也不均匀。模拟结果显示，水分子定域在 μ_2-OH 基团附近，所以有些孔道只是部分填充但并不会全空，这与这种结构相对于 MIL-47（V）的软疏水性质一致（Salles 等，2011）。此外，图 14.22（b）给出的是高负载情况下的典型构型，其中 μ_2-OH 基团起到了硅沸石-1 表面化学缺陷的类似作用，使得水分子聚集成簇并凝聚。

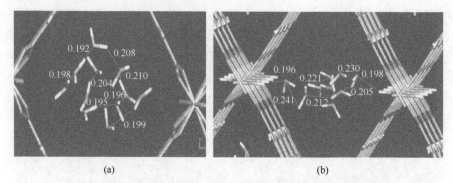

(a)   (b)

图 14.22　GCMC 模拟得到的 303K 时、高负载情况下不同材料中
水分子的典型构型：（a）MIL-47（V）；（b）MIL-53（Cr）
图中距离单位为 nm

如此不同的水吸附预测结果，可以被下面的事实进一步验证：①从 303K 的吸附等温线得知，在 MIL-47（V）中的水合作用发生在大约 30 mbar［在 MIL-53（Cr）中此值为 15 mbar］，这更接近于水的饱和蒸气压；②它们的微分吸附焓分别为 35 kJ·mol^{-1} 和 39 kJ·mol^{-1}，都低于水的摩尔汽化焓（约为 44 kJ·mol^{-1}）（Bourrelly 等，2010）。

材料与非极性分子间的相互作用（例如 CH$_4$ 和 H$_2$），在室温的吸附行为不会受 μ_2-OH 基团的影响（Bourrelly 等，2005；Rosenbach 等，2008；Salles 等，2008）。如图 14.23 所示，两种 MIL 系列材料中的 CH$_4$ 吸附等温线以及对应微分吸附焓绝对值都非常相近（约为 17 kJ·mol^{-1}）。两种情况下，CH$_4$ 运动的动力学行为也一样，都主要沿孔道方向运动，遵循一维扩散机制。唯一的不同是，MIL-53（Cr）中分子的微观

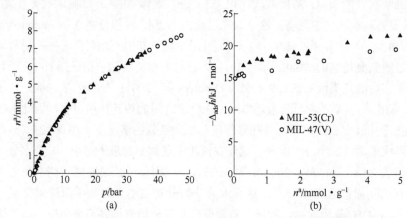

(a)   (b)

图 14.23　303K 时 CH$_4$ 在 MIL-53（Cr）和 MIL-47（V）中的吸附等温线（a）
以及微分吸附焓（b）（引自 Bourrelly 等，2005）

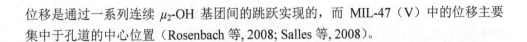

位移是通过一系列连续 μ_2-OH 基团间的跳跃实现的，而 MIL-47（V）中的位移主要集中于孔道的中心位置（Rosenbach 等，2008; Salles 等，2008）。

14.6　非框架物质的影响

同沸石一样，某些 MOF 材料可以通过引入非框架物质来改进材料的化学性质。目的在于增强材料对给定分子比如 H_2 的吸附容量或者用于催化等领域。

增加氢气吸附（Zlotea 等，2010）的最常用方法是将金属纳米粒子（如 Pt 和 Pd）填充到 MOF 材料的孔中。还有一些研究组在大孔的 MOF 材料孔道中合成了复合物，其中包括 $[Mo_6Br_8F_6]^{2-}$、$[Re_4S_4F_{12}]^{4-}$ 和 $[SiW_{11}O_{39}]^{7-}$（Dybtsev 等，2010; Klyamkin 等，2011）。研究似乎都显示，在 77 K 条件下，由于孔体积的缺失导致吸附氢气的能力降低，但是在某些情况下，室温时又观察到了吸附的增加，这可能是由溢流效应造成的。

对于系统地改变 MOF 材料的吸附性能，研究主要集中于在 MOF 材料中加入或变换非框架阳离子。在过去五年中已经合成出一些阴离子框架的多孔 MOF 材料，其电荷由空腔内的非框架阳离子来补偿。考虑到已经存在的连接体、金属盐（通常为过渡金属阳离子）和无机碱（碱金属类氢氧化物），它们主要通过直接合成法来合成。不过，研究者们也设想了通过后合成方法来引入非框架阳离子。

比如由 Eddaoudi 等首次报道的一系列含类沸石骨架拓扑结构（Liu 等，2006; Sava 等，2008; Alkordi 等，2009; Nouar 等，2009; Chen 等，2012）的 MOF 材料，由 Long 等（Dinca 和 Long，2007）合成的四唑基 MOFs 材料以及其他 3D 类型的 MOF 材料（Horike 等，2006; Wu 等，2008; Yang 等，2008; Quartapelle Procopio 等，2010; Fateeva 等，2011）。图 14.24 给出了一些具有"真正"可及多孔结构的材料，这些结构或者是永久性的或者是动态的。这些相对较新型的 MOF 材料估计会在吸附/分离过程中表现出更优异的性能，因为这个过程是由吸附质与非框架阳离子之间的直接相互作用来控制的。从这个层面上来说，相比于最常使用的沸石类物质，MOF 材料有望在多方面得到显著提升，其中包括阳离子具有更高的可及性，它们受框架的束缚更小，因而与客体分子的相互作用更强，化学多样性，从而可以通过控制框架中有机配体或/和金属中心的性质来调节阳离子的电子特征和极性。

还有一些研究者基于非框架阳离子的性质研究了这类材料的 H_2 吸附性能（Dinca 和 Long，2007; Nouar 等，2009）。已经证明，通过酸碱或者氧化还原反应将 Li^+ 离子引入这类 MOF 材料的孔道中，可以提高低压及室温条件下的 H_2 吸附焓和吸附容量。一个典型的例子，如图 14.25 中所示的是在低 H_2 覆盖量的情况下，一系列含不同阳离子的四唑基 MOF 材料的吸附量和微分吸附焓的变化曲线（Dinca 和 Long，

2007）。可以看出，这两个参数明显依赖于交换阳离子的性质，当阳离子为 Co²⁺时，微分吸附焓值最高，为 $10.5 \text{ kJ} \cdot \text{mol}^{-1}$。

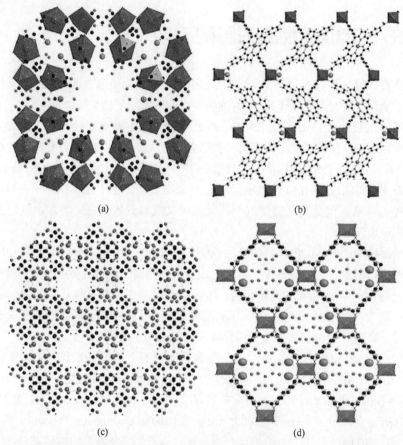

(a) (b)

(c) (d)

图 14.24 孔道中含碱金属离子的多孔 MOF 材料的晶体结构：（a）sod-ZOMF（Chen 等，2011）；（b）Feᴵᴵᴵ(NiPp-TC)Ksolv(NiPp-TC 为镍（Ⅱ）四 (羧基苯基卟啉)（Fateeva 等，2011）；（c）[Cu₃-(OH)(CPZ)₃]NH₄ solv（CPZ 为 4-羧基吡唑）（Quartapelle Procopio 等，2010）；（d）Mᴵᴵ₂(BTeC)C(H₂O)ₙ（M=Zn，Co；C=Na，K，NH₄；BTeC=1,2,4,5-苯四羧酸）（Wu 等，2008）

对含 Na⁺的 rho-ZMOF 的分子模拟表明，它很可能成为非常有前景的分离材料，通过显著的 CO_2/Na^+ 静电作用力，可以分离 CO_2/N_2、CO_2/CH_4 和 CO_2/H_2 等不同的混合气体（Yang 等，2007; Jiang 等，2011; Chen 等，2012）。这些模拟也得到了实验的验证。

在各种碱金属交换的 rho-ZMOF 和 sod-ZMOF 材料中进行的 CO_2 吸附/脱附测量证明 CO_2/N_2 的选择性超过 20，其中的 K⁺交换形态的吸附容量具有最高增幅，而且经过五次循环实验，表现出可逆性和稳定性，而且在温和的条件下（40℃）实现完全再生（Chen 等，2011）。研究者还对一价、二价和三价阳离子对 CO_2 与 rho-ZMOF 间相互作用的影响做了系统研究，计算结果表明，等量吸附热与亨利常数都按照以下顺序增加 $Cs^+<Rb^+<K^+<Na^+<Ca^{2+}<Mg^{2+}<Al^{3+}$，这与第一近似中用于量化阳离子电场（Chen 等，2012）所使用的电荷/直径比的升高顺序一致。这一相关性与之前各种含阳离子的 X-八面沸石中 N_2 的吸附由强 N_2/阳离子静电作用控制的结果完全吻合（Maurin 等，2005）。

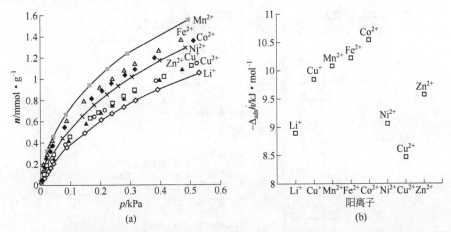

图 14.25　77 K 时各种不同阳离子交换的 $M_3[(M_4Cl)_3(BTT)_8(CH_3OH)_{10}]_2$ 的吸附等温线的低压区域（a）以及对应的低覆盖率时的微分吸附焓（b）（引自 Dinca 和 Long，2007）

14.7　柔性 MOF 材料的特殊例子

有些 MOF 材料具有一种特殊的性质，即在外界刺激下显示出重要的结构柔韧性（Férey 和 Serre，2009；Férey 等，2011）。在下文中可以得知，它们的这种柔韧性与在其他多孔固体中观察到的不同。例如 MIL-88 的柔性变化幅度能够超过 200%（Serre 等，2007a），而在沸石中相变往往发生在纳米尺度，比如硅沸石-1 中由正交向单斜的相变过程（Wu 等，1979）。许多 MOF 材料的柔性变化是有序晶相之间的结构转变（如图 14.26），这与在多孔聚合物中观察到的柔性变化一直保持为非晶态不同。

就柔韧性而言，一些 MOF 材料在客体分子存在的情况下，会发生有机配体的局部重排，这来自于配体的 π 键翻转及旋转振动，包括中子散射、NMR 和介电弛豫的补充实验都已表征过这一现象（Devautour-Vinot 等，2012；Kolokolov 等，2012），这种行为通常被称为"开门（gate-opening）过程"。不过，在这里只讨论结构的柔韧性。图 14.26 总结了 Kitagawa 和 Uemura（2005）给出的 MOF 材料中不同类型的气体诱导柔韧性示意图，并列出了每种类型的几篇代表性论文。其实，在 MOF 材料中存在很多气体诱导产生柔韧性的例子，其中"jungle jim"（Kitaura 等，2003）和"呼吸"（Bourrelly 等，2005）应该是至今为止研究最多的两种类型。MIL-53 中的柔韧性类型属于后者，并且由于它的每种结构具有不同晶体性质，以及不同分子可能观察到明显不同行为的这些特点，使得它的表征十分有趣，下文中将进行详述。一般情况下，气体吸附可以作为 MOF 材料柔韧性的外界刺激物，值得注意的是，在 MIL-53 中，温度（Liu 等，2008a）和压力（Beurroies 等，2010；Ghoufi 等，2012）也能够刺激转变的开始。

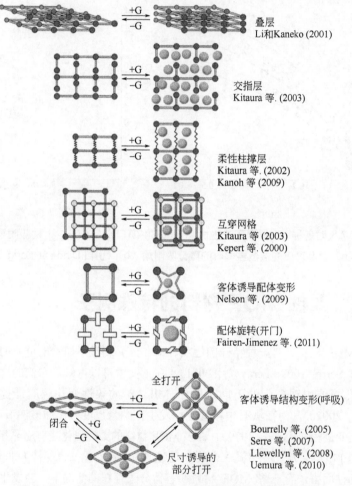

图 14.26　在气体存在下，MOF 材料的动态多孔性质示意图

文献是不同类型柔性材料的典型例子

为了了解这些柔性固体的结构变化，需要使用原位 X 射线粉末衍射，以研究吸附等温线的变化与不同程度孔开口之间的对应关系（Bourrelly 等，2010）。为此，研究者们开发出一种高度防漏的计量装置，可以在 $10^{-2}\sim60$ bar 的压力条件下将严格控制剂量的气体引入到样品。图 14.27 是气体计量系统的示意图。首先把 MIL-53（Fe）样品装入外径为 0.7 mm 的石英毛细管中，石英毛细管安装在一个 T 形管上，

T 形管附加在一个测角计头上（G）。然后 T 形管通过 PEEK 毛细管（外径为 0.8 mm）连接到体系的一个不锈钢歧管上，中间还有两个手动阀门进行控制。

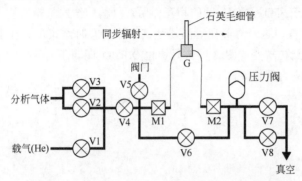

图 14.27　X 射线衍射研究中的气体计量系统示意图

这个装置中的阀安装在与检测器周围一个支架相连接的单轨上。这使得实验过程的歧管阻碍最小。使用的气动阀（V1～V8，参考于 Swagelok）以及其余的 VCR 配件都设计为防漏型，可以承受超过 250 bar 的压力。气动阀通过电磁阀块（Joucoumatic）进行操作，电磁阀块连接在电控箱上，电控箱既可以通过手动控制也可以由电脑控制。

在经典实验中，样品要在 250℃、10^{-3} mbar 的真空条件下单独脱气几个小时。然后将脱气后的样品冷却至室温，并在真空条件下转移到定量给料歧管中并放置到测角计头上。此时，可用一个液氮冷却系统来调节样品温度。气体先引入歧管然后到达样品，气体引入 1min 后开始采集典型的 X 射线衍射图，采集时间为 30s（旋转速率为 1 s^{-1}）。新的 X 射线衍射模式是在同样压力下每 5min 记录一次数据，如果连续两次图谱无明显变化，就可以假定系统达到了平衡（在给定压力下）。到达平衡后，则升高体系压力，再次开始重复原有的程序。

14.7.1　MIL-53（Al，Cr）

这种金属对苯二甲酸乙二酯固体 MIL-53（Cr，Al）是室温条件下吸附客体分子如 CO_2、H_2O、H_2S 或烷烃后表现出最显著呼吸作用的一种 MOF 材料，即相对于结构框架，材料具有高度柔性（Serre 等，2002；Bourrelly 等，2005，2010；Trung 等，2008；Hamon 等，2009；Férey 等，2011）。这种不同寻常的现象来自于材料在大孔（LP：正交对称，晶胞体积 $V \approx 1.5$ nm^3）和窄孔（NP：单斜对称，依据客体分子，晶胞体积 V 在 1～1.2 nm^3 范围内变化）两种形态之间的可逆切换（如图 14.28），这意味着假如客体分子为四极 CO_2 分子，那么晶胞体积的收缩/扩张幅度可达 40%。因此 CO_2 在 MIL-53（Cr）中的吸附给出了与众不同的吸附等温线，图中在 6 bar 附近出现明显焓变。事实上，原位 XPRD 测量（Serre 等，2007a）以及基于复杂混合渗透蒙特卡罗方法的分子模拟（HOMC）（Ghoufi 和 Maurin, 2010）（见第 6 章）都表明，当 CO_2 分子被引入后，由于 CO_2/μ_2-OH 间的相互作用，材料的结构从初始的大孔形态迅速收缩转变为窄孔形态。这一情形在等温线达到平稳状态时结束，并在上面压力下开始从窄孔到大孔的结构转变。图 14.29 是原位 XRPD 图随压力变化的演变曲线，与吸附等温线的走势吻合得很好。

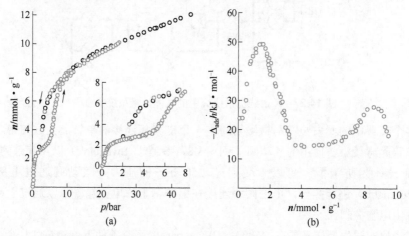

图 14.28　303K 时 CO_2 在 MIL-53（Cr）中的吸附等温线（左图）和微分吸附焓（右图）

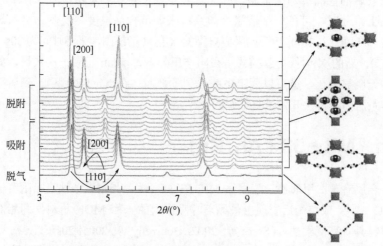

图 14.29　293K 时，不同压力下 CO_2 吸附于 MIL-53（Cr）中得到的
原位 X 射线粉末衍射图（Serre 等，2007a）

这种结构的转变也能够从吸附过程中的微量量热法的数据看出。图 14.28 中出现在极低压力区域的放热可以认为是从大孔形态到窄孔形态结构转变时所贡献，此时

的能垒粗略估算约为 20 kJ·mol^{-1}，与以下结果相吻合：①对水/MIL-53（Cr）体系的 DSC 测量得到的数值（Devautour-Vinot 等，2009）；②一些模型预测中指出，在室温条件下，任何客体分子需提供至少 20 kJ·mol^{-1} 的摩尔吸附焓，来诱导材料从初始大孔形态向窄孔形态的转变（Llewellyn 等，2009）。此外，当压力超过 6 bar，焓值急剧下降，这表明混合多孔骨架与 CO_2 分子之间的相互作用模式发生了变化。相同压力下，在实验等温线中，随着吸附量的增加也可以观察到这种下降。吸附过程中的吸附焓随着压力的模拟演变可以帮助解释微量量热法中结果的变化。研究者对窄孔形态模拟出一个几乎平坦的焓变曲线，在较大的压力范围内焓值集中于 37.0 kJ·mol^{-1}，这与实验中压力范围低于 6 bar 时的结果相吻合，此时也主要为窄孔形态（Bourrelly 等，2005；Serre 等，2007a）。当模拟对象为大孔形态时，吸收焓曲线随着压力增大出现显著增加，绝对值在 20~24 kJ·mol^{-1} 之间变化（Ramsahye 等，2007，2008；Serre 等，2007a,b）。后一模拟中的数值和变化趋势与同一压力范围内大孔形态的 MIL-53（Cr）的实验数据吻合得很好（Bourrelly 等，2005）。

蒙特卡罗方法和量子化学计算（见第 6 章）能够为这类具有呼吸现象的材料提供微观吸附机制的新理论。事实上，CO_2 分子沿着孔道方向平行排列，且在 MIL-53（Cr）表面有 μ_2-OH 基团存在的情况下，通过碳原子和氧原子与相同孔径的相对孔壁间形成强的双重相互作用（如图 14.30）（Ramsahye 等，2007，2008；Serre 等，2007a；Ghoufi 和 Maurin，2010；Ghoufi 等，2012）。相反，在大孔形态中 CO_2 分子的排列更加无序，而且氧原子与 μ_2-OH 基团中的氢原子存在优先作用，表明结构转换过程中被吸附物的有序参数发生了急剧变化。相比于大孔形态，窄孔形态时的最大值来自于结构的高度局限，迫使 CO_2 分子严格地沿孔道排列。这些模拟结果可以通过相同条件下的红外光谱分析来确认（Serre 等，2007a）。

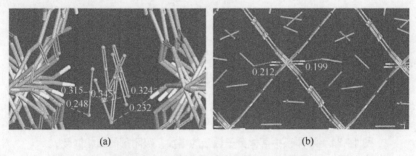

(a)　　　　　　　　　　　　(b)

图 14.30　通过 GCMC 模拟得到的 CO_2 分子在 MIL-53（Cr）
孔道内的优先排列：（a）窄孔；（b）大孔

分子模拟除了可以描述孔内被吸附分子的微观排列之外，还可以对控制结构变换的因素以及机理进行细微分析。HOMC 模拟（混合渗透蒙特卡罗）明确强调探索主客体之间的相互作用是理解这类转变背后物理意义的关键，并且主体/客体相互作用开启的主体骨架软模式，正是 MIL-53（Cr）固体进行结构转变的前提条件（Ghoufi 和 Maurin, 2010; Ghoufi 等, 2010, 2012）。基于热力学和分析模型的模拟工作也已展开，既可以预测这类动态框架的宏观行为，也可以对其进行合理化处理（Coudert 等, 2008, 2011; Ghysels 等, 2013; Neimark 等, 2011）。

14.7.2 MIL-53（Fe）

含铁 MIL-53（Fe）具有更复杂的呼吸现象，在水的环境下可以观察到开孔过程分为三步（Bourrelly 等, 2010）。与含 Cr 和 Al 的同系物相比，MIL-53（Fe）在无水状态下被标记为 MIL-53（Fe）VNP（VNP 指非常狭窄的孔隙形式；单斜对称，$V \approx 0.900 \ nm^3$），此时 MIL-53（Fe）展示闭孔，对大多数气体都表现出无可及孔道状态（Millange 等, 2008; Volkringer 等, 2009a）。随着气体压力的增加，材料结构首先转变为一个中间态 MIL-53（Fe）INT（三斜对称，$V \approx 0.892 \ nm^3$），在到达窄孔态 MIL-53（Fe）NP（单斜对称，$V \approx 0.990 \ nm^3$）之前，有一半孔道被客体分子充满，剩余孔道仍处于闭孔且空着的状态。在更高的压力下孔道将会完全重开 MIL-53（Fe）LP（正交对称，$V \approx 1.560 \ nm^3$），此时的孔道尺寸与含 Al 和 Cr 的 MIL-53 LP 固体的大孔形态时相同。这种结构转变行为可见图 14.31。

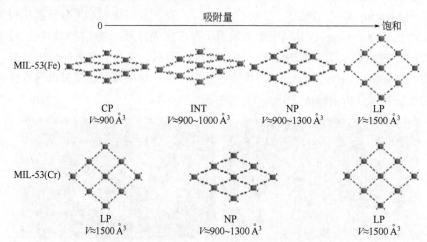

图 14.31 随体系中客体分子数量的增加，吸附剂的结构变化：
MIL-53（Fe）（上）和 MIL-53（Cr, Al）（下）

一个典型的例子见图 14.32，这是 303 K 时，一系列短链烷烃在 MIL-53（Fe）中的吸附等温线，图中给出了标准图（左）和半对数形式图（右），以突出低压阶段的情况。事实上，对于所有的烷烃分子，等温线上的各个阶段都可以进行明显区分。图中可以看出，较小的甲烷分子，在 10 bar 之前的吸附量可以忽略不计，压力

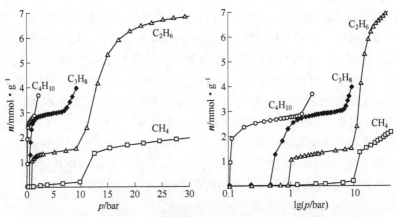

图 14.32　303 K 时 C₁～C₄直链烷烃在 MIL-53（Fe）中的吸附等温线：
标准图（左图）；半对数图（右图）

超过 10 bar 后吸附量开始增加。而图中其他的烃类（乙烷、丙烷和正丁烷）在等温线的第一阶段的吸附量相近。丙烷和正丁烷还会出现第二阶段，对应的吸附量大约为 2.8 mmol·g⁻¹，除此之外，尽管在图中的等温线中并未标示出来，但 C₂～C₄的烃类吸附都还存在一个最后阶段。

MIL-53（Fe）吸附直链烷烃（C₁～C₄）过程中的原位 XRPD 图显示，随着气体吸附到孔道中，材料的晶体结构会发生明显变化，见图 14.33。除了甲烷在压力达到

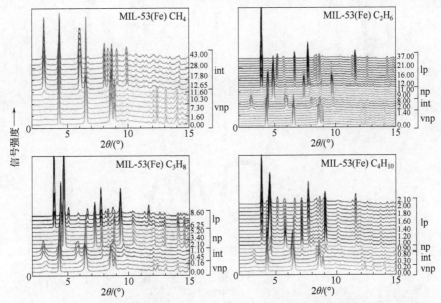

图 14.33　303 K 时直链烷烃在 MIL-53（Fe）中的 XRPD 图。每张图右边的数字
对应的是吸附压力，数字的右边标明了不同的阶段

vnp—非常狭窄孔道；int—中间态；np—窄孔；lp—大孔

509

40 bar 的过程中只观察到一个结构变化外，更长的烷烃（乙烷、丙烷和正丁烷）都出现了三个结构转变，并随着相应气体压力的变化给出不同的 XRPD 信号。此外，这些与结构转变相关的压力与吸附等温线各个阶段的压力均吻合很好。一些较小的差别，可能来自于不同研究中平衡标准的差异，因为等温线的测量平衡标准最为严格。不管怎样，从对两个结果的比较中可以清楚看出，不同阶段对应的是不同的结构。

图 14.33 可以观察到，MIL-53（Fe）的结构起始于 VNP 形态，随着气体压力的增加，出现了第一个对应于中间态的特征衍射峰，此时的晶胞体积随烃分子的大小而不同。随着压力的增加，除了甲烷以外，都观察到了结构向窄孔形态的转变。最后，在更高的压力下，对应于大孔形态的新衍射峰也出现了。

14.7.3 Co（BDP）

相比于上述典型柔性材料 MIL-53（Cr，Al，Fe）的两阶段、三阶段吸附行为，在 77 K 条件下 Co（BDP）固体（BDP^{2-}=1,4-苯二吡唑）的 N$_2$ 吸附中发现了五个阶段的存在，如图 14.34。这在之前的研究中从未出现过，因此引起了人们对这种现象

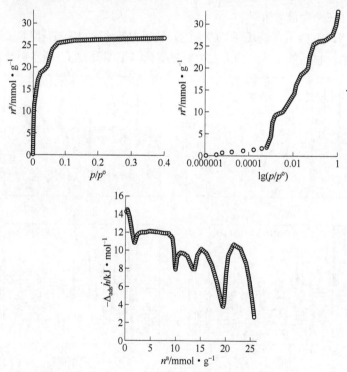

图 14.34 77K 时测得的 Co（BDP）的 N$_2$ 吸附等温线（左：标准图；中间：半对数图）随压力变化的五个阶段和 77 K 时对应的微分吸附焓（右）（Salles 等，2010a）

发生根源的极大关注（Choi 等，2008；Salles 等，2010a）。

　　Co（BDP）是一种三维固体，由四面体配位的 Co^{II}中心沿平面[001]与两个正交方向的桥连 BDP^{2-}配体配位，从而形成平面[001]上的正方形孔道，它是一种罕见的 MOF 固体，能够在非极性分子的吸附中表现出柔韧性。为了探讨这种有趣的五阶段等温线，研究者在不断增加的压力下进行了原位 X 射线粉末衍射实验，使用的仍然是上面提到过的定制装置以控制样品中 N$_2$ 的压力。这一研究很好地确认了吸附等温线中的各个阶段来自于连续的结构转变，而且完全可逆，表明孔的开口-闭合这一循环具有重复性。使用计算机辅助结构测定能够确定每个连续阶段的结构，分别用 dry、Int.1、Int.2、Int.3 和 filled 表示，从图 14.35 中可以看出，随着客体分子的减

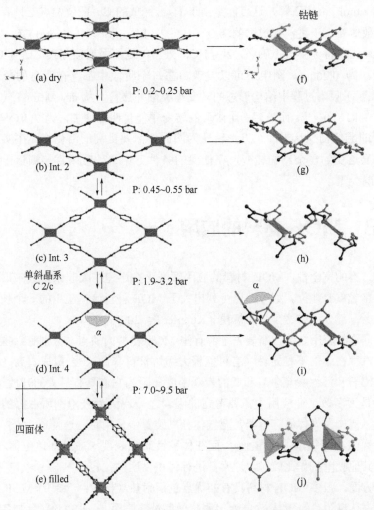

图 14.35　（a）～（e）随着 N$_2$ 压力的增加，Co（BDP）的五阶段结构转变示意图；（f）～（j）钴链的透视图，显示了 Co 原子的四面体配位平面与吡唑配体之间的关联（Salles 等，2010a）

少，晶胞体积发生显著收缩。其中有一个明显的相变，应该与 Co^{II} 中心配位构型的改变有关。值得注意的是，从 dry 到 Int.3，单斜晶系晶胞中的拓扑和对称性一直保持不变，这表明 Co^{II} 在各个阶段一直都采取平面正方形的配位构型，直到最后一个 filled 状态时，突然转变为四面体构型。

为了进一步研究它的结构转变，还运用原位控压 Tian-Calvet 微量热仪测量了 Co（BDP）材料在 77 K 时吸附 N_2 的微分吸附焓。如图 14.34，可以看出五个阶段 dry、Int.1、Int.2、Int.3 和 filled 的明显区别，微分吸附焓分别约为 14.1 kJ·mol^{-1}、12.0 kJ·mol^{-1}、9.5 kJ·mol^{-1}、10.0 kJ·mol^{-1} 和 10.5 kJ·mol^{-1}。这个结果与刚性微孔材料得到的典型微分吸附焓图明显不同。图中，低吸附量时的微分吸附焓 14.1 kJ·mol^{-1} 很快下降，这可能是由于 N_2 在开放的 Co^{II} 配位位点上只有微弱的结合力，其数值要小于之前报道过的沸石（19~27 kJ·mol^{-1}）（Maurin 等，2005）。关于这点已经由蒙特卡罗模拟确认，N_2 与 Co^{II} 采用的是侧面连接方式，而且 Co⋯N 键相对较长，为 0.26nm。图中还可以发现，在每个阶段中都存在明显的最低点（凹处），这表明了吸附过程中结构形态的转变需要额外热量。从 dry 到 Int.3 转变所需的能量约为 2 kJ·mol^{-1}，而最后一个阶段的转变中能量明显增加，为 7 kJ·mol^{-1}，表明了 Co^{II} 的配位构型从平面正方形转变为四面体需要更高的活化能。事实上，这种涉及了明显焓变的复杂结构转变，在低温的条件下由气体吸附直接测量出来，这样的例子的确少见。

14.8 MOF 材料的应用

由于结构的宽泛性，MOF 材料的应用领域正在迅速扩大起来，其中很多在特定应用范围有着重要地位。如今，已可列出关于 MOF 材料潜在应用的一个长列表，尽管只有极少一部分可以达到工业规模（Kuppler 等，2009）。

在验证这些应用之前，需要先了解有些 MOF 材料的缺点，分别有：抗热降解性有限、水汽存在下的不稳定性（有可能极大缩短材料寿命）、合成成本高（这使得它们难以与沸石和活性炭竞争）和低的表观密度（因为它们具有最大的开放结构）。表观密度也是大多数工业应用中需要考虑的因素之一，因为吸附剂所占据的体积需要严格限制，例如在气体储存容器甚至气体分离装置中使用时。这使得 MOF 在特定性质上具有高值（即每单位质量上），而在体积性质上表现一般（即单位体积上）。因此，在与其他吸附剂作比较时，通常都进行体积性质的比较。

另一方面，很多 MOF 材料具有的优点包括耐热（例如：含铝的 MOF 材料通常可以承受高达 450℃ 的高温）、防水、耐化学腐蚀（甚至是 H_2S），并且制备价格并不昂贵，这使它们得到了广泛的应用。

14.8.1　气体存储

MOF 材料最先进的工业用途是天然气存储（主要为甲烷的储存）（Yilmaz 等，2012）。主要使用含铝的 MOF 材料，因为它们结构稳固且在水蒸气中非常稳定。这种 MOF 材料（铝-富马酸，商品名：BasoliteA520，来自 BASF）可通过便宜的水相途径制备，相比于沸石的空时收率（Space-Time-Yield，STK，沸石为 50～150kg・m^{-3}・d^{-1}），该 MOF 的 STY 值非常之高，为 3600 kg・m^{-3}・d^{-1}，使它极具成本竞争力（Gaab 等，2012）。对于给定的储量和压力，它允许用天然气运行的车辆的自主性增加 40%。

室温条件下氢气的存储就困难的多，因为氢气的吸附焓太小（大约为 4～10 kJ・mol^{-1}），室温条件下很难达到令人满意的吸附容量。Bhatia 和 Myers（2006）在文献中指出，在室温条件下，吸附焓至少为 15 kJ・mol^{-1} 时才能确保理想的氢气吸附和输送。研究者们的一个努力方向是通过减小材料的孔隙宽度来提高吸附焓，比如通过连接的方式，目前认为的最佳宽度为约 0.6 nm（Wang 和 Johnson，1999）。另一方面，降低温度至 77 K，也可以实现 MOF 材料的氢储（Suh 等，2012）。

14.8.2　气体分离与纯化

有效的气体分离要求吸附剂既要有很好的吸附能力，也要有很好的选择性。MOF 材料由于具有调整孔径大小和窗口尺寸的特性，并具有各种活性吸附位点，因此有潜力满足上述有效分离的两个条件（Li 等，2012）。

MOF PCN-17 就可以很好地调节孔径尺寸，以 10 倍于 O_2（动力学直径：0.346 nm）的吸附量，将 N_2（动力学直径：0.364 nm）从 O_2 中分离出来（Ma 等，2008）。

有一种极有前景的"网状可控分子筛"（MAMS）材料，只需要简单地改变操作温度，就可以实现这种调控作用（Ma 等，2007）。

通过不同的吸附物-吸附质相互作用来提高选择性也是可行的，比如 MOF Cu（bdt），它有不饱和金属位点，对 O_2/N_2 的分离也十分有效（Dinca 等，2006）。当然更多的研究仍集中于 MOF 材料对 CO_2 的捕获（Sumida 等，2012），尤其是使用柔性 MOF 材料或者经过特殊改性的材料。例如，通过氨基功能化的 MIL-53（Al），就是一种高效的 CO_2/CH_4 分离材料（Couck 等，2009）。这样可能会导致材料吸附容量的降低，此时可以考虑大孔的 MOF 材料，比如 MIL-100（Llewellyn 等，2008）。

还有一大类应用是关于使用 MOF 材料除去有害化学物质（例如，NO_x，SO_x，CO_x，H_2S、挥发性有机物 VOC、染料、药物），可参考 Khan 等的综述（2013）。

大部分 MOF 材料的选择性都优于活性炭，但是只有少部分的选择性能够优于沸

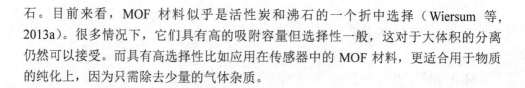

石。目前来看，MOF 材料似乎是活性炭和沸石的一个折中选择（Wiersum 等，2013a）。很多情况下，它们具有高的吸附容量但选择性一般，这对于大体积的分离仍然可以接受。而具有高选择性比如应用在传感器中的 MOF 材料，更适合用于物质的纯化上，因为只需除去少量的气体杂质。

14.8.3　催化

因为含有金属，并且是任何具有催化活性的过渡金属，以及孔隙结构能够极大地适应催化纳米反应器所需的形状，所以 MOF 材料在催化领域也有着光明的前景。

Nguyen 等（2011）全面详细地研究了傅-克酰基化反应中 IRMOF-8 [Zn₄O(naphtalenedicarboxylate)₃] 的合成、性质（包括在高达 450℃条件下的热稳定性）以及在反应中的催化活性。

MOF 材料中的配位不饱和金属位点为活性基团的引入提供了可能，例如，氨基化的 MIL-101（Cr）在 Knoevenagel 缩合反应中表现出高活性，就是它在这个反应中引入了活性氢化合物，促进了酮或醛羰基的缩合（Hwang 等，2008）。

还有一些研究探索了 MOF 材料作为主体与具高催化活性的分子如金属卟啉之间的相互作用（Alkordi，2008）。

14.8.4　药物缓释

MOF 材料因为具有高孔隙率以及适当窗口尺寸，可用于缓慢、可控的药物释放，因此 MOF 材料在药物控制缓释中具有很大的市场。用于此类用途的 MOF 材料必须具有生物相容性（可应用 Fe、Zn、Mg、Ca、Ti 等金属），还由于药物分子往往是大分子，因此用作药物缓释的 MOF 材料比大多数 MOF 材料的孔隙窗口通常要宽（Horcajada 等，2012）。

MIL-101 可以满足上述条件，它的孔宽约为 0.29～0.34 nm，窗口宽度为 1.2 nm（五边形）和 1.6 nm（六边形）。每克干燥 MOF 能够缓慢释放（超过三天）大约 1.25 g 布洛芬药物，药物分子的尺寸为 0.6 nm×1.03 nm。输送机制分为两步，①弱结合分子的简单扩散；②通过π-π相互作用与芳环结合的分子的缓慢脱附（Horcajada 等，2006）。

MIL-53 只能吸收自身重量 20%的布洛芬，但由于骨架的柔韧性，使它与吸附质保持持续的紧密接触，因此总缓释时间可以达到 3 周（Horcajada 等，2008; Loiseau 等，2004）。

MIL-100（Fe）的纳米粒子同样可以负载治疗 AIDS 和 HIV 感染的核苷类似物（如叠氮胸苷的三磷酸盐 AZT-Tp），或者一种抗天花剂西多福韦，负载量可以达到之前报道过的聚合物和介孔二氧化硅纳米载体的 50 倍（Horcajada 等，2012）。

以上所有材料都能够实现较长时段内药物的体外控制释放，从而改善患者的医疗效果。

14.8.5　传感器

发光 MOF 材料目前也已有所制备（使用镧系元素金属离子或二苯乙烯配体），其发光受到吸附质性质和数量的影响，可用于气体传感器（Chen 等，2009）。例如，粘在微悬梁上的 MOF HKUST-1 薄膜在吸附了甲醇或乙醇气体后会引起压力的变化从而产生力学响应（Allendorf 等，2009）。

14.8.6　与其他吸附剂的比较

前面已经提到，工业应用中将 MOF 材料与其他材料进行比较时，需要考虑它们的体积密度以及每单位体积上的吸附量。

另外，还可以使用由 Rege 和 Yang（2001）、Wiersum 等（2013a）提出的比较因子来比较，这些因子包括工作容量、选择性以及吸附焓等。

成本也是一个需要考虑的重要因素，就目前来说，也是 MOF 材料的一个不利因素。然而，有一些 MOF 材料可以使用廉价的配体（如：对苯二甲酸或均苯三甲酸），如上文的 Basolite A520，其合成极其有效且便宜，从中可以看出，一旦市场需求明显或者某一应用对 MOF 的兴趣度极高，成本问题是可以克服的。

针对某一应用领域，在与其他吸附剂作比较之前，首先选择出最合适的 MOF 材料。目前，越来越多不同结构的 MOF 材料持续涌现（理论上或已通过实验合成），因此，筛选工作显得尤为重要。筛选材料的理论方法已经在第 6 章中做了介绍。从实验的角度，已经开发出了一些专门的装置，例如在低压条件下，对于水和酸性气体的二氧化碳回收稳定性（Pirngruber 等，2012），或者是在高压条件下等温线的测量更加普遍并行化（Wiersum 等，2013b）。

参考文献

Alkordi, M.H., Liu, Y.L., Larsen, R.W., Eubank, J.F., Eddaoudi, M., 2008. J. Am. Chem. Soc.131, 17753.

Alkordi, M.H., Brant, J.H., Wojtas, L., Kratsov, V.C., Cairns, A.J., Eddaoudi, M., 2009. J. Am.Chem. Soc. 130, 12639.

Allendorf, M.D., Bauer, C.A., Bhakta, R.K., Houk, R.J.T., 2009.Chem. Soc. Rev. 38, 1330.

Barthelet, K., Marrot, J., Riou, D., Férey, G., 2002. Angew. Chem. Int. Ed. 41, 281.

Batten, S.R., Champness, N.R., Chen, X.-M., Garcia-Martinez, J., Kitagawa, S., Öhrström, L.,O'Keeffe, M., Suh, M.P., Reedijk, J., 2012. CrystEngComm 14, 3001.

Beurroies, I., Boulhout, M., Llewellyn, P.L., Kuchta, B., Férey, G., Serre, C., Denoyel, R., 2010. Angew.Chem. Int. Ed. 49 (41), 7526.

Bhatia, S.K., Myers, A.L., 2006. Langmuir 22, 1688.

Bourrelly, S., Llewellyn, P.L., Serre, C., Millange, F., Loiseau, T., Férey, G., 2005. J. Am.Chem. Soc. 127 (39), 13519.

Bourrelly, S., Moulin, B., Rivera, A., Maurin, G., Devautour-Vinot, S., Serre, C., Devic, T., Horcajada, P., Vimont, A., Clet, G., Daturi, M., Lavalley, J.-C., Loera-Serna, S.,Denoyel, R., Llewellyn, P.L., Férey, G., 2010.J. Am. Chem. Soc. 132 (27), 9488.

Caillez, F., Stirnemann, G., Boutin, A., Demachy, I., Fuchs, A.H., 2008.J. Phys. Chem. C. 112,10435.

Chavan, S., Vitillo, J.G., Groppo, E., Bonino, F., Lamberti, C., Dietzel, P.D.C., Bordiga, S., 2009. J. Phys. Chem. C 113 (8), 3292.

Chen, B.L., Wang, L.B., Xiao, Y.Q., Fronczek, F.R., Xue, M., Cui, Y.J., Qian, G.D., 2009. Angew.Chem. Int. Ed. Eng. 48, 500.

Chen, C., Kim, J., Yang, D., Ahn, W., 2011. Chem. Eng. J. 168 (3), 1134.

Chen, Y.F., Nalaparaju, A., Eddaoudi, M., Jiang, J.W., 2012. Langmuir 28 (8), 3903.

Choi, H.J., Dincă, M., Long, J.R., 2008.J. Am. Chem. Soc. 130 (25), 7848.

Chui, S.S.Y., Lo, S.M.F., Charmant, J.P.H., Orpen, A.G., Williams, I.D., 1999. Science 283(5405), 1148.

Cohen, S.M., 2012. Chem. Rev. 112 (2), 970.

Couck, S., Denayer, J.F.M., Baron, G.V., Rémy, T., Gascon, J., Kapteijn, F., 2009. J. Am. Chem. Soc. 131, 6326.

Coudert, F.X., Jeffroy, M., Fuchs, A.H., Boutin, A., Mellot-Draznieks, C., 2008. J. Am. Chem. Soc. 130 (43), 14294.

Coudert, F.X., Boutin, A., Jeffroy, M., Mellot-Draznieks, C., Fuchs, A.H., 2011. Chem. Phys. Chem. 12, 247.

Desbiens, N., Demachy, I., Fuchs, A.H., Kirsch-Rodeschini, H., Soulard, M., Patarin, J., 2005. Angew. Chem. Int. Ed. 44, 5310.

Devautour-Vinot, S., Maurin, G., Henn, F., Serre, C., Devic, T., Férey, G., 2009. Chem. Commun. 19, 2733.

Devautour-Vinot, S., Maurin, G., Henn, F., Serre, C., Férey, G., 2010. Phys. Chem. Chem. Phys. 12 (39), 12478.

Devautour-Vinot, S., Maurin, G., Serre, C., Horcajada, P., Paula da Cunha, D., Guillerm, V., Taulelle, F., Martineau, C., 2012. Chem. Mater. 24 (11), 2168.

Devic, T., Salles, F., Bourrelly, S., Moulin, B., Maurin, G., Horcajada, P., Serre, C., Vimont, A., Lavalley, J.C., Leclerc, H., Clet, G., Daturi, M., Llewellyn, P.L., Filinchuk, Y., Férey, G., 2012. J. Mater. Chem. 22 (20), 10266.

Dietzel, P.D.C., Morita, Y., Blom, R., Fjellvag, H., 2005. Angew.Chem. Int. Ed. 44, 6354.

Dietzel, P.D.C., Johnsen, R.E., Blom, R., Fjellvag, H., 2008a. Chem. Eur. J. 14 (8), 2389.

Dietzel, P.D.C., Johnsen, R.E., Fjellvag, H., Bordiga, S., Groppo, E., Chavan, S., Blom, R., 2008b. Chem. Commun. 41, 5125.

Dietzel, P.D.C., Besikiotis, V., Blom, R., 2009. J. Mater. Chem. 19, 7362.

Dietzel, P.D.C., Georgiev, P.A., Eckert, J., Blom, R., Strässle, T., Unruh, T., 2010. Chem. Commun. 46, 4962.

Dinca, M., Long, J.R., 2007.J. Am. Chem. Soc. 129 (36), 11172.

Dinca, M., Yu, A.F., Long, J.R., 2006. J. Am. Chem. Soc. 128, 8904.

Ding, S.-Y., Wang, W., 2013.Chem. Soc. Rev. 42 (2), 548.

Du ̈ ren, T., Millange, F., Férey, G., Walton, K.S., Snurr, R.Q., 2007. J. Phys. Chem. C. 111 (42), 15350.

Dybtsev, D., Serre, C., Schmitz, B., Panella, B., Hirscher, M., Latroche, M., Llewellyn, P.L., Cordier, S.,Molard, Y., Haouas, M., Taulelle, F., Férey, G., 2010. Langmuir 26 (13), 11283.

Eddaoudi, M., Kim, J., Rosi, N., Vodak, D., Wachter, J., O'Keeffe, M., Yaghi, O.M., 2002.Science.295, 469.

Fairen-Jimenez, D., Seaton, N.A., Duren, T., 2010.Langmuir 26 (18), 14694.

Fairen-Jimenez, D., Moggach, S.A., Wharmby, M.T., Wright, P.A., Parsons, S., Düren, T.,2011.J. Am. Chem. Soc. 133 (23), 8900.

Farha, O.K., Hupp, J.T., 2010. Acc. Chem. Res. 43 (8), 1166.

Farha, O.K., Eryazici, I., Jeong, N.C., Haauser, B.G., Wilmer, C.E., Sarjeant, A.A., Snurr, R.Q.,Nguyen, S.B.T., Yazaydin, A.O., Hupp, J.T., 2012. J. Am. Chem. Soc. 134, 15016.

Fateeva, A., Devautour-Vinot, S., Heymans, N., Devic, T., Grenèche, J.M., Wuttke, S.,Miller, S., Lago, A., Serre, C., De Weireld, G., Maurin, G., Vimont, A., Férey, G.,2011. Chem. Mater. 23 (20), 4641.

Férey, G., 2001. Chem. Mater. 13, 3084.

Férey, G., 2008. Chem. Soc. Rev. 37, 191.

Férey, G., Serre, C., 2009. Chem. Soc. Rev. 38, 1380.

Férey, G., Serre, C., Mellot-Draznieks, C., Millange, F., Surblé, S., Dutour, J., Margiolaki, I.,2004.Angew.Chem. Int. Ed. 43 (46), 6296.

Férey, G., Mellot-Draznieks, C., Serre, C., Millange, F., Dutour, J., Surble, S., Margiolaki, I.,2005. Science.309 (5743), 2040.

Férey, G., Serre, C., Devic, T., Maurin, G., Jobic, H., Llewellyn, P.L., De Weireld, G.,

Vimont, A., 2011. Chem. Soc. Rev. 40 (2), 550.

Gaab, M., Trukhan, N., Maurer, S., Gummaraju, R., Mü ller, U., 2012.Micropor.Mesopor.Mater.157, 131.

Getman, R.B., Bae, Y.-S., Wilmer, C.E., Snurr, R.Q., 2012.Chem. Rev. 112 (2), 703.

Ghoufi, A., Maurin, G., 2010. J. Phys. Chem. C. 114 (14), 6496.

Ghoufi, A., Férey, G., Maurin, G., 2010. J. Phys. Chem. Lett. 1, 2810.

Ghoufi, A., Subercaze, A., Ma, Q., Yot, P., Yang, K., Puente, O.I., Devic, T., Guillerm, V., Zhong, C., Serre, C., Férey, G., Maurin, G., 2012.J. Phys. Chem. C. 116 (24), 13289.

Ghysels, A., V 和 uyfhuys, L., V 和 ichel, M., Waroquier, M., Van Speybroeck, V., Smit, B., 2013. J. Phys. Chem. C. 117, 11540.

Grajciar, L., Wiersum, A.D., Llewellyn, P.L., Chang, J.-S., Nachtigall, P., 2011.J. Phys. Chem. C 115, 17925.

Guillerm, V., Ragon, F., Dan-Hardi, M., Devic, T., Vishnuvarthan, M., Campo, B., Vimont, A., Clet, G., Yang, Q., Maurin, G., Férey, G., Vittadini, A., Gross, S., Serre, C., 2012. Angew.

Chem. Int. Ed. 51 (37), 9267.

Hamon, L., Serre, C., Devic, T., Loiseau, T., Millange, F., Férey, G., De Weireld, G., 2009.J. Am. Chem. Soc. 131 (25), 8775.

Han, S., Huang, Y., Watanabe, T., Dai, Y., Walton, K.S., Nair, S., Sholl, D.S., Meredith, J.C., 2012. ACS Comb. Sci. 14, 263.

Horcajada, P., Serre, C., Vallet-Regi, M., Sebban, M., Taulelle, F., Férey, G., 2006.Angew.Chem. Int. Ed. Engl. 45, 5974.

Horcajada, P., Surble, S., Serre, C., Hong, D.-Y., Seo, Y.-K., Chang, J.-S., Greneche, J.-M., Margiolaki, I., Férey, G., 2007. Chem. Commun. 27, 2820.

Horcajada, P., Serre, C., Maurin, G., Ramsahye, N.A., Balas, F., Vallet-Regi, M., Sebban, M., Taulelle, F., Férey, G., 2008.J. Am. Chem. Soc. 130, 6774.

Horcajada, P., Gref, R., Baati, T., Allan, P.K., Maurin, G., Couvreur, P., Férey, G., Morris, R.E., Serre, C., 2012.Chem. Rev. 112 (2), 1232.

Horike, S., Matsuda, R., Tanaka, D., Mizuno, M., Endo, K., Kitagawa, S., 2006. J. Am. Chem. Soc. 128, 4222.

Hoskins, B.F., Robson, R., 1989. J. Am. Chem. Soc. 111, 5962.

Hupp, J.T., 2012. J. Amer. Chem. Soc. 134 (36), 15016.

Hwang, Y.K., Hong, D.Y., Chang, J.S., Jhung, S.H., Seo, Y.K., Kim, J., Vimont, A., Daturi, M., Serre, C., Férey, G., 2008. Angew. Chem. Int. Ed. Engl. 47, 4144.

Janiak, C., Vieth, J.K., 2010. New J. Chem. 34 (11), 2366.

Jiang, J.-X., Cooper, A.I., 2010. In: Schro¨der, M. (Ed.), Functional Metal-Organic Frameworks: Gas Storage, Separation 和 Catalysis. Topics in Current Chemistry, Vol. 293. Springer Verlag, Berlin, p. 1.

Jiang, J., Babarao, R., Hu, Z., 2011. Chem. Soc. Rev. 40, 3599.

Khan, N.A., Hasan, Z., Jhung, S.H., 2013. J. Hazard. Mater. 244 ‐ 245, 444.

Kinoshita, Y., Matsubara, I., Higuchi, T., Saito, Y., 1959. Bull. Chem. Soc. Jpn. 32, 1221.

Kitagawa, S., Uemura, K., 2005.Chem. Soc. Rev. 34, 109.

Kitagawa, S., Kitaura, R., Noro, S.-I., 2004. Angew.Chem. Int. Ed. 43 (18), 2334.

Kitaura, R., Seki, K., Akiyama, G., Kitagawa, S., 2003. Angew.Chem. Int. Ed. 42 (4), 428.

Klyamkin, S.N., Berdonosova, E.A., Kogan, E.V., Kovalenko, K.A., Dybtsev, D.N.,

Fedin, V.P., 2011. Chem. Asian J. 6 (7), 1854.

Kolokolov, D.I., Stepanov, A.G., Guillerm, V., Serre, C., Frick, B., Jobic, H., 2012. J. Phys. Chem. C 116 (22), 12131.

Kondo, M., Yoshitomi, T., Seki, K., Matsuzaka, H., Kitagawa, S., 1997. Angew.Chem. Int. Ed. 36, 1725.

Kuppler, R.J., Timmons, D.J., Fang, Q.R., Li, J.R., Makal, T.A., Young, M.D., Yuan, D., Zhao, D., Zhuang, W., Zhou, H.C., 2009.Coordinat.Chem. Rev. 253, 3042.

Leclerc, H., Vimont, A., Lavalley, J.-C., Daturi, M., Wiersum, A.D., Llewellyn, P.L.,

Horcajada, P., Férey, G., Serre, C., 2011. Phys. Chem. Chem. Phys. 13 (24), 11748.

Li, J.R., Sculley, J., Zhou, H.-C., 2012. Chem. Rev. 112 (2), 869.

Lin, X., Telepeni, I., Blake, A.J., Dailly, A., Brown, C.M., Simmons, J.M., Zoppi, M., Walker, G.S., Thomas, K.M., Mays, T.J., Hubberstey, P., Champness, N.R., Schröder, M., 2009.J. Am. Chem. Soc. 131, 2159.

Liu, Y., Kravtsov, V.C., Larsen, R., Eddaoudi, M., 2006. Chem. Commun., 1488.

Liu, Y., Her, J.-H., Dailly, A., Ramirez-Cuesta, A.J., Neumann, D.A., Brown, C.M., 2008a.J. Am. Chem. Soc. 130 (35), 11813.

Liu, Y., Kabbour, H., Brown, C.M., Neumann, D.A., Ahn, C.C., 2008b. Langmuir 24, 4772.

Llewellyn, P.L., Bourrelly, S., Serre, C., Vimont, A., Daturi, M., Hamon, L., De Weireld, G., Chang, J.-S., Hong, D.-Y., Hwang, Y.K., Jhung, S.H., Férey, G., 2008. Langmuir. 24 (14), 7245.

Llewellyn, P.L., Horcajada, P., Maurin, G., Devic, T., Rosenbach, N., Bourrelly, S., Serre, C., Vincent, D., Loera-Serna, S., Filinchuk, Y., Ferey, G., 2009.J. Am. Chem. Soc. 131 (36), 13002.

Loiseau, T., Serre, C., Huguenard, C., Fink, G., Taulelle, F., Henry, M., Bataille, T., Férey, G., 2004. Chem. Eur. J. 10, 1373.

Low, J.J., Benin, A.I., Jakubczak, P., Abrahamian, J.F., Faheem, S.A., Willis, R.R., 2009. J. Am. Chem. Soc. 131 (43), 15834.

Ludwig, R., 2001. Angew. Chem. Int. Ed. Engl. 40, 1808.

Ma, S.Q., Wang, X.S., Collier, C.D., Manis, E.S., Zhou, H.C., 2007.Inorg.Chem. 46, 8499.

Ma, S.Q., Wang, X.S., Yuan, D.Q., Zhou, H.C., 2008.Angew.Chem. Int. Ed. Engl. 47, 4130.

Maurin, G., Llewellyn, P.L., Poyet, T., Kuchta, B., 2005.Micropor.Mesopor.Mater. 79 (1 ‐ 3), 53.

Meek, S.T., Greathouse, J.A., Allendorf, M.D., 2011. Adv. Mater. 23, 249.

Millange, F., Guillou, N., Walton, R.I., Grenèche, J.M., Margiolaki, I., Férey, G., 2008. Chem. Commun., 4732.

Mowat, J.P.S., Miller, S.R., Slawin, A.M.Z., Seymour, V.R., Ashbrook, S.E., Wright, P.A., 2011. Micropor. Mesopor. Mater. 142 (1), 322.

Myers, A.L., Monson, P.A., 2002. Langmuir. 18 (26), 10261.

Neimark, A.V., Coudert, F.X., Triguero, C., Boutin, A., Fuchs, A.H., Beurroies, I., Denoyel, R., 2011. Langmuir 27, 4734.

Nelson, A.P., Parrish, D.A., Cambrea, L.R., Baldwin, L.C., Trivedi, N.J., Mulfort, K.L., Farha, O.K., Hupp, J.T., 2009. Cryst.Growth Des.9 (11), 4588.

Nguyen, L.T.L., Nguyen, C.V., Dang, G.H., Le, K.K.A., Phan, N.T.S., 2011. J. Mol. Cat. A Chem. 349, 28.

Nouar, F., Eckert, J., Eubank, J.F., Forster, P., Eddaoudi, M., 2009.J. Am. Chem. Soc. 131 (8), 2864.

Phan, A., Doonan, C.J., Uribe-Romo, F.J., Knobler, C.B., O'Keeffe, M., Yaghi, O.M., 2010.Acc. Chem. Res. 43 (1), 58.

Pirngruber, G.D., Hamon, L., Bourrelly, S., Llewellyn, P.L., Lenoir, E., Guillerm, V., Serre, C., Devic, T., 2012. ChemSusChem 5 (4), 762 - 776.

Prestipino, C., Regli, L., Vitillo, J.G., Bonino, F., Damin, A., Lamberti, C., Zecchina, A., Solari, P.L., Kongshaug, K.O., Bordiga, S., 2006. Chem. Mater. 18, 1337.

Quartapelle Procopio, E., Linares, F., Montoro, C., Colombo, V., Maspero, C., Barea, E., Navarro, J.A.R., 2010. Angew. Chem. Int. Ed. 49, 7308.

Ramsahye, N., Maurin, G., Bourrelly, S., Llewellyn, P.L., Loiseau, T., Serre, C., Férey, G., 2007. Chem. Commun. 31, 3261.

Ramsahye, N., Maurin, G., Bourrelly, S., Llewellyn, P.L., Loiseau, T., Serre, C., Férey, G., 2008.J. Phys. Chem. C 112, 514.

Rege, S.U., Yang, R.T., 2001. Sep. Sci. Technol. 36, 3355.

Rosenbach, N., Jobic, H., Ghoufi, A., Salles, F., Maurin, G., Bourrelly, S., Llewellyn, P.L., Devic, T., Serre, C., Férey, G., 2008.Angew.Chem. Int. Ed. 47, 6611.

Rosi, N.L., Kim, J., Eddaoudi, M., Chen, B.L., O'Keeffe, M., Yaghi, O.M., 2005.J. Am. Chem. Soc. 127, 1504.

Rowsell, J.L.C., Yaghi, O.M., 2004. Micropor.Mesopor.Mater.73, 3.

Rubes, M., Grajciar, L., Bludsky, O., Wiersum, A.D., Llewellyn, P.L., Nachtigall, P., 2012. Chem. Phys. Chem. 13 (2), 488 - 495.

Salles, F., Jobic, H., Maurin, G., Llewellyn, P.L., Devic, T., Serre, C., Férey, G., 2008. Phys. Rev. Lett. 100, 245901.

Salles, F., Jobic, H., Ghoufi, A., Llewellyn, P.L., Serre, C., Bourrelly, S., Férey, G., Maurin, G., 2009.Angew.Chem. Int. Ed. 48 (44), 8335.

Salles, F., Maurin, G., Serre, C., Llewellyn, P.L., Knöfel, C., Choi, H.J., Filinchuk, Y., Oliviero, L., Vimont, A., Long, J.R., Férey, G., 2010a.J. Am. Chem. Soc. 132 (39), 13782.

Salles, F., Jobic, H., Devic, T., Llewellyn, P.L., Serre, C., Férey, G., Maurin, G., 2010b.ACS Nano 4 (1), 143.

Salles, F., Bourrelly, S., Jobic, H., Devic, T., Guillerm, V., Llewellyn, P.L., Serre, C., Férey, G., Maurin, G., 2011.J. Phys. Chem. C 115 (21), 10764.

Sava, D.F., Kratsov, V.C., Nouar, F., Wotjas, L., Eubank, J.F., Eddaoudi, M., 2008.J. Am. Chem. Soc. 130, 3768.

Seki, K., 2002. Phys. Chem. Chem. Phys. 4, 1968.

Serre, C., Millange, F., Thouvenot, C., Noguès, M., Marsolier, G., Louër, D., Férey, G., 2002.J. Am. Chem. Soc. 124 (45), 13519.

Serre, C., Mellot-Draznieks, C., Surble, S., Audebrand, N., Filinchuk, Y., Férey, G., 2007a. Science. 315 (5820), 1828.

Serre, C., Bourrelly, S., Vimont, A., Ramsahye, N.A., Maurin, G., Llewellyn, P.L., Daturi, M., Filinchuk, Y., Leynaud, O., Barnes, P., Férey, G., 2007b. Adv. Mater. 19 (17), 2246.

Stavitski, E., Pidko, E.A., Couck, S., Rémy, T., Hensen, E.J.M., Weckhuysen, B.M., Denayer, J., Gascon, J., Kaptein, F., 2011. Langmuir 27 (7), 3970.

Stock, N., Biswas, S., 2012.Chem. Soc. Rev. 112 (2), 933.

Suh, P.M., Park, H.J., Prasad, T.K., Lim, D.W., 2012. Chem. Rev. 112 (2), 782.

Sumida, K., Rogow, D.L., Mason, J.A., McDonld, T.M., Bloch, E.D., Herm, Z.R., Bae, T.H., Long, J.R., 2012. Chem. Rev. 112 (2), 724.

Tranchemontagne, D.J., Mendoza-Cortés, J.L., O'Keefe, M., Yaghi, O.M., 2009.Chem. Soc. Rev. 38 (5), 1257.

Trung, T.K., Trens, P., Tanchoux, N., Bourrelly, S., Llewellyn, P.L., Loera-Serna, S., Serre, C., Loiseau, T., Fajula, F., Férey, G., 2008. J. Am. Chem. Soc. 130 (50), 16926.

Uemura, K., Yamasaki, Y., Onishi, F., Kita, H., Ebihara, M., 2010.Inorg.Chem. 49 (21), 10133.

Valenzano, L., Civalleri, B., Sillar, K., Sauer, J., 2011.J. Phys. Chem. C. 115, 21777.

Volkringer, C., Loiseau, T., Guillou, N., Férey, G., Elkaim, E., Vimont, A., 2009a.Dalton Trans. 12, 2241.

Volkringer, C., Popov, D., Loiseau, T., Férey, G., Burghammer, M., Riekel, C., Haouas, M., Taulelle, F., 2009b. Chem. Mater. 21 (24), 5695.

Walton, K.S., Snurr, R.Q., 2007. J. Am. Chem. Soc. 129 (27), 8552.

Walton, K.S., Millward, A.R., Dubbeldam, D., Frost, H., Low, J.J., Yaghi, O.M., Snurr, R.Q., 2008. J. Am. Chem. Soc. 130, 406.

Wang, Q., Johnson, J.K., 1999. J. Chem. Phys. 110, 577.

Wiersum, A.D., Chang, J.-S., Serre, C., Llewellyn, P.L., 2013a.Langmuir 29 (10), 3301.

Wiersum, A.D., Giovannangeli, C., Bloch, E., Reinsch, H., Stock, N., Lee, J.S., Chang, J.-S., Llewellyn, P.L., 2013b. ACS Comb. Sci. 15 (2), 111.

Wu, E.L., Lawton, S.L., Olson, D.H., Rohrman, A.C., Kokotailo, G.T., 1979. J. Phys. Chem. 83 (21), 2777.

Wu, J.-Y., Yang, S.L., Luo, T.-T., Liu, Y.-H., Cheng, Y.-W., Chen, Y.-F., Wen, Y.-S., Lin, L.-G., Lu, K.-L., 2008. Chem. Eur. J. 14, 7136.

Yaghi, O.M., Li, H.L., 1995. J. Am. Chem. Soc. 117, 10401.

Yaghi, O.M., O'Keeffe, M., Ockwig, N.W., Chae, H.K., Eddaoudi, M., Kim, J., 2003.Nature 423 (6941), 705.

Yang, Q.Y., Xue, C.Y., Zhong, C.L., Chen, J.F., 2007.AIChE J. 53, 2832.

Yang, S., Lin, X., Blake, A.J., Thoms, K.M., Hubberstey, P., Champness, N.R., Schröder, M., 2008. Chem. Commun., 6108.

Yang, Q.Y., Wiersum, A.D., Llewellyn, P.L., Guillerm, V., Serre, C., Maurin, G., 2011. Chem. Commun. 47 (34), 9603.

Yang, Q.Y., Vaesen, S., Vishnuvarthan, M., Ragon, F., Serre, C., Vimont, A., Daturi, M., De Weireld, G., Maurin, G., 2012. J. Mater. Chem. 22 (20), 10210.

Yilmaz, B., Trukhan, N., Müller, U., 2012.Chim. J. Catal. 33 (1), 3.

Yoon, J.W., Seo, Y.-K., Hwang, Y.K., Chang, J.-S., Leclerc, H., Wuttke, S., Bazin, P., Vimont, A., Daturi, M., Bloch, E., Llewellyn, P.L., Serre, C., Horcajada, P., Greneche, J.-M., Rodrigues, A.E., Férey, G., 2010.Angew.Chem. Int. Ed. 49, 5949.

Zlotea, C., Cuevas, F., Paul-Boncour, V., Leroy, E., Dib 和 jo, P., Gadiou, R., Vix-Guterl, C., Latroche, M., 2010.J. Am. Chem. Soc. 132 (22), 7720.

Zlotea, C., Phanon, D., Mazaj, M., Heurtaux, D., Guillerm, V., Serre, C., Horcajada, P., Devic, T., Magnier, E., Cuevas, F., Férey, G., Llewellyn, P.L., Latroche, M., 2011. Dalton Trans. 40 (18), 4879.

索 引

B

八面沸石 168, 416

巴克敏斯特富勒烯 276

被动导热吸附 75~76

被动绝热吸附量热法 74

苯吸附 210

变压吸附 439

表面积测定 201~202, 205~206, 208~214

C

层状硅酸盐 397~398, 401~402

超活性炭 283

传统真空脱气 79~80

纯气体 135~155

纯气相的亨利定律 136

纯液体浸润式量热法 101~109

D

大孔有序介孔二氧化硅 463~465

单壁碳纳米管 277

单文件扩散行为 191

单一气体吸附 22~25

单组分扩散 192~194

氮气吸附 244~245, 288~292, 297~304

氮气吸附 316~318

等比容法 40

等温线重建 243

动态平衡场理论（DMFT） 251

多壁碳纳米管 277

多层吸附 141~148

多孔固体 174~194

E

二甲基双十八烷基铵膨润土 410, 411

二氧化硅 335~352

二氧化钛粉末和凝胶 364~365

二氧化碳吸附 292, 305~306

F

反相气相色谱 61~62

范德华方程 44

非定域密度泛函理论（NLDFT） 241~242, 263

分形方法 219~222

分子间势能函数 165~166

分子筛沸石 398, 419~424

粉末 5~7, 11

富勒烯和纳米管 276~278

G

高岭石 397, 399~405, 407

高压状态方程 46

固体表面的润湿性 94~95

H

海泡石 402

合成贝得石 408

化学活化 281~282

化学吸附 5, 9

混合气体 155~157, 180~182, 195~196

活性炭 280~283

活性炭的炭化 281

活性氧化铝 352~361

活性整体材料　286

J

积分摩尔吸附能　37

积分摩尔吸附熵　38

极性分子的吸附　406~408

计算工具　170~173

间歇式量热法　122

结晶材料　163

介孔测定　228~252

介孔的经典计算　235~240

介孔吸附剂　207~211

金红石钛氧化物　107, 365~370

金属铝磷酸盐　431

金属氧化物　335, 377~387

金属有机框架材料　480~515

浸没润湿　93, 94

浸没微量热法　267~270, 408

浸润法测吸附量　119~120

浸润能量　88~92

浸润式量热法　43, 74, 122, 319

浸润在液体中的固体　87~90

经验法　214~218, 259~260

K

可石墨化焦炭　281

空化机理　463

框架密度　415

扩散　17~18, 190~195

扩展的 Langmuir 模型　155~156

理想的局部单层　139~140

理想吸附溶液理论（IAST）　157

L

力场　162

连续准平衡技术　291

磷酸盐分子筛　398, 430~438

M

毛细凝聚　231~232

蒙特卡罗（MC）技术　163

蒙脱石　400~402, 404~410

密度泛函理论（DFT）　17, 241~246

摩尔表面过剩量　32

墨水瓶理论　248

N

内部模板过程　414

黏附润湿　93

黏土矿物　397

P

膨胀蒙脱石的物理吸附　409

平衡吸附热　36

坡缕石　401

铺展润湿　94

Q

气体物理吸附　421~430, 436~440

气体物理吸附等温线　10, 11, 259~266

气体吸附　50~78

气体吸附测压法　50~55

气体吸附微量热计　42~43

气体吸附重量法　56~58

气相色谱法　422

R

热活化　281

热流吸附微量量热法　76~77

热气流量计　60~61

人造丝织物　286

人字形结构　292, 296

壬烷预吸附　264~265

"润湿热"法　318~320

S

色谱法　44

渗滤理论　250

石墨　274~275

收缩润湿　94

受控速率热分析　358~360

水合氧化铝　356~361

水蒸气吸附　311~316

T

炭黑　278~280

碳布　285~286

碳分子筛　284

天然蒙脱石　404~408

铜酞菁　213

W

烷基铵离子交换的蒙脱石　409

网状可控分子筛　513

微分表面过剩量　33

微分气体吸附测压法　52~53

微分吸附焓　35

微分吸附能　34

微分吸附熵　35

微孔评估　257~269

微扰色谱分离技术　422

无孔吸附剂　207~211

物理吸附能　12~17

X

吸附剂脱气　79

相变量热法　75~76

Y

氩气吸附　245

氧化镁　372~376

叶蜡石　400

液体溶液　110~111, 122, 129

乙醇吸附　210

溢流法　120~121

溢流量热法　125

硬模板路线　474~475

有机黏土　409

有机配体　486~491

有机溶剂回收　283

有机蒸气　295~296, 306~311

有序介孔碳　273, 287~288

有序介孔物质　449~465

有序介孔有机硅材料　472~473

Z

整体材料　286

质量流量计　60

蛭石　400~401, 404~409

主动导热吸附量热法　76~77

主动绝热吸附量热法　74

柱撑黏土　398, 411~414, 425

准则　229, 258, 455

其他

BET 方法　202~213

BET 理论　141~146

Brønsted 酸度　432

Dubinin-Astakhov（DA）方程　421

Dubinin-Radushkevich（DR）分析　414

Dubinin-Radushkevich-Stoeckli 方法　260~262

Dubinin-Serpinsky（DS）方程　314

Dubinin-Stoeckli 理论　148~149

Fickian 扩散率　191

Freundlich 方程　153

Gasem-Peng-Robinson 方程　45

GCMC 模拟　176, 180~186

GERG-2004 状态方程　46

GERG-2008 状态方程　46

Gibbs 表面过剩量　32

Hill-de Boer 方程　138

HKUST-1　169, 183, 187, 482~483, 491~495, 515

Horvath-Kawazoe（HK）法　262~263

HZSM-5　425~426, 429~430

Jensen-Seaton 方程　154

Kelvin 方程　231~235

Langmuir-Freundlich 方程　153

Langmuir 多项式方程　154

Langmuir 方程　140~141

Langmuir 面积　486

Langmuir 模型　139~140

Lewis 酸性　412

Linde A 型沸石　416

Maxwell~Stefan 扩散率　191

MCM-41　448~459, 463~464, 470, 473, 475

MCM-48　448, 457~459, 475

MIL-47（V）化合物　491, 497~500

MIL-53（Cr）化合物　497~500, 505~508

MIL-53（Fe）样品　508~510

MOFs 材料的结构柔性　503~507

Pentasil 型沸石　416~417

Polanyi 温度不变概念　306

Pouillet 效应　2

Redlich-Kwong-Soave 方程　45

SBA-15　448, 459, 459~460

SBA-16　459, 460, 462~463

Seaton 模型　250

Sips 方程　153

t 方法　215~216

Tian-Calvet 微量热法　293~294, 319

Toth 方程　154

TraPPE 力场　167

Virial 方程　137~138

Zr-MOFs　178~179

ZSM-5　416~417, 425~430